適用Access 2021/
2019/2016

2021 Access 嚴選教材！

要說Access很容易、很好學，那是騙人的！但它確實很好用。

筆者學習Access的過程，是一段痛苦的經驗！說起來，筆者曾寫過不下十本dBASE、FoxPro及Clipper資料庫管理之書籍，功力快也有半甲子吧！但初接觸Access時，依然是不知由何下手？市面上的中英文相關書籍，買了、看了將近三十本。(有的還是到美國買的，雖未等身，也快了！其中，有一半，雖很有給它努力，但還是看不下去）依然得經過一段很長時間的苦讀與摸索測試。最後，總算……。因此，若您於看過很多本有關Access之書籍後，仍是『霧煞煞』的話，本書可是您重新拾回信心的絕佳選擇！因為，您的痛苦，我瞭解且也遭遇過。本書不僅要能讓您『看得懂』、『學得會』，且保證『有內容』。

大部份的Access書籍（包括筆者以前所寫的)，係以格式、遮罩與驗證規則進行分節。介紹格式時，將所有資料類型的格式逐一介紹。然後再介紹遮罩，也是將所有資料類型的遮罩逐一介紹。當然，介紹驗證規則時，也是如此。

這樣的分節方式，不容易對單一資料類型進行詳盡深入的介紹；且會有被強制分割為幾個不連續的段落之感覺。筆者於課堂上改採針對某一資料類型，依序對其格式、遮罩與驗證規則等相關內容做一系列詳細之介紹。然後，再換另一種資料類型，……，直到將所有資料類型均介紹完畢。採用這種方式，是想對單一資料型態，一系列由淺入深，進行深入探討，並適時加入相關之函數，使其內容更充實、更實用。這樣的方式，比較容易舉例，且也較有連貫性。這是累積多年上課之經驗才摸索出來的，學生反應與學習效果都不錯。希望讀者也能獲得最大的收穫！

為方便教學，本書另提供教學投影片與各章課後習題，採用本書授課教師可向碁峰業務索取。

撰寫本書雖力求結構完整與內容詳盡，然仍恐有所疏漏與錯誤，誠盼各界先進與讀者不吝指正。

楊世瑩 謹識

目錄

CHAPTER 1 Access 簡介

CHAPTER 2 資料庫基本動作

CHAPTER 3 建立資料表

CHAPTER 4 資料表進階設定

CHAPTER 5 建立『員工』資料表

CHAPTER 6 記錄管理

CHAPTER 7 資料表外觀

CHAPTER 8 索引與排序

CHAPTER 9 篩選

CHAPTER 10 查詢

CHAPTER 11 進階查詢

CHAPTER 12 交叉資料表與動作查詢

CHAPTER 13 關聯

CHAPTER 14 表單

CHAPTER 15 報表

CHAPTER 16 自行設計報表

CHAPTER 17 巨集

下載說明

本書範例、Chapter18 電子書請至 http://books.gotop.com.tw/download/AED004400 下載。其內容僅供合法持有本書的讀者使用，未經授權不得抄襲、轉載或任意散佈。

Access 簡介

1-1 Access是什麼

Access是什麼？Access是一套用在Windows內的資料庫管理系統。事實上，我們日常生活上，就已經有很多事情是以資料庫管理模式來處理。

簡單的說，『資料庫』就是為某一特定目的而蒐集的資料或檔案。依此定義，隨便找一下，可發現我們手邊就同時存在著好幾個『資料庫』。像：親友通訊錄、名片夾、行事曆、收支帳冊收支帳冊、存款簿、支票管理簿、……等。

面對這些資料庫，我們隨時會有著一堆管理工作要做，這就是資料庫管理。以電話簿這個資料庫來說，其管理工作為：

- 彙總收集：將今天收到之名片或隨手記下的親友電話找出來
- 增/刪：填寫（輸入）新的親友電話，或將不存在之電話刪除
- 整齊排列：將電話簿內容依姓名筆劃或英文字母順序排列（排序）
- 查詢：找某人之電話或地址
- 修改：地址或電話變更

什麼，這就是資料庫管理？這不就是我們日常生活上天天都在做的事嗎？沒錯，我們就是這樣，以資料庫管理模式來處理每一天日常生活的大小事情。您說，它難嗎？一點也不難，對不對？

但是，這些工作若管理不善，東西亂擺，毫無順序，則每次要使用時均得東翻西找的，既浪費時間且不一定找得到。就算於電話簿上找到某人之姓名，但卻因自己疏忽而忘了更新電話，還是等於白找！如此，它們只不過是一堆雜亂無章，且並不一定有使用價值的資料。若能妥善加以收集彙總，並有組織的安排存放。當每次要取用時，它均可迅速確實地提供所需之資料，它就是有使用價值的訊息。

由於，我們所面臨之資料庫愈來愈多，且資料量愈來愈龐大。以人腦來處理已逐漸無法勝任，故而得借助電腦來幫忙。使用電腦的資料庫管理系統，就是希望以電腦的快速處理速度及其大量的儲存能力，來輔助人們管理日常生活或企業活動上所需面對的龐大資料。如：公司內員工基本及薪資資料、客戶基本資料、庫存、進出貨、產品型錄、……，學校內教職員工資料、學生基本資料及成績、……，圖書館內的圖書、CD、DVD、報章雜誌、……，醫院的病歷、藥品的進出及存量、病房管理、……等，實不勝枚舉。

1-2 啟動Microsoft Access

欲執行Microsoft Access中文版，可於Windows的『開始』畫面，點選 Access 圖示，將獲致下示之初始畫面：

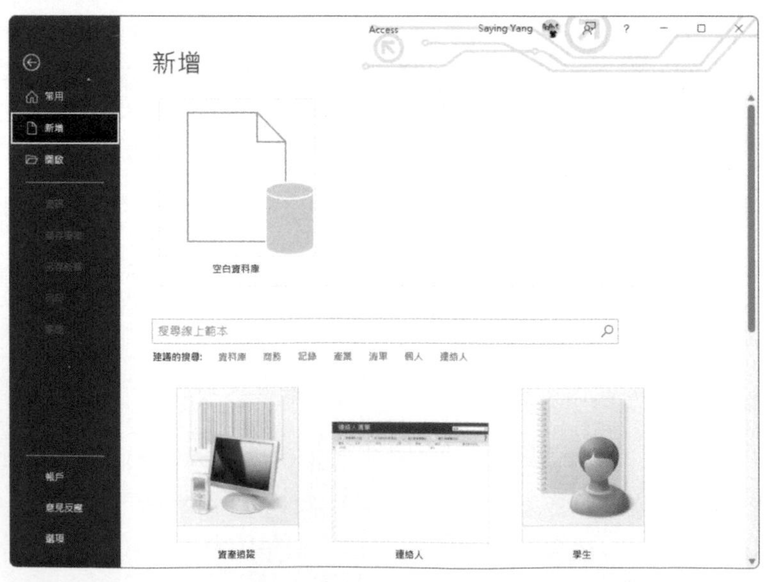

中央提供有各類之範本，供使用者選用。但由於各範本所牽涉到之相關內容，甚為廣泛且複雜，並不是初學者能瞭解，故我們先暫時不必加以理會。

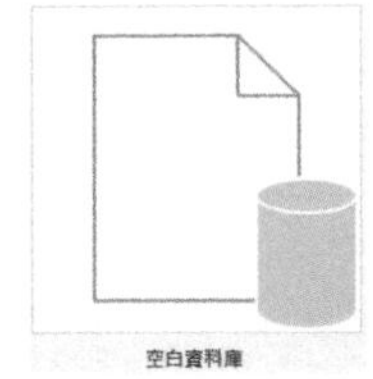

畫面第一列之『空白資料庫』圖示：

可讓我們建立一個全新之空白資料庫：(詳下章說明)

1-3 離開Microsoft Access

欲離開Access中文版，可以下列方式達成：

- 執行「檔案/關閉」
- 以滑鼠左鍵單按位於Access視窗最右上角的 × 按鈕
- 以滑鼠左鍵雙按位於Access視窗最左上角的空白處
- 按 Alt + F4 鍵

均可結束執行，離開Access。

若所編輯之資料庫檔案未曾更動過，或者是其等均已事先存檔。將可結束執行，離開Access；否則，將顯示提示，要求存檔。

1-4 認識Access視窗

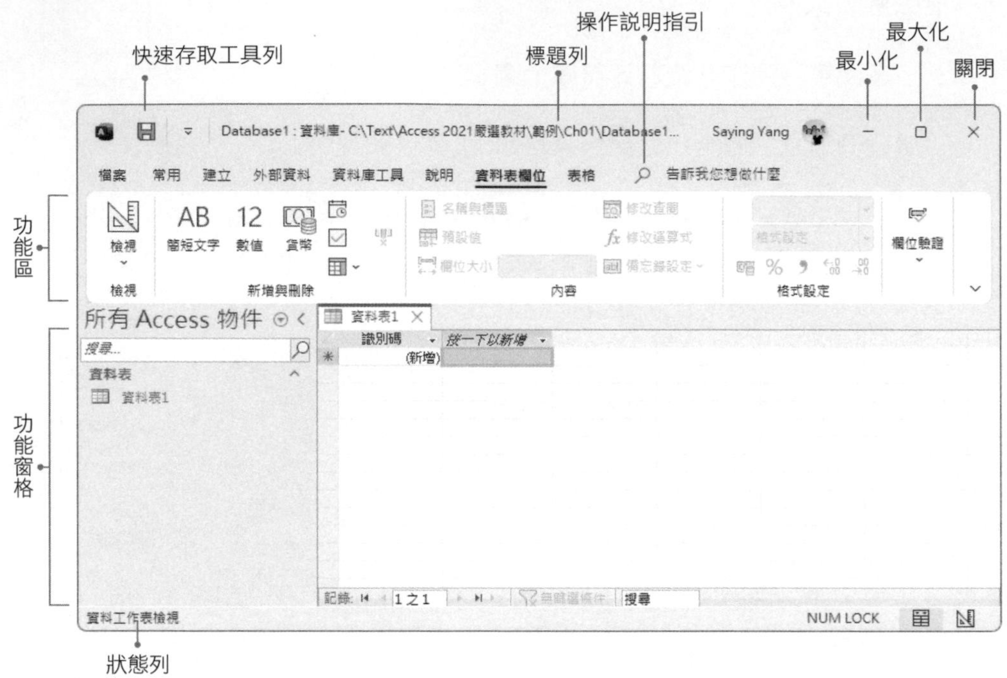

在使用Access前，應先熟悉其視窗各部位。茲將其上各部位，由左而右由上而下分別說明如下：

Access視窗功能按鈕

Access視窗最左上角之空白處（磁碟圖示的左邊），為『Access視窗功能按鈕』，直接雙按，可關閉Access視窗。若單按左鍵，還可選擇要對視窗進行：還原、移動、調整大小、最大化、最小化或關閉視窗。（係以方向鍵進行調整或移動）

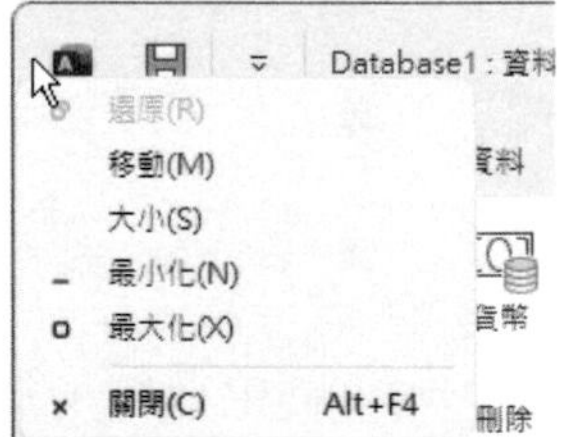

快速存取工具列

Access視窗最上方第一列，稱之為『快速存取工具列』：

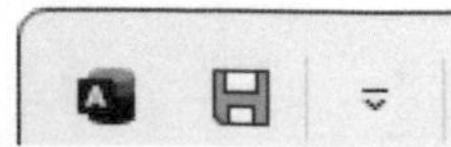

由於無論如何切換，此工具列固定永遠會顯示於Access視窗畫面上，故為操作時最方便取得之工具按鈕。欲自訂其按鈕內容時，可以滑鼠左鍵單按其右側之下拉鈕，就所示之清單，選擇欲增加或移除那個指令按鈕：

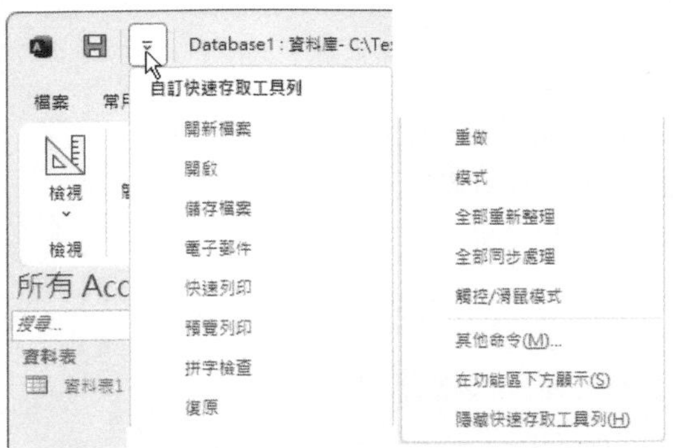

若想要新增之指令按鈕並不在其中，可選「其他命令(M)...」轉入『Access選項』視窗去進行選擇：

欲轉入『Access選項』視窗，亦可執行「檔案/選項」，或於『快速存取工具列』上單按滑鼠右鍵，選「自訂功能區(R)…」：

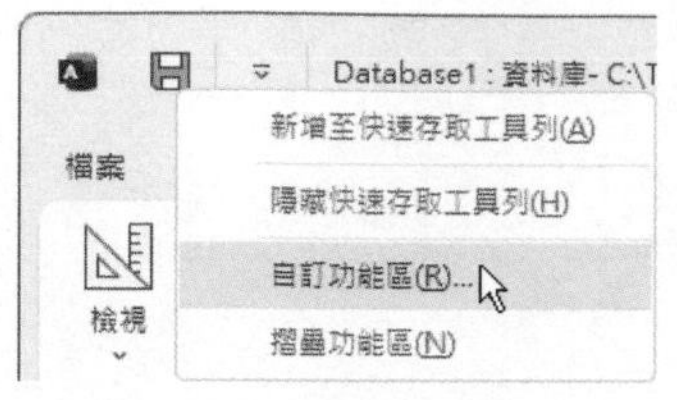

若於『快速存取工具列』以外之功能區上，看到其他常用之指令按鈕，亦可於該按鈕上單按滑鼠右鍵，選「新增至快速存取工具列(A)」：

即可將該按鈕新增到『快速存取工具列』：

反之，若欲直接移除原已存在於『快速存取工具列』上之某一按鈕，則可於該按鈕上單按滑鼠右鍵，續選「從快速存取工具列移除(R)」：

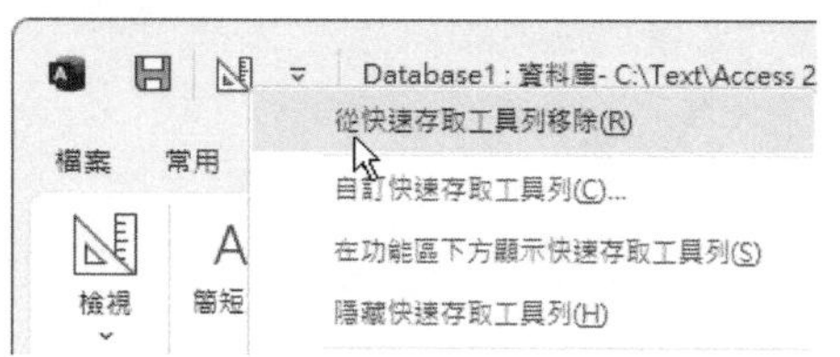

檔案按鈕

以滑鼠左鍵單按Access視窗最左上角之「檔案」檔案按鈕，可顯示與檔案有關的功能表：

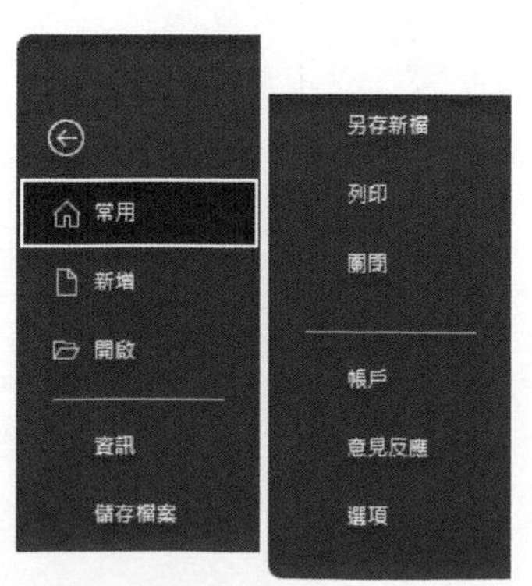

可用來：查檔案資訊、新增、開啟、儲存檔案、另存新檔、列印、關閉、……、設定Access選項。

完成所欲執行之動作；或按最上面之 ⊖ 箭頭按鈕，可回到原處理中之資料庫。

標題列

視窗畫面最上面一列為視窗標題，指出目前使用中之資料庫檔案的檔名。

小秘訣

以滑鼠左鍵雙按標題列，亦可『往下還原/最大化』Access視窗。

最小化按鈕

單按最小化按鈕（ - ），會將執行中之Access視窗轉為工作列上之小圖示：

續於其上單按滑鼠，可使其還原。

最大化按鈕

最大化按鈕（ ◻ ）外觀為一個大視窗，會把Access視窗放大到佔滿整個螢幕。

關閉按鈕

關閉按鈕（ × ）可用以關閉Access視窗並結束工作。

還原按鈕

於視窗處於最大化之情況下，原 ▢『最大化』按鈕會轉為內含兩個小視窗之『往下還原』按鈕（ ⧉ ），可將視窗還原（縮小）成前階段之大小。

功能區

『功能區』是Access用來替代原舊版Access功能表指令及工具列之工具按鈕。可讓使用者僅以簡單之按鈕，替代掉過去舊版Access之功能表指令。

『功能區』內的每一部位係為方便使用者瀏覽而設計的，其內主要分為三個區塊：

1. 索引標籤：現階段可執行之功能分為幾個大類別：『檔案』、『常用』、『建立』、『外部資料』、『資料庫工具』、……。選用每一個標籤，可於其下方顯示出該類別內可用之群組及其所屬之指令按鈕。如，『建立』索引標籤之部份外觀為：

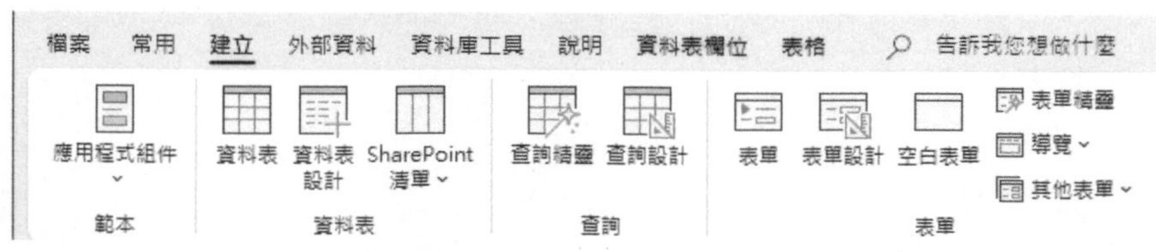

2. 群組：『功能區』中，每一個索引標籤內，均包含數個該類別內可用之群組。如：『常用』索引標籤內，即包含了：『復原』、『檢視』、『剪貼簿』、『排序與篩選』、『記錄』、……等幾個群組。其部份外觀為：

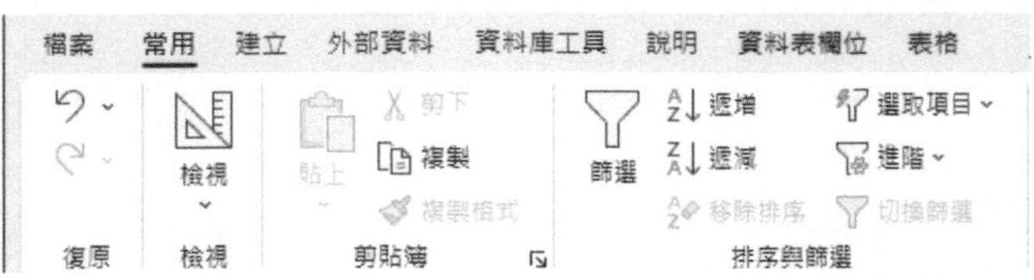

3. 指令按鈕：每一個索引標籤下的每一個群組內，也均包含了數目不等之指令按鈕。如，『常用』索引標籤之『剪貼簿』群組，即擁有：『貼上』、『剪下』、『複製』與『複製格式』等四個指令按鈕。

小秘訣

指令按鈕下方（或右側）安排有三角箭頭按鈕圖示者，表Access已為其另備有次功能選項。如：

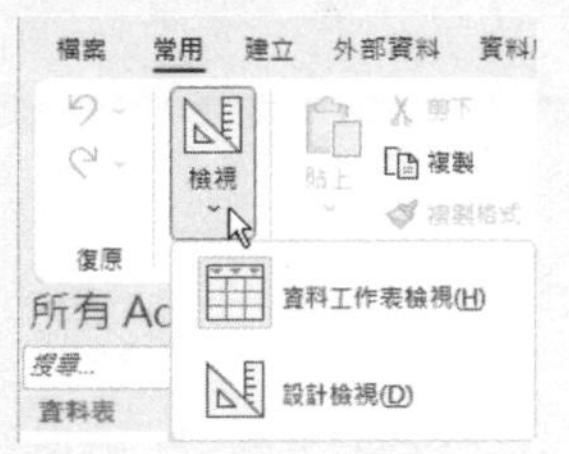

若接有連結符號（...）者，表示將轉入另一對話方塊以進行選擇。有些常用功能，除備有工具按鈕外，尚提供有快速鍵。

小秘訣

一般言，絕大多數的工作係利用功能區之指令按鈕來逐步處理。但Access為方便使用者，當使用者按滑鼠右鍵（鍵或 Shift ＋ F10 ）將提供一『快顯功能表』：顯示當時狀況下，所有可能會使用到的相關指令功能表。如此，因縮小選擇範圍且通常會省下幾個執行步驟，故執行起來會較快。

功能窗格

『功能窗格』位於Access視窗左側，用以顯示各類資料庫物件之名稱。

雙按物件之名稱，可以開啟其內容。其上之向下按鈕，提供有安排各類物件顯示方式的功能表：

當物件內容較多時，可利用它來顯示/隱藏某些內容，或安排其排列方式。更便捷的方式為：直接於上方之『搜尋』處，輸入物件名稱，進行搜尋。

『功能窗格』右上角之 < 按鈕（或按 F11 鍵），可用來縮小（隱藏）功能窗格，以加大其右側『Access文件視窗』的使用空間：

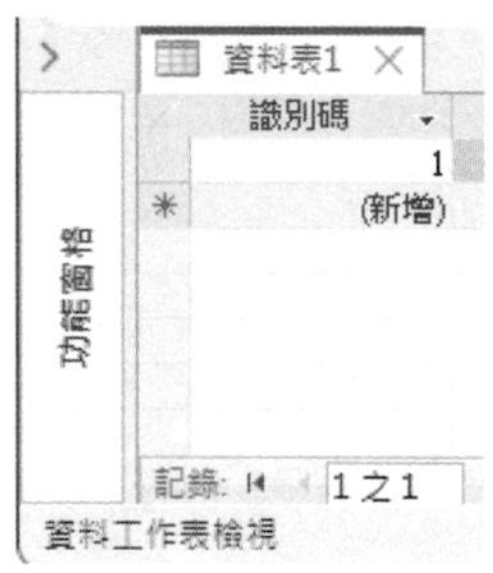

利用 > 鈕（或按 F11 鍵），可還原『功能窗格』。

文件視窗

『功能窗格』右側，目前有『資料表1』的那一塊，是Access視窗中，最大的窗格，Access稱之為『文件視窗』。其內可安排所有正在處理之物件，如：資料表、查詢、表單、報表、……。這是以後我們工作的最主要區域，Access係採文件索引標籤方式，來安排這些物件，這樣可以使它們不致於因重疊而不易找到各物件內容。

狀態列

Access視窗畫面，最下方的一列稱為狀態列，可顯示與目前處理中之工作有關的一些狀態。

將來也可能會有要執行之動作的提示或顯示其工作進度。最右側，還有大寫鎖定鍵、數值鎖定鍵、資料表檢視按鈕與設計檢視按鈕。

1-5 功能區的補充說明

只有在需要時才會顯示的索引標籤

除了平常固定可看到之『檔案』、『常用』、『建立』、『外部資料』、……等幾個索引標籤外；還有幾個索引標籤，得等到選取某類物件或另行設定後，才會顯示。如：『資料表欄位』是因為開啟某一資料表才會顯示：

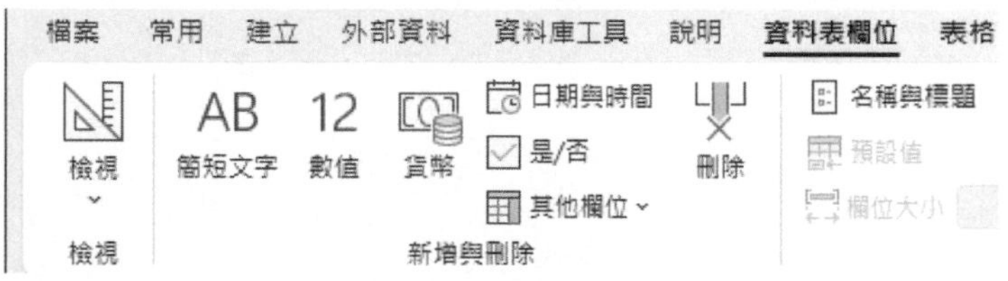

對話方塊啟動器

事實上，每個群組內，所提供的指令按鈕，還是有許多更細部的工作，是無法僅單按一個指令按鈕即可達成的。故而，『功能區』中，大多數群組的右下角，均備有一個『對話方塊啟動器』按鈕：

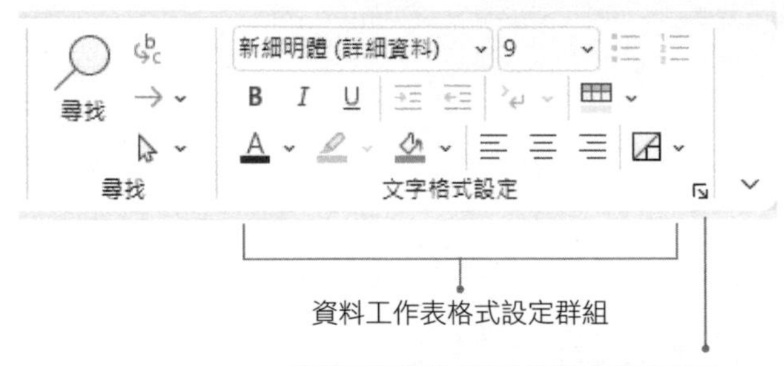

以滑鼠左鍵單按該鈕，會開啟相關對話方塊，提供更多與該群組相關的選項。如：選按『資料工作表格式設定』對話方塊啟動器，將顯示『資料工作表格式設定』對話方塊，供使用者針對目前之資料工作表進行更細部之字型格儲存格效果、格線、背景及框線樣式設定：

1-6 Access的物件

Access將所有東西均以物件（Object）來稱呼，任何一個Access資料庫檔，無論是一個尚未擁有任何記錄內容的全新資料庫檔，或是一個已存在且使用多時的舊資料庫檔，均可同時擁有數種不同類型之物件。不過，除資料表是必要的外，其餘皆為可有可無。

資料表（Table）

首先，讓我們先開啟範例之『範例\Ch01\中華公司.accdb』資料庫檔案，然後再來逐步解釋什麼是資料表？其開啟步驟為：

Step 1 開啟您所下載的本書範例，切換到『範例\Ch01』資料夾

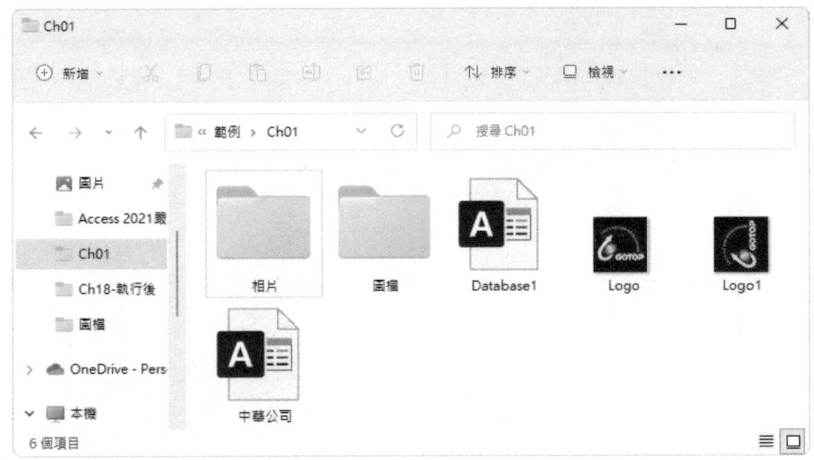

Step 2 以雙按滑鼠左鍵之方式，開啟『中華公司』範例資料庫檔案。於左側『功能窗格』，以滑鼠左鍵雙按『員工』。開啟『員工』資料表

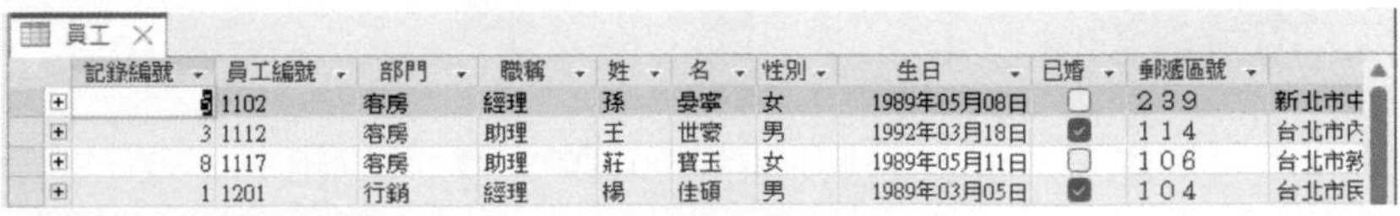

員工

記錄編號	員工編號	部門	職稱	姓	名	性別	生日	已婚	郵遞區號	
5	1102	客房	經理	孫	晏寧	女	1989年05月08日	☐	239	新北市中
3	1112	客房	助理	王	世豪	男	1992年03月18日	☑	114	台北市內
8	1117	客房	助理	莊	寶玉	女	1989年05月11日	☐	106	台北市敦
1	1201	行銷	經理	楊	佳碩	男	1989年03月05日	☑	104	台北市民

可看到一個資料表，是由m列×n欄的表格所組成。每一列即為一筆記錄（record），每一欄即為一個欄位或資料欄（field）。

一個或以上的字元可組成一個資料欄，一個或以上的資料欄可組成一筆記錄，一筆或以上的記錄可組成一個資料表，一個或以上的資料表可組成一個資料庫。而一個資料庫的規格上限為：

資料表名稱	最多64個字元
欄位名稱	最多64個字元
開啟之資料表上限	2048個
記錄數	十億筆
資料欄	255欄
文字欄內容	255個字元
一筆記錄總字元數	4000個字元（不含OLE及備忘）
OLE物件欄位大小	1GB
資料表大小	2GB減去系統物件所需的空間
備忘資料欄位上限	65,536個字元，以程式輸入可達2GB
資料表索引數	32
索引的欄位數目	10

最後，我們才來說明什麼是Access的資料表。資料表是Access資料庫用來存放資料的地方，其內擺放著一組為某種目的而蒐集在一起『有組織』的資料。使用者可在資料表上進行檢視資料、查詢、增/刪記錄、更新資料、……。對資料庫言，資料表是必要的。

也就是說，一個資料庫，至少得擁有一個或以上的資料表。它除了儲存資料外；也是將來建立查詢、表單或報表的來源。更進一步地說，Access資料庫其實就是架構在資料表之上。

查詢（Query）

其實，針對資料庫的管理工作，如：增/刪、修改、查詢、列印、排序、……等。其中，使用最頻繁者，則非查詢莫屬了。初建檔時，雖得花點時間。但一旦資料建立後，往後的增/刪記錄及修改資料等，均只須耗用極短的時間而已。反倒是日常應用上的查詢工作，才是真正佔去使用資料庫的大部份時間。如：查下個月生日之壽星名單、各部門上個月的業績、已訂貨而尚未送貨的產品、目前某產品的庫存量、某客戶之地址及電話、……，實在太多了。

由於，一個資料庫內可擁有很多個資料表；而一個資料表又可同時擁有多個資料欄，且每個資料表的記錄筆數也很多。故而，不可能每次查詢，均將整個資料庫內容全數顯示出來。如此，不僅浪費時間，也不好閱讀。因此，只要將針對該次查詢想獲得的資料，提供出來給使用者就足夠了。

所以，Access資料庫內的查詢，就是針對一個或幾個資料表，依某一組特定的條件，過濾出符合條件之記錄，且將其資料欄經過縮減、運算或合併，以便適時提供適量、正確有效的內容給使用者。

這些查詢工作，若較為單純且使用頻率不是很高時，可直接在資料表上進行。但若是過程複雜且使用頻率高，為方便日後重複使用，而將其存檔，就變成是Access的查詢物件。如，於左側『功能窗格』之『查詢』群組內，可看到其所有的查詢：

由其名稱已大概可知道其作用。再找個查詢（如：2022一月份小計）直接雙按，將其開啟：

2022一月份小計

員工編號	部門	職稱	姓	名	一月
1102	客房	經理	孫	晏寧	$3,233,900
1112	客房	助理	王	世豪	$2,808,900
1117	客房	助理	莊	寶玉	$1,882,400
1201	行銷	經理	楊	佳碩	$3,637,700

若再按左上角『常用/檢視/設計檢視』鈕，轉入此查詢的設計檢視：

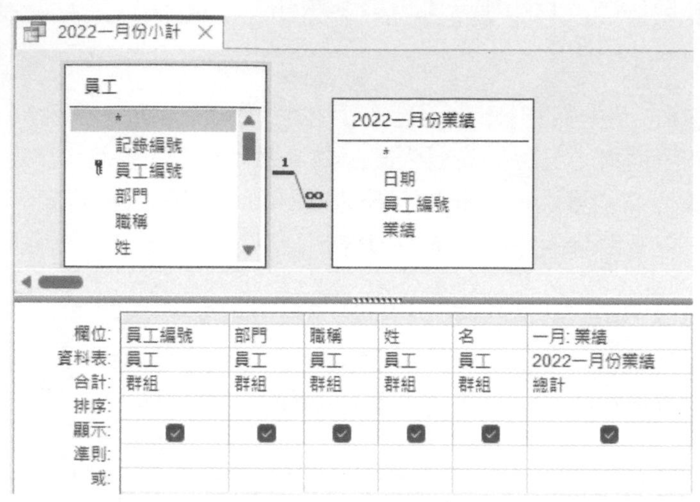

由其上半部可查知，此一查詢係透過『員工編號』欄，將『員工』與『2021一月份業績』兩個資料表連結在一起，其中之關聯為一對多（1→∞，一個員工可有多筆業績）。

由其下半部可查知，此一查詢係選擇性的取得必要之欄位而已，其中左邊幾個欄位是分群的群組依據；最右邊之『一月:業績』欄，則是求分組後之業績總計。

小秘訣

除了資料表外，查詢結果也可做為另一次查詢、表單或報表之來源。如：將某次查詢結果，依特定格式列印出報表。

表單（Form）

由於，資料表及查詢之結果均為m列×n欄之表格，一筆記錄係以一列之方式置放，當欄位較多時，經常得向右捲動幾個畫面，才能讀完一筆記錄。不僅查閱不便，且其外觀也與該記錄實際所使用之表格有所不同。像一張訂貨單、出貨單、發票、身份證、員工資料表或學生之學籍資料卡、……等，原本一張經規劃過整齊美觀的表格，於資料表或查詢結果，均只能轉存為一列而已。並無法以原記錄表格的外觀呈現出來，無論於編修或查閱，均多少會帶來一些不方便。

Access之表單物件就是為彌補前述缺點所設計之產物，它可以讓使用者很有彈性的安排資料欄位置，以達到完全接近於該記錄實際使用之表格的外觀（甚至可安排上圖片或照片）。

如，於左側『功能窗格』之『表單』群組內，可看到其所有的表單：

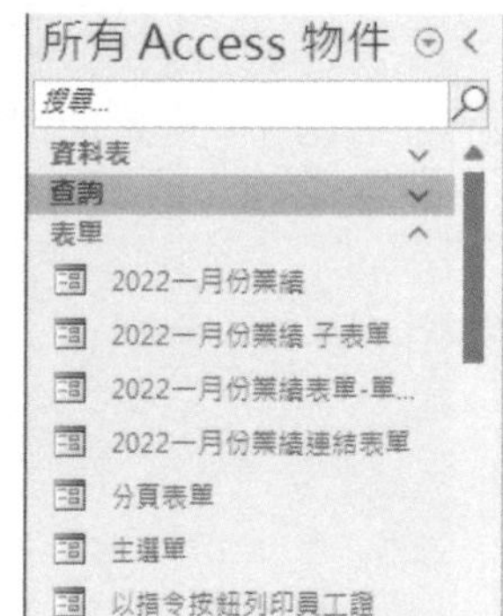

由其名稱已大概可知道其作用。再找個表單（如： 員工-單欄式有背景表單 ）直接雙按，將其開啟：

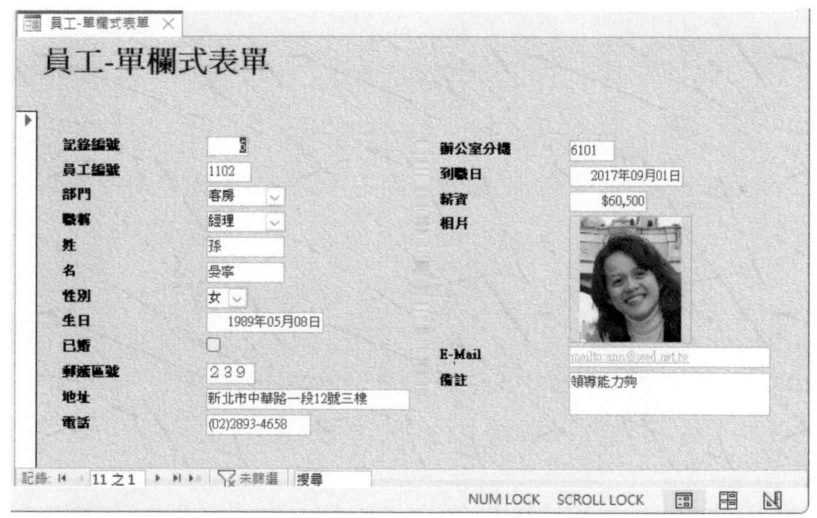

可發現以此近乎實際表格之表單編修或查閱記錄內容，不僅花俏、美觀、方便、親切且更人性化！但其缺點就是一個畫面只有一筆記錄而已！

這類表單，也可用來安排主/次選單。如，雙按『主選單』表單之圖示（ 主選單），將獲致：

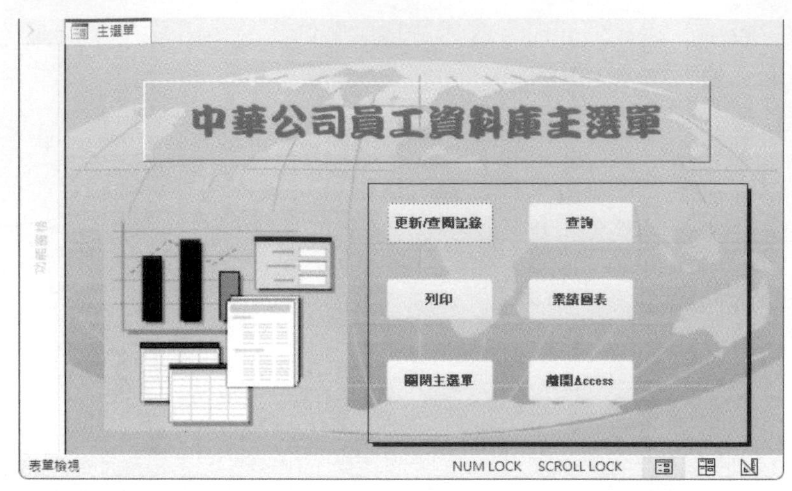

可用來執行其內所安排之巨集。（最後，請按 關閉主選單 鈕離開）

報表（Report）

無論是資料表、查詢或表單，除了由螢幕上進行檢視外，也仍有可能會要將其轉為報表，由印表機列印出紙本文件，發送給其他人閱讀或存放。

事實上，資料表、查詢或表單本身，就均備有將檔案列印成報表的功能。因此，若只是單純為著將檔案印出來，根本就不須使用到Access報表物件。

Access之報表物件的作用，不單只是將資料列印出來而已，它還可以將資料經過排序、分組、格式化並求算分組及全體的統計量（如，總計、平均數、……）、統計圖表（直條圖、圓形圖、……）、郵寄標籤、信封或明信片。除了可於螢幕上進行檢視外，還可將其送到印表機列印出來。

讓我們開啟幾個報表來預覽列印，如，於左側『功能窗格』之『報表』群組內，可看到其所有的報表：

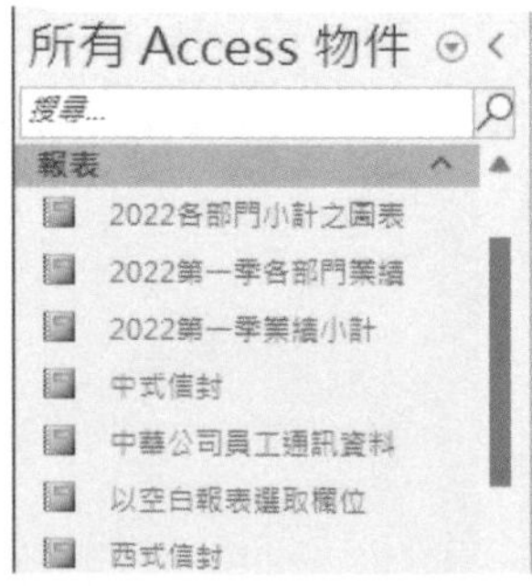

於「 中式信封 」上直接雙按，可開啟一中式信封報表：（請捲動一下右側之垂直捲動軸，看看其他筆記錄之信封）

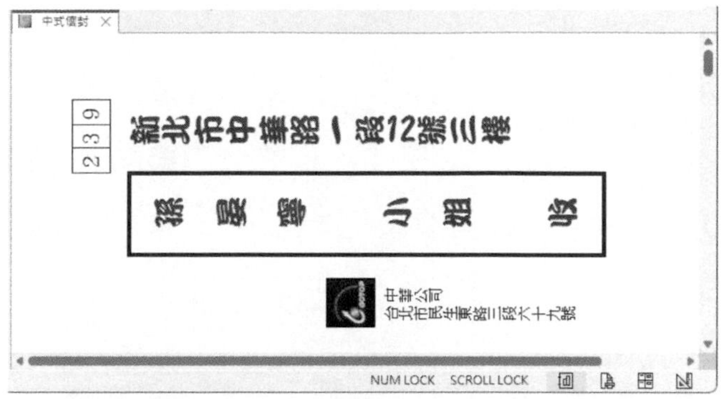

於「 2022第一季業績小計 」上直接雙按，可開啟一依部門進行排序分組並求算小計、總計及縱向百分比之報表：

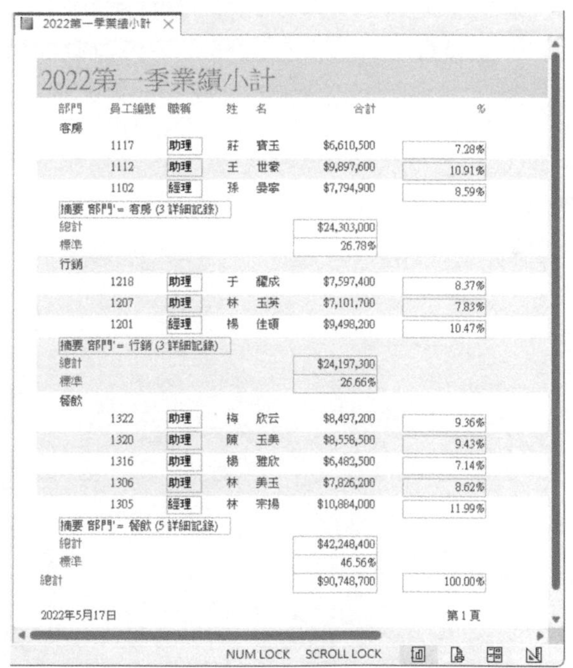

2022第一季業績小計

部門	員工編號	職稱	姓	名	合計	%
客房						
	1117	助理	莊	寶玉	$6,610,500	7.28%
	1112	助理	王	世豪	$9,897,600	10.91%
	1102	經理	孫	晏寧	$7,794,900	8.59%
摘要 '部門' = 客房 (3 詳細記錄)						
總計					$24,303,000	
標準					26.78%	
行銷						
	1218	助理	于	耀成	$7,597,400	8.37%
	1207	助理	林	玉英	$7,101,700	7.83%
	1201	經理	楊	佳碩	$9,498,200	10.47%
摘要 '部門' = 行銷 (3 詳細記錄)						
總計					$24,197,300	
標準					26.66%	
餐飲						
	1322	助理	梅	欣云	$8,497,200	9.36%
	1320	助理	陳	玉美	$8,558,500	9.43%
	1316	助理	楊	雅欣	$6,482,500	7.14%
	1306	助理	林	美玉	$7,826,200	8.62%
	1305	經理	林	宗揚	$10,884,000	11.99%
摘要 '部門' = 餐飲 (5 詳細記錄)						
總計					$42,248,400	
標準					46.56%	
總計					$90,748,700	100.00%

2022年5月17日 第 1 頁

NUM LOCK SCROLL LOCK

巨集（Macro）

巨集是將連串的複雜操作過程及指令，彙總成一簡單的單一按鈕動作或指令，以方便後續之處理。使用Access的巨集並不用撰寫程式，大多數連指令都不用輸入，以簡單的拖曳，或自選單內進行選擇指令並加入引數（如：選擇開啟資料表後，可另選擇是否以唯讀方式開啟、……），即可完成。

如將前面獨立存在的查詢、表單或報表，透過安排之主選單：

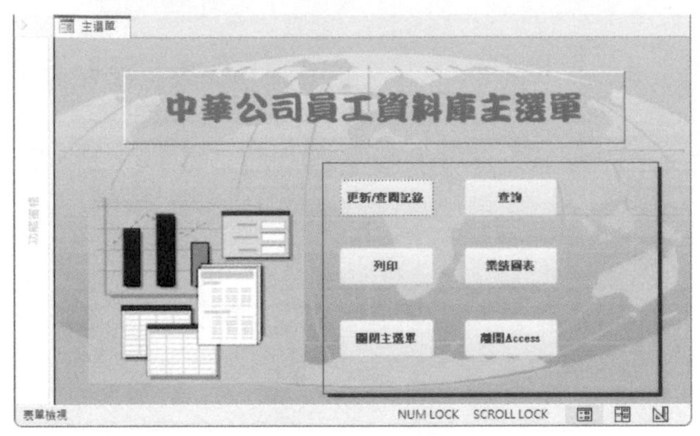

每個按鈕內，安排上簡單的巨集，以開啟物件並執行其內所設計之內容。使用者可於其上選按要執行之動作按鈕，即可自動開啟某一物件並執行其內所設計之內容。如：進行更新資料、查詢、列印標籤或報表……等。

對於內容較多之動作，可於主表單內將其分類，然後再轉入次表單進行後續之選擇，逐層分類下來，層次分明以利使用者進行選擇。如：要列印報表，選按前面主表單內的 列印 鈕，將續轉入下圖，等待選擇要列印何種報表。

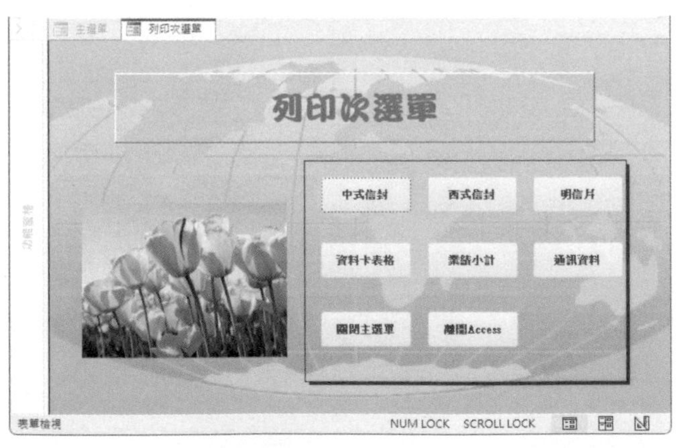

等待選擇要列印何種報表？

ACCESS

CHAPTER

2

資料庫基本動作

2-1 建立空白資料庫—初開啟Access時

於初開啟Access時，建立空白資料庫的步驟為：

Step 1 於Windows的『開始』畫面，點選 Access 圖示，獲致初始畫面：

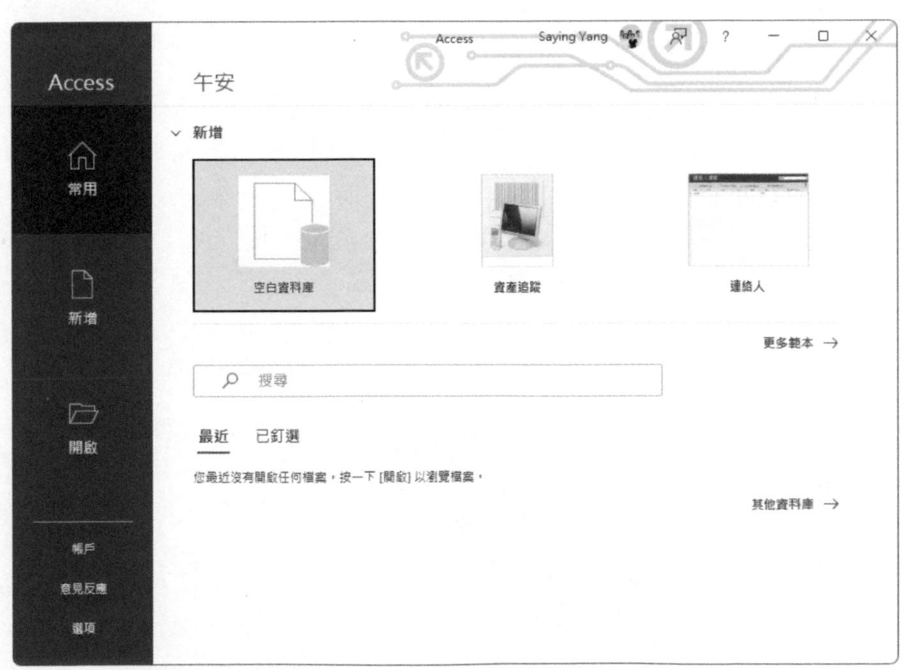

Step 2 於畫面第一列左側，選按『空白資料庫』圖示，轉入

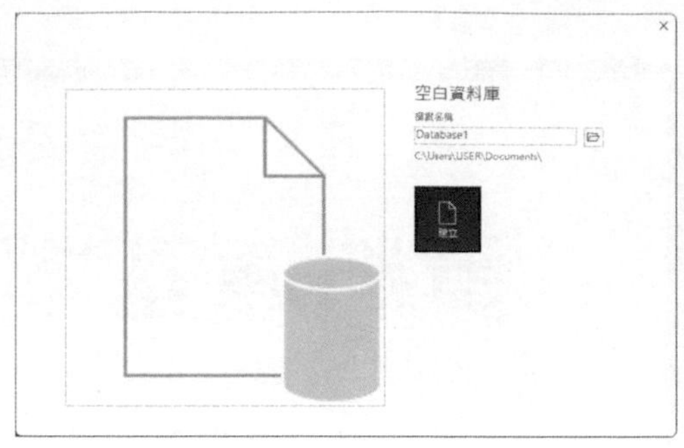

Step 3 於『檔案名稱』文字方塊，輸入檔案名稱（預設檔名由初開啟Access後，依序安排為：Database1、Database2、……，但為了記憶上的方便，我們通常會加以改變，目前為練習階段，本例仍維持使用『Database1』之檔名）

Step 4 按『檔案名稱』文字方塊右側之 鈕，轉入『開新資料庫』視窗，選擇要將其存放於何處？本例選擇要將其建立於『C:\Text\Access嚴選教材\範例\Ch02』資料夾

Step 5 按 確定 鈕，回Access初始畫面，『檔案名稱』處，除可看到其完整檔名（Database1.accdb）外；下方尚可看到其完整之路徑

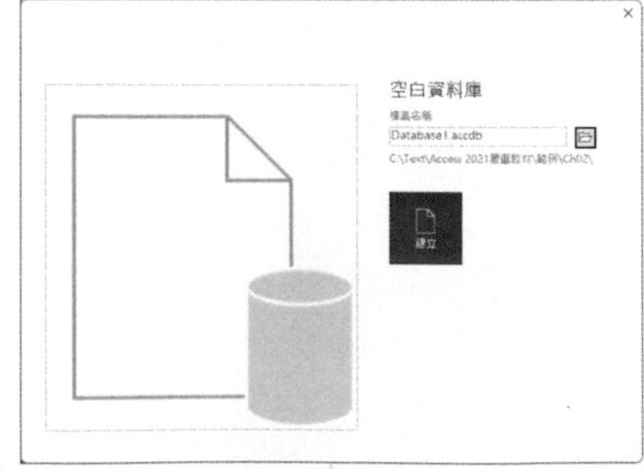

附加名.accdb（Access Data Base）係Access 2007~2021專屬的附加檔名，舊版的Access 2003則為.mdb（Microsoft Access Data Base）。Microsoft仍維持其一貫的作法，新版可開啟舊版的檔案；反之，則否！

Step 6 隨後，按 建立 鈕，即可依所指定之檔名及存放位置，建立一完全空白之資料庫檔案

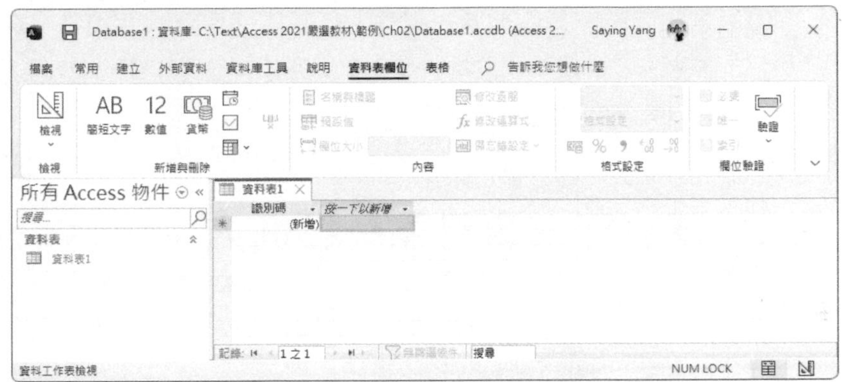

目前畫面是正在等待使用者建立一個新的資料表，其預設名稱為『資料表1』，建妥後存檔時，仍允許使用者變更其名稱。

至此，已建立一檔名為『Database1.accdb』之資料庫檔。由前章之說明，知道一個資料庫內可含有幾種物件：資料表、查詢、表單、報表、……。但目前一個物件也還沒有建立，『Database1.accdb』資料庫檔還只是一個空白的資料庫而已！

2-2 關閉資料庫

若仍並不想關閉整個Access，而只是要關閉目前所開啟之資料庫檔。可以下列方式進行：

- 執行「檔案/關閉」
- 執行「檔案/開啟舊檔」直接開啟另一個資料庫檔
- 建立新的資料庫檔

均會將目前使用中之資料庫檔關閉，但並不會關閉Access。關閉資料庫後，Access內將無任何資料庫。

若是選按Access視窗最右上角的 × 按鈕，則是會關閉Access。

若想同時開啟多個資料庫檔，於開啟一個資料庫檔後，再執行一次Access（或直接雙按其他資料庫檔的檔案圖示），另外開啟其他資料庫檔，則不會關閉先前之資料庫檔。

2-3 建立空白資料庫—已進入Access後

已進入Access後，若要建立新的資料庫，可執行「檔案/新增」（或按 Ctrl + N 鍵），回到Access初始畫面：

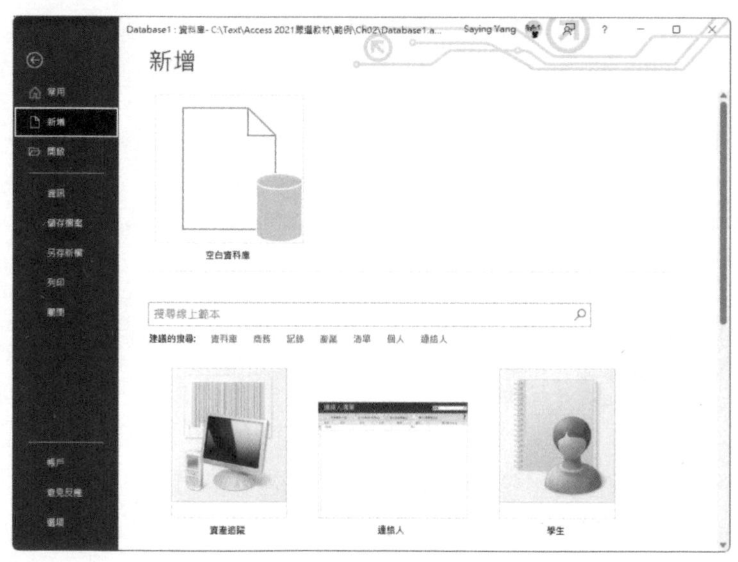

即可依前述之建立步驟，建立一個新的資料庫檔。建妥檔案後，即會自動關閉目前使用中之資料庫檔（Database1.accdb）。

本例將此一新資料庫檔命名為『中華公司.accdb』供後文使用，存於『C:\Text\Access嚴選教材\範例\Ch02』資料夾：（即您自碁峰網站所下載的『範例\Ch02』資料夾）

2-4 開啟資料庫檔案

若想要開啟已建妥之『中華公司』資料庫檔案，可於初始畫面：

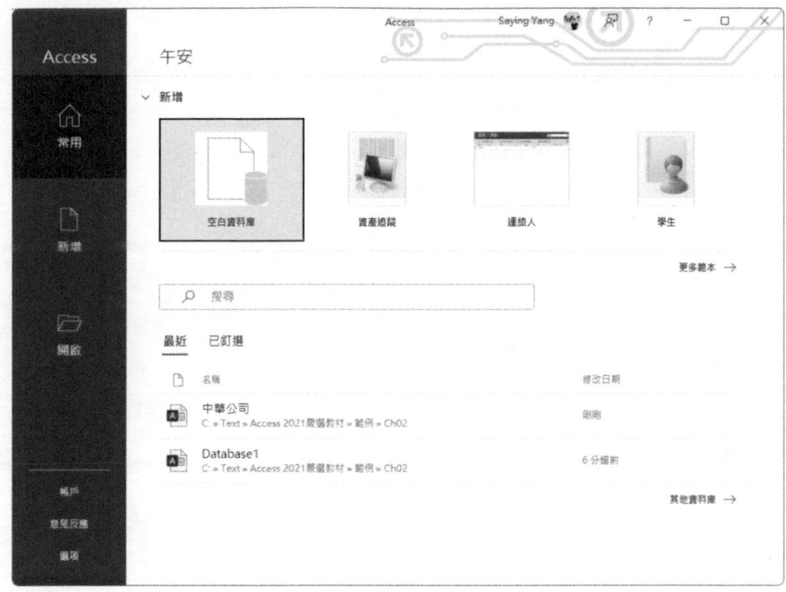

以下列任一方式進行開啟：

- 以滑鼠點選「中華公司 C: » Text » Access 2021 聚備教材 » 範例 » Ch02」檔名
- 執行「檔案/開啟舊檔」（或按 Ctrl + O 鍵），轉入

若檔名在畫面上，則於右側直接選案檔名；若檔名不在畫面上，則雙按「瀏覽」圖示，轉入『開啟資料庫』對話方塊：

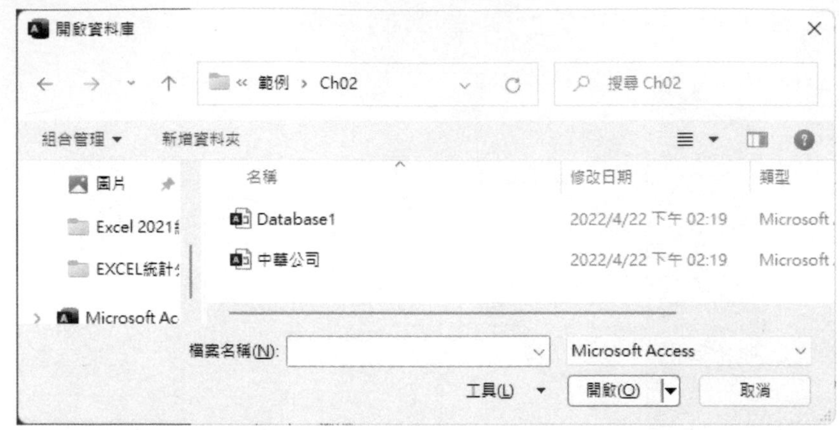

以滑鼠雙按「中華公司」檔案圖示；或選取該檔案圖示後，續按「開啟(O)」鈕，即可開啟該先前所建立之『中華公司』資料庫檔。

若尚未開啟Access，亦可轉入『中華公司』資料庫檔案所在之資料夾：

以滑鼠雙按『中華公司』之檔案圖示，也可以先開啟Access，續打開『中華公司』資料庫檔案。

2-5 注意事項

無論採取何種方法，於開啟一個已存在之舊資料庫檔案後，功能區下方會顯示一個『安全性警告』:

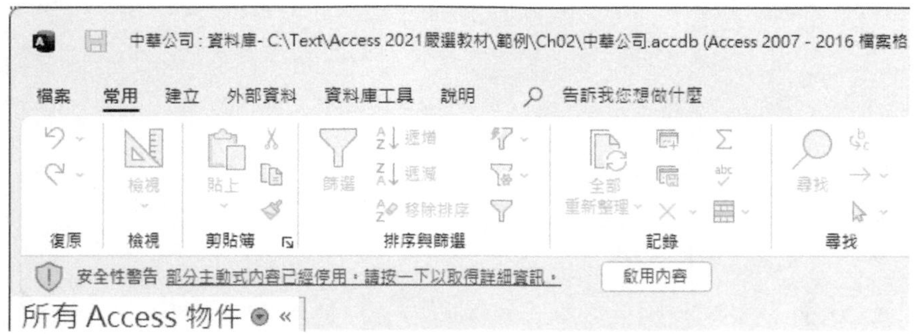

這是Access的安全防護措施。若我們確認此一檔案無安全之顧慮，記得選按 啟用內容 鈕，功能區下方『安全性警告』會消失。

雖然，即使沒有選按 啟用內容 鈕，過一陣子，『安全性警告』也會自動消失。但會使我們後續的很多動作無法進行。這是我上課時，很多學生常碰到的問題，做了半小時或一小時，才發現有的修改、設定或建檔並無法儲存，當然也無法有預期之執行效果。這點要特別注意！這點真的很重要，容我再強調一次，免得於上課或自我練習時，遭到莫名其妙的挫折感。

2-6 設定信任位置

若想一舉避免掉每次均得設定安全性選項之麻煩，可以下示步驟進行設定：

Step 1 執行「檔案/選項」點選左下角之「信任中心」，轉入

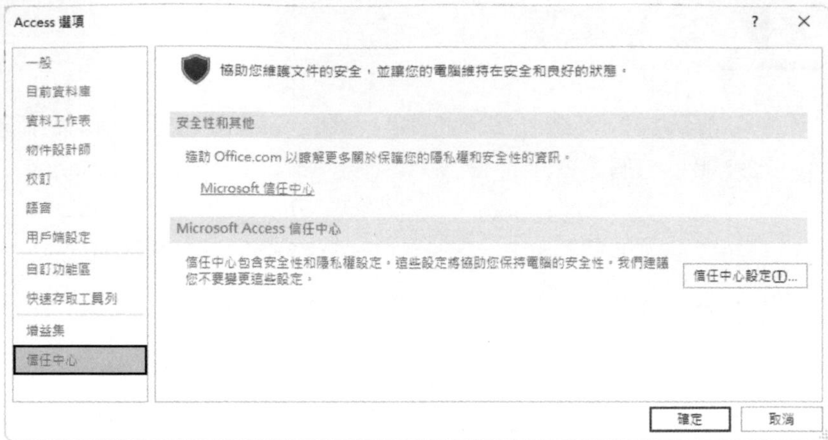

Step 2 按 信任中心設定(T)... 鈕，於左側選『信任位置』標籤

Step 3 按 新增位置(A)... 鈕，轉入

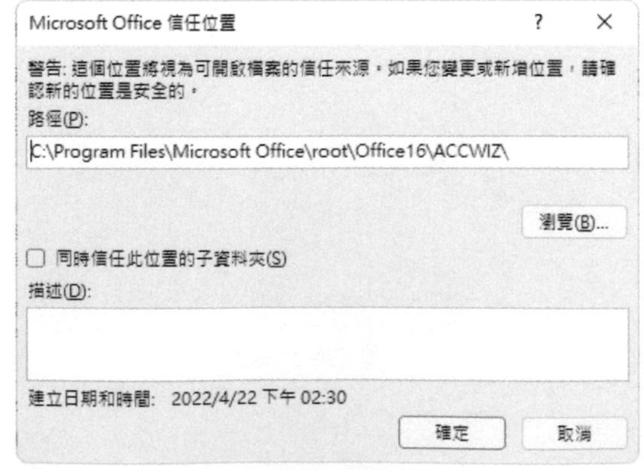

Step 4 按 瀏覽(B)... 鈕，轉入我們經常使用來存放資料庫檔案的位置，如本書所有範例均係存於『C:\Text\Access 嚴選教材\範例』資料夾

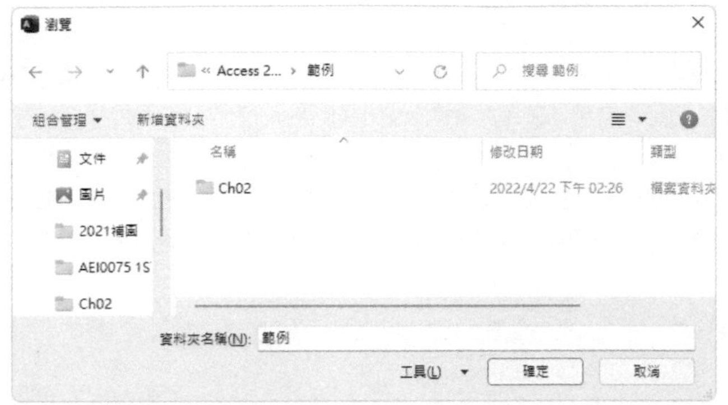

Step 5 按 確定 鈕，回上一層，加選「同時信任此位置的子資料夾(S)」

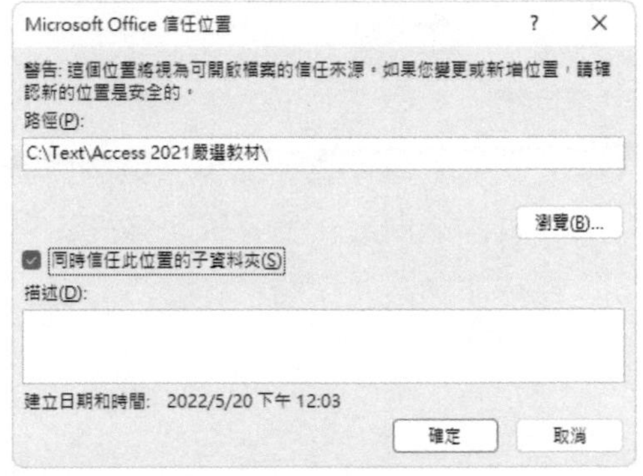

Step 6 按 確定 鈕，返回『信任中心/信任位置』標籤，可看到已將『C:\Text\Access 2021 嚴選教材』加入於『信任位置』，且其子資料也一併被允許為『信任位置』

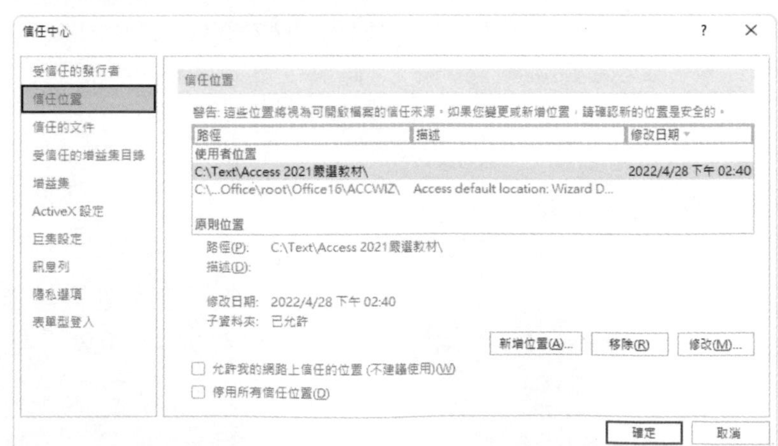

Step 7 按 確定 鈕，回原來『Access選項/信任中心』標籤

Step 8 再次按 確定 鈕，完成有關信任中心之設定

由於，這些設定得等到下次再進入Access時才會生效，就目前這個資料庫檔案言，還是得點按 啟用內容 鈕離開。

往後，凡是由設定之『信任位置』及其子資料夾內，開啟任何資料庫檔案，均不會再顯示『安全性警告』:

安全性警告 部分主動式內容已經停用。請按一下以取得詳細資訊。 啟用內容

2-7 存檔

資料庫開啟中，Access隨時會視情況對所處理之物件自行存檔（如：於資料表內每新增一筆記錄後就立即存檔）。有時，也會以提示，等待使用者決定是否要存檔？

但這些是指版面設計的部分；並非記錄內容！

此外，使用者也可隨時按『快速存取工具列』上之『儲存檔案』 鈕（或 Ctrl + S 鍵），或執行「檔案/儲存檔案」來進行存檔。

2-8 另存新檔

為防止資料庫之內容不當受損或被毀，時常得對資料庫進行抄錄以備份檔案。於Access內，可執行「檔案/另存新檔」，續就「將資料庫儲存為」所提供之功能項：

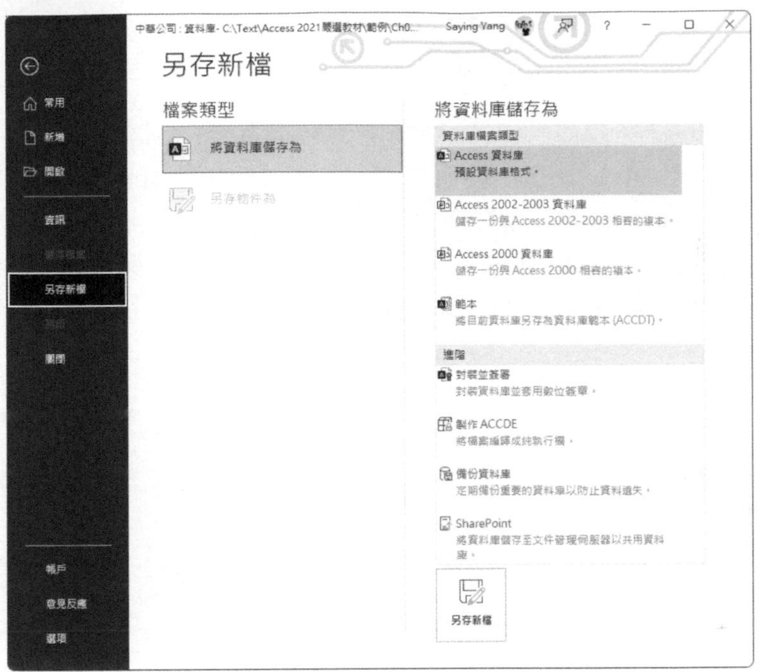

選擇要備份為那一個版本之資料庫檔？隨後，按 另存新檔 鈕，將先顯示提醒關閉所有物件之訊息：

按 是(Y) 鈕，轉入『另存新檔』對話方塊，去指定檔名與儲存位置。

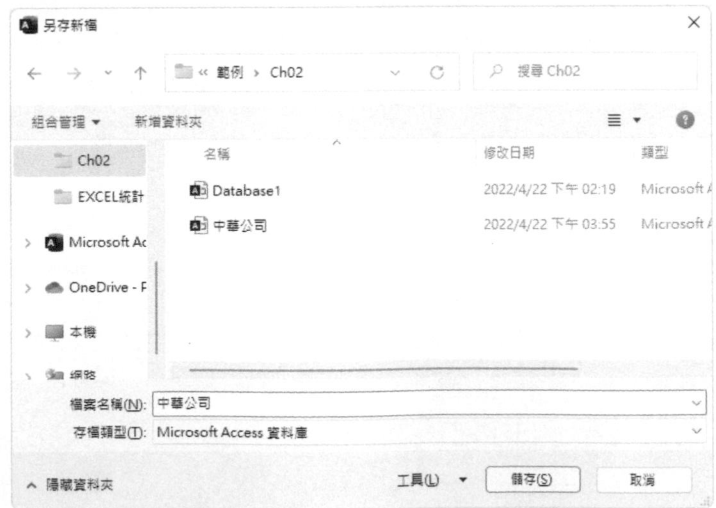

2-9　不同版本之互通

Access 2007~2021可開啟所有舊版本Access所建立之資料庫檔；但是舊版本Access是無法開啟新版Access 2007~2021所建立之資料庫檔。若是想將資料轉到先前之舊版Access中使用，也是以執行「檔案/另存新檔」，續就「將資料庫儲存為」所提供之功能項，選擇要另存新檔的版本。以免將資料帶到其它只有舊版Access的電腦時，會面臨到檔案無法開啟之窘境！

2-10　備份

此外，執行「檔案/另存新檔」，續就「將資料庫儲存為」選「備份資料庫」:

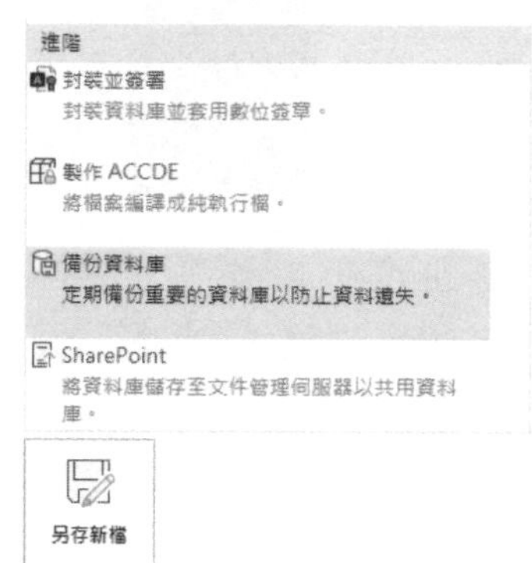

隨後，按 鈕，也可以類似另存新檔之方式，將目前資料庫檔存入另一個於檔名後加上目前日期之新資料庫檔：

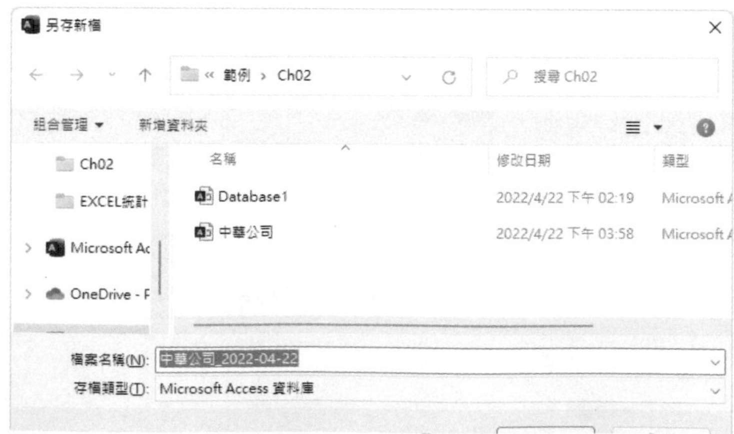

2-11 複製資料庫檔案

若不想存為舊版本之資料庫檔，只是要另複製一份供Access使用之資料庫檔案。也可以回到Windows之『電腦』或『桌面』進行抄錄。其處理步驟為：

Step 1 先後開啟來源及目的兩資料夾

Step 2 若兩者係不同磁碟，以拖曳方式將來源檔之圖示直接拉入目的地資料夾即可。若兩者係相同磁碟，則先按住 Ctrl 鍵再進行拖曳，將來源檔圖示拉入目的地資料夾後，先鬆滑鼠再放開 Ctrl 鍵。

當然，也可以切換到來源資料夾，於要進行備份之資料庫檔案上，單按滑鼠右鍵，續選「顯示其他選項/傳送到(N)/USB磁碟機(D:)」，將其存到您的USB隨身碟：

我的大部份學生，就是以此方式，將上課中所使用的範例抄回家。如果，您忘了帶隨身碟，也可以將檔案以E-Mail傳送回家。

2-12 刪除資料庫檔案

將不用之資料庫刪除，是較罕見且必須慎重處理之動作。因為，一個不小心，所損失之資料可能很多。若碰上也未備份其檔案，且不懂得如何利用『資源回收筒』來將其救回，那事情可就嚴重了！

Access也並未提供刪除資料庫之指令，若真的要刪除資料庫，就得先將其關閉，然後回到Windows之『電腦』或『桌面』，將其選取，續按 Delete 鍵，即可將其刪除。

2-13 同時開啟多個資料庫檔

執行一次Access，只允許開啟一個資料庫檔，若欲建立新的資料庫檔；或開啟另一個舊的資料庫檔，均會自動將目前使用中之資料庫檔關閉。相當於執行「檔案/關閉」。

若想同時開啟多個資料庫檔，可再執行一次Access；或直接雙按欲開啟之資料庫的檔案圖示。

建立資料表

3-1 建立資料表之方式

首先，讓我們先開啟前章所建立之『中華公司.accdb』空白資料庫檔案（存於『範例\Ch03』資料夾），由左側之『功能窗格』，可看到目前這個資料庫檔案，仍然還沒有任何資料表存在：

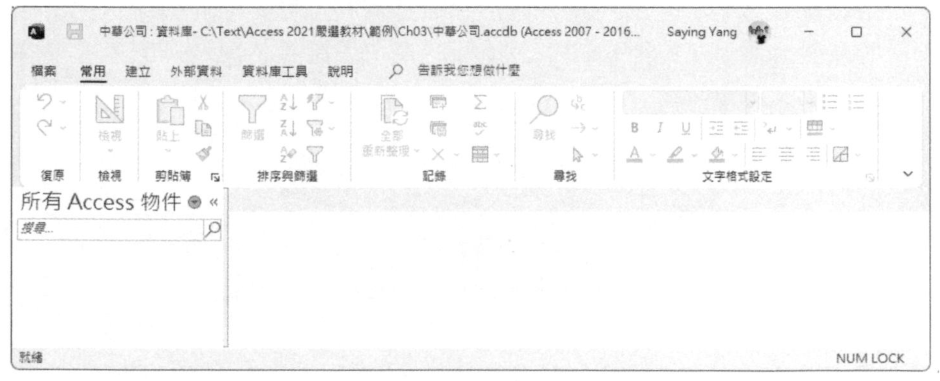

點按『建立』索引標籤，功能區『資料表』群組之指令按鈕轉為：

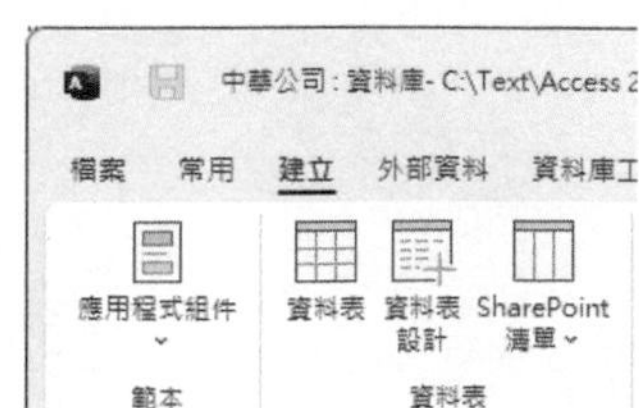

由其內，可看到建立資料表的兩個主要方式：『資料表』與『資料表設計』。

前者，係一空白資料表：

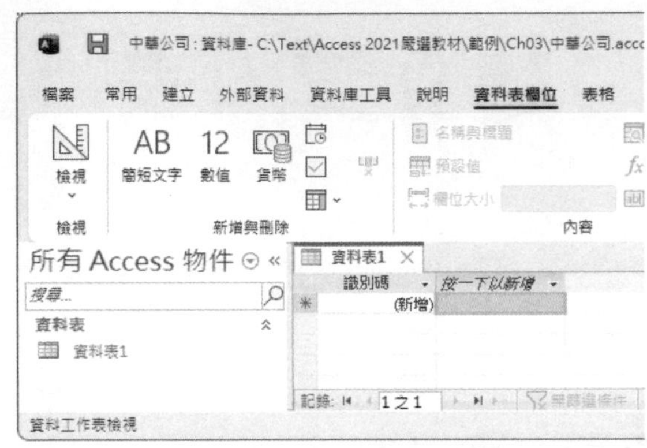

讓使用者於『按一下以新增』處，選擇資料型態，然後新增一欄，填入欄名，並於下方輸入此筆記錄之欄位內容。若不選擇資料型態，Access 也會依照每一欄之內容，自動判斷其應使用之資料型態與欄寬。

由於Access經常會有誤判之情況發生，故使用者得儘可能先選擇要使用之資料型態；且還要具有自行判斷其資料型態是否正確之能力，否則可能產生錯誤了，還不自知！最重要的是，使用者得具有一點基本水準，才會知道，應如何輸入正確內容，才不會被誤判。

後者，則是轉入資料表的『設計檢視』畫面：

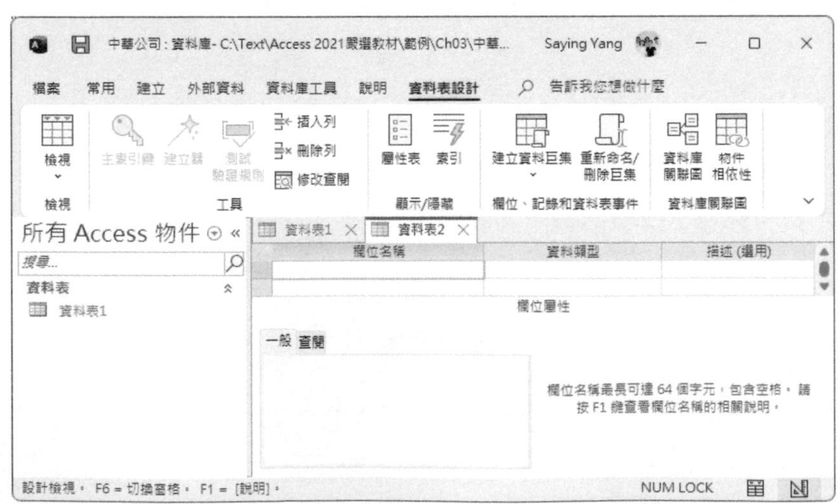

等待使用者，以一列一欄之方式，逐欄定義其欄名、資料型態、寬度、……。

通常，第一種方式，並沒有帶來多少便利。因為常常安排出錯誤的資料型態；且也沒有讓使者設定其寬度。最後，使用者還是得轉到第二種方式之『設計檢視』畫面，去修改其資料欄位的定義內容。所以，建議使用者，直接以第二種方式來建立新資料表，反而較便利。

3-2 建立/資料表

初建立資料庫檔案時，所進來的第一個空白資料表；或是任何時段按『建立/資料表』 資料表 鈕，均係以一空白資料表：

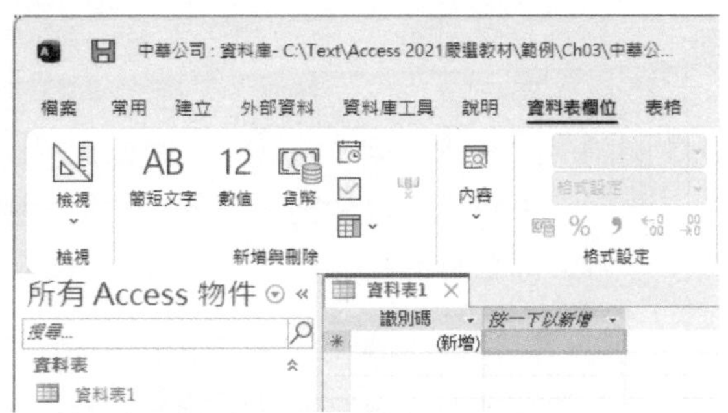

讓使用者於『按一下以新增』處輸入欄名，並於其下方輸入欄位內容，Access續依照每一欄之內容，自動判斷其應使用之資料型態與欄寬。

其處理方式為：

Step 1 第一欄之欄名『識別碼』，是Access事先建妥的欄位，若欲更改其欄名，可以滑鼠雙按其欄名，即可對其進行編輯

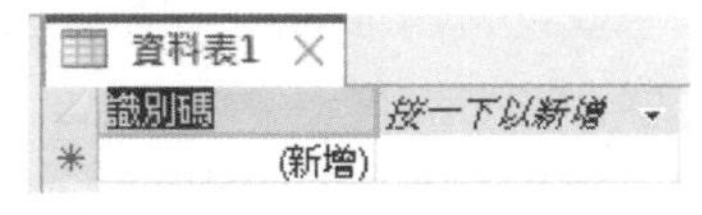

本例將其改為『編號』

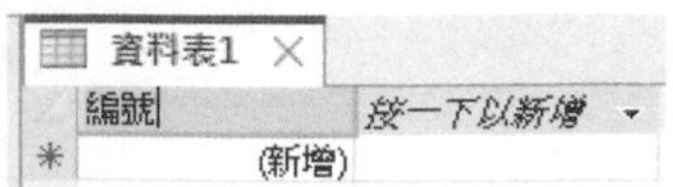

Step 2 按 Enter ，即可完成新欄名之輸入

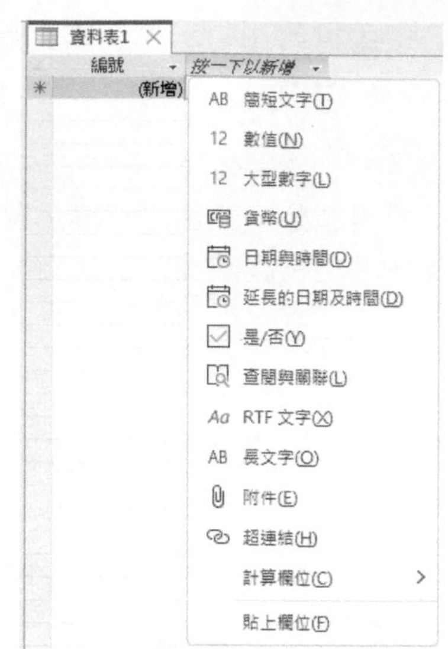

目前，編輯位置看起來好像跑到『編號』欄下方第一筆記錄之位置，按常理好像應該可以自行輸入編號之數字才對吧？可是，不會讓您如願的。因為這一欄，Access預設使用「自動編號」之資料型態，只允許它來替我們自動輸入號碼，使用者無法輸入任何內容。不信？您自己打看看。

事實上，目前係停於二欄之『按一下以新增』處，等待選擇其資料型態，若不選擇，Access也會以所輸入之資料來判斷其資料型態，只是常常會誤判而已！

Step 3 選擇使用「簡短文字(T)」資料型態，將插入一個新欄位『欄位1』

Step 4 將『欄位1』改為『姓名』

Step 5 以滑選點按『姓名』下方之空白，即完成新欄名之輸入，再按一次，即可開始輸入欄位內容

Step 6 開始輸入第一筆記錄之姓名時，即可看到第一欄之編號已經自動補上1

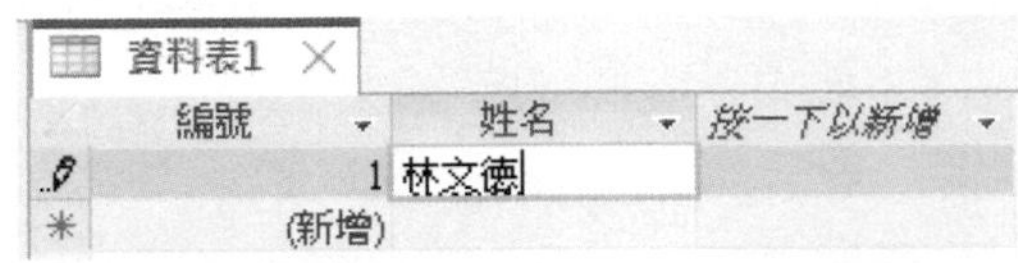

這是自動編號，看不慣或不喜歡也沒辦法，容不得我們更改。記錄最左側的 圖示，代表目前正在編輯此一筆記錄，得等到編輯之游標移到另一筆新記錄，圖示才會消失，記錄內容才會真正的被存入檔案。否則，都還只是暫時的輸入，隨時可放棄修改，回復原狀。這一欄是「簡短文字(T)」資料型態，長度則固定為255。

Step 7 點選下一個『按一下以新增』，即可再選擇下一欄之資料型態，輸入欄名及資料。我們將其資料型態設定為「日期與時間(D)」，欄名安排為『生日』，並輸入1995/12/15

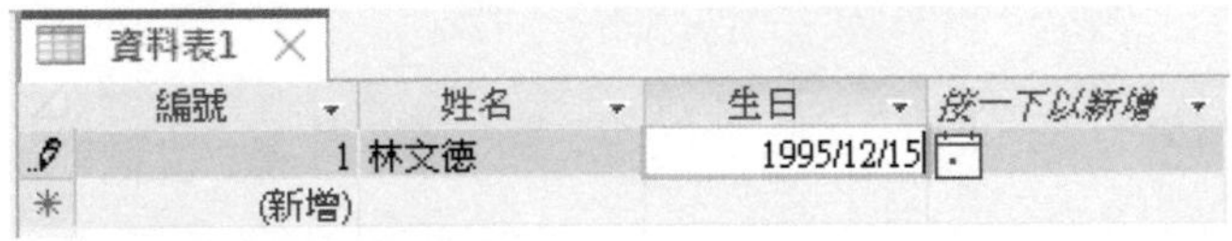

於此，日期資料只能輸入西元日期，無法以民國日期進行輸入。至於，其格式則沒有限制，『yyyy/m/d』、『yy/m/d』、『m/d/yy』，甚至是『dd/mm/yyyy』、……，只要不是錯誤日期，均可被接受。但若故意將1988年3月5日，輸入為：5/3/88：

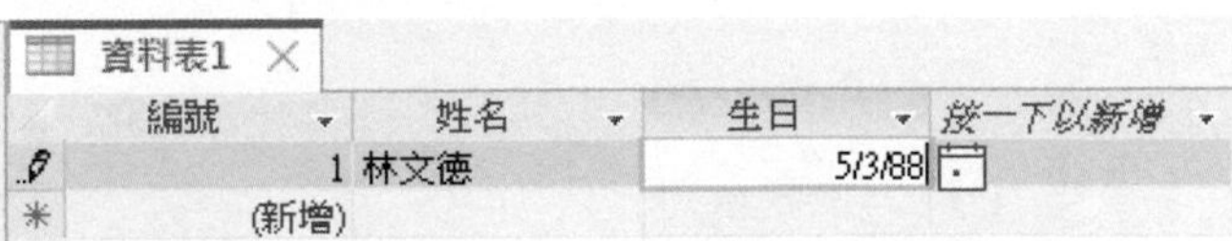

則是會被當成1988年5月3日：

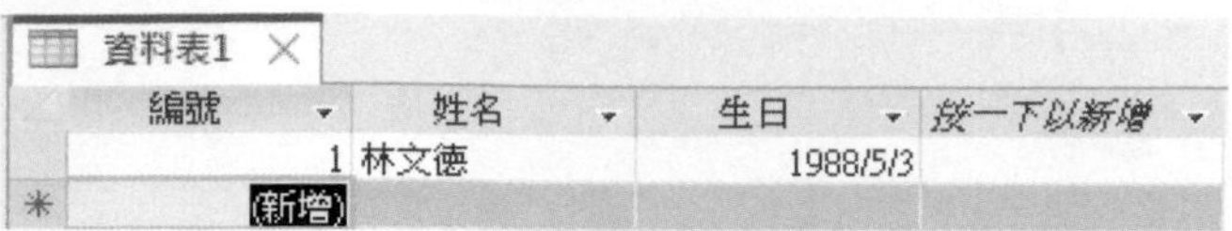

（可見其優先接受m/d/yy格式，但若輸入25/10/88，則不會被誤判，因為沒有25月）

由於，我們已定義了「日期與時間(D)」之資料型態，若是輸入了錯誤的日期（如：1988/18/15），是不會被接受的。

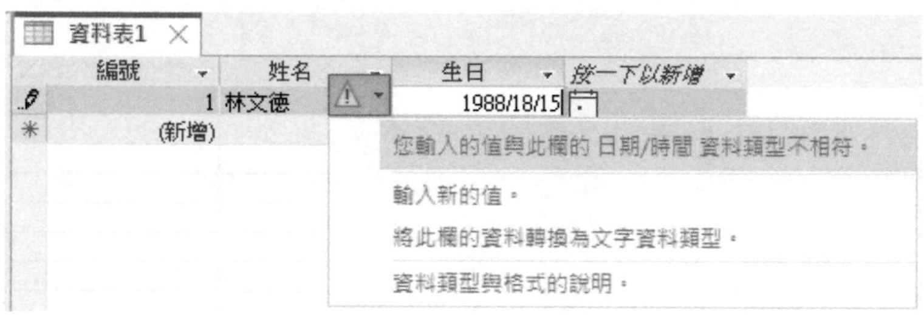

Step 8 重新將日期輸入為正確之內容，1995/12/15。

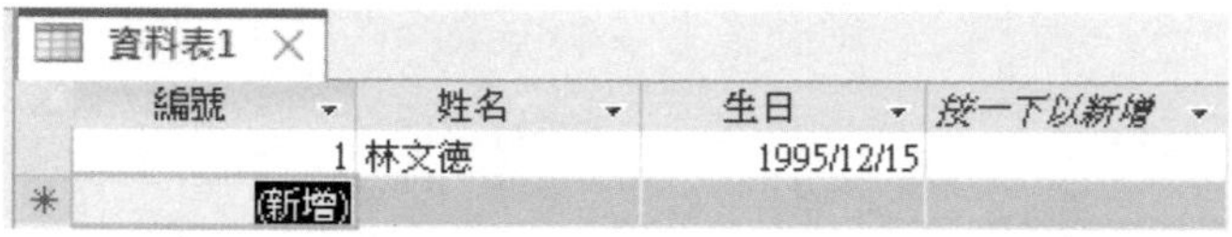

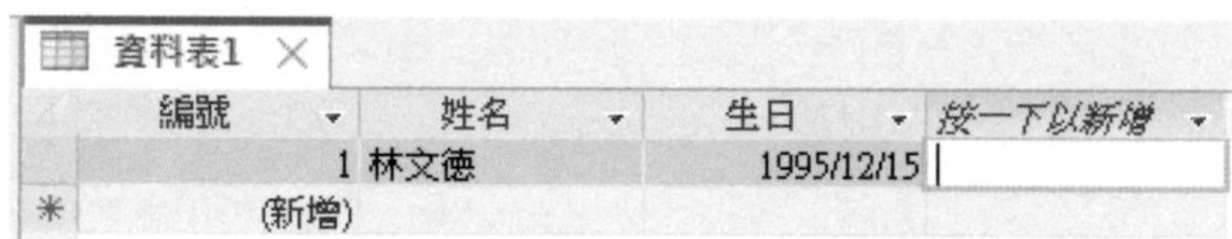

Step 9 點按『按一下以新增』處，按 Esc 鍵，放棄選擇資料型態

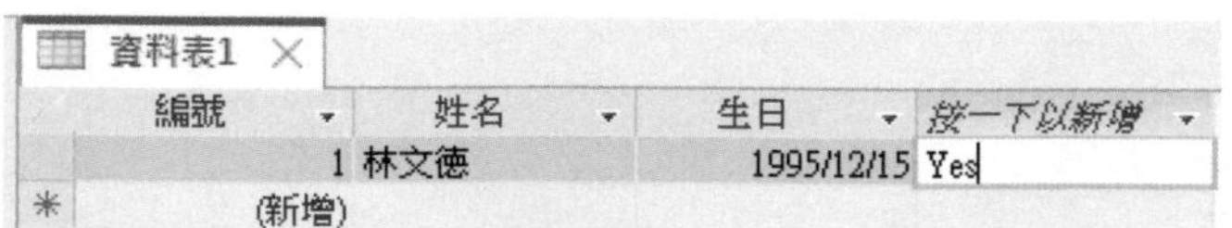

Step 10 輸入Yes之資料，試試其是否能自行判斷出其資料型態？

資料表1

編號	姓名	生日	按一下以新增
1	林文德	1995/12/15	Yes
(新增)			

Step 11 按 Enter 鍵，完成輸入。可插入一以『欄位1』為欄名之新欄位，其資料為Yes

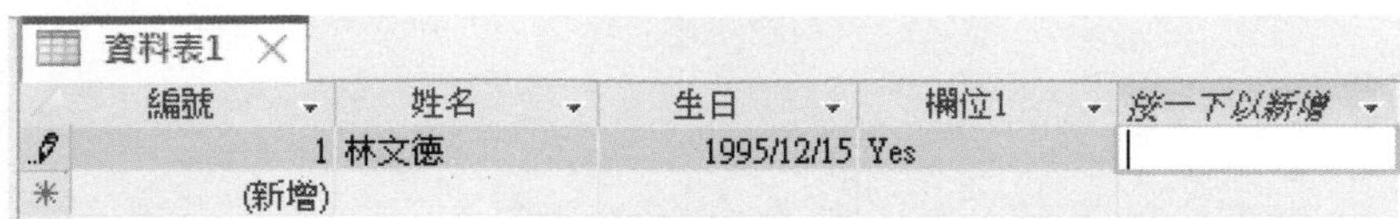

Step 12 將『欄位1』欄名改為『已婚』

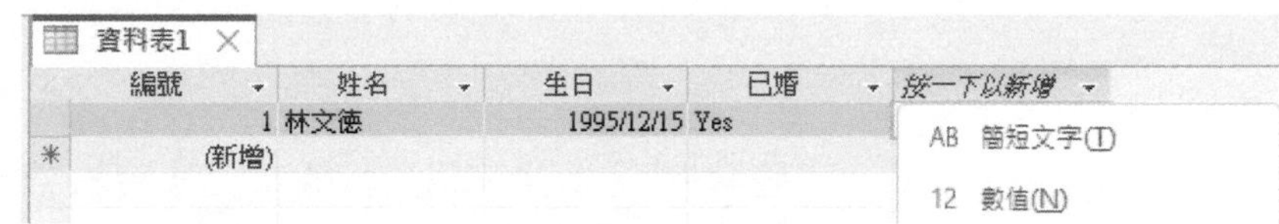

其實，這個欄位並不會被判斷為「Yes/No」資料型態，仍會被認定為「簡短文字」資料型態。

Step 13 按 Esc 鍵，放棄選擇資料型態，於新欄位輸入$34,567之資料，再輸入『薪資』當欄名

資料表1

編號	姓名	生日	已婚	薪資	按一下以新增
1	林文德	1995/12/15	Yes	$34,567	
(新增)					

同樣，這個欄位也不會被判斷為「貨幣(U)」資料型態，且也不會有金錢符號之格式，仍會被認定為「簡短文字」資料型態。若當初輸入不含格式之純數字34567，則會被認定為「數字」資料型態。

Step 14 仿此，按 Esc 鍵，放棄選擇資料型態，於新欄位輸入wys168@hotmail.com電子郵件資料，並輸入『E-Mail』當欄名

同樣，這個欄位也不會被判斷為「超連結(H)」資料型態，仍會被認定是「簡短文字」資料型態。

Step 15 最後，按 🖫 鈕，轉入

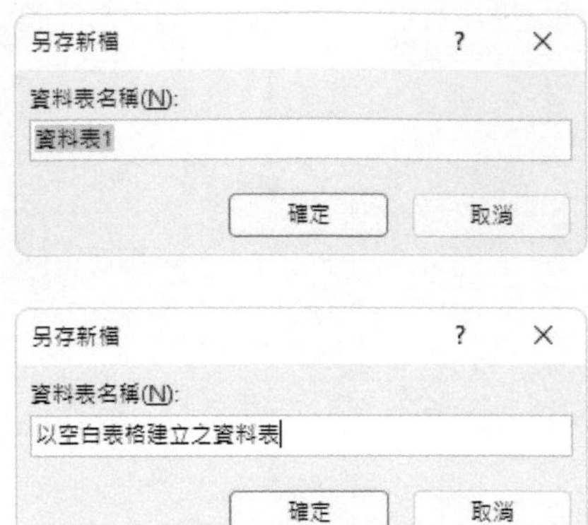

Step 16 將其命名為『以空白表格建立之資料表』

Step 17 按 [確定] 鈕結束，『功能窗格』內原來之『資料表1』已轉為新名稱

Step 18 按『資料表欄位/檢視/檢視』 鈕（也可以按Access視窗最右下角之『設計檢視』 鈕），轉入此一資料表的『設計檢視』畫面

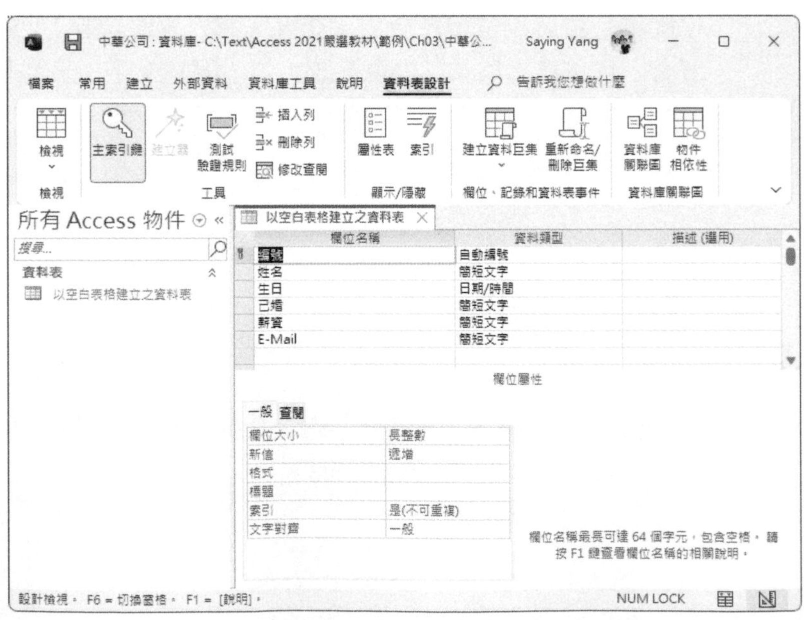

檢查一下Access所自動設定之資料型態，第一欄之自動編號並不是我們選擇要的，是被迫使用的，且還被設定為主索引（其前有一把鑰匙 ），將來記錄之順序會依此欄之內容遞增排妥。

第二欄，『姓名』的資料型態是我們自訂的「簡短文字」資料型態，但其欄位大小被自動安排為255：

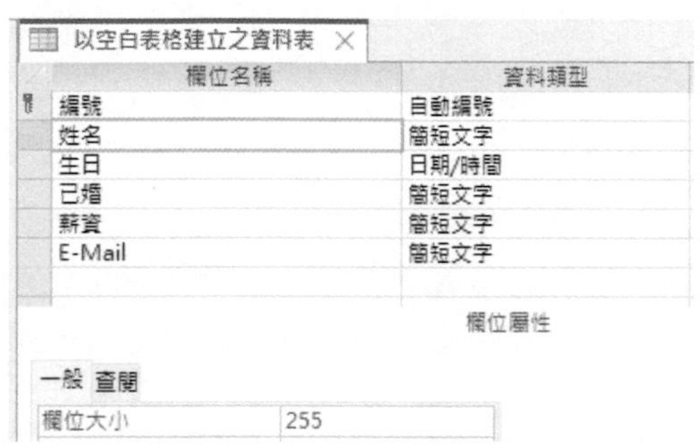

這是「簡短文字」資料型態的最大寬度，對我們言，似乎太長了！

第三欄，『生日』的資料型態是我們自訂的「日期」資料型態，其欄位大小是系統設定的固定寬度，這一欄是完全正確的設定。其餘之『已婚』、『薪資』與『E-Mail』，全部被認定為「簡短文字」資料型態，是錯誤的資料型態。不加以修改是不行的！

通常，此種建表方式，並沒有帶來多少便利。就算資料型態由我們自行定義出正確型態，其自動安排之長度也不見得正確，更何況若是交由Access自行判斷，還常常安排出錯誤的資料型態。最後，使用者還是得轉到『設計檢視』畫面，去修改資料欄位的定義內容。所以，建議使用者，直接以「建立/資料表/資料表設計」 資料表設計 鈕來建立新資料表，反而較便利。

3-3 資料表的檢視模式

一個資料表，基本上擁有兩個檢視模式：

- 資料表工作表檢視

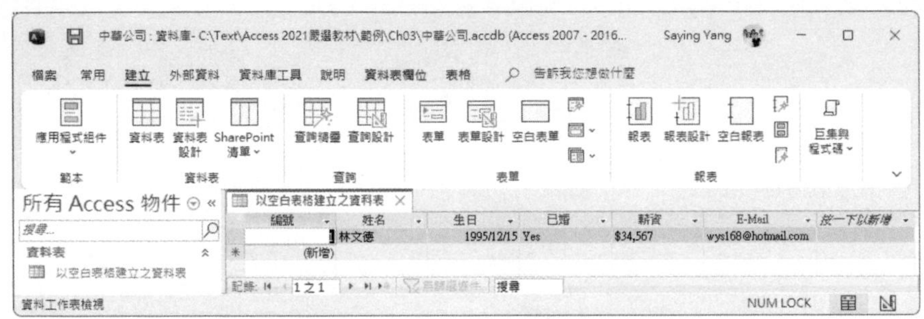

資料表工作表以表格方式呈現，每一列即是一筆記錄。每一欄，最上方可以看到其欄名，但無法知道其資料型態及使用之寬度。通常，我們主要是以此一檢視模式，進行瀏覽記錄、編輯資料、查詢、篩選、排序、……等工作。

於此模式下，可以按『資料表欄位/檢視/檢視』 鈕（『常用』標籤內也有此按鈕，也可以按Access視窗最右下角之『設計檢視』 鈕），轉入此一資料表的『設計檢視』。

小秘訣

由於此一按鈕之使用頻率很高，我們可以考慮將其安排到『快速存取工具列』，做法為：於該按鈕上單按滑鼠右鍵，選「新增至快速存取工具列(A)」：

即可將該按鈕新增到『快速存取工具列』：

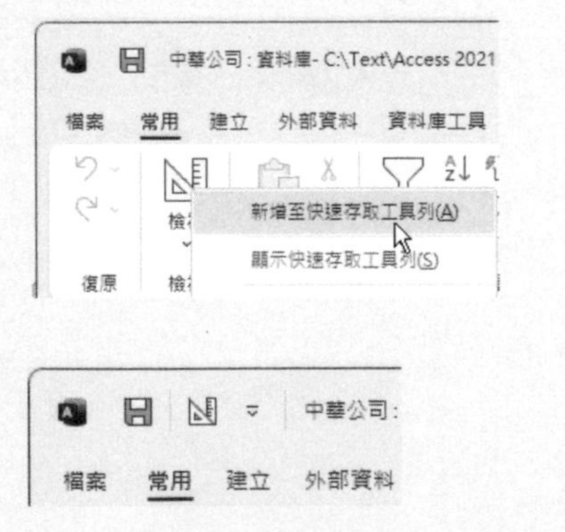

■ 設計檢視

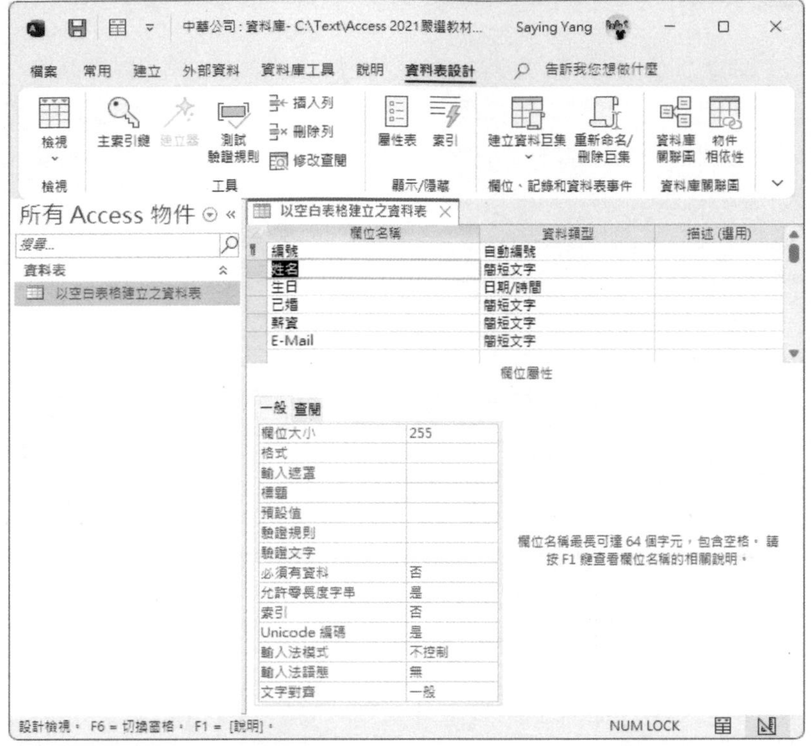

每一列可看到：欄位名稱、資料型態以及下方之欄位大小（寬度）。將來，還可以於此一畫面下方，進行：設定格式、安排輸入遮罩、設定驗證規則、……等動作。

於此模式下，可以按『資料表設計/檢視/檢視』 鈕（也可以按Access視窗最右下角之『資料工作表檢視』 鈕），轉入此一資料表的『資料工作表檢視』畫面。

此時，『快速存取工具列』原『設計檢視』鈕：

也會自動轉為『資料工作表檢視』鈕：

方便我們進行切換檢視模式。

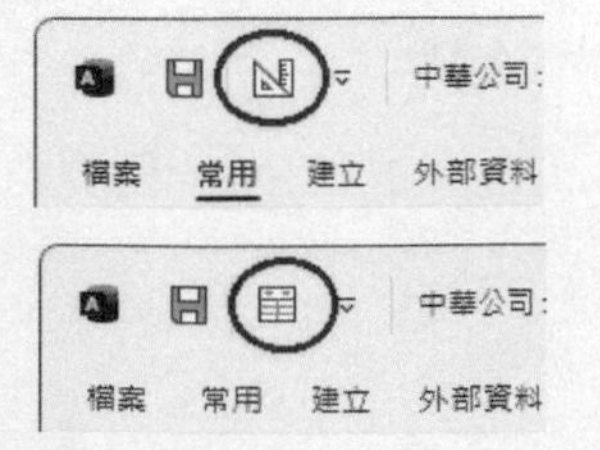

3-4 建立/資料表設計

由於，直接以空白資料表建立資料工作表，並沒有帶來多少便利。所以，我們最好以『建立/資料表/資料表設計』方式來建立新資料表，反而較便利。於按『資料表設計』資料表設計 鈕後，可轉入另一個新資料表『資料表1』的『設計檢視』畫面：

其內每一列，即要對資料表內的每一欄的欄位名稱、資料類型及描述進行定義。Access之資料表內的每一筆記錄，最多可由255個資料欄組成，此時係要求使用者定義第一個資料欄。

3-5 欄位名稱

對於每一個資料欄位名稱，其命名規則為：

- 名稱最長為64字元
- 可使用中/英文、數字、空白或特殊符號（如：-#$@_*%）

■ 無法使用之特殊符號為：驚嘆號（!）、點號（.）、單引號（'）、方括號（[ ]）及ASCII碼0～31（如：換列字元、跳頁字元、……）等特殊符號

輸入欄名後，按 Enter 、 → 或 Tab 鍵，可移往『資料類型』下定義資料類型，且其下方『欄位內容』處原為空白之『一般』標籤，也因有了初始的『簡短文字』資料類型，而有了一些允許設定的項目內容：

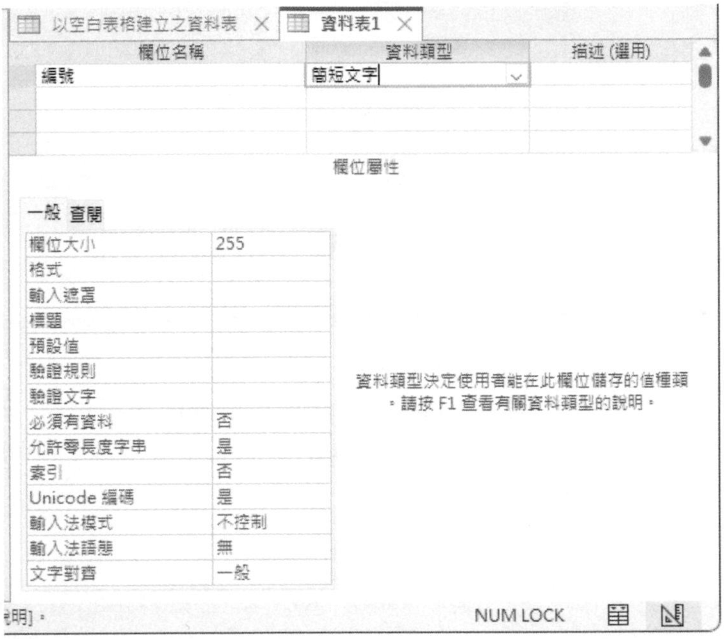

以空白表格建立之資料表 ×　資料表1 ×

欄位名稱	資料類型	描述 (選用)
編號	簡短文字	

欄位屬性

一般　查閱

欄位大小	255
格式	
輸入遮罩	
標題	
預設值	
驗證規則	
驗證文字	
必須有資料	否
允許零長度字串	是
索引	否
Unicode 編碼	是
輸入法模式	不控制
輸入法語態	無
文字對齊	一般

資料類型決定使用者能在此欄位儲存的值種類。請按 F1 查看有關資料類型的說明。

說明]。　NUM LOCK

小秘訣

目前有『以空白表格建立之資料表』與『資料表1』的那一塊區域，Access稱之為『文件視窗』。其內可安排所有正在處理之物件，如：資料表、查詢、表單、報表、……。這是以後我們工作的最主要區域，係採文件索引標籤方式，來安排這些物件，這樣可以使它們不致於因重疊而找不到各物件內容。若要關閉多餘不用之文件索引標籤，可按其右上角之 × 鈕。

3-6 資料類型

由於每欄所存放之資料不盡相同，故得為其定義合適之資料類型。要定義時，點按『資料類型』右側之下拉鈕，即可選擇此欄所要使用的資料類型：

為便於存放各種不同類型之資料，Access計提供了下列幾種資料類型：「簡短文字」、「長文字」、「數字」、「大型數字」、「日期/時間」、「貨幣」、「自動編號」、「是/否」、「OLE物件」、「超連結」、「附件」與「計算」等等。

對這些資料型態的詳細介紹，留待下一章再行說明，這裡只簡單概述一下。因為不懂這些，根本無法對先前所建立之『以空白表格建立之資料表』進行修改。

簡短文字

「簡短文字」資料類型是所有類型中，使用頻率最高且資料量也最大之資料類型。用以存放任何鍵盤上打得出來的字元，包括中/英文、數字、空白或特殊符號。

通常，對姓名、地址，我們自會選擇文字類型來存放，但對於即使全為數字之員工編號、身份證號碼或電話，因為並不可能會對這些資料進行數值運算，故應仍採選用以「簡短文字」類型來存放為宜。

長文字

這是一個較為特殊的資料型態，係用來存放長度不定之大量文字資料，如：備註、自傳、病歷、……等，若是直接自行輸入最多可達64K。

但是，其內僅允許是純文字之資料（無法安排字型格式）：（請以雙按滑鼠左鍵之方式，開啟『含長文字資料』資料表）

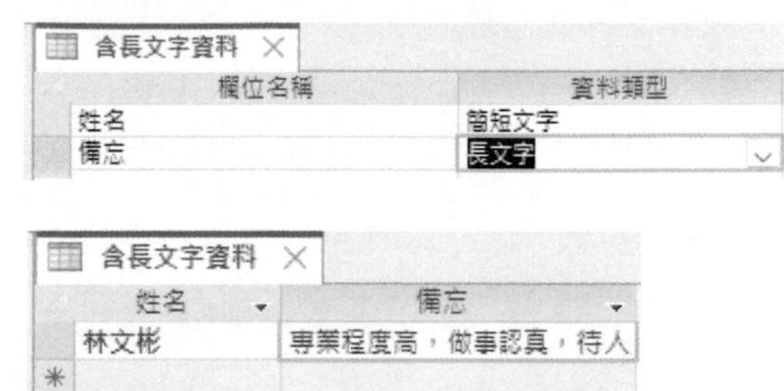

由於編輯區為一列中之某一個欄位而已，太小了，造成編輯上的不便，且也無法安排字型格式與插入圖案，已漸漸被其他文書處理之檔案來替代。如，將自傳輸入於Word檔，再以超連結之方式，取得該檔。如此，可不受純文字之限制，且允許加入圖案或繪圖物件；還可以讓其內容超過64K之上限。

於現階段，我們大多已很少會使用純文字之內容。但是若考慮到將來要於Access內直接顯示/列印出其大量的文字內容，還是得使用「長文字」資料型態。（若少於255個字，最好還是選擇使用「簡短文字」資料型態）

數字

「數字」資料型態是用來存放正/負值的整數或實數，其內只可輸入＋、－號、小數點與0～9之數字。由於，每欄數字之運算複雜程度與所要求之精準度不同，故於選擇使用數字資料類型後，仍得於其下方『一般』標籤之『欄位大小』處，選按「長整數」之下拉鈕，即可選擇所要之數字類型：

3

建立資料表

各類數值可存放之數值範圍、小數點後精準位數（accuracy）及長度分別為：

類型	數值範圍	小數點後精準位數	長度
位元組	0 ～ 255之正整數	0	1 byte
整數	–32,768 ～ 32,767之整數	0	2 bytes
長整數	–2,147,483,648 ～ 2,147,483,647之整數	0	4 bytes
單精準數	負值：–3.402823E38 ～ –1.401298E–45 正值：1.401298E–45 ～ 3.402823E38	7	4 bytes
雙精準數	負值：–1.79769313486231E308 ～ –4.94065645841247E–324 正值：1.79769313486231E308 ～ 4.94065645841247E–324	15	8 bytes
複製識別碼	同雙精準數之正值	無	16 bytes
小數點	同雙精準數	18	16 bytes

要特別注意的是：像『位元組』、『整數』或『長整數』等，並無法接受含小數之內容。於輸入時，雖不會排斥小數，但按 Enter 後將自動四捨五入為整數。

大型數字

「大型數字」資料型態可儲存非金額、數字的值，使用此資料類型可有效率地計算大型數字。長度為8位元組，其資料範圍為 -2^{63} 到 2^{63-1}。注意，此資料型態為2016版本後之新增項目，主要是為了與其他新型軟體互通，若使用大型數字，資料庫將不再與舊版 Access 相容。

日期/時間

舉凡任何日期資料（如：生日、進貨日期、出貨日期）或時間，均應採此類資料欄來存放較為適宜。雖然，外觀完全相同的2022/10/12日期，若係存於文字資料欄，將無法享受Access所提供之一系列日期運算（如：

計算兩日期之間隔天數）與函數（如：計算出該日為星期幾？計算年資、計算年齡、……）。

「日期/時間」資料之欄位大小固定為8個位元組，其外觀係隨使用者於『一般』標籤之『格式』設定而異：

欄位名稱	資料類型
生日	日期/時間

欄位屬性

一般 查閱

格式		
輸入遮罩	通用日期	2015/11/12 05:34:23
標題	完整日期	2015年11月12日
預設值	中日期	12-十一月-15
驗證規則	簡短日期	2015/11/12
驗證文字	完整時間	05:34:23 下午
必須有資料	中時間	05:34 下午
索引	簡短時間	17:34

同一組資料可能只看到日期或時間，也可轉為同時顯示日期與時間。

貨幣

用來存放同於數字類型之正/負值的整數或實數，但其長度固定為8 bytes（同數字之雙精準數），小數點後最多可擁有4位的精準度；小數位前面最多可達15位的精準度。適用於不須很精密運算的數值資料（非科學應用），如：金額、單價、成交量、……等。

小秘訣

可沒人限定我們遇上與錢有關之內容，就只能使用貨幣類型！且於較後面之章節（如，求報表之摘要），使用貨幣類型，反而會有一些莫名其妙的錯誤。

自動編號

通常用來保留原始記錄之編號順序，每新增一筆即自動遞增1。若遇有每筆記錄須要使用依序遞增之獨立編號者（如：交易序號、記錄編號、報名順序、……），可使用此一類型之資料。惟應注意：此類資料不允許使用者進行編修，遇有刪除則讓其原編號永遠空在那兒，其下之記錄的自動編號並不會自動遞補上去。像我們先前建立之『以空白表格建立之資料表』，若刪除第一筆記錄後，第二筆記錄遞補為第一筆，但其自動編號為仍為2，我們也無法將其改為1。使用者可說完全無法控制其內容，故建議您儘量少用此類資料。（自動編號也可以安排為亂數，那就更沒人會知道其數字會是多少？更增加其使用的困難度）

是/否

若遇有直接可劃分成兩種情況之資料，如：及格/不及格、已/未出貨、已/未婚、……等，可選擇以此一類型之資料欄來存放。外觀上，係以打勾（☑）來表示成立；以空白表示不成立（☐）。將來，於查詢的比較運算式內可以Yes/No、True/False或On/Off來代表一事件的成立或不成立：（請開啟『含是否資料』資料表）

一目瞭然，簡單無比，輸入與更改都方便！

小秘訣

使用「是/否」資料型態，看似方便。但往後常會碰到須要以函數轉換內容之困擾，對觀念不是很清楚的人，經常會出錯！且其資料很容易不小心就被更改了而仍不知道。只要被點到，內容就改變了，如將「已婚」改為「未婚」，恐怕會鬧家庭革命；將戶籍記載之「存」改為「歿」，那豈不更嚴重！若直接以 1 代表及格，2 表不及格，而將之存於數字資料欄；抑或以"及格"及"不及格"來分別代表及格與不及格，而將之存入文字資料欄。應該是較為簡單之處理方式。

計算

這個類型是Access 2010以後新增的資料類型，其實它也不是某種單一之資料類型，它是一種利用前面之某種資料型態之資料，加以運算，其運算結果可以是前述之：文字、數字、日期/時間或是/否的任何一種。

如，姓名可以是姓與名的連結，其結果仍是「簡短文字」。平均成績可以是經由各科成績加以運算、稅金可以是售價乘上稅率、所得稅可以是薪資乘上稅率，這幾類之結果為「數值」。及格與否？可利用比較平均成績是否超過60分而得；是否應該發放畢業證書？可判斷其所有科目是否全部及格而得知，這幾類之結果為「是/否」資料。進場時間加上經過時間可得到離場時間，其結果還是「日期/時間」；不過，目前日期減去生日（到職日）則變成天數，或改為計算其年齡（年資），其結果是就變成是「數值」。

故而於建立時，得自行決定其運算結果之資料類型。如，『成績』資料表中，有國文、英文與數學等三科目之數值，假定其學分別為4、4、3。則平均成績應為：

```
(國文*4+英文*4+數學*3)/11
```

故於設定平均成績欄時，應選擇其資料型態為「計算」:

成績

欄位名稱	資料類型
學號	簡短文字
姓名	簡短文字
國文	數字
英文	數字
數學	數字
平均	簡短文字

簡短文字
長文字
數字
大型數字
日期/時間
延長的日期/時間
貨幣
自動編號
是/否
OLE 物件
超連結
附件
計算
查閱精靈...

一般 查閱

欄位大小	255
格式	
輸入遮罩	
標題	
預設值	
驗證規則	
驗證文字	
必須有資料	否
允許零長度字串	是

然後轉入

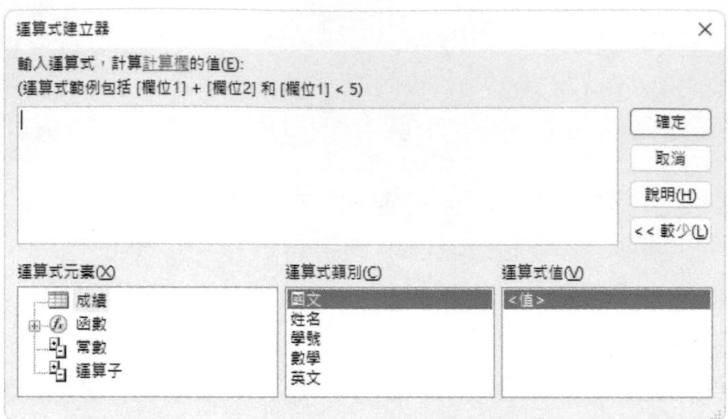

去安排運算式

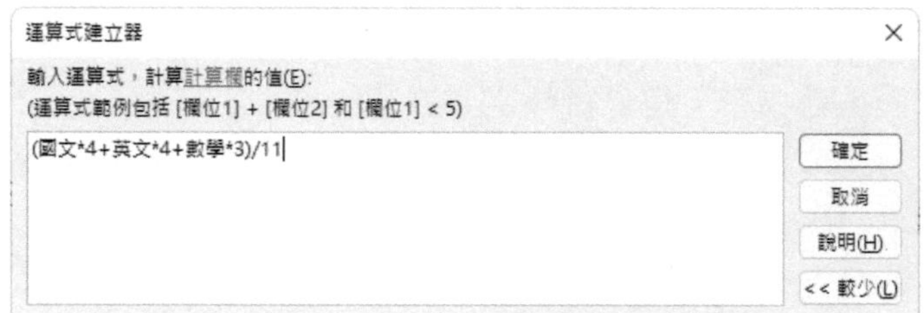

按 確定 鈕，結束設定，可由其下方之『運算式』看到先前之運算式：

```
([國文]*4+[英文]*4+[數學]*3)/11
```

各科目名稱左右之方括號，係 Access自行加上的：

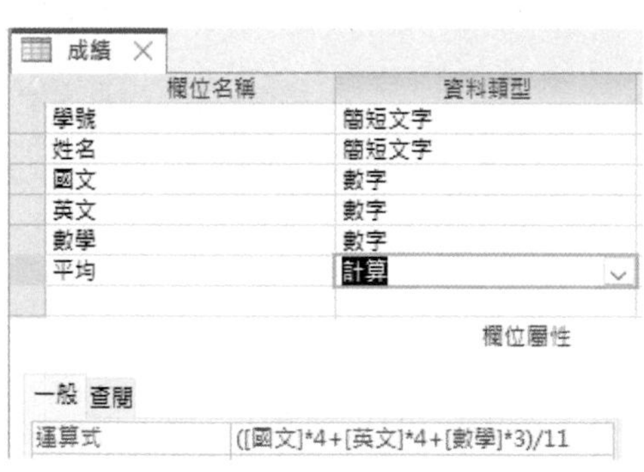

將其存檔，回『資料檢視』:

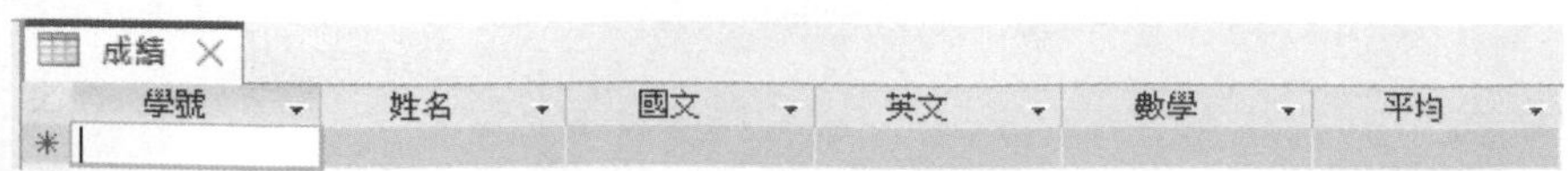

輸入學號、姓名及各科成績後，即可自動求算平均成績：

成績

學號	姓名	國文	英文	數學	平均
1001	許淑華	85	75	80	80

前述各類計算，其實並非很困難之運算。但若記錄筆數很多，若交由使用者自行計算後再輸入到欄位中，恐怕就很費時費事，且也很容易出錯！有了此一新增之資料類型，可讓Access擁有類似Excel之自動運算的功能，將帶給使用者更多便利。

由於「計算」之資料欄，係經由其他欄位計算而得，故而不允許我們對其自行輸入或編輯其內容。（無法自行輸入新內容）

OLE物件

OLE（Object Linking and Embedding，物件連結與嵌入，發音為『偶類』）物件，是用來於欄位內安排（嵌入）圖片、文件、音效、動畫、……等物件，如：員工點陣圖相片、Word自傳文件、Excel試算表、房屋室內設計圖、音效檔、影片檔、……。如：（請開啟『含OLE之內容』資料表）

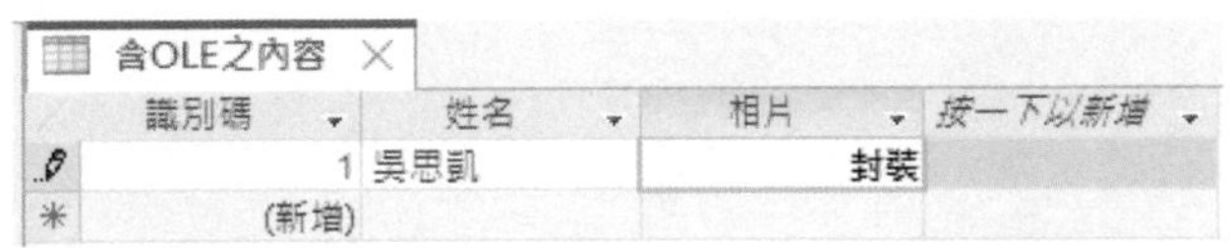
含OLE之內容

識別碼	姓名	相片	按一下以新增
1	吳思凱	封裝	
(新增)			

『相片』欄即是使用「OLE物件」資料類型，大小最高可達1GB。其性質有點類似超連結或附件檔案，雙按其欄位內容（「封裝」），可轉入『小畫家』查看其內容：

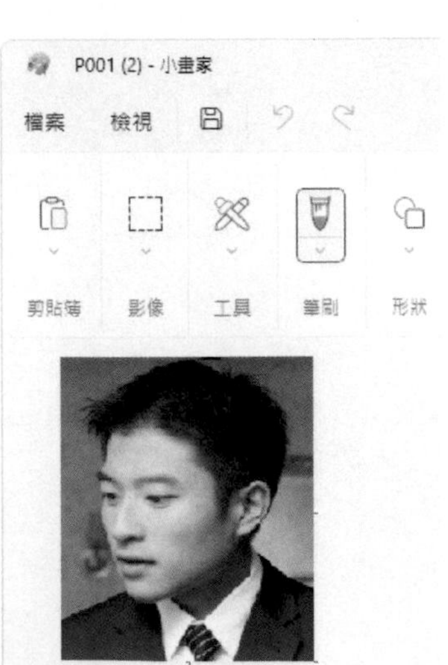

輸入「OLE物件」時，係於其上單按滑鼠右鍵，續選「插入物件(J)…」，轉入：

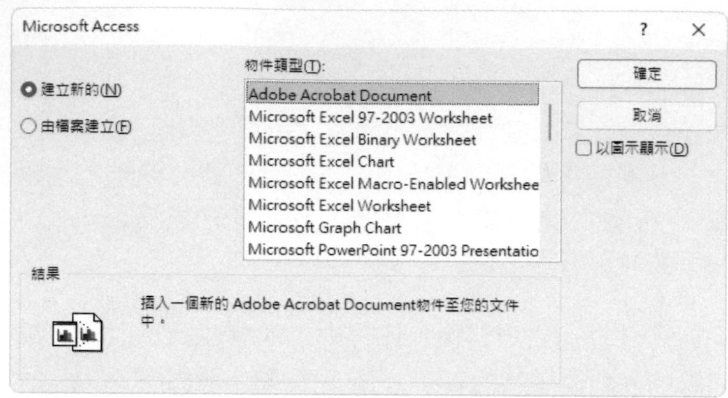

選「由檔案建立(F)」：

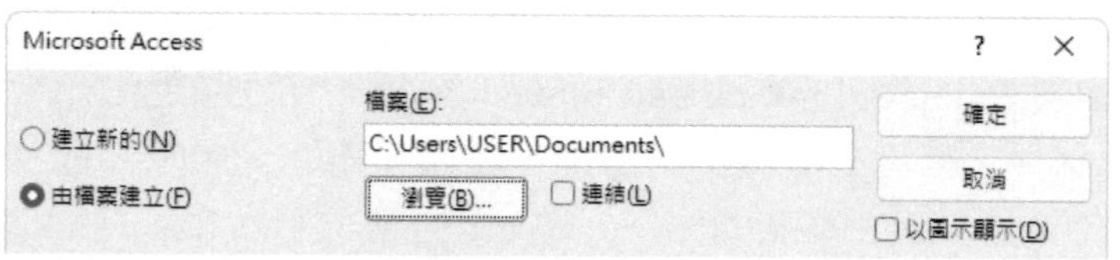

按 瀏覽(B)... 鈕，到適當資料夾找出相片之圖片檔（範例『範例\Ch03』內存有此相片）

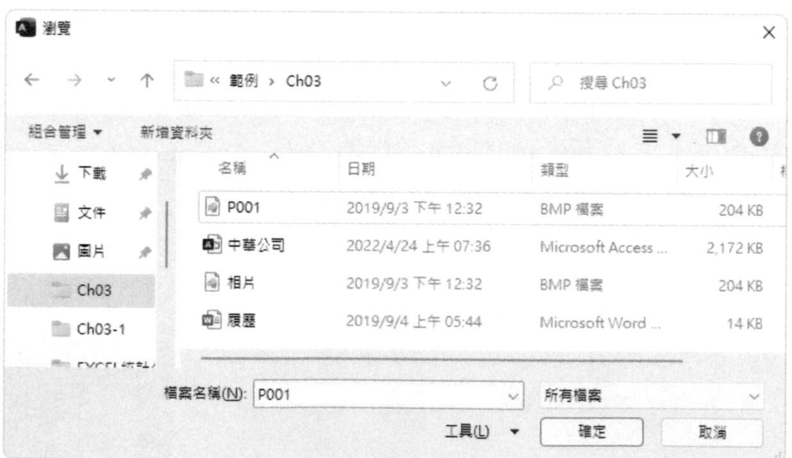

雙按選取其圖片檔：

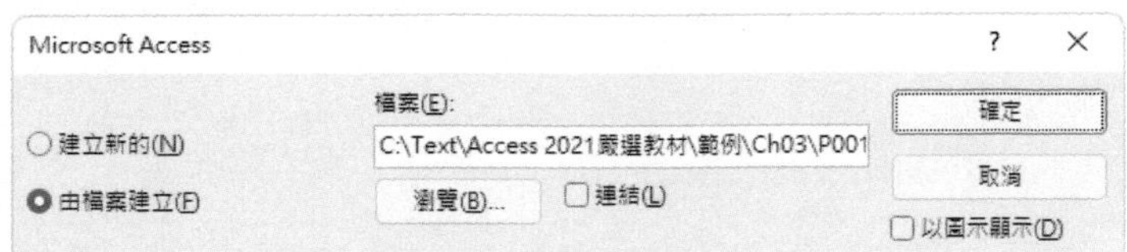

再按 確定 鈕，即可完成插入物件之動作。

超連結

用以存放可連結到網站、E-Mail地址、文件、圖片、音訊、影片、……等之超連結。如：

www.google.com	轉入谷歌的www站
garylin@hotmail.com	寫電子郵件給某人
D:\文件\人壽保單.docx	開啟一Word文件
C:\圖片\P1001.jpg	開啟一.jpg圖片檔
C:\視訊\Autumn.mpg	開啟一.mpg影片檔
…	

均為使用此資料類型之合宜內容。將來，於欄位上其內容為變成以藍色顯示之超連結：（請開啟『含超連結內容』資料表）

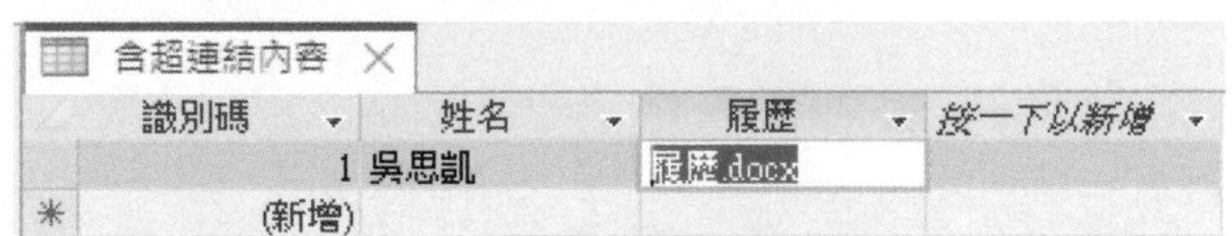

點選其內容，即可轉入連結之網站，或呼叫適當之軟體（Word），開啟指定之檔案（履歷.docx）。

3 建立資料表

要輸入其資料時，係於其上單按滑鼠右鍵，續選「超連結(H)/編輯超連結(H)...」，轉入『插入超連結』對話方塊，去選擇檔案或網址：

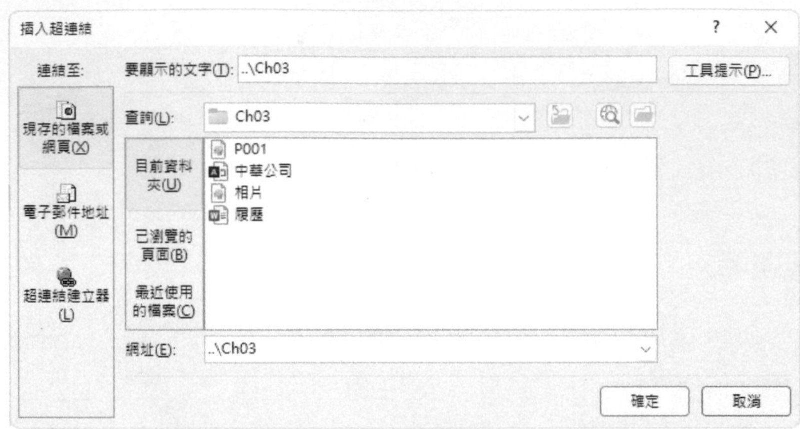

小秘訣

對於網址或電子郵件地址，也可以於超連結欄位上直接輸入，因為資料類型正確，並不會被誤判為文字：(請開啟『連結電子郵件』資料表)

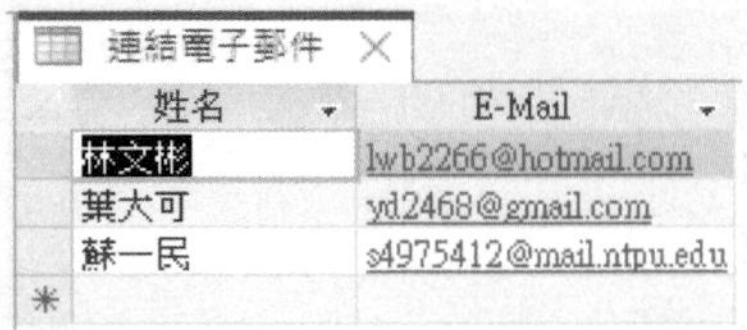

連結電子郵件

姓名	E-Mail
林文彬	lwb2266@hotmail.com
葉大可	yd2468@gmail.com
蘇一民	s4975412@mail.ntpu.edu

附件

這是類似我們在電子郵件中，加入附件的處理方式。允許將單一或多個不同類型之檔案，當成附件併入一個欄位。將來，於資料表中，將只顯示一個迴紋針之記號而已：(請以雙按滑鼠左鍵方式，開啟『含附件之內容』資料表進行練習)

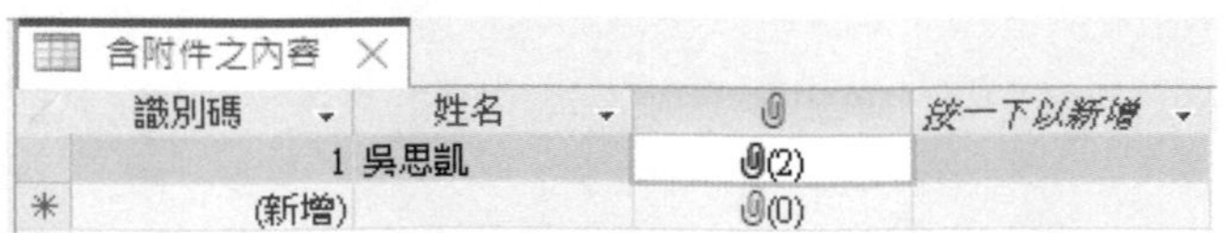

含附件之內容

識別碼	姓名	📎	按一下以新增
1	吳思凱	📎(2)	
(新增)		📎(0)	

迴紋針後括號內之數字，表示附件中含有幾個檔案。雙按該圖示，即可選擇要開啟附件中的那一個檔案：

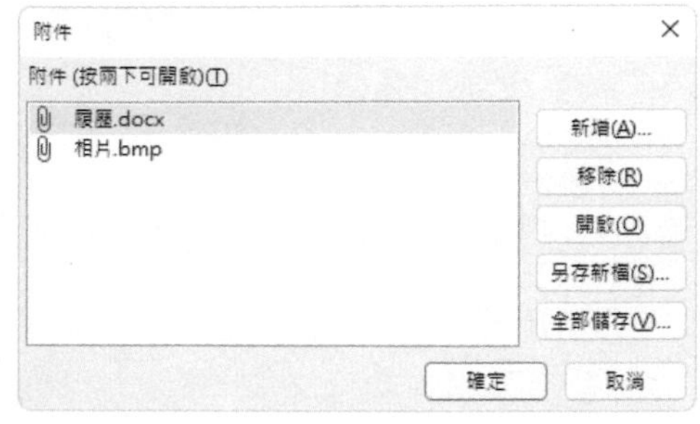

輸入資料時，係以滑鼠右鍵單按其欄位，續選取「管理附件(M)…」，轉入『附件』對話方塊：

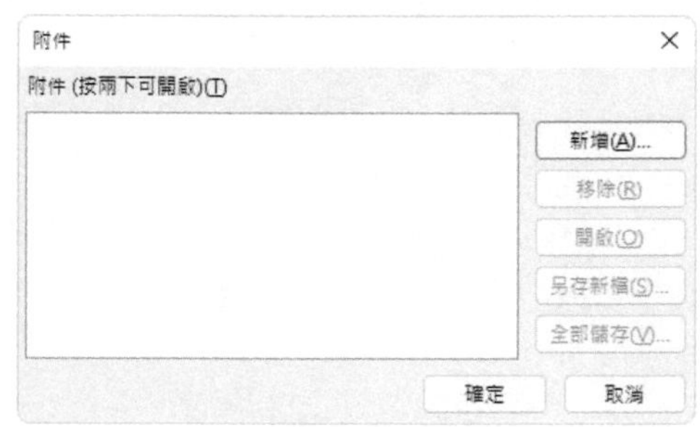

續按 新增(A)... 鈕進行新增：(『範例\Ch03』內存有相片與履歷）

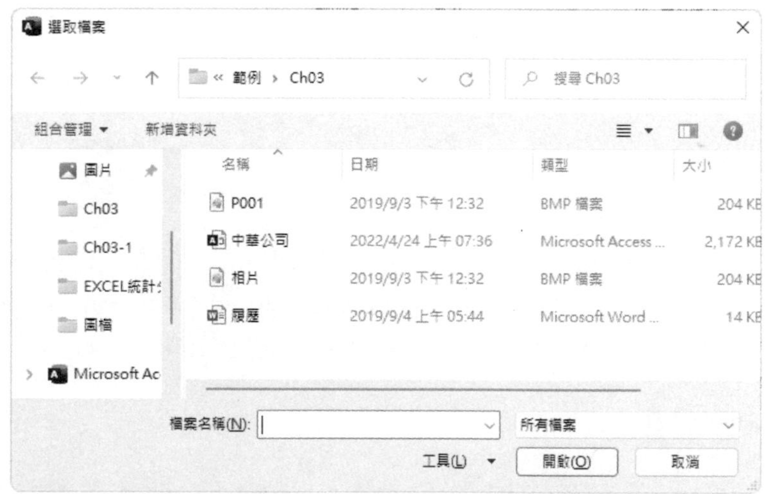

同樣是圖檔，無論安排於「OLE物件」或「超連結」欄位，將來於表單中均只有「Package」或檔名之超連結而已，還得在其上雙按，才可以呼叫『小畫家』去開啟該檔。唯有將其安排為內僅存單一圖檔之「附件」，才可以於表單中直接顯示出圖檔內容。

以『三種圖片顯示方式比較』資料表為例：

三種圖片顯示方式比較

欄位名稱	資料類型
編號	數字
姓名	簡短文字
相片連結	超連結
OLE相片	OLE 物件
顯示相片	附件

『相片連結』、『OLE相片』與『顯示相片』三欄，分別依序使用了「超連結」、「OLE物件」與「附件」資料型態。其資料顯示隻外觀為：

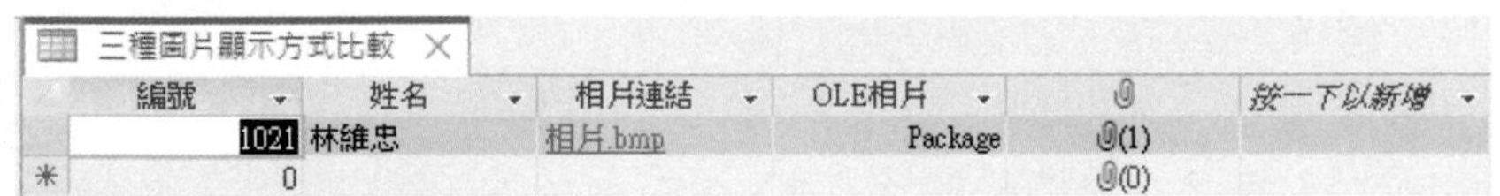

三種圖片顯示方式比較

編號	姓名	相片連結	OLE相片	附件	按一下以新增
1021	林維忠	相片.bmp	Package	(1)	
0				(0)	

均無法看到相片之圖片內容，三者均得經過雙按其欄位內容才能轉入『小畫家』去開啟該圖片檔。

但若將其建立為表單：

『相片連結』與『OLE相片』兩欄仍無法看到圖片內容，仍得經過雙按其欄位內容才能轉入『小畫家』去開啟該圖片檔。而『顯示相片』欄位則因其內僅安排單一圖檔，即可以於表單中顯示出相片圖檔之內容。

小秘訣

所以，將來判斷要使用「OLE物件」、「超連結」或「附件」？其最大的關鍵在於：是否要直接於Access內，顯示出其內容？如果答案為：是（如：員工相片擬直接於Access中顯示或列印出來），就使用「附件」資料型態，且其內僅能含單一圖檔而已。反之，如果答案為：不用（如：員工自傳不必直接於Access中顯示或列印出來），等要查閱時，再透過選按，轉入Word去查看即可，那就選擇使用「OLE物件」或「超連結」資料型態。(基於儲存空間考量，建議優先使用「超連結」)

查閱精靈

『查閱精靈』基本上並不是一種資料型態，它只是一種用來協助我們建立輸入資料時之下拉式選單的工具。如：每次要輸入性別時，覺得很麻煩，就可利用『查閱精靈』將其安排為：（請開啟『文字資料-性別』資料表進行練習）

可按其右側之下拉鈕，就可以選擇之方式來完成輸入，省去逐字鍵入之麻煩。但其資料型態仍是「簡短文字」而非「查閱精靈」：

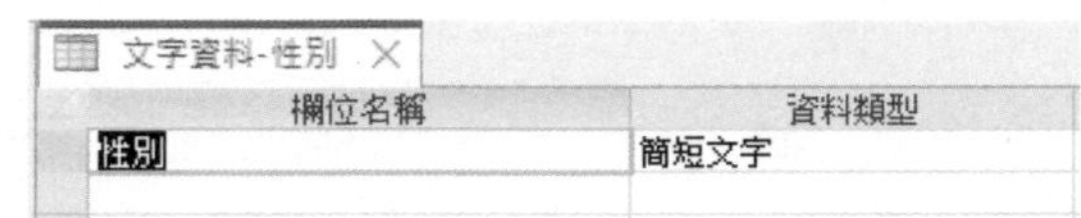

對於不是很複雜之資料，如：男/女、先生/小姐、公司部門名稱（業務部、會計部、人事部、……）、教員職稱（教授、副教授、講師、助教、……）、……等。若使用「簡短文字」類型之資料欄，則每一筆資料的此一欄位均得靠使用者自行輸入，雖不是很難，但仍然蠻費事的，也難免會有將其打錯之情況發生。為方便輸入與避免錯誤，可將其改使用「查閱精靈」，安排一可以選擇方式來完成輸入的表單，不僅可增快處理速度，且也不會有打錯資料之情況發生。（這部份的建立步驟，請參見第四章）

3-7 使用資料型態的綜合考量

選用資料類型時，對於全屬數字的資料若以「簡短文字」、「數字」或「貨幣」類型加以定義，則其資料均可獲得保存，但唯有「數字」及「貨幣」資料方可用來做數學運算。因此，若此一數字將可能用來與其他數值做運算，如：薪金、成績、存貨數量、銷貨數量、貨品單價、銷貨總額……等，則應選擇採用「數字」或「貨幣」型資料。若內容含小數點則應選「數字」之「單精準數」、「雙精準數」或「貨幣」型資料。反之，如：學號、電話號碼、貨品代碼、部門代號、員工代號……等，並不必用來運算，則可用「簡短文字」類型資料存放。

「是/否」類型資料是用以描述一事件之：是/否、對/錯、正/負、真/偽等恰好相對（僅能兩種）的情況，如：出貨與否、男/女、已/未婚、合格/不合格。至於，其他無法以兩種情況直接劃分區隔者，則以「簡短文字」類型資料表示為宜。

日期型態之資料，一般以選用「日期/時間」類型資料較為適合，因為Access可根據日期加以運算，將帶給使用者很多方便（如：計算年齡、計算天數、計算使用時間）。

對於字數過長（可能超過255個字元）的描述性內容，為節省檔案長度，可選用「長文字」類型。

WWW站台網址、Internet新聞論壇站台位址、E-Mail電子郵件地址、FTP檔案傳輸站台網址、……等與Internet有關之連結內容，當然選用「超連結」之資料類型。至於，以獨立檔案存在之物件。如：圖片檔、Word文件檔、Excel試算表、影片、音效、……等，以「超連結」、「OLE物件」或「附件」均可完成連結。

但究竟是要使用「OLE物件」、「超連結」或「附件」？其最大的關鍵在於：是否要直接於Access內，顯示出其內容？如果答案為：是（如：員工相片擬直接於Access中顯示或列印出來），就使用「附件」資料型態，且其內僅能含單一圖檔而已。反之，如果答案為：不用（如：自傳不必直接於Access中顯示或列印出來），等要查閱時，可透過選按轉入Word去查看即可，那就選擇使用「超連結」資料型態。某些情況下，如：想直接跳到文件之某一位置，以「超連結」甚至比「OLE物件」來得方便。

3-8 欄位大小

Access對每一欄所安排之欄位大小隨所安排之資料類型而異，各種資料類型之預設欄位大小及可用範圍分別為：

資料類型	預設欄位大小	可用範圍
文字	255個字	0～255個字
長文字	無	0～65535個字
數字位元組	1 byte	0～255之正整數
數字整數	2 bytes	–32,768～32,767之整數
數字長整數	2 bytes	–2,147,483,648～2,147,483,647之整數
數字單精準數	4 bytes	負值：–3.402823E38～–1.401298E–45
數字雙精準數	8 bytes	正值：1.401298E–45～3.402823E38
大型數字	8 bytes	-2^{63} 到 2^{63-1}
日期/時間	8 bytes	
貨幣	8 bytes	
自動編號	4或16 bytes	
是/否	1 bit	
OLE物件	無	0～1GB
超連結	無	0～2048個字
查閱精靈	4 bytes	

通常，僅「簡短文字」與「數字」欄須使用者自行決定大小而已，其餘各類資料的長度均由Access自動設定。

定義「簡短文字」型資料的欄位寬度時，應以能容納得下最長的資料作為考慮，以免資料無法全數輸入或被截斷。

至於數字資料之欄位大小，則是經由選擇『位元組』、『整數』、『長整數』、『單精準數』或『雙精準數』來決定。其中，『位元組』僅能存正整數；『整數』與『長整數』仍無法存放小數，若要存放含小數之內容則只能選『單精準數』或『雙精準數』。

3-9 主索引鍵

安排主索引

所謂『索引』，是依某欄內容建立索引，將資料表內容依該欄順序進行排列，以利排列順序及進行資料搜尋。如：圖書館門口的索引櫃，將藏書分門別類，依書名之英文字母或中文之筆劃順序排列，可方便使用者找到所要之圖書。

索引欄位最好是不要含重複之內容，如：國民身份證號碼、學號、員工編號、銀行帳號、……等，均為很好的索引欄位。但是，目前『以空白表格建立之資料表』所自動安排，以『識別碼』為『主索引』就不是一個很好的例子，因為當記錄筆數很多時，沒人有辦法記下其當初之識別碼，那是Access自動給的，會給幾號也不一定，且也不允許我們對其進行編修。使用者很難掌握其內容！

但有時不得已，也只好使用重複性較低之內容來做索引，如：姓名、生日、……。所以，Access之索引，允許使用者自行決定是否含重複之索引：

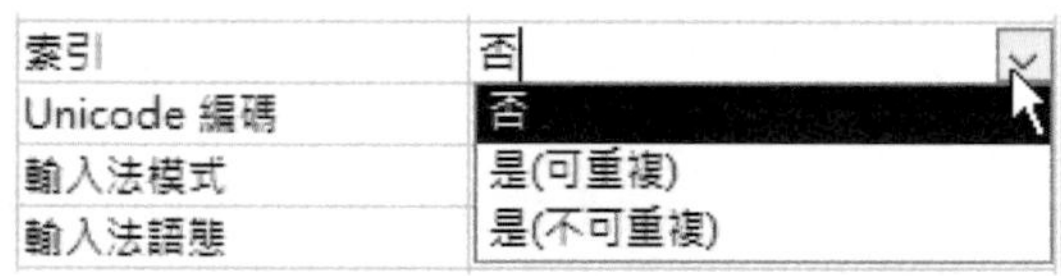

若選擇「是（不可重複）」，將來若輸入重複之索引內容，會顯示錯誤訊息並拒絕其內容。

一個資料表中，可選擇用來產生索引之欄位數並無限制，且除「長文字」、「超連結」、「OLE物件」與「附件」資料類型外，其他任何資料型態之欄位均可。當使用多個索引欄時，由於每種索引之排列結果並不相同，如：依姓名索引的排列順序當然不同於依生日進行索引，故只能取一個索引標準而已，此一欄位即稱之為主索引欄。

事實上，資料表並無硬性規定一定得建立主索引。但若認為有建立索引之必要，無論選取多少個索引欄，即便僅選擇一個索引欄，也必須有一個設定主索引的步驟。設定主索引欄之方式可為：

- 先以滑鼠左鍵選按主索引欄位的任一位置（讓游標回該欄），續選按『資料表設計/工具/主索引鍵』 主索引鍵 鈕
- 以滑鼠右鍵單按主索引欄位的任一位置，續選「主索引鍵(K)」

均可將其定為主索引欄，其列按鈕上會有一把鑰匙，以別於其他欄位。且其『索引』欄位內容亦自動設定為「是（不可重複）」：

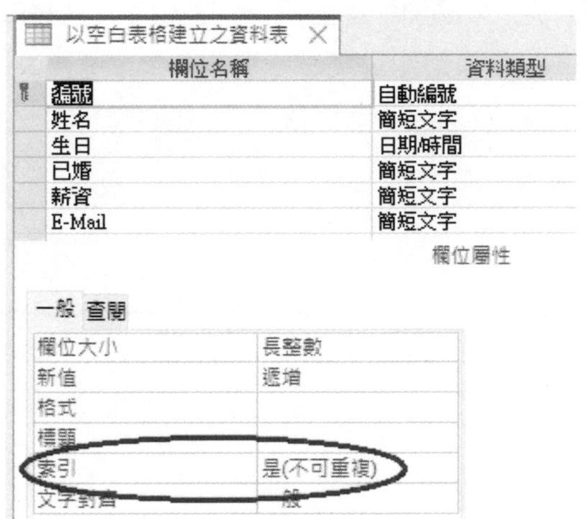

以空白表格建立之資料表

欄位名稱	資料類型
編號	自動編號
姓名	簡短文字
生日	日期/時間
已婚	簡短文字
薪資	簡短文字
E-Mail	簡短文字

欄位屬性

一般 查閱

欄位大小	長整數
新值	遞增
格式	
標題	
索引	是(不可重複)
文字對齊	一般

請開啟『依姓名索引』資料表，其『輸入順序』欄為原來輸入時之順序編號：

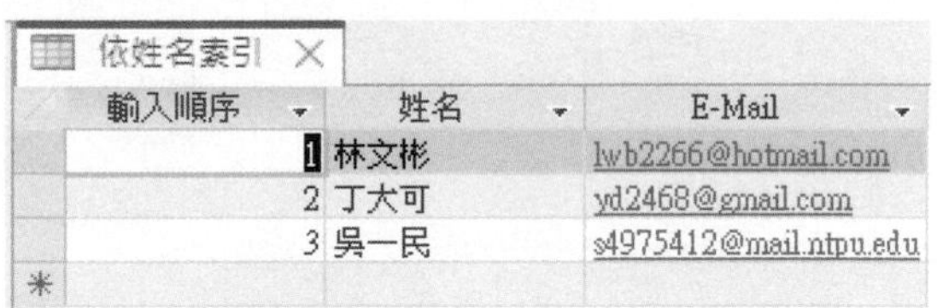

依姓名索引

輸入順序	姓名	E-Mail
1	林文彬	lwb2266@hotmail.com
2	丁大可	yd2468@gmail.com
3	吳一民	s4975412@mail.ntpu.edu
*		

轉入『設計檢視』改為以『姓名』索引：

依姓名索引

欄位名稱	資料類型
輸入順序	數字
姓名	簡短文字
E-Mail	超連結

將改為依『姓名』之筆畫順序排列：

依姓名索引

輸入順序	姓名	E-Mail
2	丁大可	yd2468@gmail.com
3	吳一民	s4975412@mail.ntpu.edu
1	林文彬	lwb2266@hotmail.com
*		

小秘訣

並不是每輸入或更新完一筆資料，即重排資料表順序。而是在以 鈕，轉入『設計檢視』；再以 鈕轉回『資料工作表檢視』畫面，才可看到重排索引後的結果。也可以直接以『常用/記錄/全部重新整理』 全部重新整理 鈕，來達成此一要求。

注意

索引鍵之欄位，不允許完全為空白，讀者練習時應注意，否則會跳不出來，無法切換檢視模式。

取消主索引

要取消已設定之主索引，其處理方式同於指定時之方法，再按一次『資料表設計/工具/主索引鍵』 主索引鍵 鈕即可。如，取消原『以空白表格建立之資料表』所自動安排之『主索引』(『編號』識別碼)，其前方之鑰匙會消失，且下方之『索引』也改為「否」:

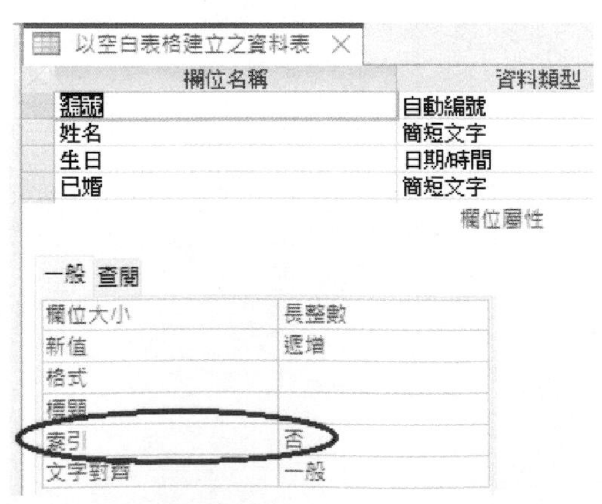

是否一定得安排主索引

事實上，Access資料表並無硬性規定必須要安排主索引。若無主索引，所有記錄將依照原來輸入之順序排列。

若建立當初忘了設定主索引，於存檔時，Access會警告使用者仍未設定主索引：

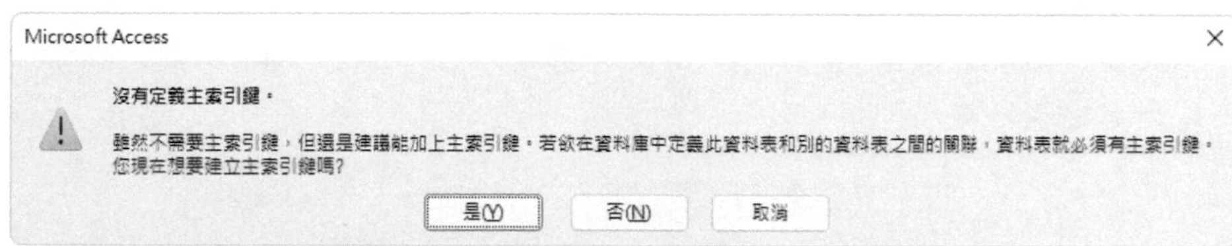

此處三個按鈕之作用分別為：

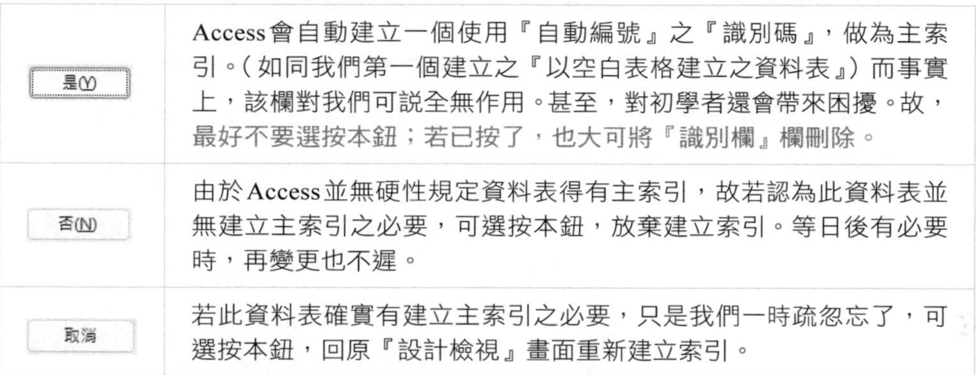

是(Y)	Access會自動建立一個使用『自動編號』之『識別碼』，做為主索引。(如同我們第一個建立之『以空白表格建立之資料表』)而事實上，該欄對我們可說全無作用。甚至，對初學者還會帶來困擾。故，最好不要選按本鈕；若已按了，也大可將『識別欄』欄刪除。
否(N)	由於Access並無硬性規定資料表得有主索引，故若認為此資料表並無建立主索引之必要，可選按本鈕，放棄建立索引。等日後有必要時，再變更也不遲。
取消	若此資料表確實有建立主索引之必要，只是我們一時疏忽忘了，可選按本鈕，回原『設計檢視』畫面重新建立索引。

3-10 編修資料欄定義

於資料表『設計檢視』畫面上，可修改/新增/刪除或移動原資料欄之定義。

以滑鼠點選原已定義過的資料欄之任一部位，即可對其進行修改或重新定義。但「附件」資料型態，並不允許改變。更其錯誤訊息為：

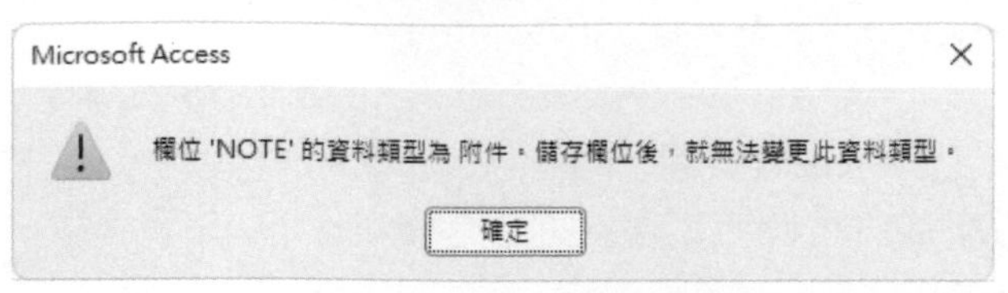

但是，仍可以移動位置、變更欄名或將其整欄刪除。

若要於某欄之前插入一新欄位，可先以滑鼠左鍵單按該列任一位置，續按『資料表設計/工具/插入列』插入列 鈕（或按 Insert 鍵），即可於其上方插入一空白列：

以空白表格建立之資料表

欄位名稱	資料類型
編號	自動編號
姓名	簡短文字
生日	日期/時間

要刪除某一欄位之定義，可先以滑鼠點選該列任一位置，續按『資料表設計/工具/刪除列』刪除列 鈕（或按 Delete 鍵），即可刪除該欄。

要調整已定義之欄位的順序，可先以滑鼠左鍵單按該列最左邊之淺灰色按鈕，將整列選取。續以滑鼠按住該鈕上下拖曳，即可搬移其位置。如，將『已婚』搬移到『生日』之前：

以空白表格建立之資料表

欄位名稱	資料類型
編號	自動編號
姓名	簡短文字
已婚	簡短文字
生日	日期/時間

由於，『以空白表格建立之資料表』資料表中，Access所自動安排的欄位資料型態，存有多處錯誤，故擬將其修改為正確之設定。修改前，記錄之內容為：

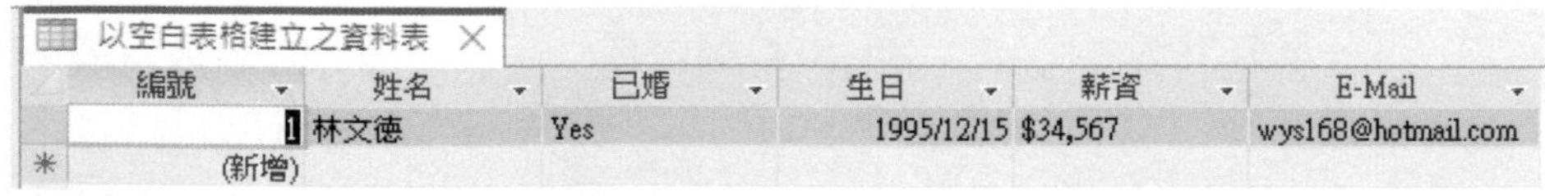
以空白表格建立之資料表

編號	姓名	已婚	生日	薪資	E-Mail
1	林文德	Yes	1995/12/15	$34,567	wys168@hotmail.com
(新增)					

按 鈕，轉入『設計檢視』，將其各欄位之定義修改為：

以空白表格建立之資料表

欄位名稱	資料類型
編號	自動編號
姓名	簡短文字
已婚	是/否
生日	日期/時間
薪資	數字
E-Mail	超連結

按 鈕進行存檔，將先顯示：

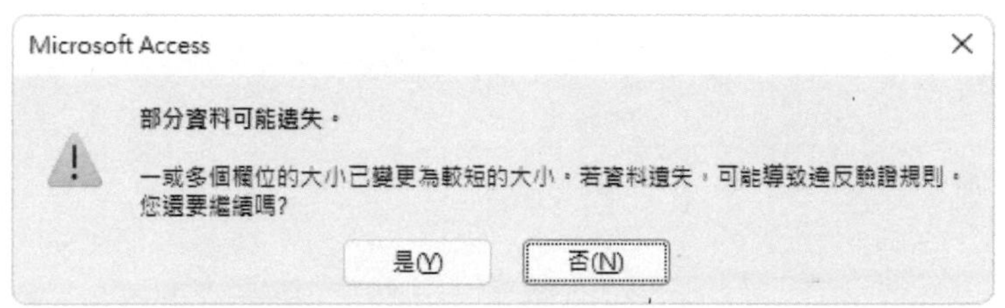

這是因為，我們改變了某些欄位的資料型態，可能會導致資料無法順利轉換的緣故。按 是(Y) 鈕接受，Access開始進行資料轉換，發現有錯，續顯示：

按 是(Y) 鈕，繼續轉換。最後，按 鈕，轉入『資料工作表檢視』，去看資料是否可以順利轉成正確之內容：

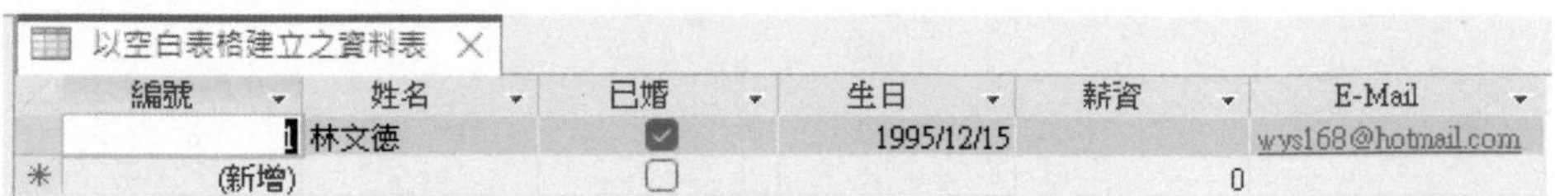

以空白表格建立之資料表

	編號	姓名	已婚	生日	薪資	E-Mail
	1	林文德	☑	1995/12/15		wys168@hotmail.com
*	(新增)		☐		0	

可發現，除了『薪資』欄原輸入$34,567，被當成「簡短文字」資料後，就無法轉成適當之「數字」資料。其餘各欄，於轉為正確之資料型態後，資料也都可以順利轉換。(事實上，若當初不加金錢符號與逗號，『薪資』欄是可以被自動安排為「數字」資料的)

資料表進階設定

本章所使用之實例，已存於『範例\Ch04\中華公司.accdb』資料庫檔案。為保留練習之機會給讀者，書上使用之資料表名稱均為未處理前的內容，讀者可自行開啟來練習；名稱之尾部加有『-後』者，則是執行後之結果。

4-1 簡短文字資料

「簡短文字」資料類型可用以存放任何鍵盤上打得出來的字元，包括中/英文、數字、空白或特殊符號。輸入時，只須由左而右照著打即可，並無多大困難。

寬度

「簡短文字」資料類型的欄位，最多可存放255個字元，但我們通常會視情況加以縮短，以免浪費空間。

定義「簡短文字」資料類型的欄位長度時，應以能容納得下最長的資料作為考慮，以免資料無法全數輸入或被截斷。如，所有記錄中，最長之地址使用了50個字，那此欄之『欄位大小』，至少得安排為50，以免資料無法全數輸入。

設定欄位大小後，此欄最多就只能輸入該大小所設定之寬度的資料。如，將員工編號的大小安排為4：（請開啟『員工編號-長度4』資料表進行練習）

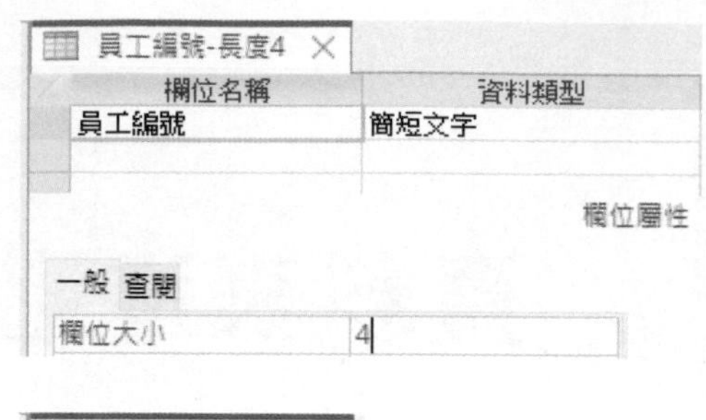

輸入時，於達到寬度上限4後，即無法再輸入任何字：

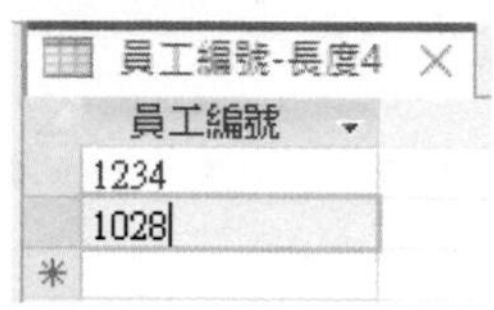

格式

於文字資料之『格式』屬性內，可使用下列幾個格式符號字元進行格式設定，其作用分別為：

符號	作用
@	顯示文字或空白
&	顯示文字
>	轉為大寫，如：>@可將所有輸入文字均轉為大寫
<	轉為小寫

轉換大小寫

如『英文名-大小寫』資料表，其『英文名』欄原來並未安排任何格式：

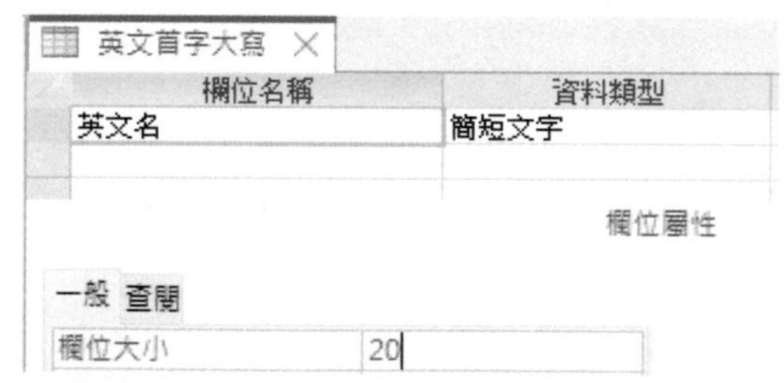

目前，其內容含有不適當之大小寫：

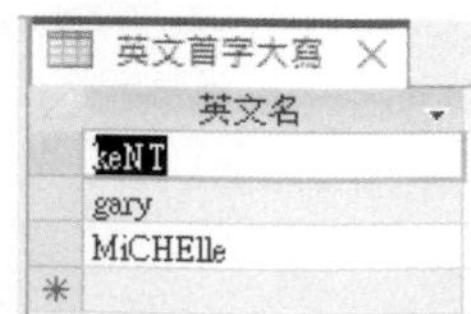

將格式安排為：

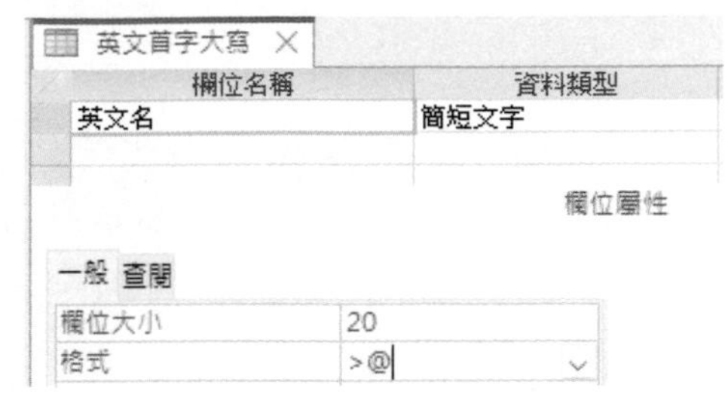


```
>@
```

可將其全部轉為大寫：

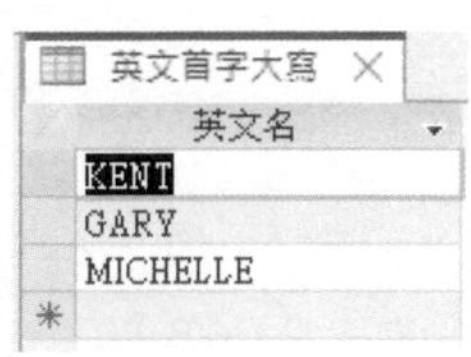

若安排為：

```
<@
```

則全部轉為小寫。（若想將第一個字轉為大小；其餘的字均轉為小寫。請參見後文『輸入遮罩』之『英文首字大寫』資料表）

有資料與無資料使用不同格式

「簡短文字」類型之資料格式，尚可以分號（;）劃分為兩部份，其第一部份之格式適用於已完成輸入之文字；第二部份則適用於零長度之虛字串或Null資料（無資料）。如，『員工姓名-格式』資料表之原內容為：

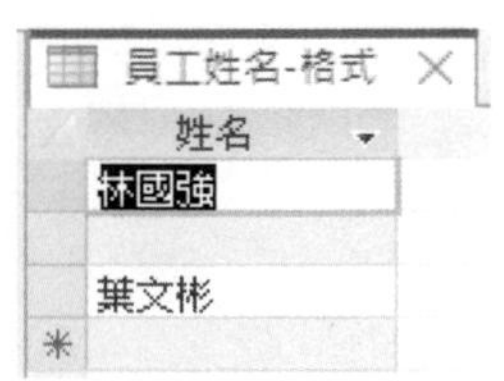

其內，第二筆並無資料，目前為空白。若將其格式安排為：

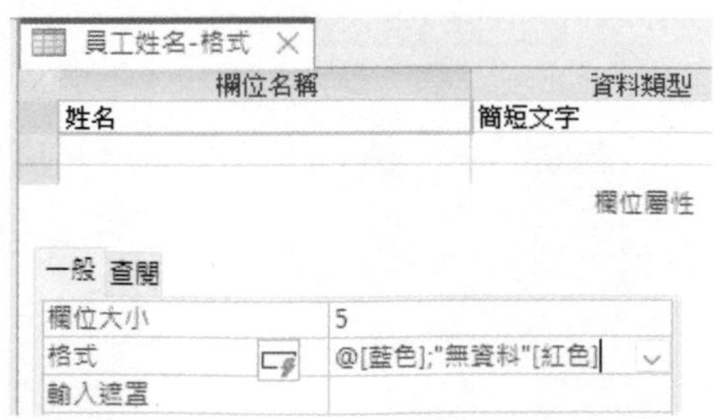

@[藍色];無資料[紅色]

會將輸有資料之欄位轉為藍色；但對尚未輸入資料之欄位則顯示一個紅色之『無資料』:

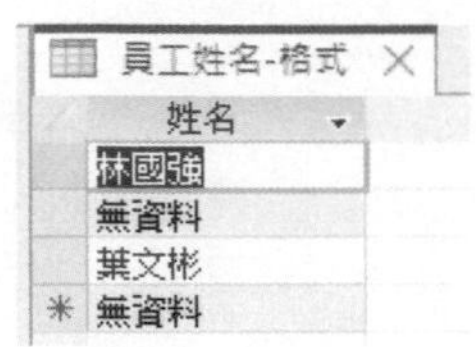

員工姓名-格式

姓名
林國強
無資料
葉文彬
無資料

小秘訣

「長文字」資料型態之資料，基本上也是文字內容，只差它是大量文字而已。故而，亦可使用與「簡短文字」相同之格式設定。如：『員工長文字資料-格式』資料表，未設定格式前之資料為：

員工長文字資料-格式

姓名	備忘
林文彬	專業程度高，做事認真
葉文德	
吳承亨	待人處事非常圓融

將其『備忘』欄之設定為：

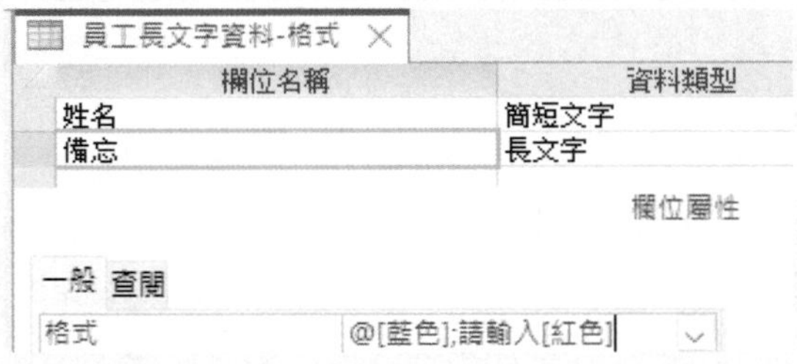

@[藍色];請輸入[紅色]

其資料表檢視的外觀轉為：

員工長文字資料-格式

姓名	備忘
林文彬	專業程度高，做事認真
葉文德	請輸入
吳承亨	待人處事非常圓融
	請輸入

輸入遮罩

『輸入遮罩』適用於輸入時之格式設定，可於輸入資料當中，將資料轉換為指定之外觀或格式，可控制資料的美觀及正確性；有時，也可以簡化輸入過程。其設定，也會影響先前已經輸入之舊資料。故也可以拿來當字元格式使用，只是其安排位置是在『輸入遮罩』處；而非『格式』處。

前文『英文名-大小寫』之例子，擬將英文名稱改為第一個字大寫，其餘字改為小寫。光靠格式字元，並無法達成。此時，可藉助遮罩來完成。

「簡短文字」類型之資料，可為任何鍵盤打得出來之資料，大部份為：中/英文及數字。其可用的樣版符號字元為：

字元	作用
0	僅允許+-號及0～9之數字，必須輸入，不可省略任一個字元
9	僅允許0～9之數字或空白，可省略
#	+-號、數字或空白，可省略。空白雖會顯示但卻不會被儲存
L	大小寫之A～Z字母，不可省略。如：LL表必須也僅能輸入兩個字元
?	大小寫之A～Z字母，可省略
A	數字或大小寫之A～Z字母，不可省略。如：AA表必須也僅能輸入兩個字元
a	數字或大小寫之A～Z字母，可省略
&	任何文字或空白，不可省略
C	任何文字或空白，可省略
>	將輸入之內容英文自動轉為大寫，如：>AAA，會將所輸入之三個英文字轉為大寫。
<	將輸入之內容英文自動轉為小寫，如：>?<?????????，會將所輸入之第一個英文字轉為大寫，其餘轉小寫。
\	直接顯示其後所接之字元，如：00\年
"文字"	直接顯示雙引號所包圍之字串，如："No."000
密碼	所鍵入的字元會轉為顯示為星號（*），以防止被窺見。

英文名首字大寫其餘小寫

如，『英文首字大寫』資料表的原內容存有不適當之大小寫：

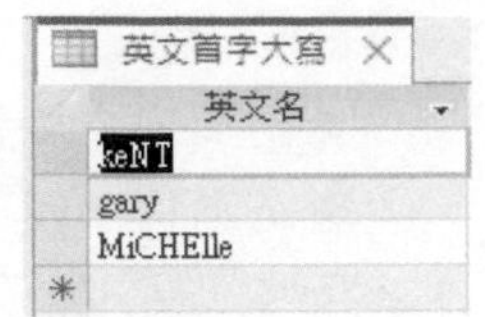

將其『輸入遮罩』安排為：

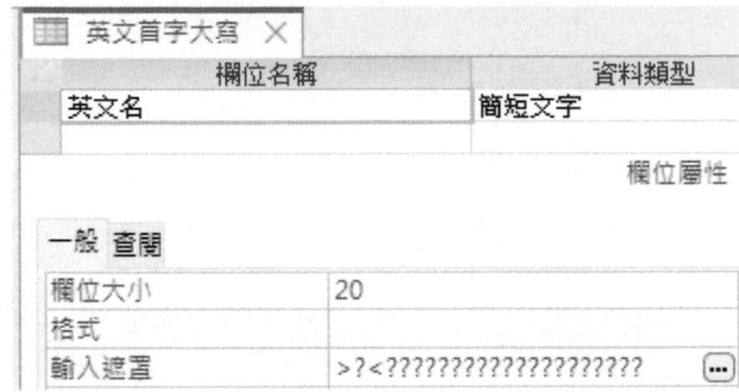


```
>?<????????????????????
```

可將所輸入之第一個英文字轉為大寫，其餘轉小寫：

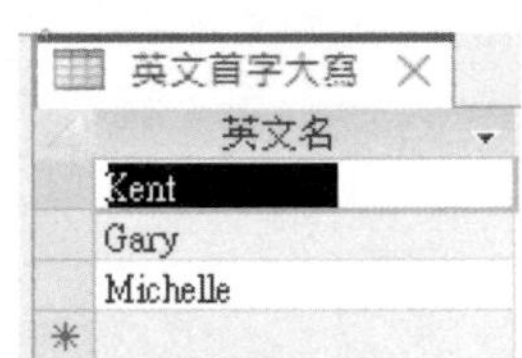

貨品編號為四位數字

『輸入遮罩』主要是用於輸入資料之時，控制資料正確性。如，『貨品編號為四位數字』資料表之原設定為：

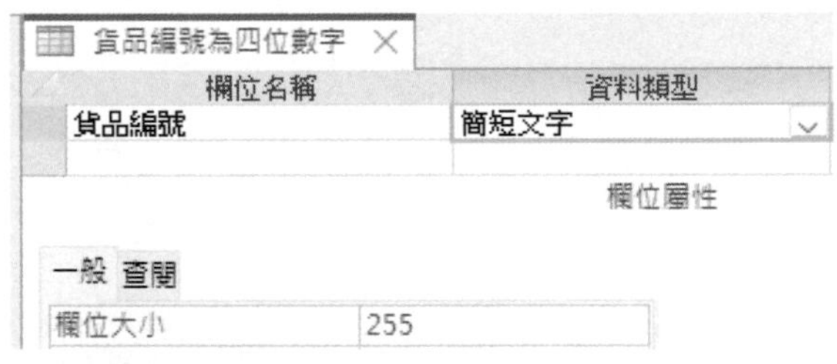

欄位大小255，是絕不可能控制所輸入的資料為4個數字。可能會打出超過長度之文字或數字：

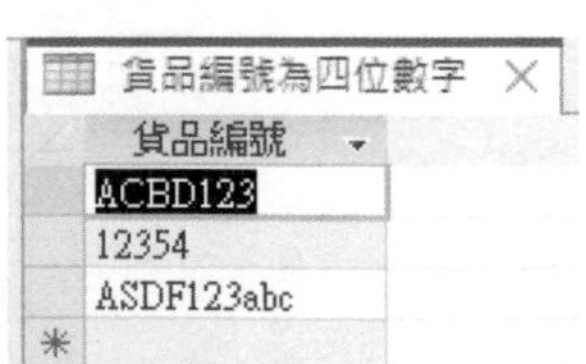

按左上角之全選鈕（ ），可將其所有記錄全部選取：

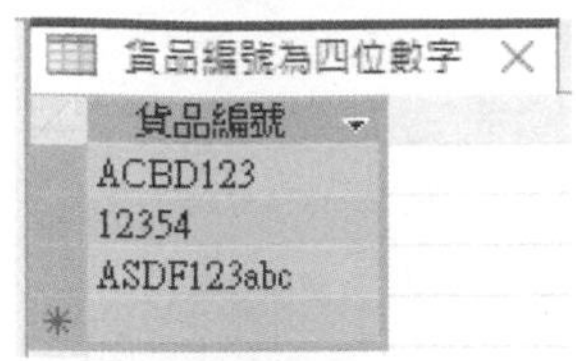

按 Delete 鍵，將顯示：

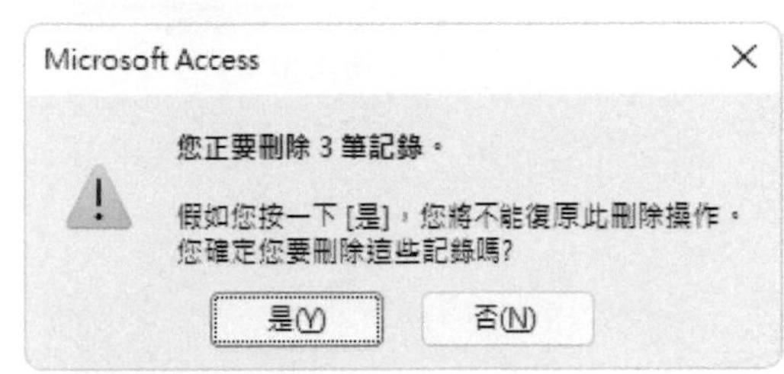

選按 是(Y) 鈕，可將全部記錄刪除：

若將『欄位大小』改為4：

是可控制其最多只能輸入四個字，但卻不保證其為數字，且也有可能輸入不足四位之文數字：

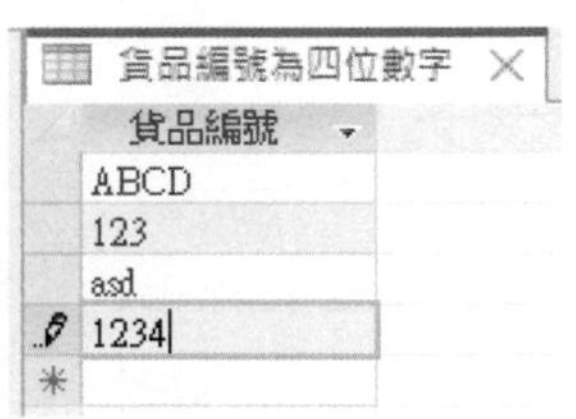

將其原記錄全數刪除後，若將其『輸入遮罩』安排為：

```
0000
```

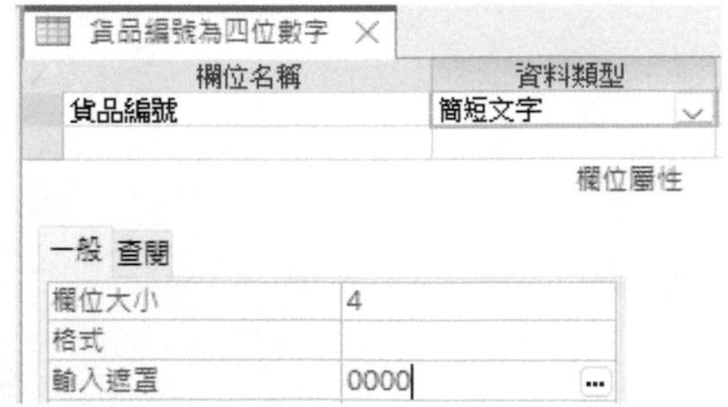

遮罩字元0，表示必須輸入0～9之數字，不可省略任一個字元。4個0，可控制其必須輸入四個數字，不可能含有文字或輸入不足四位之數字。當我們輸入文字時，是打不出任何內容，只能輸入數字。若故意輸入不足四位之數字，將獲致下示之錯誤：

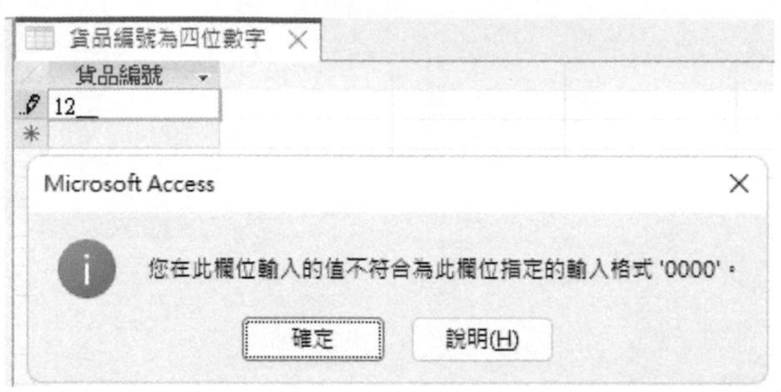

所以，只能打出恰為四位數之數字而已：

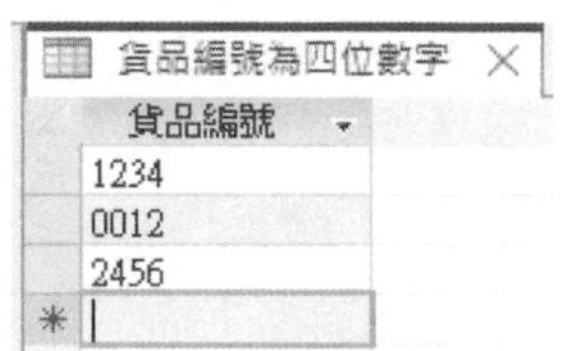

此時，由於『輸入遮罩』處設定了四個0，故而即便其『欄位大小』設定為超過4，也不可能輸入超過四個數字。

貨品編號首字大寫後接3位數字

『貨品編號首字大寫後接3位數字』資料表中，『貨品編號』欄若只設定『欄位大小』為4，肯定還是會打出亂成一片之文數字。如：中文、大小寫英文、全數字、部份英文與部份數字、……：

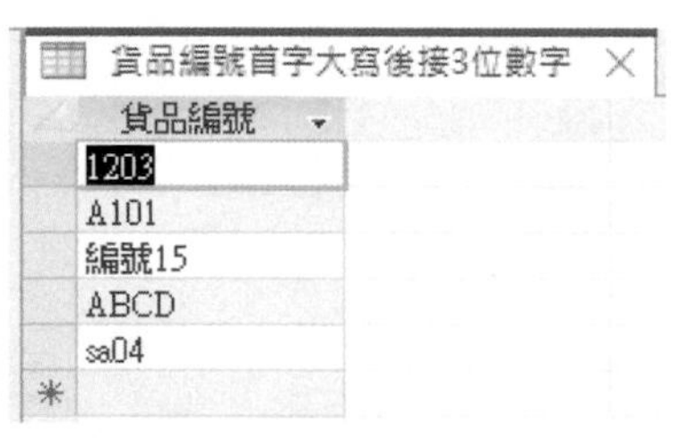

故將其『輸入遮罩』設定為：

L000

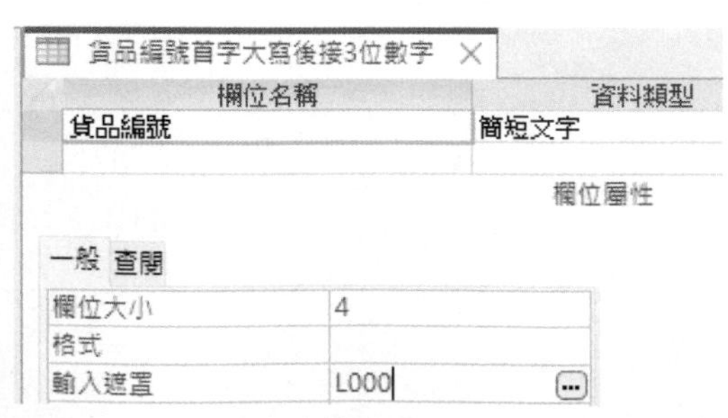

遮罩字元L，可輸入大小寫之A ～ Z字母，不可省略。遮罩字元0，表示僅允許0 ～ 9之數字，必須輸入不可省略。L000，可控制其第一個字必須為英文字母，後接三個數字。刪除原就有記錄後，重新輸入，當我們第一個字輸入數字時，是打不出任何內容，只能輸入英文字。其後三個字，則必須輸入數字。若故意輸入不足四位，仍將獲致錯誤。但是第一個英文字，卻可能會打出小寫字：

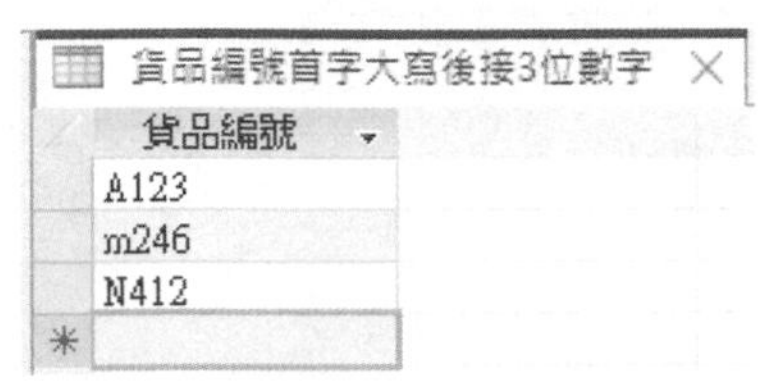

若將其『輸入遮罩』改為：

欄位名稱	資料類型
貨品編號	簡短文字

欄位屬性

一般 查閱

欄位大小	4
格式	
輸入遮罩	>L000

```
>L000
```

則可再控制第一個英文自動轉為大寫：

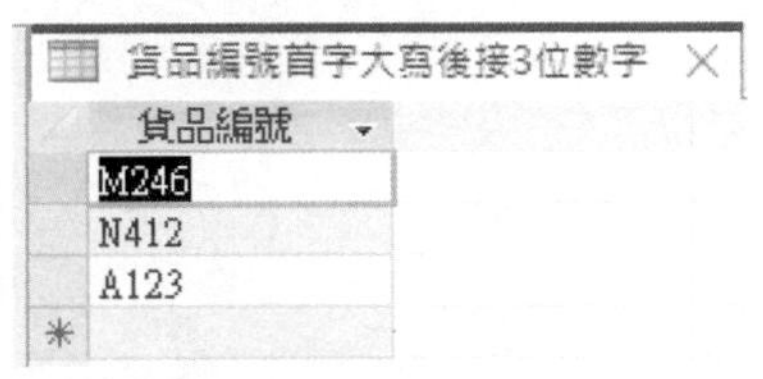

小秘訣

我們的身份證號碼，不也類似這種情況嗎！

利用精靈完成輸入遮罩

雖然，看起來全為數字之『電話』欄，因為並不可能會對這些資料進行數值運算，故應仍採選用以「簡短文字」類型來存放為宜。『電話』欄內，通常應包含區碼與電話兩個部份，如：(02) 2678-2231。以『電話遮罩-精靈』資料表為例，若未設定任何輸入遮罩：

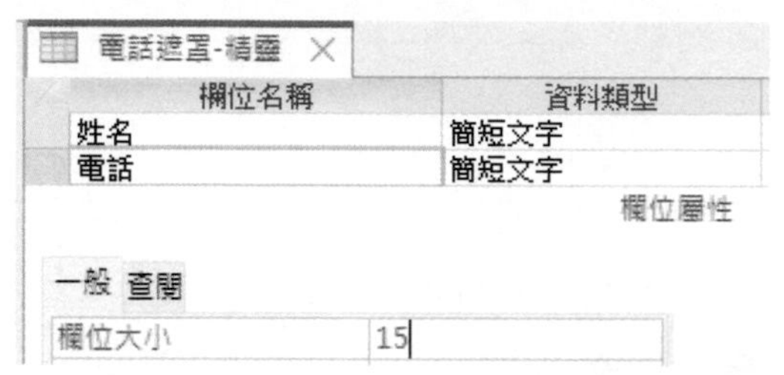

於『資料表工作檢視』進行輸入資料時，『電話』欄內一片空白：

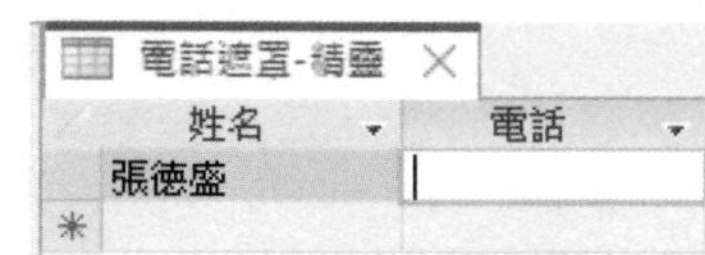

怎麼知道區域號碼是否該加上括號？括號後有無空白？電話號碼間是否夾一個減號？

此時，可利用『輸入遮罩』來彌補此一缺點。對於常用之『輸入遮罩』，Access提供有『精靈』可以逐步導引我們完成遮罩之設定。其處理步驟為：

Step 1 轉入『電話遮罩-精靈』資料表之『設計檢視』畫面，以滑鼠點按『電話』欄任一部位

Step 2 以滑鼠按一下其『輸入遮罩』屬性後之空白方塊

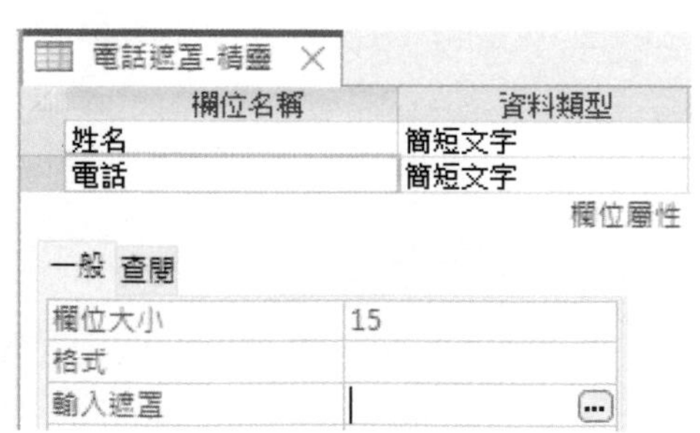

Step 3 按其後所出現之 ⋯ 鈕，可啟動『輸入遮罩精靈』

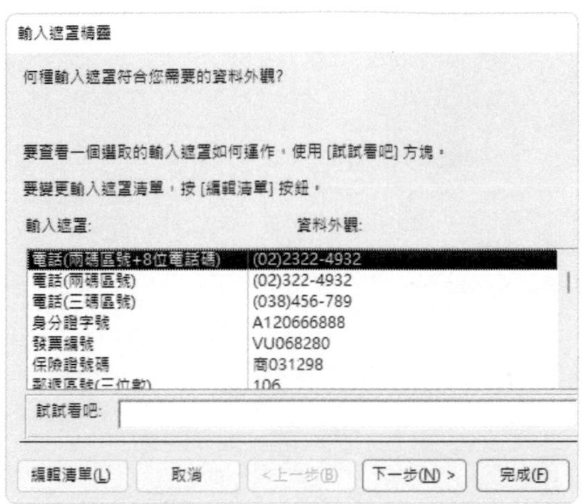

Step 4 選按「電話(兩碼區域+8位電話碼)」輸入遮罩，續按 下一步(N) > 鈕

輸入遮罩精靈

您要變更輸入遮罩嗎?

輸入遮罩名稱: 電話(兩碼區號+8位電話碼)

輸入遮罩: (99)0000-0000

『輸入遮罩』處之內容為：(99)0000-0000，99表該處可輸入數字，但非必需，可以省略；0000-0000，表該處一定要輸入位數字，左側之括號及中間之減號可不用輸入，電腦會幫我們補上。這種設定，於輸入時會獲致如下之外觀：

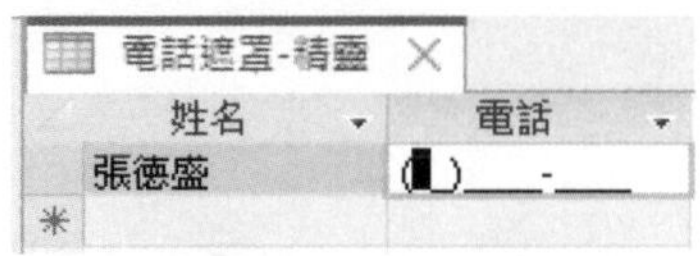

最前面的99，並不適合，萬一真的省略，會把後面的8碼電話左移。如，輸入：

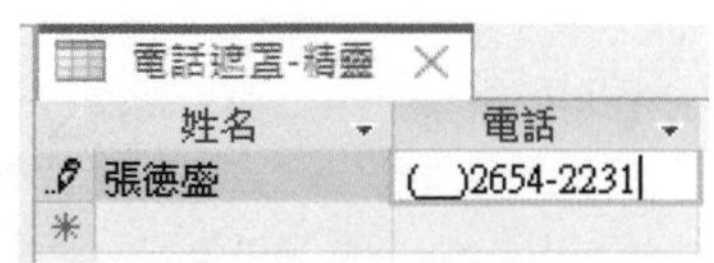

按 Enter 鍵，完成輸入後，後面的8碼電話左移到區碼，導致不正確之電話內容：

電話遮罩-精靈

姓名	電話
張德盛	(26)5422-31

故而，得將其輸入遮罩的99改為00，控制區碼及電話均不可省略：

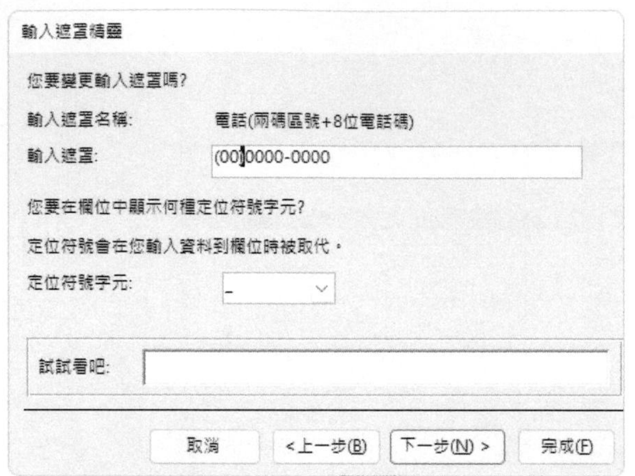

Step 5 按『定位符號字元』處之下拉鈕，可選擇要使用何種符號？預設狀況為使用底線符號，將來會以底線符號標示出等待輸入資料之位置。

Step 6 於『試試看吧』後之空白，按一下滑鼠，將顯示輸入遮罩之外觀

並等待對其輸入資料，以測試其效果。打一個完整電話看看是否合用？若覺得不適當，仍可於『輸入遮罩』處修改所用之符號字元。

Step 7 試用後，按 下一步(N) > 鈕，轉入

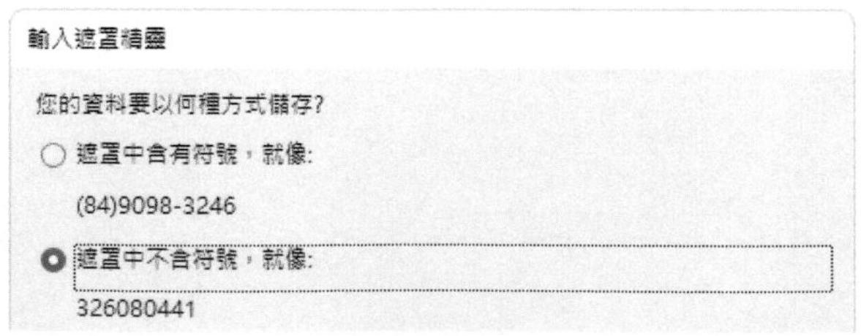

這是在選擇，當我們完成電話之輸入後，遮罩上之符號（數字以外的其他符號：括號與減號），是否要一併儲存？通常，我們會選擇要一併儲存，這樣電腦實際儲存之資料，才會與螢幕上顯示之內容一致。

注意

電話號碼中之括號及減號存或不存，均不影響其於電話欄之外觀，顯示時均含括號及減號。但卻會影響往後於『查詢』中，輸入過濾條件之方式。若連括號及減號均一併儲存，於條件式中就得一樣輸入這些符號，才可順利找到記錄。若無，則雖然外觀有括號及減號，但於條件式中卻只能輸入數字，而不能輸入那些符號。

Step 8 點選「遮罩中含有符號」，要求將數字以外的特殊符號一併儲存

輸入遮罩精靈

您的資料要以何種方式儲存?

遮罩中含有符號，就像:

(84)9098-3246

Step 9 按 下一步(N) > 鈕，轉入

Step 10 最後，再按 完成(F) 鈕結束，回『設計檢試』畫面，可看到其『輸入遮罩』內容已改為：\(00\)0000\-0000;0;_

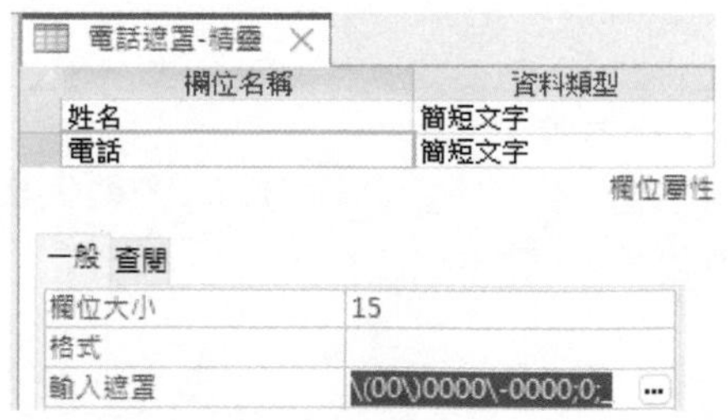

反斜線（\）之作用為直接顯示其後所接之字元，如：括號與減號。第一個分號前之內容及最後的底線符號，為於『輸入遮罩精靈』內所選擇的『輸入遮罩』及定位符號；第二個分號前之0，表所有反斜線後之字串得一併會儲存。

Step 11 按 鈕，儲存『輸入遮罩』之設定

Step 12 按 鈕，回『資料工作表檢視』，點按新記錄之『電話』欄，即可以遮罩所安排之外觀來輸入電話資料

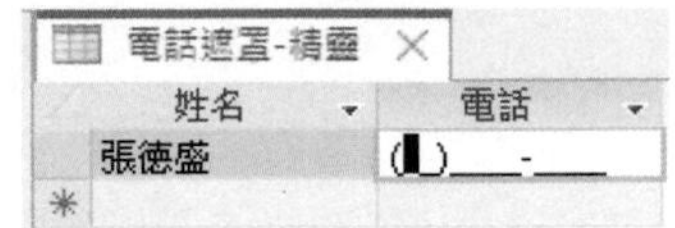

由於遮罩字元為

```
\(00\)0000\-0000
```

故整個區碼及8碼之電話，均必須輸入，一個字都不能省略。如果，僅輸入區碼即按 Enter 離開，會獲致下示之錯誤：

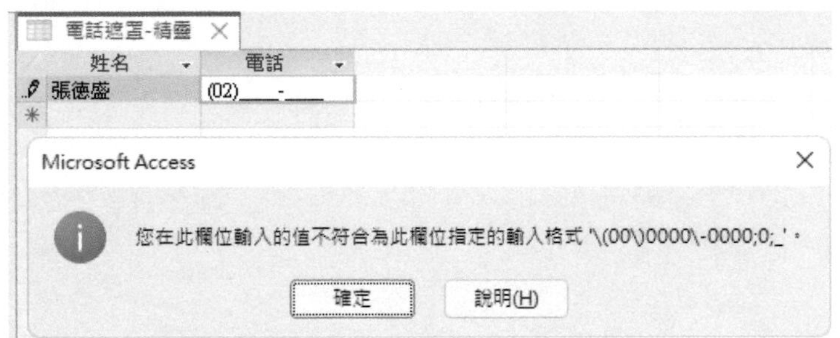

注意

這種輸入遮罩看起來好像很好用，但在國內卻是不符合實際情況，因為區碼並不是全為2碼；且電話也不全為8碼。

輸入遮罩的使用規則

若不使用『輸入遮罩』精靈，我們也可以直接於『輸入遮罩』處，自行輸入遮罩設定。（如果您的觀念很清楚的話）

無論使用『輸入遮罩精靈』安排或自行鍵入，『輸入遮罩』屬性最後均會轉為以分號標開的三個部份。如：

```
\(00\)0000\-0000;0;_
```

第一個部份為『輸入遮罩』本身。第二部份為控制反斜線（\）後之文字，或以雙引號包圍之文字，是否要一併儲存？設定為0，表要儲存；1或省略則否。第三部份係安排將來要以何種符號表示出等待使用者輸入資料之位置，省略時表使用底線符號，本處可使用任何字元，但若要使用空格得以雙引號將其包圍（" "）。

如，『電話遮罩-自行輸入』之電話欄的遮罩是自行輸入的，將其安排為：

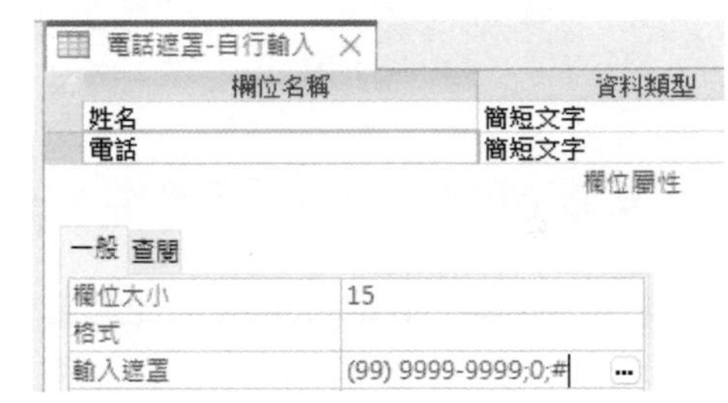


```
(99) 9999-9999;0;#
```

意指左右括號、空格及減號，均會直接顯示於輸入畫面上，使用者並不用自行輸入這些字元；其餘之9均表可輸入數字資料，但允許省略不打。第一個分號後之0，表輸入後，所有數字、括號、空格及減號均會一併被儲存。第二個分號後之#符號，表將來會顯示#號等待使用者輸入資料：

由於允許輸入部份資料，故其可接受之電話將如：

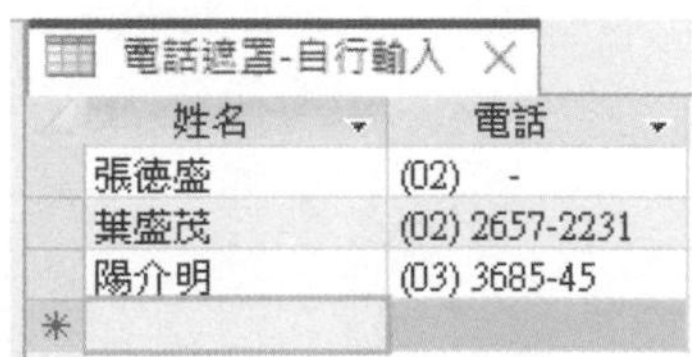

驗證規則與驗證文字

驗證規則	
驗證文字	

『驗證規則』屬性是安排一條件式，以防止輸入不合理之值。如：員工編號介於1001～4999（Between 1001 And 4999）；性別僅可以是男或女（In("男","女")）；貨品編號必須以 A O K 三個大寫英文為首，後接 3 位數字（Like"[A O K]###"）、……。

當使用者輸入不合理之資料時，要顯示何種警告訊息，則可輸入於『驗證文字』屬性內。

驗證規則內之條件運算式

無論文字、數值或條件運算式，其運算式均由一組運算元與運算符號所構成，經過運算後而產生運算結果，其基本語法為：

```
運算元1 運算符號 運算元2
```

基本上，運算符號的左右兩側必須為運算元，而且各運算元之資料類型必須相同。運算式中之運算元，可為常數、資料欄名與函數等各項資料之任意組合。

條件運算式是將兩個同資料類型之運算元進行比較，以判斷是否成立（如：3 < 5之值為True）。常用之比較符號及其意義為：

符號	意義
>	大於
<	小於
=	等於
>=	大於等於
<=	小於等於
<>	不等於，如：<>0僅接受非0之值

符號	意義
In	是否等於圓括號所圍之清單中的某一個值，如：In("A","B","C")僅允收大小寫之A,B,C三個值；In(10,20,30,40)僅允收10,20,30,40之值；In("台中","台北","台南")僅接受台中、台北及台南三組字串內容
Between ... And ...	介於，如：Between 0 And 100僅接受0～100之值
Like	類似，如：Like "A*" 僅接受以A為首之內容

Like後所接之一對雙引號內，可用之萬用字元的作用為：

?	任一個字元
*	任一組字元
#	任一個數字

且可以一對方框號包圍一組[極小值-極大值]，控制某一個字元之範圍。如：

Like "[A-Z]"

僅接受一個大小寫A～Z之內容；

Like "[A-Z]##"

表第一個字必須為英文字母，後接恰好2位數字；

Like "[A D N]##"

表第一個字必須為大小寫英文字母A, D或N（仍得以『輸入遮罩』控制其轉為大寫），且後接恰好2位數字（字母間有空格）；

Like "[A-D][1-5]#"

表第一個字為大小寫之A～D；第二個字為介於1～5之數字；第三個字為任意數字。

但若碰上較為複雜之條件，就得將好幾組條件以運算子（符號）進行連結。如：若地址欄之準則設定為：

```
Like "台北*" or Like "台中*"
```

表僅接受以台北或台中為首之內容。條件運算式內常用之運算子及作用為：

優先順序	運算子	作用
1	( )	優先執行其內包圍之運算
2	Not	非，如：Not Like "A*"
3	And	且，>= 0 and <=100
4	Or	或，Like "A*" Or Like "B*"

輸入驗證規則與文字

輸入驗證規則與文字，最簡便之方式為：直接輸入條件式或文字內容即可。但對於較複雜之條件式，尚可於游標停於『驗證規則』屬性上時，按其右側之 ... 鈕，轉入『運算式建立器』去進行設定：

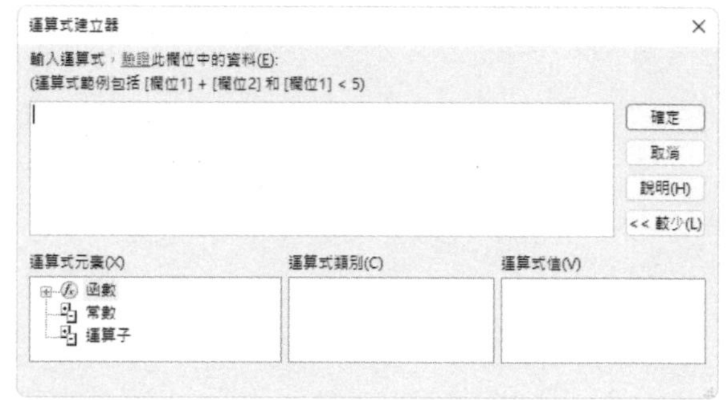

無論以何種方式進行輸入？驗證規則之字數上限均為2048個字元；驗證文字之上限為255個字元。

控制員工編號範圍

『員工編號範圍』資料表內，『員工編號』欄為「簡短文字」類型，若僅長度設定為4，無任何驗證規則與文字：

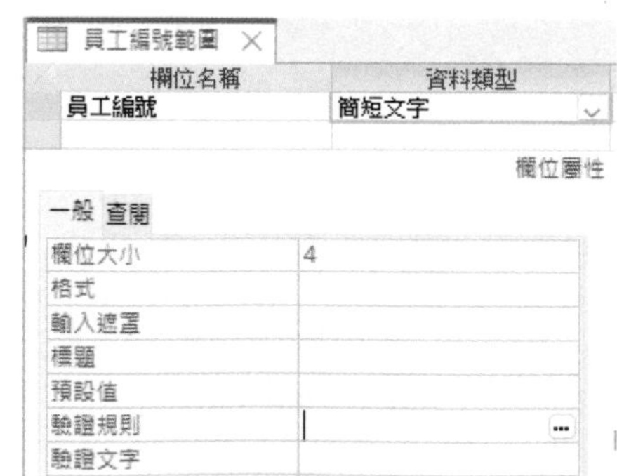

雖可控制長度不超過4，但可能會是數字、文字或文數字（1234、ABcd、A12、⋯），且也無法控制使用者必須輸入恰為4位數字：

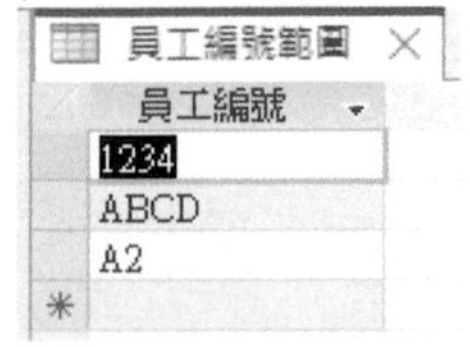

先刪除其所有記錄後，將其輸入遮罩，安排為：

```
0000
```

如此，一定可控制使用者只能輸入數字，且必須輸入4位數字。但若編號之範圍，只能是1001～4999，就得在『驗證規則』處加入：

```
>="1001" And <="4999"
```

或

```
Between "1001" And "4999"
```

任一式，均可確保所輸入之數字不會超出允收範圍。加上雙引號，乃是因為處理對象為文字。

若再於『驗證文字』處加入：

```
編號應介於1001～4999！
```

之錯誤訊息：

4

資料表進階設定

刪除舊有記錄後，重新輸入資料，即可於使用者輸入錯誤編號時，顯示出適當的錯誤訊息，加以提示：

注意

若已輸妥部份內容後，才針對該欄進行設定驗證規則，則於要儲存設定時，將獲致警告訊息：

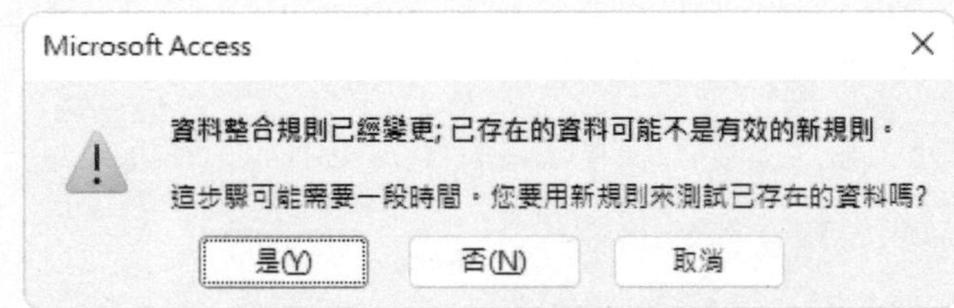

按 是(Y) 鈕，可針對舊資料進行檢查。若該欄存有不符合驗證規則之舊資料，將顯示另一警告訊息：

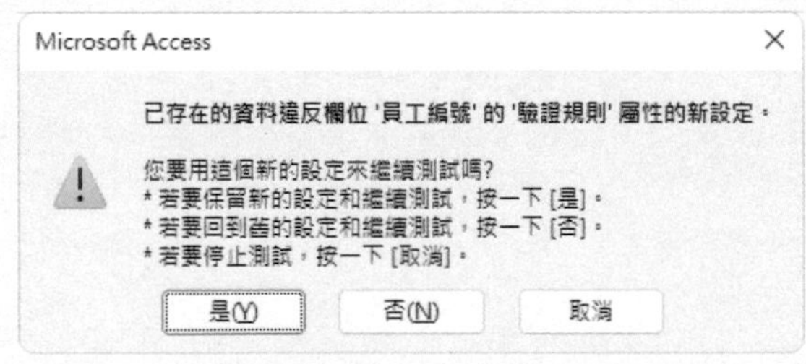

按 是(Y) 鈕，可保留目前之驗證規則，但舊的錯誤資料則仍維持原狀。因此，轉回『資料檢視』後，要記得以人工方式進行檢查，並對其輸入新的正確值。

性別僅可以是男或女

『控制性別資料』資料表之『性別』欄，為「簡短文字」類型，雖然長度控制為1，但若無任何『驗證規則』加以界定，則可能輸入英文、數字或中文，且也不一定只接受"男"、"女"兩字而已

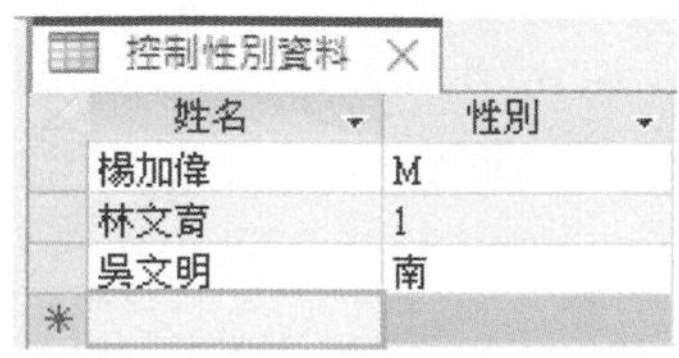

故將其『驗證規則』安排為：

```
In("男","女")
```

『驗證文字』為：

```
性別錯誤，應輸入男或女！
```

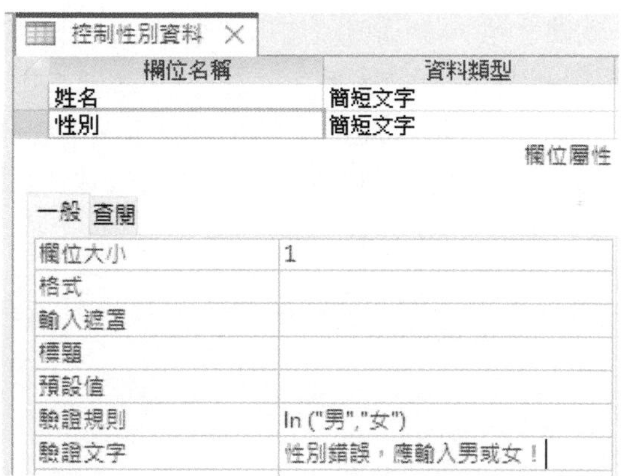

可限制使用者只能輸入"男"、"女"兩字而已。輸入錯誤時，其錯誤訊息為：

貨品編號必須以No.為首，後接3位數字

假定，『貨品編號1』資料表內，『貨號』欄之規定為：以"No."為首，後接3位數字。則可利用

```
"No."000;0;_
```

之『輸入遮罩』來控制其前三碼一定為"No."之英文字，後面必須也只能輸入三位數字：

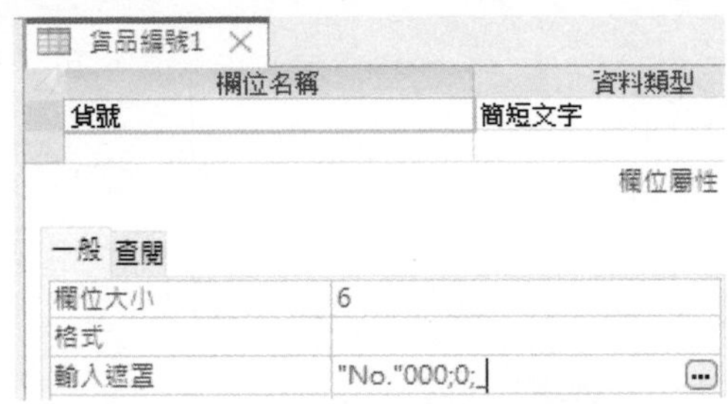

輸入時，會自動先顯示"No."之英文字，並以底線標出等待輸入三個數字之位置：

由於使用 0 遮罩字元，後面必須也只能輸入三位數字，不可能輸入其他非數字之資料，或不足 3 位之數字。這樣連『驗證規則』與『驗證文字』均可不用設定，因為有『輸入遮罩』的把關，不可能會有錯誤情況發生。由於第一個分號後為 0，可控制"No."之英文字也會一併被存入『貨號』欄；而不是僅存其 3 位數字而已。

但是，當使用者輸入不足三位數字時，其錯誤訊息為：

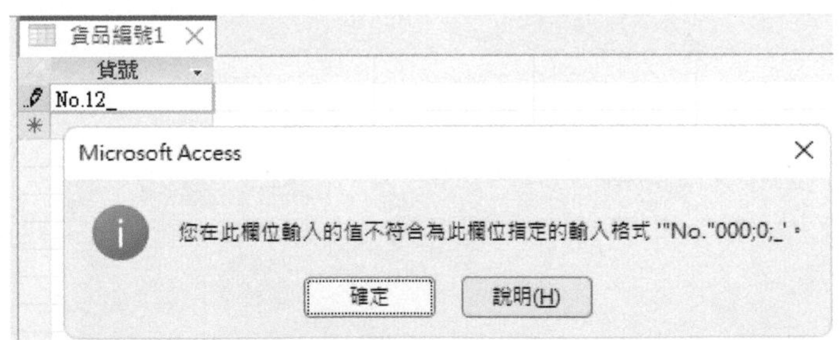

對，您看得懂。但可能不是每一個人都看得懂，因為不是每個人都跟您一樣聰明！所以，將『輸入遮罩』改為：

```
"No."999;0;_
```

放鬆規定，允許輸入不足三位之數字。把剩下之把關動作，交由『驗證規則』：

```
Like "No.###"
```

與『驗證文字』：

```
必須以No.為首，後接3位數字！
```

貨品編號1

欄位名稱	資料類型
貨號	簡短文字

欄位屬性

一般 查閱

欄位大小	6
格式	
輸入遮罩	"No."999;0;_
標題	
預設值	
驗證規則	Like "No.###"
驗證文字	必須以No.為首，後接3位數字！

如此，當使用者輸入不足三位數字時，其錯誤訊息為：

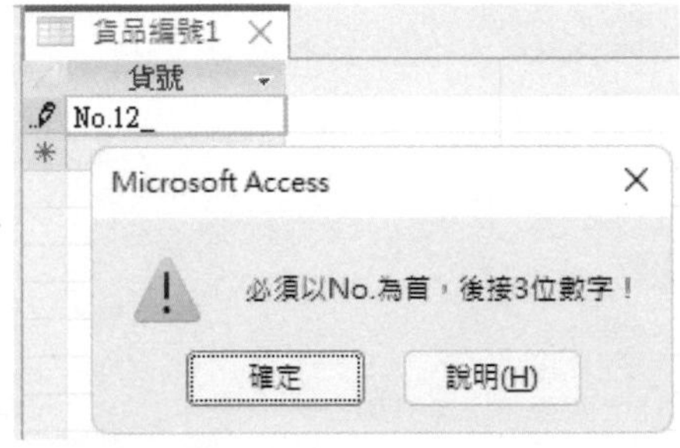

這樣，就每一個人都可以看得懂了！

貨品編號必須以A～D為首，後接3位偶數

假定，『貨品編號2』資料表內，『貨號』欄之規定為：必須以A～D為首，後接3位數之偶數。其『輸入遮罩』可為：

```
>L000
```

控制其第一個字必須為大寫英文字，後接3位數字。但這樣並不保證第一個英文字為A～D；同時也無法控制其數字為偶數。故得將『驗證規則』安排為：

```
Like "[A-D]##[0 2 4 6 8]"
```

[A-D]表第一個英文字為大寫A～D。##表其第2與3個字為數字，最後之[0 2 4 6 8]則控制最後一個數字必須為偶數。其『驗證文字』可安排為：

```
必須以A～D為首，後接3位數之偶數！
```

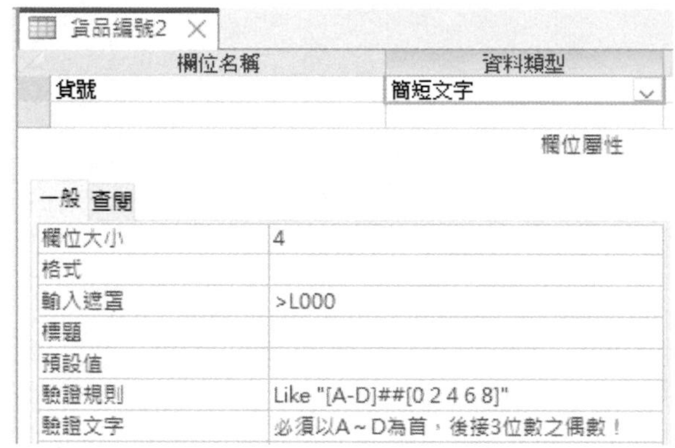

如此，當使用者輸入不合要求之資料，其錯誤訊息為：

貨品編號必須以A O K三個大寫英文為首，後接3位數字

以『貨品編號3』資料表為例，若貨號之要求為：必須以A O K三個大寫英文為首，後接3位數字。則『驗證規則』應為：

```
Like "[A O K]###"
```

[A O K]表第一個英文字必須為A, O, K，###表其為3個數字。『驗證文字』為：

必須以A O K三個大寫英文為首，後接3位數字！

其餘之設定同前：

貨品編號3

欄位名稱	資料類型
貨號	簡短文字

欄位屬性

一般　查閱

欄位大小	4
格式	
輸入遮罩	
標題	
預設值	
驗證規則	Like "[A O K]###"
驗證文字	必須以A O K三個大寫英文為首，後接3位數字！

輸入不合要求之內容，其錯誤訊息為：

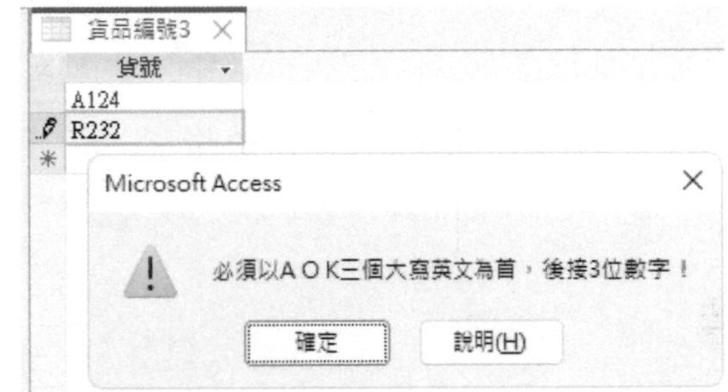

查閱精靈

自行鍵入內容

對於不是很複雜之資料，如：男/女、先生/小姐、公司部門名稱、教員職稱、……等簡短文字類型之資料欄，若每一筆均得自行輸入，雖不是很難，但仍蠻費事的，也難免會有打錯之情況發生。為方便輸入與避免錯誤，可將其改使用「查閱精靈」，安排一個可以選擇方式來完成輸入的表單，不僅可增快處理速度，且也不會有打錯資料之情況發生。

若擬對『性別-查閱精靈』資料表的性別欄，以『查閱精靈』將其安排成可利用選擇來完成輸入的表單。其處理步驟為：

Step 1 轉入『設計檢視』畫面，選按『性別』欄『資料類型』右側之下拉鈕，將資料類型改為「查閱精靈...」

會啟動『查閱精靈』，選「我將輸入我要的值。(V)」(才『男』『女』兩字而已)

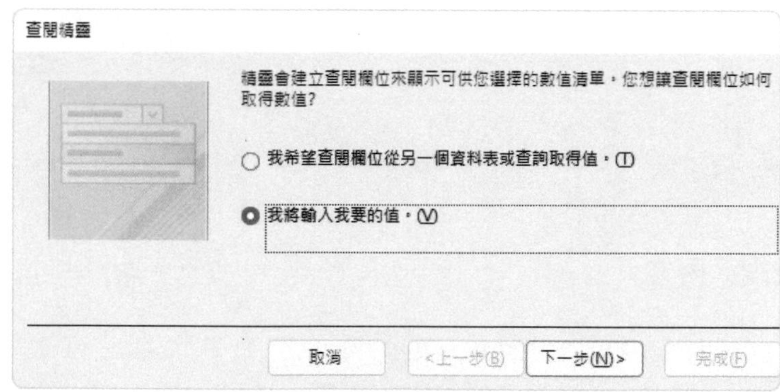

Step 2 按 下一步(N) > 鈕，轉入

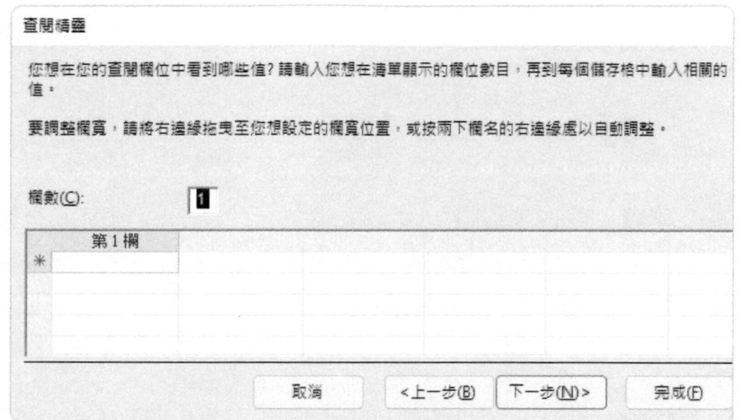

Step 3 以滑鼠按一下『第1欄』下方之空白，輸入『男』

Step 4 其下將多顯示一列空白，按 ↓ 鍵下到新空白，並於其內輸入『女』

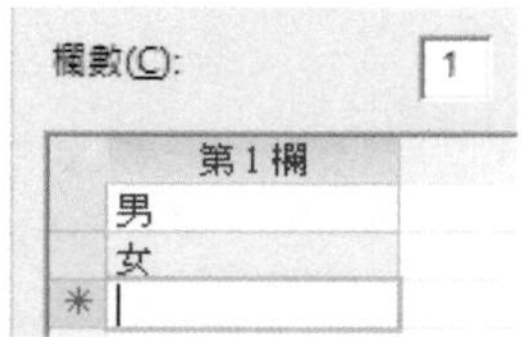

Step 5 再按 下一步(N) > 鈕，轉入

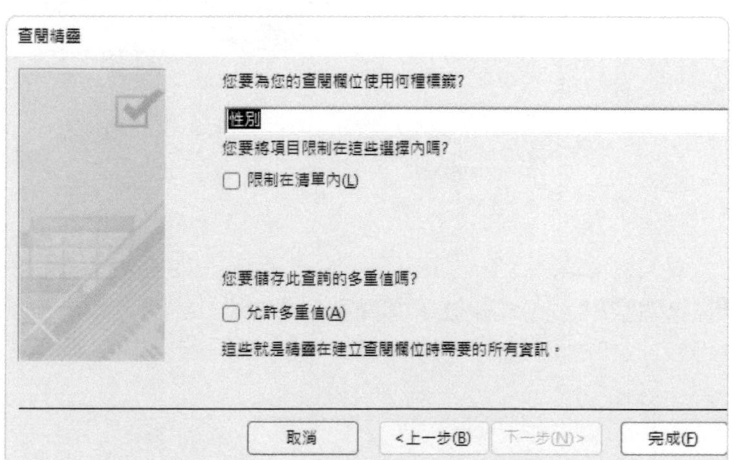

（標籤即以後要顯示於資料表上的欄標題）

Step 6 按 完成(F) 鈕，結束『查閱精靈』，回『設計檢視』畫面，性別欄之資料類型仍顯示「簡短文字」而非「查閱精靈...」

Step 7 存檔，轉回『資料工作表檢視』。於任一性別欄內容按一下滑鼠，可發現另備有一下拉鈕。按其下拉鈕，即可就先前所輸入之 "男"/"女" 字串，進行選擇以完成輸入

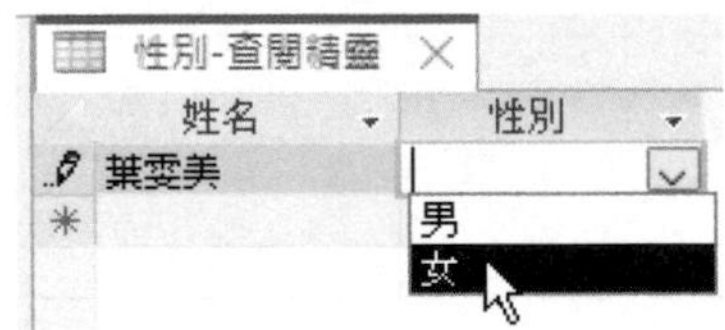

修改查閱精靈之輸入內容

若先前自行輸入之查表內容有錯，或漏打了某些資料。並不用以『查閱精靈』重新建立查表內容，只須轉入『設計檢視』畫面，切換到該欄之『查閱』標籤：

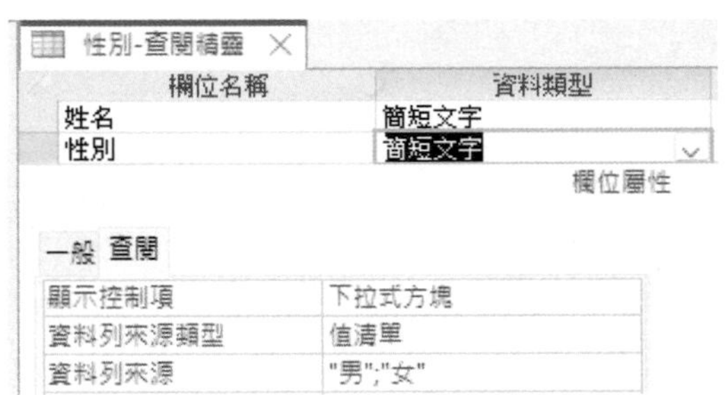

於其『資料列來源』處，即可看到原先所輸入之查表內容。可看出它是以雙引號包圍字串之方式存放，其間則以分號作為間隔符號。

我們可依此規則，自行輸入新值或修改舊值。如：

性別-查閱精靈

欄位名稱	資料類型
姓名	簡短文字
性別	簡短文字

欄位屬性

一般　查閱

顯示控制項	下拉式方塊
資料列來源類型	值清單
資料列來源	"男";"女";"不詳"

表要於其內增加一 "不詳" 之查表選項，但別忘了回到『一般』標籤，將其欄寬度由 1 改為 2；否則，選到「不詳」之性別，將獲致欄位太小之錯誤訊息。儲存設定後，並回到『資料工作表檢視』畫面，即可以新查表內容來輸入性別欄資料：

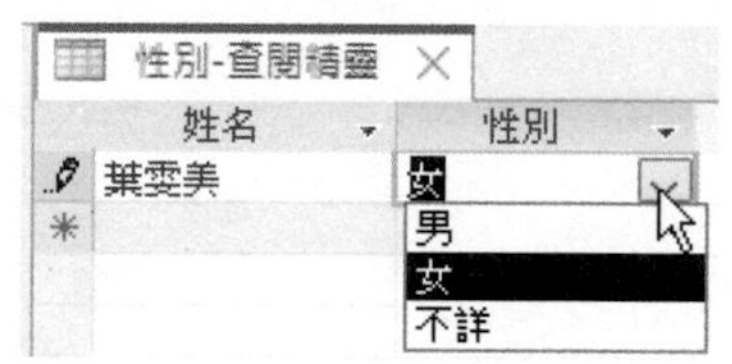

若於『設計檢視』之『查閱』標籤的『允許值清單編輯』項設定為「是」:

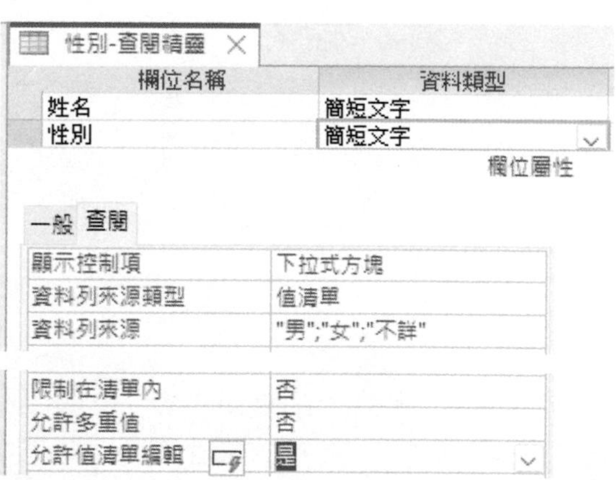

則於類似本例之下拉式選單下方，會另顯示一個 鈕。

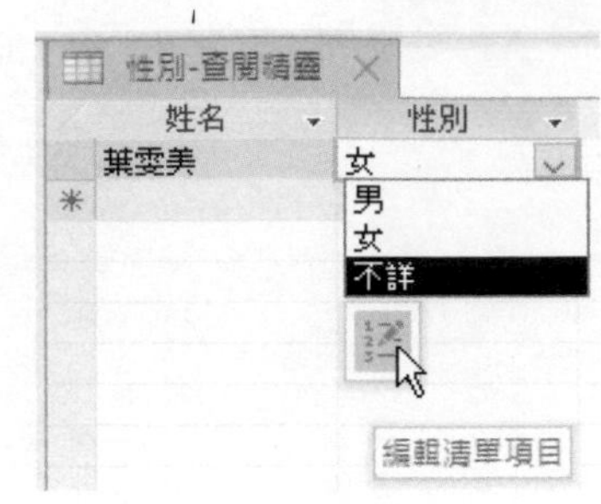

點按該鈕，可轉入『編輯清單項目』對話方塊：

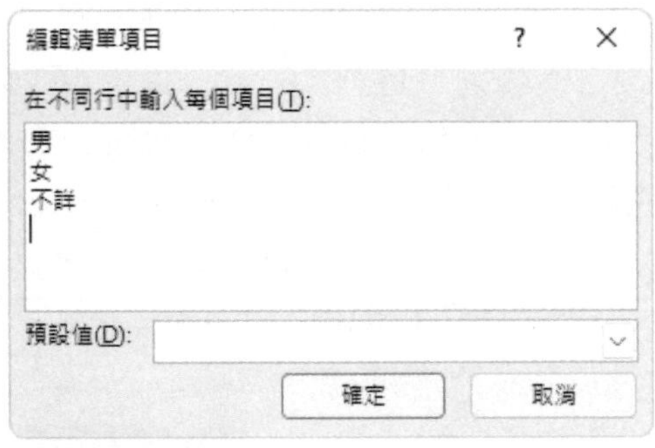

　　於此，可對原內容進行任何新增/刪除或編輯。如，於『不詳』前方插入了『待查』:

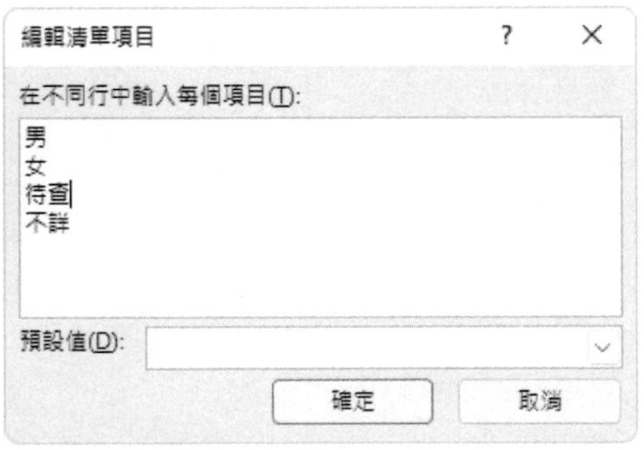

按 確定 鈕，儲存設定後，並回到『資料工作表檢視』畫面，即可以更新後之查表內容來輸入性別欄資料：

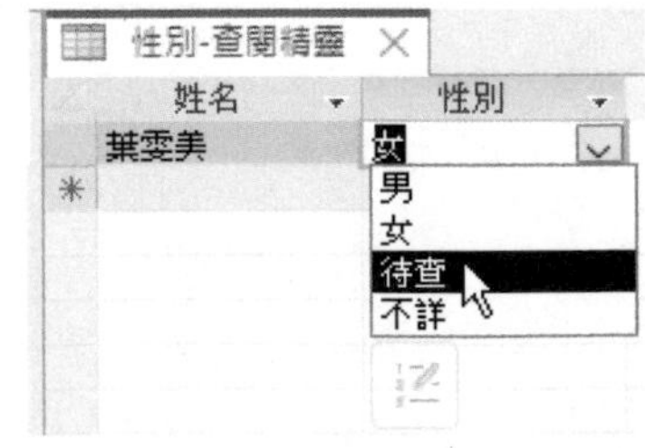

在『資料工作表檢視』畫面，於已建有下拉式清單之欄位，單按滑鼠右鍵，續選「編輯清單項目(I)...」，也可以轉入『編輯清單項目』對話方塊。

由其他資料表取得資料

除了自行鍵入外，『查閱精靈』的另一種類型是自別的資料表取得選擇用之表單內容。

像『部門-查閱精靈』資料表的『部門』欄，亦是使用簡短文字類型：

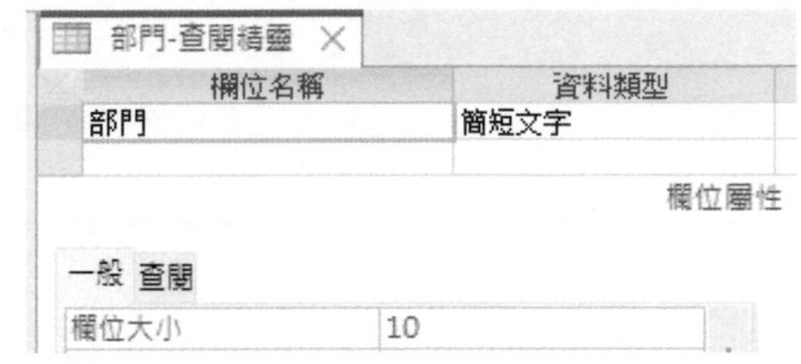

一個公司之部門畢竟有限，故也可考慮建立選擇表單來簡化輸入。我們固然也可以自行鍵入方式來產生選擇表單；但也可另建一資料表來存放這些部門資料。

為此，我們建立一個『部門表』資料表。其內僅安排一『部門』資料欄，並以該欄為主索引：

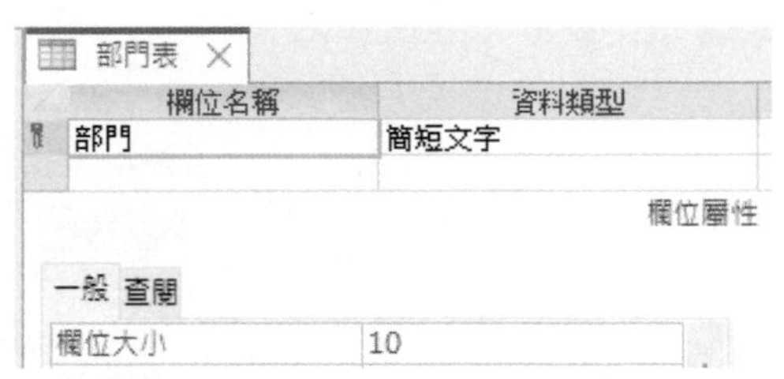

於其資料表內輸入所有部門別內容：

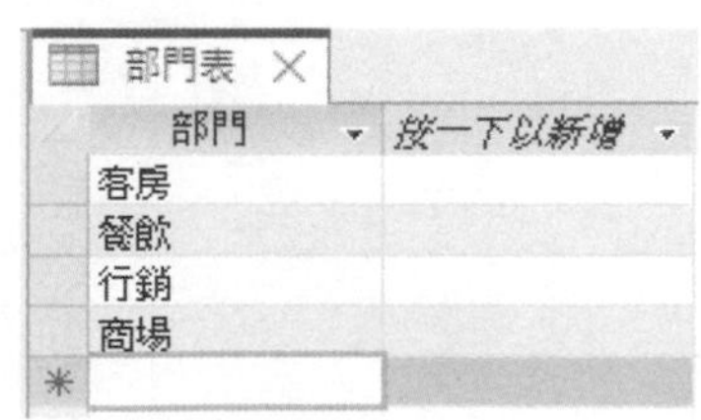

將其關閉後，續進行下列處理步驟：

Step 1 轉入『部門-查閱精靈』資料表之『設計檢視』畫面

Step 2 將『部門』欄之『資料類型』改為「查閱精靈...」，啟動『查閱精靈』

Step 3 選「我希望查閱欄位從另一個資料表或查詢取得值。(T)」

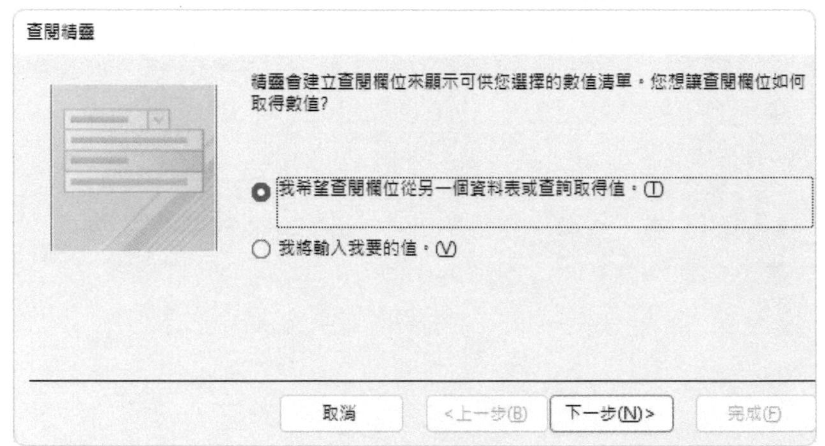

Step 4 按 下一步(N) > 鈕，選按要取得表單之資料表（「資料表:部門表」）

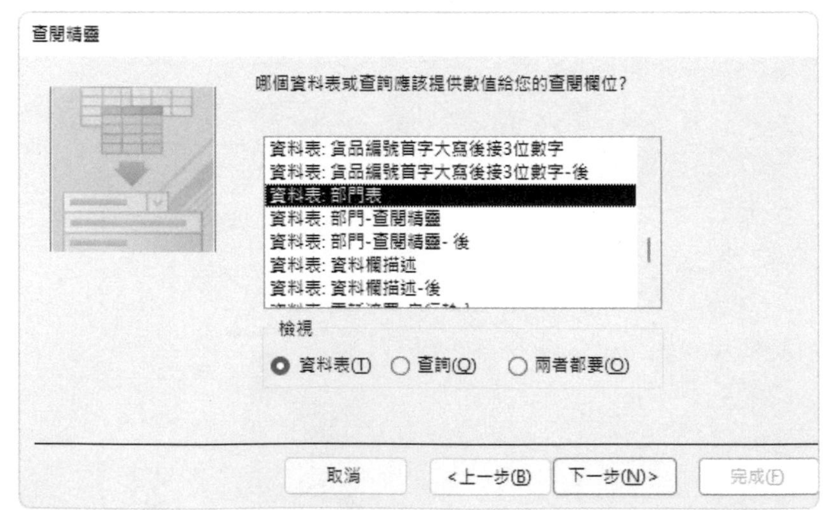

Step 5 續按 [下一步(N) >] 鈕，轉入

Step 6 於左側『可用的欄位』處，選按要自那個資料欄取得表單（「部門」），續按 [>] 鈕，將其送到右邊

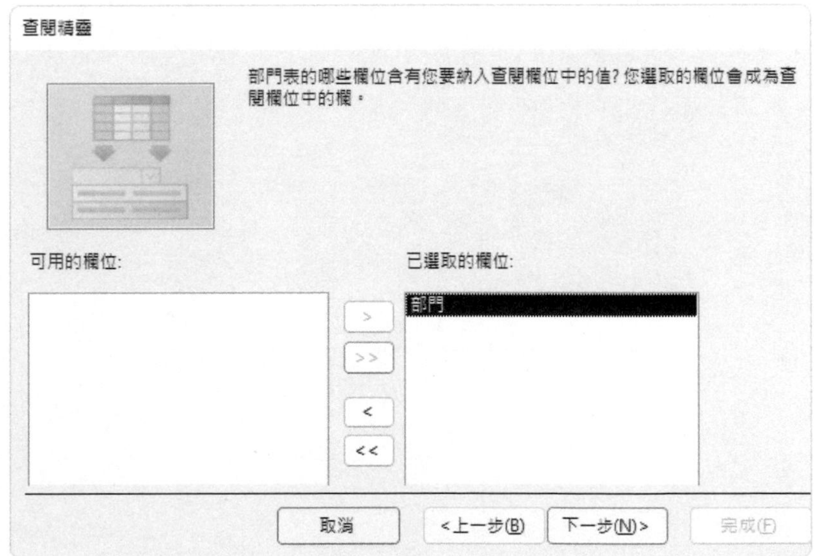

Step 7 續按 [下一步(N) >] 鈕，轉入

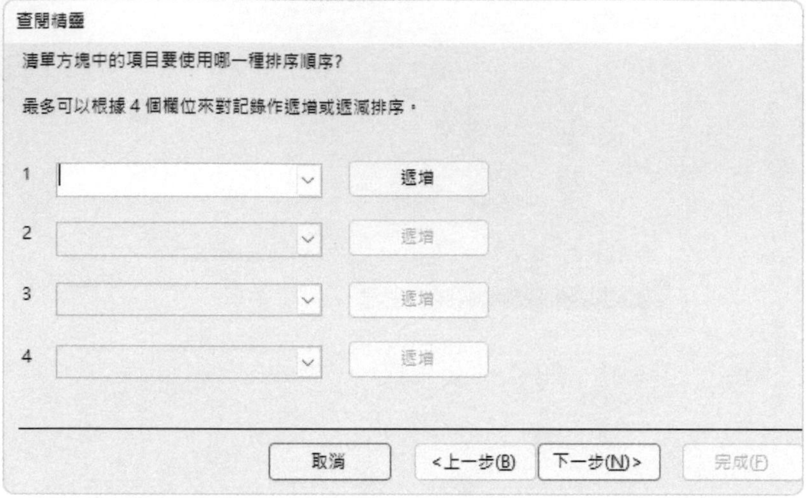

查閱精靈

清單方塊中的項目要使用哪一種排序順序?

最多可以根據 4 個欄位來對記錄作遞增或遞減排序。

1 [ ] 遞增
2 [ ] 遞增
3 [ ] 遞增
4 [ ] 遞增

取消 | <上一步(B) | 下一步(N)> | 完成(F)

Step 8 由於該資料已按部門索引，故可省略此部份之定義，續按 [下一步(N) >] 鈕，可看到原輸入於該欄之所有部門別，由於建有索引，其排列順序已按筆畫順序排列

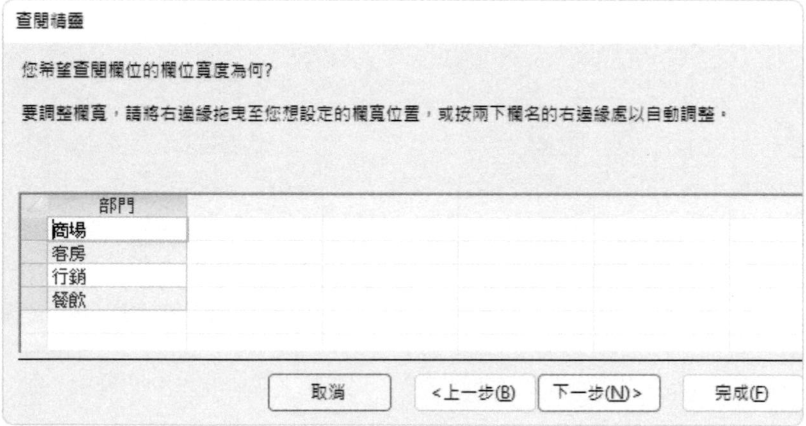

查閱精靈

您希望查閱欄位的欄位寬度為何?

要調整欄寬，請將右邊緣拖曳至您想設定的欄寬位置，或按兩下欄名的右邊緣處以自動調整。

部門
商場
客房
行銷
餐飲

取消 | <上一步(B) | 下一步(N)> | 完成(F)

Step 9 再按 下一步(N) > 鈕，轉入

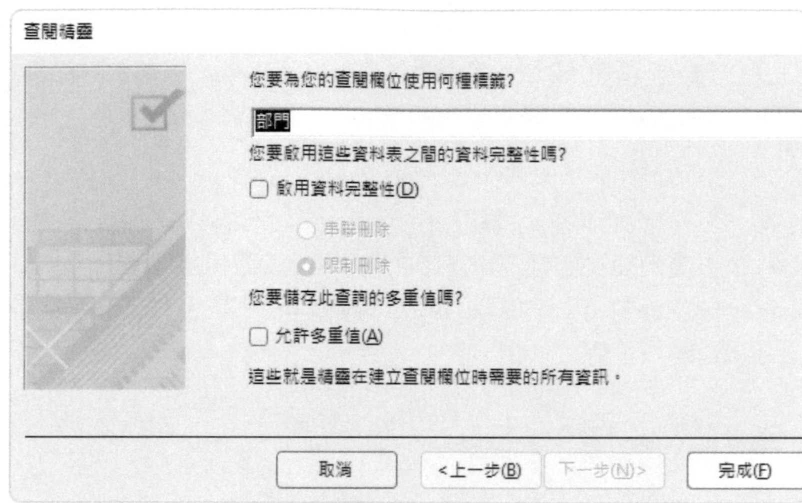

Step 10 按 完成(F) 鈕，結束『查閱精靈』，將先顯示

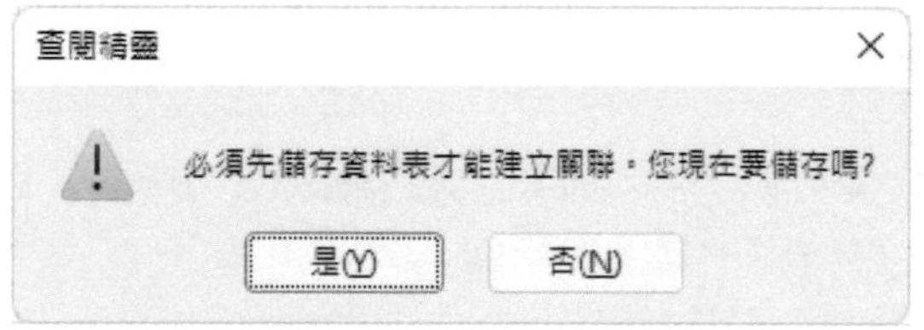

Step 11 按 是(Y) 鈕，存檔後，回『設計檢視』畫面

Step 12 按 鈕，轉回『資料工作表檢視』

Step 13 於任一部門欄內容按一下滑鼠，可發現另備有一下拉鈕。按其下拉鈕，即可就存於另一資料表內之部門別內容，進行選擇以完成輸入

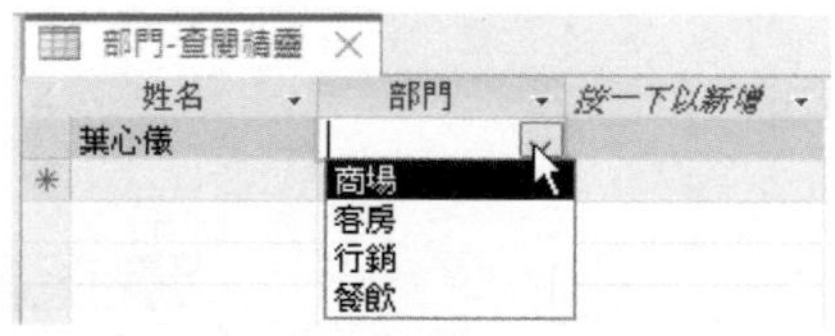

往後，若部門內容變更，可直接到『部門』資料表去更新。此處之選單內容亦將隨之更改。

經過這兩個實例後，可體會出：『查閱精靈』並非一種資料類型，它只是一個幫忙建立選擇表單的工具。建立後，該欄資料仍維持使用其原設定之資料型態。

想一下，『職稱』欄是不是也可仿此改為以選擇表單之方式來輸入資料？不僅簡短文字類型之資料可以如此，數值性資料也同樣可以。假使，有一欄位存放3%、5%及10%之折扣率，不是也同樣可改為以選擇表單之方式來輸入資料。

直接輸入到『查閱』標籤

類似前述之情況，當面對類別不多的內容，均可以考慮以『查閱精靈』來建立選擇表單，以利使用者快速輸入正確之資料。但是，並不是一定得使用『查閱精靈』才可以建立下拉式清單。事實上，也可以於『查閱』標籤自行輸入表單內容。

假定，擬於『職稱-自行輸入表單』資料表的『職稱』欄，利用『查閱』標籤自行輸入表單內容。其處理步驟為：

Step 1 轉入『設計檢視』畫面，選取『職稱』欄，切換到其『查閱』標籤

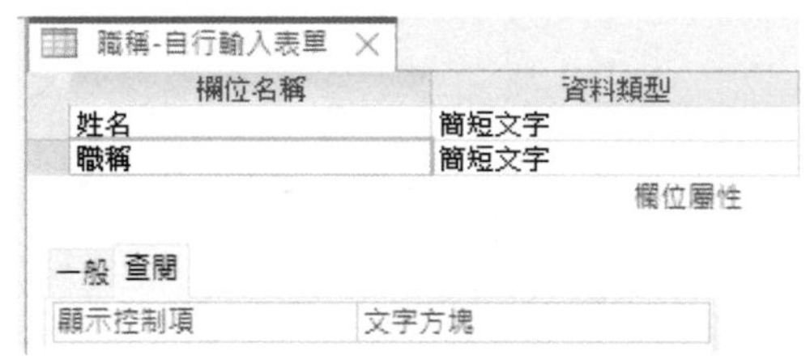

Step 2 按『顯示控制項』右側之下拉鈕，續選「下拉式方塊」

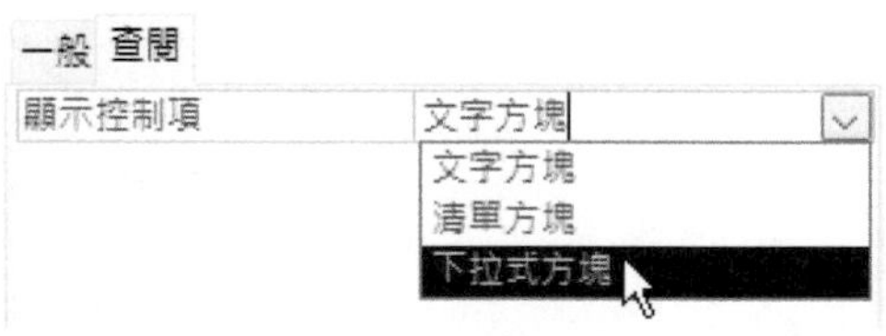

畫面轉為：

一般 查閱

顯示控制項 下拉式方塊

資料列來源類型 資料表/查詢

Step 3 點選『資料列來源類型』後之文字方塊，一樣會顯示出下拉鈕，點按該鈕，續選「值清單」

一般 查閱

顯示控制項	下拉式方塊
資料列來源類型	資料表/查詢
資料列來源	資料表/查詢
結合欄位	值清單
欄數	欄位清單

畫面轉為：

一般 查閱

顯示控制項	下拉式方塊
資料列來源類型	值清單
資料列來源	

Step 4 於『資料來源』處單按滑鼠，續輸入職稱之內容

```
教授;副教授;助理教授;講師;助教
```

一般 查閱

顯示控制項	下拉式方塊
資料列來源類型	值清單
資料列來源	教授;副教授;助理教授;講師;助教

中間係以半形分號標開，左右可以省略雙引號。

Step 5 存檔，按 [資料工作表檢視] 鈕，轉回『資料工作表檢視』

Step 6 於『職稱』欄內容按一下滑鼠，可發現另備有一下拉鈕。按其下拉鈕，即可顯示出職稱之選單，供使用者選擇來完成輸入

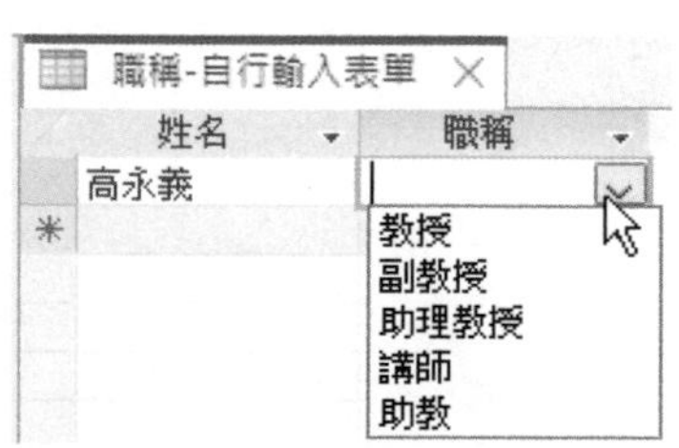

要更新或增/刪選單之內容，其操作方法亦同。

『查閱』標籤的相關設定項

『查閱』標籤上，還有幾個與下拉式選單有關之選項：（請開啟『職稱-自行輸入表單』資料表，轉入『設計檢視』之『職稱』欄位，進行練習）

■ 欄名

設定為「是」，可將『資料來源』第一項內容，目前之『職稱清單』字串：

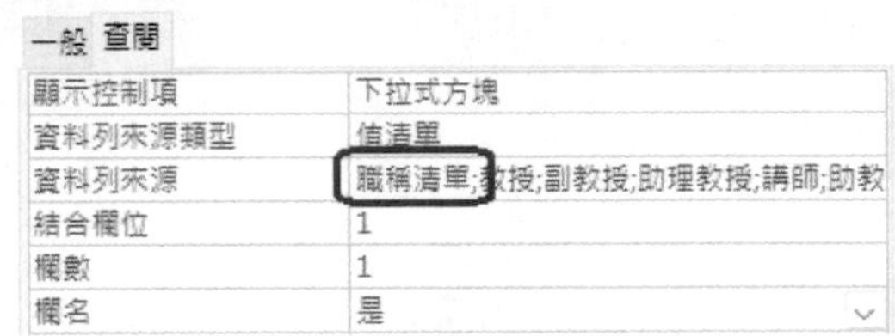

一般	查閱
顯示控制項	下拉式方塊
資料列來源類型	值清單
資料列來源	職稱清單;教授;副教授;助理教授;講師;助教
結合欄位	1
欄數	1
欄名	是

當為下拉式選單之標題：

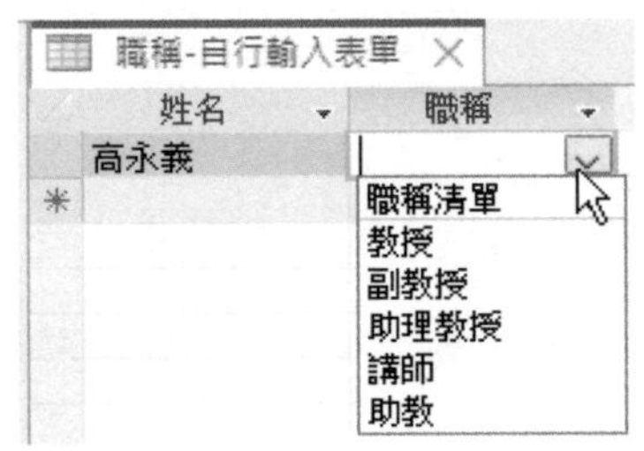

標題僅單純作為顯示之用，並無法被選為資料內容。

■ 清單允許列數

清單選項內容可直接顯示之最大列數，若超過此一上限，將提供一垂直捲軸，以利捲出其他項目。

■ 清單寬度

設定下拉式選單之寬度，如3CM。設定為「自動」係與該欄之寬度等寬（並非『一般』標籤處之『欄位大小』，是於『資料工作表檢視』編輯資料時之欄寬），設定比原欄寬大之數字，才可感覺出效果。

■ 限制值在清單內

預設值「否」，仍允許使用者，不必經由下拉式選單進行選擇，以直接鍵入之方式輸入清單以外之內容：

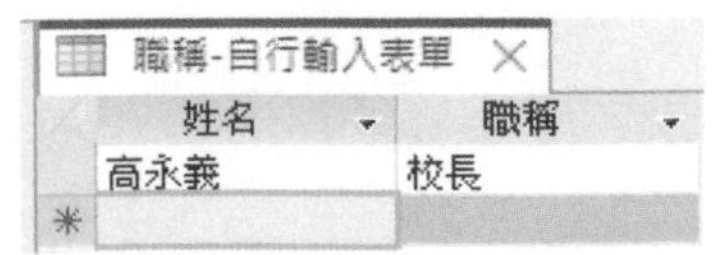

設定「是」，則不允許此一情況。其錯誤訊息為：

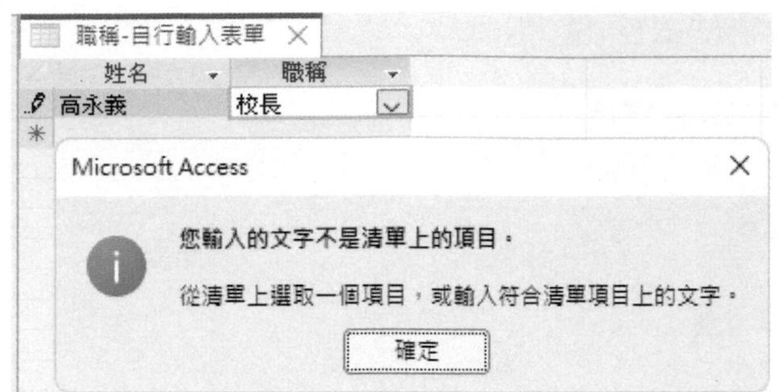

4-2 數字及貨幣

格式

於「數字」或「貨幣」資料之『格式』屬性內，可使用下列幾個格式符號字元，其作用分別為：

符號	作用
,	千位撇號
.	小數點
0	顯示數字或0，無作用之0將顯示。
#	顯示數字，無作用之0將不顯示。
$	顯示金錢符號
%	顯示百分號，將數值乘100並於其後加上一個百分號
E或e	轉指數型式

「數字」或「貨幣」資料之格式，尚可以分號（;）劃分為四部份，其依序分別掌管：正值、負值、零值及Null資料（無資料）之格式。如，『歷年盈虧』資料表原內容為：

歷年盈虧

年度	盈虧
2016	123456
2017	-54210
2018	0
2019	
2020	368054

若將『盈虧』資料欄之格式安排為：

```
$#,##0[藍色];($#,##0)[紅色];"零";"Null"
```

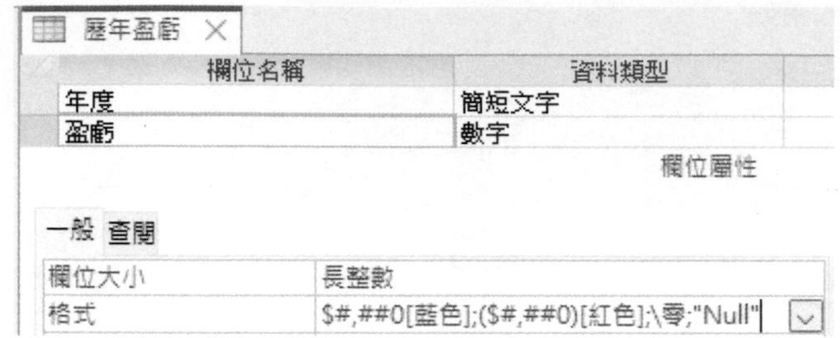

其效果為正值以藍色顯示加$及千位撇號之數值；負值以紅色顯示並於其外加括號；0值直接顯示『零』；無資料處（編輯時，將其0刪除）則顯示『Null』：

歷年盈虧

年度	盈虧
2016	$123,456
2017	($54,210)
2018	零
2019	Null
2020	$368,054
*	Null

輸入遮罩

「數字」資料型態的欄位，只能輸入＋、－號、小數點與0～9之數字。故即使無『輸入遮罩』，也不可能打出不是數字之資料。但有時仍得利用『輸入遮罩』來控制其資料長度。如：『成績』欄使用###『輸入遮罩』，可控制其最多只能輸入3位數。

驗證規則及文字

「數字」資料型態的欄位，可用>、>=、<、<=、=、<>（不等於）與Between ... And ...，組合其驗證規則之條件式。

成績資料之實例

控制成績欄之內容必須介於0～100，是一個很典型的驗證規則與文字實例。除了『驗證條件』及適當之『驗證文字』提示訊息外，還得配合『輸入遮罩』才可使其盡善盡美。

成績欄若允許有小數，則必須選「數字」類型之「單精準數」、「雙精準數」或「貨幣」類型。若不想有小數，則可選「數字」類型之「位元組」、「整數」或「長整數」，其中「位元組」之範圍為0～255之三位數，其餘均得利用『輸入遮罩』屬性###來控制最多僅能接受三個數字（不可使用000，這反而會限制必須輸入三位數字）。

如『學生成績』資料表，對其『成績』欄安排下示之『驗證規則』：

```
Between 0 And 100
```

或

```
>=0 And <=100
```

與『驗證文字』：

```
成績應介於0～100！
```

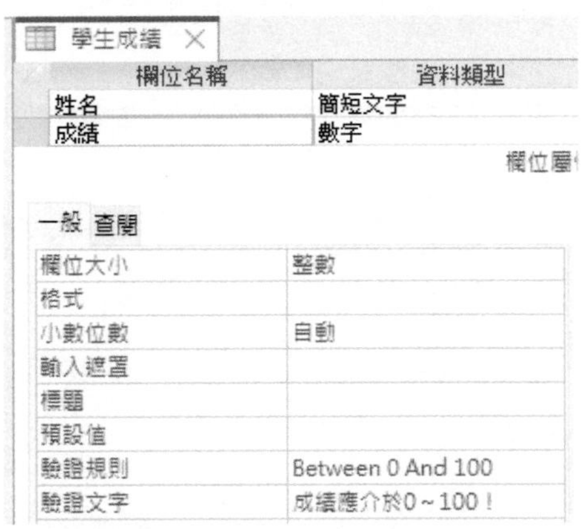

當輸入0～100以外之數值，將獲致如下之錯誤訊息：

薪資資料之實例

『薪資』欄通常會選「數字」或「貨幣」，其小數位可於『小數點位置』屬性設定，其外觀則以『格式』屬性來控制（如：$#,##0）。但薪資不可能為負值，故可將『員工薪資』資料表之『薪資』欄，安排下示之『驗證規則』：

```
>=0
```

與『驗證文字』：

```
薪資不可為負值！
```

員工薪資

欄位名稱	資料類型
姓名	簡短文字
薪資	貨幣

一般 查閱

格式	
小數位數	自動
輸入遮罩	
標題	
預設值	
驗證規則	>=0
驗證文字	薪資不可為負值！

可控制其不會接收到負值：

4-3 日期/時間

格式

預設格式

日期/時間資料之欄位大小固定為8個位元，其外觀係隨使用者於『一般』標籤之『格式』欄位內容設定而異，可用之格式有通用日期、完整日期、中日期、簡短日期、完整日期、中時間及簡短時間等幾種格式：（請開啟『日期格式』資料表）

自訂格式

若覺得預設之日期格式仍不適用，仍可仿Excel般自行輸入所要之格式字元，如：

```
mm/dd/yy
```

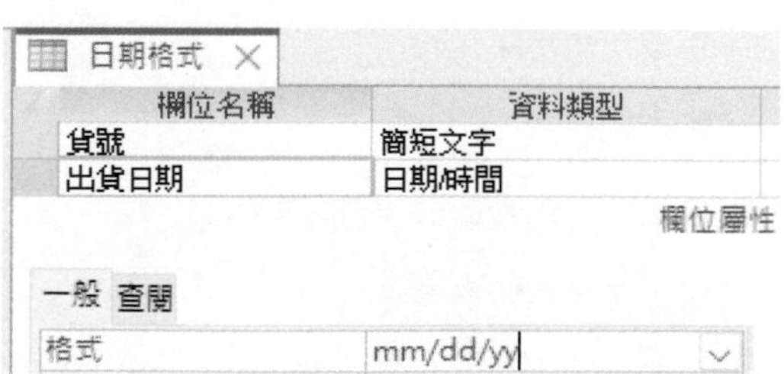

將以西曆『月/日/年』之方式顯示日期

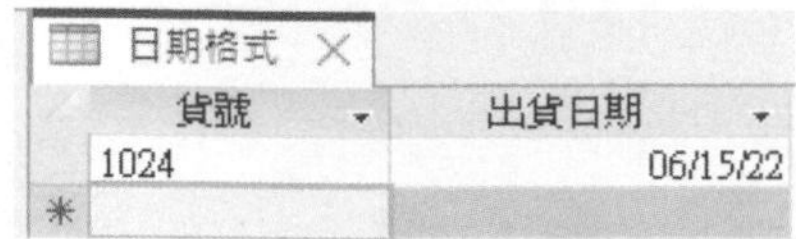

且若月/日僅為個位數時，會於其前自動補0。

適用日期/時間資料之格式字元

於「日期/時間」資料之『格式』屬性內，可使用下列幾個格式符號字元，其作用分別為：

符號	作用
:	時間的標開符號
/	日期的標開符號
aaa	顯示中文之星期幾，如：週一、週五
aaaa	顯示中文之星期幾，如：星期二、星期五
c	使用通用日期之格式（受『控制台』『區域設定』影響）
d	日期，不足兩位數時前面不補0
dd	日期，不足兩位數時前面補0
ddd	以三個英文表示星期幾，如：Sat, Sun
dddd	星期幾之完整英文，如：Saturday, Sunday
ddddd	同短日期之格式（受『控制台』『區域設定』影響）
dddddd	同長日期之格式（受『控制台』『區域設定』影響）
w	一星期之第幾天（1-7）
ww	一年之第幾週（1-53）
m	月份，不足兩位數時前面不補0
mm	月份，不足兩位數時前面補0
mmm	以三個英文表示其月份，如：Jan, Feb

符號	作用
mmmm	以完整英文表示其月份，如：January, February
q	一年之第幾季（1-4）
y	一年之第幾天（1-366）
yy	西元年代的最後兩字（00-99）
yyyy	完整之西元年代（0100-9999）
h	時，不足兩位數時前面不補0
hh	時，不足兩位數時前面補0
n	分，不足兩位數時前面不補0
nn	分，不足兩位數時前面補0
s	秒，不足兩位數時前面不補0
ss	秒，不足兩位數時前面補0
ttttt	同長時間格式（受『控制台』『區域設定』影響）
AM/PM	顯示適當之大寫AM或PM（12小時制）
am/pm	顯示適當之小寫am或pm（12小時制）
A/P	顯示適當之大寫A或P代表AM/PM（12小時制）
a/p	顯示適當之小寫a或p2代表am/pm（12小時制）

當然，也可加入中文。如下示格式：

```
yyyy年mm月dd日 aaa hh時nn分
```

日期格式

欄位名稱	資料類型
貨號	簡短文字
出貨日期	日期/時間

欄位屬性

一般 查閱

格式 yyyy\年mm\月dd"日 "aaa hh\時nn\分

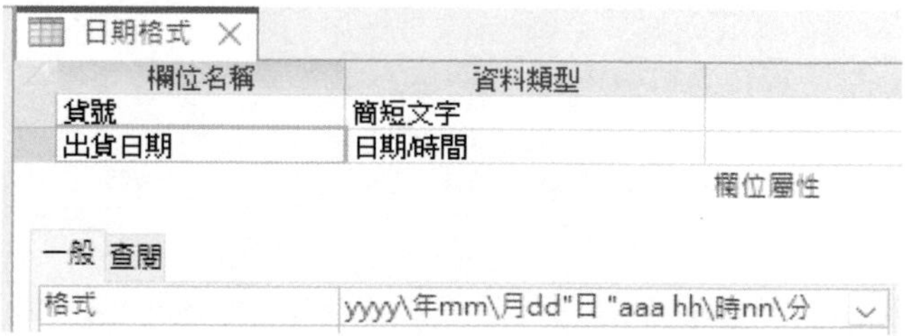

可產生之日期、星期幾及時間，輸入：

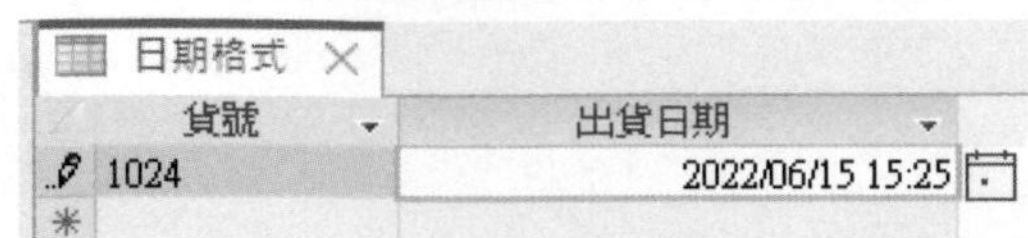

外觀將轉為：

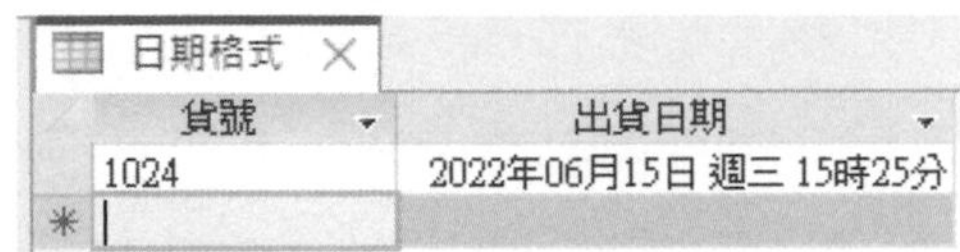

若再轉回資料表之『設計檢視』畫面，可發現其格式已經轉為：

```
yyyy\年mm\月dd"日 "aaa hh\時nn\分
```

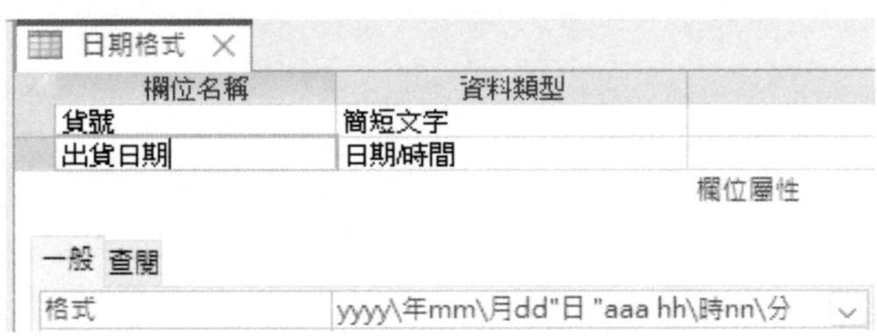

其內之\反斜線及成對雙引號包圍之字串，係Access自動加上，表直接顯示其後所接或雙引號包圍之字串。

輸入遮罩

若無輸入遮罩，輸入「日期/時間」資料時，其儲存格上是完全空白：(請開啟『輸入遮罩-日期』)

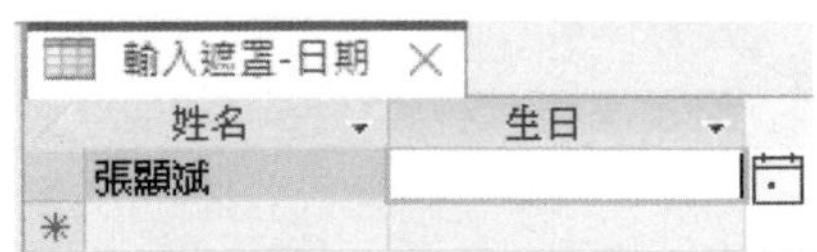

一定有人會產生疑問，該以「年/月/日」、「月/日/年」還是「日/月/年」來輸入了呢？然後，年代該以西元或民國進行輸入呢？所以，若能於輸入時，明確標示其格式，將可帶來很多方便，且這個格式最好與使用者手上之記錄表一樣。要設定這個格式得利用『輸入遮罩』。

假定，要將『生日』欄等待輸入時之外觀設定成：

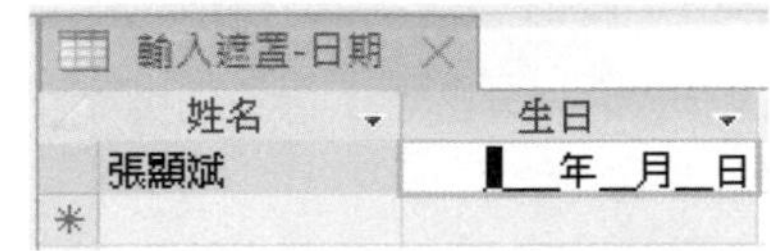

其處理步驟為：

Step 1 轉入『輸入遮罩-日期』資料表之『設計檢視』畫面，以滑鼠點按『生日』欄任一部位

Step 2 以滑鼠按一下『輸入遮罩』屬性後之空白方塊

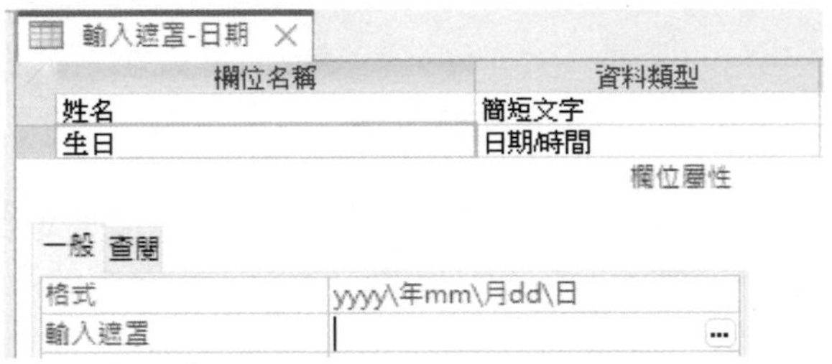

Step 3 按其後所出現之 ... 鈕，可啟動『輸入遮罩精靈』

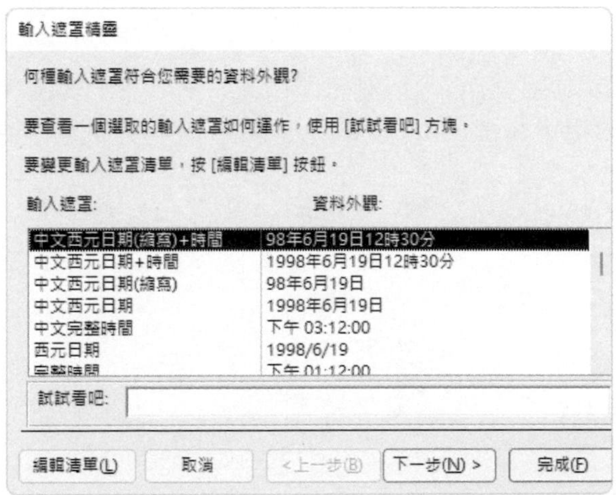

Step 4 選按「中文西元日期」輸入遮罩，續按 下一步(N) > 鈕

輸入遮罩精靈

您要變更輸入遮罩嗎?

輸入遮罩名稱: 中文西元日期

輸入遮罩: 9999年99月99日

您要在欄位中顯示何種定位符號字元?

定位符號會在您輸入資料到欄位時被取代。

定位符號字元: _

試試看吧:

取消 | < 上一步(B) | 下一步(N) > | 完成(F)

『輸入遮罩』處之內容為：9999年99月99日，9999表該處得輸入數字，若無十位數（如3月）可僅輸入個位數，省略其十位數。（建議輸入時，自行補0，反較省事）

Step 5 按『定位符號字元』處之下拉鈕，可選擇要使用何種符號？預設狀況為使用底線符號，將來會以底線符號標示出等待輸入資料之位置。

Step 6 於『試試看吧』後之空白，按一下滑鼠，將顯示此一輸入遮罩之外觀

並等待對其輸入資料，以測試其效果。打一個日期資料看看是否合用？若覺得不適當，可於『輸入遮罩』處修改所用之符號字元。

Step 7 試用後，按 下一步(N) > 鈕，轉入

是否全部及格

欄位名稱	資料類型
姓名	簡短文字
國文	數字
英文	數字
數學	數字
全部及格	計算

欄位屬性

一般 查閱

運算式	IIf([國文]>=60 And [英文]>=60 And [數學]>=60,Yes,No)
結果類型	是/否
格式	Yes/No

Step 8 最後，再按 完成(F) 鈕結束，回『設計檢試』畫面，可看到其『輸入遮罩』內容已改為：

```
9999\年99\月99\日;0;_
```

其內之\反斜線，係Access自動加上，表直接顯示其後所接之字串，第一個分號前之內容及最後的底線符號，為於『輸入遮罩精靈』內所選擇的『輸入遮罩』及定位符號；第二個分號前之0，表所有反斜線後之字串也會被一併會儲存。

Step 9 儲存輸入遮罩之設定，轉回『資料工作表檢視』，停於新記錄之生日欄上，即可以遮罩所安排之外觀來輸入生日欄之資料

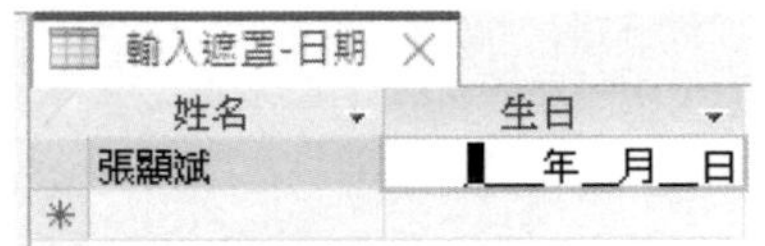

注意，不足位之數字，最好自行補0。如：八月打成08，較為省事；否則，還得自己按一個 → 鍵：

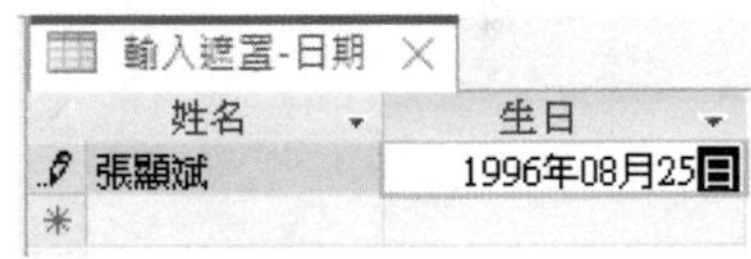

由於設定有中文完整日期的格式：

```
yyyy\年mm\月dd\日
```

故輸入後，即直接顯示中文完整的西元年月日：

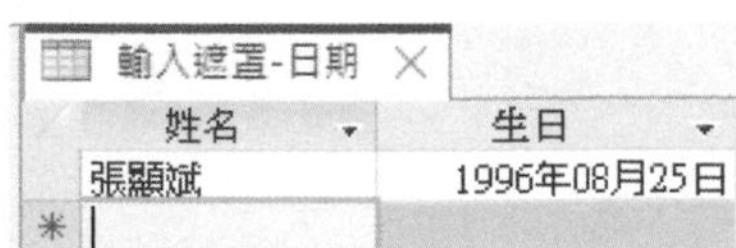

驗證規則與驗證文字

生日不可為未來值實例

生日欄通常會選「日期/時間」類型，其輸入時之外觀及最後之顯示結果，可分別以『輸入遮罩』及『格式』屬性來控制。但生日不可能為未來之日期，故可將『控制正確生日』資料表之『生日』欄『驗證規則』安排為：

```
<=Date()
```

式中之Date()為可取得目前系統日期之函數。另將『驗證文字』設定為：

```
生日不可為未來值！
```

控制正確生日

欄位名稱	資料類型
姓名	簡短文字
生日	日期/時間

欄位屬性

一般　查閱

格式	yyyy\年mm\月dd\日
輸入遮罩	9999\年99\月99\日;0;_
標題	
預設值	
驗證規則	<=Date()
驗證文字	生日不可為未來值！

如此，可避免使用者輸入尚未到來之日期：

生日年介於1940到今年

Year()函數可求得某日期資料之西元年代，若假定『控制生日年』資料表『生日』欄，僅要接受生日年介於1940到今年且不可為今年內尚未到來之日期，可將其『驗證規則』安排為：

```
Year([生日]) >= 1940 And [生日]<=Date()
```

另將『驗證文字』設定為：

```
生日不可為未來值，年應介於1940~今年！
```

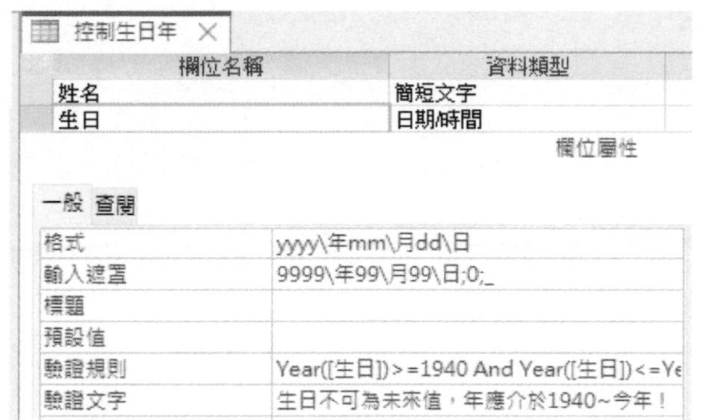

可達成要求：

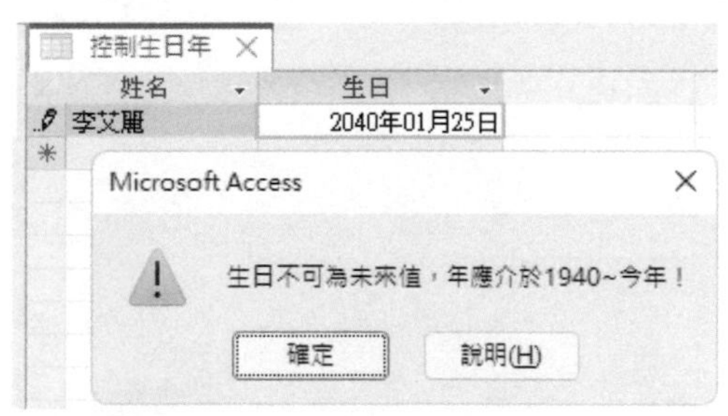

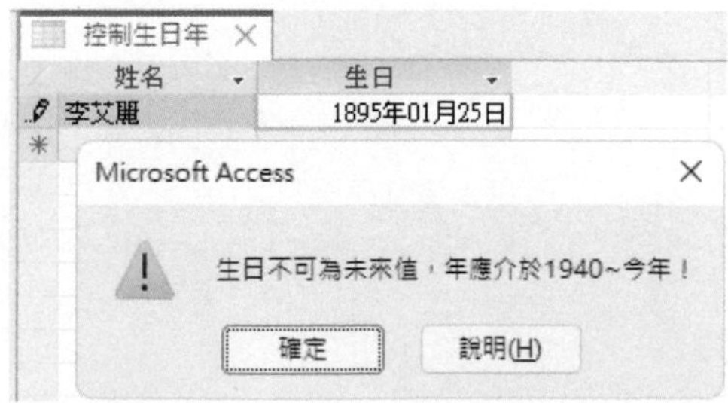

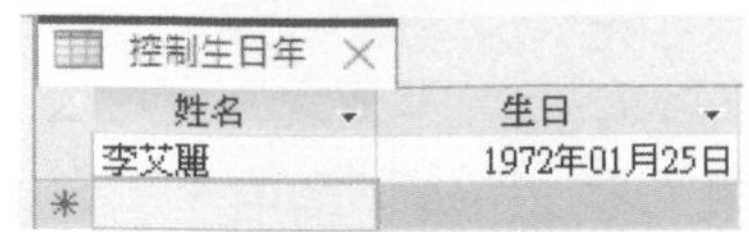
	姓名	生日
	李艾麗	1972年01月25日
*		

必須年滿20歲

Month()與Day()函數可求得某日期（2020/10/25）之月（10）與日（25）。而DateSerial()函數之語法為：

```
DateSerial(年,月,日)
```

可用來產生(年,月,日)所指定之日期。如：

```
DateSerial(Year(Date()),Month(Date()),Day(Date()))
```

所產生之日期即電腦系統日期，也就是今天的日期。若將其改為：

```
DateSerial(Year(Date())-20,Month(Date()),Day(Date()))
```

那就是，20年前的今天了。

所以，若要控制所輸入之生日資料，必須年滿20歲。『控制必須成年』資料表內，『生日』欄之『驗證規則』可安排為：

```
<=DateSerial(Year(Date())-20,Month(Date()),Day(Date()))
```

另將『驗證文字』設定為：

```
未滿20歲！
```

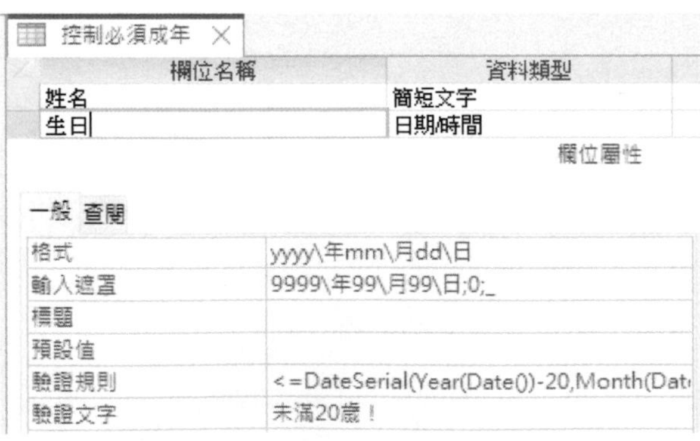

即可控制輸入日期均得小於20年前之今天，那就是已滿20歲了！

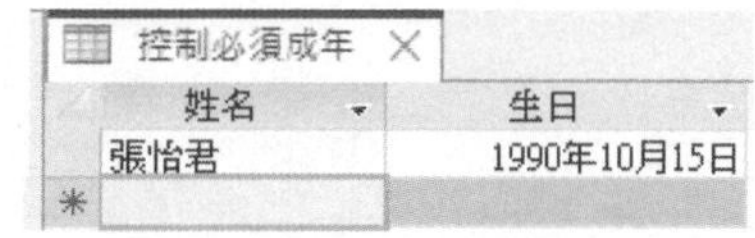

4-4 計算

格式

「計算」資料型態並無某一特定之資料型態，其類型將隨計算結果而定。故可以使用之格式，也隨運算結果而不同。

以前章我們使用過之『成績』資料表為例（本章內也擁有該表），其平均為：

```
([國文]*4+[英文]*4+[數學]*3)/11
```

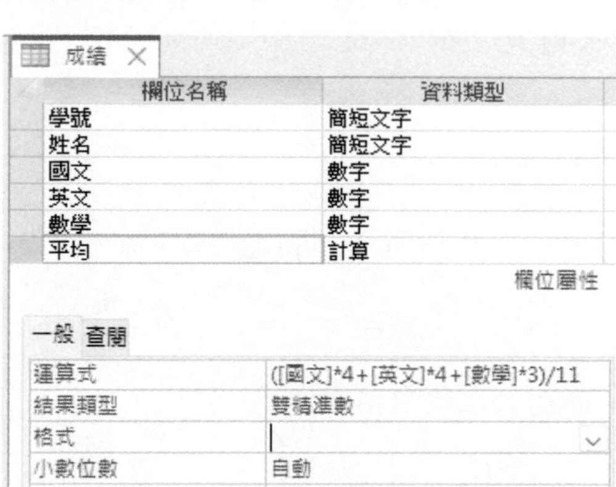

其運算結果將擁有很多小數：

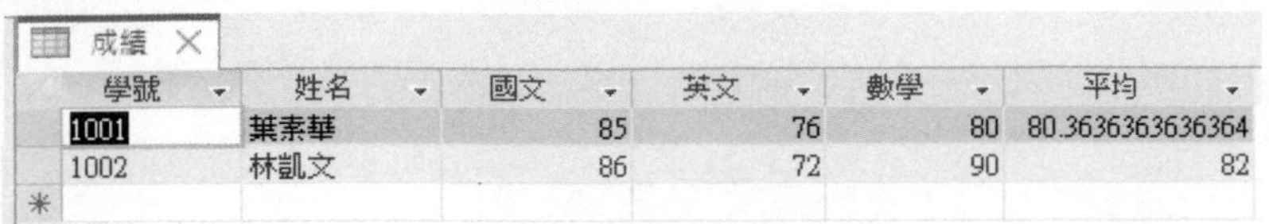

成績

學號	姓名	國文	英文	數學	平均
1001	葉素華	85	76	80	80.3636363636364
1002	林凱文	86	72	90	82
*					

故可將其格式設定為0，使其僅顯示整數內容（會自動四捨五入）：

平均	計算

欄位屬性

一般 查閱

運算式	([國文]*4+[英文]*4+[數學]*3)/11
結果類型	雙精準數
格式	0

則可避免此一缺失：

成績

學號	姓名	國文	英文	數學	平均
1001	葉素華	85	76	80	80
1002	林凱文	86	72	90	82
*					

輸入遮罩與驗證規則

對於「計算」資料類型之欄位，是無法使用輸入遮罩與驗證規則。因為其資料並不是我們自行輸入的，而是經由計算之結果。以平均成績言，我們只需將用輸入遮罩與驗證規則安排於各科成績之欄位，只要各科成績內控制得好，運算式有沒錯誤，其運算結果自然正確，也就沒有必要再加輸入遮罩與驗證規則了。

數值計算—稅金

『薪資』資料表，將薪資乘上固定稅率6%，計算所得稅：

```
[薪資]*0.06
```

並將其安排為$#,##0之貨幣格式：

欄位名稱	資料類型
姓名	簡短文字
薪資	數字
稅	計算

欄位屬性

一般　查閱

運算式	[薪資]*0.06
結果類型	小數點
格式	$#,##0

其運算結果為：

姓名	薪資	稅
蔣大可	$68,000	$4,080
吳文卿	$36,500	$2,190
葉可欣	$28,000	$1,680
廖正楷	$56,000	$3,360

數值計算—計算淨所得

若續將其修改為：

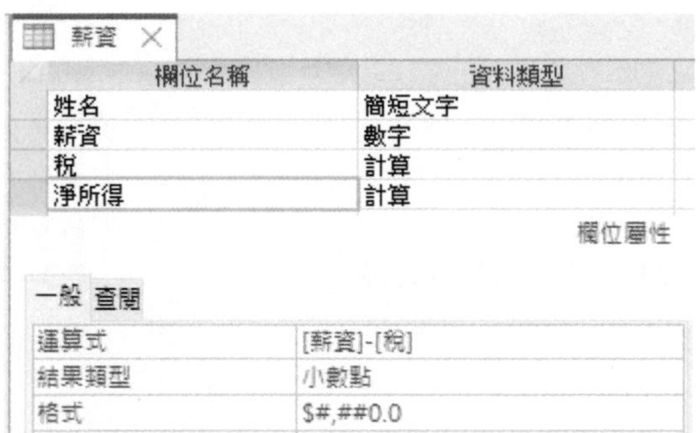

欄位名稱	資料類型
姓名	簡短文字
薪資	數字
稅	計算
淨所得	計算

欄位屬性

一般　查閱

運算式	[薪資]-[稅]
結果類型	小數點
格式	$#,##0.0

將薪資減去所得稅即為淨所得：

姓名	薪資	稅	淨所得
蔣大可	$68,000	$4,080	$63,920.0
吳文卿	$36,500	$2,190	$34,310.0
葉可欣	$28,000	$1,680	$26,320.0
廖正楷	$56,000	$3,360	$52,640.0

若稅率並非固定，而是依薪資高低進行判斷，則得另再加入一IIF()函數。IIF()函數之語法為：

```
IIf(《expr》,《truepart》,《falsepart》)
```

《expr》為一條件式，當其比較結果成立，本函數將回應《truepart》之運算結果；反之，則回應《falsepart》之運算結果。《truepart》與《falsepart》兩部份可為任意資料類型之運算式，但兩者必須同類型（如：不可一個為文字，另一個為數值）。

假定，薪資五萬及以上者之稅率為6%；其餘未滿五萬者為3%。『稅率』欄部份可使用之運算式為：（請開啟『變動稅率之淨所得』資料表進行練習）

```
IIF([薪資]>=50000,0.06,0.03)
```

格式可使用0.0%之百分比格式：

變動稅率之淨所得

欄位名稱	資料類型
姓名	簡短文字
薪資	數字
稅率	計算

欄位屬性

一般 查閱

運算式	IIf([薪資]>=50000,0.06,0.03)
結果類型	小數點
格式	0.0%

『稅』欄部份可使用之運算式為：

```
[薪資]*[稅率]
```

並將其安排為$#,##0之貨幣格式：

變動稅率之淨所得

欄位名稱	資料類型
姓名	簡短文字
薪資	數字
稅率	計算
稅	計算

欄位屬性

一般 查閱

運算式	[薪資]*[稅率]
結果類型	小數點
格式	$#,##0

『淨所得』欄部份，則仍維持原計算式

```
[薪資]-[稅]
```

與$#,##0之貨幣格式：

變動稅率之淨所得

欄位名稱	資料類型
姓名	簡短文字
薪資	數字
稅率	計算
稅	計算
淨所得	計算

欄位屬性

一般 查閱

運算式	[薪資]-[稅]
結果類型	小數點
格式	$#,##0

即可依薪資高低，取得不同之所得稅率，計算其所得稅，再將所得稅自薪資中扣除，求出淨所得：

變動稅率之淨所得

姓名	薪資	稅率	稅	淨所得
蔣大可	$68,000	6.0%	$4,080	$63,920
吳文卿	$36,500	3.0%	$1,095	$35,405
葉可欣	$28,000	3.0%	$840	$27,160
廖正楷	$56,000	6.0%	$3,360	$52,640

文字計算—連結姓名

「簡短文字」類型之資料，可利用&運算元，讓其首尾相連。以『姓名連結』資料表為例，其『姓』與『名』原為分開之兩欄，透過

```
[姓]&[名]
```

兩欄之連結，可將其結合成一欄『姓名』：

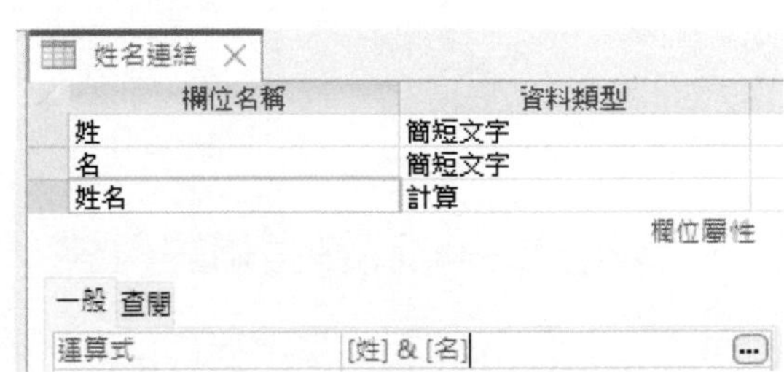

其運算結果將為：

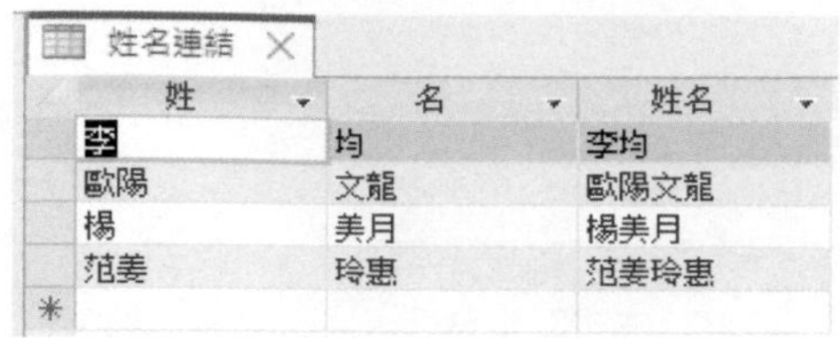

姓名連結

姓	名	姓名
李	均	李均
歐陽	文龍	歐陽文龍
楊	美月	楊美月
范姜	玲惠	范姜玲惠

文字計算—判斷稱呼

由於，『姓名及稱呼』資料表中存有性別資料，故也可以

```
IIf([性別]="男","先生","小姐")
```

利用性別判斷其稱呼為"先生"或"小姐"，再利用連結運算

```
[姓] & IIf([性別]="男","先生","小姐") & [名]
```

取得含姓名及稱呼之完整稱呼：

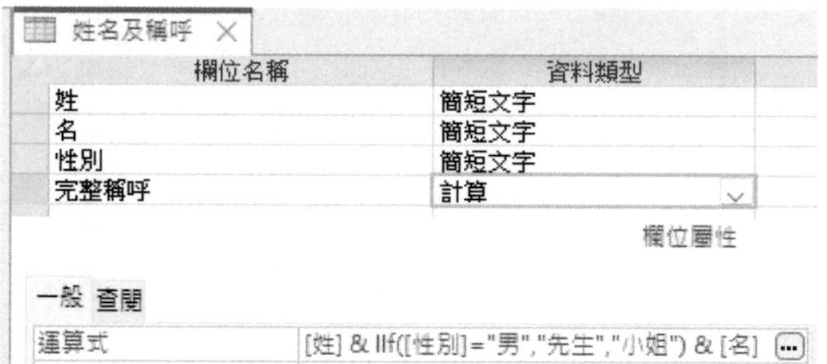

姓名及稱呼

欄位名稱	資料類型
姓	簡短文字
名	簡短文字
性別	簡短文字
完整稱呼	計算

其運算結果為：

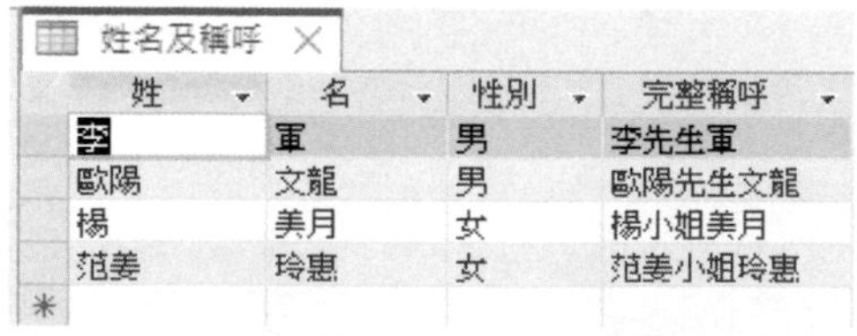

姓名及稱呼

姓	名	性別	完整稱呼
李	軍	男	李先生軍
歐陽	文龍	男	歐陽先生文龍
楊	美月	女	楊小姐美月
范姜	玲惠	女	范姜小姐玲惠

比較計算—判斷多重備註內容

一個 IIF() 函數，可透過比較，取得兩種不同結果，若運算式中含多重之 IIF() 函數，則可取得多種判斷。以『成績備註』資料表為例，其內

含學生成績，假定，擬將成績分為：>=80、60~79、<60 等三組，並分別於其『備註』欄標示出："優等"、"中等"及"不及格"等三組文字。其運算是可為：

```
IIf([成績]>=80,"優等",IIf([成績]>=60,"中等","不及格"))
```

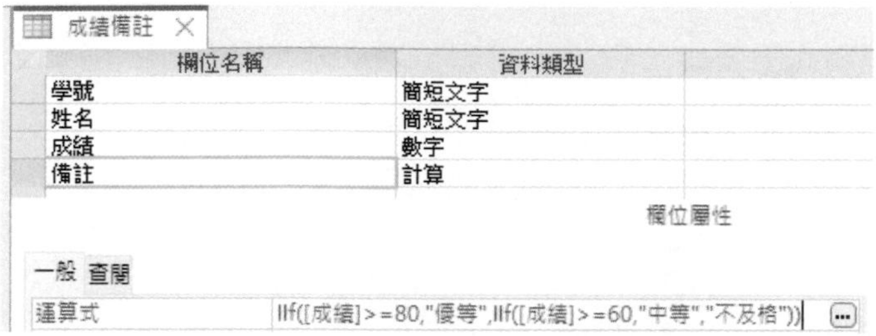

成績備註

欄位名稱	資料類型
學號	簡短文字
姓名	簡短文字
成績	數字
備註	計算

欄位屬性

一般 查閱

運算式	IIf([成績]>=80,"優等",IIf([成績]>=60,"中等","不及格"))

其運算結果為：

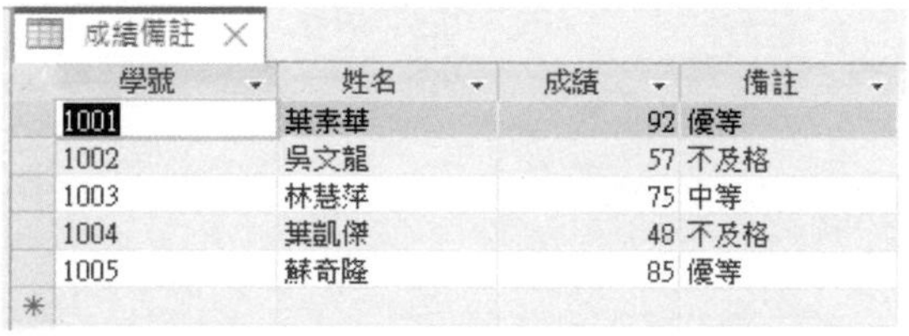

成績備註

學號	姓名	成績	備註
1001	葉素華	92	優等
1002	吳文龍	57	不及格
1003	林慧萍	75	中等
1004	葉凱傑	48	不及格
1005	蘇奇隆	85	優等

比較計算—判斷多重稅率

同理，以『多重稅率』資料表為例，若薪資五萬及以上之稅率為5%；薪資介於三萬到五傳之稅率為3%；薪資三萬以下者稅率為1%。其判斷『稅率』之運算式可為：

```
IIf([薪資]>=50000,0.05,IIf([薪資]>=30000,0.03,0.01))
```

並加上0.0%之百分比格式：

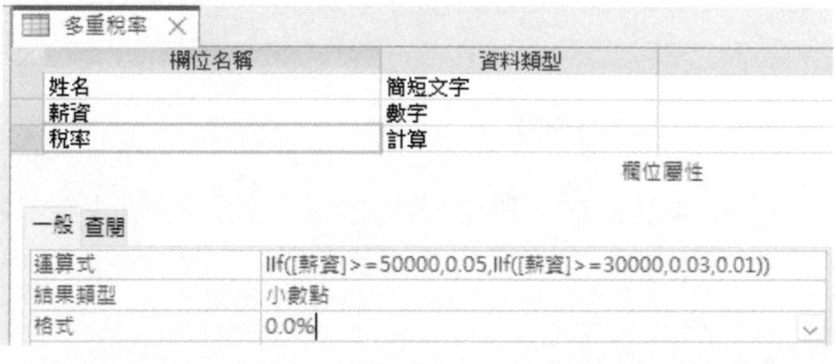

多重稅率

欄位名稱	資料類型
姓名	簡短文字
薪資	數字
稅率	計算

欄位屬性

一般 查閱

運算式	IIf([薪資]>=50000,0.05,IIf([薪資]>=30000,0.03,0.01))
結果類型	小數點
格式	0.0%

『稅金』欄之運算為：

```
[薪資]*[稅率]
```

『淨所得』欄之運算為：

```
[薪資]-[稅金]
```

並分別為此兩欄加入$#,##0貨幣格式：

多重稅率

欄位名稱	資料類型
姓名	簡短文字
薪資	數字
稅率	計算
稅金	計算
淨所得	計算

欄位屬性

一般 查閱

運算式	[薪資]-[稅金]
結果類型	小數點
格式	$#,##0

最後之運算結果為：

多重稅率

姓名	薪資	稅率	稅金	淨所得
蔣大可	$68,000	5.0%	$3,400	$64,600
吳文卿	$36,500	3.0%	$1,095	$35,405
葉可欣	$28,000	1.0%	$280	$27,720
廖正楷	$56,000	5.0%	$2,800	$53,200

是/否計算—判斷是否可以畢業

比較之結果不外成立或不成立，故也可以為「是/否」資料。以『畢業名單』資料表為例，若『已修學分』大於等於應修學分140，則可以畢業，將於『得以畢業』欄加註成立（Yes）。『得以畢業』欄係定義為「計算」資料，其比較式為：

```
IIf([已修學分]>=140,Yes,No)
```

記得於『結果類型』處，將其設定為「是/否」資料，否則將顯示0（不成立）或-1（成立）；且將『格式』設定為「Yes/No」。否則，一般人可能看不懂：

欄位名稱	資料類型
姓名	簡短文字
已修學分	數字
得以畢業	計算

欄位屬性

一般 查閱

運算式	IIf([已修學分]>=140,Yes,No)
結果類型	是/否
格式	Yes/No

最後之運算結果為：

姓名	已修學分	得以畢業
蔣大可	142	Yes
吳文卿	132	No
萁可欣	151	Yes
廖正楷	136	No

其優點為：必須透過修改『已修學分』之內容，才可以變更『得以畢業』之結果；而無法直接改變『得以畢業』欄之內容。

是/否計算—判斷是否全部及格

比較時，常常用到不只一個比較式。此時，就得利用And加以連結，必須其所有比較式均同時成立，其結果才為成立。以『是否全部及格』資料表之各科成績言，若每一科目均及格，才可以於『全部及格』欄加註成立（Yes）。其比較式為：

```
IIf([國文]>=60 And [英文]>=60 And [數學]>=60,Yes,No)
```

記得於『結果類型』處，將其設定為「是/否」資料；且將『格式』設定為「Yes/No」：

欄位名稱	資料類型
姓名	簡短文字
國文	數字
英文	數字
數學	數字
全部及格	計算

欄位屬性

一般 查閱

運算式	IIf([國文]>=60 And [英文]>=60 And [數學]>=60,Yes,No)
結果類型	是/否
格式	Yes/No

最後之運算結果為：

是否全部及格

學號	姓名	國文	英文	數學	全部及格
1001	葉素華	85	76	80	Yes
1002	李均	65	58	72	No
1003	歐陽文龍	72	62	81	Yes
1004	楊美月	59	90	80	No
1005	范姜玲惠	84	85	87	Yes

日期/時間計算—計算結束日期

日期加（減）一個數字，可得到代表幾天後（前）之新（舊）日期。如，2022/10/1加15將等於2022/10/16。以『專案』資料表為例，其內有各專案之『開始日期』及『預計天數』，讓其兩者相加，即可計算出『預定結束日期』:

```
[開始日期]+[預計天數]
```

『結果類型』處之「日期/時間」資料類型係自動顯示，我們將『格式』設定為「yyyy/mm/dd」之西曆日期，月/日不足兩位數時，自動於其前面補0：

專案

欄位名稱	資料類型
專案編號	簡短文字
開始日期	日期/時間
預計天數	數字
預定結束日期	計算

欄位屬性

一般 查閱

運算式	[開始日期]+[預計天數]
結果類型	日期/時間
格式	yyyy/mm/dd

其運算結果為：

專案

專案編號	開始日期	預計天數	預定結束日期
1001	2022/07/05	180	2023/01/01
1003	2022/07/10	365	2023/07/10
1005	2022/07/10	60	2022/09/08
1006	2022/08/01	200	2023/02/17

日期/時間計算—計算借閱天數

兩日期相減，可獲得一個代表其間差距之天數。如，2022/12/15減2022/12/01，可獲得數字14，表示兩者之間的差距為14天。以『借書』資料表為例，『歸還日期』減『借出日期』，即可算出其『借閱天數』:

```
[歸還日期]-[借出日期]
```

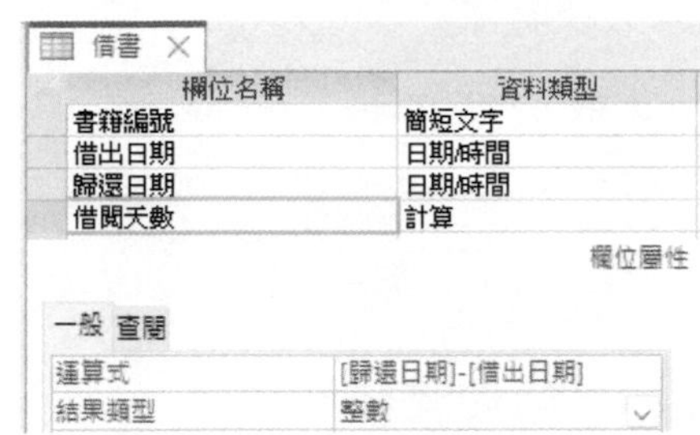

其運算結果為：

書籍編號	借出日期	歸還日期	借閱天數
A101	2022/07/01	2022/07/15	14
C106	2022/07/01	2022/08/05	35
B201	2022/07/02	2022/07/08	6
A306	2022/07/02	2022/07/13	11

日期/時間計算—計算年資

Access 對「日期/時間」資料型態之日期部份，提供有一系列之函數，如，求年、月、日之 Year()、Month() 與 Day() 函數。因此，妥善安排一下，即可利用 [離職日] 與 [到職日] 計算出員工之實際年資。

以『計算年資』資料表為例，其『實際年資』欄所使用之計算公式為：

```
Year([離職日])-Year([到職日])-IIf([離職日]>= DateSerial(Year([離職日]),
Month([到職日]),Day([到職日])),0,1)
```

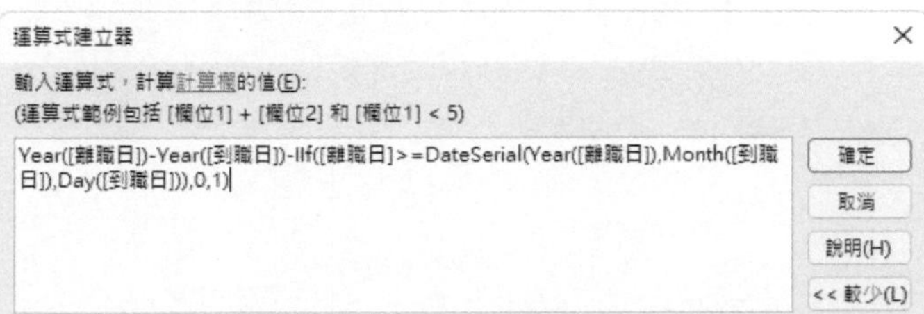

式中，DateSerial()函數所求得者為員工今年之到職日，整個IIf()函數在判斷員工離職日的月/日是否超過到職日？如果，離職日的月/日已經超過到職日，則其年資是直接以今年減去到職年即是正確的（-0）；否則，則應再減去1（-1），才是其實際年資。

其運算結果為：

計算年資

員工姓名	到職日	離職日	實際年資
林隆德	2008/06/15	2014/06/15	6
葉怡珊	2009/08/17	2015/06/17	5
吳英明	1998/08/10	2013/05/10	14
蘇啟輝	1997/05/01	2010/04/12	12

日期/時間計算—計算停車時間

時間加/減另一個時間，其結果仍為時間。如，03:20加02:25之結果為05:45；18:20減15:15之結果為03:05。所以，『停車場使用時間』資料表內，以『離開時間』減去『進入時間』：

```
[離開時間]-[進入時間]
```

即可計算出『停車時間』。由於，時間也是另一種數值，例如0.5表二分之一天，即12小時。故而此一運算將顯示出數值。所以，記得將其『結果類型』，設定為「日期/時間」，且將其格式設定為「簡短時間」，用以僅顯示[時:分]而已：

停車場使用時間

欄位名稱	資料類型
編號	簡短文字
進入時間	日期/時間
離開時間	日期/時間
停車時間	計算

欄位屬性

一般 查閱

運算式	[離開時間]-[進入時間]
結果類型	日期/時間
格式	簡短時間

其運算結果為：

編號	進入時間	離開時間	停車時間
00121	08:10	12:45	04:35
00122	09:18	13:12	03:54
00123	10:15	11:08	00:53

日期/時間計算—計算停車費

此外，Access對「日期/時間」資料型態之時間部份，亦提供有一系列之函數，如，求時、分、秒之Hour()、Minute()與Second()函數。所以，我們就可以計算出停車時間為幾小時又幾分？有了這些資料，要計算其停車費，應該也不是難事。

假定，停車費每小時30元，未滿一小時，以一小時計。則『停車費』資料表內延續前例之資料，其停車費的計算公式可為：

```
(Hour([停車時間])+IIf(Minute([停車時間])=0,0,1))*30
```

式中，IIF()函數是在判斷分鐘數是否為0，若非0，則停車時間進位1小時。

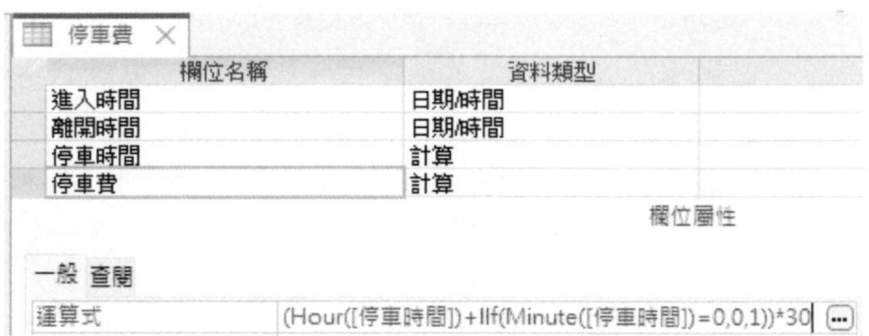

其運算結果為：

編號	進入時間	離開時間	停車時間	停車費
00121	08:10	12:45	04:35	150
00122	09:18	13:12	03:54	120
00123	10:15	11:08	00:53	30
00124	11:10	12:10	01:00	30

4-5 描述

『描述』屬性係位於『資料類型』右側，此部份之說明並不是必須的，是給人看的；而不是給電腦看的。當認為所定義之欄名，恐無法讓人瞭解其作用時，可考慮於此加入選擇性的文字說明（上限為255個字元）：（請開啟『資料欄描述』資料表）

將來，於資料表上若選擇此欄位，尚可於左下角狀態列上，看到於此處所輸入之描述文字：（存檔後，重新開啟才看得到）

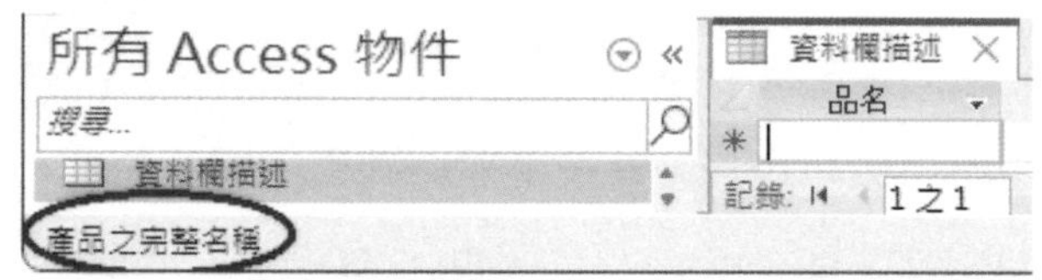

4-6 預設值

若碰上有些欄位並不允許完全沒有內容；或擬將最常出現之內容直接填入，以省去每次均要輸入之麻煩。可於『預設值』屬性內輸入某一個值，如：DVD影片的借出日期可預設為今天的日期、性別可隨便安排一『男』或『女』、付款方式可事先安排成『現金』、地址的前三個字可事先安排『台北市』、……。

如，『性別欄之預設值』資料表內，其『性別』欄即安排"男"為其『預設值』：

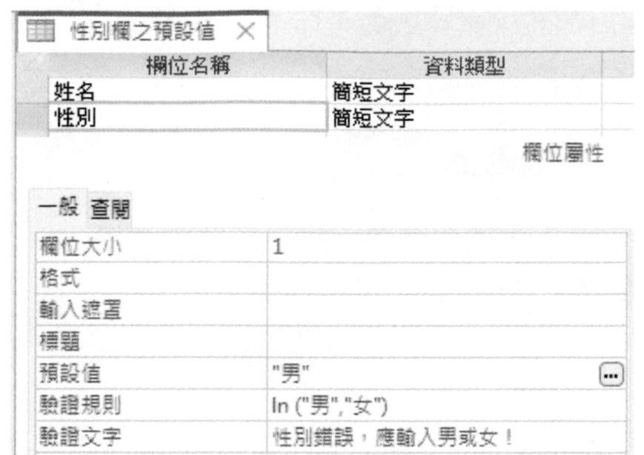

於『資料工作表檢視』上，還沒輸入任何資料，即可以事先看到其『性別』欄已輸妥一"男"字：

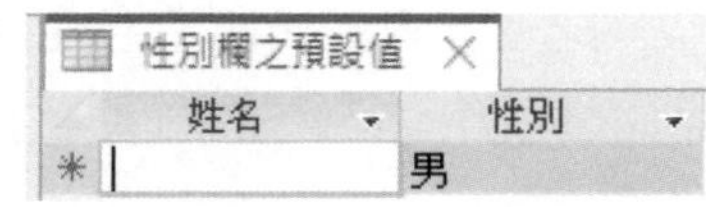

此處之內容，可為直接輸入之字串、日期、數值、……；亦可以是運算式內容。如：=DATE()，表以當天日期為預設值。

輸入時，碰上剛好是預設值之內容，即可省去輸入之麻煩；若否，再自行輸入即可。要接受該預設值內容，以 Enter 離開該欄即可；直接輸入新值可將原內容完全替換；若只想進行部份修改，可以滑鼠按一下該欄再進行編修。

小秘訣

預設值之設定僅適用於新輸入之資料，舊記錄即便本欄未輸入資料亦不受影響。

4-7 標題

於資料表上，Access預設使用『欄位名稱』為其欄標題。若使用英文或縮寫欄名，而想於資料表之欄標題上顯示出完整中文，就可於『標題』屬性處自行輸入。此部份內容可為任意文字串，但其上限為2048個字元。

如，『自訂標題』資料表內，以『Emp_Name』欄要存放員工姓名：

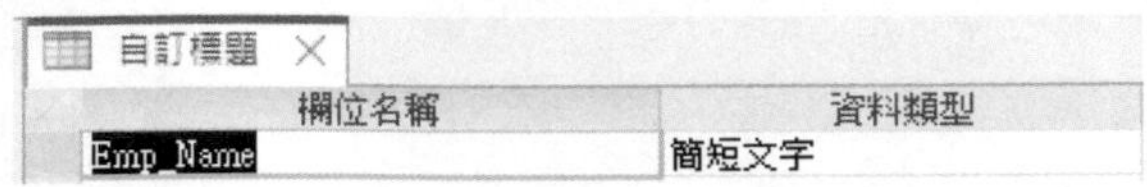

由於預設狀況為以『欄位名稱』為其標題，故於『資料工作表檢視』畫面上，仍可看到英文之欄名：

若將其『標題』安排為中文之"員工姓名"：

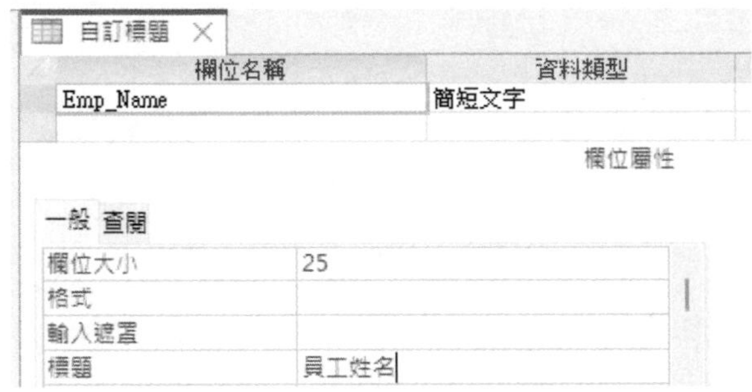

則於『資料工作表檢視』畫面上，將以『員工姓名』取代原英文欄名：

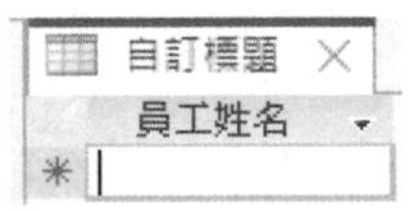

4-8 必須有資料

此一屬性並不適用於『OLE物件』及『超連結』，其作用在限制某欄位是否必須輸入資料。其預設值為「否」，允許不必輸入資料；若設定為「是」，則每筆記錄的此欄一定要輸入內容。

5-1 安排資料表內容

瞭解資料表設計檢視之操作方法及各資料類型後，我們可開始來設計一個給全書各章使用之資料表，用以存放有關職員之基本資料：

台 北 公 司 員 工 資 料 卡				編號：1201
部門	行銷部	職稱	主任	
姓名	楊佳碩	性別	☒男 □女	
生日	1989 年 3 月 5 日	婚姻	☒已婚 □未婚	
地址	台北市民生東路三段 68 號六樓			
電話	(02) 2502-1250	公司分機	8102	
到職日	2008 年 8 月 5 日	E-Mail 地址	gary@yahoo.com.tw	
薪資	65,000	偏好網站	http://www.yahoo.com.tw	
備註	工作效率高、認真負責			

有關職員之基本資料。為讓讀者能對每一類型資料均有操作經驗，將資料庫刻意安排成含有每一種資料類型。擬將資料表命名為『員工』，且將其資料欄之相關定義規劃成：

欄位名稱	資料類型	欄位內容
記錄編號	自動編號	
員工編號	文字	欄位大小：4，控制必須輸入4位數字，設定為主索引欄
部門	文字	欄位大小：10，以選單提供輸入

欄位名稱	資料類型	欄位內容
職稱	文字	欄位大小：10，以選單提供輸入
姓	文字	欄位大小：10
名	文字	欄位大小：10
性別	文字	欄位大小：1，以選單提供輸入
生日	日期/時間	以中文西元日期進行輸入及顯示資料，並控制不可為未來日期。
已婚	是/否	
郵遞區號	文字	欄位大小：3
地址	文字	欄位大小：50
電話	文字	欄位大小：15
辦公室分機	文字	欄位大小：4，控制必須輸入4位數字
到職日	日期/時間	同『生日』欄
薪資	貨幣	控制不可為負值
相片	附件	
E-Mail	超連結	
備註	備忘	

5-2 建立資料表

一切定義就緒後，先開啟『範例\Ch05\中華公司.accdb』資料庫檔案，其內目前仍無任何資料表：

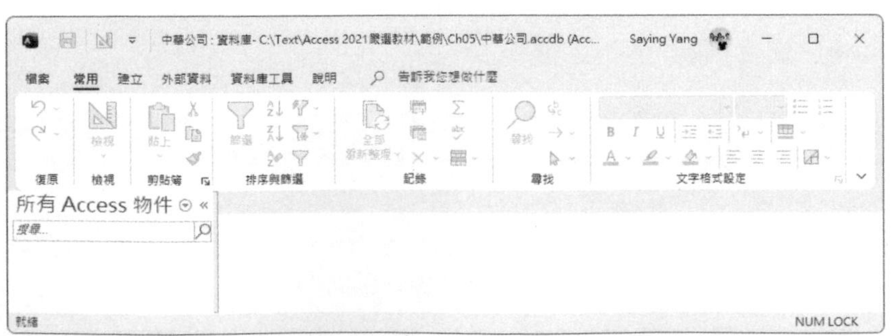

依下示步驟建立本書後文各章所要使用之資料表：

Step 1 轉入『建立』資料標籤

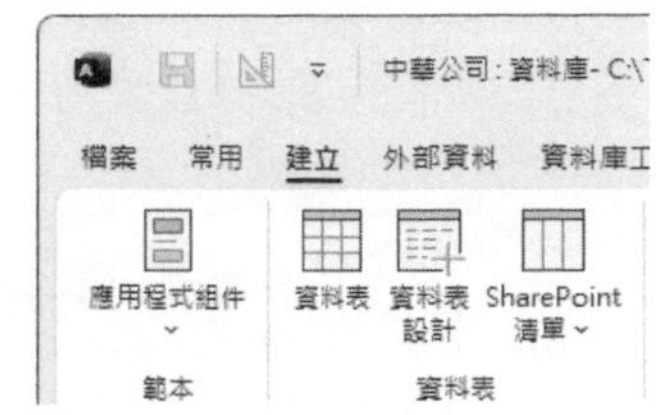

Step 2 按『資料表設計』 鈕，轉入『資料表1』的『設計檢視』畫面

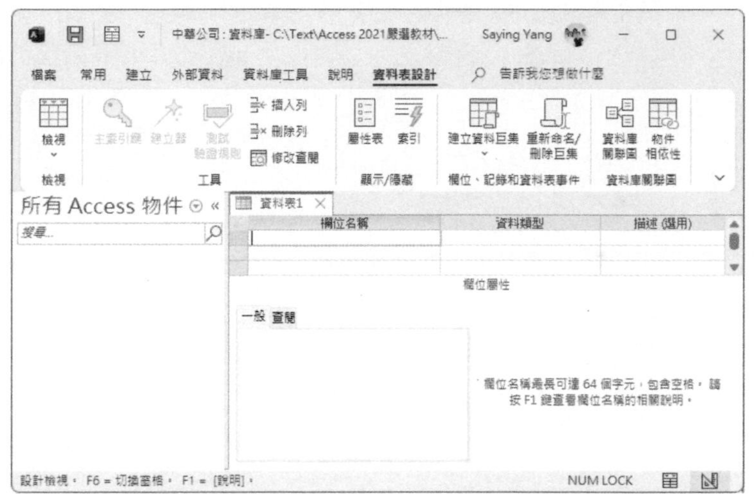

Step 3 輸入第一欄之欄名『記錄編號』，並選用「自動編號」資料類型（記錄編號實可有可無，純粹只是為了體會「自動編號」之用法，而刻意安排進來的）

欄位名稱	資料類型
記錄編號	自動編號

Step 4 輸入第二欄之欄名『員工編號』，選用「簡短文字」資料類型，設定長度為4，使用

```
9999
```

之『輸入遮罩』，此一遮罩可控制必須輸入數字，但卻允許部份省略不打，也就是說使用者可能輸入不足4位之編號內容。但我們故意以『驗證規則』:

```
Like "####"
```

控制其必須為4位數字，當輸入不足4位數字時，則以『驗證文字』:

```
員工編號必須輸入4位數字！
```

當其錯誤訊息；點按欄位名稱後，按主索引鍵鈕，可將本欄設定為主索引，其『索引』屬性後也自動出現「是(不可重複)」，也可看到『員工編號』欄之前已加有一把鑰匙（ ）。如此，將不允許此欄位為不輸入任何資料之完全空白；也不允許不同記錄有內容完全相同之情況發生。

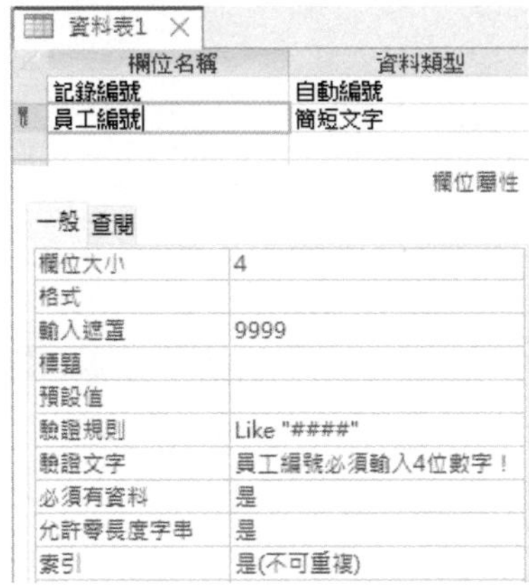

Step 5 第三欄『部門』，係以『查閱精靈』安排其內容為選單：餐飲、商場、行銷、客房

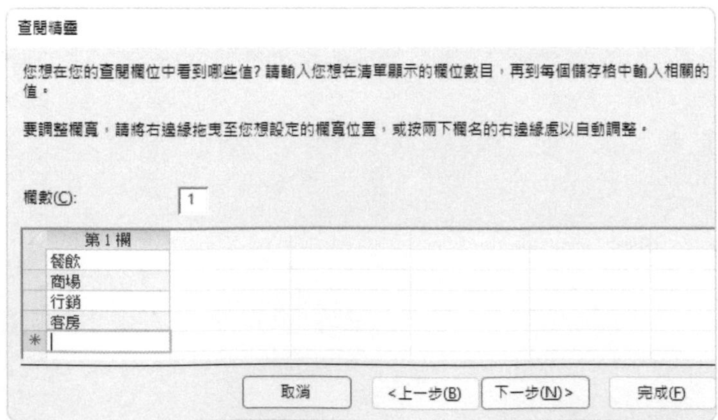

Step 6 第四欄『職稱』，長度為10，故意轉入『查閱』標籤安排其內容為下拉式方塊、值清單、資料來源為：經理、專員、助理

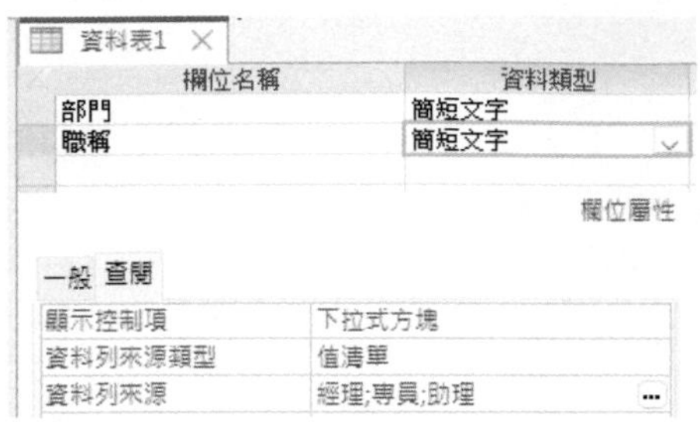

Step 7 第五欄『姓』與第六欄『名』，長度均為10

欄位名稱	資料類型
職稱	簡短文字
姓	簡短文字
名	簡短文字

欄位屬性

一般　查閱

欄位大小	10

將姓與名拆分為兩欄，將來在處理上較為方便。若僅安排為單一之『姓名』欄，日後處理時，有時會面臨到只單獨要取用姓或名的情況。由於姓與名之長度並非固定長度，如：馬皓、林良慕、范姜文君、歐陽凱傑、……，要是碰上少數民族或原住民之姓氏或名字，那姓名的長度將更長。恐會造成運算式不易安排。

Step 8 第七欄『性別』，長度1，同樣也是到『查閱』標籤安排其內容為下拉式方塊、值清單、資料來源為：男、女

欄位名稱	資料類型
姓	簡短文字
名	簡短文字
性別	簡短文字

欄位屬性

一般　查閱

顯示控制項	下拉式方塊
資料列來源類型	值清單
資料列來源	男;女

Step 9 第八欄『生日』，當然是選「日期/時間」資料類型，『格式』安排為中文西元格式：

```
yyyy\年mm\月dd\日
```

停於『輸入遮罩』處，按 ⋯ 鈕，擬以『輸入遮罩精靈』安排中文西元日期格式時，會有提示要求存檔：

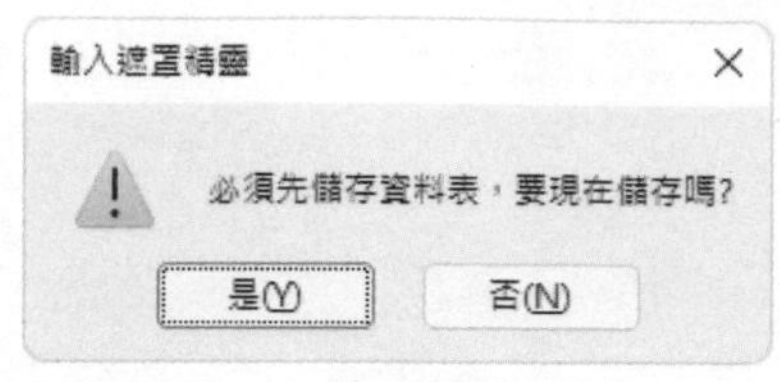

Step 10 選按 是(Y) 鈕，並將資料表命名為『員工』

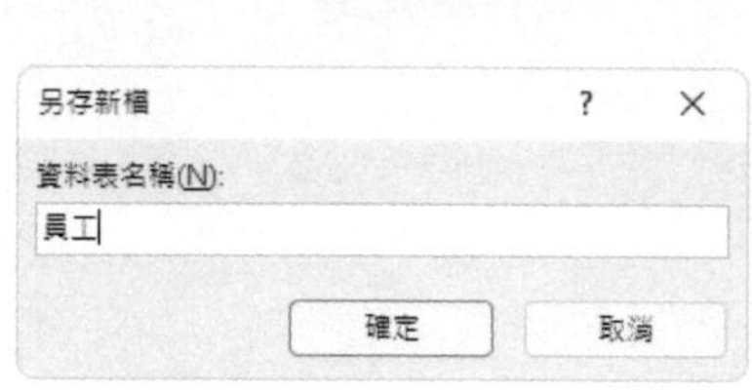

Step 11 按 確定 鈕存檔後，轉入『輸入遮罩精靈』將生日之『輸入遮罩』安排為中文西元日期

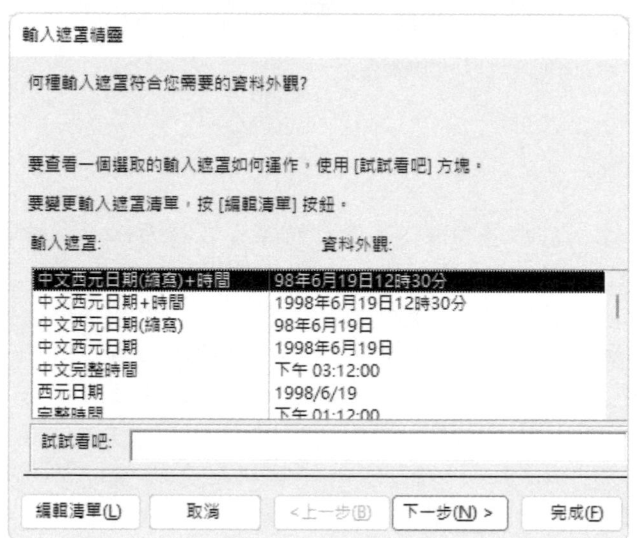

按 完成(F) 鈕後，續設定其不可為未來日期（<=Date()）：

員工

欄位名稱	資料類型
性別	簡短文字
生日	日期/時間

欄位屬性

一般 查閱

格式	yyyy\年mm\月dd\日
輸入遮罩	9999\年99\月99\日;0;_
標題	
預設值	
驗證規則	<=Date()
驗證文字	不可為未來日期！

Step 12 第九欄『已婚』，故意選「是/否」資料類型，只要有打勾就代表已婚（這樣可以讓我們學著去熟悉它，將來可能面臨很多問題要去解決，可增加我們的功力。實務上，大可以將其安排為以『婚姻』為欄名之「簡短文字」資料類型，其內直接輸入 "已婚"/"未婚" 字串；或以『查閱』精靈安排其選單內容，反較簡單）

Step 13 第十～十二欄『郵遞區號』、『地址』與『電話』，均為「簡短文字」資料類型，長度分別為3、50與15（電話並未加上『輸入遮罩』，因為台灣地區之區碼及電話長度並不一致，區碼有兩碼、也有三碼；電話有七碼也有八碼）

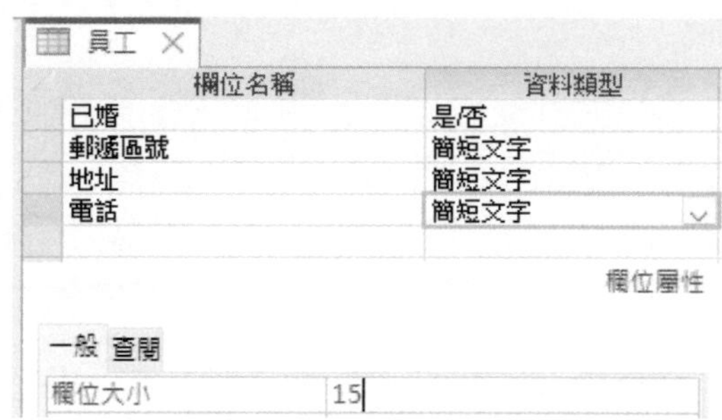

Step 14 第十三欄『辦公室分機』，雖為數字也仍選用「簡短文字」資料類型，長度為4，『輸入遮罩』以0000控制必須輸入4位數字，有這個遮罩把關，不可能會有錯誤的情況。所以，這裡就不加『準則條件』與『準則文字』了

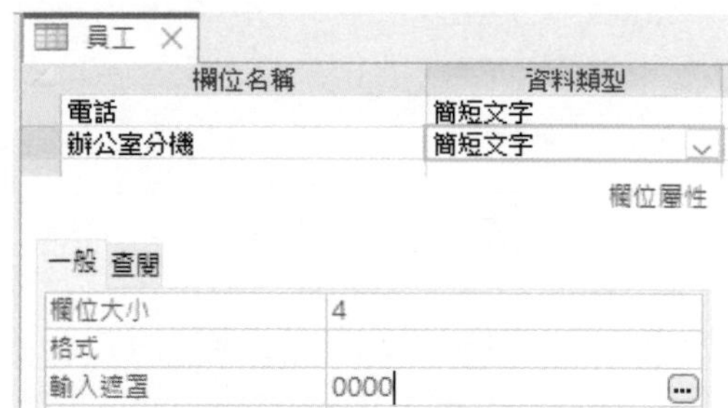

Step 15 第十四欄『到職日』，其設定同『生日』，可用複製/貼上之技巧抄過來，再改一下欄名即可

5 建立『員工』資料表

Step 16 第十五欄『薪資』，選用「數字」資料類型，設定$#,##0之格式，以及不可為負值之準則（>=0）

員工

欄位名稱	資料類型
到職日	日期/時間
薪資	數字

欄位屬性

一般　查閱

欄位大小	長整數
格式	$#,##0
小數位數	自動
輸入遮罩	
標題	
預設值	0
驗證規則	>=0
驗證文字	不可為負值！

Step 17 第十六欄『相片』，為了日後仍能於Access中顯示出來，選用「附件」資料類型

相片部份可將手機或數位相機所拍攝之照片讀入電腦內，稍加剪裁後，轉存為.bmp檔，集中存於某一資料夾，以利取用。（於本書『範例\Ch05\相片』資料夾中，可找到幾個相片檔供您練習）

Step 18 第十七欄『E-Mail』，選用「超連結」資料類型

Step 19 第十八欄『備註』，選用「長文字」資料類型

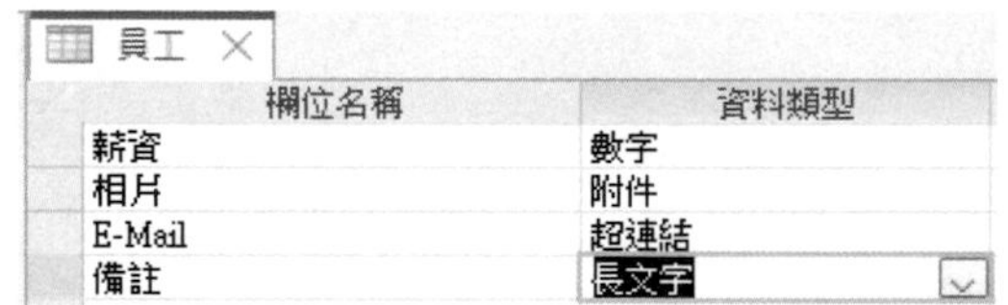

Step 20 最後，按 鈕，將設計檢視內之欄位定義存檔

Step 21 再按 鈕，即可轉入『資料工作表檢視』畫面，輸入記錄內容：

5-3 『資料工作表檢視』畫面

於『資料工作表檢視』等待輸入資料之畫面中，Access將所定義之各資料欄依序橫向排列，每欄最上面之淺灰色按鈕為其標題列，其上顯示者為於設計檢視所定義之『欄位名稱』。不在畫面上之欄位可利用下緣之水平捲動軸：

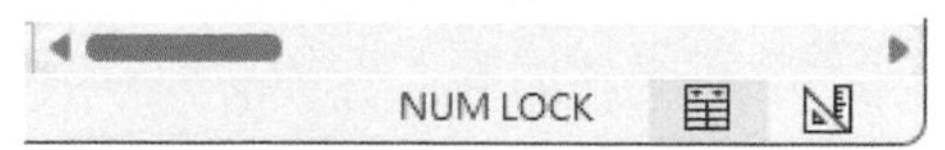

將其找出：

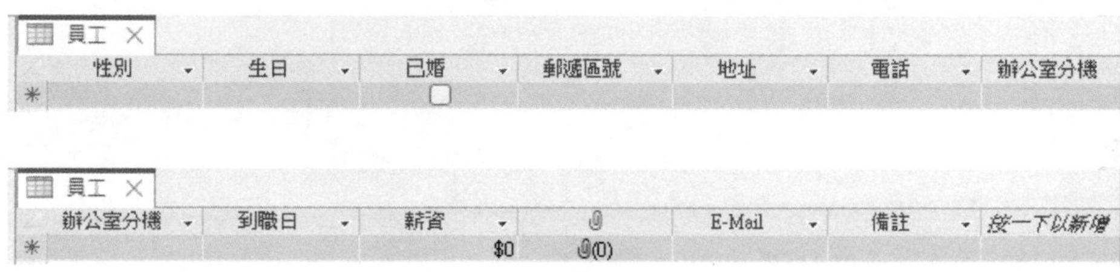

『已婚』欄下之 ▢，表其為『是/否』資料類型。左下角之：

記錄: 1 之 1

表示目前正要輸入之資料，係第一筆記錄。

5-4 輸入資料並體會索引欄之作用

輸入資料時，由第一欄開始逐字輸入。輸入後，按 Enter 、 Tab 或 → 鍵，即可轉入下一欄。亦可以滑鼠點按其他欄，於顯示游標後再進行輸入。由於，我們刻意將『員工』資料表，安排成擁有各種資料類型，以體驗各種不同資料之編輯方式。故底下即依欄位出現之順序，逐一介紹輸入各種不同類型資料時，應注意那些事項。

自動編號

本例之第一欄『記錄編號』:

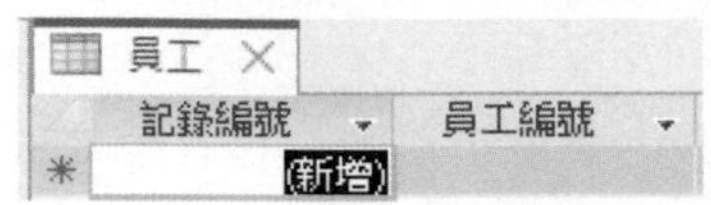

係設定使用「自動編號」類型之資料欄，其資料會逐筆自動遞增，並不允許使用者對其進行輸入或編輯內容。直接以滑鼠點按下一欄之『員工編號』欄，跳過它即可。

但其內容會在使用者開始於其他欄進行輸入資料時（鍵入第一個字時），才會由「新增」轉為其應有之數值：

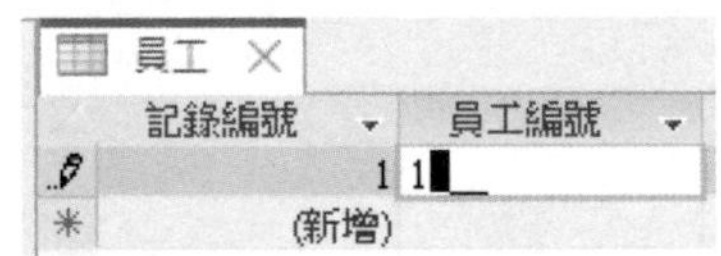

（列標題上之 ，表目前正在編輯此筆記錄，且其內容尚未儲存）

> **注意**
>
> 此記錄編號會一輩子跟著此一記錄，即便該記錄被刪除了，其他記錄也不能遞補來使用其舊編號。

員工編號

第二欄『員工編號』，係設定有9999之『輸入遮罩』，只能輸入數字，按到字母鍵，根本起不了任何作用。由於，設定有『準則條件』(Like "####")與『準則文字』(員工編號必須輸入4位數字！)，若輸入不足4位之編號內容。將顯示錯誤訊息：

且由於本欄已設定為「是(不可重複)」之主索引，將不允許此欄位為不輸入任何資料之完全空白；也不允許其內容發生重複。這點，得等到換下一筆記錄，真正要儲存資料時，才會檢查。

查閱精靈之下拉式清單

完成『員工編號』之輸入後，以滑鼠點按下一欄之『部門』欄，可看到其右側有一下拉鈕：

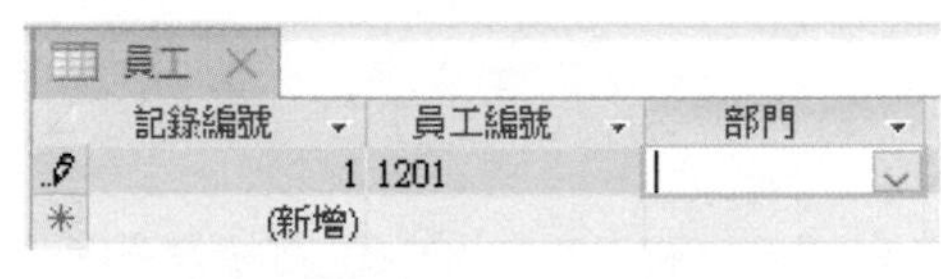

這是因為本欄已透過『查閱精靈』安排過其內之選單，點按下拉鈕，即可利用下拉式選單進行輸入：

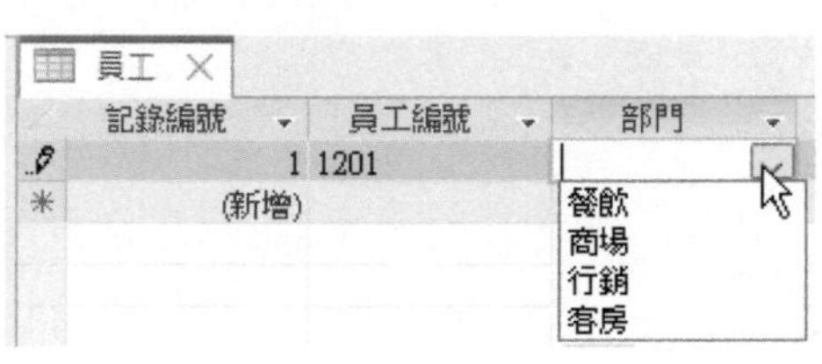

同樣的，『職稱』與『性別』欄，也都是類似情形，均可利用下拉式選單進行選擇。

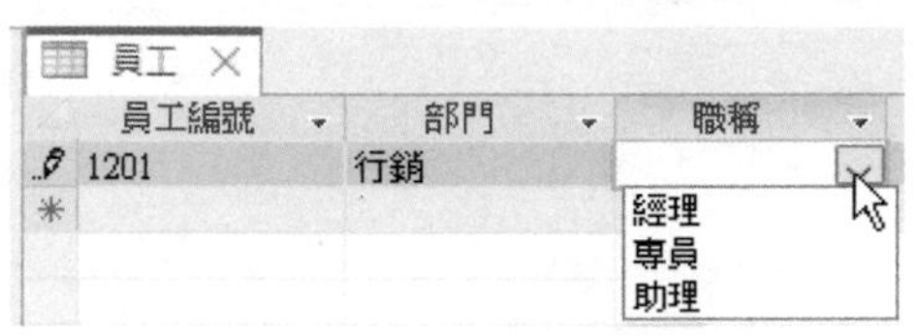

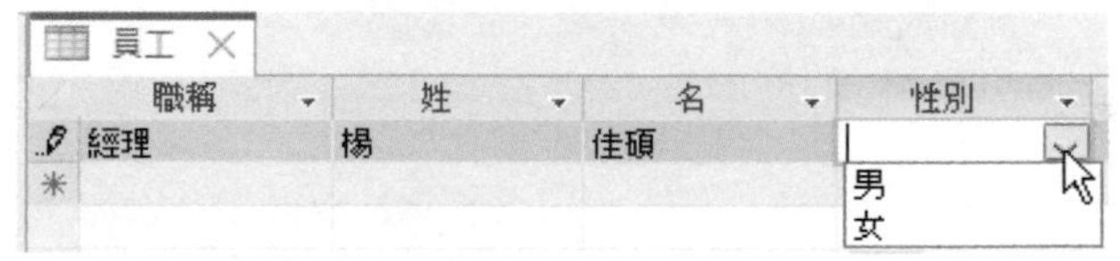

姓名

『姓』與『名』兩欄均為單純之「簡短文字」資料類型，直接輸入其中英文資料即可。

日期/時間

本例之『生日』及『到職日』欄均為「日期/時間」資料類型，且安排有中文西元日期之輸入遮罩：

輸入時，只要填滿完整且合理之年月日即可。不可以僅輸入部份資料，這樣是不合理之日期：

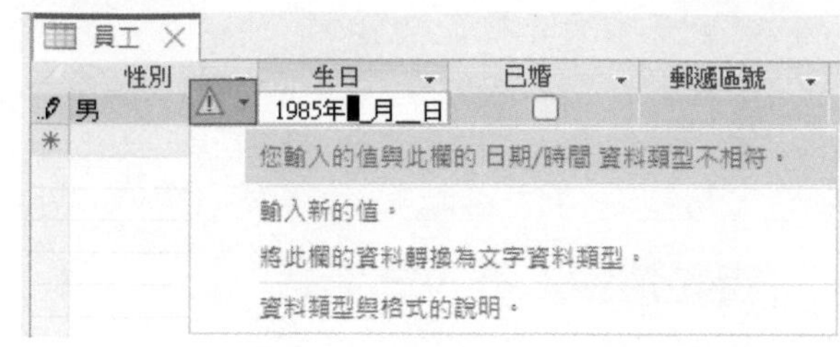

此外，由於有『驗證規則』（<=Date()）與『驗證文字』（不可為未來日期！）。若輸入錯誤資料，將獲致錯誤訊息：

由於，也安排了中文西元日期之顯示格式，故輸入後之外觀可為中文西元日期：

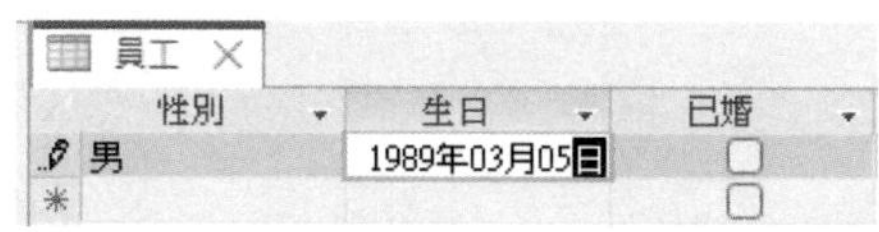

若內容太寬，無法全部顯示：

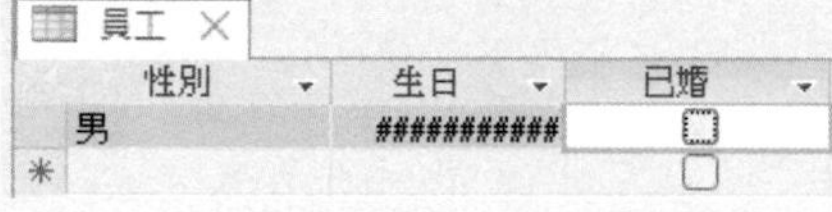

可將滑鼠移往其列標題之右側邊緣，其外觀將轉為雙向箭頭（↔），以左右拖曳之方式調整欄寬；或直接雙按以轉為最適欄寬。同樣，內容太少，也可以同樣方式，縮小欄寬。

是/否

『已婚』欄為「是/否」類型資料，輸入時，若是不成立的值，根本不用輸入；若要輸入成立值，僅須以滑鼠點按欄內之小方塊，使其出現打勾即可：

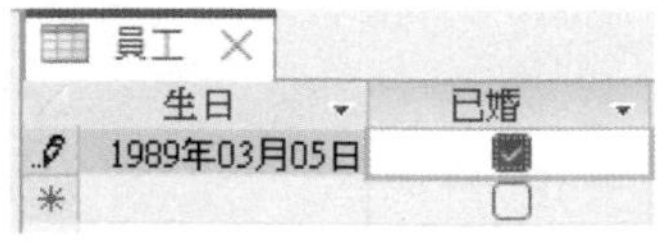

郵遞區號

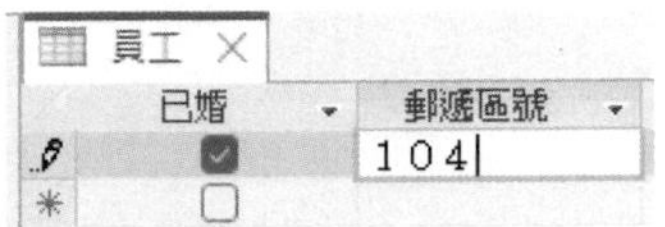

郵遞區號為「簡短文字」資料類型，輸入全/半型之數字均可。但為考慮將來於中式信封中，方便轉換成直書方式顯示，故記得以全型數字進行輸入。（按 Shift 鍵+空間棒，轉為全型字，再輸入數字）

地址、電話與辦公室分機

『地址』、『電話』與『辦公室分機』欄均為單純之「簡短文字」資料類型，直接輸入其資料即可。電話內之括號與減號，是我們自己輸入的。

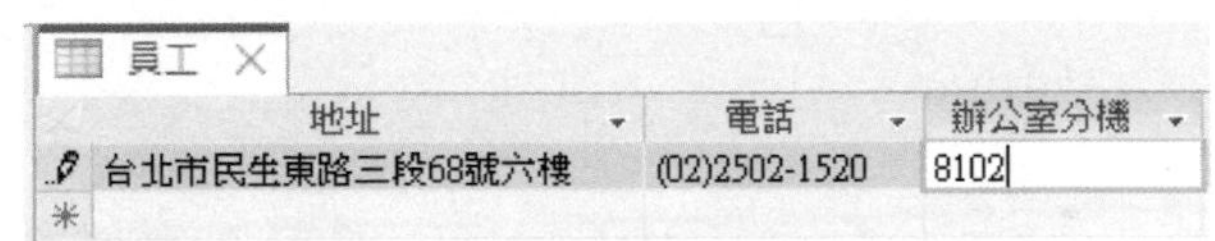

到職日

處理方式同『生日』欄。

數字/貨幣

「數字」或「貨幣」類型資料欄（如：本例之『薪資』欄），僅能接受數值。當輸入錯誤型態（如：中文或英文字）之資料時，Access均不予接受，且顯示錯誤訊息並要求重新輸入。

由於設定有$#,##0格式，完成輸入後，將依格式顯示所輸入之內容：

附件

『相片』欄為「附件」類型資料欄，其輸入步驟為：

Step 1 以滑鼠按一下該欄之空白處，目前迴紋針後括號內之數字為0，表示附件中尚無任何檔案

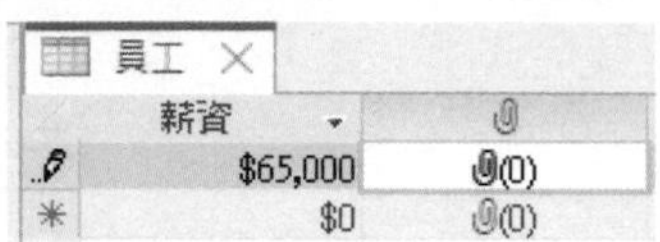

Step 2 於其上單按滑鼠右鍵，續選取「管理附件(M)…」，轉入『附件』對話方塊：

Step 3 續按 新增(A)... 鈕進行新增，到適當資料夾找出相片之圖片檔（『範例\Ch05\相片』內存有幾個相片可供練習）

Step 4 以滑鼠左鍵雙按其檔案圖示，選取其圖片檔（本例選P014），回上層

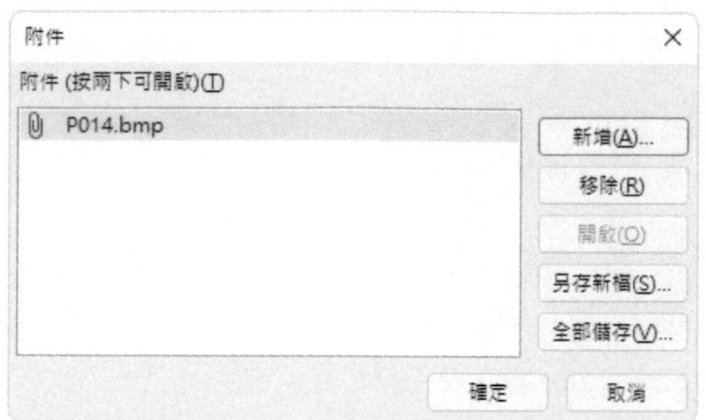

Step 5 再按 確定 鈕，即可完成插入附件之動作

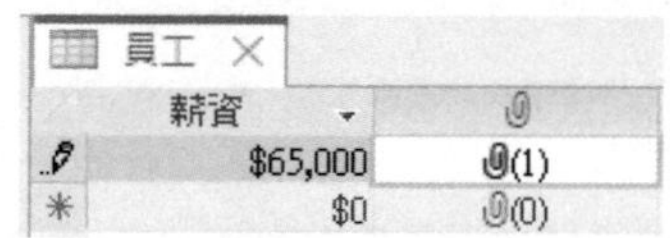

往後，於其上雙按滑鼠左鍵，即可轉回：

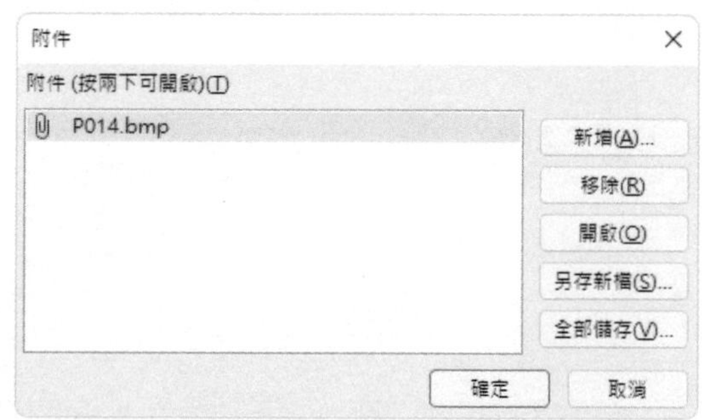

於圖檔名稱上雙按滑鼠左鍵，即可呼叫適用之程式開啟所插入之物件。如，本例係以『小畫家』來查閱/編輯所插入之圖片檔：

超連結

本例『E-Mail』欄為「超連結」類型之資料欄，由於型態標示很清楚，直接輸入任何文字均會被當為超連結。故僅需直接輸入其電子郵件地址即可：

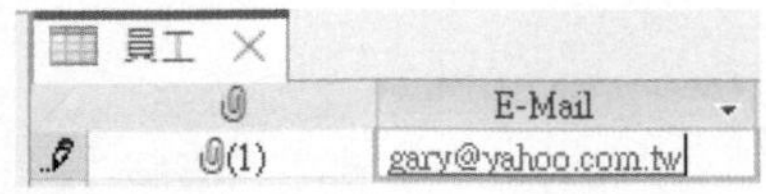

將來，滑指標停於其上時，會轉為一隻手之形狀（ ），按一下其E-Mail地址，即表示要寫電子郵件給此一員工，將可轉入『Windows郵件』或『Microsoft Office Outlook』去編輯電子郵件。

小秘訣

若超連結之內容打錯了，可於其上單按滑鼠右鍵，續選「超連結(H)/編輯超連結(H)...」)，轉入『編輯超連結』視窗去進行修改：

前面之mailto:係Access自動加入；若此超連結為網站，則自動加入http://。修改『顯示的文字(T):』處之內容，可改變此超連結顯示於資料工作表上之外觀，可將其由電子郵件地址改為顯示其他文字，如：姓名或暱稱。但是，若要將其由報表列印出來，則不建議您改為暱稱，因為在報表上又無法執行超連結，只有暱稱而已是沒有任何作用的；還不如完完整整的顯示其原有的電子郵件地址。

備忘

本例之『備註』欄為「長文字」型態之資料，其輸入方式可說完全同於「簡短文字」型態之資料，只不過可輸入之字數較多而已（最多可達64K）：

5-5 輸入資料並體會索引欄之作用

瞭解各類型資料欄之輸入方法後，為便於後續之練習，請仿前述方法輸入幾筆記錄：（欄寬均已調整為最適欄寬）

員工

記錄編號	員工編號	部門	職稱	姓	名	性別	生日	已婚	郵遞區號	地址
1	1201	行銷	經理	楊	佳碩	男	1989年03月05日	☑	１０４	台北市民生東路三段68號六樓
2	1306	餐飲	專員	林	美玉	女	1990年04月12日	☑	１０４	台北市興安街一段15號四樓
3	1112	客房	專員	王	世豪	男	1992年03月18日	☐	１１４	台北市內湖路三段148號二樓
4	1207	行銷	專員	林	玉英	女	1989年03月12日	☑	１０４	台北市合江街124號五樓
5	1218	行銷	專員	于	耀成	男	1990年08月10日	☐	１０６	台北市敦化南路338號四樓
6	1102	客房	經理	孫	晏寧	女	1989年05月08日	☐	２３９	新北市中華路一段12號三樓
7	1305	餐飲	經理	林	宗揚	男	1989年10月12日	☐	１０４	台北市龍江街23號三樓
8	1117	客房	專員	莊	寶玉	女	1989年05月11日	☐	１０６	台北市敦化南路138號二樓
9	1320	餐飲	專員	陳	玉美	女	1991年11月03日	☐	２０１	基隆市中正路二段12號二樓
10	1322	餐飲	專員	梅	欣云	女	1992年01月06日	☐	３３０	桃園市成功路一段14號
11	1316	餐飲	專員	楊	雅欣	女	1990年03月07日	☐	２０１	基隆市中正路一段128號三樓
(新增)								☐		

員工

電話	辦公室分機	到職日	薪資	📎	E-Mail	備註
(02)2502-1520	8102	2006年08月05日	$65,000	(1)	gary@yahoo.com.tw	工作效率高，認真負責
(02)2562-7777	7116	2010年04月01日	$37,500	(1)	jill@hotmail.com	
(02)2798-1456	6106	2011年01月10日	$42,000	(1)	kent@yahoo.com.tw	
(02)2503-7817	8106	2009年05月07日	$47,000	(1)	linyn@seed.net.tw	熱愛工作的人
(02)2778-1225	8108	2016年06月11日	$38,000	(1)	yuyc888@hotmail.com	
(02)2893-4658	6101	2017年09月01日	$60,500	(1)	ann@seed.net.tw	領導能力夠
(02)2503-1520	7103	2010年03月01日	$62,600	(1)	cylin@ms65.hinet.net	
(02)2708-1122	6111	2013年07月15日	$31,000	(1)	bychung@yahoo.com.tw	有發展潛力
(02)2695-2696	7112	2019年08月12日	$32,000	(1)	tracy@ms38.hinet.tw	工作細心
(03)3368-1358	7106	2010年04月02日	$30,500	(1)	may@yahoo.com	年青有為
(02)2601-3312	7110	2017年07月10日	$28,500	(1)	sally@hotmail.com	仍須努力
			$0	(0)		

透過實際操作體驗各種可能遭遇之狀況。比如說，可輸入相同之員工編號，看看主索引出現重複內容時，Access會怎麼處理？

也可於輸入中試著輸入不合理之日期，看看Access可否偵測到此一錯誤？可是，如果輸入之生日是存在的日期，但卻是三年後的日期，這樣合理嗎？所以，我們安排了不可為未來日期之『驗證規則』與『驗證文字』:

對了，我們還沒看到主索引欄之作用。前面所輸入之資料，由於係初次輸入，記錄仍依原始輸入之順序排列。但當我們按 鈕切換到『設計檢視』後，繼續再按 鈕切換回『資料工作表檢視』，可發現記錄已按原先設定之主索引欄『員工編號』的遞增順序排列：

員工

記錄編號	員工編號	部門	職稱	姓	名
6	1102	客房	經理	孫	晏寧
3	1112	客房	專員	王	世豪
8	1117	客房	專員	莊	寶玉
1	1201	行銷	經理	楊	佳碩
4	1207	行銷	專員	林	玉英
5	1218	行銷	專員	于	耀成
7	1305	餐飲	經理	林	宗揚
2	1306	餐飲	專員	林	美玉
11	1316	餐飲	專員	楊	雅欣
9	1320	餐飲	專員	陳	玉美
10	1322	餐飲	專員	梅	欣云
(新增)					

小秘訣

也可以直接以『常用/記錄/全部重新整理』 鈕，來達成此一要求。

本章要介紹與資料表記錄有關之管理動作：選取、切換、找尋、更新、增/刪、複製及列印記錄內容。（請開啟『範例\Ch06\中華公司.accdb』進行練習）

6-1 選取

選取某幾個字

若要選取之對象，為資料表某欄位內容的幾個字。僅須於滑鼠指標為 I 形符號時，移往該字串之前，續按住滑鼠向右拖曳，即可將其選取：

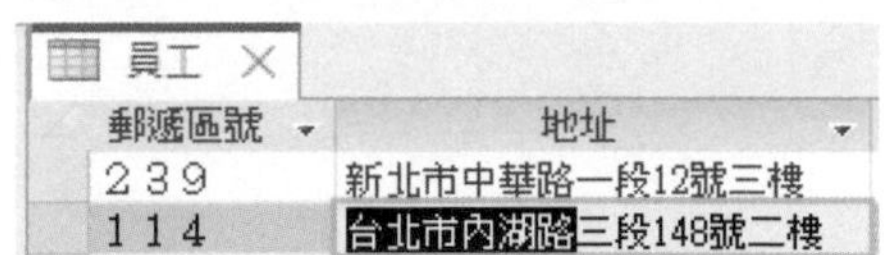

注意

「是/否」、「OLE物件」及「超連結」等資料類型之欄位內容，並無法僅選取其內之某幾個字。

選取單一或連續多個欄位

若要選取之對象，為某一個欄位內容（即某一儲存格），先將滑鼠指標移往該儲存格之左邊邊界附近，其指標會轉為空心十字（✚）。續以滑鼠左鍵單按該儲存格，即可將其選取。其內容將呈灰藍色顯示：

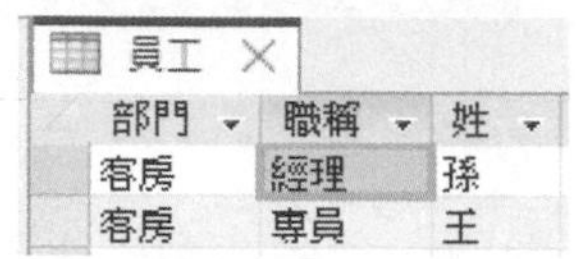

選取第一個欄位後，續按住滑鼠左鍵向右拖曳（也可以按住 Shift 續按 → 鍵），即可選取某幾個連在一起之欄位內容：

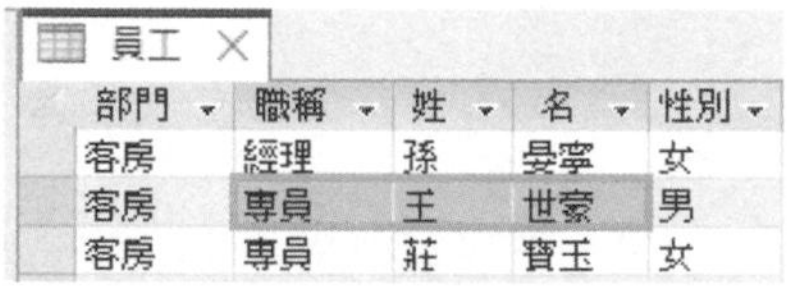

選取區塊

選取第一個欄位後，續按住滑鼠左鍵向右及向下拖曳（也可以按住 Shift 續按 → 及 ↓ 鍵），即可選取某幾列之連在一起的欄位內容，構成一個區塊：

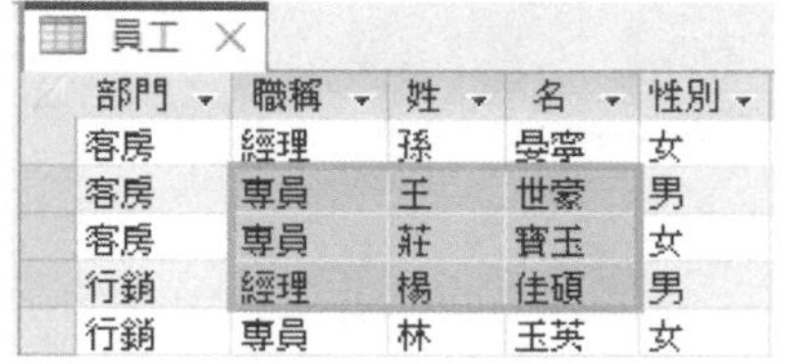

選取單欄/多欄

將滑鼠指標移往每欄最上面的欄標題，其指標將轉為一向下箭頭（⬇），按一下欄標題，可選取一整欄：

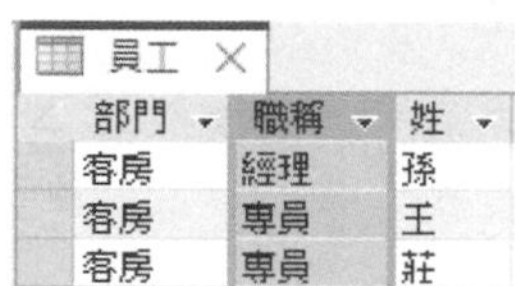

若續左右拖曳，就變成可選取連續的多欄：

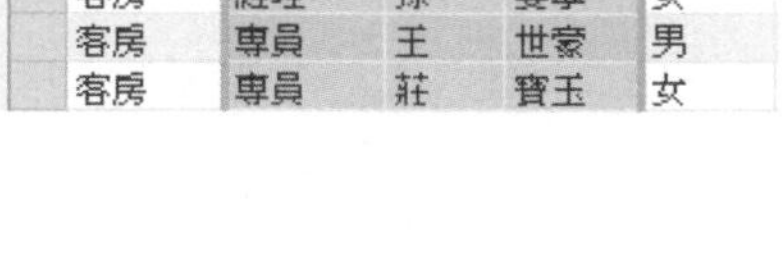

選取一欄內容後，若續按住 Shift 配合 ← 、→ 鍵，也可選取多欄。

單筆/列及多筆/列

將滑鼠指標移往每列最左邊的淺灰色按鈕（列選取按鈕），其指標將轉為一向右箭頭（➡），按一下列選取按鈕，可選取一整列：

員工

記錄編號	員工編號	部門	職稱	姓	名	性別
6	1102	客房	經理	孫	晏寧	女
3	1112	客房	專員	王	世豪	男
8	1117	客房	專員	莊	寶玉	女

若續上下拖曳，就變成可選取連續的多筆：

員工

記錄編號	員工編號	部門	職稱	姓	名	性別
6	1102	客房	經理	孫	晏寧	女
3	1112	客房	專員	王	世豪	男
8	1117	客房	專員	莊	寶玉	女
1	1201	行銷	經理	楊	佳碩	男
4	1207	行銷	專員	林	玉英	女

整個資料表

按資料表左上角，欄列交會處之全部選取按鈕（ ），可選取整個資料表：

員工

記錄編號	員工編號	部門	職稱	姓	名	性別	生日
6	1102	客房	經理	孫	晏寧	女	1989年05月08日
3	1112	客房	專員	王	世豪	男	1992年03月18日
8	1117	客房	專員	莊	寶玉	女	1989年05月11日
1	1201	行銷	經理	楊	佳碩	男	1989年03月05日
4	1207	行銷	專員	林	玉英	女	1989年03月12日

6-2 切換記錄

利用記錄瀏覽按鈕

資料表下緣之記錄瀏覽器，最常被利用來切換要處理之記錄。其作用分別為：

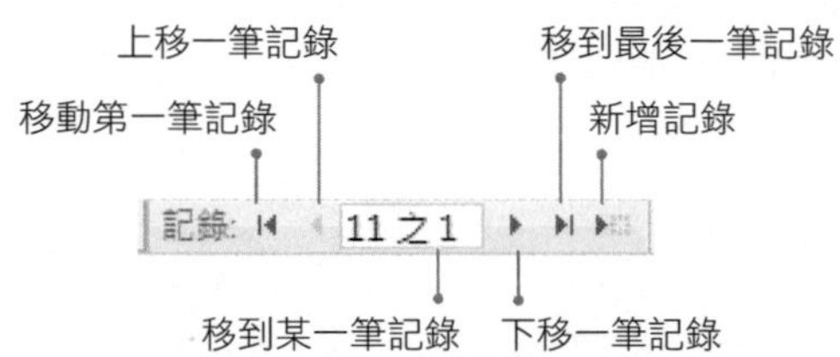

於其中央之數字方塊，輸入某一記錄編號，續按 Enter ，可快速切換到該記錄。

利用『到』按鈕

於記錄瀏覽器之所有操作，也可以按『常用/尋找/到』→到 鈕，續選按其所提供之功能選項來達成：

利用垂直捲動軸

當記錄筆數超過資料表視窗可容納之上限，將於右側顯示垂直捲動軸。利用垂直捲動軸切換要處理之記錄，其操作方式分別為：

1. 以滑鼠左鍵單按軸上下之 ▲ ▼ 箭頭按鈕，其作用相當按 ↑ ↓ 鍵，可上下移動一列。
2. 按垂直捲動按鈕上方之任一點，其作用相當按 Page Up 鍵，可向上移動一頁。

3. 按垂直捲動按鈕下方之任一點，其作用相當按 Page Down 鍵，可向下移動一頁。

4. 按住垂直捲動按鈕上下拖曳，可快速垂直捲動資料表。捲動中，垂直捲動鈕附近，還會顯示當時已移到第幾筆記錄：

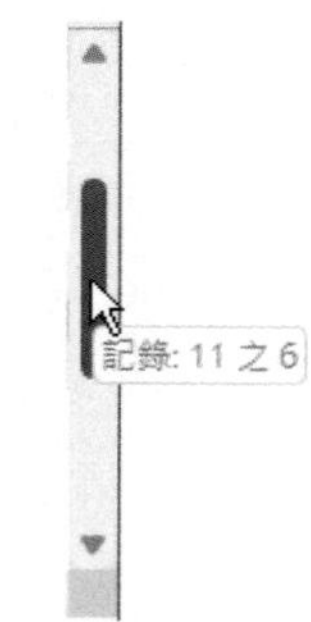

利用控制鍵

於資料表中編輯或查閱資料，也可以利用下列之控制鍵，有時比利用滑鼠操作來得方便：

鍵盤	作用
Tab , →	右移一欄
Shift + Tab , ←	左移一欄
↑ ↓	上下移動一筆記錄
Home	移往目前記錄之第一欄
End	移往目前列記錄最後一欄
Ctrl + ↑	向上移動到目前欄之第一筆記錄
Ctrl + ↓	向下移動到目前欄之最後一筆記錄
Ctrl + Home	移往第一筆記錄之第一個欄位
Ctrl + End	移往最後一筆記錄之最後一個欄位
Page Up	上移一個螢幕
Page Down	下移一個螢幕
Ctrl + Page Up	向右移動一個螢幕
Ctrl + Page Down	向左移動一個螢幕

6-3 找尋內容

若要於資料表找尋某內容來查看或修改，通常我們先找到該欄位，然後再以捲動軸上下移動記錄，以瀏覽之方式找出該內容。若資料不多，倒也還好。但若記錄筆數較多，就較辛苦一點！有時可能會因疏忽而找不到。

因此，最好省點眼力，免得近視加深，把這事交給電腦來做。其處理步驟為：

Step 1 若知道其所屬欄位，以滑鼠左鍵點一下該欄的任一部位；若否，則停於任一欄均可。（本例點選「地址」欄）

Step 2 按『常用/尋找/尋找』 尋找 鈕（或 Ctrl + F ），轉入

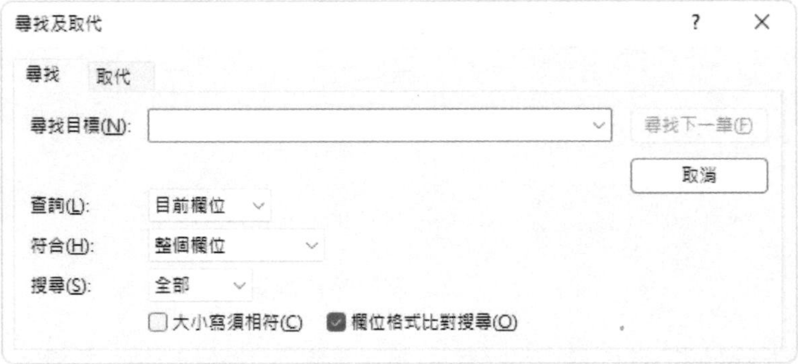

Step 3 於『尋找目標(N)』後之文字方塊內，輸入要尋找之內容

小秘訣

輸入時，可以 * 代表一串字，以?代表一個字，或以 # 代表一個數字。如：『*興安街*』表要找內含"興安街"之內容，『楊?碩』表要找第一個字為"楊"，第三個字為"碩"之內容，『##』要找恰為兩為數字之內容。

Step 4 『查詢(L)』後顯示「目前欄位」，即原執行前所停之欄位，若真不知道要找之資料屬於何欄？可按其後之向下按鈕，將其改為整個資料表。

Step 5 於『符合(H)』處，選擇要找尋之內容於該欄中是「欄位的任何部份」(包含)、「整個欄位」(完全相同)還是「欄位的開頭」(前面)？（本例選「欄位的任何部份」)

Step 6 按 [尋找下一筆(F)] 鈕，開始找尋。若找得到，會直接移往第一筆含有此內容之欄位，並將其選取：(可能會被『尋找及取代』對話方塊遮住，可稍微移一下找看看)

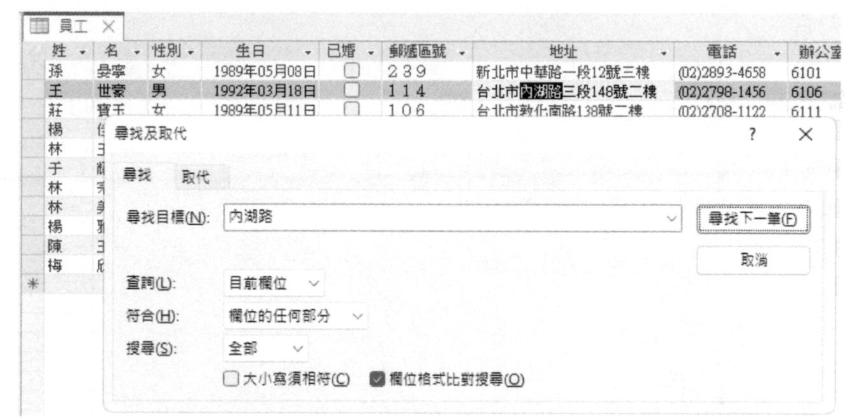

若此一資料並非所要找之記錄，仍可按 [尋找下一筆(F)] 鈕，繼續尋找下一筆。

6-4 更新記錄內容

自行輸入新資料

若要更新之內容沒有規則性，只好於找到該欄位後，以直接輸入之方式進行修改內容。在要處理之位置上按一下滑鼠左鍵，即可轉入編輯狀態，顯示出等待輸入之游標，即可自行輸入新資料。

復原

編輯中，若想放棄上階段對某筆記錄所做之修改，可以下列方式復原：（僅能復原一筆記錄而已！）

1. 按 ↶ 鈕
2. 按 Ctrl + Z 鍵
3. 按 Alt + Backspace 鍵

有規則性的多筆更新

若要更新之內容存有某種規則性，如：擬將全 "專員" 改為 "組員"、原『性別』欄錯打成 "難" 者均要改為 "男"、……。

假定，擬將『職稱』欄內，原 "專員" 全改為"助理"。

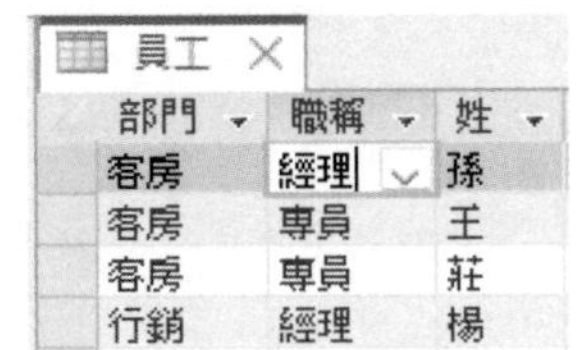

其處理步驟為：

Step 1 停於第一筆記錄之『職稱』欄上

Step 2 按『常用/尋找/取代』取代 鈕（或按 Ctrl + H 鍵）

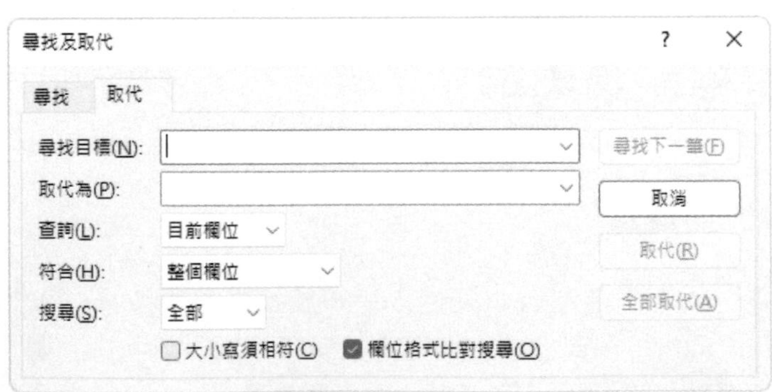

Step 3 於『尋找目標 (N)』後之文字方塊內，輸入要尋找之內容 "專員"

Step 4 於『取代為 (P)』後之文字方塊內，輸入要替換成之新內容 "助理"

Step 5 於『符合(H)』處，選擇要找尋之內容於該欄中是「整個欄位」

Step 6 確定『查詢(L)』後顯示『目前欄位』，否則，可能會更改到其他欄之資料

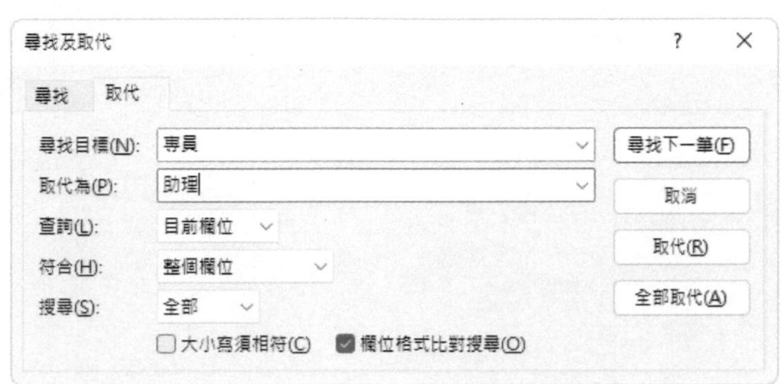

Step 7 按 全部取代(A) 鈕，進行尋找與取代。將先警告使用者，一旦變更資料後可能會無法復原，並詢問是否要繼續？

（若僅更改一筆，還是可按 ↶ 鈕復原）

Step 8 按 是(Y) 鈕繼續，完成替代動作後，並無任何訊息

Step 9 按 × 鈕，關閉『尋找與取代』對話方塊，回資料表。可發現，已將『職稱』欄內之所有 "專員" 均替換成 "助理" 了

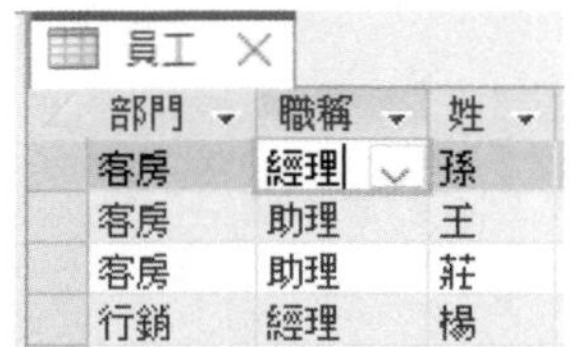

超連結

滑鼠指標停於「超連結」類型之欄位上時，其外觀為一隻手之形狀（☝）。一按就會連結到其所指之網站、BBS站、檔案、撰寫E-Mail、……等，故其編輯方式並不同於其他欄位。

6 記錄管理

目前，第一筆記錄之超連結內容為：

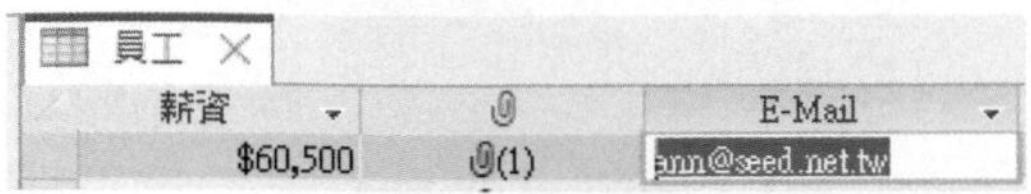

要編輯超連結，可先以滑鼠右鍵單按其內容，續選「超連結(H)/編輯超連結(H)...」，轉入『編輯超連結』對話方塊，進行編修超連結之內容：

『要顯示的文字(T)』處，是設定於資料表超連結欄位上，要顯示之內容。可輸入任意文字，並不影響其連結效果。如，本例將其改為：

回資料表後，會將該欄位上之內容轉為：

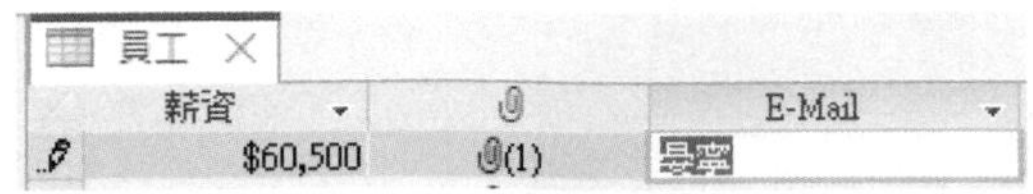

但仍可利用它來連結上Outlook撰寫電子郵件。

注意

但是，若要將其由報表列印出來，則不建議您改為名字或暱稱，因為在報表上又無法執行超連結，只有名字或暱稱而已是沒有任何作用的；還不如完完整整的顯示其原有的電子郵件地址。

OLE與附件

對於「簡短文字」、「數字」、「貨幣」、「長文字」、「日期/時間」甚或「超連結」等類型資料，均允許於編修時僅對其修改部份內容。如：插入、更改或刪除幾個字。唯獨「OLE物件」與「附件」類型資料，其修改得轉入該物件所屬之編輯程式，如：『小畫家』、Word、Excel、Microsoft Photo Editor、……等，去進行編修。

在Access內，欲對附件進行編輯，可於其上雙按，轉入『附件』對話方塊：

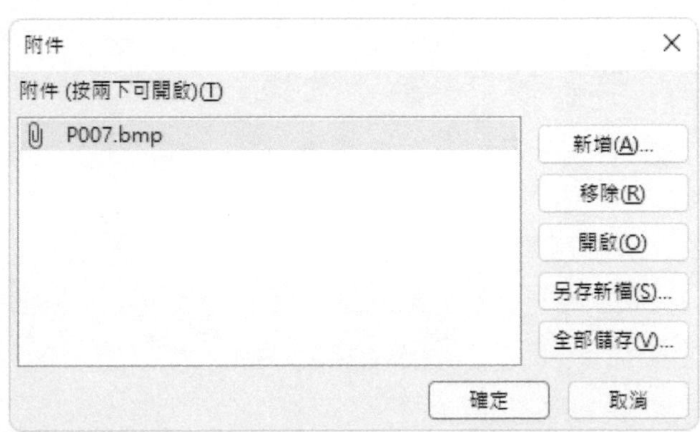

可進行新增、移除之動作，也可以直接雙按附件之檔名，轉入該物件所屬之編輯程式，去進行編修。

6-5 新增/刪除記錄

新增記錄

於資料表中，只能將新記錄加於最後一筆之後，並無法插入於中間。事實上，也沒有必要一定硬要將記錄插入於某特定位置。因為，想要將記錄依某一依據進行排列，對Access言，可說輕而易舉。無論是利用排序或索引均可達成要求。而且，只要原來設有主索引，將排於最後之新記錄存檔後，其排列順序自會調整到適當位置，看起來就好像插入於舊記錄間一般。

於資料表中，要新增記錄，可用下列方式進行：

- 以滑鼠左鍵單按資料表最後一列之空白記錄的任一資料欄
- 按『常用/記錄/新增』 新增 鈕
- 按記錄捲動軸上之 『新(空白)記錄』鈕
- 按 Ctrl + + 鍵

均可將游標移往資料表最後一列之空白記錄上，等待輸入新記錄內容：

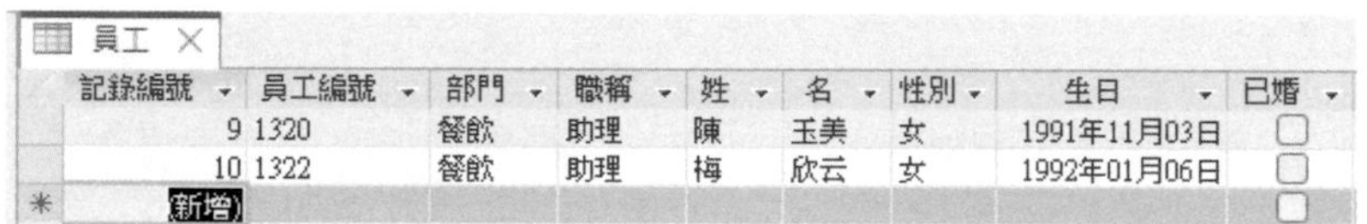

記錄編號	員工編號	部門	職稱	姓	名	性別	生日	已婚
9	1320	餐飲	助理	陳	玉美	女	1991年11月03日	☐
10	1322	餐飲	助理	梅	欣云	女	1992年01月06日	☐
(新增)								☐

等一開始輸入資料，該記錄左邊之 ✳ 鈕，就轉為 ✎，且立刻於其下再增一列空白：

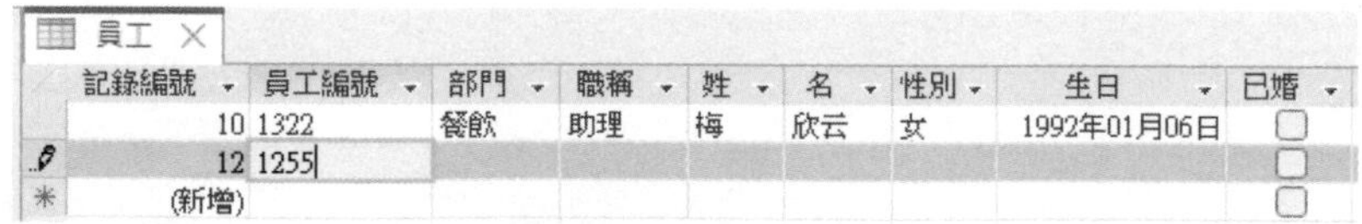

記錄編號	員工編號	部門	職稱	姓	名	性別	生日	已婚
10	1322	餐飲	助理	梅	欣云	女	1992年01月06日	☐
12	1255							☐
(新增)								☐

這時候，此筆記錄才算正式註冊，領了記錄編號。要注意，在未離開該筆記錄前，其內容是尚未儲存的。

假定，我們新增一筆如下示之內容（打完員工編號後，再隨意輸入幾欄即可。因為，馬上就要以它來練習如何刪除記錄）：

員工

記錄編號	員工編號	部門	職稱	姓	名	性別	生日	已婚
10	1322	餐飲	助理	梅	欣云	女	1992年01月06日	☐
12	1255	客房	助理	葉	凱欣	女		☐
(新增)								☐

按 ↓ 離開此記錄後，其內容會自動存檔。但記錄之排列順序並未立即依主索引（員工編號）調整。得再按『常用/記錄/全部重新整理』鈕，才可看到重排索引後的結果：

員工

記錄編號	員工編號	部門	職稱	姓	名	性別	生日	已婚
5	1218	行銷	助理	于	耀成	男	1990年08月10日	☐
12	1255	客房	助理	葉	凱欣	女		☐
7	1305	餐飲	經理	林	宗揚	男	1989年10月12日	☐

已將第12筆記錄（員工編號1225），依員工編號重排其應有之索引順序。（所以，還有必要做『插入記錄』或『搬移記錄』之動作嗎？有『新增』即已足夠了）

刪除記錄

對於沒有存在價值之記錄，最好是將其刪除。於資料表中，要刪除記錄，得先將其選取（允許為連續之多筆記錄）。本例選取記錄編號12記錄：

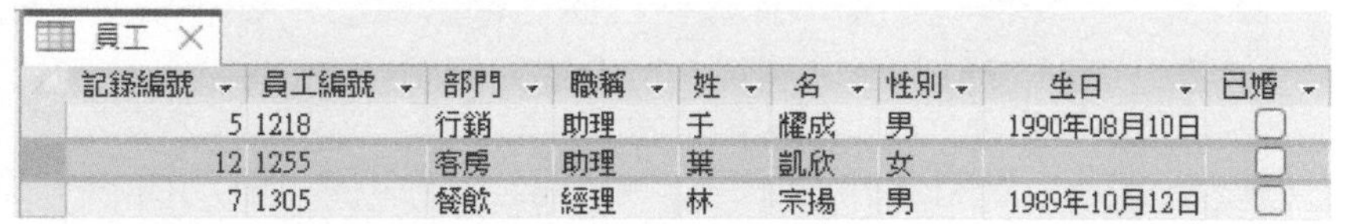

員工

記錄編號	員工編號	部門	職稱	姓	名	性別	生日	已婚
5	1218	行銷	助理	于	耀成	男	1990年08月10日	☐
12	1255	客房	助理	葉	凱欣	女		☐
7	1305	餐飲	經理	林	宗揚	男	1989年10月12日	☐

然後，按 Delete 鍵（或按『常用/記錄/刪除』× 刪除 鈕），將獲致警告，提醒刪除後即無法復原；

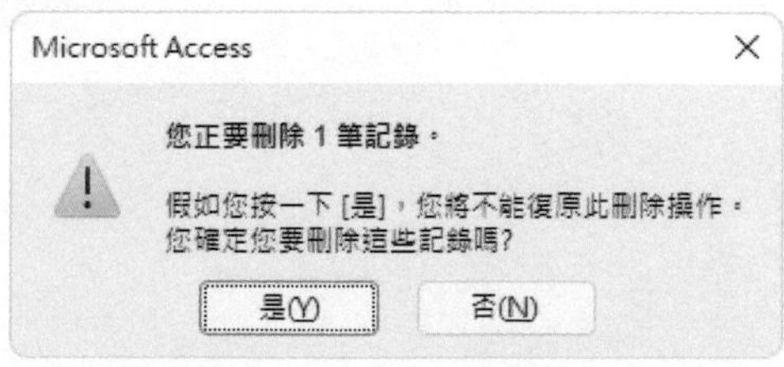

6

記錄管理

續按 是(Y) 鈕，即可將其刪除。可發現，原記錄編號12記錄已不存在了：

記錄編號	員工編號	部門	職稱	姓	名	性別	生日	已婚
5	1218	行銷	助理	于	耀成	男	1990年08月10日	☐
7	1305	餐飲	經理	林	宗揚	男	1989年10月12日	☐
2	1306	餐飲	助理	林	美玉	女	1990年04月12日	☑

注意

注意！若資料表內有『自動編號』欄位，經刪除記錄後，其後記錄中之『自動編號』並不會自動遞補上來。如本例中之記錄編號12，將空在那兒，往後新增之記錄將由編號13開始。

6-6 新增/刪除欄位

新增欄位

新增記錄是增加一列資料，新增欄位則是插入一空白欄。其處理情況有兩種：

- 於『設計檢視』中，插入空白欄，輸妥欄名、資料類型與欄位屬性後，回『資料工作表檢視』補上此一新欄位之資料
- 直接於『資料工作表檢視』中，插入空白欄，修改欄名，並輸入資料。然後，再視情況修改其資料類型與欄位屬性

第一種方式，於建立資料表時之『設計檢視』即已練習過。故底下僅就第二種方式進行說明。無論何者？一次均只能插入一個欄位而已。

假定，想於『到職日』之前，插入一「簡短文字」類型之『行動電話』欄。其處理步驟為：

Step 1 停於要插入新欄位之左側一欄（『辦公室分機』）任意位置

員工

電話	辦公室分機	到職日
(02)2893-4658	6101	2017年09月01日
(02)2798-1456	6106	2011年01月10日
(02)2708-1122	6111	2013年07月15日

Step 2 就『資料表工具/欄位/新增與刪除』選擇欲插入何種資料類型之欄位

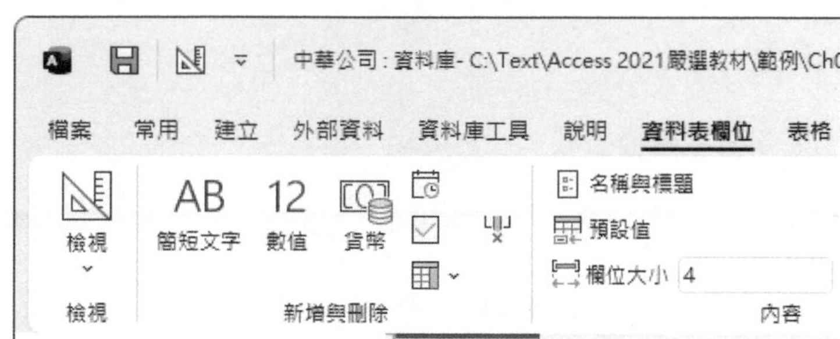

Step 3 本例選按『簡短文字』AB 簡短文字 鈕，即可插入一『欄位1』新欄位

員工

電話	辦公室分機	欄位1	到職日
(02)2893-4658	6101		2017年09月01日
(02)2798-1456	6106		2011年01月10日
(02)2708-1122	6111		2013年07月15日

Step 4 輸入新欄名『行動電話』

員工

電話	辦公室分機	行動電話	到職日
(02)2893-4658	6101		2017年09月01日
(02)2798-1456	6106		2011年01月10日
(02)2708-1122	6111		2013年07月15日

Step 5 點按下方之空白結束欄名編輯，即可續於其下之空白欄內輸入新內容

員工

辦公室分機	行動電話	到職日
6101		2017年09月01日

以此方式所插入之「簡短文字」欄位，預設使用255字元寬度。若覺得其寬度並不合適，可於『資料表欄位/內容/欄位大小』處進行設定：

或另轉入『設計檢視』去進行修改。

刪除欄位

刪除欄位之處理方式，也有兩種：

- 於『設計檢視』中，選取要刪除之欄位（允許多欄），續按 Delete 鍵
- 直接於『資料工作表檢視』中，將其刪除

後者之執行步驟為：

Step 1 停於要刪除之欄位上

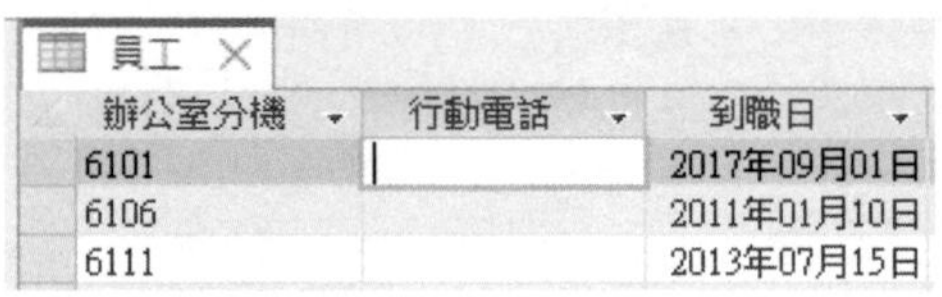

Step 2 按『資料表欄位/新增與刪除/刪除』 刪除 鈕（或選取該欄續按 Delete 鍵），將先警告使用者，整個欄位及全部資料均會被刪除

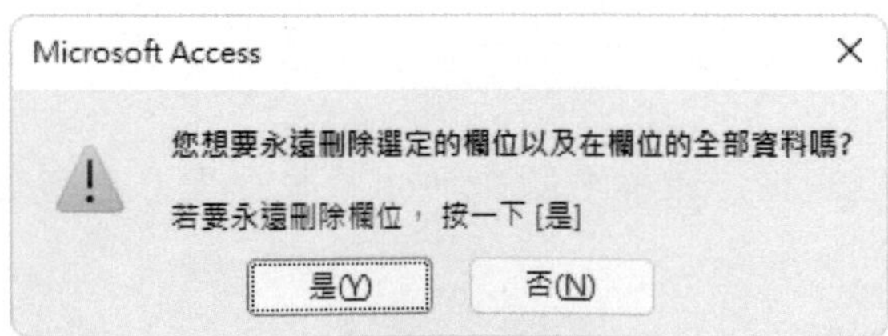

Step 3 續按 是(Y) 鈕，即可將其刪除

電話	辦公室分機	到職日
(02)2893-4658	6101	2017年09月01日
(02)2798-1456	6106	2011年01月10日

注意

注意，刪除欄位是項危險動作，因為它不僅只是刪除資料而已，且將整個欄位之定義亦一併刪除，且無法以 ↶ 來復原。

6-7 複製

記錄

複製整筆（或多筆）記錄之處理步驟為：

Step 1 選取要複製之整筆記錄（允許多筆）

記錄編號	員工編號	部門	職稱	姓	名	性別
11	1316	餐飲	助理	楊	雅欣	女
9	1320	餐飲	助理	陳	玉美	女
10	1322	餐飲	助理	梅	欣云	女
(新增)						

Step 2 按『常用/剪貼簿/複製』鈕（或按 Ctrl + C），記下來源內容

Step 3 選取資料表最後之空白列

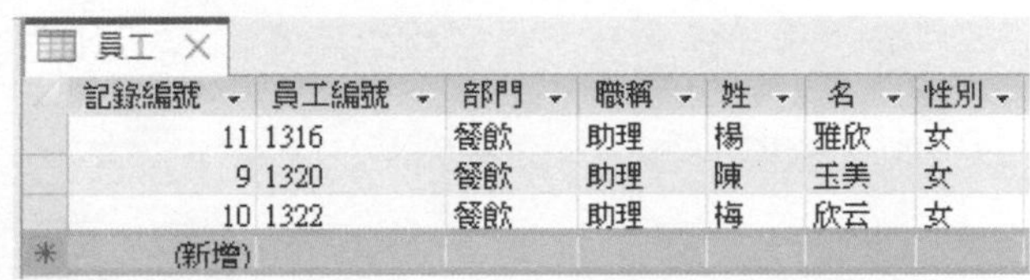

記錄編號	員工編號	部門	職稱	姓	名	性別
11	1316	餐飲	助理	楊	雅欣	女
9	1320	餐飲	助理	陳	玉美	女
10	1322	餐飲	助理	梅	欣云	女
(新增)						

Step 4 按『常用/剪貼簿/貼上』鈕（或按 Ctrl + V），即可將記憶下來之來源內容轉貼進來，達成複製之動作

員工

	記錄編號	員工編號	部門	職稱	姓	名	性別
	11	1316	餐飲	助理	楊	雅欣	女
	9	1320	餐飲	助理	陳	玉美	女
	10	1322	餐飲	助理	梅	欣云	女
✎	13	1320	餐飲	助理	陳	玉美	女
*	(新增)						

可看到已將原員工編號1320之記錄，整筆抄往最後。不過，因為本例係以『員工編號』欄為不可重複之主索引。所以，記得將其員工編號改一下，以免Access出現警告訊息。（請按鈕，放棄此一動作）

注意

於步驟3不可選取一已有資料之舊記錄，否則，原記錄內容會被新貼進來的內容覆蓋掉。

整欄

複製整欄內容的機會，大都是用於自別的資料表複製資料內容，目的欄最好為空白欄以免原資料被覆蓋掉。如果，目的欄為新插入之空白欄，則自本身資料表其他欄抄入資料也是可以的。

假定，我們以按『建立/資料表/資料表』資料表鈕，建立一空白資料表：

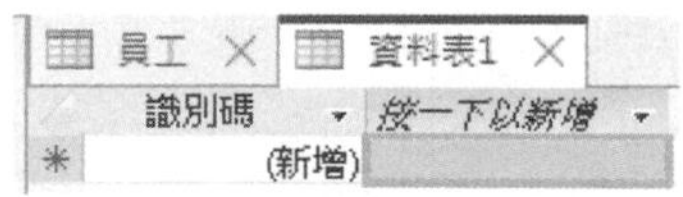

員工　資料表1

	識別碼	按一下以新增
*	(新增)	

擬自『員工』資料表取得『姓』及『名』欄之所有內容，其處理步驟為：

Step 1 選取要複製之整欄內容（允許多欄）

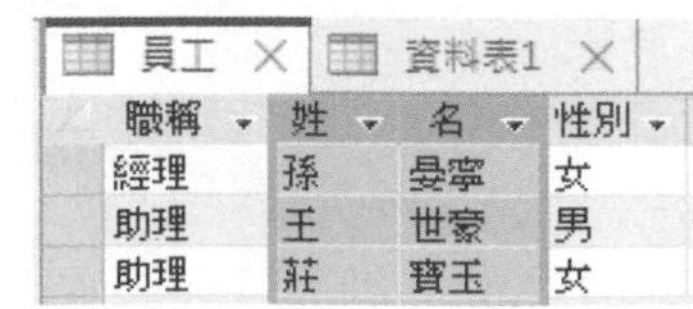

員工　資料表1

	職稱	姓	名	性別
	經理	孫	晏寧	女
	助理	王	世豪	男
	助理	莊	寶玉	女

Step 2 按『常用/剪貼簿/複製』鈕（或按 Ctrl + C ），記下來源內容

Step 3 轉入新新資料表，選取『按一下以新增』下方之儲存格

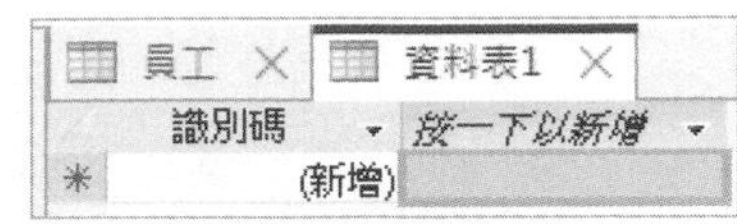

Step 4 按 鈕，將先顯示

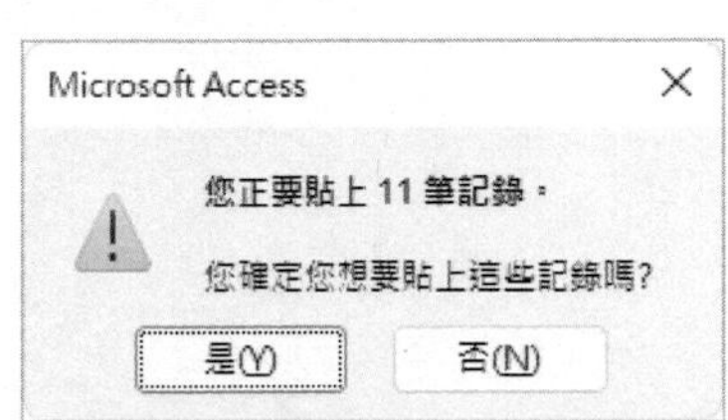

Step 5 續按 是(Y) 鈕，即可將記憶下來之整個『姓』及『名』欄轉貼進來

整格或多格內容

複製整格或多格欄位內容，其處理步驟為：

Step 1 選取要複製之整格（或多格）內容

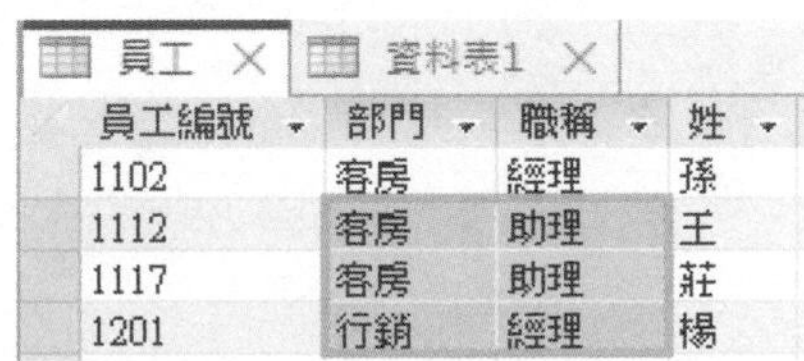

Step 2 按『常用/剪貼簿/複製』鈕（或按 Ctrl + C ），記下來源內容

Step 3 移往要複製資料之目的地，選取與來源等列數（或等格數）之儲存格

Step 4 按『常用/剪貼簿/貼上』 鈕（或 Ctrl + V ），將先顯示

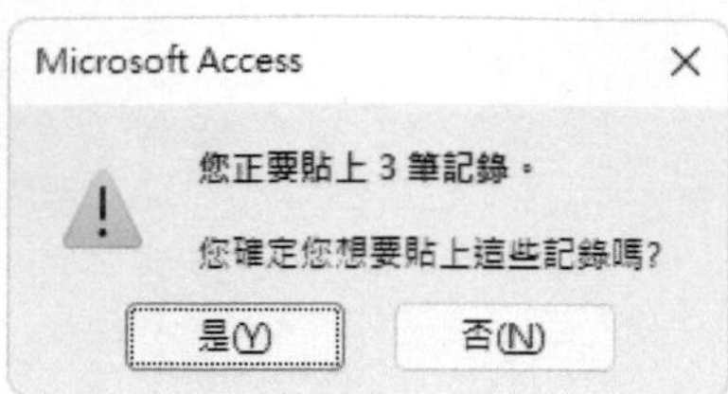

Step 5 續按 是(Y) 鈕，即可將原記憶下來之內容轉貼進來

識別碼	姓	名	部門	職稱	按一下以新增
1	孫	晏寧			
2	王	世豪	客房	助理	
3	莊	寶玉	客房	助理	
4	楊	佳碩	行銷	經理	
5	林	玉英			

複製結果尚包括其欄名及相關之結構設定，如：資料型態、欄寬、格式、遮罩、……與其輸入資料時之下拉式表單：

識別碼	姓	名	部門	職稱	按一下以新增
1	孫	晏寧		經理 / 專員 / 助理	
2	王	世豪	客房		
3	莊	寶玉	客房		
4	楊	佳碩	行銷		

6-8 壓縮資料庫

資料表之記錄經過不斷地增/刪與修改，其自動編號會變得很凌亂。記錄經刪除後，看起來會有缺號之情況發生。這還不是問題，因為很多人根本不使用自動編號之資料欄。比較嚴重之問題為，檔案會慢慢擴大，有時還大得很離譜，導致執行速度變慢！所以，得經常將其資料庫壓縮，以回收刪除資料後之空間。

壓縮資料庫之處理步驟為：

Step 1 執行「檔案/開啟/瀏覽」，開啟要進行壓縮之資料庫檔

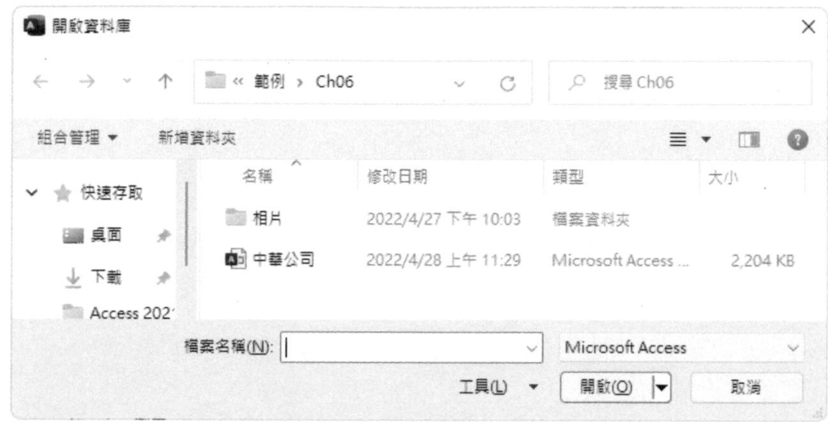

可看到『中華公司』資料庫檔目前大小為2,204KB。

Step 2 開啟該檔後，執行「檔案/資訊/壓縮並修復」

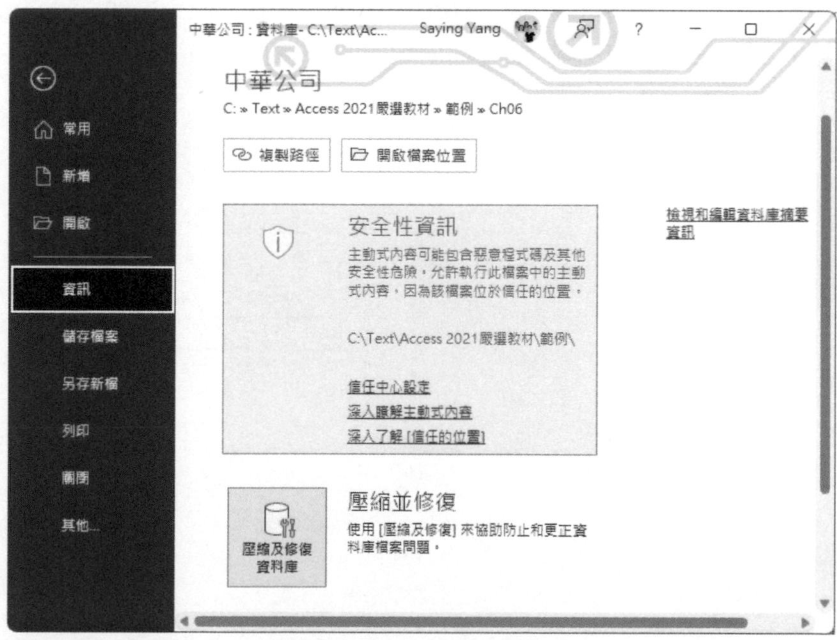

即開始進行壓縮。完成壓縮後，並無任何訊息。

Step 3 再次執行「檔案/開啟舊檔/電腦」，進入『開啟資料庫』對話方塊，可看到『中華公司』資料庫檔之大小已由原2,204KB，壓縮為1,788KB

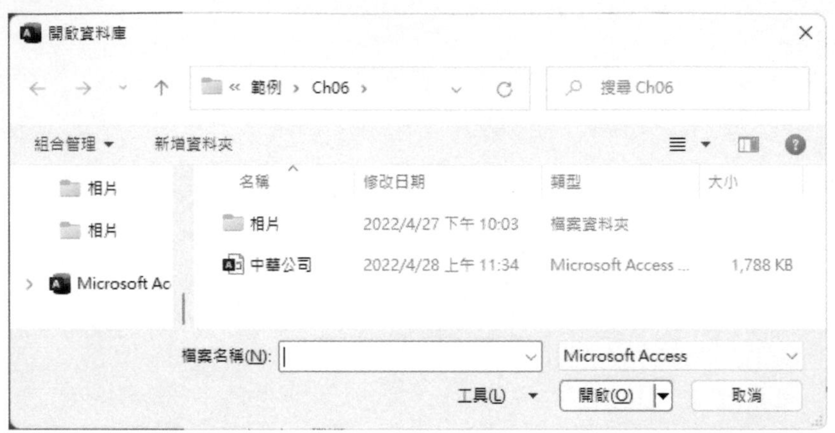

小秘訣

執行「檔案/選項」，轉入『Access選項』之『目前資料庫』標籤，加選「關閉資料庫時壓縮(C)」，可設定每次關閉檔案時，即自動進行壓縮：

6-9 預覽列印

開啟資料表，執行「檔案/列印/預覽列印」

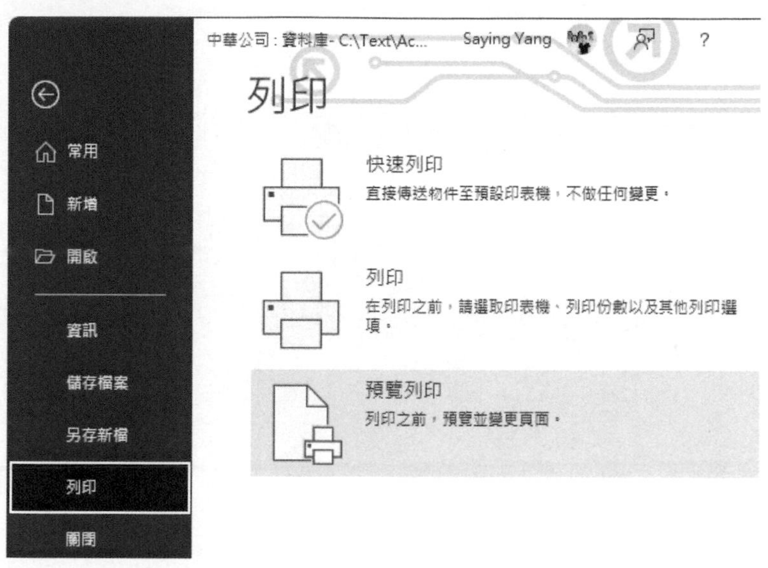

可轉入『預覽』視窗

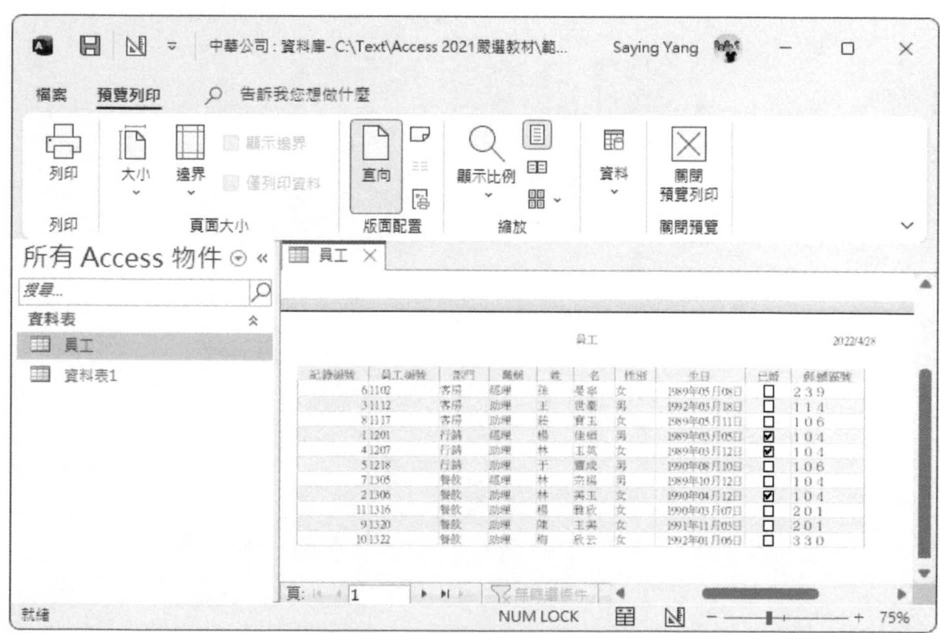

依當時設定之版面配置及格式，於螢幕上先顯示出列印時應有之輸出結果。預覽中，利用左下角之 頁: 1 ，可切換顯示頁。

預覽後，按右上角之『關閉預覽列印』 鈕，可關閉預覽視窗回原『資料工作表檢視』畫面。

6-10 頁面大小與版面配置

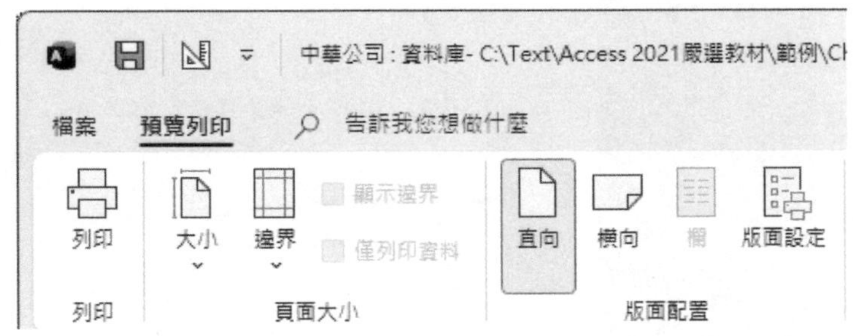

『預覽』視窗之『頁面大小』與『版面配置』群組，可用以安排紙張之大小、邊界大小、直向或橫向列印、……；也可直接以『版面設定』 版面設定 鈕，轉入『版面設定』對話方塊之『列印選項』標籤：

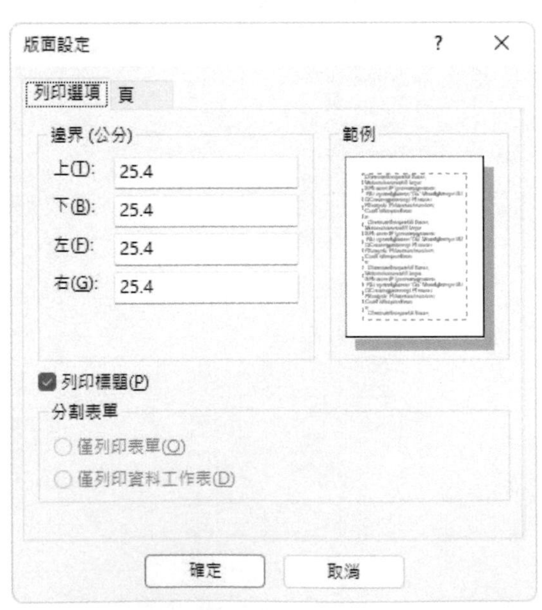

可就「上(T)」、「下(B)」、「左(F)」、「右(G)」進行邊界設定；並可就「列印標題(P)」項，決定列印資料表時是否一併列印標題？

若轉入『版面設定』對話方塊之『頁』標籤：

可於『列印方向』方塊，決定要橫印還是直印？另可於『大小(Z)』處選擇紙張大小；於『來源(S)』處選擇其送紙方式（如：自印表機送紙匣或以人工手動送紙）。還可設定使用那一部印表機進行列印。

小秘訣

版面設定僅須設過一次即可；若無更動，可不用每次列印即再設定一次版面。

6-11 縮放

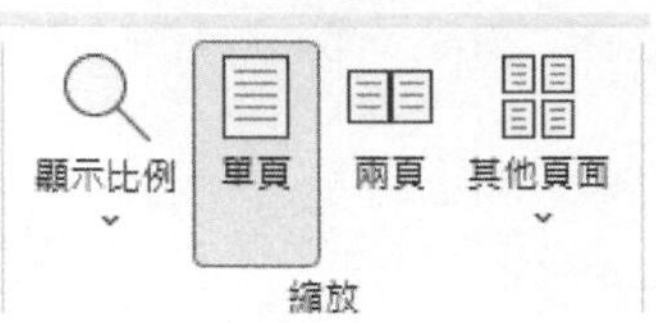

『預覽』視窗之『縮放』群組，可決定其顯示比例：

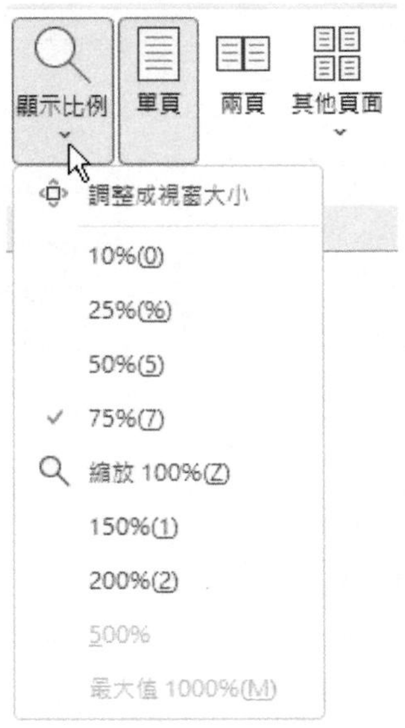

或選擇一個畫面要顯示單頁/兩頁或多頁內容：

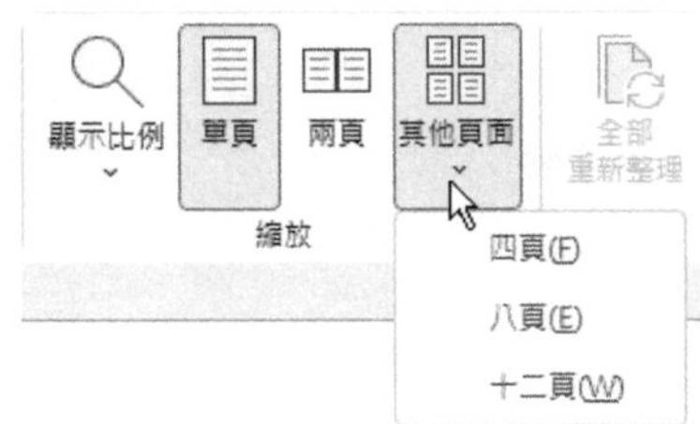

6-12 列印報表

執行「檔案/列印/列印」

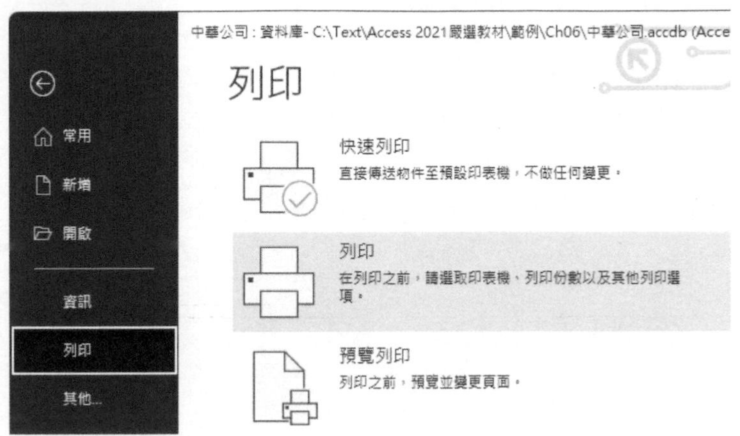

或按『預覽列印』畫面最左上角之『列印』 列印 鈕，可轉入『列印』視窗：

於進行有關列印之設定後，按 確定 鈕，即可印出報表。

『列印』對話方塊內，各設定項之作用為：

■ 印表機

顯示使用中印表機的名稱、狀態及位置等訊息。欲切換時，可按『名稱(N):』處之向下鈕，續進行選擇。

■ 列印至檔案

將列印結果存入某一檔案，將來可在沒有安裝Access的電腦上進行列印。選擇本項，於按 確定 鈕後，將轉入『另存列印輸出』對話方塊，鍵入新檔案名稱：

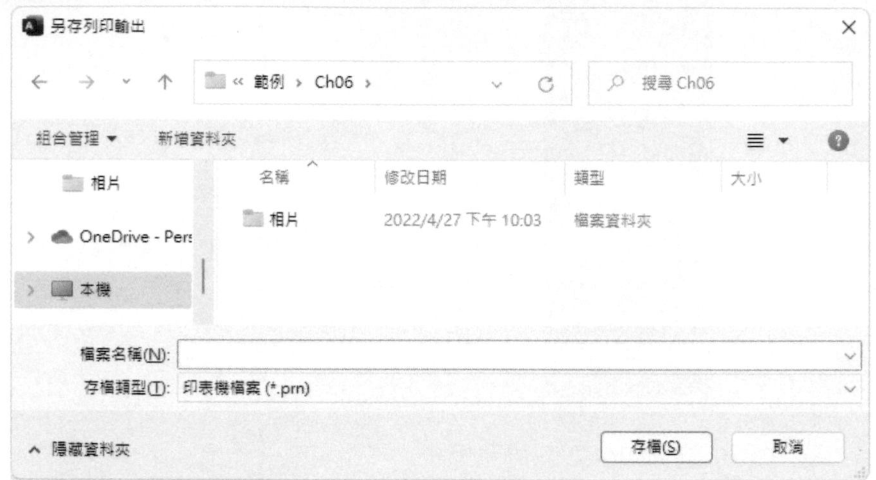

■ 列印範圍

指定要列印的頁面範圍，若列印前未選取範圍，可就下列三種擇一使用：

全部(A)	列印整個資料表。
頁數(G)	僅列印所指定的頁面。
選取的記錄(R)	列印事先選取之記錄而已。

■ 份數

設定欲列印的份數，預設值為1，可為1～999份。

■ 自動分頁

在列印多份時，將第一份完全列印完畢後，才開始列印第二份。而不是將第一頁印完所要求之份數後，再列印第二頁。

資料表外觀

7-1 文件索引標籤或獨立視窗

『文件視窗』位於『功能窗格』右側，是整個Access視窗中最大的窗格。其內可安排所有正在處理之物件，如：資料表、查詢、表單、報表、……。這是以後我們工作的最主要區域，當我們開啟多個物件進行處理時，Access 2007~2021預設係採文件索引標籤方式，來安排這些物件，這樣才不致於因重疊而找不到，且也方便進行切換畫面：（請開啟『範例\Ch07\中華公司.accdb』進行練習）

員工 ✕ | 資料表1 ✕

記錄編號	員工編號	部門	職稱	姓	名	性別
5	1102	客房	經理	孫	晏寧	女
3	1112	客房	助理	王	世豪	男
8	1117	客房	助理	莊	寶玉	女

但是，若是要同時顯示兩個物件之內容進行比對。例如，想查知更新資料後之內容是否正確？就得同時比對新舊兩資料表之內容。此時，以文件索引標籤方式的安排又變得很不方便！

此時，可執行「檔案/選項」，轉入『Access選項』之『目前資料庫』標籤：

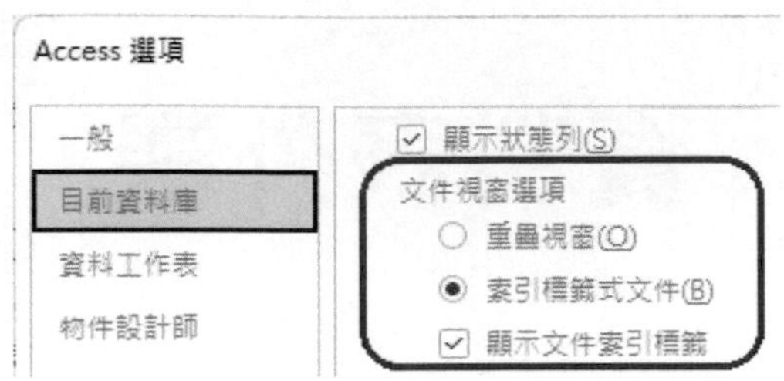

將『文件視窗選項』改為「重疊視窗(O)」：

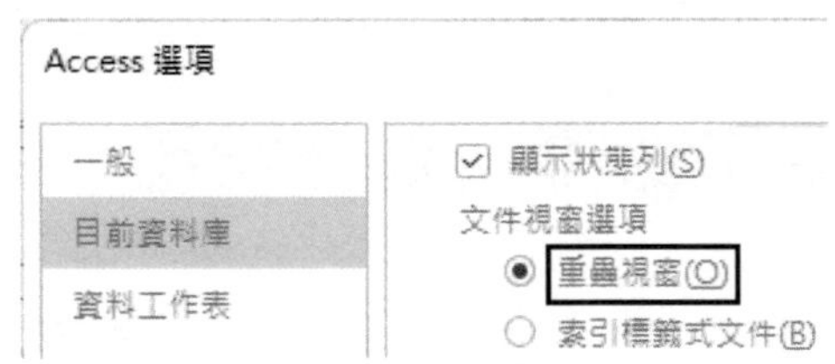

按 確定 鈕完成設定，將先顯示：

Microsoft Access

您必須關閉並重新開啟目前的資料庫，才能讓指定的選項生效。

確定

再按 確定 鈕，可使下次重新開啟此一資料庫檔，於『文件視窗』改以重疊視窗顯示：

員工

記錄編號	員工編號	部門	職稱	姓	名	性別	生日	已婚
6	1102	客房	經理	孫	晏寧	女	1989年05月08日	☐
3	1112	客房	助理	王	世豪	男	1992年03月18日	☐
8	1117	客房	助理	莊	寶玉	女	1989年05月11日	☐
1	1201							
4	1207							
5	1218							
7	1305							
2	1306							
11	1316							

資料表1

識別碼	部門	職稱	姓	名	按一下以新增
1			孫	晏寧	
2	客房	助理	王	世豪	
3	客房	助理	莊	寶玉	

7-2 調整欄寬

調整全體欄寬

若無特殊定義，每個資料表之每欄預設寬度約可存15個字元（約2.5公分）。欲調整全體欄寬，得執行「檔案/選項」，轉入『Access選項』之『資料工作表』標籤，於其『預設欄寬(D)』處進行設定：

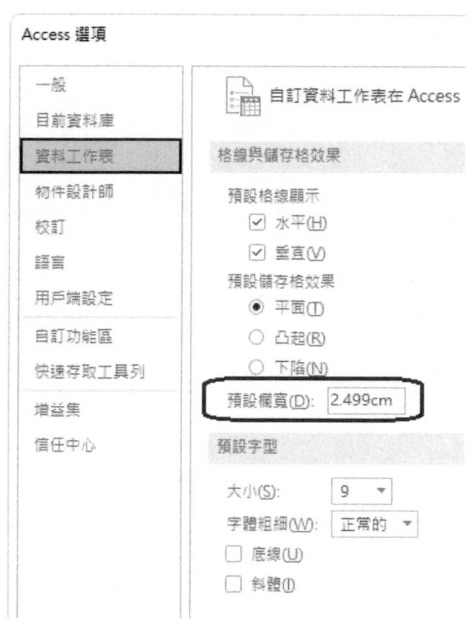

小秘訣

其他還有字型色彩、背景色彩、格線色彩、水平格線、垂直格線、儲存格效果、……等全體設定，也可以再此進行設定，這些設定也是下次開啟檔案時才會生效。

調整單欄或多欄欄寬

若欲調整單欄（或多欄）之欄寬，可於選取其欄位後，以下列方法進行調整：

■ 直接以滑鼠拖曳

將滑鼠移往該欄之標題按鈕的交界處，指標將轉為含左右箭頭之十字（↔），以拖曳方式左右移動，欄寬亦將隨之調整。

■ 以滑鼠雙按欄標題右側

將滑鼠移往該欄之標題按鈕的交界處，指標將轉為含左右箭頭之十字（↔）時，雙按滑鼠左鍵，可快速調整成最合適之欄寬。

■ 執行「常用/記錄/其他」其他 ，選「欄位寬度(F)」(或於欄標題單按滑鼠右鍵續選「欄位寬度(F)」)，轉入

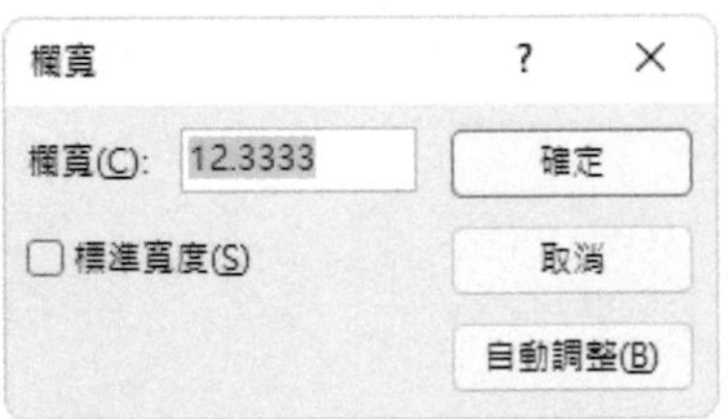

於其數字方塊內輸入新寬度之字元數，續按 確定 鈕，即可完成設定。或按 自動調整(B) 鈕，可將欄寬調整成恰足以顯示完整資料之寬度。(僅以螢幕上之現有資料，進行調整最適欄寬，並不是找遍整欄才進行調整欄寬)

如下圖將『部門』及『職稱』兩欄之欄寬同時調至15時之畫面：

員工

員工編號	部門	職稱	姓
1102	客房	經理	孫
1112	客房	助理	王
1117	客房	助理	莊

在兩欄中之任一欄標題鈕的右邊交界線上，雙按滑鼠（滑鼠指標轉為↔時），可將兩欄同時調整成最適欄寬：

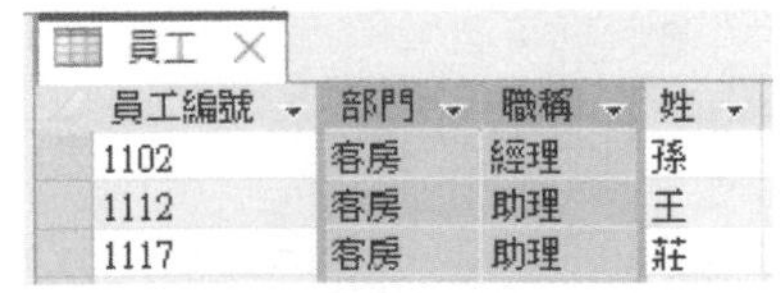

員工

員工編號	部門	職稱	姓
1102	客房	經理	孫
1112	客房	助理	王
1117	客房	助理	莊

7-3 調整列高

資料表列高將因設定字型或加大字體點數而自動調高，所有列高均會一起調整。故而一般言，很少機會去調整列高，若真的欲自行調整列高，其操作方法同於調整欄寬，只是處理對象為列而已。

欲調整個資料表之列高，可以下列幾種方式進行調整：

- 拖曳滑鼠

  將滑鼠移往任一列左側選取鈕下緣交界處，滑鼠指標將轉為含上下箭頭之十字（✛），以拖曳方式上下移動，所有記錄之列高亦將隨之縮小或拉大。

- 執行「常用/記錄/其他」其他，選「列高(H)...」（或於列標題單按滑鼠右鍵續選「列高(R)...」），轉入

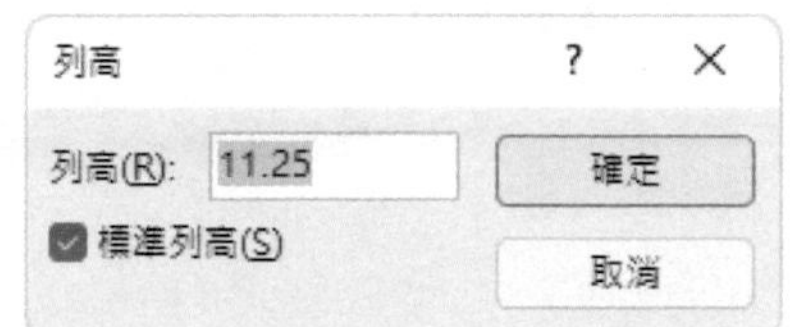

  於其數字方塊內輸入新高度（其值為點數，1點約1/28公分）。設定後，可重選「標準列高(S)」將其還原。

7-4 凍結欄位

記錄之欄位內容往往會超過一個螢幕寬度，查閱或編修時，固然可利用水平捲動軸將其捲出。但當由右邊捲出原在螢幕外之某欄，勢必會把螢幕最左側之欄位擠出畫面，而帶來某些不便。如：

員工

郵遞區號	地址	電話	辦公室分機
239	新北市中華路一段12號三樓	(02)2893-4658	6101
114	台北市內湖路三段148號二樓	(02)2798-1456	6106
106	台北市敦化南路138號二樓	(02)2708-1122	6111

看不到員工編號及姓名，要改或查資料，還真不知道記錄是誰的？若能將員工編號及姓名固定顯示（凍結）於螢幕左側，將較易查閱或編修資料。

凍結

假定，要將『姓』與『名』兩欄固定顯示（凍結）於螢幕左側。其處理步驟為：

Step 1 選取『姓』與『名』兩欄

員工

記錄編號	員工編號	部門	職稱	姓	名	性別
6	1102	客房	經理	孫	晏寧	女
3	1112	客房	助理	王	世豪	男
8	1117	客房	助理	莊	寶玉	女

Step 2 執行「常用/記錄/其他/凍結欄位(Z)」，可將『姓』與『名』兩欄移往最左邊位置（也可以分兩次於『姓』與『名』兩欄之欄標題，單按滑鼠右鍵續選「凍結欄位(Z)」）

員工

姓	名	記錄編號	員工編號	部門	職稱	性別
孫	晏寧	6	1102	客房	經理	女
王	世豪	3	1112	客房	助理	男
莊	寶玉	8	1117	客房	助理	女

凍結後，無論以水平捲動軸往右移動多少欄位，被凍結之欄位將永遠留在螢幕之最左邊，且其右側會有一顏色較深之線條：

員工

姓	名	郵遞區號	地址	電話
孫	晏寧	239	新北市中華路一段12號三樓	(02)2893-4658
王	世豪	114	台北市內湖路三段148號二樓	(02)2798-1456
莊	寶玉	106	台北市敦化南路138號二樓	(02)2708-1122

員工

姓	名	E-Mail	備註
孫	晏寧	晏寧	領導能力夠
王	世豪	kent@yahoo.com.tw	
莊	寶玉	bychung@yahoo.com.tw	有發展潛力

再也不會有『見首不見尾』或『見尾不見首』之困擾！

小秘訣

若要凍結之欄位，並不相臨，則分次執行「常用/記錄/其他/凍結欄位(Z)」，其效果相同。

取消凍結欄位

被凍結之欄位即無法被任意搬移，且永遠擺於資料表之最左邊。要解除其凍結狀態，可執行「常用/記錄/其他/取消凍結所有欄位(A)」(也可以於任一欄標題單按滑鼠右鍵，續選「取消凍結所有欄位(A)」)。解除凍結後，原被凍結之欄位並不會自動移回其原位置，僅其右側顏色較深之線條消失而已：

員工

姓	名	記錄編號	員工編號	部門	職稱	性別
孫	晏寧	6	1102	客房	經理	女
王	世豪	3	1112	客房	助理	男
莊	寶玉	8	1117	客房	助理	女

不過，這些解除凍結後之欄位已允許自由移動，可於選取整欄後，拖曳其欄標題，將其移回原位置：

員工

記錄編號	員工編號	部門	職稱	姓	名	性別
6	1102	客房	經理	孫	晏寧	女
3	1112	客房	助理	王	世豪	男
8	1117	客房	助理	莊	寶玉	女

凍結欄位並不會影響其於『設計檢視』中之排列位置，只要不儲存其版面配置，下次重新開啟該檔，被凍結之欄位即可自動回到凍結前之原位置。

7-5 隱藏/取消隱藏欄

隱藏欄

就算能將欄位凍結，但於欄位很多之情況下，查閱資料還是得不停的左右捲動。若能將部份暫時用不著之欄位隱藏，更可方便瀏覽資料。

要隱藏欄的作法為，將欲隱藏之欄選取（允許多個）：

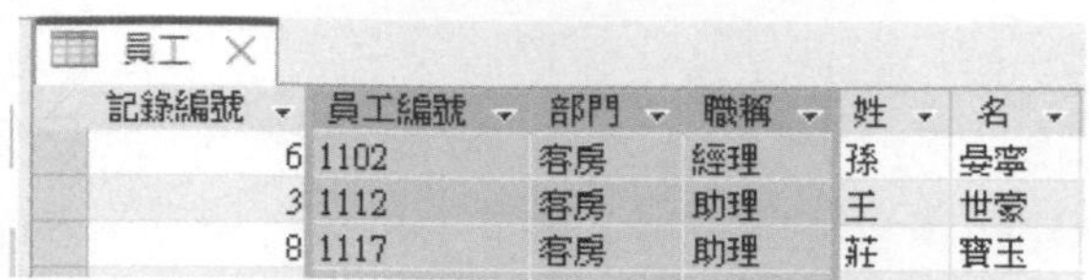

員工

記錄編號	員工編號	部門	職稱	姓	名
6	1102	客房	經理	孫	晏寧
3	1112	客房	助理	王	世豪
8	1117	客房	助理	莊	寶玉

續執行「常用/記錄/其他/隱藏欄位(F)」(或於其等之任一個欄標題上，單按右鍵，續選「隱藏欄位(F)」)，即可將其等隱藏：

員工

記錄編號	姓	名	性別	生日	已婚
6	孫	晏寧	女	1989年05月08日	☐
3	王	世豪	男	1992年03月18日	☐
8	莊	寶玉	女	1989年05月11日	☐

小秘訣

若要隱藏不連續之欄位，可分多次執行。

取消隱藏欄位

要取消隱藏欄，可執行「常用/記錄/其他/取消隱藏欄位(U)」(或於任一個欄標題上，單按右鍵，續選「取消隱藏欄位(U)」)，轉入

圈點要取消隱藏之欄名後，續按 關閉(C) 鈕結束。

小秘訣

別以為『取消隱藏欄』視窗，只能用來還原被隱藏之欄位。取消未隱藏欄位前之打勾符號（☑），也可將欄位隱藏，這將比執行「常用/記錄/其他/隱藏欄(C)」來得更有效率。

7-6 設定資料工作表格式

要設定資料工作表格式，可利用『常用/文字格式設定』群組之格式按鈕：

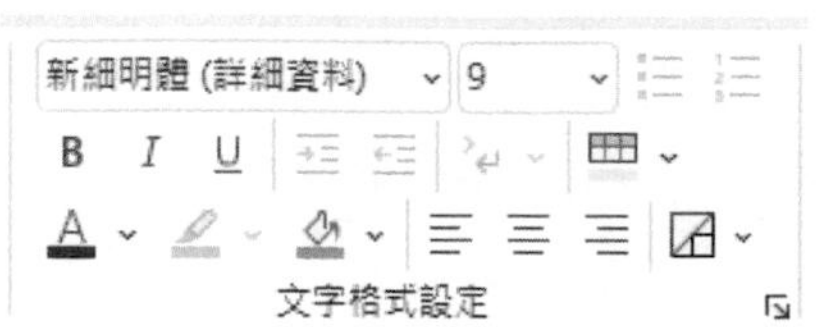

可設定目前資料工作表上，欄名標題及所有資料所使用之字型格式，如：字型、大小、粗體、斜體、底線、左靠、置中、右靠、字型色彩、底色、……等。除了『格線』鈕、『背景色彩』鈕與『替代資料列色彩』鈕外，大部份按鈕的功用類似其他Office軟體，並沒有多大差別，也不用對其作太多介紹。唯一較特別的地方是，即便您是只選取某一區塊，某幾列或某幾欄，設定格式之對象均為整個資料表；而不是所選取之內容。

例如，選取兩列三欄的儲存格：

員工

記錄編號	員工編號	部門	職稱	姓	名	性別
6	1102	客房	經理	孫	晏寧	女
3	1112	客房	助理	王	世豪	男
8	1117	客房	助理	莊	寶玉	女
1	1201	行銷	經理	楊	佳碩	男
4	1207	行銷	助理	林	玉英	女

將其設定為使用11點大小、暗紅5、標楷體字型，可獲致如下示之外觀：

員工

記錄編號	員工編號	部門	職稱	姓	名	性別
6	1102	客房	經理	孫	晏寧	女
3	1112	客房	助理	王	世豪	男
8	1117	客房	助理	莊	寶玉	女
1	1201	行銷	經理	楊	佳碩	男
4	1207	行銷	助理	林	玉英	女

可發現除標題鈕仍維持使用黑色字體外，所有內容均已改為11點大小、暗紅5、標楷體。並非只有所選取之內容有格式而已！

關閉資料表時，於：

選擇不儲存版面配置，所有的格式或版面設定可全部還原。若選擇儲存，則會保留目前之所有設定。（本例選擇不儲存版面配置）

7-7 格線

按『常用/文字格式設定/格線』鈕，可設定資料表之格線的安排方式。如，垂直線、水平線或兩者均有：

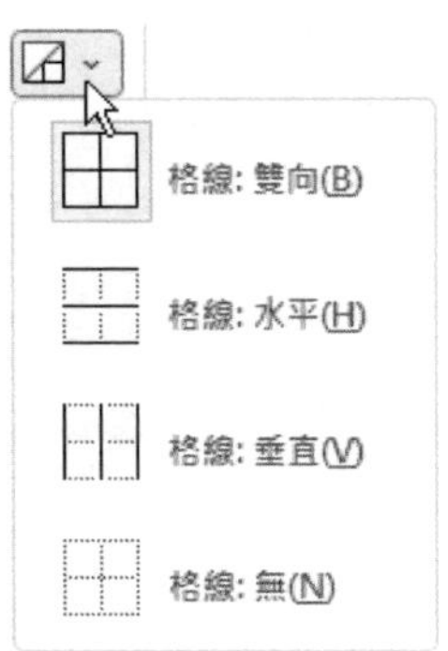

如，改為全無格線之外觀為：

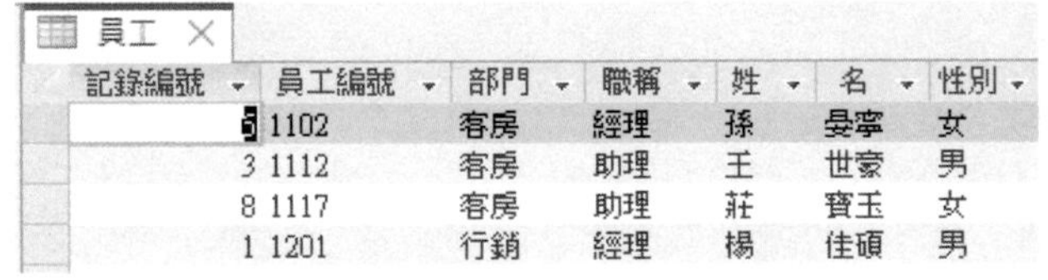
員工

記錄編號	員工編號	部門	職稱	姓	名	性別
5	1102	客房	經理	孫	晏寧	女
3	1112	客房	助理	王	世豪	男
8	1117	客房	助理	莊	寶玉	女
1	1201	行銷	經理	楊	佳碩	男

7-8 填滿/背景色彩

『常用/文字格式設定/背景色彩』鈕與『常用/字型/填滿/替代資料列色彩』鈕，可用來選擇填滿資料表之底色：

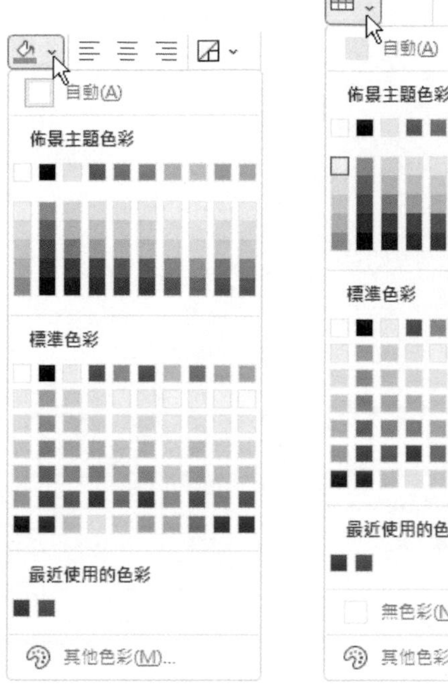

預設狀況為一列使用『背景色彩』所選之色彩，另一列則使用『替代資料列色彩』所選之色彩：

員工

記錄編號	員工編號	部門	職稱	姓	名	性別	生日
6	1102	客房	經理	孫	曼寧	女	1989年05月08日
3	1112	客房	助理	王	世豪	男	1992年03月18日
8	1117	客房	助理	莊	寶玉	女	1989年05月11日
1	1201	行銷	經理	楊	佳碩	男	1989年03月05日

7-9 資料工作表格式

按『常用/文字格式設定』群組右下角之『資料工作表格式設定』鈕：

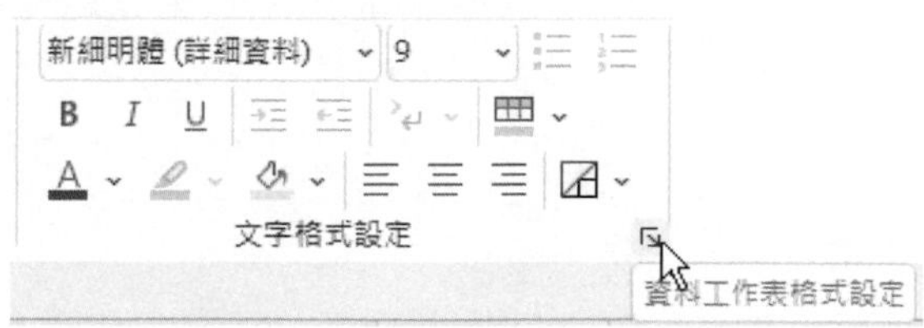

可轉入『資料工作表格式設定』對話方塊：

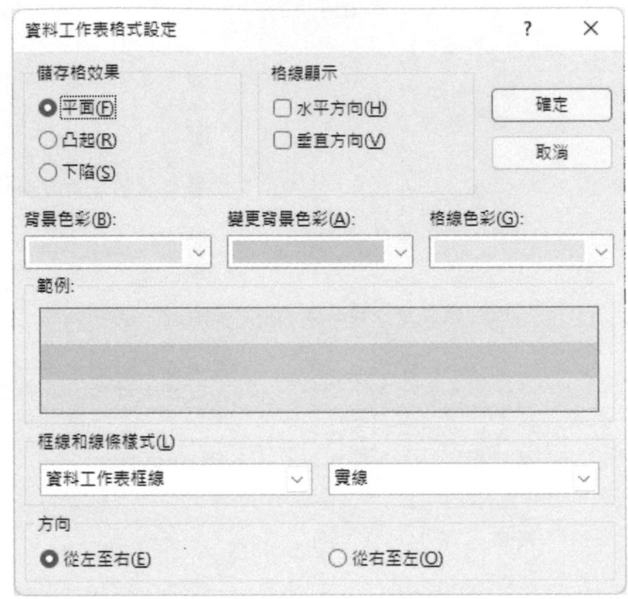

可進行有關資料表內之儲存格效果（平面、凸起或下陷）、格線（垂直與水平）、背景、格線顏色及格線樣式等格式設定。

儲存格效果

『儲存格效果』有平面、凸起或下陷，其外觀分別為：

平面

部門	職稱
客房	經理
客房	助理

凸起

部門	職稱
客房	經理
客房	助理

下陷

部門	職稱
客房	經理
客房	助理

格線顯示

『格線顯示』是在決定是否顯示垂直、水平格線？預設值為兩者均顯示，可設定為全無格線或僅顯示某一格線。

背景色彩及替代資料列色彩

允許安排兩個不同顏色，使上下兩列分別使用不同顏色，如：一深一淺。其外觀如底下範例方塊所示：

格線色彩

資料工作表預設使用銀色之格線，要使用其他色彩，可按『格線色彩(G)』處之下拉鈕，續選擇所要之顏色。

框線和線條樣式

『資料工作表格式設定』視窗內，當『儲存格效果』為「平面(F)」時，『框線和線條樣式(L)』方塊左側之選單，可選擇要設定線條樣式者係那一部位之線條：

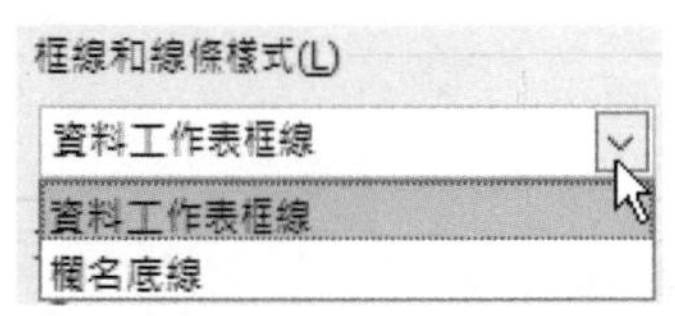

右側之選單，則就該部位之線條選擇所要使用的樣式：

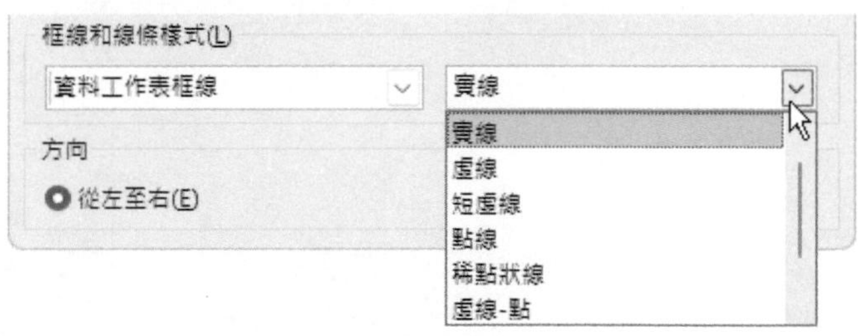

方向

『資料工作表格式設定』視窗內，『方向』方塊可用以決定整個資料表內各欄位之排列方向：

方向

◉ 從左至右(E)　　○ 從右至左(O)

預設狀況為從左至右，若使用從右至左，其外觀將為：

性別	名	姓	職稱	部門	員工編號	記錄編號
女	晏寧	孫	經理	客房	1102	6
男	世豪	王	助理	客房	1112	3
女	寶玉	莊	助理	客房	1117	8

索引與排序

8-1 索引

於初建立『員工』資料表之『設計檢視』畫面，我們已學會了如何設定『欄位屬性』之『索引』項及主索引鍵。本章將介紹另一種建立索引之途逕。（請開啟『範例\Ch08\中華公司.accdb』進行練習）

檢視索引

要查閱一資料表究竟安排了幾個索引？所使用之主索引為何？依據那個索引鍵？以遞增或遞減索引？可於資料表之『設計檢視』，按『資料表工具/設計/顯示隱藏/索引』索引 鈕，轉入『索引』視窗進行檢視：

索引: 員工

索引名稱	欄位名稱	排序順序
PrimaryKey	員工編號	遞增

索引屬性

主索引	是
唯一	是
忽略 Null	否

此索引的名稱。每一個索引至多能有10個欄位。

目前之訊息顯示此『員工』資料表係以『員工編號』欄為主索引（其前有 ，主索引為：是）遞增排序，且主索引要求不可重複（唯一為：是），同時也不允許不輸入任何資料（忽略Null為：否）。（主索引，預設使用PrimaryKey為索引名稱）

單欄索引

此外，於『索引』視窗內也可以用來設定新的索引。假定，要以『記錄編號』欄進行索引，其處理步驟為：

Step 1 於『索引名稱』下之空白列按一下滑鼠，與原『PrimaryKey』列間空一列空白，表示此二者並非同一組設定，續輸入一不重複之任意名稱作為新索引之名稱（本例輸入『記錄編號』）

Step 2 按『欄位名稱』欄右側之下拉鈕，選擇要使用那一欄進行索引（本例選「記錄編號」）

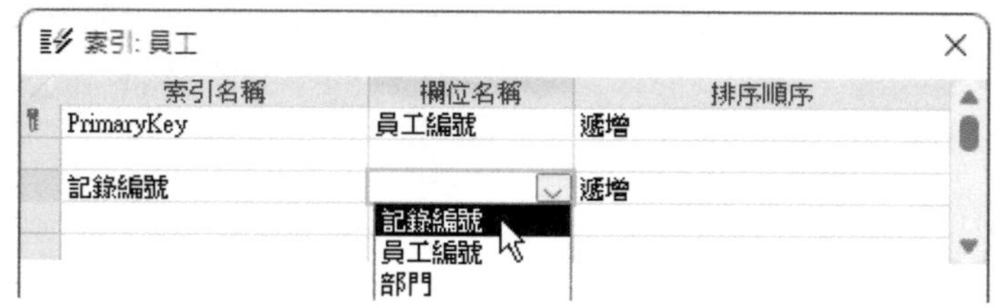

Step 3 按『排序順序』欄右側之下拉鈕，選擇要遞增或遞減索引。（本例選「遞增」）

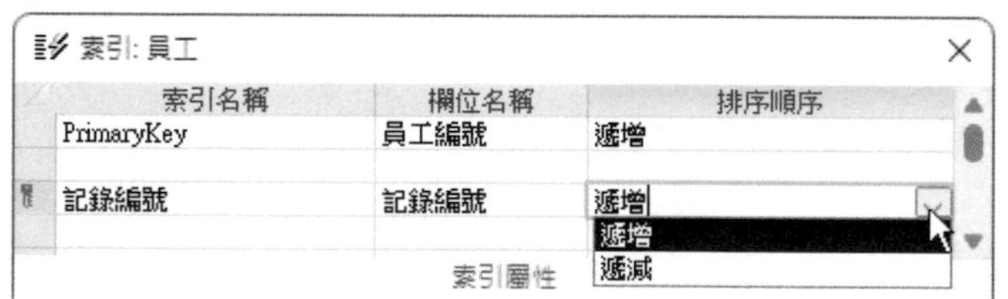

Step 4 於下半部『索引屬性』處，將『主索引』項設定為「是」。將於本索引前加上鑰匙圖示（ ），表其為主索引，且『唯一』項亦自動設定為「是」：

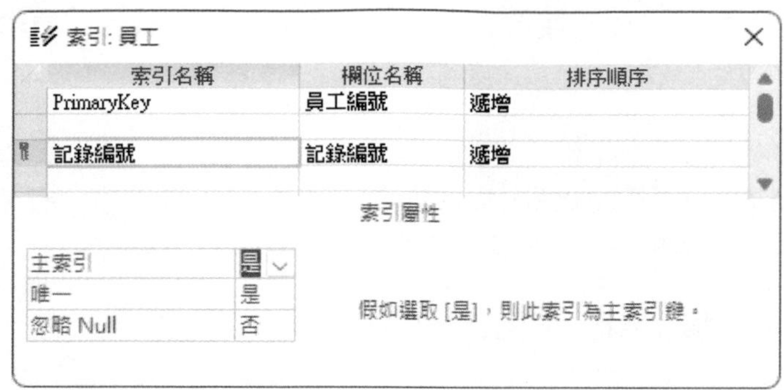

Step 5 按 [×] 鈕，關閉『索引』視窗，回『資料設計檢視』，可看到『記錄編號』前已顯示出鑰匙圖示（🔑），表其為主索引

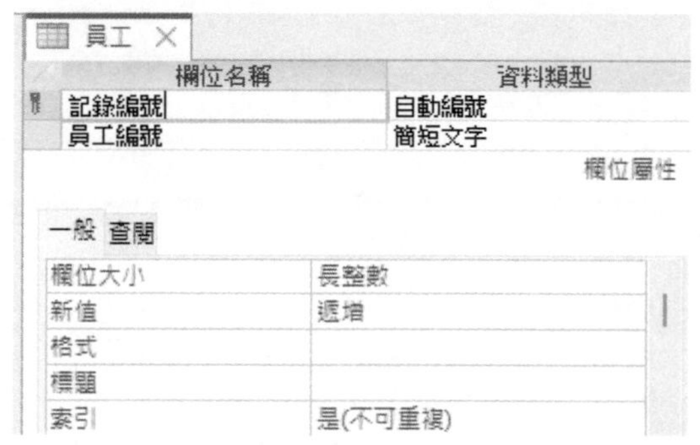

Step 6 儲存索引設定，切換到『資料工作表檢視』畫面，可發現記錄已依『記錄編號』欄遞增索引排序

記錄編號	員工編號	部門	職稱	姓	名	性別
1	1201	行銷	經理	楊	佳碩	男
2	1306	餐飲	助理	林	美玉	女
3	1112	客房	助理	王	世豪	男
4	1207	行銷	助理	林	玉英	女

多欄索引

若作為主索引之內容不發生重複現象，根本就用不著多重索引。反之，則得使用不只一個索引依據。如：主依部門排列之索引，其重複情況就很明顯。所以仍得再加上另一索引依據（如：同部門再依姓名或生日），才可使重複之情況減到最低。

假定，希望主依『性別』遞減，同性別續依『部門』遞增，同部門再按『姓』『名』遞增索引。其處理步驟為：

Step 1 轉入『索引』檢視畫面，於『索引名稱』下之新的空白列按一下滑鼠，與原『記錄編號』列間空一列空白，表示此二者並非同一組設定，續輸入一新索引之名稱（本例輸入『多重索引』）

Step 2 於『欄位名稱』欄選用「性別」

Step 3 於『排序順序』欄選用「遞減」

Step 4 於『主索引』項選用「是」

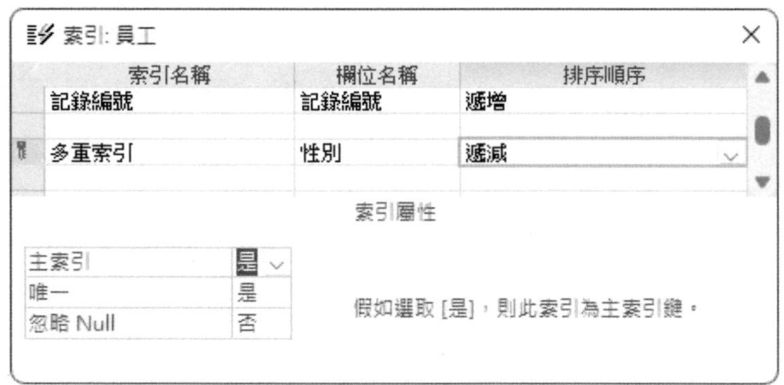

Step 5 由於，接下來的三個欄位係屬於同一個索引，故不用輸入索引名稱。只須於接下來之新的空白列的『欄位名稱』欄選用「部門」

Step 6 於『排序順序』欄選用「遞增」

Step 7 再於接下來之新的空白列的『欄位名稱』欄選用「姓」，於『排序順序』欄選用「遞增」

Step 8 再於接下來之新的空白列的『欄位名稱』欄選用「名」，於『排序順序』欄選用「遞增」

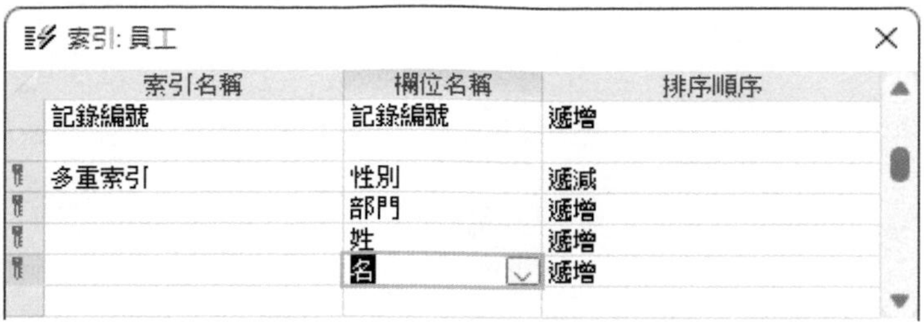

索引: 員工

索引名稱	欄位名稱	排序順序
記錄編號	記錄編號	遞增
多重索引	性別	遞減
	部門	遞增
	姓	遞增
	名	遞增

Step 9 儲存索引設定，關閉『索引』視窗，切換到『資料工作表檢視』畫面

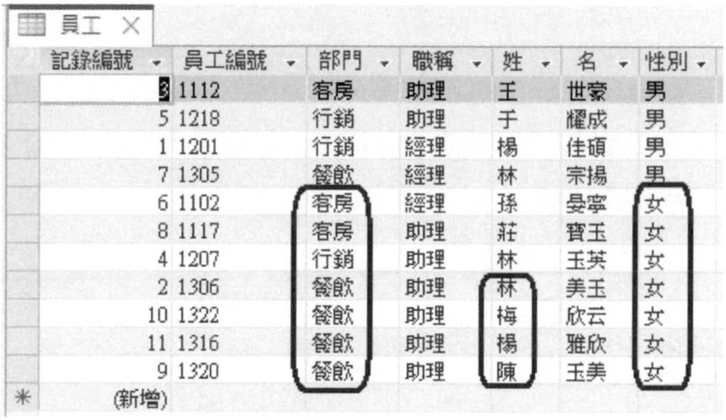

員工

記錄編號	員工編號	部門	職稱	姓	名	性別
3	1112	客房	助理	王	世豪	男
5	1218	行銷	助理	于	耀成	男
1	1201	行銷	經理	楊	佳碩	男
7	1305	餐飲	經理	林	宗揚	男
6	1102	客房	經理	孫	曼寧	女
8	1117	客房	助理	莊	寶玉	女
4	1207	行銷	助理	林	玉英	女
2	1306	餐飲	助理	林	美玉	女
10	1322	餐飲	助理	梅	欣云	女
11	1316	餐飲	助理	楊	雅欣	女
9	1320	餐飲	助理	陳	玉美	女
(新增)						

可發現記錄主依性別遞減，同性別續依部門遞增，同部門再按姓遞增排序。(本例之『客房』與『餐飲』部中，並無同姓之員工，故而還用不到『名』，即可排出目前之索引結果)

注意

索引鍵之欄位，不允許完全為空白，像目前之多重索引，各相關欄位，均不允許為不輸入任何內容之完全空白（Null值）。讀者練習時應注意，否則會跳不出來，無法切換檢視模式。

切換主索引

不論建有幾個索引，最多只能使用其中的某一個作為主索引而已。要切換主索引，可於轉入『索引』視窗後，點選該索引之任意部位，將該列選取，續將其『主索引』項改為「是」，即可將其切換成下階段之主索引。

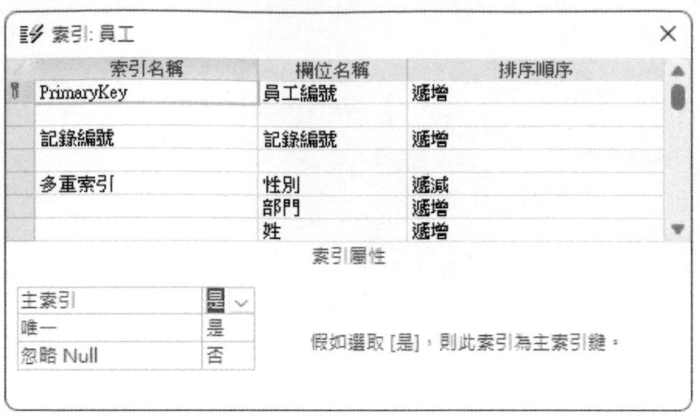

編輯索引

於『索引』視窗內，要插入空白列，可先選取某列，續按 Insert 鍵，可於該列之前插入空白列：

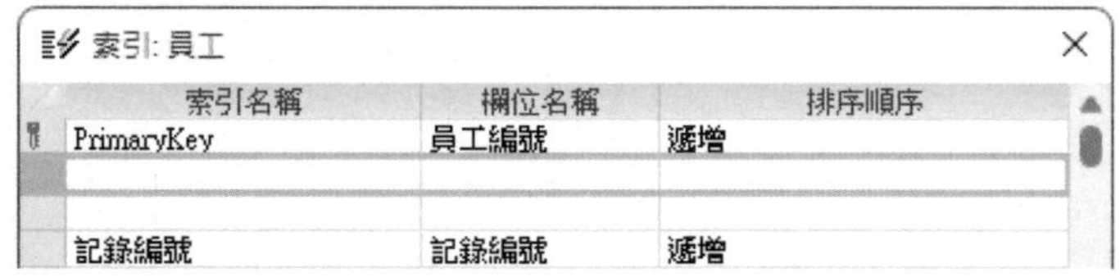

要刪除多餘或建錯之索引，可於『索引』檢視視窗內，先將其選取（允許多列），續按 Delete 鍵將其刪除：

索引: 員工

索引名稱	欄位名稱	排序順序
PrimaryKey	員工編號	遞增
記錄編號	記錄編號	遞增

要移動某列之內容，可先選取該列，續以拖曳左側之按鈕，來搬移位置：

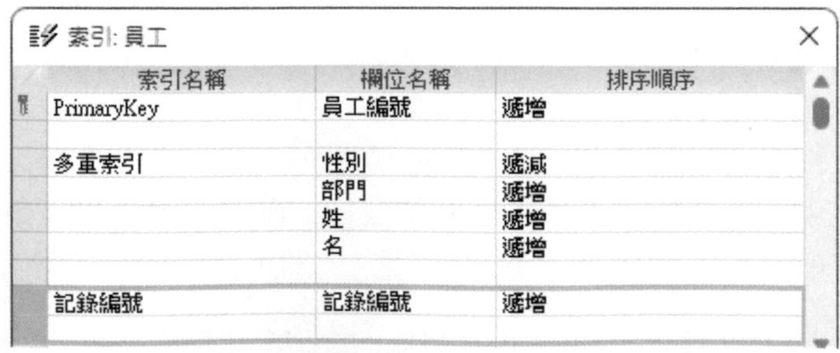

由於，我們重新將『PrimaryKey』設定為主索引，由於其係一原已存在之主索引，且其內容亦無變動，故儲存時，將出現：

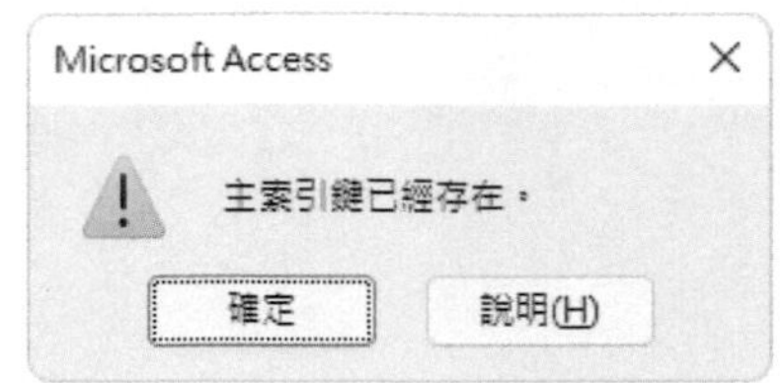

選按幾次 確定 繼續即可。記錄排列順序又改回以員工編號遞增排列：

記錄編號	員工編號	部門	職稱	姓	名	性別
6	1102	客房	經理	孫	晏寧	女
3	1112	客房	助理	王	世豪	男
8	1117	客房	助理	莊	寶玉	女
1	1201	行銷	經理	楊	佳碩	男

8-2 排序

將記錄依某鍵值欄排列順序，有利於找尋和查閱資料。通常，對於較固定、常使用的排列方式，我們會將其建立索引，並儲存起來。但對於暫時性的要求，就以排序來處理。查完後，可能又使用回原來的索引。

單欄排序

假定，我們要將記錄依『生日』排序。其處理步驟為：

Step 1 停於要作為排序依據之欄位上的任意位置（或將其整欄選取）

記錄編號	員工編號	部門	職稱	姓	名	性別	生日
6	1102	客房	經理	孫	晏寧	女	1989年05月08日
3	1112	客房	助理	王	世豪	男	1992年03月18日
8	1117	客房	助理	莊	寶玉	女	1989年05月11日
1	1201	行銷	經理	楊	佳碩	男	1989年03月05日
4	1207	行銷	助理	林	玉英	女	1989年03月12日

Step 2 若要遞增排序，按『常用/排序與篩選/遞增』 遞增 鈕；若要遞減排序，按『常用/排序與篩選/遞減』 遞減 鈕

本例將其安排成依『生日』遞增排序：

記錄編號	員工編號	部門	職稱	姓	名	性別	生日
3	1112	客房	助理	王	世豪	男	1992年03月18日
10	1322	餐飲	助理	梅	欣云	女	1992年01月06日
9	1320	餐飲	助理	陳	玉美	女	1991年11月03日
5	1218	行銷	助理	于	耀成	男	1990年08月10日

移除排序

排序後，若想讓記錄恢復成原主索引之排列順序，可按『常用/排序與篩選/移除排序』移除排序 鈕，放棄當時之排序設定。

多欄排序

若作為排序依據之欄位內容會有重複資料（如：性別、部門），就得再配合其他不會重複或較少重複之欄位（如：員工編號、姓名、生日），組成多欄排序，以降低其重複情況。

進行多欄排序的第一種方法為，將要使用之排序欄，依其重要性逐欄搬移成連續排列之欄位。最左邊的欄位為主排序欄，其餘依重要性遞減，依序向右逐欄排列。然後，將其等一起選取。如：

記錄編號	員工編號	性別	部門	職稱	姓	名
3	1112	男	客房	助理	王	世豪
10	1322	女	餐飲	助理	梅	欣云
9	1320	女	餐飲	助理	陳	玉美
5	1218	男	行銷	助理	于	耀成

表主依性別、同性別依部門、同部門再依職稱、同職稱再依姓遞增排序。續視情況，按遞增（減）排序鈕，即可完成排序（本例選按遞增 遞增 鈕）：

記錄編號	員工編號	性別	部門	職稱	姓	名
8	1117	女	客房	助理	莊	寶玉
6	1102	女	客房	經理	孫	晏寧
4	1207	女	行銷	助理	林	玉英
2	1306	女	餐飲	助理	林	美玉
10	1322	女	餐飲	助理	梅	欣云
11	1316	女	餐飲	助理	楊	雅欣
9	1320	女	餐飲	助理	陳	玉美

注意

此種方式只能讓所選取之多重欄位，均同時遞增或遞減排序。而無法一部份遞增，夾雜一部份遞減。

關閉資料表，於：

選擇不儲存版面配置，可還原已搬移之欄位。若選擇儲存，則會保留目前之設定。

進階排序

這個排序方式，是按『常用/排序與篩選/進階』 進階 鈕，續選「進階篩選/排序(A)...」，既不用搬移排序依據，還可以很有彈性的選擇要依那一欄遞增，另再依那一欄遞減。

假定，要主依性別遞增，同性別依部門遞減，同部門續依職稱遞增，同職稱再依生日遞減。四個排序欄並不同方向，一個遞增一個遞減地交錯在一起。且目前這四個欄位也分散排列，並未搬移成依重要順序由左而右緊臨排列：

員工

記錄編號	員工編號	部門	職稱	姓	名	性別	生日
6	1102	客房	經理	孫	晏寧	女	1989年05月08日
3	1112	客房	助理	王	世豪	男	1992年03月18日
8	1117	客房	助理	莊	寶玉	女	1989年05月11日
1	1201	行銷	經理	楊	佳碩	男	1989年03月05日
4	1207	行銷	助理	林	玉英	女	1989年03月12日
5	1218	行銷	助理	于	耀成	男	1990年08月10日
7	1305	餐飲	經理	林	宗揚	男	1989年10月12日
2	1306	餐飲	助理	林	美玉	女	1990年04月12日
11	1316	餐飲	助理	楊	雅欣	女	1990年03月07日
9	1320	餐飲	助理	陳	玉美	女	1991年11月03日
10	1322	餐飲	助理	梅	欣云	女	1992年01月06日
(新增)		2↓	3↑			1↑	4↓

其處理步驟為：

Step 1 按『常用/排序與篩選/進階』進階 鈕，續選「進階篩選/排序(A)...」，轉入

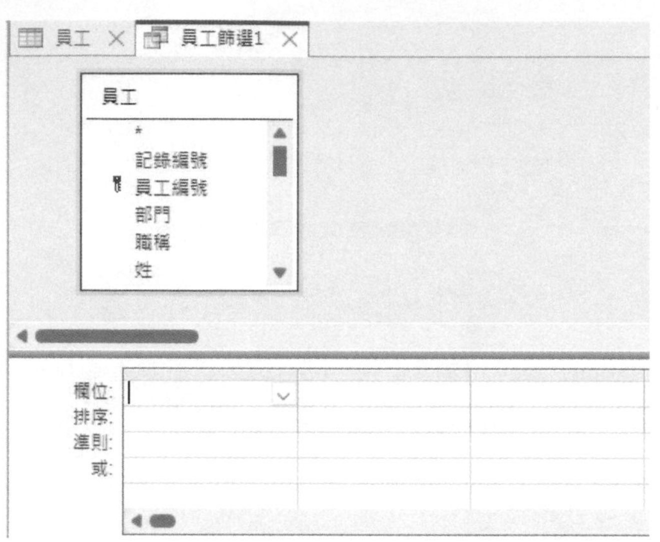

目前，上半部為正開啟使用中之『員工』資料表，利用垂直捲動軸，可找到其內所有資料欄名稱，於其上雙按滑鼠，會將該欄加到下半部之表格內。

小秘訣

最前面之星號（*），表取用所有資料欄，雙按該星號會將所有資料欄均加到下半部之表格內。欄名前有鑰匙者，表其為主索引。

Step 2 於左上角『員工』資料表欄名方塊內，利用垂直捲動軸找出要作為排序依據之資料欄名稱，依所要求之排序重要程度順序，逐一於其上雙按滑鼠將其加到下半部之表格內

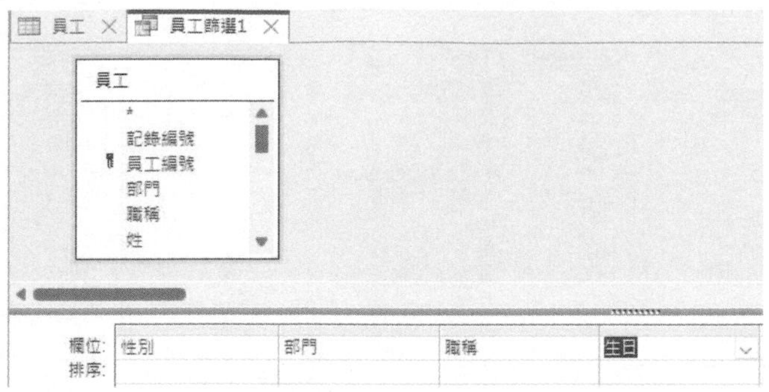

小秘訣

亦可於下半部表格內，按『欄位:』右側之下拉鈕，續進行選擇排序依據。

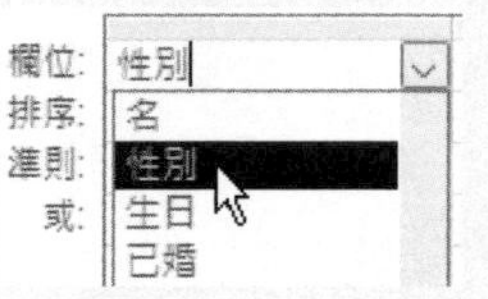

Step 3 於第一個排序鍵（性別欄）下之『排序:』格內，按一下滑鼠，將顯示出下拉鈕，續按該下拉鈕，可選擇要進行遞增或遞減排序

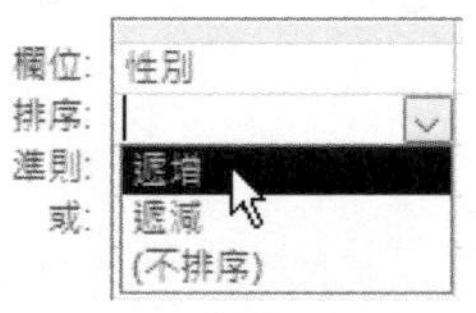

Step 4 逐欄將所有排序依據，均安排上題目所要求的遞增或遞減排序

欄位:	性別	部門	職稱	生日
排序:	遞增	遞減	遞增	遞減

Step 5 最後，按『常用/排序與篩選/切換篩選』切換篩選 鈕（千萬別按 ╳ 鈕，將放棄現階段之新設定，使您前功盡棄），可獲致最新的排序結果，主依性別遞增，同性別依部門遞減，同部門續依職稱遞增，同職稱再依生日遞減：

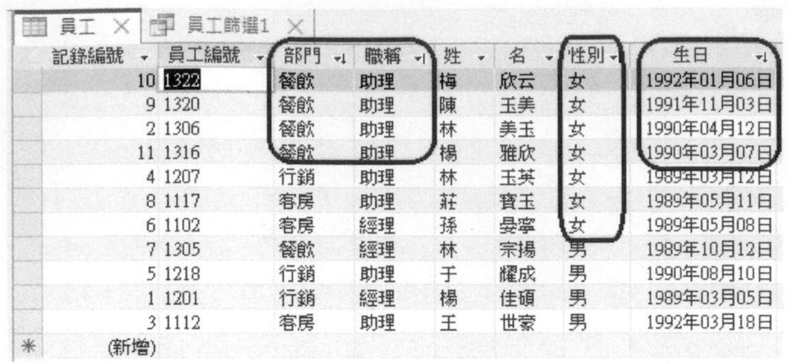

記錄編號	員工編號	部門	職稱	姓	名	性別	生日
10	1322	餐飲	助理	梅	欣云	女	1992年01月06日
9	1320	餐飲	助理	陳	玉美	女	1991年11月03日
2	1306	餐飲	助理	林	美玉	女	1990年04月12日
11	1316	餐飲	助理	楊	雅欣	女	1990年03月07日
4	1207	行銷	助理	林	玉英	女	1989年03月12日
8	1117	客房	助理	莊	寶玉	女	1989年05月11日
6	1102	客房	經理	孫	晏寧	女	1989年05月08日
7	1305	餐飲	經理	林	宗揚	男	1989年10月12日
5	1218	行銷	助理	于	耀成	男	1990年08月10日
1	1201	行銷	經理	楊	佳碩	男	1989年03月05日
3	1112	客房	助理	王	世豪	男	1992年03月18日
(新增)							

修改進階排序設定

於執行「常用/排序與篩選/進階/進階篩選/排序(A)...」所轉入的視窗內，可仿普通資料表的操作方式，對排序依據欄進行：編輯、插入、搬移、刪除、……等工作，甚或調整其欄寬。

假定，要把上階段之排序依據改為：主依『性別』遞增，同性別續依『已婚』遞減（未婚在前，已婚在後），同婚姻再依『職稱』遞增，同職稱續依『姓』遞增。總計，要刪除原『部門』與『生日』兩排序欄，另得插入一『已婚』欄及於最後再新增『姓』欄。

其處理步驟為：

Step 1 切換到先前之『員工篩選1』標籤

Step 2 將滑鼠指標移往部門欄之上方邊緣，指標會轉為向下箭頭（⬇），單按滑鼠左鍵，即可選取該欄

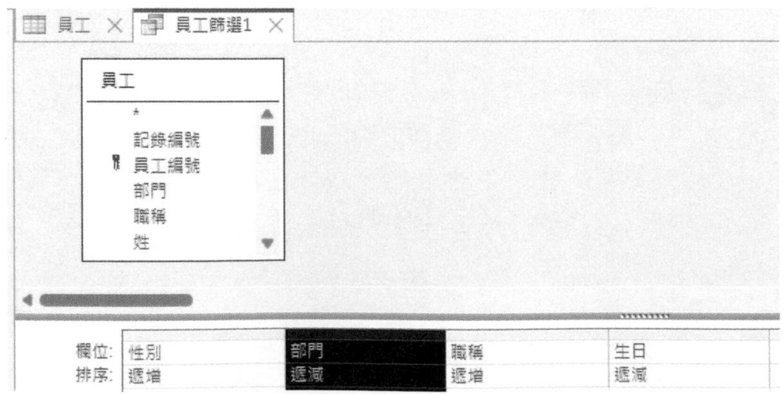

Step 3 按 Delete 鍵，刪除該欄

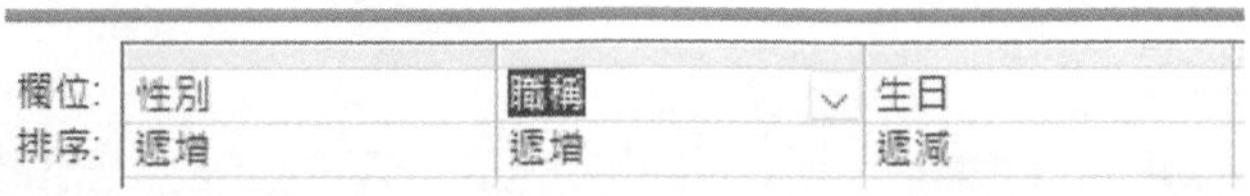

欄位:	性別	職稱	生日
排序:	遞增	遞增	遞減

Step 4 左上角『員工』資料表欄名方塊內，利用垂直捲動軸找出『已婚』，以拖曳方式將其拉到『職稱』欄左側

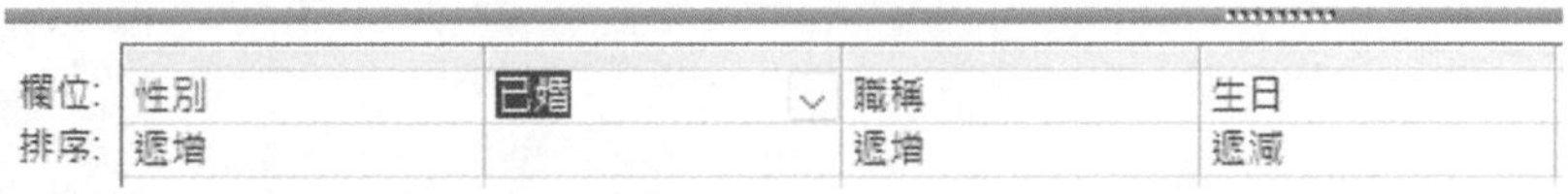

欄位:	性別	已婚	職稱	生日
排序:	遞增		遞增	遞減

Step 5 續將改為依『已婚』遞減排序

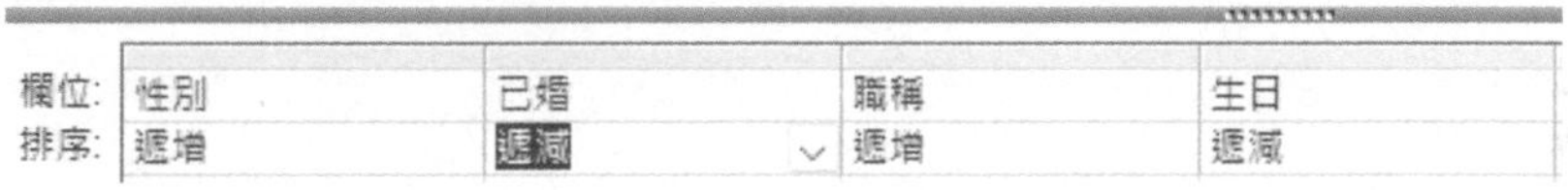

欄位:	性別	已婚	職稱	生日
排序:	遞增	遞減	遞增	遞減

Step 6 並不一定得於刪除『生日』欄後，才可再新增『姓』欄。也可直接將『生日』改為『姓』

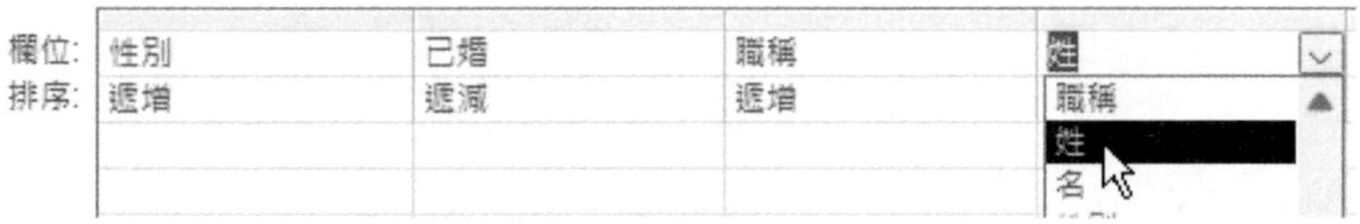

欄位:	性別	已婚	職稱	姓
排序:	遞增	遞減	遞增	職稱 姓 名

Step 7 續將「遞減」改為「遞增」

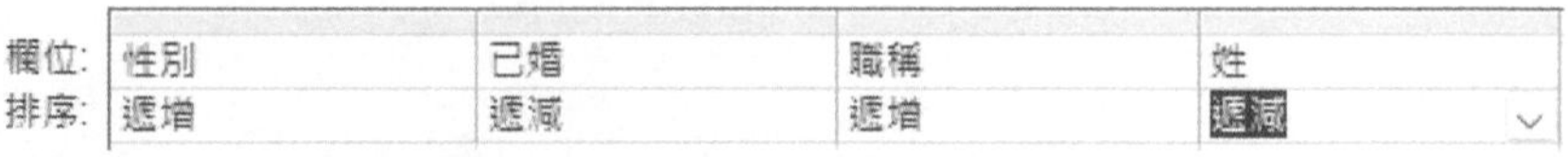

欄位:	性別	已婚	職稱	姓
排序:	遞增	遞減	遞增	遞減

即可達成題目所要求之排序方式：主依『性別』遞增，同性別續依『已婚』遞減，同婚姻再依『職稱』遞增，同職稱續依『姓』遞增。

Step 8 續按『常用/排序與篩選/切換篩選』切換篩選 鈕，可獲致最新的排序結果

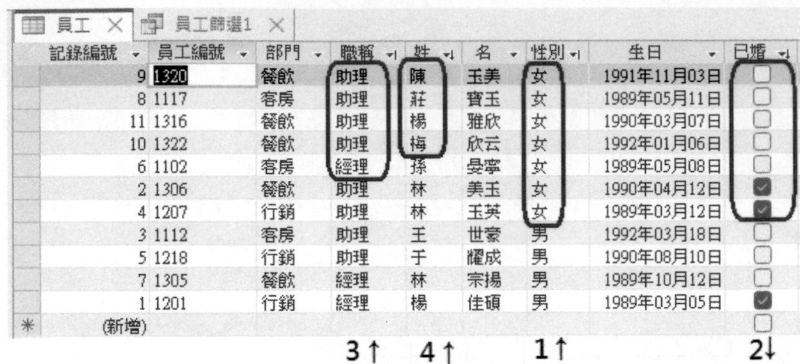

記錄編號	員工編號	部門	職稱	姓	名	性別	生日	已婚
9	1320	餐飲	助理	陳	玉美	女	1991年11月03日	☐
8	1117	客房	助理	莊	寶玉	女	1989年05月11日	☐
11	1316	餐飲	助理	楊	雅欣	女	1990年03月07日	☐
10	1322	餐飲	助理	梅	欣云	女	1992年01月06日	☐
6	1102	客房	經理	孫	晏寧	女	1989年05月08日	☐
2	1306	餐飲	助理	林	美玉	女	1990年04月12日	☑
4	1207	行銷	助理	林	玉英	女	1989年03月12日	☑
3	1112	客房	助理	王	世豪	男	1992年03月18日	☐
5	1218	行銷	助理	于	耀成	男	1990年08月10日	☐
7	1305	餐飲	經理	林	宗揚	男	1989年10月12日	☐
1	1201	行銷	經理	楊	佳碩	男	1989年03月05日	☑
(新增)								☐

篩選

篩選是於資料庫內，依條件過濾出符合條件之資料，這應是資料庫中應用最頻繁的動作。簡單的查詢，找出資料後，看過就算了，並沒有必要每次都存檔或列印，利用本章所介紹之簡單篩選應已足夠。(請開啟『範例\Ch09\中華公司.accdb』進行練習，先按『常用/排序與篩選/移除排序』 移除排序 鈕，放棄前章之排序設定。)

對於較常用且動作變化較多的查詢，為節省日後再度使用的重設時間，就可考慮於篩選後，將其結果存入查詢物件，或直接使用下章之查詢。

9-1 選取項目篩選

選取項目篩選，是找出符合條件之任一筆記錄。然後，將要找尋之內容選取(只能為單欄)，續按『常用/排序與篩選/篩選』 篩選 鈕(或按『選取項目』 選取項目 鈕)，於資料表中篩選出所有符合條件之記錄。

整個欄位

「簡短文字」類型實例

假定，要找尋所有男性之員工(找出『性別』欄為"男"所有記錄)，其處理步驟為：

Step 1 找出任一筆『性別』欄為 "男" 之記錄，以滑鼠單按該欄左側將其選取

員工

員工編號	部門	職稱	姓	名	性別	生日
1102	客房	經理	孫	晏寧	女	1989年05月08日
1112	客房	助理	王	世豪	男	1992年03月18日

Step 2 按『常用/排序與篩選/篩選』篩選 鈕，將顯示

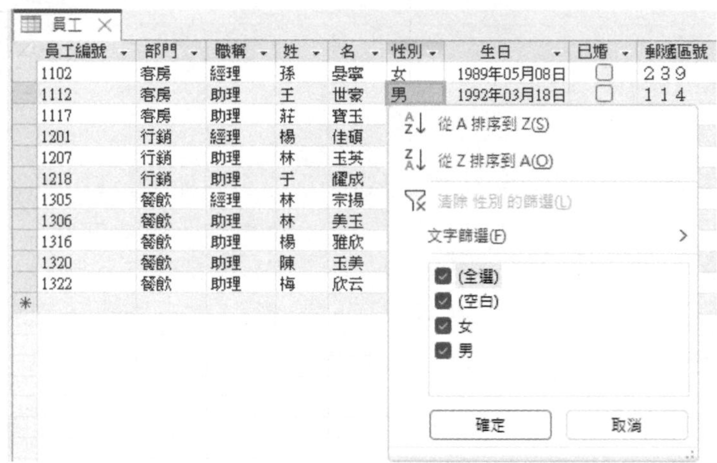

員工編號	部門	職稱	姓	名	性別	生日	已婚	郵遞區號
1102	客房	經理	孫	晏寧	女	1989年05月08日	☐	239
1112	客房	助理	王	世豪	男	1992年03月18日	☐	114
1117	客房	助理	莊	寶玉				
1201	行銷	經理	楊	佳碩				
1207	行銷	助理	林	玉英				
1218	行銷	助理	于	耀成				
1305	餐飲	經理	林	宗揚				
1306	餐飲	助理	林	美玉				
1316	餐飲	助理	楊	雅欣				
1320	餐飲	助理	陳	玉美				
1322	餐飲	助理	梅	欣云				

可就其選項勾選要篩選何種記錄？如，保留「男」，表要篩選出男性記錄。

也可以按『選取項目』選取項目 鈕，續就：

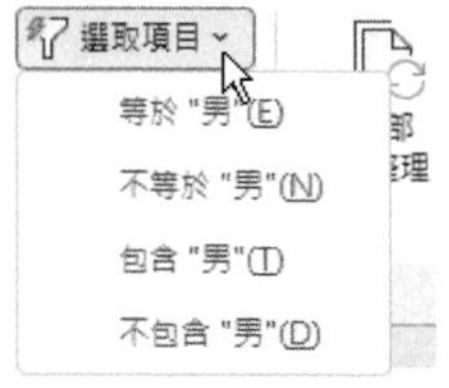

勾選要篩選何種記錄？如，選「等於"男"(E)」，表要篩選出男性記錄。（於欄位上單按右鍵，一同樣有這些選項可供選擇）

Step 3 選後，則可於資料表中篩選出所有符合條件之記錄（男性記錄）

員工編號	部門	職稱	姓	名	性別	生日
1112	客房	助理	王	世豪	男	1992年03月18日
1201	行銷	經理	楊	佳碩	男	1989年03月05日
1218	行銷	助理	于	耀成	男	1990年08月10日
1305	餐飲	經理	林	宗揚	男	1989年10月12日

小秘訣

找到所要之記錄後，按『常用/排序與篩選/切換篩選』切換篩選鈕，可切換成篩選前之內容。也可以按『進階』進階鈕，續選「清除所有篩選(C)」，移除篩選條件，還原為篩選前之內容。

「是/否」類型實例

假定，要找所有已婚員工（找出『已婚』為成立之所有記錄），其處理步驟為：

Step 1 按『切換篩選』切換篩選鈕，將資料表恢復成篩選前之外觀

Step 2 找出任一筆『已婚』為成立之記錄，以滑鼠單按該欄左側將其選取

職稱	姓	名	性別	生日	已婚
經理	孫	晏寧	女	1989年05月08日	☐
助理	王	世豪	男	1992年03月18日	☐
助理	莊	寶玉	女	1989年05月11日	☐
經理	楊	佳碩	男	1989年03月05日	☑

Step 3 按『選取項目』選取項目鈕，續就

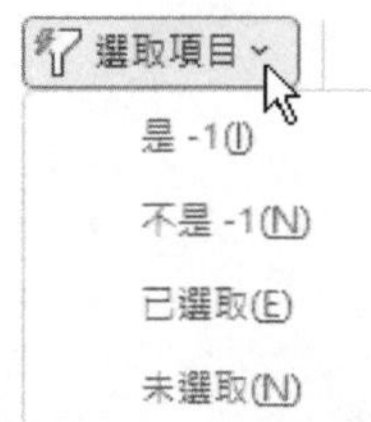

勾選「已選取(E)」，可篩選出『已婚』為成立之記錄，找出所有已婚員工之記錄

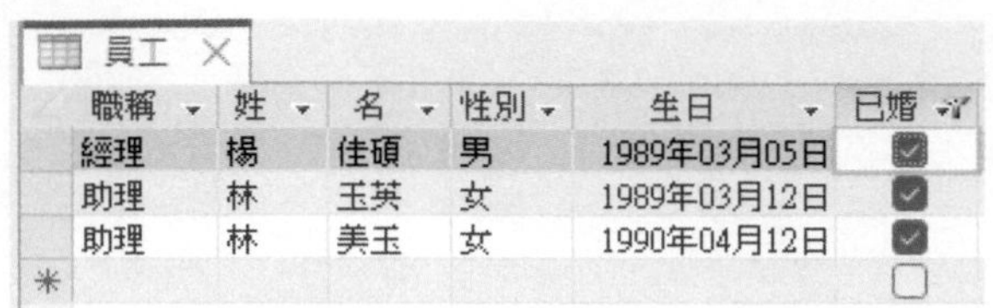

職稱	姓	名	性別	生日	已婚
經理	楊	佳碩	男	1989年03月05日	☑
助理	林	玉英	女	1989年03月12日	☑
助理	林	美玉	女	1990年04月12日	☑
*					☐

「長文字」、「日期/時間」、「數字」或「超連結」類型實例

「長文字」或「超連結」類型欄位，也可適用依選取範圍篩選，其處理方法完全同於「簡短文字」類型欄位。

對於「日期/時間」或「數字」，基本上還是數字，除可找尋等於（或不等於）所選取之內容外；還有之前（小於等於）、之後（大於等於）或介於等選擇：

若所選的並非「介於(W)...」，均可立即獲得符合條件之記錄內容。

若選「介於(W)...」，還得另輸入兩個上下限之日期或數字。輸入日期時，得輸入完整之年月日。如：

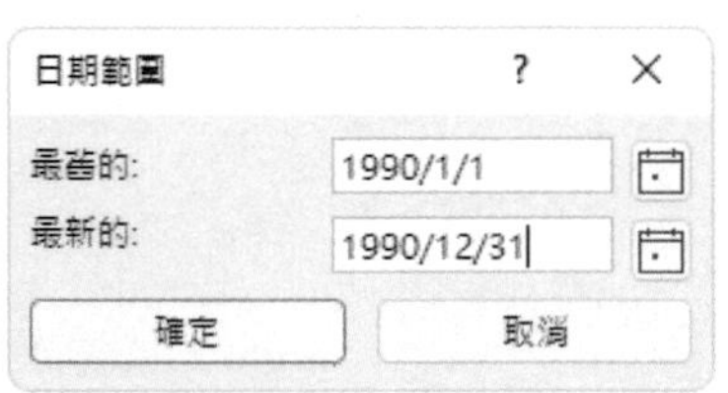

可篩選出生日介於1990/1/1 ～ 1990/12/31之記錄：

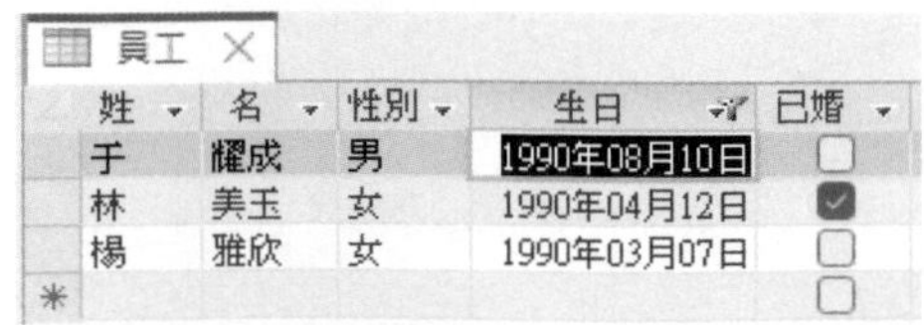

姓	名	性別	生日	已婚
于	耀成	男	1990年08月10日	☐
林	美玉	女	1990年04月12日	☑
楊	雅欣	女	1990年03月07日	☐
*				☐

而

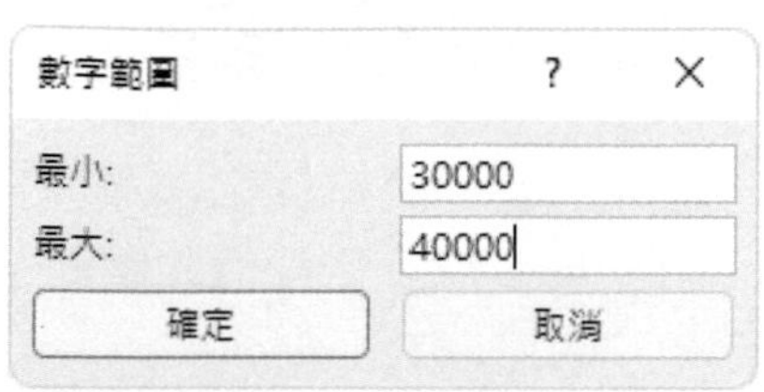

可篩選出薪資介於30000～40000之記錄：

員工

辦公室分機	到職日	薪資
6111	2013年07月15日	$31,000
8108	2016年06月11日	$38,000
7116	2010年04月01日	$37,500
7112	2019年08月12日	$32,000
7106	2010年04月02日	$30,500
*		$0

找部份內容

進行依選取項目篩選，於選取找尋依據時，也允許僅選取部份內容進行篩選。隨其選取內容之部位不同，其情況有：

- 若僅選取左邊之內容，如：於『地址』欄選前三個字 "台北市"，可有開始於、不開始於、包含與不包含等四種篩選情況：

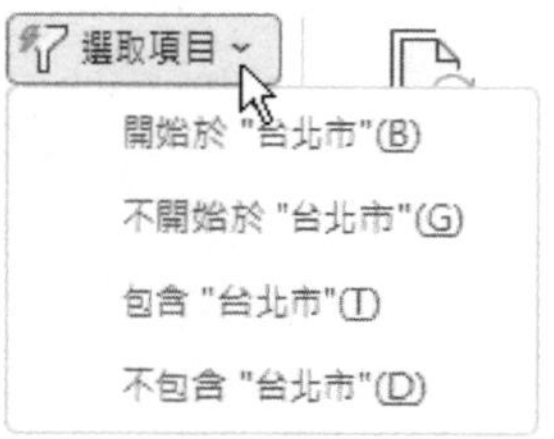

- 若僅選取中間之內容，如，於地址欄 "民生東路"，可有包含與不包含等兩種篩選情況：

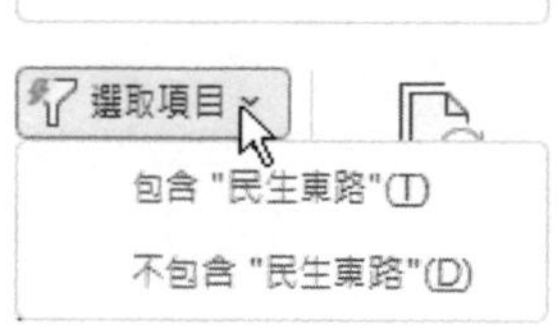

- 若僅選取右邊之內容，如，於電話欄選最後四個字 "1122"，可有包含、不包含、結束於與不結束於等四種篩選情況：

注意

依選取項目篩選部份內容，不適用於「OLE物件」及「超連結」類型之資料欄。

尋找分機電話字首為8者

假定，在辦公室內要與某位同事聯絡，但突然忘記他的分機電話號碼，只記得其辦公室分機的電話字首為8，那麼就可以下示步驟找出分機號碼8字頭之所有記錄：

Step 1 按『切換篩選』切換篩選 鈕，將資料表恢復成篩選前之外觀

Step 2 找出任一筆辦公室分機號碼字首為8之記錄，以拖曳滑鼠之方式選取第一個8字

員工

電話	辦公室分機	到職日
(02)2893-4658	6101	2017年09月01日
(02)2798-1456	6106	2011年01月10日
(02)2708-1122	6111	2013年07月15日
(02)2502-1520	8102	2006年08月05日

Step 3 按『選取項目』選取項目 鈕，續選「開始於"8"(B)」，可篩選出所有辦公室分機號碼字首為8之記錄

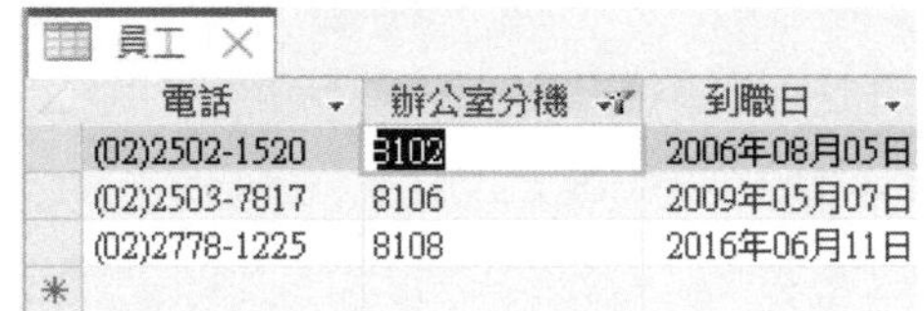

員工

電話	辦公室分機	到職日
(02)2502-1520	8102	2006年08月05日
(02)2503-7817	8106	2009年05月07日
(02)2778-1225	8108	2016年06月11日

尋找『名』欄含"玉"字串之記錄

假定，要找尋『名』欄含"玉"之記錄，其處理步驟為：

Step 1 按『切換篩選』切換篩選 鈕，將資料表恢復成篩選前之外觀

Step 2 找出任一筆『名』欄中有 "玉" 之記錄，將其選取

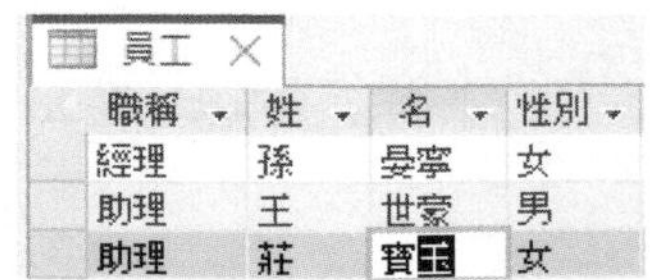

員工

職稱	姓	名	性別
經理	孫	晏寧	女
助理	王	世豪	男
助理	莊	寶玉	女

Step 3 按『選取項目』選取項目 鈕，續選「包含"玉"(T)」，篩選出『名』欄含 "玉" 字串之所有記錄

員工

職稱	姓	名	性別
助理	莊	寶玉	女
助理	林	玉英	女
助理	林	美玉	女
助理	陳	玉美	女

尋找電話字尾為20者

假定，要找尋電話字尾為20之記錄，其處理步驟為：

Step 1 按『切換篩選』切換篩選 鈕，將資料表恢復成篩選前之外觀

Step 2 找出任一筆『電話』欄字尾為20之記錄，以拖曳滑鼠之方式選取其尾部之20

員工

郵遞區號	地址	電話	辦公室分機
239	新北市中華路一段12號三樓	(02)2893-4658	6101
114	台北市內湖路三段148號二樓	(02)2798-1456	6106
106	台北市敦化南路138號二樓	(02)2708-1122	6111
104	台北市民生東路三段68號六樓	(02)2502-1520	8102

Step 3 按『選取項目』選取項目 鈕，續選「結束於"20"(W)」，篩選出所有電話字尾為20之記錄

員工

郵遞區號	地址	電話	辦公室分機
104	台北市民生東路三段68號六樓	(02)2502-1520	8102
104	台北市龍江街23號三樓	(02)2503-1520	7103

尋找住在中正路之記錄

假定，要找尋住在『中正路』之記錄，其處理步驟為：

Step 1 按『切換篩選』切換篩選 鈕，將資料表恢復成篩選前之外觀

Step 2 找出任一筆地址含 "中正路" 之記錄，以拖曳滑鼠之方式選取 "中正路" 字串

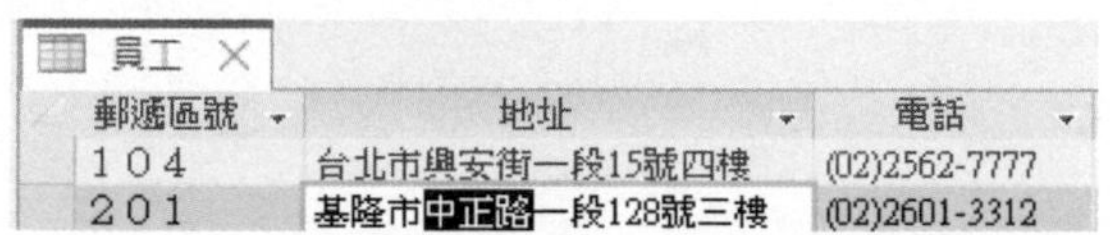

員工

郵遞區號	地址	電話
104	台北市興安街一段15號四樓	(02)2562-7777
201	基隆市中正路一段128號三樓	(02)2601-3312

Step 3 按『選取項目』 選取項目 鈕，續選「包含"中正路"(T)」，篩選出地址含 "中正路" 之所有記錄

員工

郵遞區號	地址	電話
201	基隆市中正路一段128號三樓	(02)2601-3312
201	基隆市中正路二段12號二樓	(02)2695-2696
*		

尋找備註欄含"工作"字串之記錄

「長文字」類型之資料欄的處理觀念同「簡短文字」型態，只差其內容較多而已。假定，要找尋『備註』欄含"工作"字串之記錄，其處理步驟為：

Step 1 按『切換篩選』 切換篩選 鈕，將資料表恢復成篩選前之外觀

Step 2 找出任一筆『備註』欄內含 "工作" 字串之記錄，以拖曳方式選取 "工作" 字串

員工

📎	E-Mail	備註
(1)	bychung@yahoo.com.tw	有發展潛力
(1)	gary@yahoo.com.tw	工作效率高，認真負責

Step 3 按『選取項目』 選取項目 鈕，續選「包含"工作"(T)」，篩選出『備註』欄含 "工作" 字串之所有記錄

員工

📎	E-Mail	備註
(1)	gary@yahoo.com.tw	工作效率高，認真負責
(1)	linyn@seed.net.tw	熱愛工作的人
(1)	tracy@ms38.hinet.tw	工作細心
* (0)		

尋找1989年生者

到目前為止，我們都還沒使用「日期/時間」資料來找尋記錄，現在就趕緊找個這類例子來測試一下。假定，要找生於1989年之員工，其處理步驟為：

Step 1 按『切換篩選』 切換篩選 鈕，將資料表恢復成篩選前之外觀

Step 2 找出任一筆1989年出生之員工記錄，以拖曳滑鼠之方式於生日欄選取『1989年』

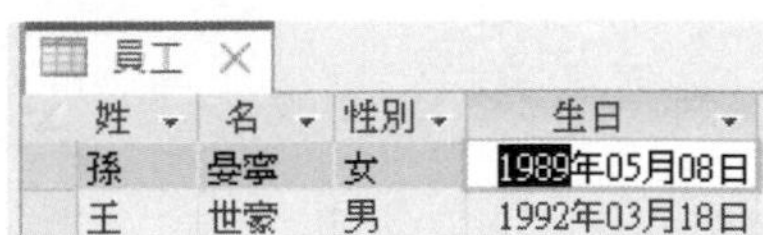

姓	名	性別	生日
孫	晏寧	女	1989年05月08日
王	世豪	男	1992年03月18日

Step 3 按『選取項目』 選取項目 鈕，續選「開始於1989年(B)」，篩選出所有1989年出生之記錄

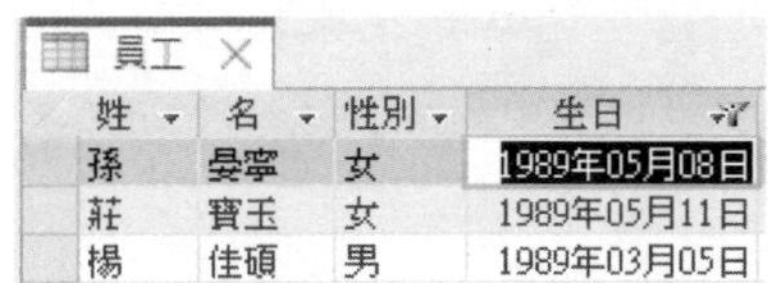

姓	名	性別	生日
孫	晏寧	女	1989年05月08日
莊	寶玉	女	1989年05月11日
楊	佳碩	男	1989年03月05日

找出五月份之壽星

假定，要找尋五月份生日之壽星，其處理步驟為：

Step 1 按『切換篩選』 切換篩選 鈕，將資料表恢復成篩選前之外觀

Step 2 找出任一筆五月份出生之記錄，以拖曳滑鼠之方式選取『05月』（不可只選『05』，會連日期部份為05日者亦一併找出）

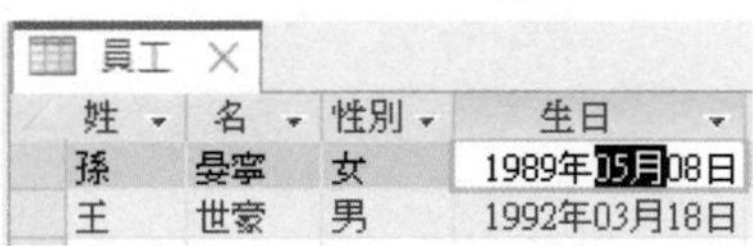

姓	名	性別	生日
孫	晏寧	女	1989年05月08日
王	世豪	男	1992年03月18日

Step 3 按『選取項目』 選取項目 鈕，續選「包含05月(T)」，篩選出五月份出生之所有記錄

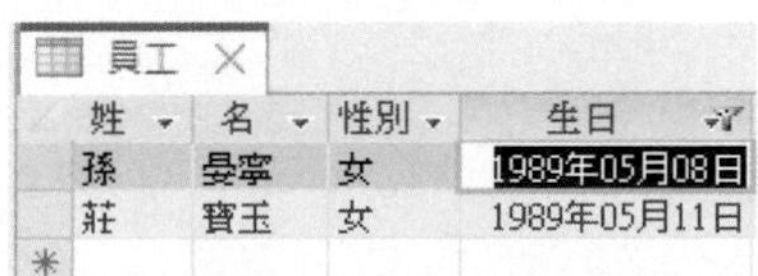

姓	名	性別	生日
孫	晏寧	女	1989年05月08日
莊	寶玉	女	1989年05月11日

多重欄條件

若要進行篩選之條件較為複雜，得用上不只一個欄位，可分次進行篩選。假定，要找出『男』性『經理』。其處理步驟為：

Step 1 按『切換篩選』切換篩選 鈕，將資料表恢復成篩選前之外觀

Step 2 於『性別』欄為 "男" 之欄位上，單按右鍵，續選「等於"男"(E)」，篩選出男性之所有記錄（底下訊息列顯示總計有4筆）

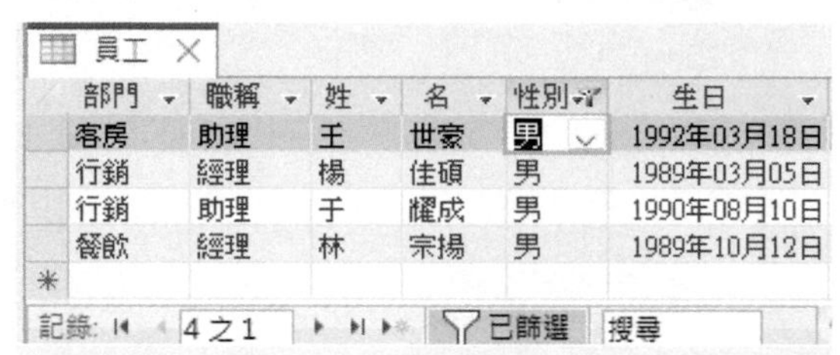

Step 3 續於『職稱』欄為 "經理" 之欄位上，單按右鍵，續選「等於 "經理"(E)」，即可篩選出男性經理之所有記錄（底下訊息列顯示總計有2筆）

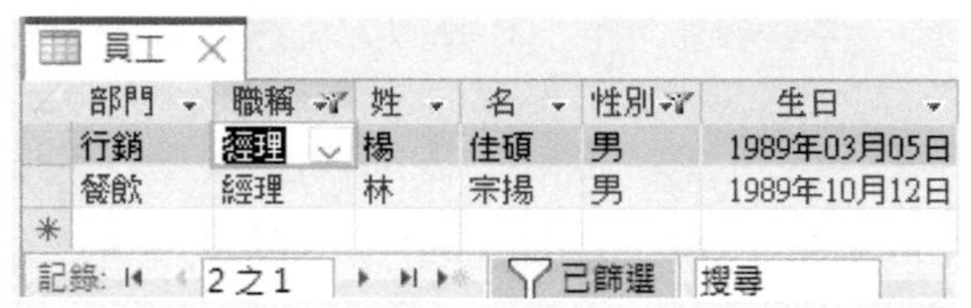

9-2 文字篩選

前面之所有例子，均得先找到一筆符合條件之記錄，選取其欄位或部份內容，然後才可進行篩選。有時，在找這第一筆上，可能就得花掉不少時間。

此外，對「超連結」資料類型之欄位，並無法以選取部份內容進行『選取項目篩選』。因為一按滑鼠即進行連結，無法選取部份內容。

這時，就可於任一筆記錄（不用找到第一筆符合條件之記錄）之相關欄位上，單按右鍵，續選「文字篩選(F)」，可有：等於、不等於、開始於、不開始於、包含、不包含、結束於與不結束於等八種選擇：

選後（本例選「包含(A)...」)，即可轉入：

進行輸入篩選依據。如，鍵入net：

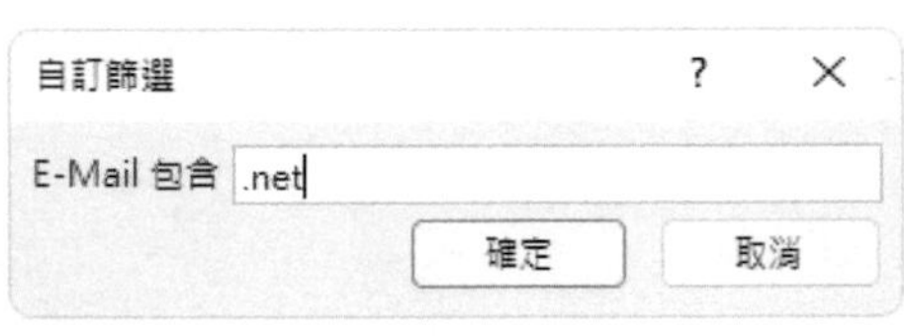

可找出『E-Mail』欄中含有"net"字串之記錄：

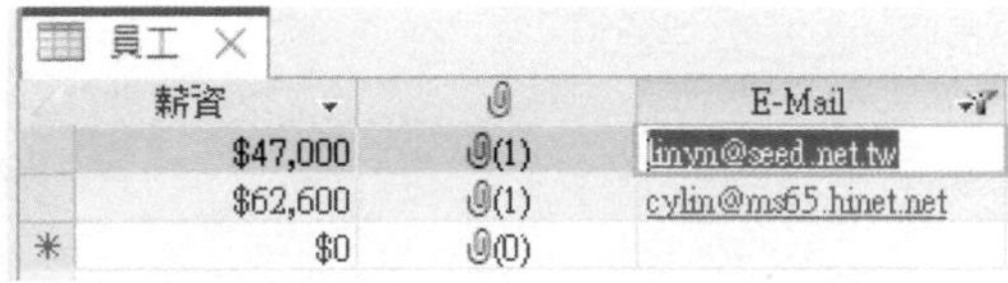
員工

	薪資	📎	E-Mail
	$47,000	(1)	linyn@seed.net.tw
	$62,600	(1)	cylin@ms65.hinet.net
*	$0	(0)	

這個方法當然也適用於「簡短文字」與「長文字」資料類型之欄位。

9-3 數值篩選

「數值」資料類型可用的篩選方式，當然不同於「文字」資料類型。假定，要找出薪資介於40000 ～ 50000之員工。於任一筆記錄之『薪資』欄上單按右鍵，選「數值篩選(F)」，可有：等於、不等於、小於、大於與介於等五種選擇：

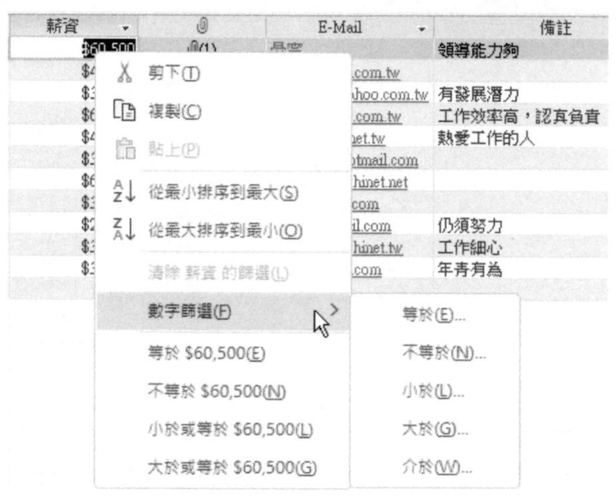

選「介於(W)...」，即可設定其上下限：

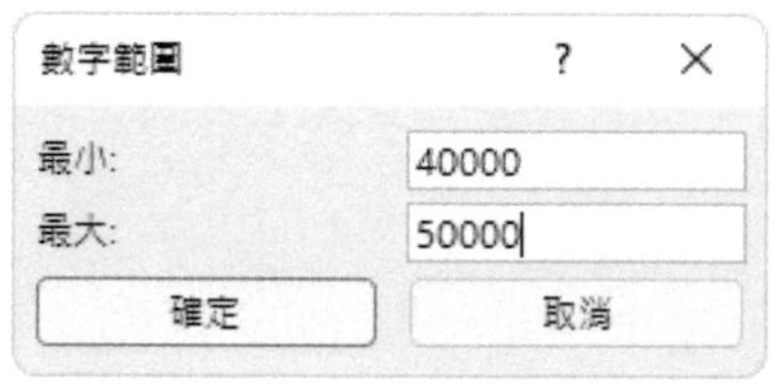

續按 確定 鈕，即可篩選出薪資介於40000 ～ 50000之記錄：

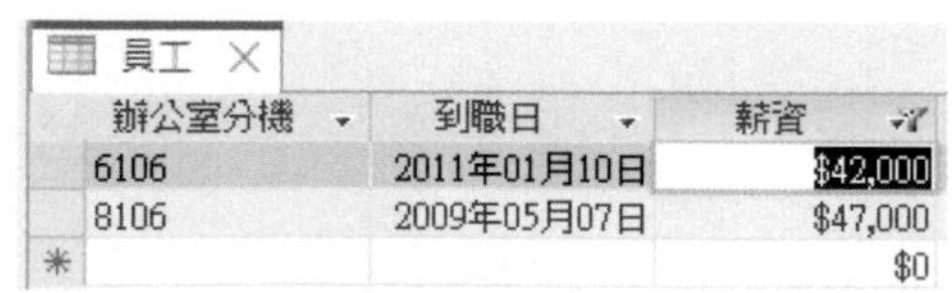

9-4 日期/時間篩選

「日期/時間」類型之資料，基本上還是數字資料，只是外觀為日期或時間而已，所以其可用的篩選方式，非常類似「數值」類型。

於任一筆記錄之『生日』欄上單按右鍵，選「日期篩選(F)」，可有：等於、不等於、之前、之後、介於與週期中的所有日期等六種選擇：

前面幾個選項類似數值，可不用再舉例。假定，要找出三月出生之員工。可選「週期中的所有日期(A)」，將出現季節及月份選單：

再續按「三月」，即可篩選出三月出生之記錄：

員工

部門	職稱	姓	名	性別	生日
客房	助理	王	世豪	男	1992年03月18日
行銷	經理	楊	佳碩	男	1989年03月05日
行銷	助理	林	玉英	女	1989年03月12日
餐飲	助理	楊	雅欣	女	1990年03月07日

9-5 依表單篩選

前面所述的篩選方式，看似蠻好用。但還是有些做不到的情況，如：要找出三月或五月生的員工；姓林、姓吳或姓王之員工；薪資三萬以下或六萬以上者；……。

Access另提供一種較為方便且更具彈性之『依表單篩選』，於按『常用/排序與篩選/進階』 鈕，續選「依表單篩選(F)」，可轉入：

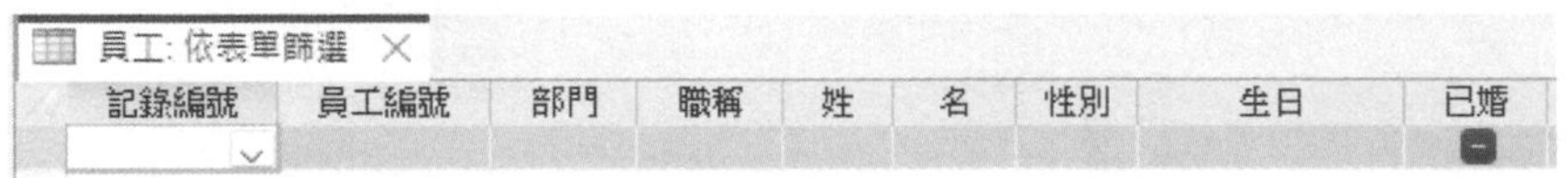

其內，第一列將所有欄位均列示出來，第二列即用來安排篩選條件之位置。

小秘訣

若其內仍殘留上階段所留下來之條件設定，可按『常用/排序與篩選/進階』 鈕，續選「清除所有篩選(C)」將其刪除。

利用選單輸入條件

於此表格中，要輸入篩選條件，可於欄名下空白列，單按一下滑鼠，將顯示出下拉鈕，按該鈕可拉出一選單：

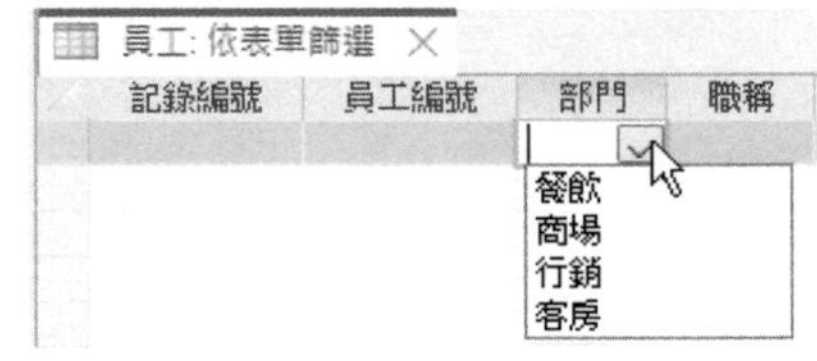

選按所要之內容，即可將其安排於篩選條件列上。如：

表要篩選出『部門』為 "餐飲" 之記錄。

設妥條件後，按『切換篩選』 鈕（或按『常用/排序與篩選/進階』 鈕，續選「套用篩選/排序(Y)」），即可依條件篩選出記錄內容：

記錄編號	員工編號	部門	職稱	姓	名
7	1305	餐飲	經理	林	宗揚
2	1306	餐飲	助理	林	美玉
11	1316	餐飲	助理	楊	雅欣
9	1320	餐飲	助理	陳	玉美
10	1322	餐飲	助理	梅	欣云
(新增)					

篩選後，想將記錄還原成未篩選前之內容，可按『切換篩選』 切換篩選 鈕（或按『常用/排序與篩選/進階』 進階 鈕，續選「清除所有篩選(C)」）。

對於『是/否』資料，係以直接單按滑鼠進行選擇。其內有三種狀況：

無任何設定　　篩選出成立者　　篩選出不成立者

已婚

小秘訣

於『依表單篩選』中，對「長文字」、「OLE物件」、「超連結」與「附件」資料類型，並無法依其實際內容進行篩選。前三者，其選單內只有兩項：

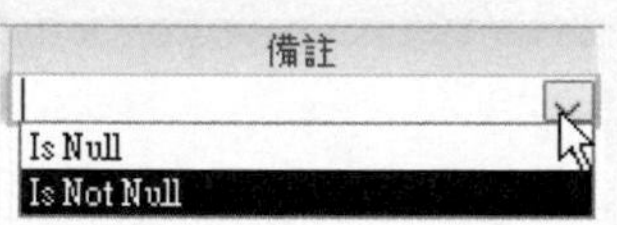

「Is Null」會找出該欄無任何資料之記錄；「Is Not Null」，會找出該欄內存有資料之記錄。

注意

每一次篩選，前階段所安排之條件均會保留下來。若要處理之篩選與上階段無關，請記得按『常用/排序與篩選/進階』 進階 鈕，續選「清除所有篩選(C)」將其刪除，以免產生重疊效果。

直接輸入條件

若只能以選單之方式來輸入篩選條件，仍有些不方便。如對數值性或「日期/時間」資料，我們很少會篩選恰等於某數字（六萬）或某日期（1990年03月18日）之資料。倒是較常使用條件式，如：大於六萬或1982年以後。此時，可於篩選條件之空白列，單按一下滑鼠，於顯示出游標後，續直接輸入適當之條件式。如：（日期左右之#號，可省略，Access位自動補上）

生日
>=#1990/1/1#

薪資
>=60000

且對於較複製之條件，尚可以And、Or與Not組合出複合條件。如：

薪資
>=50000 And <=60000

薪資
Between 50000 And 60000

均表要找尋薪資介於50000 ～ 60000之記錄。

有些「簡短文字」類型之資料，如：員工編號、姓名、地址。這些資料差不多均是唯一存在，故也很少利用選單之方式來輸入篩選條件。也可以輸入 * 及 ? 等萬用字元組成條件式，如：

地址
Like "台北市*"

表要找出住台北市之員工。（也可僅輸入『台北市*』，Access會自動補上Like及雙引號）而

地址
Like "*敦化南路*"

表要找出地址含『敦化南路』之記錄。（也可僅輸入『*敦化南路*』，Access會自動補上Like及雙引號）而

地址
Like "*敦化南路*" Or Like "*民生東路*"

即表要找出地址含『敦化南路』或『民生東路』之記錄。

多重欄位條件

且

置於同一篩選條件列上之內容，表其等以And（且）進行連結，必須同時滿足所有條件，才會被篩選出來。如：

表要過濾出女性經理。而

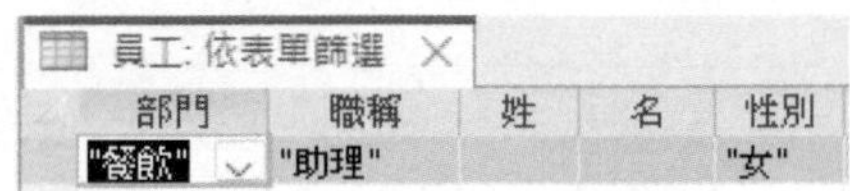

表要過濾出餐飲部之女性助理。

或

如，要找出『男性助理』或『女性主任』，因為沒人可同時滿足此二條件。所以，只能以Or（或）來連結兩組條件。此時，得於第一畫面輸妥第一組條件：

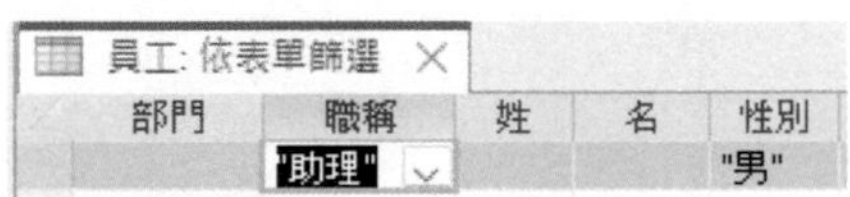

續按下緣之『或』 或 鈕，轉入另一頁：

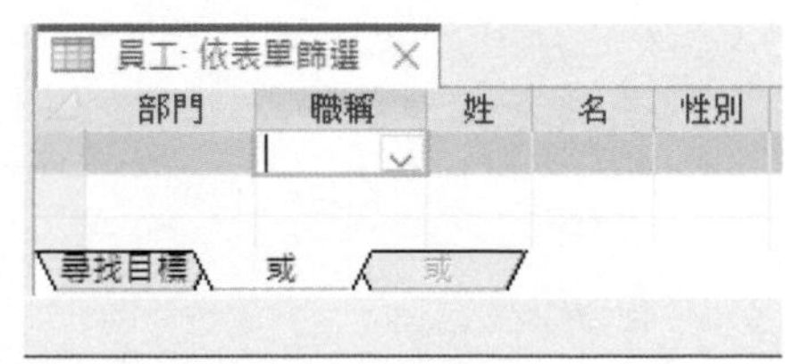

9

篩選

再輸入第二組條件：

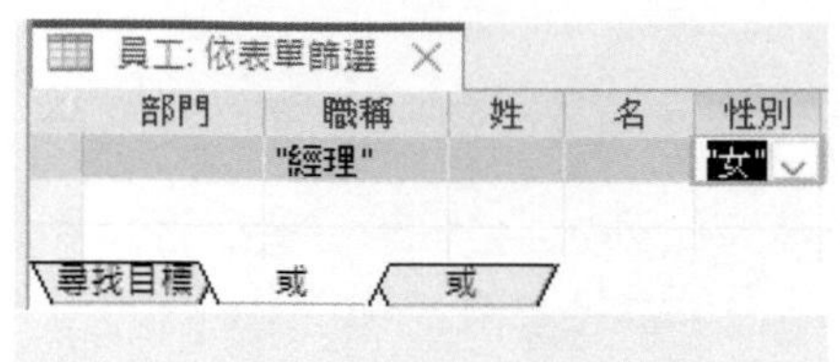

如此，即可讓兩組條件以Or（或）來連結。按『切換篩選』切換篩選鈕（或按『常用/排序與篩選/進階』進階鈕，續選「套用篩選/排序(Y)」），即可篩選出『男性助理』或『女性經理』：

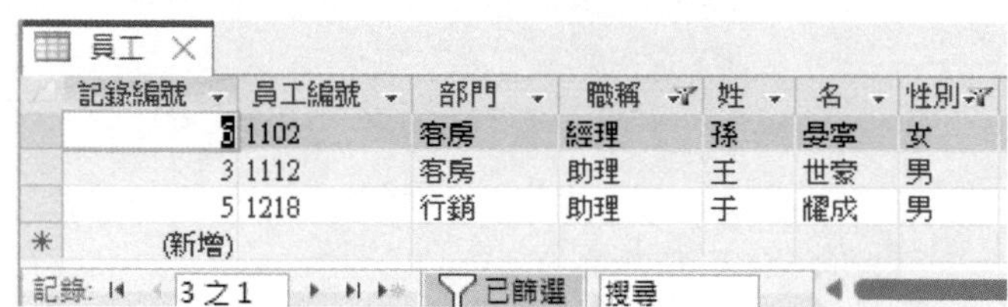
員工

記錄編號	員工編號	部門	職稱	姓	名	性別
5	1102	客房	經理	孫	晏寧	女
3	1112	客房	助理	王	世豪	男
5	1218	行銷	助理	于	耀成	男
(新增)						

記錄: 3 之 1　已篩選　搜尋

查詢

10-1 何謂查詢

Access資料庫內的查詢物件，就是針對某一個或某幾個資料表，依某一個或某幾個特定的條件過濾出符合條件之記錄，且將其資料欄經過縮減、運算或合併，以便適時提供適量、正確有效的內容給使用者。

這些查詢工作，若較為單純且使用頻率不是很高時，以前章之篩選方式，直接在資料表上進行即已足夠。但若是過程複雜且經常得用到，為方便日後重複使用，就有必要將其存為查詢物件。

10-2 建立查詢之方式

請開啟『範例\Ch10\中華公司.accdb』，切換到『建立/查詢』群組

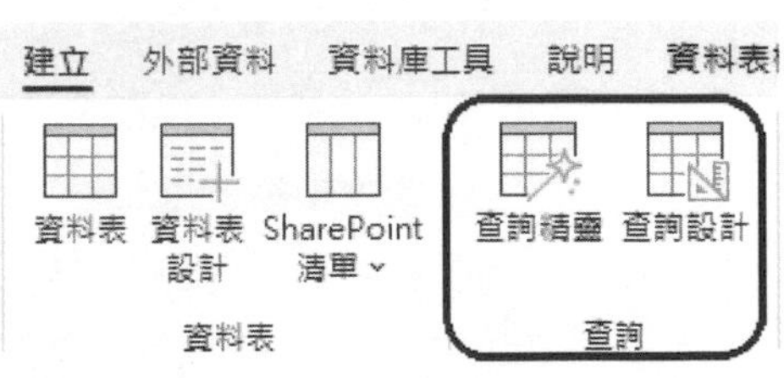

可看到建立查詢之方式有：

- 使用『查詢精靈』建立新查詢
- 使用『查詢設計』建立新查詢

10-3 使用『查詢精靈』建立查詢

顯示部份欄位

假定，想只留下『員工』資料表內之：姓、名、郵遞區號、地址、電話、E-Mail等欄資料。其處理步驟為：

Step 1 按『建立/查詢/查詢精靈』查詢精靈 鈕，轉入『新增查詢』對話方塊

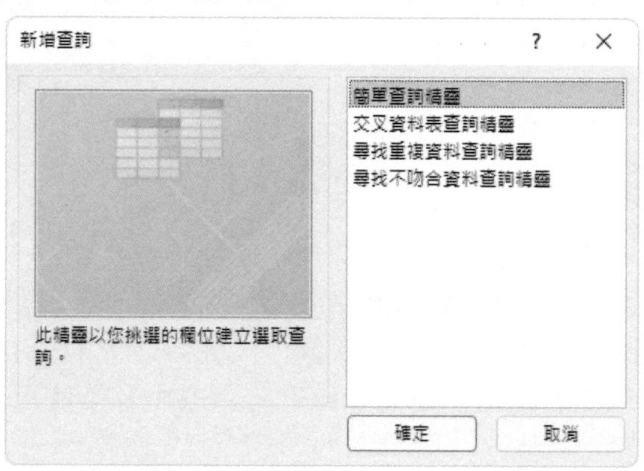

Step 2 選「簡單查詢精靈」，按 確定 鈕，轉入

若要使用者並非目前之『員工』資料表，可於『資料表/查詢(T)』處，另行選擇。

Step 3 於『可用的欄位(A)』，以單按選取要置於查詢中之欄位。續按 [>] 鈕（或直接雙按該欄位），將其送往右側『已選取的欄位(S)』處。逐一將本例要求之姓、名、郵遞區號、地址、電話、E-Mail等欄資料，均送往右側『已選取的欄位(S)』處

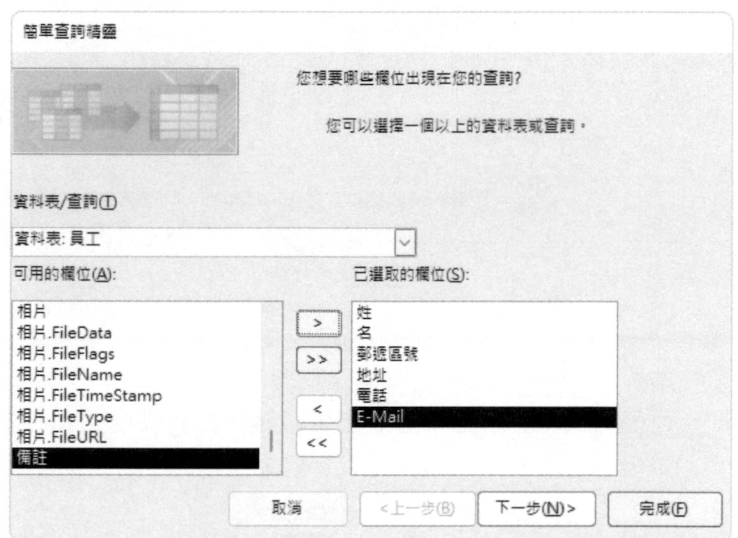

Step 4 按 [下一步(N) >] 鈕，轉入

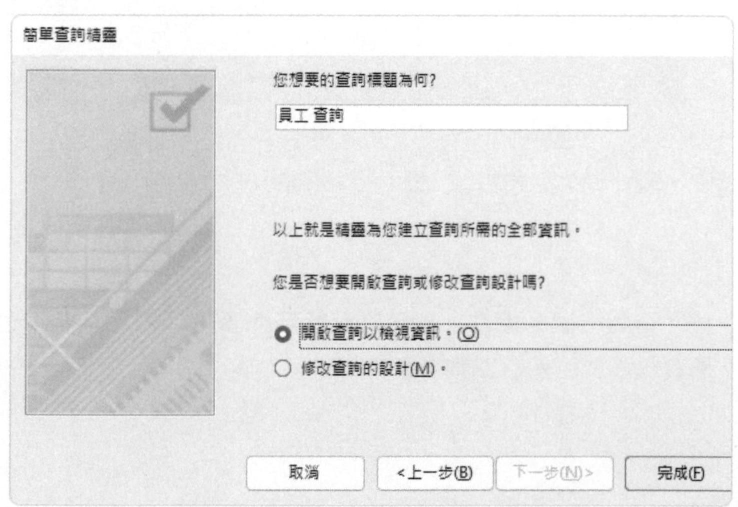

Step 5 將『您想要的查詢標題為何？』改為：通訊資料；並確定其下選「開啟查詢以檢視資訊(O)」(以便立即查看查詢結果)

注意

查詢物件之名稱，不可同於資料表物件，其錯誤訊息為：

Step 6 續按 完成(F) 鈕，完成建立查詢，並立刻轉入『查詢檢視』畫面。可發現，僅顯示出所選取之少數幾個資料欄而已；且左側之『功能窗格』也已產生一個『通訊資料』新查詢

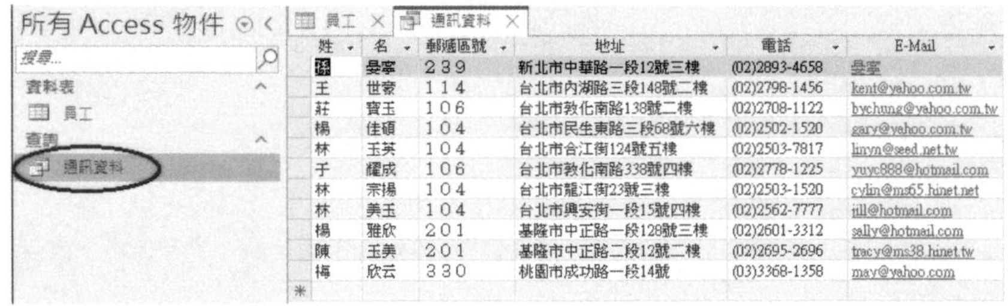

姓	名	郵遞區號	地址	電話	E-Mail
孫	曼寧	239	新北市中華路一段12號三樓	(02)2893-4658	曼寧
王	世豪	114	台北市內湖路三段148號二樓	(02)2798-1456	kent@yahoo.com.tw
莊	寶玉	106	台北市敦化南路138號二樓	(02)2708-1122	bychung@yahoo.com.tw
楊	佳碩	104	台北市民生東路三段68號六樓	(02)2502-1520	gary@yahoo.com.tw
林	玉英	104	台北市合江街124號五樓	(02)2503-7817	linyn@seed.net.tw
于	耀成	106	台北市敦化南路338號四樓	(02)2778-1225	yuyc888@hotmail.com
林	宗揚	104	台北市龍江街23號三樓	(02)2503-1520	cylin@ms65.hinet.net
林	美玉	104	台北市興安街一段15號四樓	(02)2562-7777	jill@hotmail.com
楊	雅欣	201	基隆市中正路一段128號三樓	(02)2601-3312	sally@hotmail.com
陳	玉美	201	基隆市中正路二段12號二樓	(02)2695-2696	tracy@ms38.hinet.tw
梅	欣云	330	桃園市成功路一段14號	(03)3368-1358	may@yahoo.com

Step 7 按查詢右上角之 ✕ 鈕，將其關閉。

小秘訣

於『查詢檢視』畫面，也允許進行修改查詢結果。其結果會同時影響原資料表及目前之查詢內容。

顯示摘要

假定，想以部門分組，求各部門員工薪資之均數、極大與極小值等摘要資料。其處理步驟為：

Step 1 切換到『員工』資料表索引標籤，或於左側之『功能窗格』點選『員工』資料表

Step 2 按『建立/查詢/查詢精靈』查詢精靈 鈕，轉入『新增查詢』對話方塊，選「簡單查詢精靈」，按 確定 鈕，轉入

Step 3 依題意，選取『部門』及『薪資』兩欄

10 查詢

Step 4 按 下一步(N) > 鈕，選「摘要(S)」

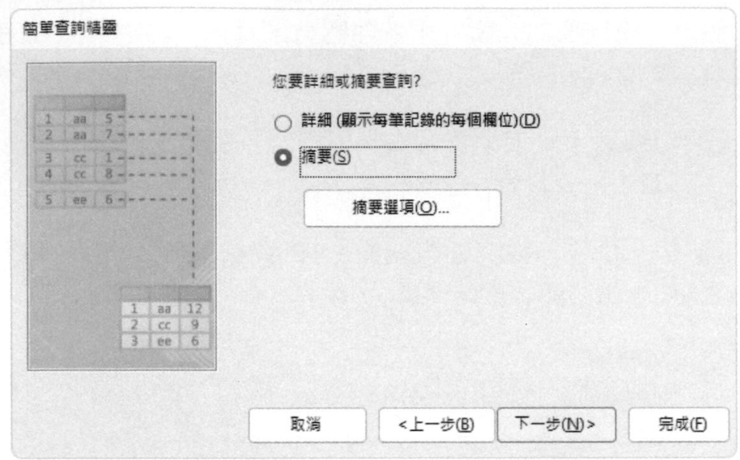

若選「詳細」，將無法求各部門之彙總摘要，會逐筆顯示所有內容。

Step 5 續按 摘要選項(O)... 鈕，轉入

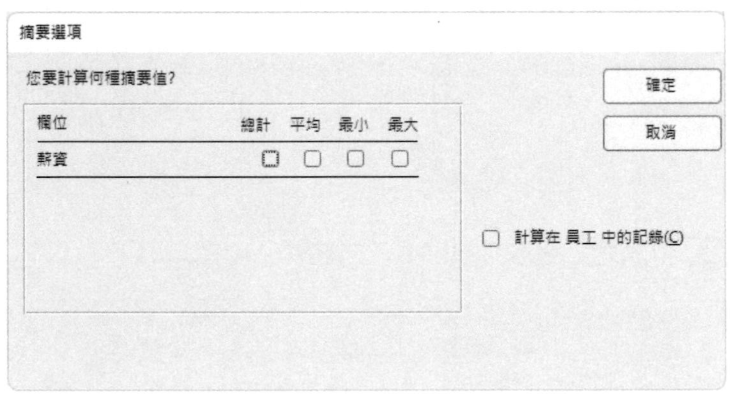

此處會將已選取之數值性欄位顯示出來，等使用者選擇要顯示何種摘要訊息？

Step 6 選取要顯示「平均」、「最小」及「最大」，並於右下角，點選「計算在 員工 中的記錄(C)」，可一併算出各部門之記錄數

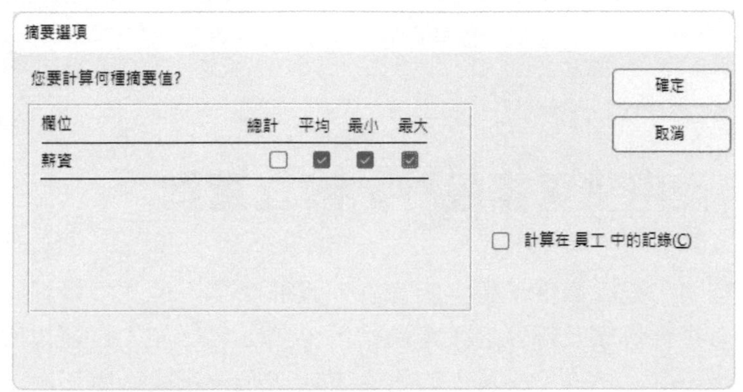

Step 7 按 確定 鈕，回上層對話方塊

Step 8 按 下一步(N) > 鈕，將『您想要的查詢標題為何？』改為：依部門分組求薪資摘要；並確定其下選「開啟查詢以檢視資訊(O)」

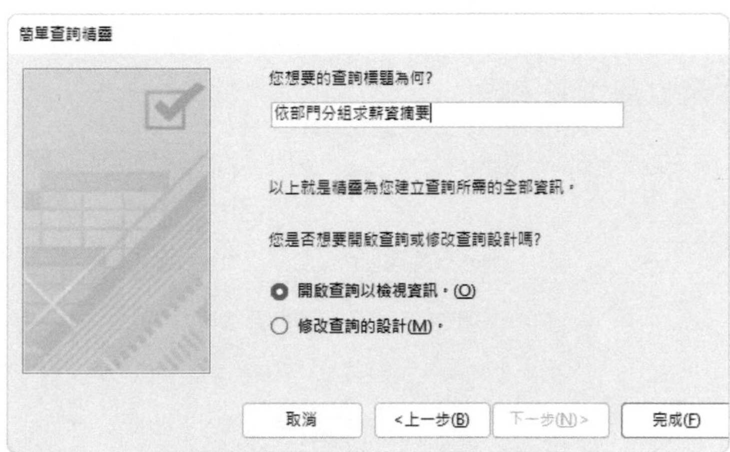

Step 9 續按 完成(F) 鈕，完成建立查詢，並立刻轉入『查詢檢視』畫面

員工 | 依部門分組求薪資摘要

部門	薪資 之 平均	薪資 之 最小值	薪資 之 最大值
客房	$44,500	$31,000	$60,500
行銷	$50,000	$38,000	$65,000
餐飲	$38,220	$28,500	$62,600

可發現已分別求算出各部門之員工記錄筆數，以及薪資之平均、最小與最大值。

注意

於『查詢檢視』畫面，經運算產生之摘要值是不可修改的。但若修改原資料表，則查詢之摘要內容將自動隨之變更內容。

10-4 使用『查詢設計』建立查詢

利用『查詢精靈』建立新查詢，雖很簡單，但並不是很好用。如：它並沒有提供排序及篩選之設定過程，也無法自行加入經運算所產生之新欄位、……等。所以，最常用的建立方式還是使用『查詢設計』（查詢設計）建立查詢。

假定，想篩選出所有女性員工之：部門、職稱、姓、名、性別、地址及電話等欄資料。且將結果主依部門遞增，同部門續依職稱遞增排序。其處理步驟為：

選擇建立查詢之來源

按『建立/查詢/查詢設計』查詢設計 鈕，轉入：

新增表格

資料表　連結　查詢　全部

搜尋

員工

新增選取的資料表

可看到『資料表』、『查詢』與『全部』幾個標籤。也就是說，無論資料表或先前產生之查詢，均可當作建立新查詢之來源。且允許同時選用多個，只要其相互間可建立關聯。

選擇使用『員工』資料表，按 新增選取的資料表 鈕，將其加到『文件視窗』之上半部。按 × 鈕，可看到『文件視窗』內多一個『查詢1』之標籤，其內有『員工』資料表之欄名方塊：

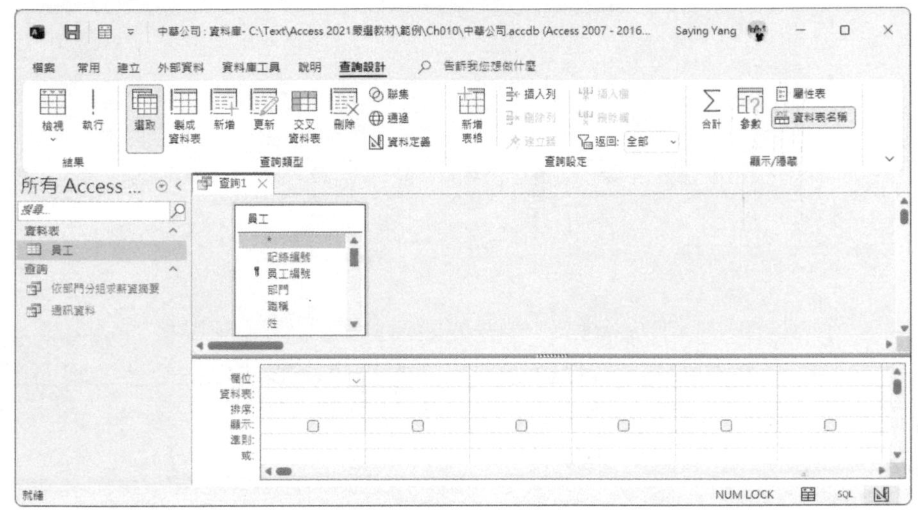

另由其上方『查詢/設計/查詢類型』群組，可看出此一類型為「選取查詢」，將來存檔後之圖示會如：。

安排欄位

於『文件視窗』左上角『員工』資料表之欄名方塊，找出所要之欄位，雙按滑鼠左鍵，可將其移到下半部之表格。亦可按『欄位』處之向下按鈕，續選取欄位，逐欄將所要之欄位安排入下半部之表格。雙按各欄位名稱上方按鈕之右邊界，可將其欄寬調成最適大小：

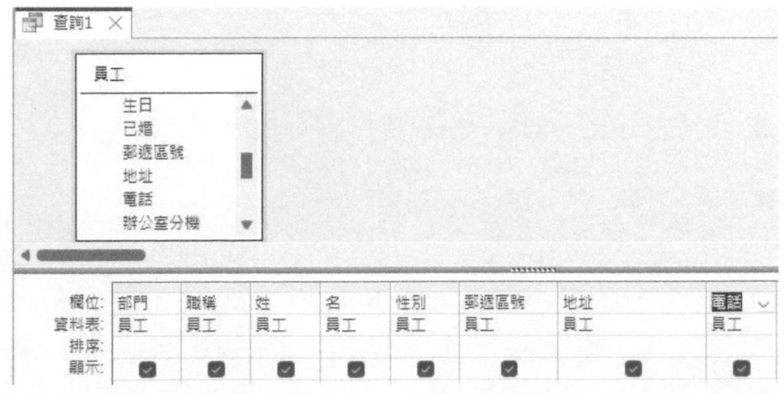

設定排序

於排序依據之欄位下的『排序:』處，按右側之下拉鈕，可選擇要遞增或遞減排序。本例之要求為：主依『部門』遞增，同部門續依『職稱』遞增排序：

欄位:	部門	職稱	姓	名	性別	郵遞區號	地址	電話
資料表:	員工	員工	員工	員工	員工	員工	員工	員工
排序:	遞增	遞增						
顯示:	☑	☑	☑	☑	☑	☑	☑	☑

決定是否顯示

『顯示:』列上，有打勾者表要顯示此欄內容。以單按方式可切換其是否要顯示？有時，某些欄位僅被用來當排序依據或安排條件準則而已，並不想讓其顯示出來，即可於此將其設定為不顯示。

安排準則

於要做為篩選條件之欄位下之『準則:』處，單按一下滑鼠即可輸入過濾條件。本例是要找出女性記錄，故於性別欄下之『準則:』處，輸入女，按 Enter 離開後，Access會自動於字串外圍加上雙引號：

欄位:	部門	職稱	姓	名	性別	郵遞區號	地址	電話
資料表:	員工	員工	員工	員工	員工	員工	員工	員工
排序:	遞增	遞增						
顯示:	☑	☑	☑	☑	☑	☑	☑	☑
					"女"			

執行

執行下列任一方式：

- 按『查詢設計/設計/結果/執行』 ! 執行 鈕
- 按『查詢設計/結果/檢視』 鈕

均可讓查詢之設定生效，以顯示出符合要求記錄及所選擇之欄位，並依所安排之設定排列記錄順序。如，本例之執行結果為：

查詢1

部門	職稱	姓	名	性別	郵遞區號	地址	電話
客房	助理	莊	寶玉	女	106	台北市敦化南路138號二樓	(02)2708-1122
客房	經理	孫	晏寧	女	239	新北市中華路一段12號三樓	(02)2893-4658
行銷	助理	林	玉英	女	104	台北市合江街124號五樓	(02)2503-7817
餐飲	助理	梅	欣云	女	330	桃園市成功路一段14號	(03)3368-1358
餐飲	助理	陳	玉美	女	201	基隆市中正路二段12號二樓	(02)2695-2696
餐飲	助理	楊	雅欣	女	201	基隆市中正路一段128號三樓	(02)2601-3312
餐飲	助理	林	美玉	女	104	台北市興安街一段15號四樓	(02)2562-7777

僅篩選出所有女性員工之：部門、職稱、姓、名、性別、郵遞區號、地址及電話等欄資料。且已主依部門遞增，同部門續依職稱遞增排序。

修改查詢設定

若所安排之查詢內容有任何不妥，按『常用/檢視/設計檢視』鈕，可轉回原查詢之設計檢視畫面，去修改查詢設定。

儲存查詢

若是一新建立之查詢，按鈕儲存，可轉入

輸入新查詢之名稱，續按 確定 鈕，即可將其存檔。本例將其命名為『女性員工通訊錄』：

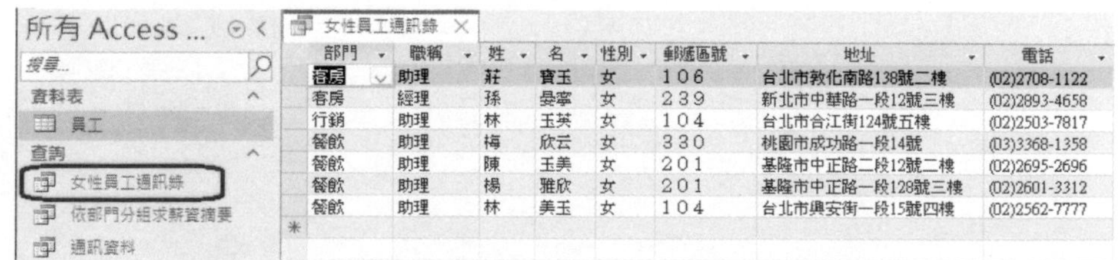

部門	職稱	姓	名	性別	郵遞區號	地址	電話
客房	助理	莊	寶玉	女	106	台北市敦化南路138號二樓	(02)2708-1122
客房	經理	孫	晏寧	女	239	新北市中華路一段12號三樓	(02)2893-4658
行銷	助理	林	玉英	女	104	台北市合江街124號五樓	(02)2503-7817
餐飲	助理	梅	欣云	女	330	桃園市成功路一段14號	(03)3368-1358
餐飲	助理	陳	玉美	女	201	基隆市中正路二段12號二樓	(02)2695-2696
餐飲	助理	楊	雅欣	女	201	基隆市中正路一段128號三樓	(02)2601-3312
餐飲	助理	林	美玉	女	104	台北市興安街一段15號四樓	(02)2562-7777

左側『功能窗格』可看到查詢之名稱及圖示（女性員工通訊錄）；右側『文件視窗』原『查詢1』標籤也已改為『女性員工通訊錄』。

10-5 運算式建立器

於查詢『設計檢視』畫面之『準則:』處，輸入篩選條件之方式，除可直接輸入外；亦可於其上單按滑鼠右鍵，續選「查詢設計/查詢設定/建立器」建立器 鈕)，轉入『運算式建立器』對話方塊：

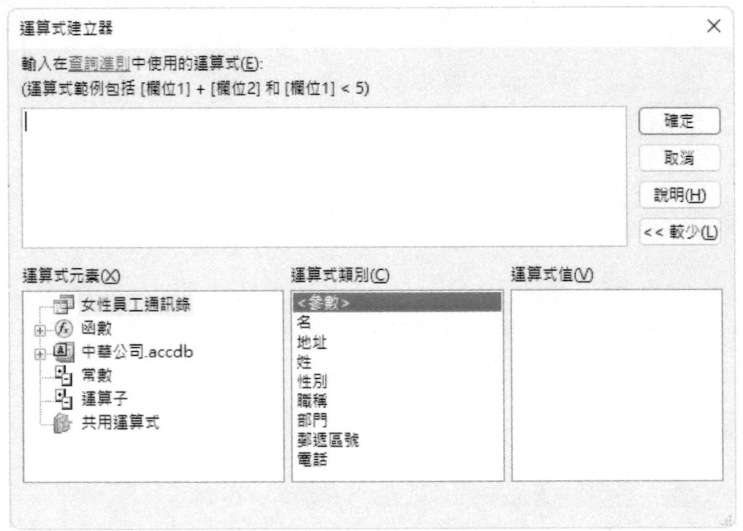

直接輸入，或利用其內之欄名、函數及運算子，以組合出條件式。

假定，要利用Right()函數，擷取『電話』欄的右尾兩碼進行比較，找出恰為58者。以『運算式建立器』安排此一條件式內容的步驟為：

Step 1 往『電話』欄下之『準則:』列單按滑鼠右鍵，續選「建立器(B)...」，轉入『運算式建立器』對話方塊

Step 2 於左下半『運算式元素(X)』方塊，雙按「函數」，於其下拉出

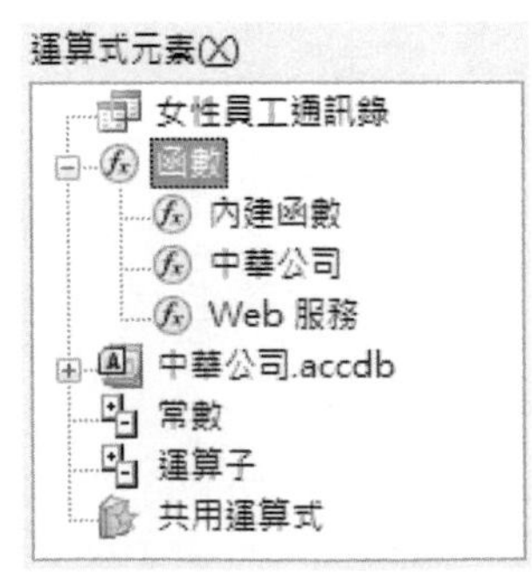

Step 3 單按「fx 內建函數」，中央會顯示函數類別，右側則顯示出函數名稱。於中央函數類別處找出『文字』類，並於右側找出Right函數

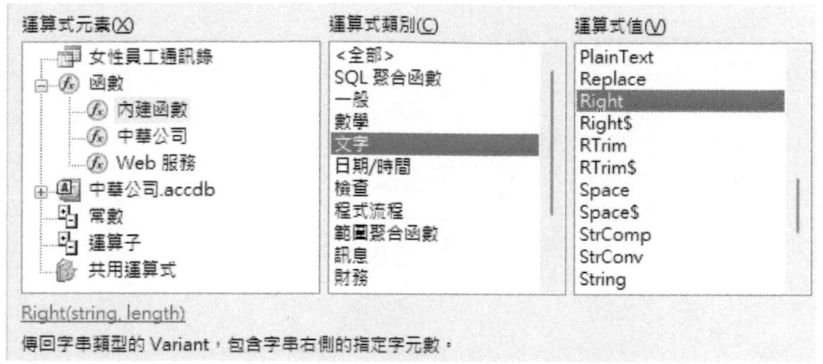

Step 4 於Right函數上雙按滑鼠，將其貼到上半部之空白方塊

運算式建立器

輸入在查詢準則中使用的運算式(E):
(運算式範例包括 [欄位1] + [欄位2] 和 [欄位1] < 5)

Right(«string», «length»)

確定
取消
說明(H)
<< 較少(L)

小秘訣

由其上可看到Right()函數之語法：

Right(《string》,《length》)

《string》表一個文字類型之運算式，如：文字資料欄、字串常數、文字類之函數或其等所組成之運算式。

《length》表一個數字常數或數值運算式。

整組函數之意義為：自《string》之右尾取出《length》個字。如：

Right("(02) 2708-1122",4)

會取得右尾之"1122"四個字元。

Step 5 本例是要取得電話之右尾二碼，故得將《string》換成『電話』欄。

Step 6 於左下半，選按「女性員工通訊錄」查詢物件之圖示，於下半部中央顯示出其內之欄位

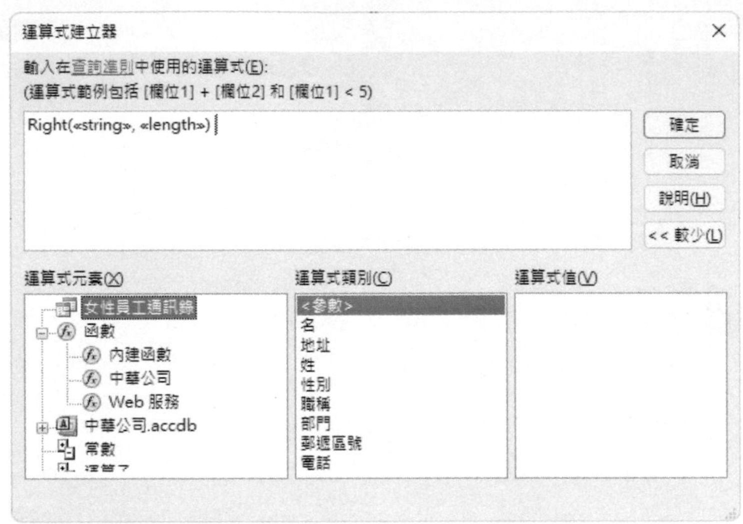

Step 7 先將《string》刪除，續雙按「電話」欄名，將其貼到函數內

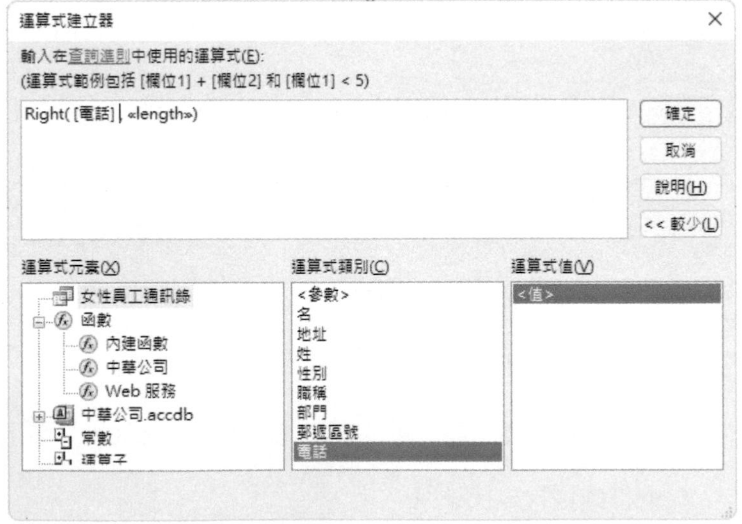

由此可看出：若要以自行輸入方式安排欄名時，得於外圍加上方括號。

Step 8 將《length》改為2

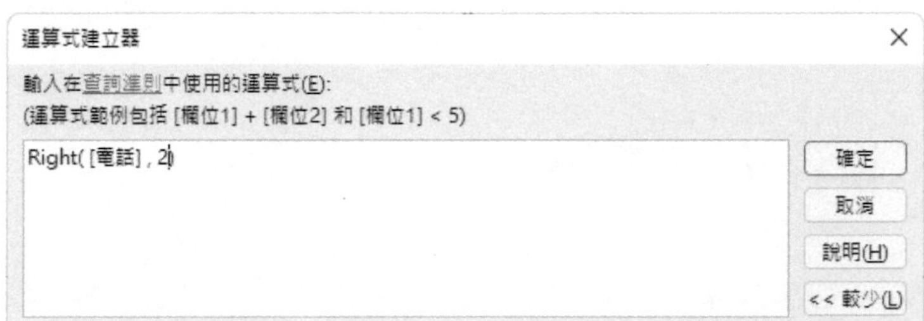

整個函數之意，表要自『電話』欄右尾取得二個字元。

Step 9 移往右括號之後，自行輸入 ="58"（外圍得加上雙引號）

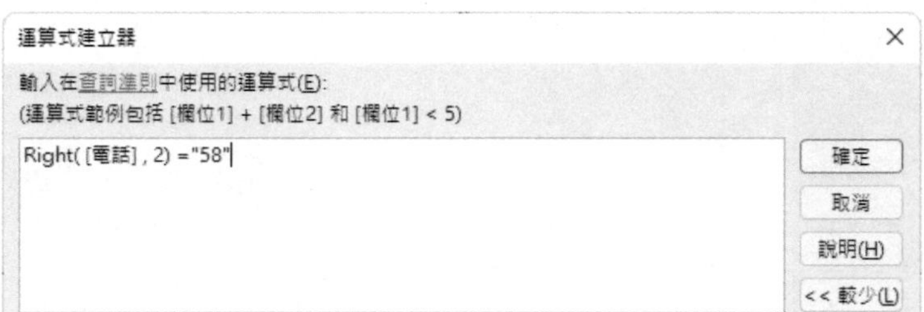

Step 10 最後，按 確定 鈕，轉回查詢『設計檢視』畫面

Step 11 調整『電話』欄之欄寬，即可看到先前利用『運算式建立器』所安排之條件式內容

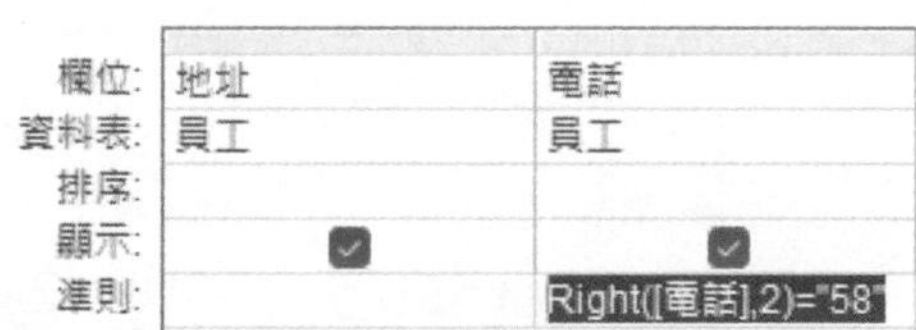

欄位:	地址	電話
資料表:	員工	員工
排序:		
顯示:	☑	☑
準則:		Right([電話],2)="58"

小秘訣

如果，對函數語法很熟，也可全由自行輸入整個條件式內容。

Step 12 按『查詢設計/結果/執行』 執行 鈕，即可依條件找出電話尾二碼為"58"之記錄

女性員工通訊錄

部門	職稱	姓	名	性別	郵遞區號	地址	電話
客房	經理	孫	晏寧	女	239	新北市中華路一段12號三樓	(02)2893-4658
餐飲	助理	梅	欣云	女	330	桃園市成功路一段14號	(03)3368-1358

10-6 物件另存新檔

若不想讓現階段內容覆蓋掉先前之查詢，可執行「檔案/另存新檔/另存物件為/另存物件為」:

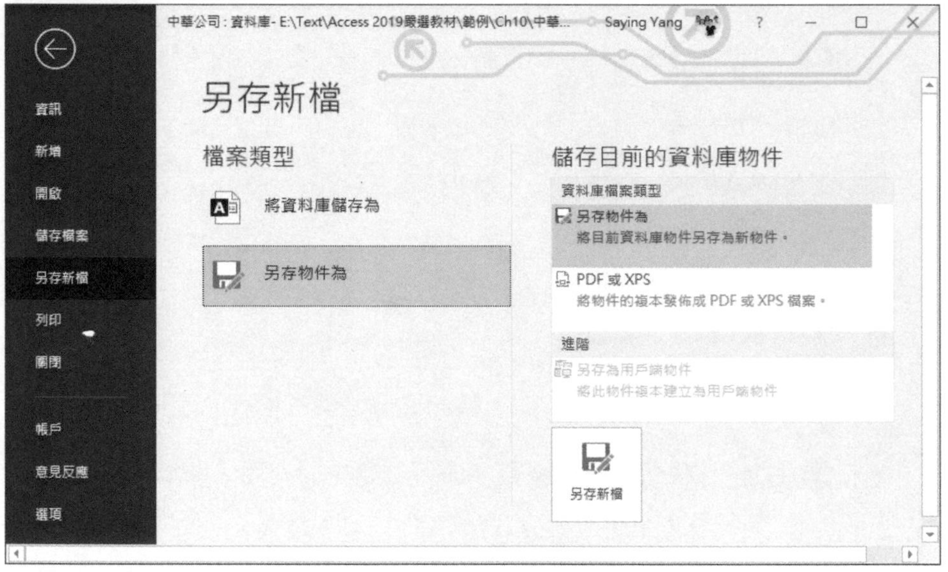

按『另存新檔』 鈕，於上半部文字方塊內，輸入新查詢名稱，本例將其命名為『電話字尾58』:

續按 確定 鈕，即可將其另存入一個新查詢內。

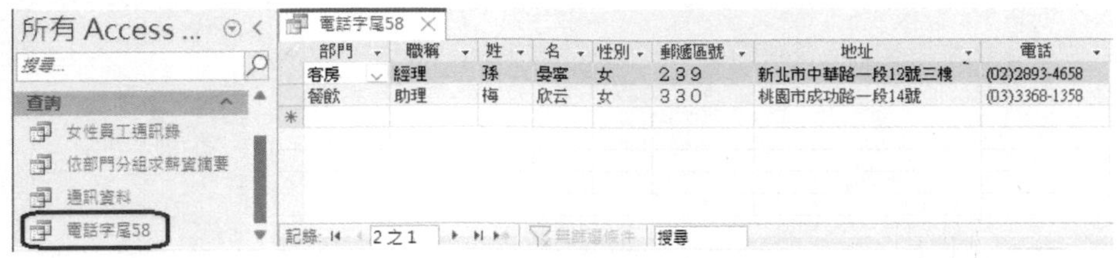

10-7 簡短文字類型條件式

「簡短文字」類型，是資料表內最常使用且資料最多之內容。因此，於查詢或篩選，使用文字類型條件式之頻率也最高。不過，其處理方式，歸納起來，應只有：找全字、找字首、找字尾、找尋中間之子字串等幾類。

可用之運算符號雖很多，幾乎全都可用，但最常用還是等於、不等於及Like。

找全字

像要於『員工編號』欄找某一編號之員工、於『性別』欄找出男/女性、於『部門』欄找出某部門、於『職稱』欄找出某職稱之員工⋯⋯等，就是找尋全字之實例。由於其內容之字數不多，通常，我們會直接輸入要找尋之對象的全部內容（如：男、餐飲、經理、⋯⋯），而不使用萬用字元（*, ?）或函數。至於，所用之比較符號，還是等於（=）及不等於（<>）。如：

欄位:	部門	職稱	姓	名	性別	郵遞區號	地址	電話
資料表:	員工	員工	員工	員工	員工	員工	員工	員工
排序:								
顯示:	☑	☑	☑	☑	☑	☑	☑	☑
準則:	"餐飲"	<>"經理"			"女"			

輸入字串內容時，加不加雙引號均可。省略時，Access會自動補上。若要找等於之資料，是否輸入等號（=），其效果相同。

本例之效果為找尋『餐飲』部非『經理』之『女』性員工：

餐飲部非經理女性

部門	職稱	姓	名	性別	郵遞區號	地址	電話
餐飲	助理	林	美玉	女	104	台北市興安街一段15號四樓	(02)2562-7777
餐飲	助理	楊	雅欣	女	201	基隆市中正路一段128號三樓	(02)2601-3312
餐飲	助理	陳	玉美	女	201	基隆市中正路二段12號二樓	(02)2695-2696
餐飲	助理	梅	欣云	女	330	桃園市成功路一段14號	(03)3368-1358
*							

找字首

比如，要於『名』欄找名字第一個字為"玉"或"美"的員工、於『電話』欄找出區域碼為"(02)"者、於『地址』欄找出住"基隆市"者、……，就是以字首進行找尋之實例。

由於，只知其左邊字首的部份內容而已。通常，就得使用萬用字元（*, ?）或函數，以及Like比較符號。只要輸入含*、?萬用字元之內容，Access會自動使用Like比較符號；若要取得『非…』之內容，可於Like前加上Not。如：

欄位:	姓	名	地址	電話
資料表:	員工	員工	員工	員工
排序:				
顯示:	☑	☑	☑	☑
準則:		Like "美*"		Like "(02)25*"
或:		Like "玉?"	Not Like "桃園*"	

輸入"(02)25*"字串內容時，記得加上雙引號。省略時，Access會誤認為要進行含括號之運算。

本例之作用在篩選：『名』欄第一個字為"美"、電話字首為"(02)25"；或『名』欄恰為兩個字、第一個字為"玉"、不住桃園之記錄。其結果為：

找字首

姓	名	地址	電話
林	玉英	台北市合江街124號五樓	(02)2503-7817
林	美玉	台北市興安街一段15號四樓	(02)2562-7777
陳	玉美	基隆市中正路二段12號二樓	(02)2695-2696
*			

Left函數

若不使用萬用字元，還可利用Left()函數取得字首內容。Left()函數之語法為：

```
Left(《string》, 《length》)
```

用以於《string》文字運算式的左邊取得《length》個字元。如：

```
Left([地址],3)
```

可取得『地址』欄的前三個字。而

```
Left([電話],5)
```

可取得『電話』欄的前五個字。

故而，如：

欄位:	姓	名	地址	電話
資料表:	員工	員工	員工	員工
排序:				
顯示:	✓	✓	✓	✓
準則:		Left([名],1)="玉"	Left([地址],2)<>"桃園"	Left([電話],5)="(02)2"

由於未使用萬用字元，就可不使用Like比較符號。本例之效果為：找名字的第一個字為 "玉"、不住桃園、電話前五碼為 "(02)2" 之員工記錄：

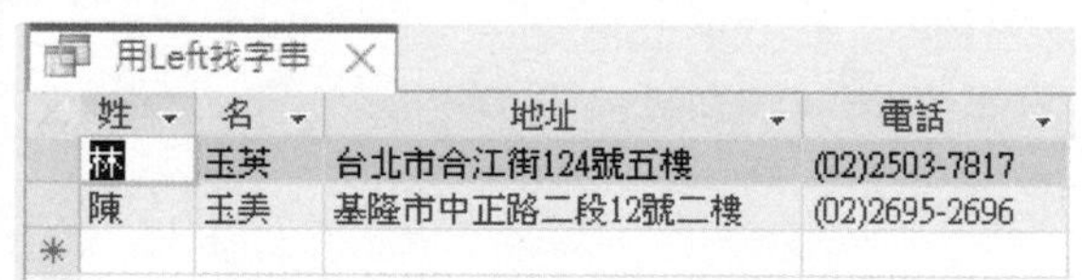
用Left找字串

姓	名	地址	電話
林	玉英	台北市合江街124號五樓	(02)2503-7817
陳	玉美	基隆市中正路二段12號二樓	(02)2695-2696

找介於某範圍

文字也可以比較大小，只是我們不知道"林"是否比"李"大？但對於如電話或員工編號之數字，比較大小就稍微有點意義。如：

```
Left([辦公室分機],3)>="611" And Left([辦公室分機],3)<="711"
Left([辦公室分機],3) Between "611" And "711"
```

欄位:	姓	名	辦公室分機
資料表:	員工	員工	員工
排序:			
顯示:	☑	☑	☑
準則:			Left([辦公室分機],3)>="611" And <="711"

其效果均表在找辦公室分機號碼字首為"611"～"711"者：

分機號碼611～711者

部門	職稱	姓	名	辦公室分機
客房	助理	莊	寶玉	6111
餐飲	經理	林	宗揚	7103
餐飲	助理	林	美玉	7116

找字尾

若只知某員工之名字最後一個字為"美"、或要於『電話』欄找出字尾"1520"者、……，就是以字尾進行找尋之實例。

由於，只知其右邊字尾的部份內容而已，故也得使用萬用字元或函數。如：

欄位:	姓	名	電話
資料表:	員工	員工	員工
排序:			
顯示:	☑	☑	☑
準則:		Like "*美"	
或:			Like "*1520"

表要於找名字最後一個字為 "美"；或電話尾四碼為 "1520" 之員工：

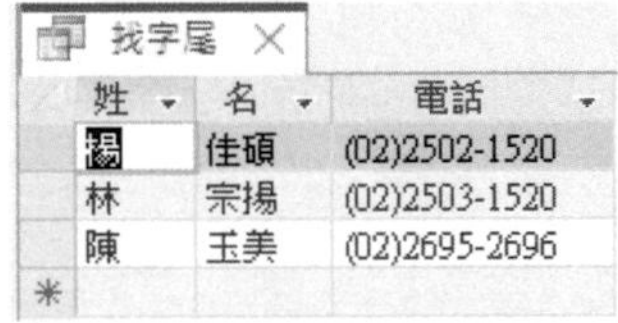

找字尾

姓	名	電話
楊	佳碩	(02)2502-1520
林	宗揚	(02)2503-1520
陳	玉美	(02)2695-2696
*		

Right函數

Right()函數之用法已於前文介紹過，如，前例若改為使用Right()函數，其篩選條件將為：

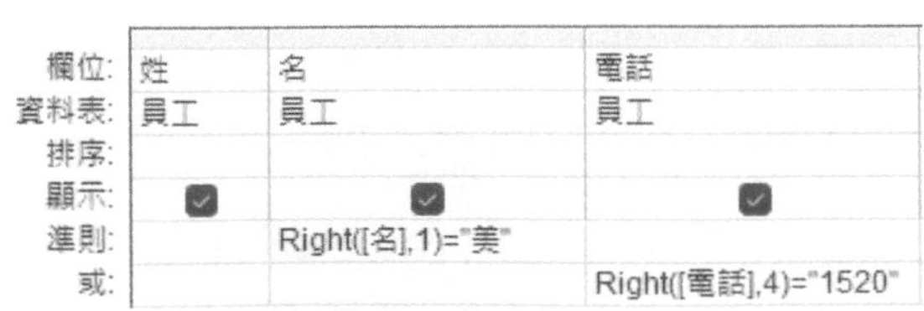

欄位:	姓	名	電話
資料表:	員工	員工	員工
排序:			
顯示:	☑	☑	☑
準則:		Right([名],1)="美"	
或:			Right([電話],4)="1520"

找中間之子字串

若只知某人住"敦化南路"、電話中有某幾個字為"15"、E-Mail含"hinet"、備註資料有"認真"兩字、……等，這些均是以中間之子字串進行找尋之實例。

由於，只知道其內之某幾個字而已，故也得使用萬用字元或函數。如：

欄位:	姓	名	地址	電話	E-Mail	備註
資料表:	員工	員工	員工	員工	員工	員工
排序:						
顯示:	☑	☑	☑	☑	☑	☑
準則:			Like "*敦化南路*"			
或:				Like "*15*"		
					Like "*hinet*"	Like "*認真*"

其篩選效果為：

找中間之子字串

姓	名	地址	電話	E-Mail	備註
汪	寶玉	台北市敦化南路138號二樓	(02)2708-1122	bychung@yahoo.com.tw	有發展潛力
楊	佳碩	台北市民生東路三段68號六樓	(02)2502-1520	gary@yahoo.com.tw	工作效率高，認真負責
于	耀成	台北市敦化南路338號四樓	(02)2778-1225	yuyc888@hotmail.com	
林	宗揚	台北市龍江街23號三樓	(02)2503-1520	cylin@ms65.hinet.net	

Mid函數

Mid()函數之語法為：

```
Mid(《string》,《start》,《length》)
```

用以於《string》文字運算式內，自《start》所示之第幾個字開始，取出《length》個字元。如：

```
Mid("ABCDEFG",3,4)
```

可自"ABCDEFG"之第3個字開始取出4個字元，其結果為"CDEF"。而

```
Mid([地址],4,4)
```

可自『地址』欄的第4個字開始取出4個字。

故而，如：

欄位:	姓	名	地址	電話
資料表:	員工	員工	員工	員工
排序:				
顯示:	☑	☑	☑	☑
準則:			Mid([地址],4,4)="民生東路"	
或:				Mid([電話],5,2)="26"
				Mid([電話],5,2)="33"

其效果為地址第 4 個字開始所取出的 4 個字為 "民生東路"；或電話去除 4 位長度之區碼後，由第 5 個字開始，取出2碼為 "26" 或 "33"。其篩選結果為：

Mid函數

姓	名	地址	電話
楊	佳碩	台北市民生東路三段68號六樓	(02)2502-1520
楊	雅欣	基隆市中正路一段128號三樓	(02)2601-3312
陳	玉美	基隆市中正路二段12號二樓	(02)2695-2696
梅	欣云	桃園市成功路一段14號	(03)3368-1358
*			

10-8 數值類型條件式

無運算之比較式

一般人，比較沒有將文字進行比大小之觀念；但對數值進行比較大小，就很能接受。因為，日常生活上就經常在做這一類事情。

一般數值條件式，較常用>、>=、<、<=或Between … And …等比較符號，對於=及<>則甚少使用（因為很難記下正確之完整數值）。

篩選薪資

篩選薪資介於30000 ～ 40000之女性，或薪資大於60000之男性：

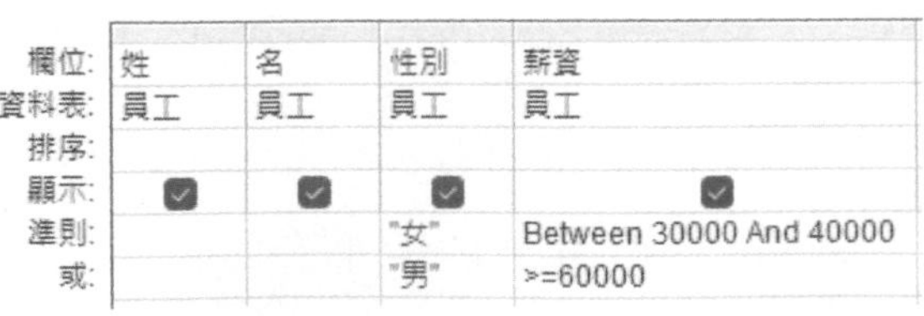

欄位:	姓	名	性別	薪資
資料表:	員工	員工	員工	員工
排序:				
顯示:	☑	☑	☑	☑
準則:			"女"	Between 30000 And 40000
或:			"男"	>=60000

其內，Between 30000 And 40000也可改為 >=30000 And <=40000。本例之執行結果為：

篩選薪資

姓	名	性別	薪資
汪	寶玉	女	$31,000
楊	佳碩	男	$65,000
林	宗揚	男	$62,600

含運算之比較式

對數值資料使用複雜之運算，於條件式中倒還少見；通常被使用於顯示新內容時，如：算稅金、總金額、按比例求獎金或折扣、……等。

找加薪後薪資超過62000者

假定，每人要加薪5%，試問有那些人之薪資會超過62000？這就得於條件式中加上運算：

```
[薪資]*1.05>=62000
```

欄位:	部門	職稱	姓	名	薪資	[薪資]*1.05
資料表:	員工	員工	員工	員工	員工	
排序:						
顯示:	☑	☑	☑	☑	☑	☐
準則:						>=62000

其執行結果為：

找加薪後薪資超過62000者

部門	職稱	姓	名	薪資
客房	經理	孫	晏寧	$60,500
行銷	經理	楊	佳碩	$65,000
餐飲	經理	林	宗揚	$62,600
*				$0

因沒有將加薪後之運算結果顯示出來，我們還是看到薪資低於62000之記錄（但加5%後會超過62000）。所以，還得於尾部新增一運算欄，以顯示加薪後之運算結果（本部份詳下章說明）：

欄位:	姓	名	薪資	加薪後: [薪資]*1.05
資料表:	員工	員工	員工	
排序:				
顯示:	☑	☑	☑	☑
準則:				>=62000

其執行結果，可同時看到原薪資及加薪後之運算結果：

加薪後超過62000

	部門	職稱	姓	名	薪資	加薪後
	客房	經理	孫	晏寧	$60,500	63525
	行銷	經理	楊	佳碩	$65,000	68250
	餐飲	經理	林	宗揚	$62,600	65730
*					$0	

小秘訣

本例中，新增欄位處所輸入之內容：

```
加薪後:[薪資]*1.05
```

冒號（:）前之文字會被當成標題；冒號後之運算式，表示該欄要顯示此一運算結果（將薪資調高5%）。

注意

此類經運算產生之新欄位內容，同於「計算」資料型態之資料欄，並不允許進行修改。

IIF函數

IIF()函數之語法為：

```
IIf(《運算式》,《truepart》,《falsepart》)
```

《運算式》為一條件式，當其比較結果成立，本函數將回應《truepart》之運算結果；反之，則回應《falsepart》之運算結果。《truepart》與《falsepart》兩部份可為任意資料類型之運算式，但兩者必須同類型（如：不可一個為文字，另一個為日期）。

如，假定擬對女性員工加薪4000；男性加薪5000。可將求加薪後之結果的運算式安排成：

```
[薪資]+IIF([性別]="男",5000,4000)
```

找稅金超過5000者

而若假定薪資達於60000時，應課8%的稅；否則，課5%的稅。可將求稅率之運算式安排成：

```
IIF([薪資]>=60000,0.08,0.05)
```

而稅金的運算式就變成：

```
稅金:IIF([薪資]>=60000,0.08,0.05)*[薪資]
```

故而，如下之欄位運算式及篩選條件：

欄位:	姓	名	薪資	稅金: IIf([薪資]>=60000,0.08,0.05)*[薪資]
資料表:	員工	員工	員工	
排序:				
顯示:	☑	☑	☑	☑
準則:				>=5000

就在求應課稅金大於等於5000者之記錄：

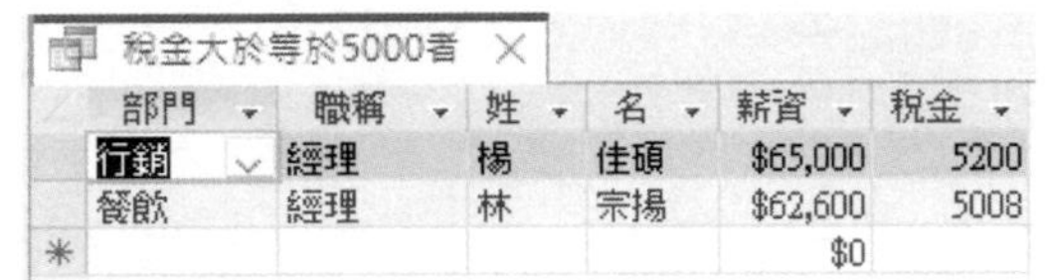

稅金大於等於5000者

部門	職稱	姓	名	薪資	稅金
行銷	經理	楊	佳碩	$65,000	5200
餐飲	經理	林	宗揚	$62,600	5008
				$0	

10-9 日期類型條件式

無運算之比較式

「日期/時間」類型資料，事實上也相當於是一種數值資料，故而將其進行比較大小，也蠻能被一般人接受。同數值條件式一樣，日期類型條件式也較常用>、>=、<、<=或Between ... And ...等比較符號，對於=及<>還是甚少使用（因為很難記下正確之日期時間）。

找某年以後到職者

篩選出西元2017年以後到職者：

欄位:	職稱	姓	名	到職日
資料表:	員工	員工	員工	員工
排序:				
顯示:	☑	☑	☑	☑
準則:				>=#2017/1/1#

輸入日期時，亦可省略外圍之#號，Access會自動補上。其結果為：

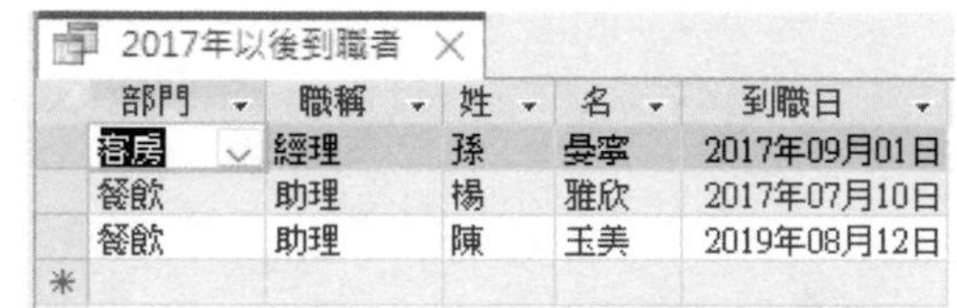

2017年以後到職者

部門	職稱	姓	名	到職日
客房	經理	孫	晏寧	2017年09月01日
餐飲	助理	楊	雅欣	2017年07月10日
餐飲	助理	陳	玉美	2019年08月12日

找某年到職者

篩選正好為西元2017年到職者之記錄：

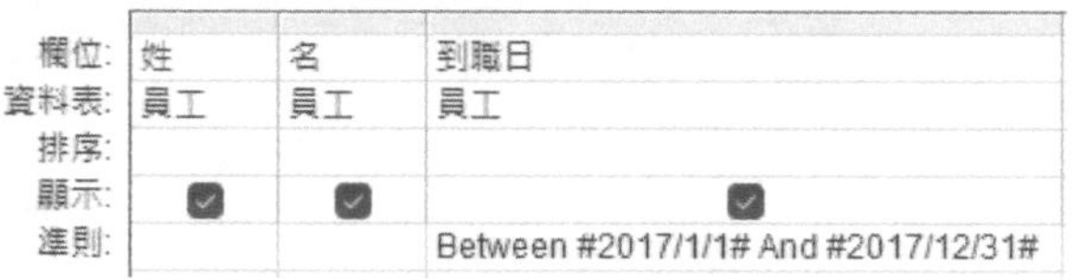

欄位:	姓	名	到職日
資料表:	員工	員工	員工
排序:			
顯示:	☑	☑	☑
準則:			Between #2017/1/1# And #2017/12/31#

其內：

```
Between #2017/01/01# And #2017/12/31#
```

也可改為：

```
>=#2017/01/01# And <=#2017/12/31#
```

本例之執行結果為：

2017到職

姓	名	到職日
孫	晏寧	2017年09月01日
楊	雅欣	2017年07月10日

找未滿31歲之員工

如果，今天為2022/05/03，要找出未滿31歲之員工。應該是找1991/05/03以後出生者：

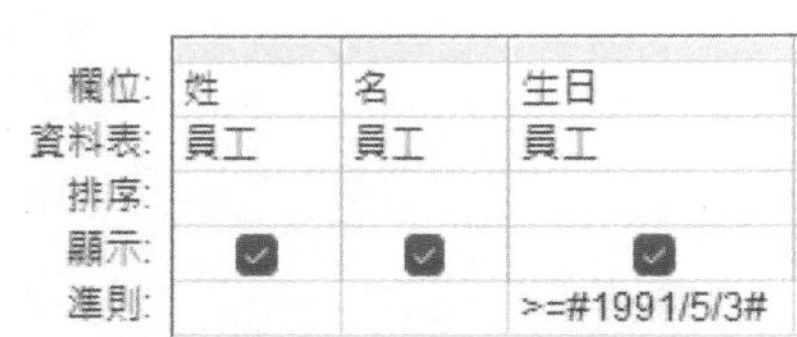

欄位:	姓	名	生日
資料表:	員工	員工	員工
排序:			
顯示:	☑	☑	☑
準則:			>=#1991/5/3#

其執行結果為：

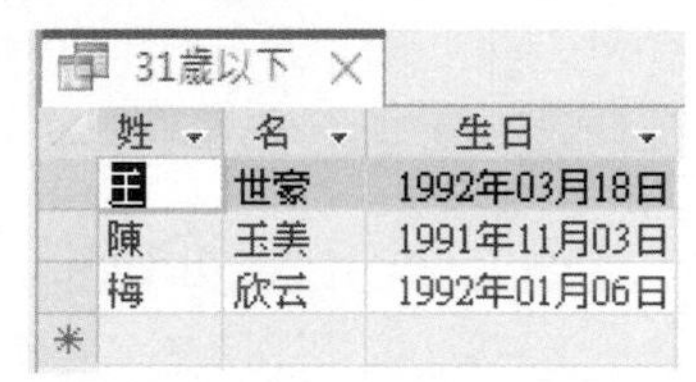

31歲以下

姓	名	生日
王	世豪	1992年03月18日
陳	玉美	1991年11月03日
梅	欣云	1992年01月06日

但是這個例子只有今天適用。明天，要再查詢，又得重新輸入新日期。故而，得將原日期常數#1991/05/03#，改為會永遠為使用當天日期進行計算之Date()函數。（參見下文DateSerial()函數之例）

含運算之比較式

將日期經過運算，再使用到條件式內的情況很多。如：計算年齡、年資、過濾某月份生日者、……等。通常，都得經過函數運算，然後再進行比較。

Date()函數

Date()函數之語法為：

```
Date()
```

其內存放著今天的日期。我們曾經在設定生日的驗證規則時使用過，設定為<=Date()，將拒絕所有的未來日期。

Year()函數之語法為

Year()函數之語法為：

```
Year (《date》)
```

會求出《date》所示之日期的西元年代。如，今天為2022/05/03，則

```
Year(Date())
```

之結果為2022。

求年齡

有了Year()及Date()函數後，求算年齡之方式就較為靈活。如，習慣上，我們計算年齡之方式為今年減去出生之年（雖然不是很精準）：

```
Year(Date())-Year([生日])
```

故而

```
Year(Date())-Year([生日])<=31
```

之效果為找尋年齡31歲及以下之員工：

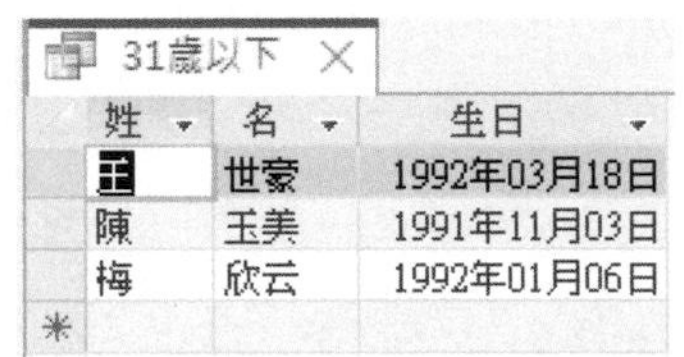
31歲以下

姓	名	生日
王	世豪	1992年03月18日
陳	玉美	1991年11月03日
梅	欣云	1992年01月06日

但以此算法，因為不是很精準，有時會有點矛盾。假定，今天是2022年12月25日，而陳玉美之生日為1991年11月03日，已超過31歲。但依本例之算法，仍會將其等納入於找尋結果之中。

找某年到職者

先前，我們是以：

```
Between #2017/01/01# And #2017/12/31#
```

來篩選正好為2017年到職者之記錄。其條件式略嫌長了一點，若使用Year()函數，其條件式可為：

```
Year([到職日])=2017
```

欄位:	姓	名	到職日	Year([到職日])
資料表:	員工	員工	員工	
排序:				
顯示:	☑	☑	☑	☐
準則:				2017

Month()

Month()函數之語法為：

```
Month(《date》)
```

會求出《date》所示之日期的月份。如，今天為2022/10/27，則

```
Month(Date())
```

之結果為10。

找某月生日之壽星

假定，要找出三月份生日之員工，可將篩選條件設定為：

```
Month([生日])=3
```

欄位:	姓	名	生日
資料表:	員工	員工	員工
排序:			
顯示:	☑	☑	☑
準則:			Month([生日])=3

執行結果為：

三月份生日之員工

姓	名	生日
王	世豪	1992年03月18日
楊	佳碩	1989年03月05日
林	玉英	1989年03月12日

找本月生日之壽星

若將條件是改為：

```
Month([生日])=Month(Date())
```

透過Month(Date())可取得本月之月份，那本式就變成可篩選當月生日之壽星：

Day()函數

Day()函數之語法為：

```
Day(《date》)
```

會求出《date》所示之日期的日數。如，今天為2022/10/27，則

```
Day(Date())
```

之結果為27。

將Day()函數應用於條件式上之機會不多，介紹它是因為它不難。假定，我們要篩選三月1~15日間出生者。其條件式可為：

```
Month([生日])=3 And Day([生日])<=15
```

其執行結果為：

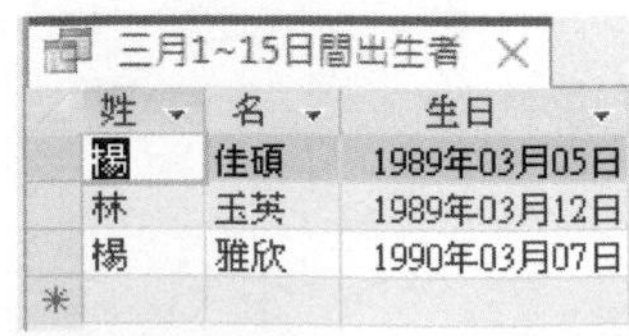

三月1~15日間出生者

姓	名	生日
楊	佳碩	1989年03月05日
林	玉英	1989年03月12日
楊	雅欣	1990年03月07日

DateSerial()函數

DateSerial()函數之語法為：

```
DateSerial(《year》,《month》,《day》)
```

可將《year》,《month》,《day》三組分別代表年月日之數字，轉為其所示之日期資料。如：

```
DateSerial(2022,10,27)
```

將轉為2022/10/27。

前文，我們提及以年代相減求算年齡（年資），有其矛盾存在。就可利用此函數來化解。假定，要過慮出未滿31歲之記錄，其生日欄之條件式可設為：

```
>DateSerial(Year(Date())-31,Month(Date()),Day(Date()))
```

欄位:	姓	名	生日
資料表:	員工	員工	員工
排序:			
顯示:	☑	☑	☑
準則:			>DateSerial(Year(Date())-31,Month(Date()),Day(Date()))

當今天為2022/10/27，本組條件將轉為：

```
> DateSerial(1991,10,27)
```

所篩選出來之記錄就不會有剛好滿或超過31歲者：

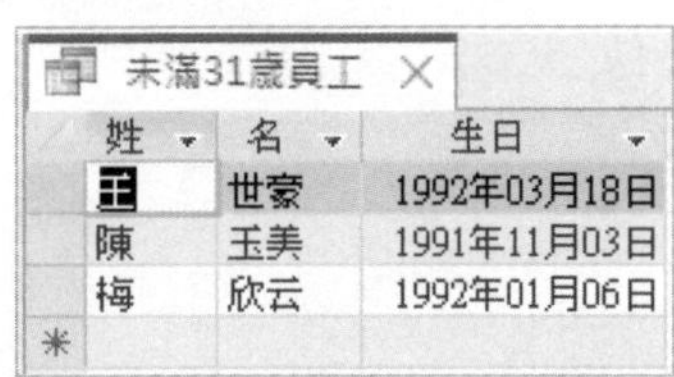
未滿31歲員工

姓	名	生日
王	世豪	1992年03月18日
陳	玉美	1991年11月03日
梅	欣云	1992年01月06日

同此，若要找出到職服務未滿5年之員工。其到職日欄之條件式可設為：

```
>DateSerial(Year(Date())-5,Month(Date()),Day(Date()))
```

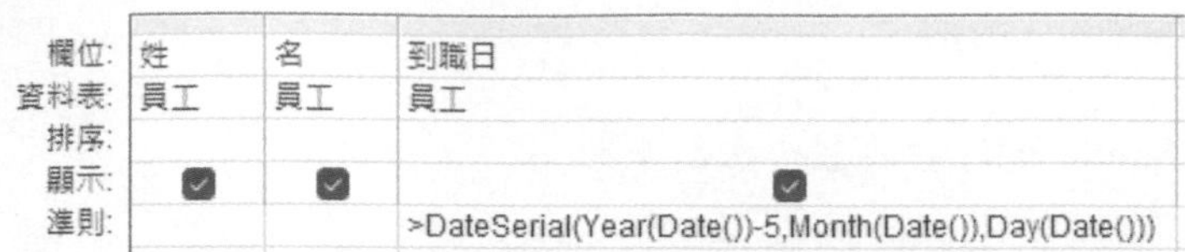

欄位:	姓	名	到職日
資料表:	員工	員工	員工
排序:			
顯示:	✓	✓	✓
準則:			>DateSerial(Year(Date())-5,Month(Date()),Day(Date()))

執行結果為：

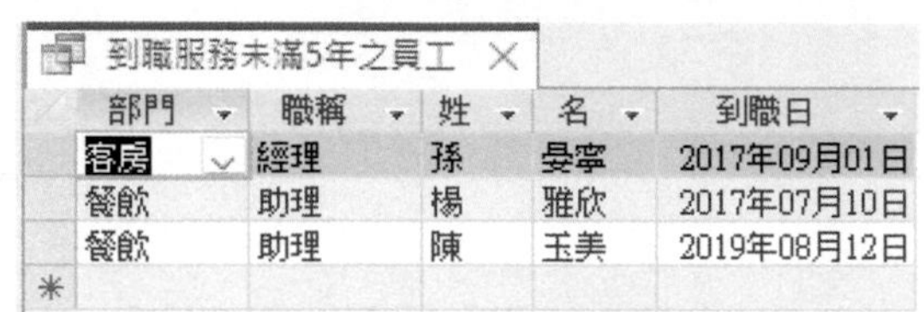

到職服務未滿5年之員工

部門	職稱	姓	名	到職日
客房	經理	孫	晏寧	2017年09月01日
餐飲	助理	楊	雅欣	2017年07月10日
餐飲	助理	陳	玉美	2019年08月12日
*				

10-10「是/否」類型條件式

「是/否」類型資料，只有成立/不成立兩種情況。故其條件式可說沒有什麼變化，以Yes或True代表成立；以No或False代表不成立。輸入這些值時，前面加不加等號（=）均可。此外，無論成立/不成立均可於前面加上Not（或<>）來變成相反值。如：

欄位:	部門	職稱	姓	名	已婚
資料表:	員工	員工	員工	員工	員工
排序:					
顯示:	✓	✓	✓	✓	✓
準則:					<>No

<>No之結果為Yes，故其執行結果為篩選出已婚者之記錄：

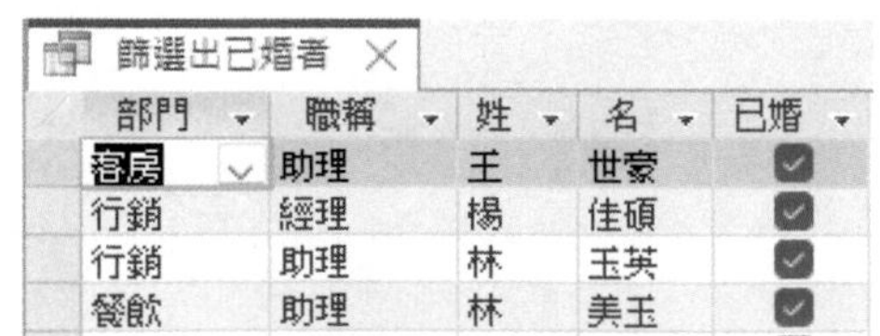

篩選出已婚者

部門	職稱	姓	名	已婚
客房	助理	王	世豪	✓
行銷	經理	楊	佳碩	✓
行銷	助理	林	玉英	✓
餐飲	助理	林	美玉	✓

10-11 OLE物件與附件類型條件式

「OLE物件」與「附件」類型的內容五花八門，也沒一個規則，有的還是圖片或音效。故其條件式只能使用：Is Null及Is Not Null，判斷是否有輸入內容。如：

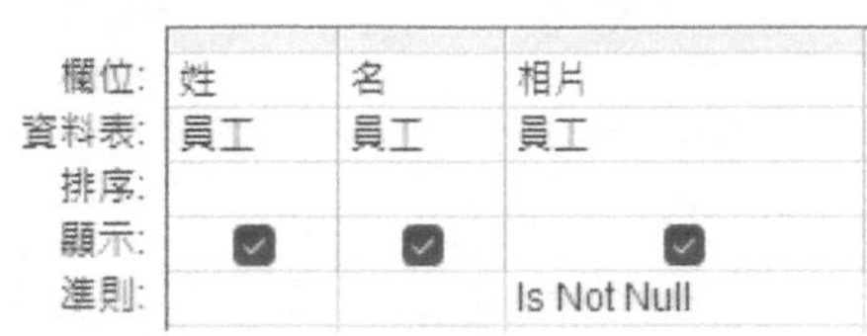

欄位:	姓	名	相片
資料表:	員工	員工	員工
排序:			
顯示:	☑	☑	☑
準則:			Is Not Null

Is Not Null所篩選出的為『相片』欄有內容之記錄。

Is Null及Is Not Null，可用於任何欄位，以判斷該欄是否有輸入資料。

10-12 超連結類型條件式

於查詢中，「超連結」類型可使用同「簡短文字」類型之條件式。如：

```
Like "*yahoo*"
```

欄位:	姓	名	E-Mail
資料表:	員工	員工	員工
排序:			
顯示:	☑	☑	☑
準則:			Like "*yahoo*"

篩選出『E-Mail』內含"yahoo"之記錄：

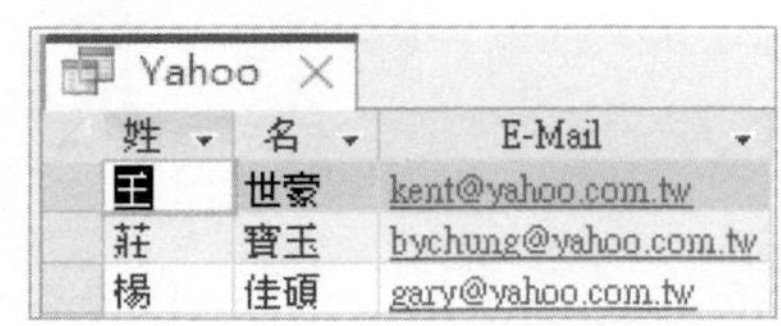

Yahoo

姓	名	E-Mail
王	世豪	kent@yahoo.com.tw
莊	寶玉	bychung@yahoo.com.tw
楊	佳碩	gary@yahoo.com.tw

而

```
Like "kent*"
```

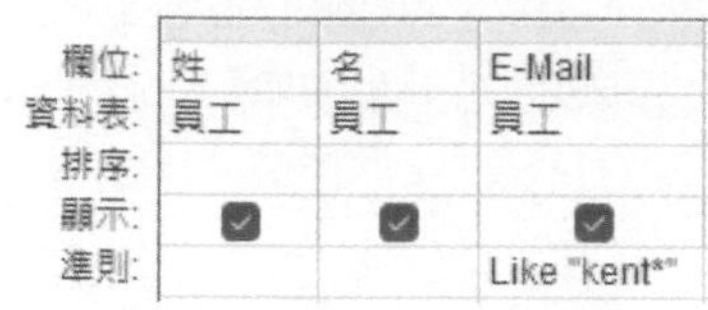

可篩選出『E-Mail』欄以"kent"為首之記錄：

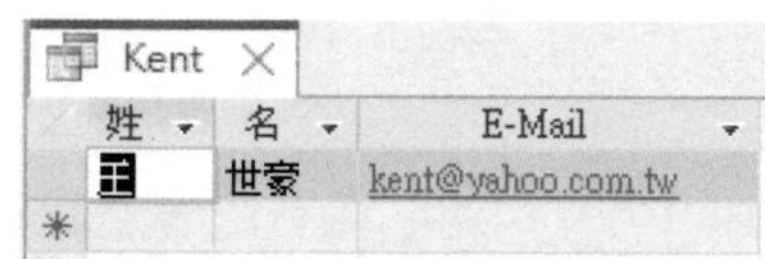

較特殊的是，「超連結」類型之資料尾部會多加入一個使用者看不到的"#"號。故而，如：

```
Right([E-Mail],3)="tw#"
```

之作用在篩選『E-Mail』欄尾部為"tw#"之記錄（尾部之#是看不到的）：

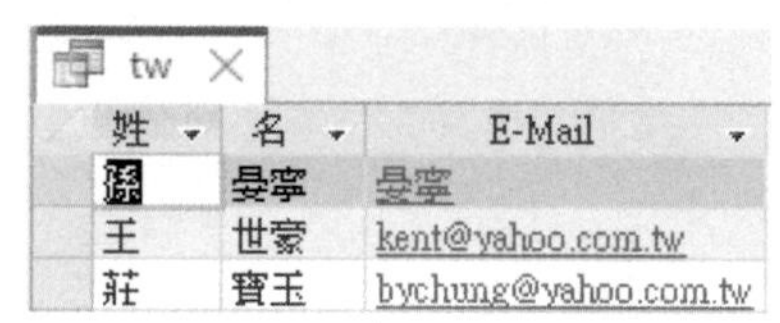

由於，於尾部有這個看不到的"#"號，故以Like進行比對時，尾部仍得加上 * 或 ? 萬用字元，如將準則設定為：

```
Like "*.tw*"
Like "*.tw?"
```

均表要篩選『E-Mail』欄含".tw"之記錄。

進階查詢

11-1 安排新欄位

在日常生上，有很多東西是經過其他內容計算而得的。如：金額為單價與數量之乘積、平均成績為各次考試分數的均數、稅金可按所得高低查表取得稅率再行換算、……。這些內容，如果由使用者自行計算再輸入，不僅費時且必然錯誤百出！

所以，Access 2010才新增的資料型態「計算」資料型態，就是用來處理前述之各種情況，它可以藉由其他欄位之運算，取其運算結果而產生另一個新欄位。

但是，在Access 2007以前的各版本，根本沒有「計算」資料型態，碰到這類情況，就只好利用『查詢』來處理囉！理論上，既然Access 2010已經有「計算」資料型態，似乎就不必再使用『查詢』來處理類似之運算了！可是，事實上，仍有很多稍微複雜之運算，是無法以「計算」資料型態來記型運算的。如，年齡（年資）可以經過目前日期（系統日期）與生日（到職日）進行計算，於「計算」資料型態內並無法取得系統日期，所以也就無法計算員工之實際年資或年齡。且含「計算」資料型態之資料表，即無法以下章之『製成資料表』或『更新』來處理「計算」資料型態之欄位。所以，於查詢中，利用運算式產生另一新欄位，就還有其存在價值。

有時，並不是為了計算；而是為了美觀或容易閱讀，得將原資料內容稍加整理轉換。如：『已婚』欄內，打勾表已婚；否則表未婚。若能直接將其轉為"已婚"或"未婚"字串，不是更容易閱讀！

也可能是為了查詢上的便利，『姓』與『名』拆分於兩欄，可方便分別以姓氏或名字進行查詢；但若想依姓名任意內容進行查詢，就只好將兩欄先行合併為一欄。將『生日』轉換為文字，可方便使用者依生日之任意內容進行查詢。

本章各例，請開啟『範例\Ch11\中華公司.accdb』進行練習。

處理步驟及規則

假定要將『員工』資料表內，原為「是/否」資料之『已婚』欄，於查詢中加入一新欄位，轉為依其成立與否，顯示"已婚"或"未婚"字串。其處理步驟為：

Step 1 使用『查詢設計』(查詢設計) 建立新查詢，安排妥使用之資料表及相關欄位

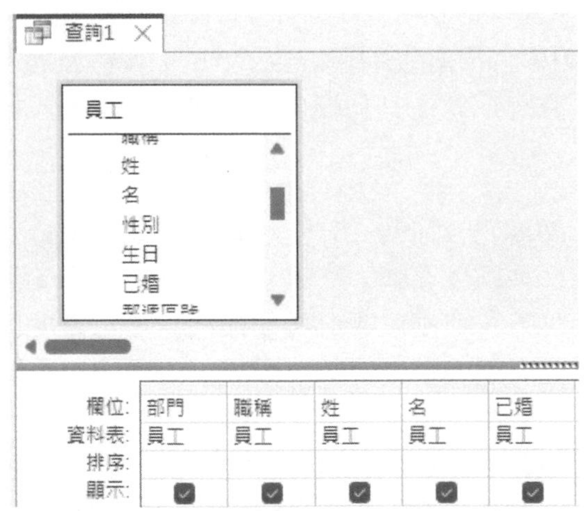

Step 2 於查詢之空白欄的『欄位:』上，單按滑鼠，將顯示游標及向下按鈕

Step 3 直接輸入新欄位之運算式，輸入時之語法規則為：

```
《string》:《exp》
```

《string》為一串要顯示於標題列之文字串，用以作為其欄名，將來其他欄位也可利用此一欄名來取得其運算後之內容。《exp》為任一合法之運算式，但運算式並不會顯示於標題列上，僅會將運算結果顯示於欄名下之欄內容內。這兩組內容間以冒號將其標開。

本例擬將『已婚』欄轉為顯示 "已婚" 或 "未婚" 字串，可輸入

```
婚姻狀況:IIF([已婚]=Yes,"已婚","未婚")
```

欄位:	姓	名	已婚	婚姻狀況: IIf([已婚]=Yes,"已婚","未婚")
資料表:	員工	員工	員工	
排序:				
顯示:	☑	☑	☑	☑

將以『婚姻狀況』為新欄之標題，其內值若成立，將轉為 "已婚"；否則，轉為 "未婚"。

小秘訣

對於複雜之運算，亦可於其上單按滑鼠右鍵，續選「建立器(B)⋯」；或按『查詢設計/查詢設定/建立器』建立器 鈕，轉入『運算式建立器』視窗去輸入。

Step 4 視情況，於『顯示:』列決定要不要顯示此欄內容（本例選要顯示）

Step 5 視情況，加入篩選條件式（本例未加入任何過濾條件）

Step 6 按 鈕，進行命名及存檔（本例將其命名為『婚姻狀況』）

Step 7 按『查詢設計/結果/執行』 執行 鈕（或『檢視/資料工作表檢視』 鈕），即可看到執行結果

婚姻狀況

部門	職稱	姓	名	已婚	婚姻狀況
客房	經理	孫	晏寧	☐	未婚
客房	助理	王	世豪	☐	未婚
客房	助理	莊	寶玉	☐	未婚
行銷	經理	楊	佳碩	☑	已婚
行銷	助理	林	玉英	☑	已婚

新欄已以『婚姻狀況』為標題，且其內容隨原值成立與否，轉為 "已婚" 或 "未婚"。（為方便比較，也將原『已婚』欄一併顯示出來。實務上，僅需顯示一個即可）

> **小秘訣**
>
> 此類經運算所產生之新欄位內容，並不允許於查詢中直接修改；只有透過更改其來源資料表之內容，此處之運算結果才會隨之更改。

依年資遞減排序

要將員工依年資遞減排序，首先得求出年資。年資之求算方法與求年齡差不多，其運算式可為：

```
年資:Year(Date())-Year([到職日])
```

然後，再於『排序:』處，將其設定為「遞減」:

欄位:	部門	職稱	姓	名	年資: Year(Date())-Year([到職日])
資料表:	員工	員工	員工	員工	
排序:					遞減
顯示:	✓	✓	✓	✓	✓

執行結果為：

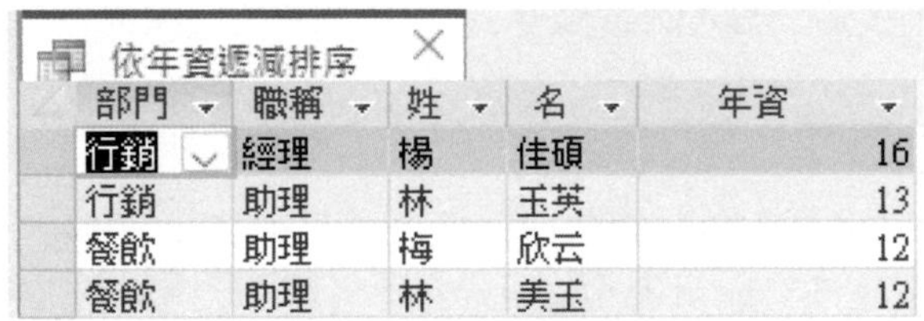

依年資遞減排序

部門	職稱	姓	名	年資
行銷	經理	楊	佳碩	16
行銷	助理	林	玉英	13
餐飲	助理	梅	欣云	12
餐飲	助理	林	美玉	12

求實際年資

前面，以

```
年資:Year(Date())-Year([到職日])
```

所求的之年資，其實並非實際年資。若今天是2022年9月6日，則僅到職日為9/6以前者，其年資是正確的；其餘之年資均被多算了一年。若依所求得之年終獎金來發放，肯定會造成公司損失，且員工也會與公司發生爭執。

所以，應將年資之公式改為：

```
年資:Year(Date())-Year([到職日])-IIf(Date()>=DateSerial(Year(Date()),
Month([到職日]),Day([到職日])),0,1)
```

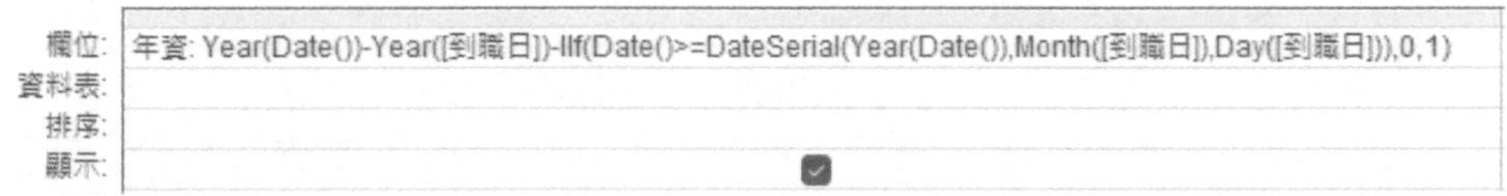

式中，DateSerial()函數所求得者為員工今年之到職日，整個IIf()函數在判斷員工今年之到職日是否已經過去了？如果，到職日已經過去了，則其年資是直接以今年減去到職年即是正確的（-0）；否則，則應再減去1（-1），才是其實際年資。

其執行結果為：

求實際年資

部門	職稱	姓	名	到職日	年資
客房	經理	孫	曼寧	2017年09月01日	4
客房	助理	王	世豪	2011年01月10日	11
客房	助理	莊	寶玉	2013年07月15日	8
行銷	經理	楊	佳碩	2006年08月05日	15

依年資發放年終獎金

續前題，若擬依年資發放年終獎金。基本獎金3000，另每服務滿一年加發300獎金。則獎金之運算式將為：

```
年終獎金:3000+[年資]*300
```

欄位:	到職日	年資: Year(Date())-Y	年終獎金: 3000+[年資]*300
資料表:	員工		
排序:			
顯示:	✓	✓	✓

其執行結果為：

依年資發放年終獎金

部門	職稱	姓	名	到職日	年資	年終獎金
客房	經理	孫	晏寧	2017年09月01日	4	4200
客房	助理	王	世豪	2011年01月10日	11	6300
客房	助理	莊	寶玉	2013年07月15日	8	5400
行銷	經理	楊	佳碩	2006年08月05日	15	7500

利用查詢屬性加上格式

等等，讓我們將其年終獎金轉為加有金錢符號之貨幣格式。查詢內，經運算產生之新欄位，得轉入『查詢設計檢視』畫面去設定其顯示格式。於其欄位上單按右鍵，續選「屬性(P)...」（或按『查詢設計/顯示/隱藏/屬性表』屬性表 鈕），將顯示『屬性表』窗格：

於『一般』標籤的『格式』屬性後單按滑鼠，可顯示出游標及下拉鈕，按該鈕，即可選擇所要使用之格式（貨幣，但其預設格式為NT$#,##0）；也可以自行輸入格式（$#,##0）。本例採用後者：

回『資料工作表檢視』後，即可將年終獎金轉為加有金錢符號之貨幣格式：

依年資發放年終獎金

部門	職稱	姓	名	到職日	年資	年終獎金
客房	經理	孫	晏寧	2017年09月01日	4	$4,200
客房	助理	王	世豪	2011年01月10日	11	$6,300
客房	助理	莊	寶玉	2013年07月15日	8	$5,400
行銷	經理	楊	佳碩	2006年08月05日	15	$7,500

11-2 臨界值

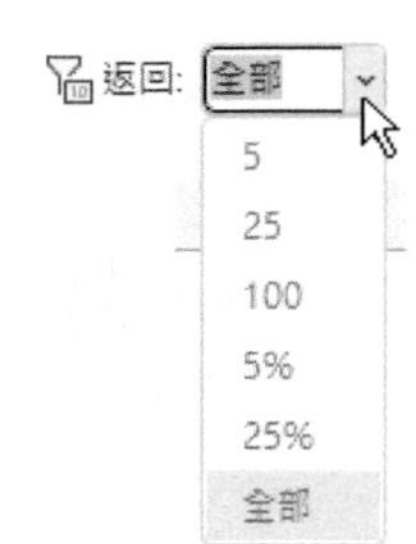

若只想顯示查詢結果內之前5筆、25筆、5%、25%、……。就得利用『查詢設計/查詢設定/臨界數值』 返回: 全部 鈕，按其下拉鈕，可就選擇要顯示幾筆或多少百分比之記錄內容。若並無我們所要的內容，也可於其上單按一下滑鼠，續自行輸入某一數值即可。

假定，想依薪資高低遞減排序，且僅顯示前四名。先將查詢內容設計成含部份基本資料與薪資（遞減排序），並於『臨界值』工具按鈕內，輸入4（返回: 4）：

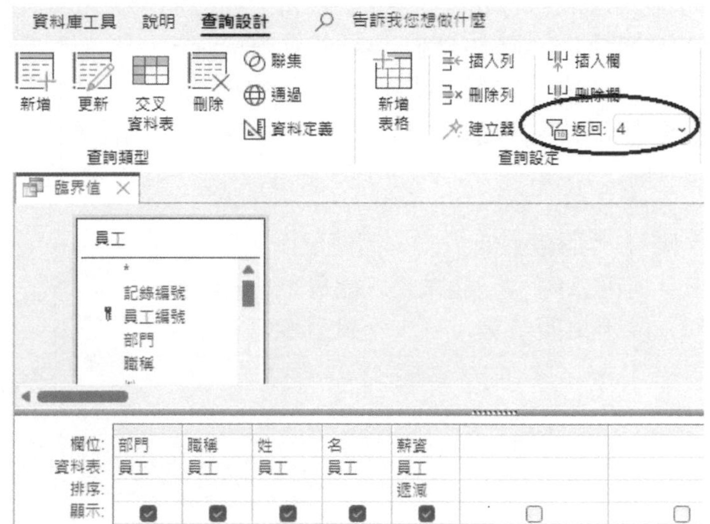

即可僅顯示薪資最高的前四名而已：

臨界值

部門	職稱	姓	名	薪資
行銷	經理	楊	佳碩	$65,000
餐飲	經理	林	宗揚	$62,600
客房	經理	孫	曼寧	$60,500
行銷	助理	林	玉英	$47,000
*				$0

小秘訣

安排為遞增，就變成反過來，即可改為顯示最低的前幾筆。

11-3 合計

若要求算以某一分組依據進行分組後，某數值欄之：加總、均數、筆數、極大、極小、……等統計量。如：求各部門之員工的薪資平均數、求各不同職稱之員工的人數、男/女員工的薪資總和、……等。

可利用『查詢精靈』鈕建立查詢時，選擇安排「摘要(S)」。（參見前章『使用查詢精靈建立查詢－顯示摘要』一節之說明步驟）

也可於使用『查詢設計』建立查詢時，按『查詢設計/顯示/隱藏/合計』鈕，於『查詢設計檢視』內多加一『合計:』列：

往其上（『群組』處）按一下滑鼠，可顯示出下拉鈕，利用該鈕，可選擇要以該欄為分組依據（群組），或用來顯示某一特定之統計量（總計、平均、……）：

置於最左邊之欄位為分組之主依據，第二欄為次依據，第三欄為第三依據、……。一直到出現要求算統計量之欄位為止。如：

欄位:	性別	部門	薪資
資料表:	員工	員工	員工
合計:	群組	群組	平均
排序:			
顯示:	☑	☑	☑

表主依性別，同性別再按部門分組，求各部門之平均薪資。

求各部門薪資統計

假定，要依部門分組，求各部門之薪資的：均數、最小、最大與人數。可將『查詢設計檢視』安排成：

欄位:	部門	薪資	薪資	薪資	薪資
資料表:	員工	員工	員工	員工	員工
合計:	群組	平均	最小值	最大值	筆數
排序:					
顯示:	☑	☑	☑	☑	☑

按『查詢設計/結果/執行』 執行 鈕（或『資料工作表檢視』 鈕），即可求得各部門薪資之均數、最小、最大與人數：

查詢1

部門	薪資之平均	薪資之最小值	薪資之最大值	薪資之筆數
客房	44500	31000	60500	3
行銷	50000	38000	65000	3
餐飲	38220	28500	62600	5

若覺得標題及格式不妥，可在轉入『設計檢視』，將其標題修改為：

```
平均:薪資
最小:薪資
最大:薪資
筆數:薪資
```

同時也對『平均』、『最小』與『最大』之欄位，單按右鍵續選「屬性(P)...」，逐欄安排使用「$#,##0」之格式：

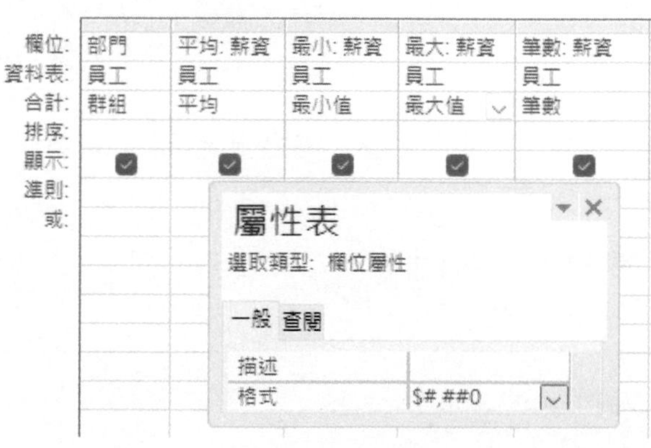

可使其外觀轉為：

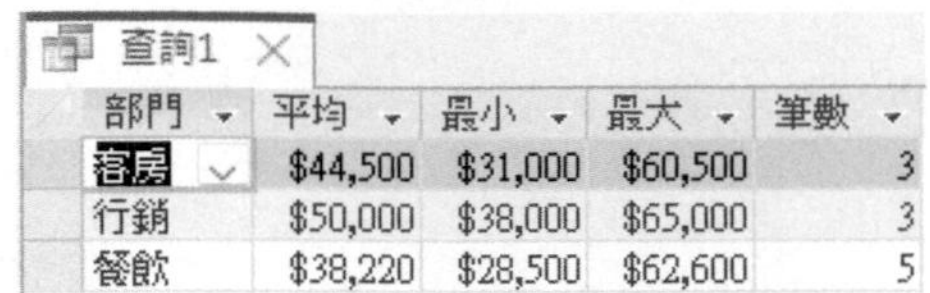

查詢1

部門	平均	最小	最大	筆數
客房	$44,500	$31,000	$60,500	3
行銷	$50,000	$38,000	$65,000	3
餐飲	$38,220	$28,500	$62,600	5

小秘訣

設定完第一欄之格式後，不用關閉『屬性表』，續點按第二欄之任一部位，即可進行該欄的格式設定；餘依此類推……。

以性別及婚姻狀況分組求薪資統計

假定，以性別及婚姻狀況分組求薪資統計。可將『查詢設計檢視』安排成：（各數值欄仍安排使用「$#,##0」之格式）

欄位:	性別	已婚	平均: 薪資	最小值: 薪資	最大值: 薪資	筆數: 薪資
資料表:	員工	員工	員工	員工	員工	員工
合計:	群組	群組	平均	最小值	最大值	筆數
排序:						
顯示:	☑	☑	☑	☑	☑	☑

其執行結果為：

以性別及婚姻分組求薪資之統計

性別	已婚	平均	最小值	最大值	筆數
女	☑	$42,250	$37,500	$47,000	2
女	☐	$36,500	$28,500	$60,500	5
男	☑	$65,000	$65,000	$65,000	1
男	☐	$47,533	$38,000	$62,600	3

若怕使用者不習慣『已婚』欄之「是/否」資料類型的顯示方式，也可以將其改為運算式：

```
婚姻:IIf([已婚]=Yes,"已婚","未婚")
```

或

```
婚姻:IIf([已婚],"已婚","未婚")
```

將『已婚』欄分為 "已婚" 及 "未婚" 兩組：

欄位:	性別	婚姻: IIf([已婚]=Yes,"已婚","未婚")	平均: 薪資	最小值: 薪資	最大值: 薪資	筆數: 薪資
資料表:	員工		員工	員工	員工	員工
合計:	群組	群組	平均	最小值	最大值	筆數
排序:						
顯示:	✓	✓	✓	✓	✓	✓

即可獲致如下之結果：

以性別及婚姻狀況分組求薪資之統計

性別	婚姻	平均	最小值	最大值	筆數
女	已婚	$42,250	$37,500	$47,000	2
女	未婚	$36,500	$28,500	$60,500	5
男	已婚	$65,000	$65,000	$65,000	1
男	未婚	$47,533	$38,000	$62,600	3

以地區及婚姻狀況分組求薪資統計

若將前例之『性別』欄改為：

```
地區:IIf(Left([地址],2)="台北","台北","其他")
```

欄位:	地區: IIf(Left([地址],2)="台北","台北","其他")	婚姻: IIf([已婚	平均: 薪資
資料表:			員工
合計:	群組	群組	平均
排序:	遞減		
顯示:	✓	✓	✓

即可變為以地區之前兩字進行分組，分為 "台北" 與 "其他" 兩組；然後再以婚姻狀況分組，求薪資之各項統計數字：

以地區及婚姻狀況分組求薪資之統計

地區	婚姻	平均	最小值	最大值	筆數
台北	已婚	$49,833	$37,500	$65,000	3
台北	未婚	$43,400	$31,000	$62,600	4
其他	未婚	$37,875	$28,500	$60,500	4

由於，『地區』為 "其他" 者，並無 "已婚" 之資料，故僅顯示三種分組情況。

11-4 參數查詢

至此，我們所有的查詢，均只能是單一用途。這都是因為於建立查詢時，條件式內所使用的均為固定不變之常數。如，要找男性員工記錄之查詢的條件為：

欄位:	姓	名	性別	地址	電話
資料表:	員工	員工	員工	員工	員工
排序:					
顯示:	☑	☑	☑	☑	☑
準則:			"男"		

可用來找尋男性資料：

依性別查詢

姓	名	性別	地址	電話
王	世豪	男	台北市內湖路三段148號二樓	(02)2798-1456
楊	佳碩	男	台北市民生東路三段68號六樓	(02)2502-1520
于	耀成	男	台北市敦化南路338號四樓	(02)2778-1225
林	宗揚	男	台北市龍江街23號三樓	(02)2503-1520
*				

但就無法用來找尋女性資料。

諸如此類之問題，就得將原常數部份，改為以方括號包圍之『參數』。如：

```
[請輸入性別]
```

欄位:	姓	名	性別	地址	電話
資料表:	員工	員工	員工	員工	員工
排序:					
顯示:	☑	☑	☑	☑	☑
準則:			[請輸入性別]		

將來，於實際執行時，將以『輸入參數值』對話方塊：

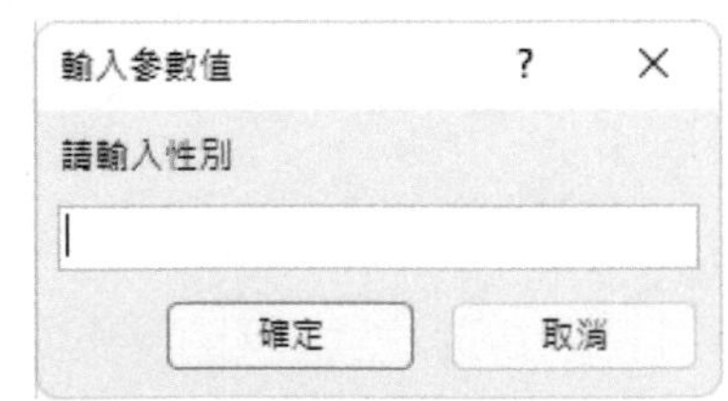

等待使用者輸入性別，方括號包圍之『參數』變成了提示字串。

輸入後，按 Enter 或 確定 鈕，即可將所輸入之性別內容（男/女），代入條件式中之 [請輸入性別] 處。輸入"女"

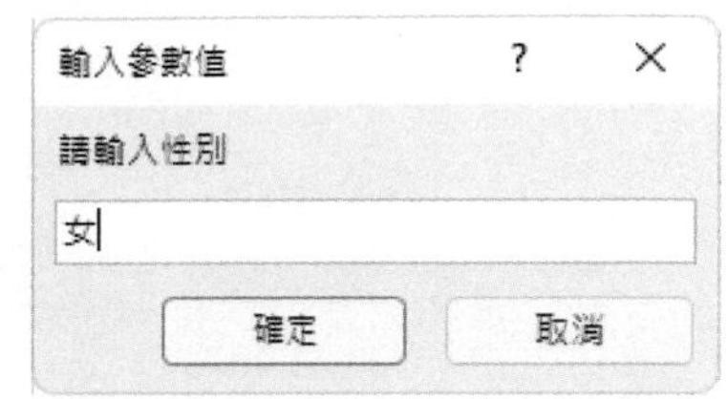

可找女性記錄：

依性別查詢

姓	名	性別	地址	電話
孫	晏寧	女	新北市中華路一段12號三樓	(02)2893-4658
莊	寶玉	女	台北市敦化南路138號二樓	(02)2708-1122
林	玉英	女	台北市合江街124號五樓	(02)2503-7817
林	美玉	女	台北市興安街一段15號四樓	(02)2562-7777

輸入 "男"，就換成找男性記錄。也就是說，條件式內容變成是可任意變動的。

注意

方括號包圍之『參數』內容，會變成等待輸入參數值之提示字串，當然是輸入得越詳細越好，以免使用者誤解其意義。

以編號找尋記錄

以編號找尋記錄，其處理方式與前文找性別之例相似，並無任何特殊之處。但因記錄係以員工編號為主索引，真正使用時，以員工編號進行找尋資料，要比依姓名來得正規一點。

將查詢準則安排成：

```
[請輸入員工編號]
```

欄位:	員工編號	部門	職稱	姓	名	辦公室分機
資料表:	員工	員工	員工	員工	員工	員工
排序:						
顯示:	☑	☑	☑	☑	☑	☑
準則:	[請輸入員工編號]					

即可以：

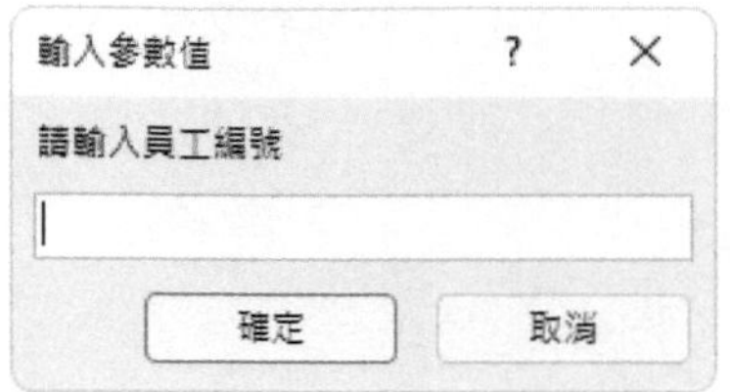

等待輸入編號，以找尋記錄。得輸入完整之員工編號，且一字不差，才可找得到記錄，本例輸入1201：

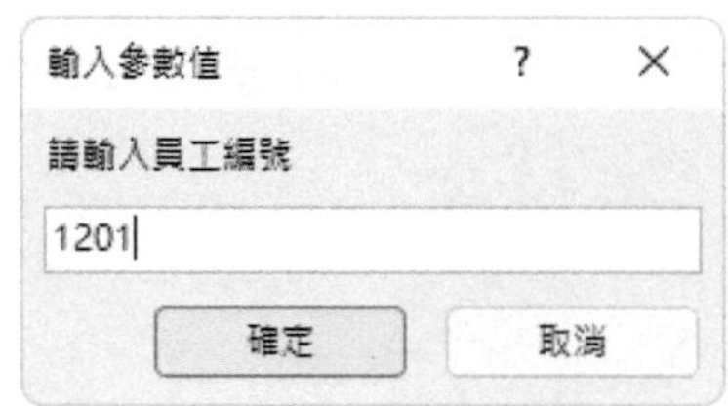

執行結果為：

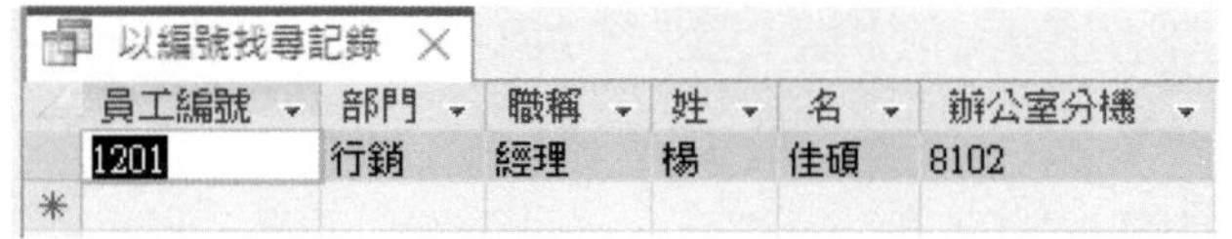
以編號找尋記錄

員工編號	部門	職稱	姓	名	辦公室分機
1201	行銷	經理	楊	佳碩	8102
*					

允許以編號任意內容找尋

前例得輸入完整且一字不差之員工編號，才可找得到記錄。但萬一只記得幾個字，那可一輩子也找不到了！所以，得將其修改成可使用萬用字元（*？#）。

要於查詢準則內使用萬用字元，得以&連結運算將『參數』與萬用字元連結在一起。如：

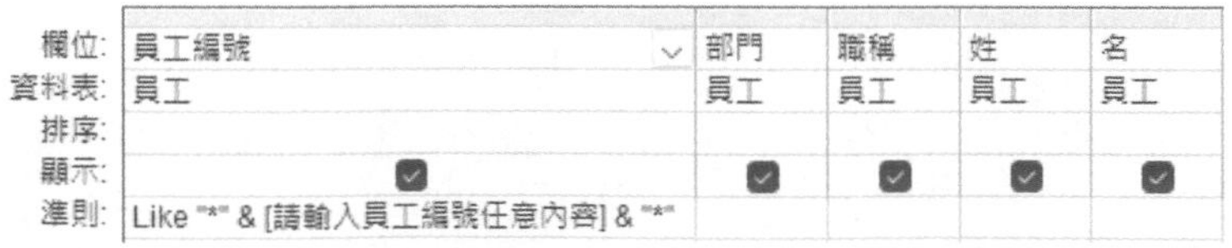

欄位:	員工編號	部門	職稱	姓	名
資料表:	員工	員工	員工	員工	員工
排序:					
顯示:	☑	☑	☑	☑	☑
準則:	Like "*" & [請輸入員工編號任意內容] & "*"				

其準則使用：

```
Like "*" & [請輸入員工編號任意內容] & "*"
```

可使我們於：

輸入參數值 ? ×

請輸入員工編號任意內容

確定 取消

所輸入之編號任意內容（全部或部份，如1201或01），經&將其首尾相連結成：

```
Like "*1201*" 或 Like "*01*"
```

即可以編號任意內容，找出記錄內容。如，僅輸入20：

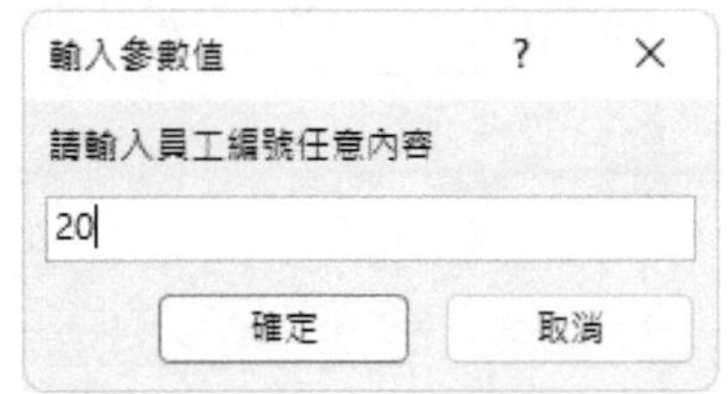

所找出之結果為：

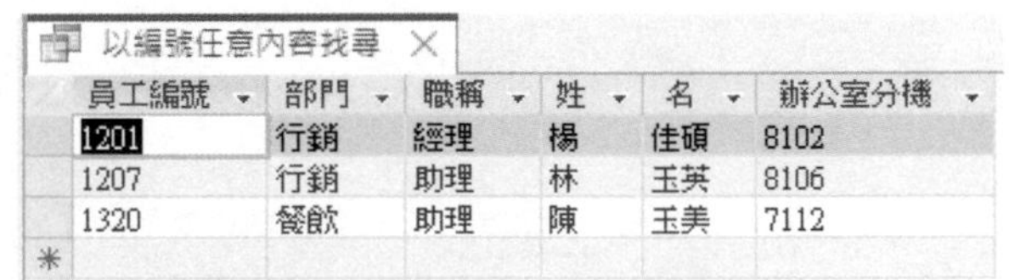
以編號任意內容找尋

員工編號	部門	職稱	姓	名	辦公室分機
1201	行銷	經理	楊	佳碩	8102
1207	行銷	助理	林	玉英	8106
1320	餐飲	助理	陳	玉美	7112

依姓名任意內容找資料

同此，如：

欄位:	職稱	姓名: [姓] & [名]	性別	辦公室分機
資料表:	員工		員工	員工
排序:				
顯示:	☑	☑	☑	☑
準則:		Like "*" & [請輸入員工姓名任意內容] & "*"		

先以：

```
姓名: [姓] & [名]
```

將『姓』與『名』結合為單一欄位『姓名』，續利用準則條件：

```
Like "*" & [請輸入員工姓名任意內容] & "*"
```

即可依姓名任意內容來找資料。如：

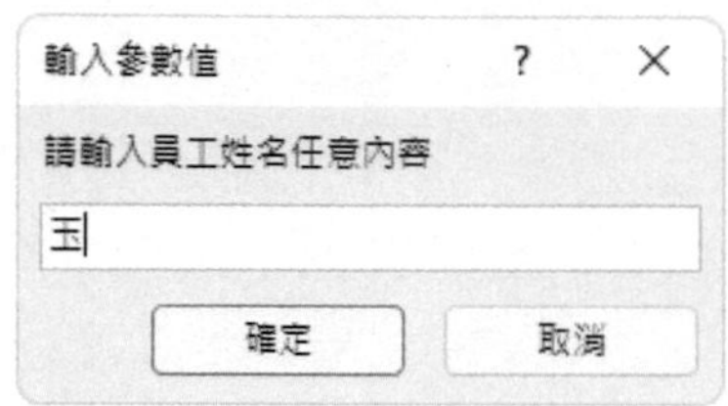

可找出姓名內含 "玉" 之記錄：

依姓名任意內容找資料

部門	職稱	姓名	性別	辦公室分機	到職日
客房	助理	莊寶玉	女	6111	2013年07月15日
行銷	助理	林玉英	女	8106	2009年05月07日
餐飲	助理	林美玉	女	7116	2010年04月01日
餐飲	助理	陳玉美	女	7112	2019年08月12日

輸入 "林"

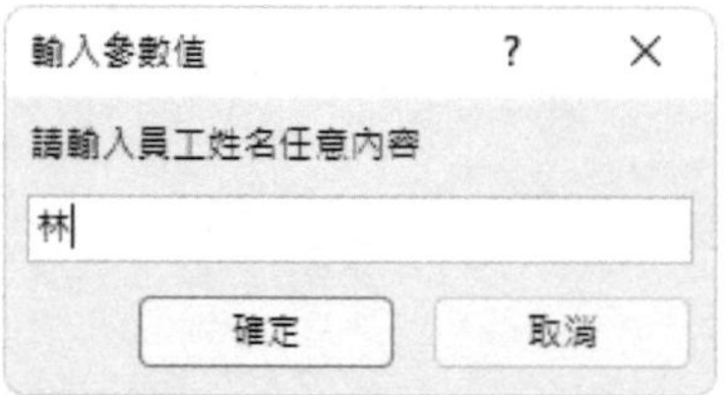

也可以找出姓林之員工：

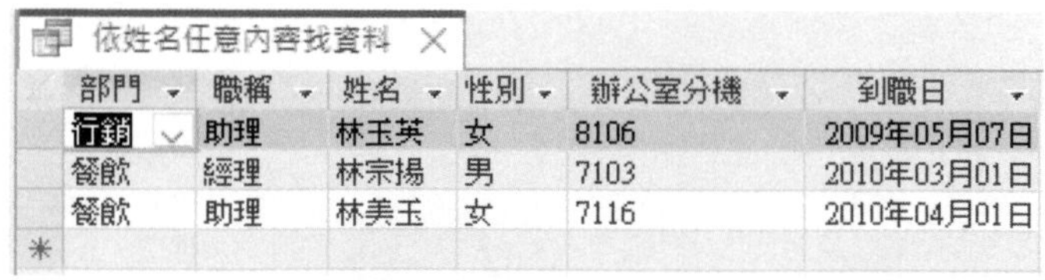

依姓名任意內容找資料

部門	職稱	姓名	性別	辦公室分機	到職日
行銷	助理	林玉英	女	8106	2009年05月07日
餐飲	經理	林宗揚	男	7103	2010年03月01日
餐飲	助理	林美玉	女	7116	2010年04月01日

控制不輸入內容不會顯示所有內容

前面兩個加有星號（*）萬用字元之實例，若於等待輸入找尋對象視窗內，直接 Enter 或 確定 鈕，將會變成顯示所有內容。這樣，感覺上並不很妥當，完全無找尋依據，竟可取得全部內容！

若想避免此一現象，可將準則條件改為：

```
Like "*"&[請輸入員工姓名任意內容]&"*" And [請輸入員工姓名任意內容]
Is Not Null
```

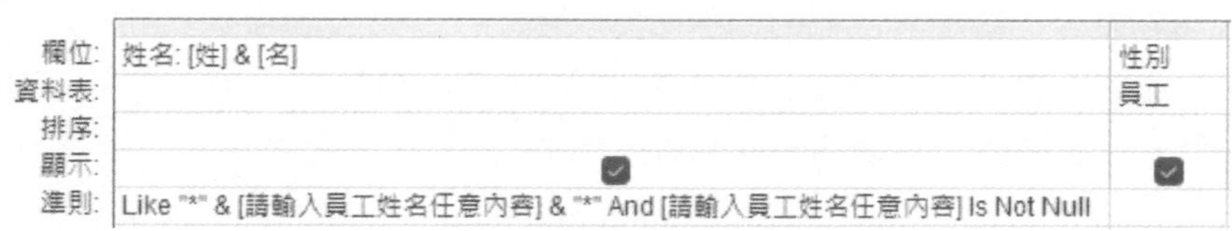

欄位:	姓名: [姓] & [名]	性別
資料表:		員工
排序:		
顯示:	☑	☑
準則:	Like "*" & [請輸入員工姓名任意內容] & "*" And [請輸入員工姓名任意內容] Is Not Null	

以 Is Not Null 控制所輸入之 [請輸入員工姓名任意內容] 參數，不得為無任何內容之Null值。

依Yes/No找資料

『已婚』欄係「是/否」類型資料，將其準則條件安排為：

```
[已婚(Yes/No)]
```

欄位:	姓	名	已婚	郵遞區號	地址
資料表:	員工	員工	員工	員工	員工
排序:					
顯示:	☑	☑	☑	☑	☑
準則:			[已婚(Yes/No)]		

看似蠻理想的。結果，於：

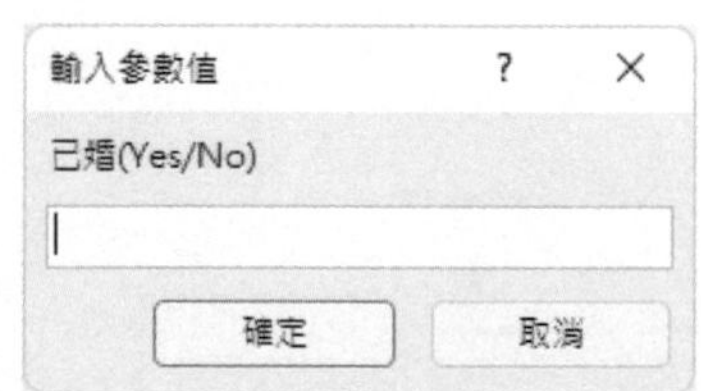

卻無法以輸入Yes/No來找資料（只能以0或-1），其錯誤訊息為：

太複雜了，看不懂耶！

其實，其錯誤原因為：未將此參數類型指定為「是/否」類型。故回『查詢設計檢視』畫面，按『查詢設計/顯示/隱藏/參數』 鈕，於左側『參數』下輸入 "[已婚(Yes/No)]"（最好以剪貼技巧複製此一字串，不僅省事且較正確）；以滑鼠按一下其右側之『資料類型』處，將顯示出向下按鈕，可選擇此一參數的資料類型（於本例應選「是/否」）：

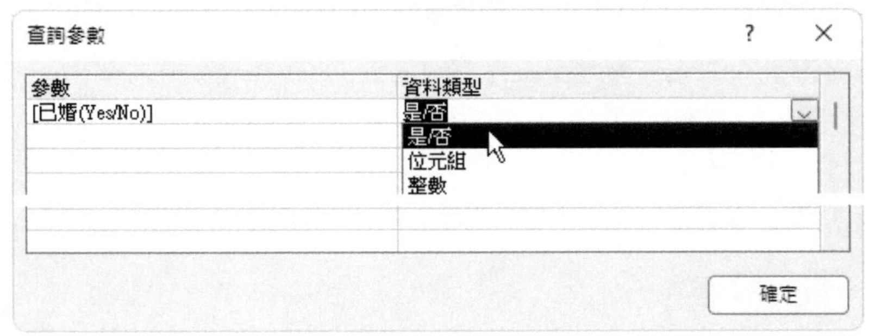

按 確定 鈕，完成設定。

再次執行，即可以Yes/No來篩選資料了：

輸入參數值

已婚(Yes/No)

Yes

確定 取消

執行結果為：

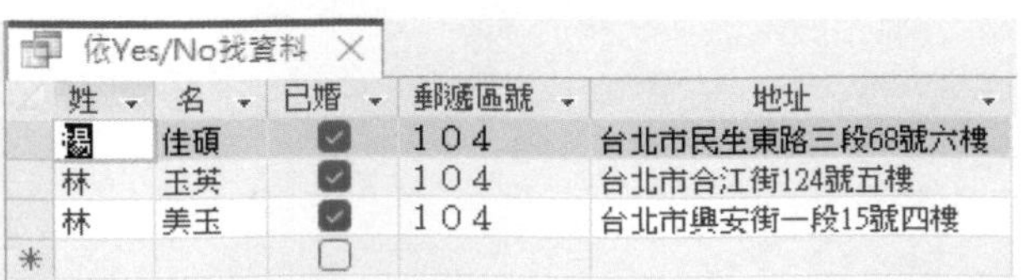

依Yes/No找資料

姓	名	已婚	郵遞區號	地址
湯	佳碩	☑	104	台北市民生東路三段68號六樓
林	玉英	☑	104	台北市合江街124號五樓
林	美玉	☑	104	台北市興安街一段15號四樓
*		☐		

於『查詢參數』視窗輸入參數時，最好以剪貼技巧來貼上字串，不僅省事且較正確。若以自行輸入，很可能打錯字，而被視成是另一個參數。此類例子，也可能發生在其它類型之資料，若發現執行結果有點奇怪，通常僅須按『查詢設計/顯示/隱藏』群組之『參數』（參數）鈕，宣告所引用之參數的資料類型，即可解決！

以婚姻狀況找資料

以 Yes/No 篩選「是/否」類型之資料，也不太像國人的使用習慣！若能將其改為以"已婚"/"未婚"字串進行篩選，可能較為貼切。這又分為兩種情況，第一種是：不改變其「是/否」類型資料的顯示方式，仍維持以是否打勾來代表成立與否。

此時，可將準則條件安排成：

```
IIf([已婚或未婚？]="已婚",Yes,No)
```

欄位:	姓	名	已婚	郵遞區號	地址
資料表:	員工	員工	員工	員工	員工
排序:					
顯示:	☑	☑	☑	☑	☑
準則:			IIf([已婚或未婚？]="已婚",Yes,No)		

執行時，輸入 "已婚" 字串：

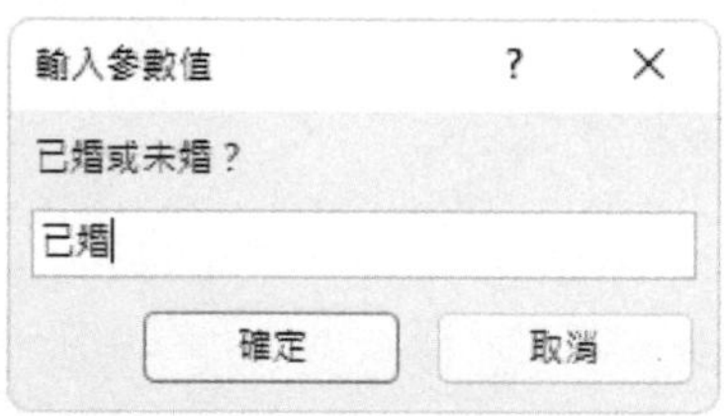

即可以原顯示方式（打勾代表成立），顯示已婚者之記錄：

以婚姻狀況找資料

姓	名	已婚	郵遞區號	地址
楊	佳碩	☑	104	台北市民生東路三段68號六樓
林	玉英	☑	104	台北市合江街124號五樓
林	美玉	☑	104	台北市興安街一段15號四樓
*		☐		

第二種情況為：以運算式：

```
婚姻:IIF([已婚]=Yes,"已婚","未婚")
```

直接將『已婚』由成立/不成立，轉為為 "已婚" 及 "未婚" 字串。即可將準則條件安排成：

欄位:	姓	名	婚姻: IIf([已婚]=Yes,"已婚","未婚")	郵遞區號	地址
資料表:	員工	員工		員工	員工
排序:					
顯示:	☑	☑	☑	☑	☑
準則:			[已婚或未婚？]		

同樣，也可以中文之 "已婚" 字串：

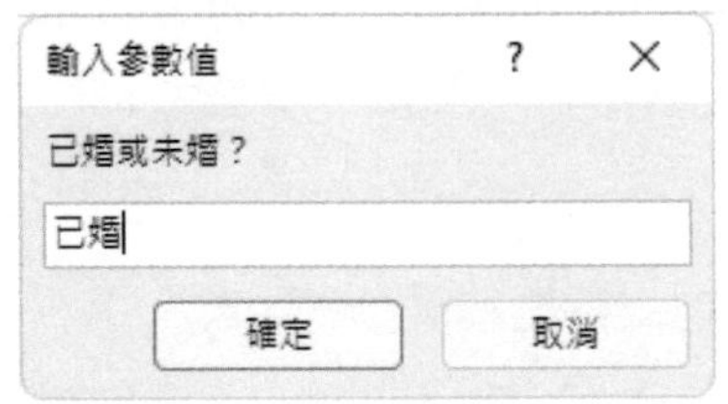

找出已婚者之記錄。不過，其內容也轉為中文字，而非原打勾之「是/否」資料：

依婚姻狀況找資料

姓	名	婚姻	郵遞區號	地址
楊	佳碩	已婚	104	台北市民生東路三段68號六樓
林	玉英	已婚	104	台北市合江街124號五樓
林	美玉	已婚	104	台北市興安街一段15號四樓

依婚姻狀況任意內容查詢

前例，僅能輸入"已婚"或"未婚"字串進行找尋，少打一個字也不行。如能簡化為輸入"已"或"未"，應該會更方便。故將其準則修改為：

```
Like "*" & [已 /未 婚？] & "*"
```

欄位:	姓	名	婚姻: IIf([已婚]=Yes,"已婚","未婚")	郵遞區號	地址
資料表:	員工	員工		員工	員工
排序:					
顯示:	☑	☑	☑	☑	☑
準則:			Like "*" & [已 /未 婚？] & "*"		

則無論輸入 "已"、"未"、"已婚" 或 "未婚"，均可進行篩選資料。這個技巧在先前「簡短文字」類型資料，我們就已經練過了！

轉婚姻狀況為1或2進行查詢

由於，婚姻狀況只有簡單的兩個情況，故也可以將其修改為：

```
IIf([1-->已婚, 2-->未婚]=1,"已婚","未婚")
```

欄位:	姓	名	婚姻: IIf([已婚]=Yes,"已婚","未婚")	郵遞區號	地址
資料表:	員工	員工		員工	員工
排序:					
顯示:	☑	☑	☑	☑	☑
準則:			IIf([1-->已婚, 2-->未婚]=1,"已婚","未婚")		

如此，連中文都不用輸入，直接鍵入1或2之數字，即可進行查詢：

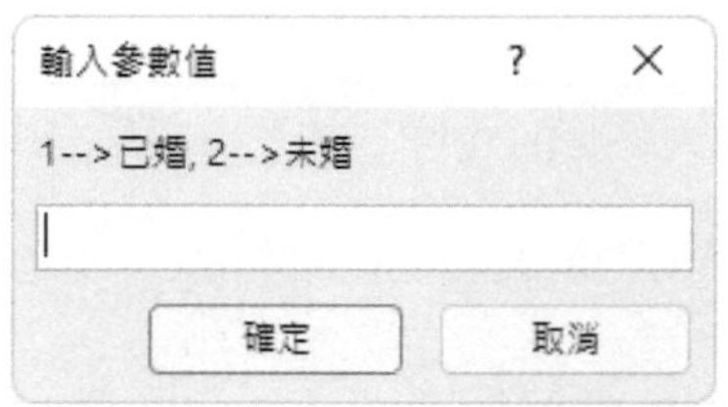

將更為便捷！可沒人限定只能用 1 或 2，用"A"或"B"也是另一種可行的處理方式。（本例之"-->"，也可改為等號或減號；但不可改使用括號或點號）

找某月份之壽星

假定，要允許使用者輸入某一月份，即可找出該月份之壽星名單。可將查詢準則條件設定為：

```
Month([生日])=[請輸入月份數字]
```

欄位:	職稱	姓	名	生日
資料表:	員工	員工	員工	員工
排序:				
顯示:	☑	☑	☑	☑
準則:				Month([生日])=[請輸入月份數字]

執行時，輸入月份之數值（5）：

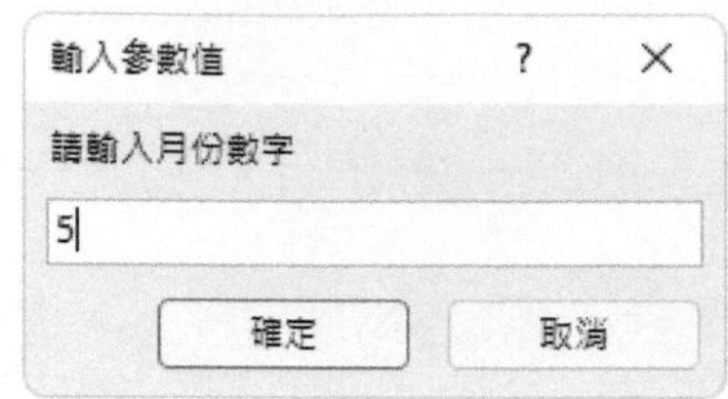

即可顯示該月份之壽星名單：

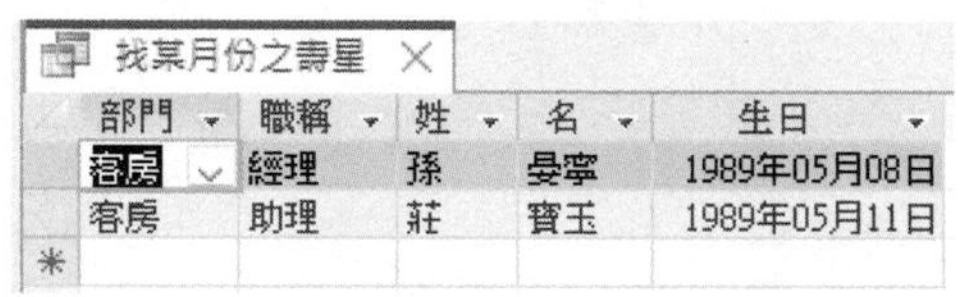

找某月份之壽星

部門	職稱	姓	名	生日
客房	經理	孫	晏寧	1989年05月08日
客房	助理	莊	寶玉	1989年05月11日

本月份壽星

承前例，若將查詢準則條件設定為：

```
Month([生日])=Month(Date())
```

欄位:	姓	名	生日
資料表:	員工	員工	員工
排序:			
顯示:	✓	✓	✓
準則:			Month([生日])=Month(Date())

由於Date()內有目前日期，故可以用來找尋本月份之壽星。

下個月壽星

若擔心找本月份之壽星，恐怕來不及於生日之前寄發生日禮券。可將查詢準則條件設定為：

```
Month([生日])=Month(Date())+1
```

那就可以用來找尋下個月份之壽星。

以月份區間找尋資料

若想以月份之區間來找尋記錄，如找尋三月～五月出生的員工。可先安排一『月』欄位：

```
月:Month([生日])
```

取得員工生日之月份。續將查詢準則條件設定為：

```
Between [開始月份] And [結束月份]
```

欄位:	姓	名	生日	月: Month([生日])
資料表:	員工	員工	員工	
排序:				
顯示:	☑	☑	☑	☑
準則:				Between [開始月份] And [結束月份]

由於有兩個『參數』，執行時，將先以：

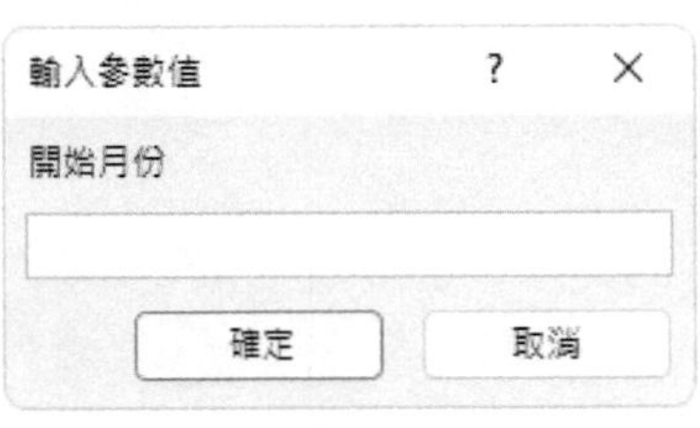

等待輸入 [開始月份] 參數（本例輸入 3），續以：

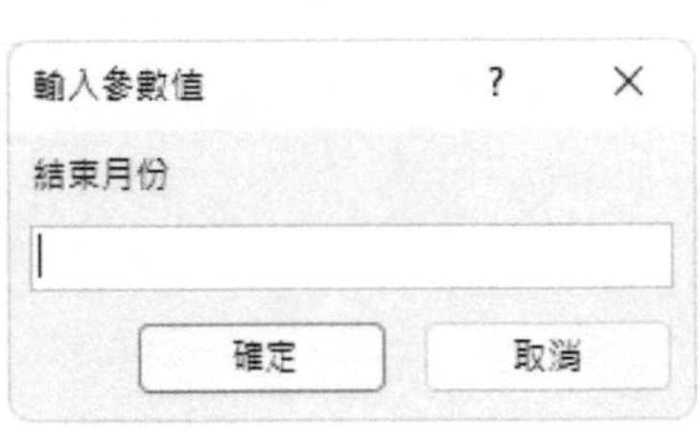

等待輸入 [結束月份] 參數（本例輸入 5）。

完成輸入後，可找出介於其間（三月～五月）生日之員工：

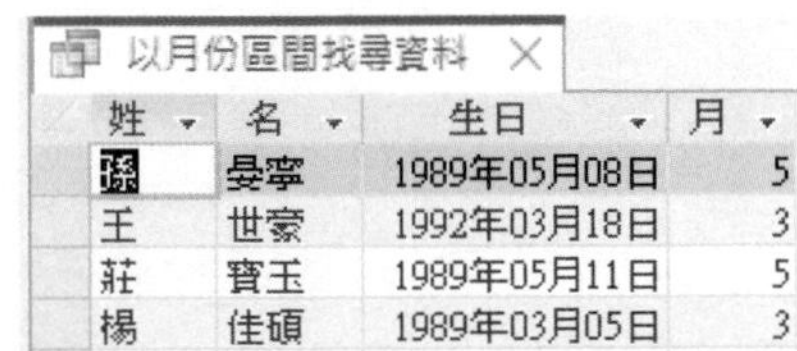

以月份區間找尋資料

姓	名	生日	月
孫	曼寧	1989年05月08日	5
王	世豪	1992年03月18日	3
莊	寶玉	1989年05月11日	5
楊	佳碩	1989年03月05日	3

本例至此，看似很完美。但其內有陷阱，若開始及結束分別輸入9與11（也就是同時含有不同位數之參數的情況）：

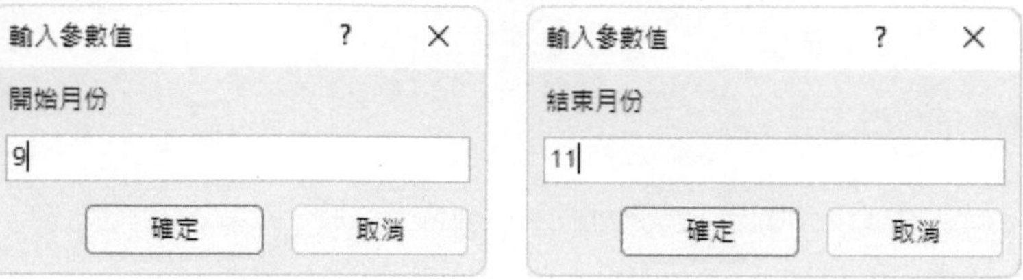

其結果竟是錯誤得很離譜：

以月份區間找尋資料

姓	名	生日	月
孫	晏寧	1989年05月08日	5
王	世豪	1992年03月18日	3
莊	寶玉	1989年05月11日	5
楊	佳碩	1989年03月05日	3
林	玉英	1989年03月12日	3
于	耀成	1990年08月10日	8
林	美玉	1990年04月12日	4
楊	雅欣	1990年03月07日	3
陳	玉美	1991年11月03日	11
*			

其錯誤原因為：未將這兩個參數類型指定為「數字」類型。故回『查詢設計檢視』畫面，按『查詢設計/顯示/隱藏/參數』 鈕，於左側『參數』下輸入 "[開始月份]" 與 "[結束月份]"（最好以剪貼技巧完成，不僅省事且較正確）；並將參數的資料類型改為「位元組」之數值（整數、常整數、…等數值也可以）：

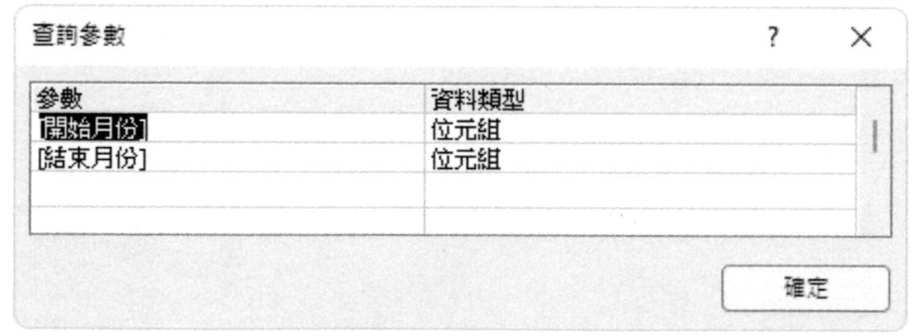

按 確定 鈕，完成設定。

再次執行，即可順利以任意之生日月份區間來找尋資料：（同樣將開始及結束分別輸入9與11）

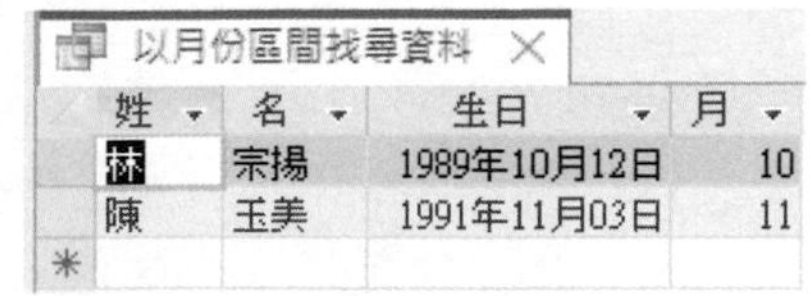

以月份區間找尋資料

姓	名	生日	月
林	宗揚	1989年10月12日	10
陳	玉美	1991年11月03日	11

以到職日之西元年代區間找資料

Year()函數可取得「日期/時間」資料之西元年代。因此，若安排一個『年』欄位：

```
年:Year([到職日])
```

續將查詢準則條件設定為：

```
Between [開始年(yyyy)] And [結束年(yyyy)]
```

欄位:	姓	名	到職日	年: Year([到職日])
資料表:	員工	員工	員工	
排序:				
顯示:	☑	☑	☑	☑
準則:				Between [開始年(yyyy)] And [結束年(yyyy)]

即可以連續兩個畫面，等待輸入 [開始年(yyyy)] 與 [結束年(yyyy)]：

輸入參數值 ? ×
開始年(yyyy)
2015
確定 取消

輸入參數值 ? ×
結束年(yyyy)
2017
確定 取消

然後，依輸入之西元年代區間找尋記錄：

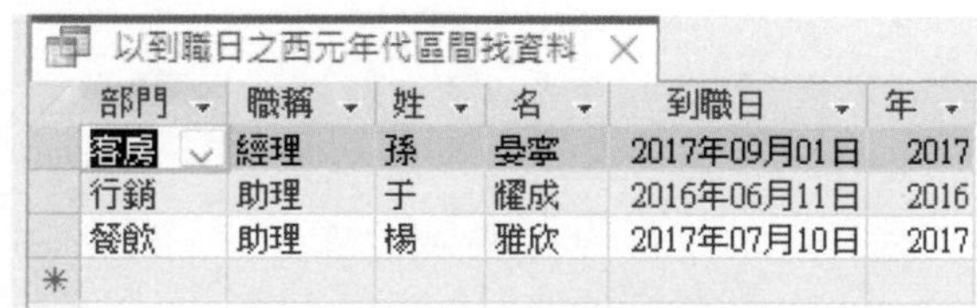

以到職日之西元年代區間找資料

部門	職稱	姓	名	到職日	年
客房	經理	孫	晏寧	2017年09月01日	2017
行銷	助理	于	耀成	2016年06月11日	2016
餐飲	助理	楊	雅欣	2017年07月10日	2017

小秘訣

實務上，可能不需要同時顯示到職日與西元年代，可考慮將『年』隱藏，僅需將其『顯示:』處改為不打勾即可：

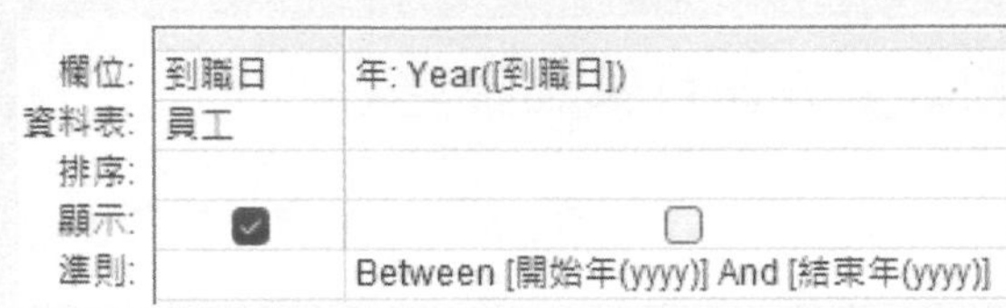

欄位:	到職日	年: Year([到職日])
資料表:	員工	
排序:		
顯示:	☑	☐
準則:		Between [開始年(yyyy)] And [結束年(yyyy)]

以到職年之民國年代區間找資料

西元年代與民國年代差1911，故而：

```
民國年: Year([到職日])-1911
```

將西元年減去1911，求得到職日的民國年代。續將查詢準則條件設定為：

```
Between [民國幾年起] And [民國幾年止]
```

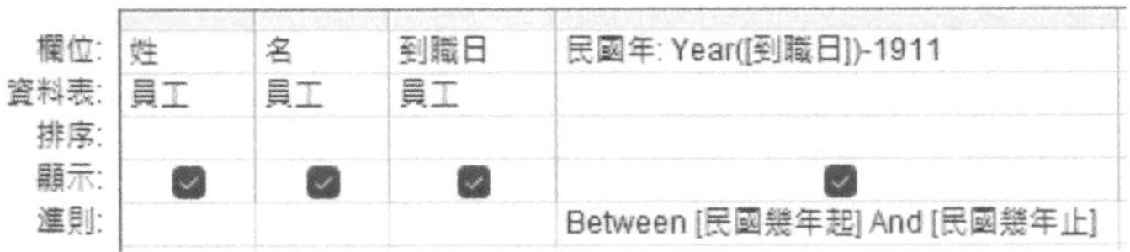

欄位:	姓	名	到職日	民國年: Year([到職日])-1911
資料表:	員工	員工	員工	
排序:				
顯示:	☑	☑	☑	☑
準則:				Between [民國幾年起] And [民國幾年止]

即可以連續兩個畫面，等待輸入 [民國幾年起] 與 [民國幾年止]：

完成輸入後，可找出介於其間到職之員工：

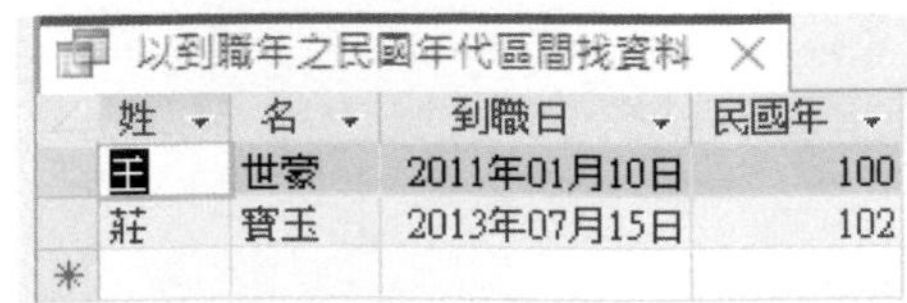

以到職年之民國年代區間找資料

姓	名	到職日	民國年
王	世豪	2011年01月10日	100
莊	寶玉	2013年07月15日	102

以西元生日找資料

『生日』欄內容為西元之日期。故而，若將查詢準則條件設定為：

```
[生日yyyy/mm/dd]
```

即可以：

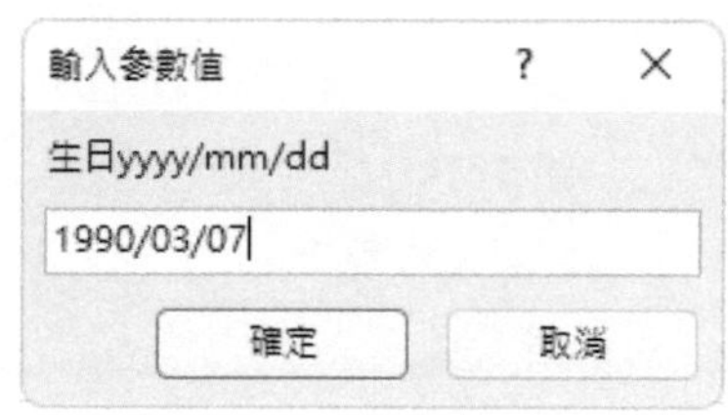

等待輸入生日之西元日期（必須是完全正確之日期）。完成輸入後，可找出該日出生之員工：

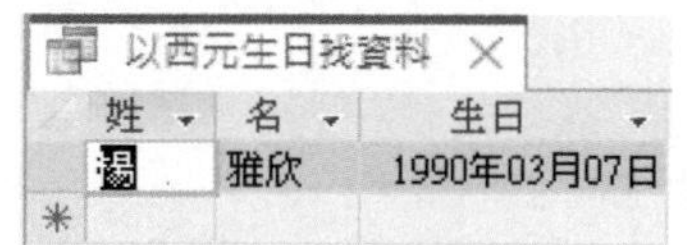

以民國生日找資料

以西元日期資料進行找尋資料，畢竟不符國人習慣。因此，若改為輸入國曆日期，應該是較能被接受。但是，當使用者於：

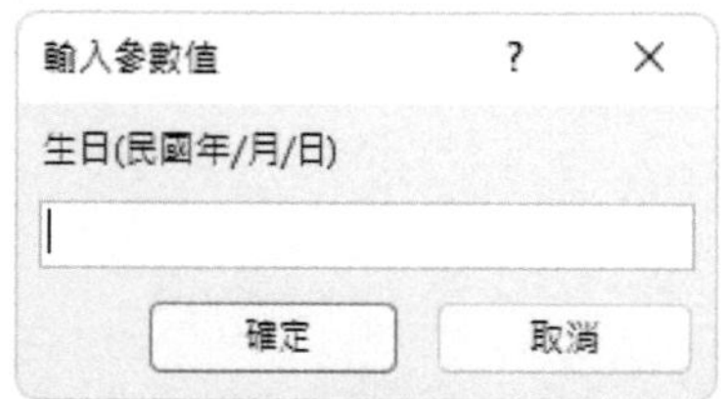

輸入民國日期80/11/03，理應代表西元1991/11/03才對！可是，電腦還是當1980/11/03。故而，得於年的部份加11，才是電腦內所存放的正確日期。

所以，將查詢準則條件設定為：

```
DateAdd("yyyy",11,[生日(民國年/月/日)])
```

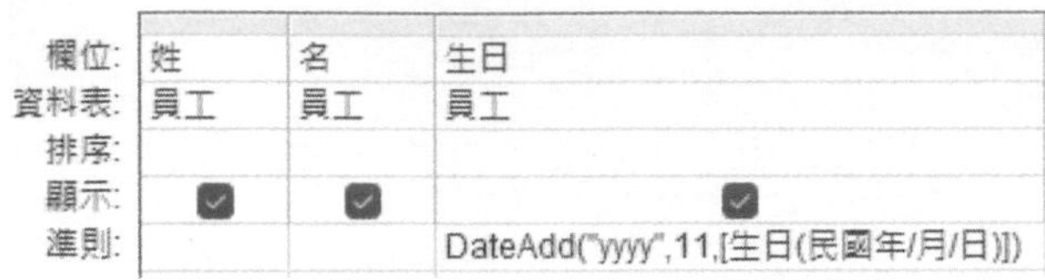

欄位:	姓	名	生日
資料表:	員工	員工	員工
排序:			
顯示:	☑	☑	☑
準則:			DateAdd("yyyy",11,[生日(民國年/月/日)])

DateAdd() 函數內，"yyyy" 表依西元年代為計算標準，11為要加到 [生日(民國年/月/日)] 之年代部份的數值。

如此，當使用者於：

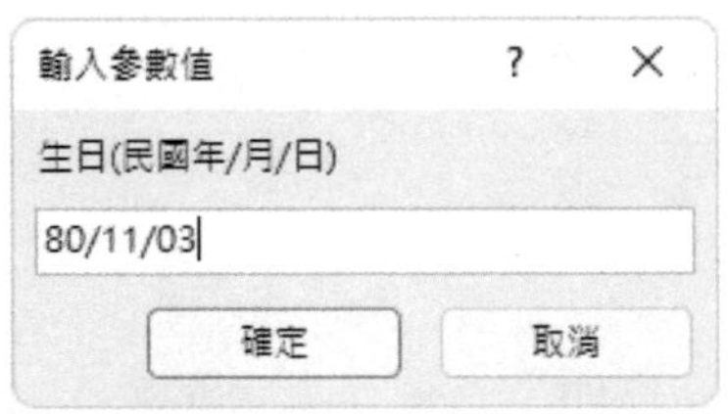

輸入80/11/03，本式之效果等同：

```
DateAdd("yyyy",11,#1980/11/03#)
```

將可對1980加11，轉換結果為：

```
#1991/11/03#
```

用來找出民國80/11/03（西元1991/11/03）出生之員工：

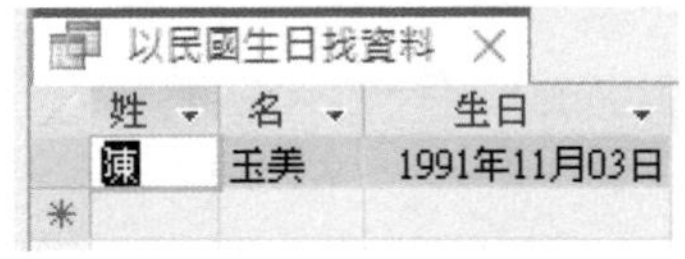

以民國生日找資料

姓	名	生日
陳	玉美	1991年11月03日

以西元生日區間找資料

無論西曆或國曆，以完全正確之日期進行找尋資料，有時也不是很方便。故而，若將查詢準則條件設定為：

```
Between [開始日期yyyy/mm/dd] And [結束日期yyyy/mm/dd]
```

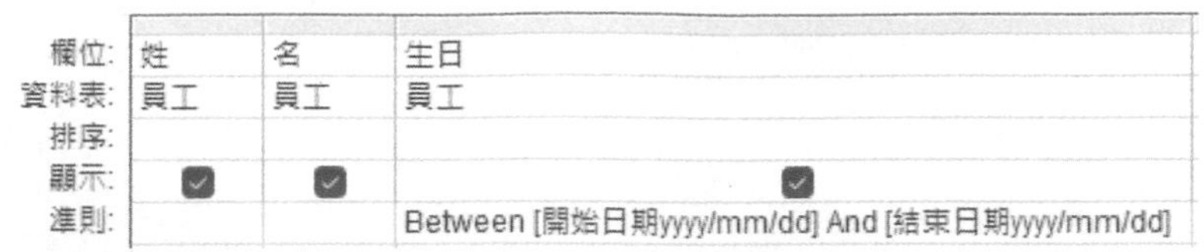

即可以連續兩個畫面，等待輸入兩個西元日期：

完成輸入後，可找出介於其間出生之員工：

以西元生日區間找資料

姓	名	生日
于	耀成	1990年08月10日
林	美玉	1990年04月12日
楊	雅欣	1990年03月07日
陳	玉美	1991年11月03日

以民國生日區間找資料

學會了以西曆日期區間進行查詢，再來看如何以民國日期區間來查資料。本例將查詢內容件設定為：

```
Between DateAdd("yyyy",11,[起始日期(民國年/月/日)]) And DateAdd("yyyy",
11,[結束日期(民國年/月/日)])
```

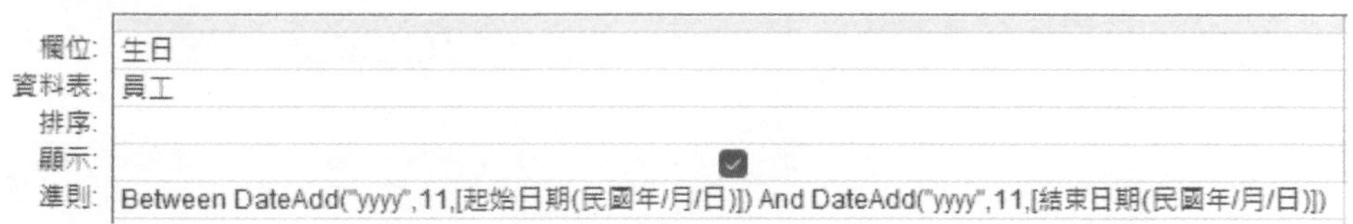

DateAdd() 函數內，"yyyy" 表依西元年代為計算標準，11 為要加到 [起始日期(民國年/月/日)] 及 [結束日期(民國年/月/日)]之年代部份的數值。如此，可將所輸入之兩個國曆日期的年代，加上 11 求得西曆日期，以利篩選記錄。

即可以連續兩個畫面，等待輸入兩個民國日期：

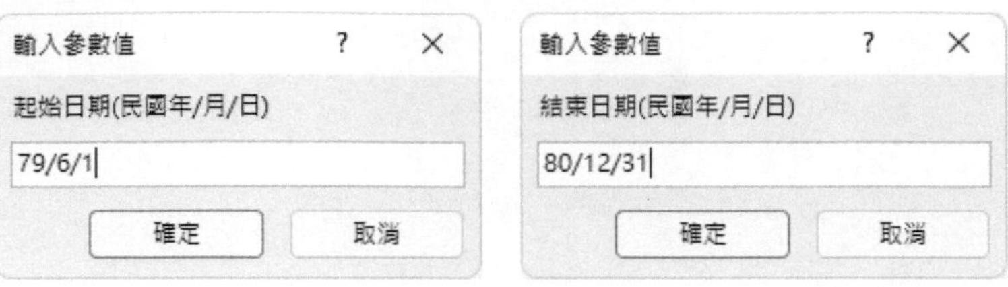

完成輸入後，可找出介於其間出生之員工：

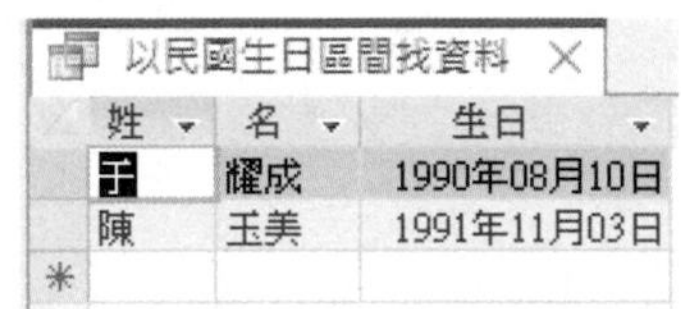
以民國生日區間找資料

姓	名	生日
于	耀成	1990年08月10日
陳	玉美	1991年11月03日

以國曆之任意資料查詢

若能將西元的生日日期，轉為民國日期，那可能就更符合國人的習慣。此外，日期資料型態是無法使用*？#等萬用字元，來作為查詢依據。因此，無法以部份生日內容來查資料，解決方法是將日期轉文字串。

Format()函數之語法為：

```
Format(<expr>, <fmt>)
```

用以將某運算式<expr>之結果，轉為以<format>所示之格式所定義之外觀（<format>必須以字串方式表示）。如：

```
國曆生日字串:"民國" & Year([生日])-1911 & "年" & Format([生日],"mm\月dd\日")
```

可將原為 [日期] 資料型態之『生日』，轉換為使用國曆日期字串。故而：

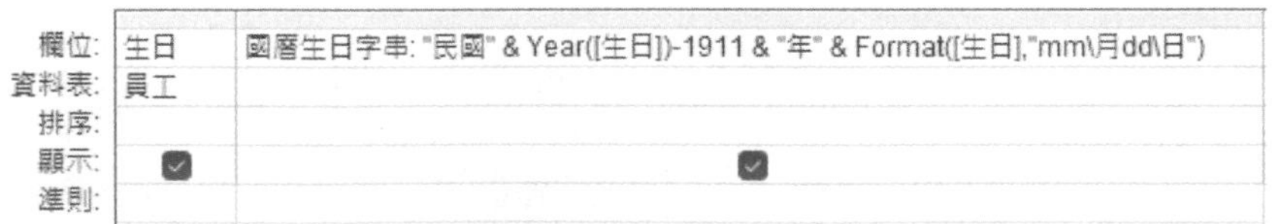

欄位:	生日	國曆生日字串: "民國" & Year([生日])-1911 & "年" & Format([生日],"mm\月dd\日")
資料表:	員工	
排序:		
顯示:	☑	☑
準則:		

之執行結果為：

以國曆之任意資料查詢

姓	名	生日	國曆生日字串
孫	晏寧	1989年05月08日	民國78年05月08日
王	世豪	1992年03月18日	民國81年03月18日
莊	寶玉	1989年05月11日	民國78年05月11日

將日期轉文字串後，就可使用*？#等萬用字元當查詢依據。若將條件安排為：

```
Like "*" & [國曆生日之任意內容] & "*"
```

欄位:	生日	國曆生日字串: "民國" & Year([生日])-1911 & "年" & Format([生日],"mm\月dd\日")
資料表:	員工	
排序:		
顯示:	✔	✔
準則:		Like "*" & [國曆生日之任意內容] & "*"

就變成可依所輸入國曆生日之任意內容，來進行查詢。如，輸入3月：

輸入參數值 ? ×

國曆生日之任意內容

3月

確定　取消

可找出3月出生者之資料：

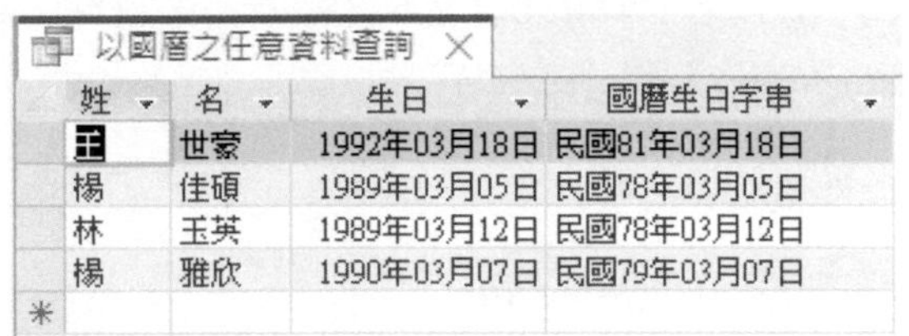

以國曆之任意資料查詢

姓	名	生日	國曆生日字串
王	世豪	1992年03月18日	民國81年03月18日
楊	佳碩	1989年03月05日	民國78年03月05日
林	玉英	1989年03月12日	民國78年03月12日
楊	雅欣	1990年03月07日	民國79年03月07日
*			

注意

若僅輸入3，將找出所有含3之內容。如；73年、03月、03日、13日、23日、30日或31日…。

而，輸入80年：

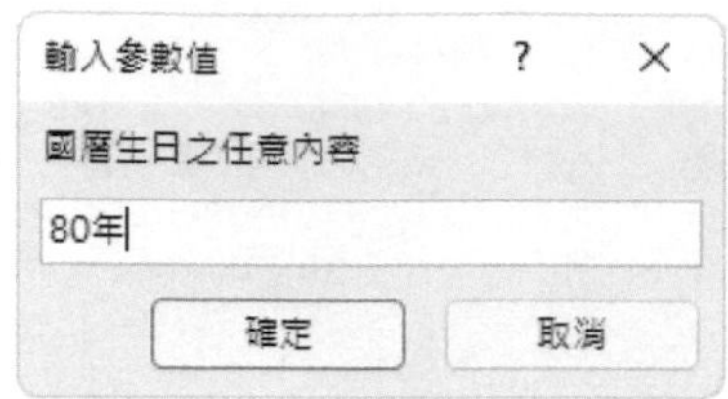

可找出民國80年出生者之資料：

以國曆之任意資料查詢

姓	名	生日	國曆生日字串
陳	玉美	1991年11月03日	民國80年11月03日

本例可只輸入80，省去"年"。因為，於月或日之資料中，均不會有80之內容，故不會有找錯之情況。

小秘訣

若輸入『8?年』或『8*年』，可找出民國80~89年出生者之資料。

以實際年資區間找資料

前文曾述及，要求算實際年資可使用：

```
年資:Year(Date())-Year([到職日])-IIf(Date()>=DateSerial(Year(Date()),
Month([到職日]),Day([到職日])),0,1)
```

故而，若將條件安排為：

```
Between [年資下限] And [年資上限]
```

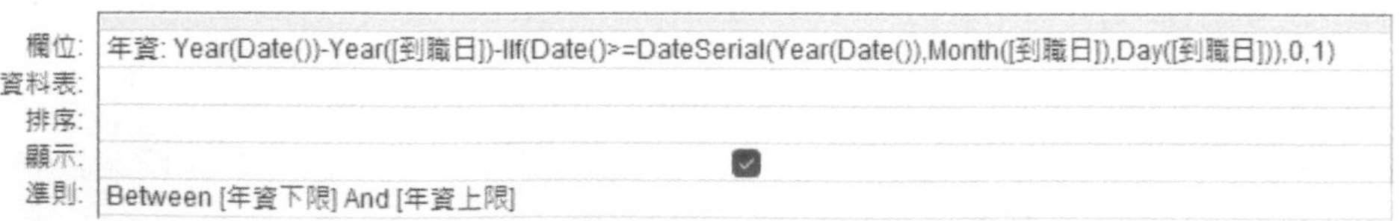

欄位:	年資: Year(Date())-Year([到職日])-IIf(Date()>=DateSerial(Year(Date()),Month([到職日]),Day([到職日])),0,1)
資料表:	
排序:	
顯示:	☑
準則:	Between [年資下限] And [年資上限]

就可以連續兩個輸入參數畫面，詢問 [年資下限] 及 [年資上限]：

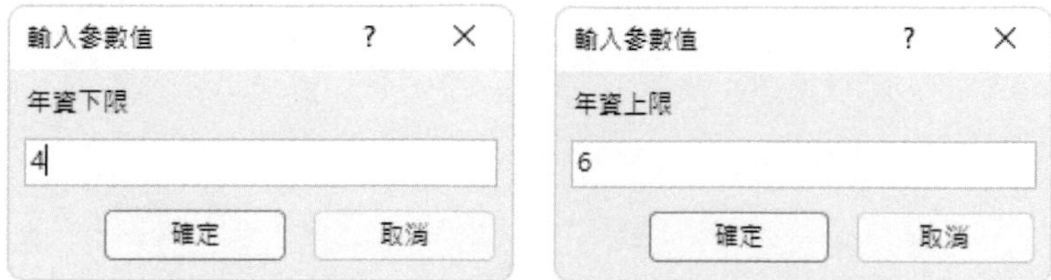

完成輸入後，即可找出年資介於此兩數值間之員工：

以實際年資區間找資料

部門	職稱	姓	名	到職日	年資
客房	經理	孫	晏寧	2017年09月01日	4
行銷	助理	于	耀成	2016年06月11日	5
餐飲	助理	楊	雅欣	2017年07月10日	4

但是，這個例子仍然同於先前以月份區間進行查詢之實例，若輸入之參數同時使用1位數及2位數，將出現錯誤。如：

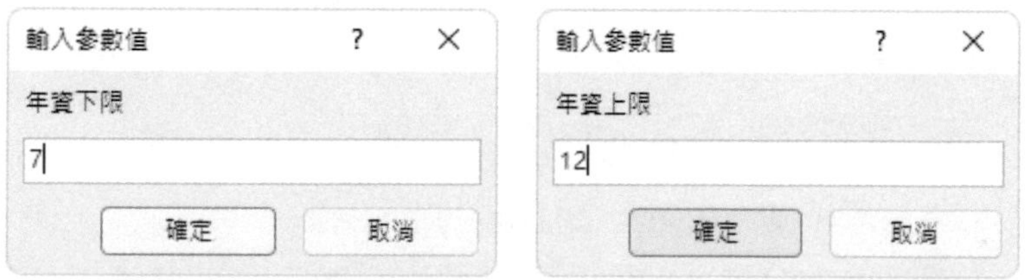

其查詢結果是錯誤的：

以實際年資區間找資料

部門	職稱	姓	名	到職日	年資
客房	經理	孫	晏寧	2017年09月01日	4
行銷	經理	楊	佳碩	2006年08月05日	15
行銷	助理	林	玉英	2009年05月07日	13
行銷	助理	于	耀成	2016年06月11日	5

錯誤原因為：未將這兩個參數類型指定為「數字」類型。故回『查詢設計檢視』畫面，按『查詢設計/顯示/隱藏/參數』 鈕，於左側『參數』下輸入 "[年資下限]" 及 "[年資上限]"（最好以剪貼技巧貼上完成，不僅省事且較正確）；並將參數的資料類型改為「位元組」之數值（整數、常整數、…等數值也可以）：

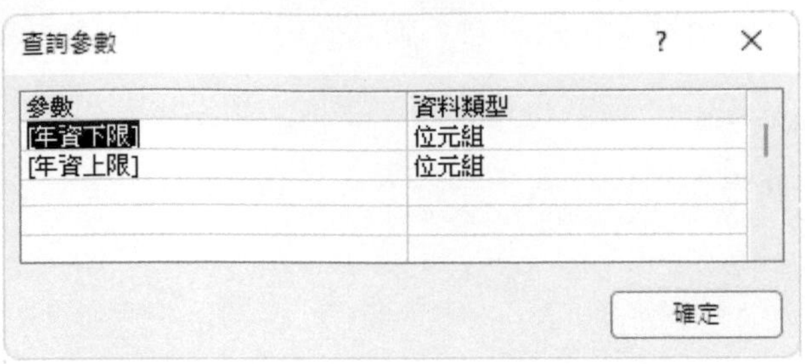

完成設定，再次執行，即可順利以任意之實際年資區間來找尋資料：（同樣將下限及上限分別輸入7與12）

以實際年資區間找資料

部門	職稱	姓	名	到職日	年資
客房	助理	王	世豪	2011年01月10日	11
客房	助理	莊	寶玉	2013年07月15日	8
餐飲	經理	林	宗揚	2010年03月01日	12
餐飲	助理	林	美玉	2010年04月01日	12
餐飲	助理	梅	欣云	2010年04月02日	12

小秘訣

若是要求實際年齡之足歲，其公式應為：

```
年齡:Year(Date())-Year([生日])-IIf(Date()>=
DateSerial(Year(Date()),Month([生日]),Day([生日])),0,1)
```

薪資區間查詢

於各類參數查詢中，「數字」類型應是較簡單且變化最少的。一般數值條件式，較常用>、>=、<、<=或Between ... And ...等比較符號，對於=及<>則甚少使用（因為很難記下正確之完整數值）。更不可能會去查包含某字或開始於、結束於等內容。

假定，要允許使用者輸入兩個薪資，即可找出薪資介於其間之員工。可將薪資欄之查詢準則條件設定為：

```
Between [薪資下限] And [薪資上限]
```

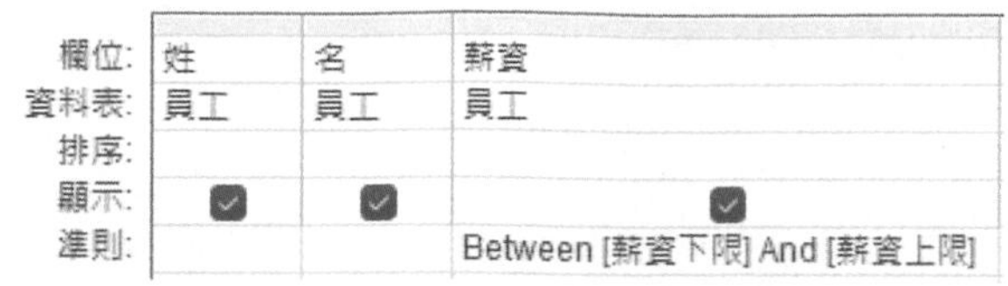

執行時，同樣以連續兩個輸入參數畫面，詢問 [薪資下限] 及 [薪資上限]：

完成輸入後，即可找出薪資介於此兩數值間之員工：

薪資區間查詢

姓	名	薪資
于	耀成	$38,000
林	美玉	$37,500
		$0

11-5 混合條件

查詢時，不能只限定使用者僅能依某固定之方式進行。如：甲可能只知道某員工之性別及職稱，乙則知道某員工之部門及性別，丙則……。如何設計一套查詢，可有彈性的滿足這些使用者所能掌握之有限資訊，進行查詢？

假定，擬以『員工編號』、『部門』、『職稱』、『姓』、『名』、『性別』、『婚姻』、『生日』、『地址』及『電話』等欄位的任意組合，進行查詢。使用者只須輸入所知之部份資料，即可找到所要之記錄；並不限定每一項都得填入資料。

「簡短文字」類型資料的條件式

『員工編號』、『部門』、『職稱』、『姓』、『名』、『性別』、『地址』及『電話』等簡短文字資料欄，其處理方式一致。假定，允許以內含某一個字之方式對這些欄位進行查詢。將這些欄位下之準則條件分別安排為：

欄位	準則條件
員工編號	Like "*" & [請輸入員工編號] & "*"
部門	Like "*" & [請輸入部門] & "*"
職稱	Like "*" & [請輸入職稱] & "*"
[姓]&[名]	Like "*" & [請輸入姓名] & "*"
性別	Like "*" & [請輸入性別] & "*"
地址	Like "*" & [請輸入地址] & "*"
電話	Like "*" & [請輸入電話] & "*"

這些條件內容，均允許輸入或不輸入內容。若未輸入內容，表該欄無條件。由於參數左右均有星號（*）萬用字元，故若全未輸入內容，可找到所有的記錄。

性別只有一個"男"/"女"字串，為何也要加星號（*）萬用字元呢？因為，該欄準則若只設定成：

```
[請輸入性別]
```

而省略參數左右的星號（*）萬用字元。當使用者未對『性別』欄輸入任何過濾條件，將無法找到任何一筆記錄。

非「簡短文字」類型資料的條件式

『已婚』或『生日』並非「簡短文字」類型之資料，並無法使用Like及星號（*）萬用字元，得利用函數將其轉為字串，就可使用同於「簡短文字」類型資料之處理方式，以任意內容進行找尋記錄。

假定，希望以中文之"已婚"或"未婚"字串，來輸入本部份之條件。將其欄位改成：

```
婚姻:IIf([已婚]=Yes,"已婚","未婚")
```

且將準則條件安排成：

```
Like "*" & [請輸入 已/未婚 ?] & "*"
```

即可以中文之 "已婚" 或 "未婚" 字串的任意內容進行篩選。且單就此欄言，若不輸入任何內容，也可找出所有記錄，並不影響別的條件式。

另，本部份係設定為不顯示，僅作為篩選條件而已；另再安排一『已婚』欄為要顯示，即可以該欄之原貌（打勾及不打勾）顯示於查詢結果中。

對於『生日』，則新增一欄：

```
國曆生日:"民國" & Year([生日])-1911 & "年" & Format([生日],"mm\月dd\日")
```

將原為[日期]資料型態之『生日』，轉換為國曆日期文字串。並將其將準則條件安排成：

```
Like "*" & [國曆生日之任意內容] & "*"
```

就變成可依所輸入國曆生日之任意內容，來進行查詢。同樣地，單就此欄言，若不輸入任何內容，也可找出所有記錄，並不影響別的條件式。

另，因本部分已顯示『國曆生日』，故就不再顯示原西曆之生日。

執行

前文所安排之任一條件，不輸入找尋依據時（直接 Enter ），該條件就好似不存在一般。只會對那些曾輸入找尋依據之部份，進行過濾資料而已，故使用者可就其所知道的部份內容進行輸入，即可找到符合條件之記錄。

由於，其條件式及等待輸入相關參數之畫面多。且各種查詢組合也很多，一個、兩個、三個、……、或七個依據同時輸入，均可用以找尋資料。故對其執行過程，就不一一舉例了。

ACCESS

CHAPTER 12

交叉資料表與動作查詢

12-1 查詢之種類

查詢之種類主要有：

- 選取查詢

  這是最常見的查詢方式，就是依特定條件於資料表中選取（篩選）記錄，也可將其資料欄經過縮減、運算或合併以產生摘要資料。其條件可以是固定不變的，也可以隨使用者任意輸入之條件（參數），以篩選記錄。（前面兩章之所有查詢，均屬於此類。將其儲存後，物件之圖示為兩張重疊之資料表 ）

- 交叉資料表查詢

  將記錄彙總整理成一個交叉表。如：求各部門內，不同職稱之員工的薪資統計資料：合計、均數、標準差、最大值、最小值或筆數。表中之資料，不僅是單一統計資料而已，也可以一起顯示好幾個資料。（交叉查詢資料表圖示為 ）

- 動作查詢

  於依條件（也可能是無條件）選取記錄後，順便進行：製成資料表、更新、刪除或新增等動作。如：找出所有已婚員工，將其薪資調高5%。過濾出一年以前的交易記錄，轉存到另一新資料表；或將其刪除。這類查詢，於『查詢設計/查詢類型』群組中，其指令按鈕上均有一個驚嘆號：

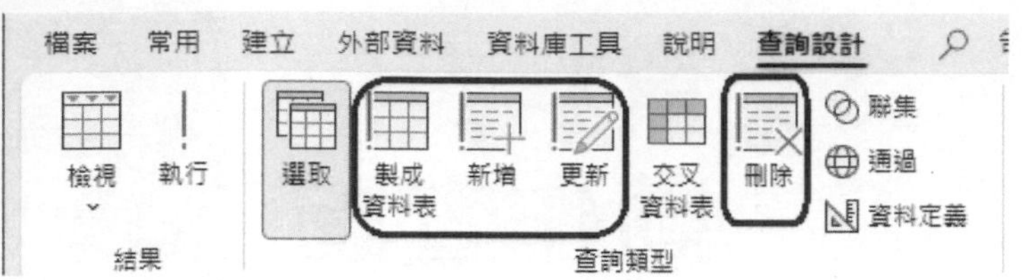

且必須是按『查詢設計/結果/執行』 執行 鈕，才會真正執行所指定之動作（這可能是為何指令按鈕均加有驚嘆號的原因）。且執行後並無法復原，屬於危險動作，故執行前最好先備份檔案。

本章即要針對『選取查詢』以外的各類查詢進行說明，請開啟『範例\Ch12\中華公司.accdb』進行練習。

12-2 利用精靈建立交叉資料表查詢

產生交叉資料表，最便捷之方式為：利用『交叉資料表查詢精靈』來建立。假定，要求各部門內，不同職稱員工薪資均數的分配情況。其建立步驟為：

Step 1 按『建立/查詢/查詢精靈』 查詢精靈 鈕，轉入『新增查詢』對話方塊，選「交叉資料表查詢精靈」

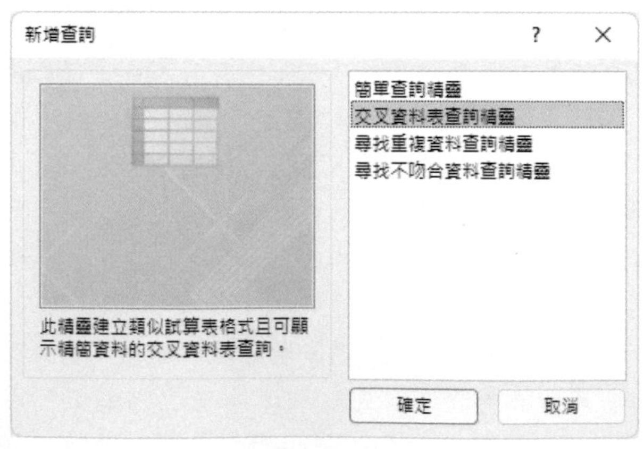

Step 2 按 確定 鈕，轉入

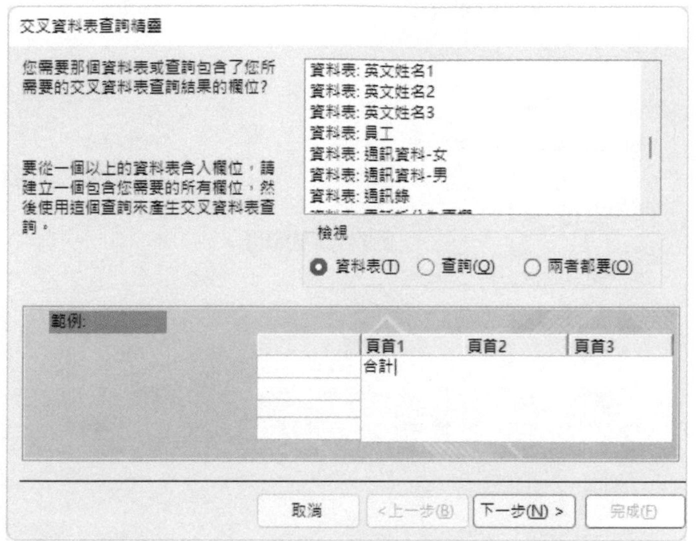

Step 3 選擇使用『資料表:員工』，續按 下一步(N) > 鈕，轉入

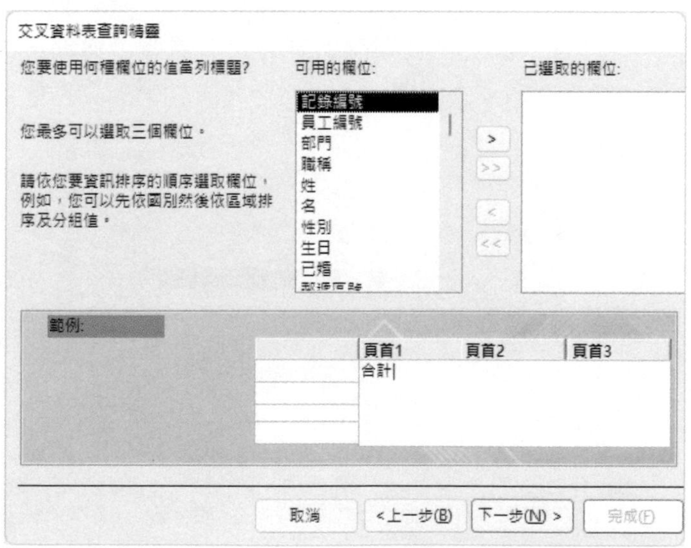

Step 4 選擇要安排於交叉表列標題部份的內容（最多可選三個，本例選『職稱』），續按 [>] 鈕，將其移往右側，且於下半部預覽視窗內看到其列標題內容

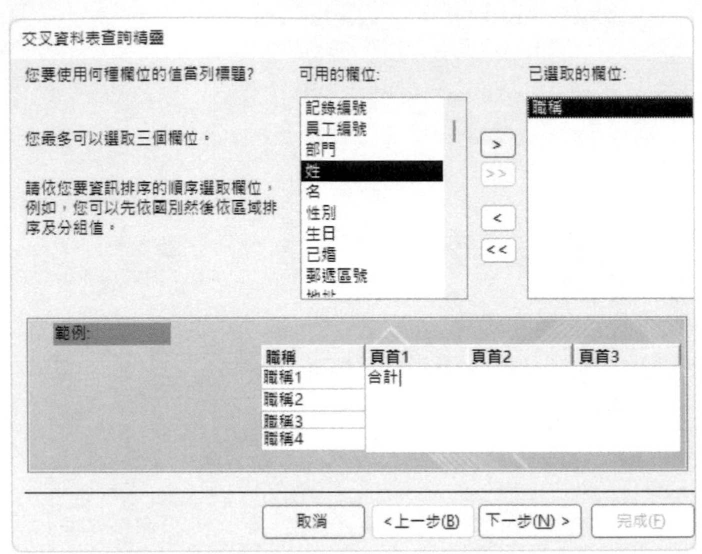

Step 5 按 [下一步(N) >] 鈕，續選擇要安排於交叉表欄標題部份的內容（只能選一個，本例選『部門』），可於下半部預覽視窗內看到其欄標題內容

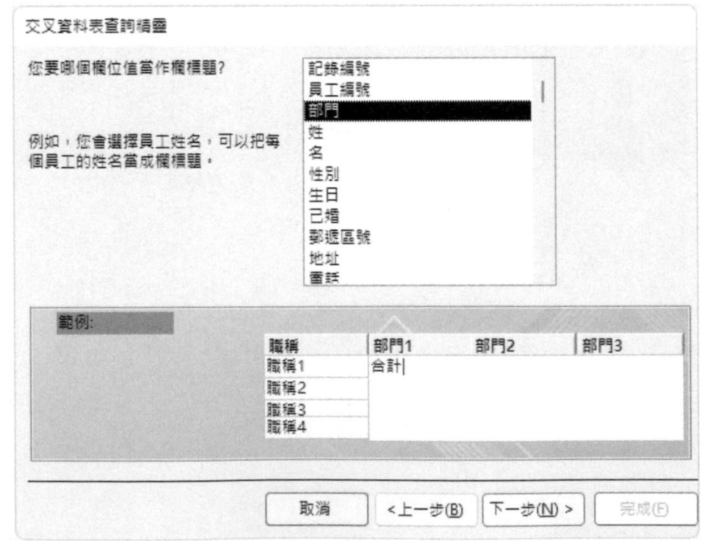

Step 6 按 下一步(N) > 鈕，續選擇要安排於交叉表內，欄列交會處要安排那一欄的統計數字（如：平均值、最大值、最小、……等）。先於左側選妥欄位，若是筆數（計數），選何種資料類型之欄位均可；但若要求統計數字，自應選擇數值欄位。（本例選擇求「薪資」欄之「平均值」）

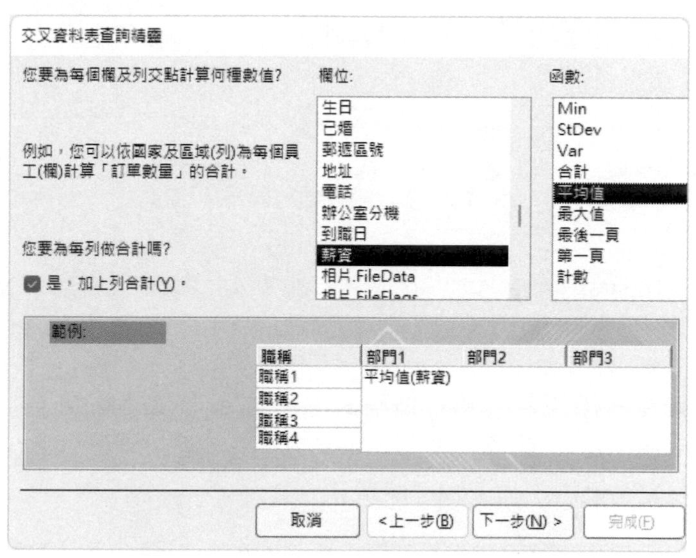

Step 7 續按 下一步(N) > 鈕，轉入

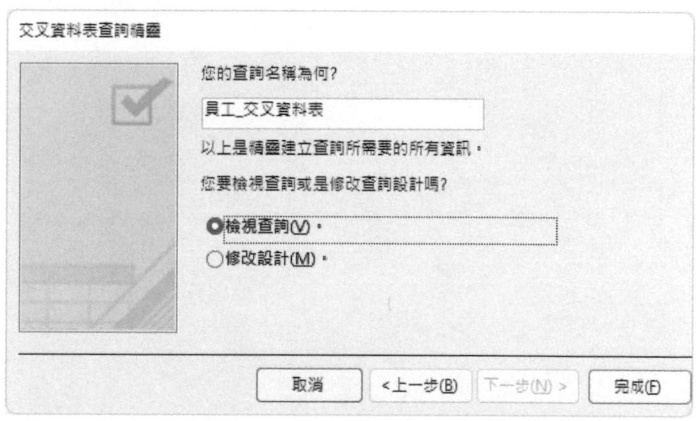

Step 8 將『查詢』命名為：部門交叉職稱求平均薪資；並確定其下選「檢視查詢(V)」

您的查詢名稱為何?

部門交叉職稱求平均薪資

Step 9 續按 完成(F) 鈕，求得各部門內，不同職稱之員工平均薪資之交叉表

部門交叉職稱求平均薪資

職稱	合計 薪資	客房	行銷	餐飲
助理	35812.5	36500	42500	32125
經理	62700	60500	65000	62600

由其內可讀出各部門內，不同職稱員工之平均薪資。如，全體組員之平均薪資為35812.5，行銷部之助理之平均薪資為42500。

若覺得其標題及格式有點不妥，可轉入『設計檢視』加以修改及設定。如，將『合計 薪資』改為『平均薪資』，並於『屬性表』窗格將各數值欄均設定為使用「$#,##0」之格式：

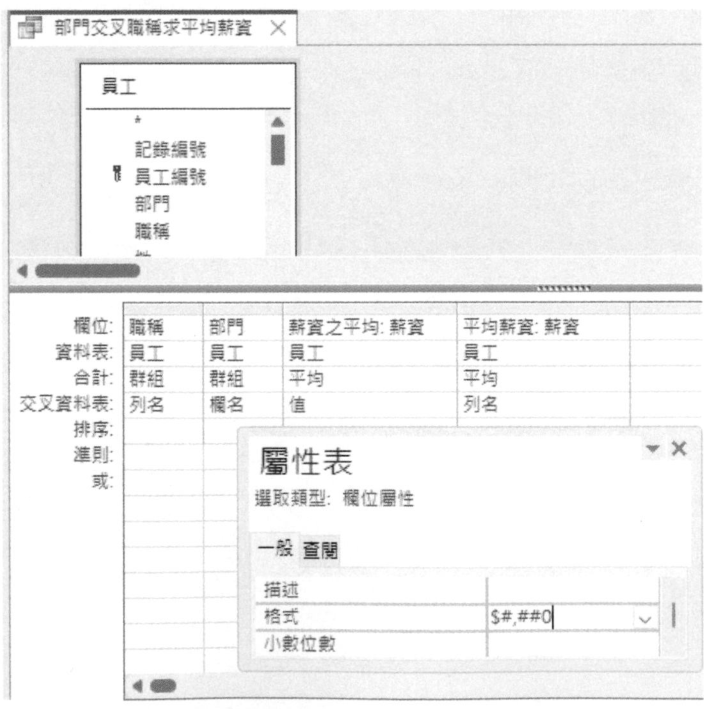

其執行結果將轉為：

部門交叉職稱求平均薪資

職稱	平均薪資	客房	行銷	餐飲
助理	$35,813	$36,500	$42,500	$32,125
經理	$62,700	$60,500	$65,000	$62,600

雖然，『平均薪資』欄於『設計檢視』中係擺於最後一欄，但執行後轉入『資料工作表檢視』，該欄卻恆在第二欄。若覺得不順眼，只好於『資料工作表檢視』中，以拖曳標題之方式將其移到最後一欄。只要記得將其儲存，將來它永遠可停在最後一欄：

部門交叉職稱求平均薪資

職稱	客房	行銷	餐飲	平均薪資
助理	$36,500	$42,500	$32,125	$35,813
經理	$60,500	$65,000	$62,600	$62,700

12-3 修改內容加入其他統計數字

續前例，以複製/貼上，將其存為『部門交叉職稱求薪資統計資料』：

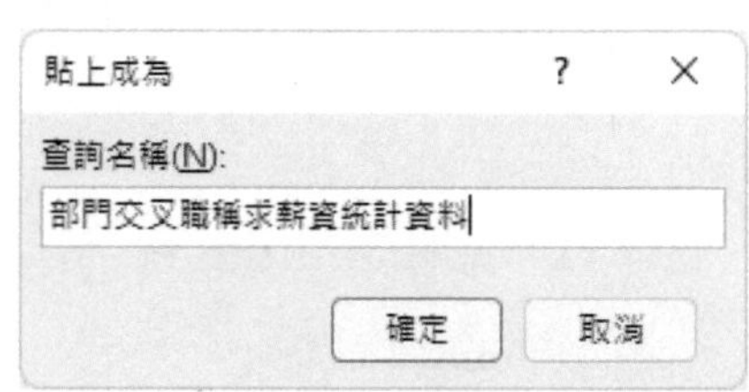

存妥後，按 鈕，轉入『設計檢視』：

欄位:	職稱	部門	薪資之平均: 薪資	平均薪資: 薪資
資料表:	員工	員工	員工	員工
合計:	群組	群組	平均	平均
交叉資料表:	列名	欄名	值	列名

仿最後一欄之方式，於『欄位:』列加入：

```
最高:薪資
最小:薪資
筆數:薪資
```

於『合計:』列，先單按一下滑鼠，續按右側之下拉鈕，可就其下拉式選單，選擇所要使用之統計量：

欄位:	平均薪資: 薪資	最高: 薪資	最小: 薪資	筆數: 薪資
資料表:	員工	員工	員工	員工
合計:	平均	群組	群組	群組
交叉資料表:	列名			
排序:				
準則:				
或:				

群組
總計
平均
最小值
最大值
筆數
標準差
變異數
第一筆
最後一筆
運算式
條件

本例依序將其安排為：「最大值」、「最小值」與「筆數」。且於『交叉資料表:』列，均選擇使用「列名」：

並於『屬性表』窗格將前兩個數值欄設定為使用「$#,##0」之格式，『筆數』欄則使用「0」格式：

其執行結果，可一舉求得不同職稱，薪資之相關統計資料：

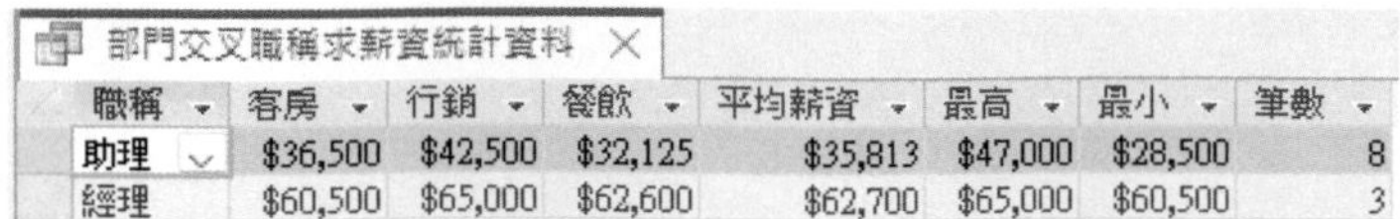
部門交叉職稱求薪資統計資料

職稱	客房	行銷	餐飲	平均薪資	最高	最小	筆數
助理	$36,500	$42,500	$32,125	$35,813	$47,000	$28,500	8
經理	$60,500	$65,000	$62,600	$62,700	$65,000	$60,500	3

一個交叉表內「欄名」與「值」只能有一個；但「列名」個數則無限制。

12-4 自建交叉資料表查詢

另一種建立交叉資料表的方式，就是自己動手DIY。

求人數

假定，要求各部門內，不同性別之員工的人數分配情況。其建立步驟為：

Step 1 按『建立/查詢/查詢設計』查詢設計 鈕，仿建立『選取查詢』之步驟，選擇使用『員工』資料表

Step 2 按『查詢設計/查詢類型/交叉資料表』交叉資料表 鈕，將查詢種類轉為『交叉資料表』，於下半部可看見，多出『合計:』與『交叉資料表:』兩列

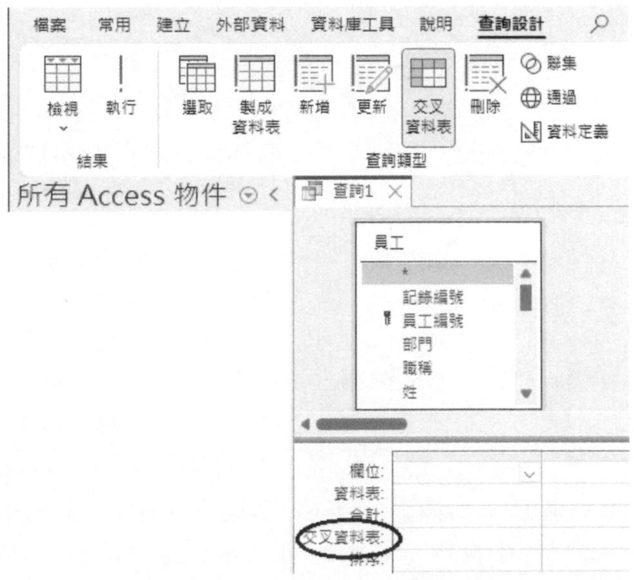

Step 3 將交叉表之列所要使用的『性別』欄位，安排於第一欄，並於『交叉資料表:』列，將其安排為「列名」

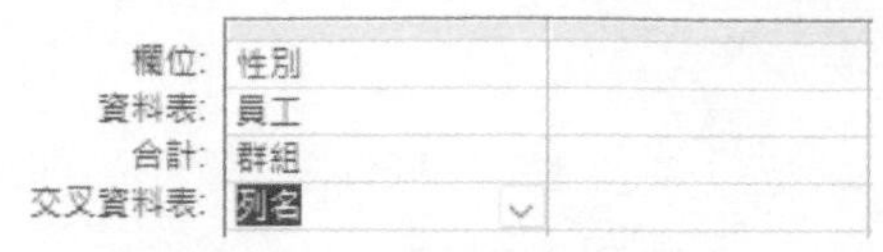

欄位:	性別	
資料表:	員工	
合計:	群組	
交叉資料表:	列名	

Step 4 將交叉表之欄所要使用的『部門』欄位，安排於第二欄，並於『交叉資料表:』列，將其安排為「欄名」

欄位:	性別	部門
資料表:	員工	員工
合計:	群組	群組
交叉資料表:	列名	欄名

Step 5 於第三欄『欄位：』處選擇使用『名』欄，由於是求筆數，安排那個資料欄名之效果均相同。於『合計:』列，選用「筆數」以計算出記錄數。並於『交叉資料表:』列，將其安排為「值」，以作為交叉表內欄/列交會處之資料格內容

欄位:	性別	部門	名
資料表:	員工	員工	員工
合計:	群組	群組	筆數
交叉資料表:	列名	欄名	值

Step 6 按『查詢設計/結果/執行』鈕（或『資料工作表檢視』鈕），即可獲致性別交叉部門之人數表

查詢1

性別	客房	行銷	餐飲
女	2	1	4
男	1	2	1

可看出女性有7人，於客房、行銷及餐飲之女性人數分別為2、1、4人；男性4人，其內客房、行銷及餐飲分別有1、2、1人。

Step 7 看完後，擬增加一欄以顯示出男女人數之總計。按鈕，切換回『查詢設計檢視』畫面

Step 8 於第四欄『欄位：』處輸入：

```
合計:名
```

『合計』是要作為標題，『名』為欄名，由於是求筆數，於冒號(:)後安排那個資料欄名之效果均相同。於『合計:』列，選用「筆

數」以求記錄數。並於『交叉資料表:』列，將其安排為「列名」，即可分別求算男性及女性之總人數：

欄位:	性別	部門	名	合計: 名
資料表:	員工	員工	員工	員工
合計:	群組	群組	筆數	筆數
交叉資料表:	列名	欄名	值	列名

Step 9 按『執行』![執行] 鈕，又可獲致性別交叉部門之人數表，其第二欄處即為男/女的總人數：

查詢1

性別	合計	客房	行銷	餐飲
女	7	2	1	4
男	4	1	2	1

雖然，『合計』欄於『設計檢視』中係擺於最後一欄，但執行後轉入『資料工作表檢視』，該欄卻恆在第二欄。可以拖曳標題之方式將其移到最後一欄：(本例命名為『性別交叉部門求人數』)

性別交叉部門求人數

性別	客房	行銷	餐飲	合計
女	2	1	4	7
男	1	2	1	4

求平均薪資

假定，要求各部門內，不同性別員工平均薪資之分配情況。可仿前例，安排好『交叉資料表查詢』之欄名及列名，並設定使用「$#,##0」格式：

欄位:	性別	部門	名之筆數: 名	合計: 名	分組平均: 薪資
資料表:	員工	員工	員工	員工	員工
合計:	群組	群組	筆數	筆數	平均
交叉資料表:	列名	欄名	值	列名	列名

按『執行』![執行] 鈕，可獲致性別交叉部門之平均薪資表，其最後一欄處即為男/女各組的平均薪資：

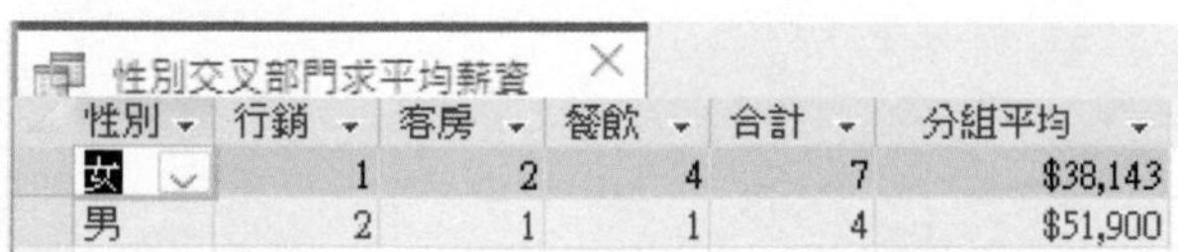

性別交叉部門求平均薪資

性別	行銷	客房	餐飲	合計	分組平均
女	1	2	4	7	$38,143
男	2	1	1	4	$51,900

另一種分組方式

假定，想知道不同性別中已婚及未婚員工平均薪資之分配情況。可將前例第二欄之『欄位:』改為『已婚』:

欄位:	性別	已婚	薪資之平均: 薪資	分組平均: 薪資
資料表:	員工	員工	員工	員工
合計:	群組	群組	平均	平均
交叉資料表:	列名	欄名	值	列名

其餘各欄均維持不變，按『執行』執行鈕，可獲致性別交叉婚姻狀況之平均薪資表：

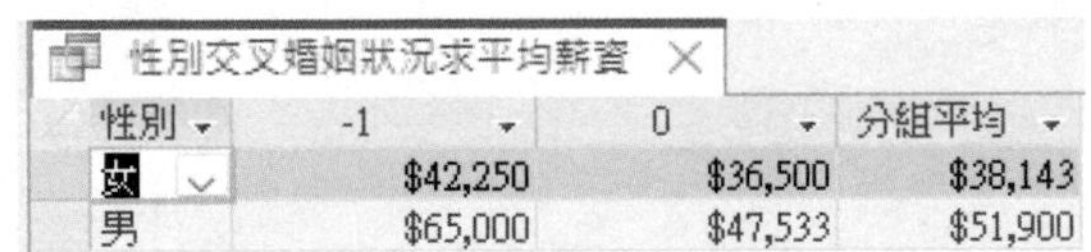

性別交叉婚姻狀況求平均薪資

性別	-1	0	分組平均
女	$42,250	$36,500	$38,143
男	$65,000	$47,533	$51,900

由於，『已婚』為「是/否」資料類型，其值以-1及0來代表成立/不成立。這樣，大概沒幾個人看得懂。故將其修改為：

```
婚姻: IIf([已婚]=Yes,"已婚","未婚")
```

欄位:	性別	婚姻: IIf([已婚]=Yes,"已婚","未婚")	薪資之平均: 薪資	分組平均: 薪資
資料表:	員工		員工	員工
合計:	群組	群組	平均	平均
交叉資料表:	列名	欄名	值	列名

則可將 -1/0 改為 "已婚"/"未婚" 字串：

性別交叉婚姻狀況求平均薪資

性別	已婚	未婚	分組平均
女	$42,250	$36,500	$38,143
男	$65,000	$47,533	$51,900

若將前兩欄之「欄名」與「列名」互換：

欄位:	性別	婚姻: IIf([已婚]=Yes,"已婚","未婚")	薪資之平均: 薪資	分組平均: 薪資
資料表:	員工		員工	員工
合計:	群組	群組	平均	平均
交叉資料表:	欄名	列名	值	列名

則可將欄/列互換，求得婚姻狀況交叉性別之平均薪資表，其最後一欄即為 "已婚"/"未婚" 組之平均薪資：

婚姻狀況交叉性別求平均薪資

婚姻	女	男	分組平均
已婚	$42,250	$65,000	$49,833
未婚	$36,500	$47,533	$40,638

小秘訣

於查詢物件標籤內，交叉查詢資料表圖示為 ▦；以別於選取查詢資料表之 ▦ 圖示。

12-5 製成資料表

有幾個理由，會考慮將一個或幾個資料表，透過查詢而製成新的資料表。如：

■ 備份資料

雖然不用透過查詢，直接以複製方式也可以備份檔案。但透過查詢可篩選部份資料、選擇部份欄位、甚至以運算式計算產生新欄位，然後製成另一個新的資料表。

■ 提高執行效率

選擇部份欄位並篩選部份記錄，這樣經過濃縮所產生之新資料表，比原資料表節省空間且可提高執行效率。有時，原欄位設計有缺失時，也可以將其拆分為幾欄（或將原為多欄合併為單欄），如：將生日拆為年、月、日三欄，將姓名拆開為姓與名兩欄，……進而製成新的資料表。

■ 合併資料

將兩個內容少部份相同，而大部份不同之資料表，透過某欄位產生關聯，將其合併成為單一資料表，以減少重複存在之資料。如：學生之基本資料存於甲資料表，其成績存於乙資料表，以學號讓其等產生關聯，將其合併成同時擁有基本資料與成績之單一資料表。

姐妹會通訊錄

假定，擬篩選出所有女性員工之：部門、職稱、姓、名、性別、辦公室分機、郵遞區號、地址、電話及E-Mail，製成另一新的『姐妹會通訊錄』資料表中。其處理步驟為：

Step 1 按『建立/查詢/查詢設計』查詢設計 鈕，選擇使用『員工』資料表

Step 2 按『查詢設計/查詢類型/製成資料表』製成資料表 鈕，於『製成資料表』對話方塊，輸入 "姐妹會通訊錄" 作為新資料表名稱，並選擇要抄入「目前資料庫(C)」（『中華公司:資料庫』）

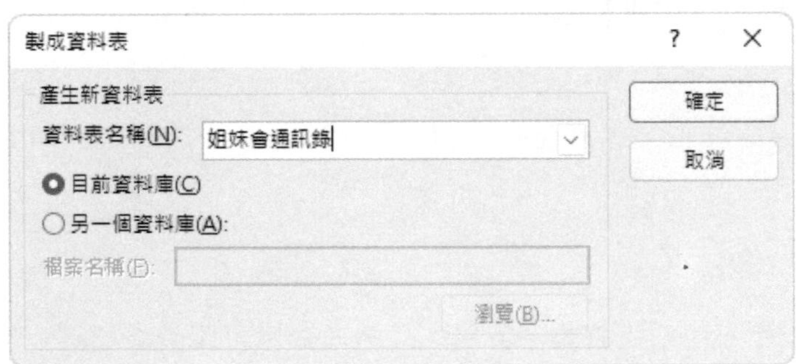

注意

新資料表名稱，不可同於已存在之資料表或查詢名稱！

Step 3 按 確定 鈕，續於查詢之設計檢視畫面，選擇所要之部份欄位（部門、職稱、姓、名、性別、辦公室分機、郵遞區號、地址、電話及E-Mail），並安排準則條件式（性別為女性）

欄位:	部門	職稱	姓	名	性別	郵遞區號	地址	電話	E-Mail
資料表:	員工	員工	員工	員工	員工	員工	員工	員工	員工
排序:									
顯示:	☑	☑	☑	☑	☑	☑	☑	☑	☑
準則:					"女"				

Step 4 續按『查詢設計/結果/執行』執行鈕執行，將先顯示

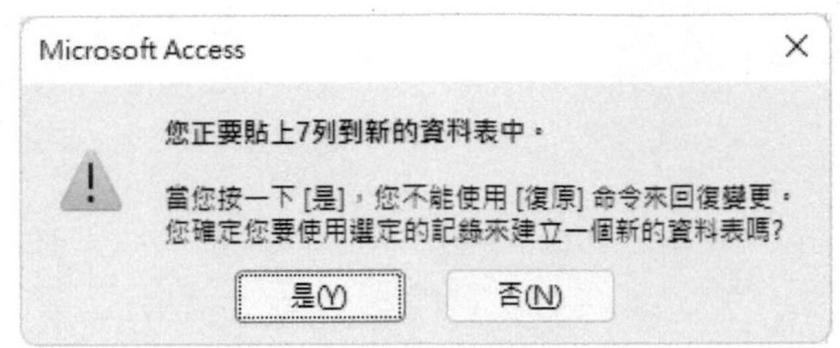

Step 5 按 是(Y) 鈕，才會真正建立新資料表

Step 6 於左側『功能窗格』物件處，可發現已多了一個『姐妹會通訊錄』之新資料表

Step 7 將其開啟後，可看到七筆女性記錄

部門	職稱	姓	名	性別	郵遞區號	地址	電話	E-Mail
客房	經理	孫	曼寧	女	239	新北市中華路一段12號三樓	(02)2893-4658	曼寧
客房	助理	莊	寶玉	女	106	台北市敦化南路138號二樓	(02)2708-1122	bychung@yahoo.com.tw
行銷	助理	林	玉英	女	104	台北市合江街124號五樓	(02)2503-7817	linyn@seed.net.tw
餐飲	助理	林	美玉	女	104	台北市興安街一段15號四樓	(02)2562-7777	jill@hotmail.com
餐飲	助理	楊	雅欣	女	201	基隆市中正路一段128號三樓	(02)2601-3312	sally@hotmail.com
餐飲	助理	陳	玉美	女	201	基隆市中正路二段12號二樓	(02)2695-2696	tracy@ms38.hinet.tw
餐飲	助理	梅	欣云	女	330	桃園市成功路一段14號	(03)3368-1358	may@yahoo.com

小秘訣

若將製成資料表查詢存檔保留下來，其圖示將為 (如：產生姐妹會通訊錄)。但這種機會應該不多！

存入另一個資料庫

於『產生姐妹會通訊錄』查詢之設計畫面，按『查詢設計/查詢類型/製成資料表』製成資料表鈕，於『製成資料表』對話方塊，選擇要抄到「另一個資料庫(A):」

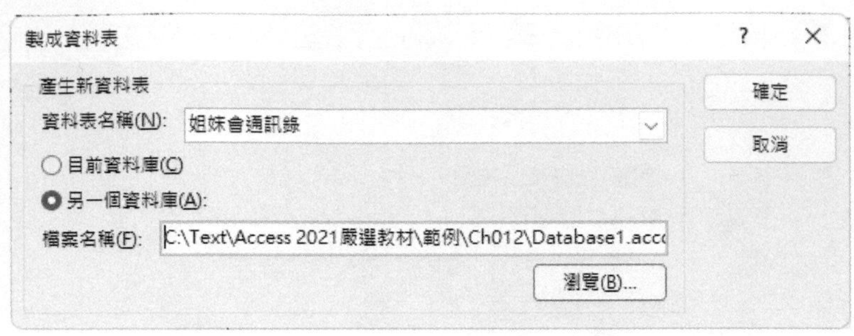

可將所建立之新資料表，轉存到另一個已經存在之資料庫。（相當於匯出資料表，可透過按 瀏覽(B)... 鈕，找出該資料庫檔案所在之位置）

最後，還是得按『查詢設計/結果/執行』 執行 鈕執行，才會將資料抄出去。執行後，開啟目的地資料庫（Database1.accdb），即可看到先前之產出：

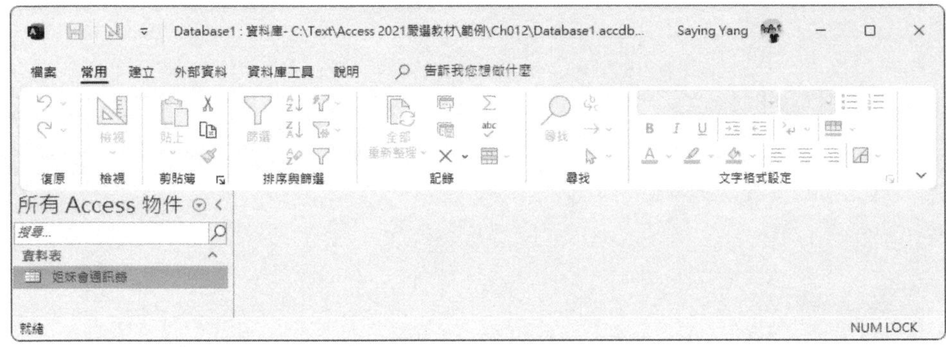

以運算式求獎金及求總薪資

假定，只要取得『員工』資料表內之員工編號、姓、名及薪資，並依年資計算獎金（3000+年資*300），然後再求總薪資（薪資加獎金）。最後將結果存入另一新的『總薪資』資料表中。

仿前述製成資料表之操作，轉入『設計檢視』畫面，選擇所要之部份欄位：員工編號、姓、名、薪資，計算獎金（3000+300*年資）並求總薪資，其運算公式分別為：

```
年資:Year(Date())-Year([到職日])-IIf(Date()>=DateSerial(Year(Date()),Month
([到職日]),Day([到職日])),0,1)
獎金:3000+[年資]*300
總薪資: [薪資]+[獎金]
```

欄位:	薪資	年資: Year(Date())-Y	獎金: 3000+[年資]*300	總薪資: [薪資]+[獎金]
資料表:	員工			
排序:				
顯示:	☑	☑	☑	☑

本例無準則條件，所建立之『總薪資』新資料表為：

查詢1 | 總薪資

員工編號	姓	名	到職日	薪資	年資	獎金	總薪資
1102	孫	晏寧	2017/9/1	60500	4	4200	64700
1112	王	世豪	2011/1/10	42000	11	6300	48300
1117	莊	寶玉	2013/7/15	31000	8	5400	36400

資料表的格式設定，請轉入『設計檢視』安排，本例將『到職日』安排為中文日期格式；將『薪資』、『獎金』與『總薪資』另安排使用「$#,##0」之貨幣格式：

查詢1 | 總薪資

員工編號	姓	名	到職日	薪資	年資	獎金	總薪資
1102	孫	晏寧	2017年9月1日	$60,500	4	$4,200	$64,700
1112	王	世豪	2011年1月10日	$42,000	11	$6,300	$48,300
1117	莊	寶玉	2013年7月15日	$31,000	8	$5,400	$36,400

將英文姓名拆分為兩欄

Instr()函數之語法為：

```
InStr(《start》,《string1》,《string2》)
```

可於《string1》文字運算式之《start》指定之位置開始，搜尋第一個《string2》文字運算式所在之位置。如：

```
Instr(1,"台北市中山北路","北")
```

其回應值為 2，表第一個 "北" 出現在第 2 個字。而：

```
Instr(Instr(1,"台北市中山北路","北")+1,"台北市中山北路","北")
```

其回應值為 6，表跳過第一個 "北"，再找下一個 "北"，其位置為第 6 個字。

『英文姓名1』資料表之『Full_Name』欄位內，含有完整之英文名與姓：

Full_Name
Gary Yang
Kent Linag
Tom Lee
Jenny Wu

其名與姓之間係以空格標開。所以，只要能以

```
Instr(1,[Full_Name]," ")
```

找出空格所在之位置，就能以：

```
First_Name: Left([Full_Name],InStr(1,[Full_Name]," ")-1)
```

另用Left()函數，自左邊第一個字開始，取到空白前的一個字，即可找出英文名字（First_Name）。

若續以：

```
Last_Name: Mid([Full_Name],InStr(1,[Full_Name]," ")+1,100)
```

自名字後一格開始，InStr(1,[Full_Name]," ")+1是為了要跳過姓與名間之空格，取100個字(因為不知道英文姓氏到底多長，乾脆取一個較長的長度)，可取得英文姓氏（Last_Name）：

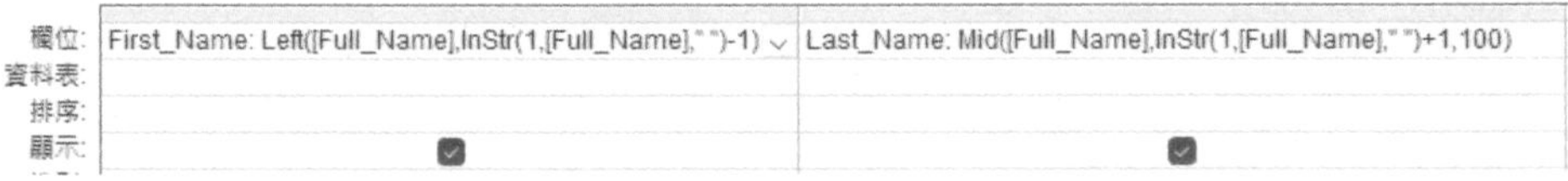

即可將原完整之英文姓名，拆分為英文姓氏（Last_Name）與英文名字（First_Name），超過部分並不會被當成空白抄入到姓氏欄。續仿前述製成資料表之操作，將其存入另一個新資料表『Name1』：

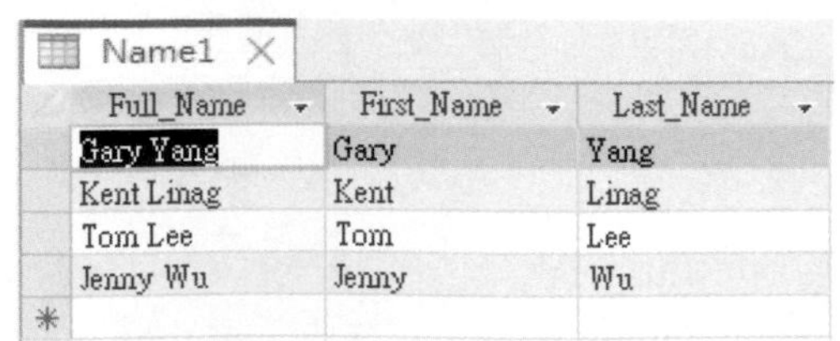
Full_Name	First_Name	Last_Name
Gary Yang	Gary	Yang
Kent Linag	Kent	Linag
Tom Lee	Tom	Lee
Jenny Wu	Jenny	Wu

實務上，原『Full_Name』是不用也一併安排到新資料表。本例如此安排，是為了比較是否正確取得適當內容？

將英文姓名拆分為三欄—均含中間名

外國人的習慣，常常也有一個中間名（Middle Name）。討厭的是，並不是每一個人都有中間名，且字數還不一定是一個英文字而已，這樣在處理上就會較為辛苦一點！

但我們先將問題簡單化一下，假定若每一個人都有中間名，如『英文姓名2』資料表之內容，其名字與中間名尾部均有一個空格：

英文姓名2

Full_Name
Gary C. Yang
Kent S. Linag
Tom Jr. Lee
Jenny H. Wu

這樣的情況，其處理方式較為簡單。以

```
InStr(1,[Full_Name]," ")
```

找到第一個空格後，即可以Left()函數取得First_Name，這部份與前例相同。

找到第一個空格後，續再以：

```
InStr(InStr(1,[Full_Name]," ")+1,[Full_Name]," ")
```

可找出第二個空格，即可以Mid()函數，取得Middle_Name：

```
Middle_Name: Mid([Full_Name],InStr(1,[Full_Name]," ")+1,InStr(InStr(1,[Full_
Name]," ")+1,[Full_Name]," ")-InStr(1,[Full_Name]," "))
```

欄位:	Last_Name: Mid([Full_Name],InStr(InStr(1,[Full_Name]," ")+1,[Full_Name]," ")+1,100)
資料表:	
排序:	
顯示:	☑

其作用是以Mid()函數，跳過第一個空白，取到第二個空白前一個字，可取得Middle_Name。另再利用：

```
Last_Name:Mid([Full_Name],InStr(InStr(1,[Full_Name]," ")+1,[Full_Name],
" ")+1,100)
```

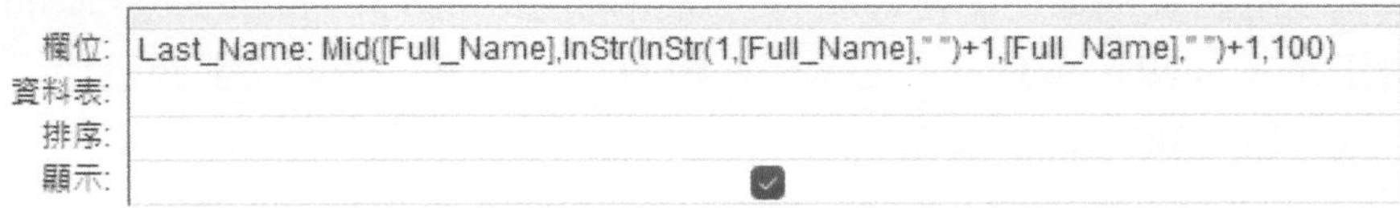

跳過第二個空格，取100個字，可取得英文姓氏（Last_Name）。仿前述之操作，將其製成另一個新資料表『Name2』：

Name2

Full_Name	First_Name	Middle_Name	Last_Name
Gary C. Yang	Gary	C.	Yang
Kent S. Linag	Kent	S.	Linag
Tom Jr. Lee	Tom	Jr.	Lee
Jenny H. Wu	Jenny	H.	Wu

將英文姓名拆分為三欄—不一定有中間名

英文完整名稱，並不是每一個都有中間名。如『英文姓名3』資料表之內容，有的有中間名；有的則否：

英文姓名3

Full_Name
Gary C. Yang
Kent Linag
Tom Jr. Lee
Jenny H. Wu

此時，得另以利用：

```
1st空格: InStr(1,[Full_Name]," ")
2nd空格:IIf(InStr(InStr(1,[Full_Name]," ")+1,[Full_Name]," ")>0,
InStr(InStr(1,[Full_Name]," ")+1,[Full_Name]," "),InStr(1,[Full_Name]," "))
```

可分別取得第一及第二個空格之位置：

Full_Name	1st空格	2nd空格
Gary C. Yang	5	8
Kent Linag	5	5
Tom Jr. Lee	4	8
Jenny H. Wu	6	9

本例取得First_Name部份之處理方式同前例，Middle_Name部份則應改為：

```
Middle_Name: Mid([Full_Name],[1st空格]+1,[2nd空格]-[1st空格])
```

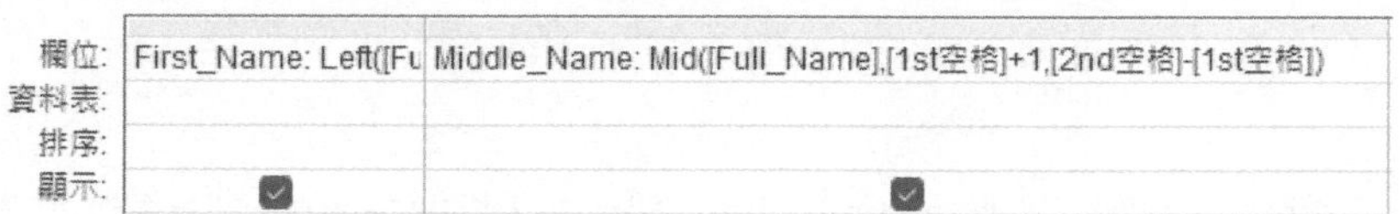

欄位:	First_Name: Left([Fu	Middle_Name: Mid([Full_Name],[1st空格]+1,[2nd空格]-[1st空格])
資料表:		
排序:		
顯示:	☑	☑

可由第一個空白後一個字開始，取出第一與第二個空白相減之長度的內容，取得Middle_Name：

Full_Name	1st空格	2nd空格	First_Name	Middle_Name
Gary C. Yang	5	8	Gary	C.
Kent Linag	5	5	Kent	
Tom Jr. Lee	4	8	Tom	Jr.
Jenny H. Wu	6	9	Jenny	H.

由於，「2nd空格」內可判斷是否存有第二個空格？若無，則「2nd空格」即等於「1st空格」，故自「2nd空格」後一個字開始，同樣再取100個字：

```
Last_Name: Mid([Full_Name],[2nd空格]+1,100)
```

欄位:	Middle_Name: Mid([	Last_Name: Mid([Full_Name],[2nd空格]+1,100)
資料表:		
排序:		
顯示:	☑	☑

即可取得Last_Name：

英文姓名3 | 查詢1

Full_Name	1st空格	2nd空格	First_Name	Middle_Name	Last_Name
Gary C. Yang	5	8	Gary	C.	Yang
Kent Linag	5	5	Kent		Linag
Tom Jr. Lee	4	8	Tom	Jr.	Lee
Jenny H. Wu	6	9	Jenny	H.	Wu

若無前面之「1st空格」與「2nd空格」兩個欄位之運算過程，則Middle_Name與Last_Name之運算式將為：（內容存於『產生Names3』）

```
Middle_Name: Mid([Full_Name],InStr(1,[Full_Name]," ")+1,IIf(InStr(InStr(1,[Full_
Name]," ")+1,[Full_Name]," ")>0,InStr(InStr(1,[Full_Name]," ")+1,[Full_Name],
" "),InStr(1,[Full_Name]," "))-InStr(1,[Full_Name]," "))
```

```
Last_Name:Mid([Full_Name], IIf(InStr(InStr(1,[Full_Name]," ")+1,[Full_Name],
" ")>0,InStr(InStr(1,[Full_Name]," ")+1,[Full_Name]," ")+1,InStr(1,[Full_Name],
" ")+1),100)
```

仿前述之操作，將其製成另一個新資料表『Name3』：

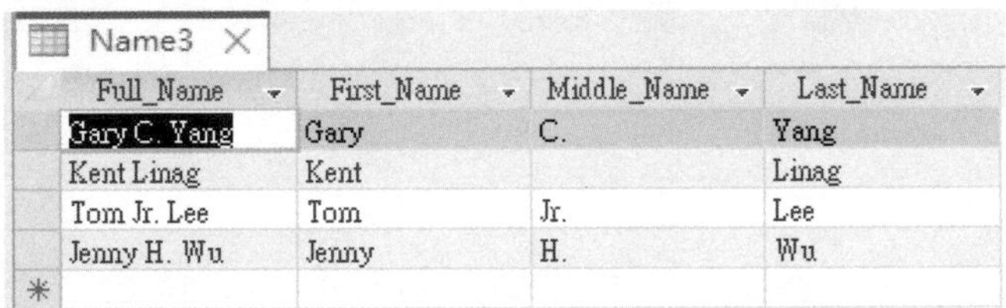

Name3

Full_Name	First_Name	Middle_Name	Last_Name
Gary C. Yang	Gary	C.	Yang
Kent Linag	Kent		Linag
Tom Jr. Lee	Tom	Jr.	Lee
Jenny H. Wu	Jenny	H.	Wu

將電話拆分為兩欄

有了前面有關Instr()函數的處理技巧，也可以利用它來找尋電話號碼內，右括號的所在位置，然後以：

```
區碼:Left([電話],InStr(1,[電話],")"))
電話號碼:Mid([電話],Instr(1,[電話],")")+1,15)
```

欄位:	電話	區碼: Left([電話],InStr(1,[電話],")"))	電話號碼: Mid([電話],InStr(1,[電話],")")+1,15)
資料表:	員工		
排序:			
顯示:	☑	☑	☑

將『電話』拆分為『區碼』與『電話號碼』兩欄：

產生電話拆分為兩欄 | 電話拆分為兩欄

姓	名	電話	區碼	電話號碼
孫	晏寧	(02)2893-4658	(02)	2893-4658
王	世豪	(02)2798-1456	(02)	2798-1456
莊	寶玉	(02)2708-1122	(02)	2708-1122

12-6 更新查詢

簡單且不規則之資料修正，自然是轉到『資料工作表檢視』去修改。但若是要更動的筆數很多，且有規則性。如，假定每個人均加薪5%，或者是已婚加5%、未婚加3%。若仍用手動方式去修改原薪資內容，不僅費時費事且一定錯誤百出（得以心算或計算機求加薪後之結果）。

如：匯率變動導致成本上升，擬將售價全面調高10%；算好平均成績後，發現太多人會被『當』，擬為每位同學加5分；……。諸如此類，筆數很多，且有規則性的更新動作，就可使用『更新查詢』。

注意

『更新查詢』會直接更改原資料表內容，若運算式或條件式下錯，整個資料會被改錯，且無法復原，其影響層面很大，不得不小心！最好，養成於執行前備份資料之習慣。

無條件更新

『薪資1』資料表原內容為：

薪資1

部門	職稱	姓	名	已婚	薪資
會計	63525	孫	國寧	☐	$63,525
會計	44100	王	世豪	☐	$44,100
會計	32550	莊	寶玉	☑	$32,550
資訊	68250	楊	佳碩	☑	$68,250
資訊	49350	林	玉英	☑	$49,350
資訊	39900	于	耀成	☐	$39,900
*					

假定，要對每位員工無條件加薪5%。其處理步驟為：

Step 1 按『建立/查詢/查詢設計』查詢設計 鈕，選擇使用『薪資1』資料表

Step 2 按『查詢設計/查詢類型/更新』更新 鈕，轉入『更新查詢』設計檢視畫面，可發現多一列『更新至:』列：

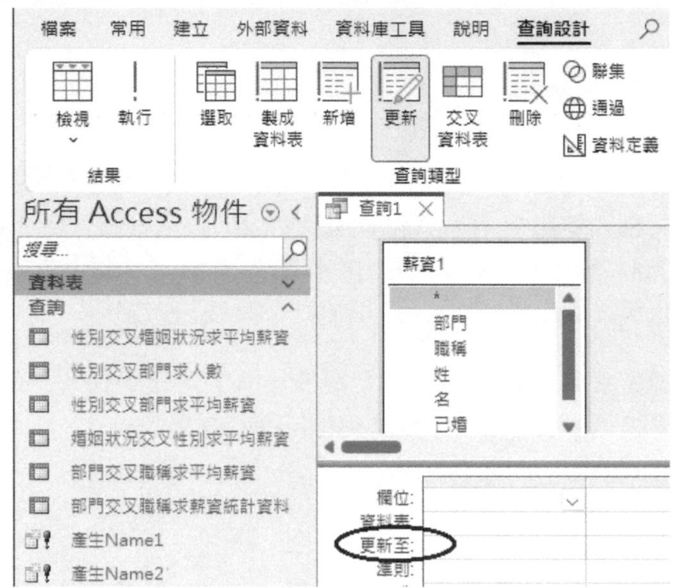

Step 3 於『更新至:』列安排運算式，本例的要求為無條件加薪5%。安排成：

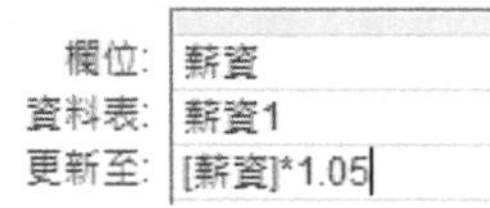

意指將原薪資欄更新至：[薪資]*1.05。

Step 4 按『查詢設計/結果/執行』執行 鈕，將先顯示

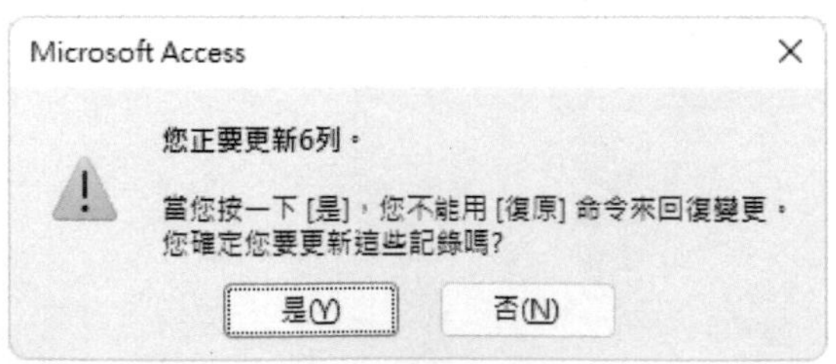

Step 5 按 是(Y) 鈕，才會真正進行更新

Step 6 轉回『薪資1』資料表

部門	職稱	姓	名	已婚	薪資
會計	63525	孫	國寧	☐	$66,701
會計	44100	王	世豪	☐	$46,305
會計	32550	莊	寶玉	☑	$34,178
資訊	68250	楊	佳碩	☑	$71,662
資訊	49350	林	玉英	☑	$51,818
資訊	39900	于	耀成	☐	$41,895

可發現所有薪資已調高5%。（前三筆的薪資分別由原：63,525、44,100、32,550，改為：66,701、46,305、34,178）

小秘訣

若將更新查詢存檔保留下來，其圖示將為（如：無條件加薪5%）。這種機會更少，若不小心，每執行一次就加薪一次，老闆那受得了！

有條件更新

若本例改為：已婚加薪5%、未婚加薪4%。則於『更新至:』列所安排運算式可為：

```
[薪資]*IIf([已/未婚]=Yes,1.05,1.04)
```

欄位:	薪資
資料表:	薪資1
更新至:	[薪資]*IIf([已/未婚]=Yes,1.05,1.04)

每人無條件加分

『成績1』資料表原內容為：

姓	名	成績
孫	國寧	97
王	世豪	45
莊	寶玉	71
楊	佳碩	28
林	玉英	57

假定，要對每位學生無條件加5分。其『更新至:』列之運算式若僅安排為：

```
[成績]+5
```

但這樣會使原97分者，變成超過100分。故應將其改為：

```
IIf([成績]+5>=100,100,[成績]+5)
```

欄位:	成績
資料表:	成績1
更新至:	IIf([成績]+5>=100,100,[成績]+5)

若超過100分，則僅改為100。執行結果為：

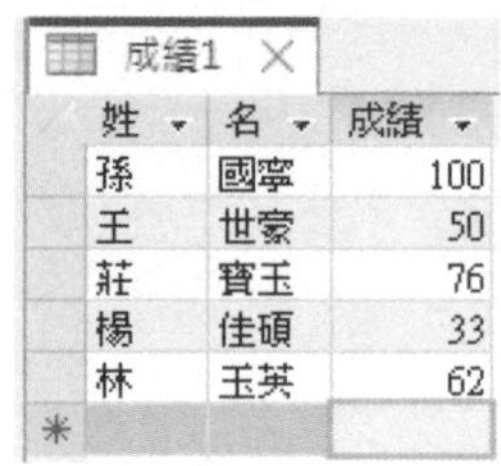

成績1

姓	名	成績
孫	國寧	100
王	世豪	50
莊	寶玉	76
楊	佳碩	33
林	玉英	62

不及格者才加分

『成績2』資料表原內容為：

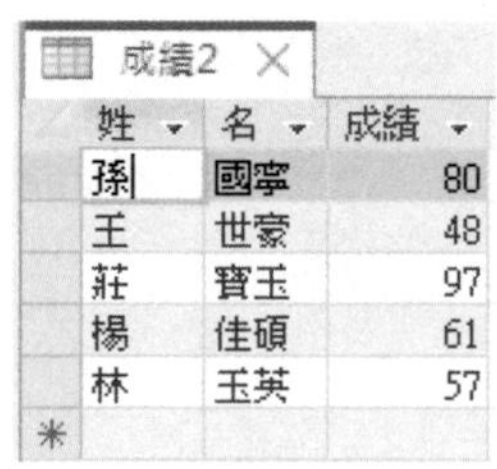

成績2

姓	名	成績
孫	國寧	80
王	世豪	48
莊	寶玉	97
楊	佳碩	61
林	玉英	57

假定，要對每位不及格者加5分。其『更新至:』列所安排運算式若僅安排為：

```
IIf([成績]<60,[成績]+5,[成績])
```

但這會使原57分者，變成62分；反而超過原61之學生，並不公平。故應將其改為若成績小於60，則進行下示更新：

```
IIf([成績]+5>=60,60,[成績]+5)
```

欄位:	成績
資料表:	成績2
更新至:	IIf([成績]+5>=60,60,[成績]+5)
準則:	<60

僅針對不及格者加5分，若加分後超過60分，僅給60；原已及格者則維持不變。執行結果為：

不及格者才加分 | 成績2

姓	名	成績
孫	國寧	80
王	世豪	53
莊	寶玉	97
楊	佳碩	61
林	玉英	60

開根號乘以10

『成績3』資料表原內容為：

成績3

姓	名	成績
孫	國寧	80
王	世豪	36
莊	寶玉	97
楊	佳碩	28
林	玉英	57

假定，要將成績更改為開根號後乘以10。其『更新至:』列運算式可安排為：

```
[成績]^0.5*10
```

0.5次方即等於開根號；或安排為：

```
Sqr([成績])*10
```

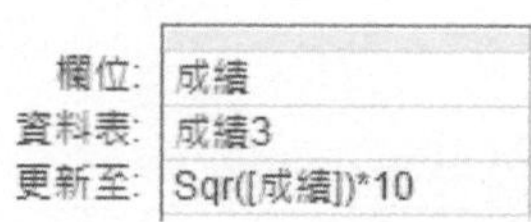

欄位:	成績
資料表:	成績3
更新至:	Sqr([成績])*10

12 交叉資料表與動作查詢

Sqr()為開根號函數。其執行結果為：

姓	名	成績
孫	國寧	89
王	世豪	60
莊	寶玉	98
楊	佳碩	53
林	玉英	75

12-7 新增查詢

本類查詢是自甲資料表，將符合條件記錄的全部或部份欄位內容，增添到乙資料表尾部。其間之傳輸依據，得靠使用者逐一選擇（因為不是每一欄均要傳送出去），且允許於不同欄名間傳送資料，（如：將『地址』送到目的檔不相同欄名『Addr』內）

如：因記錄筆數很多，故先建妥資料結構後，將其分抄給幾個人，並分別進行輸入資料。隨後，要將這些分別存於不同資料表之記錄彙集在一起，就是一個新增查詢的使用時機。

此外，一月、二月及三月之交易係分別安排於獨立之資料表，擬將此三個月份之交易記錄合併成單一資料表，也是一個新增查詢的使用時機。先建立一個資料結構完全同於每月交易的『季銷售』資料表，續分三次自一月、二月及三月之交易資料表內，將所有記錄增添過去。

注意

應注意，若目的之乙資料表有唯一之主索引。則增添過來之內容，不應造成其主索引產生重複之現象。承接資料之欄位的寬度，應不小於來源資料欄。否則，增添過來之資料，會被截掉尾部的部份內容。

來源與目的之結構完全相同時

若傳送資料之來源資料表，與接收資料之目的地資料表，兩者之結構完全相同。所有欄名、各欄資料類型與寬度均完全相同。那是最理想的情

況，所有資料均可毫無遺漏，順利地達成傳送。(若其欄位順序也完全相同，甚至直接以複製記錄之方式，即可達成)

『通訊資料-男』與『通訊資料-女』兩資料表之結構完全相同。其內容分別為：

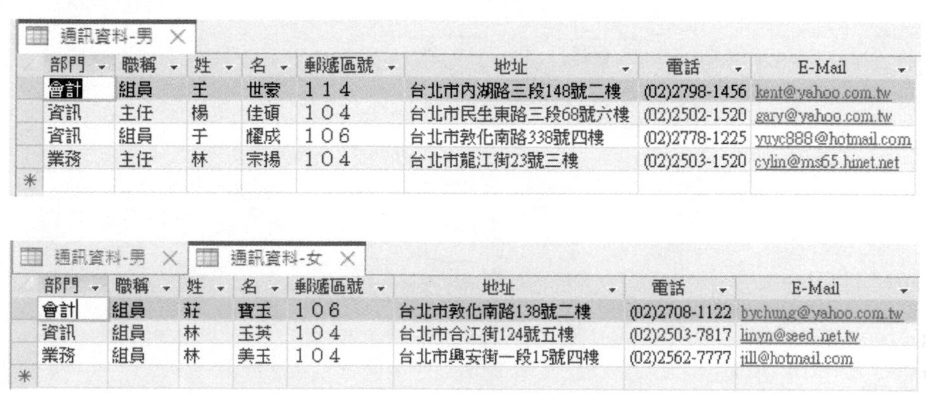

通訊資料-男

部門	職稱	姓	名	郵遞區號	地址	電話	E-Mail
會計	組員	王	世豪	114	台北市內湖路三段148號二樓	(02)2798-1456	kent@yahoo.com.tw
資訊	主任	楊	佳碩	104	台北市民生東路三段68號六樓	(02)2502-1520	gary@yahoo.com.tw
資訊	組員	于	耀成	106	台北市敦化南路338號四樓	(02)2778-1225	yuyc888@hotmail.com
業務	主任	林	宗揚	104	台北市龍江街23號三樓	(02)2503-1520	cylin@ms65.hinet.net

通訊資料-女

部門	職稱	姓	名	郵遞區號	地址	電話	E-Mail
會計	組員	莊	寶玉	106	台北市敦化南路138號二樓	(02)2708-1122	bychung@yahoo.com.tw
資訊	組員	林	玉英	104	台北市合江街124號五樓	(02)2503-7817	linyn@seed.net.tw
業務	組員	林	美玉	104	台北市興安街一段15號四樓	(02)2562-7777	jill@hotmail.com

若擬自『通訊資料-男』資料表取得所有內容，將其增添到『通訊資料-女』資料表之尾部。可依下示步驟，執行新增記錄之工作：

Step 1 先關閉『通訊資料-男』與『通訊資料-女』兩資料表

Step 2 按『建立/查詢/查詢設計』 查詢設計 鈕，選擇使用『通訊資料-男』資料表

Step 3 按『查詢設計/查詢類型/新增』 新增 鈕，轉入『附加』對話方塊，按『資料表名稱(N)』右側之下拉鈕，以選取方式輸入『通訊資料-女』作為新增之目的地的資料表名稱，並選擇要建立於「目前資料庫(C)」(『中華公司:資料庫』)

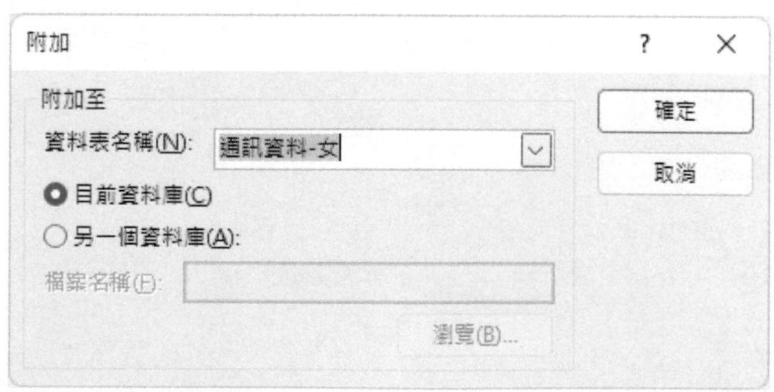

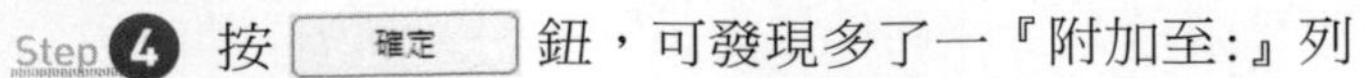

Step 4 按 確定 鈕，可發現多了一『附加至:』列

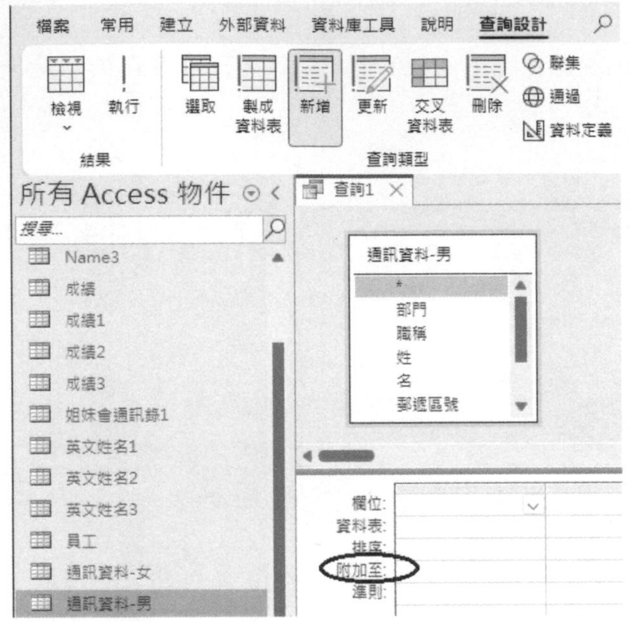

Step 5 由於來源與目的地之欄位完全一一對應，可於『欄位:』處選「通訊資料-男.*」;『新增至:』處將自動顯示「通訊資料-女.*」，其星號表所有欄位：

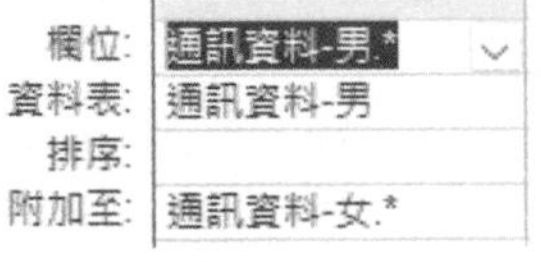

（本例並無條件，若有的話，可於右側新增該欄，並輸入必要之條件準則）

Step 6 按『查詢設計/結果/執行』執行 鈕，將先顯示

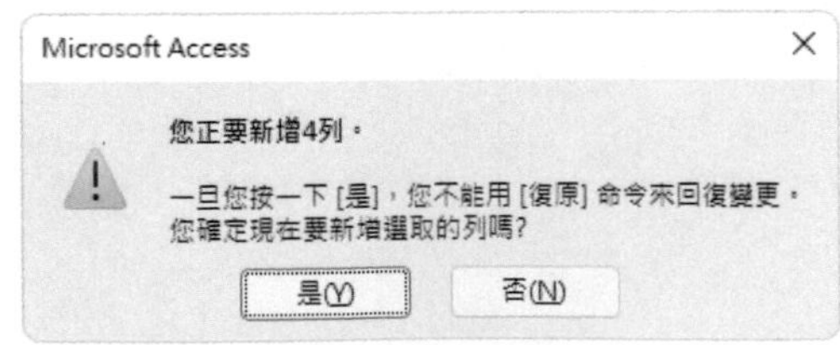

Step 7 按 是(Y) 鈕，才會真正進行新增

Step 8 重新開啟『通訊資料-女』資料表，可看到已將『通訊資料-男』資料表之所有內容增添到其尾部

部門	職稱	姓	名	郵遞區號	地址	電話	E-Mail
會計	組員	莊	寶玉	106	台北市敦化南路138號二樓	(02)2708-1122	bychung@yahoo.com.tw
資訊	組員	林	玉英	104	台北市合江街124號五樓	(02)2503-7817	linyn@seed.net.tw
業務	組員	林	美玉	104	台北市興安街一段15號四樓	(02)2562-7777	jill@hotmail.com
會計	組員	王	世豪	114	台北市內湖路三段148號二樓	(02)2798-1456	kent@yahoo.com.tw
資訊	主任	楊	佳碩	104	台北市民生東路三段68號六樓	(02)2502-1520	gary@yahoo.com.tw
資訊	組員	于	耀成	106	台北市敦化南路338號四樓	(02)2778-1225	yuyc888@hotmail.com
業務	主任	林	宗揚	104	台北市龍江街23號三樓	(02)2503-1520	cylin@ms65.hinet.net

小秘訣

若將新增查詢物件儲存，其圖示將為 (如： 新增男通訊錄)。這種動作，做完後，已順利取得記錄，即沒有必要在保留下來了，故通常是不會將其存檔。

來源與目的之結構不完全相同時

假定，有一新建之『通訊錄』資料表。目前，其內無任何記錄：

其部份結構為：

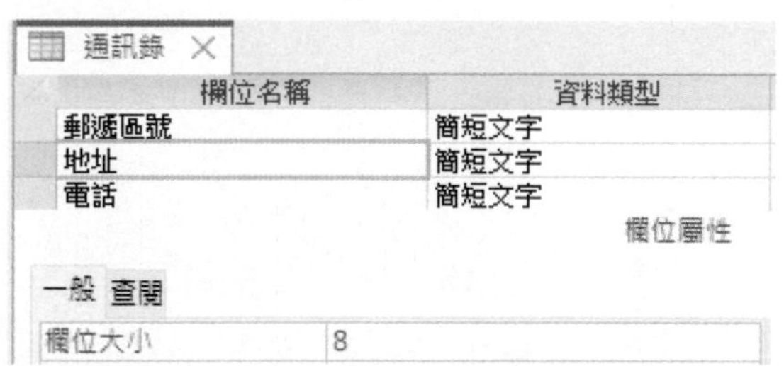

請注意，『地址』欄的欄位大小故意設定為8（並不足以容納完整之地址內容）;『手機』與『分機』欄，則是原『員工』資料表所沒有的。

若擬自『員工』資料表取得相關欄位之內容，將其增添到『通訊錄』資料表。可依下示步驟，執行新增記錄之工作：

Step 1 先關閉『通訊錄』資料表

Step 2 按『建立/查詢/查詢設計』查詢設計 鈕，選擇使用『員工』資料表

Step 3 按『查詢設計/查詢類型/新增』新增 鈕，轉入『附加』對話方塊，利用『資料表名稱(N)』右側之下拉鈕，選取『通訊錄』作為新增之目的地的資料表名稱，並選擇要建立於「目前資料庫(C)」(『中華公司:資料庫』)

Step 4 按 確定 鈕，自上半部之『員工』資料表以雙按欄名之方式，挑選要傳送出去之欄位。若其來源與目的之欄名一致，將會於『欄位:』及『新增至:』列分別顯示該欄名。反之，則得另於『附加至:』列進行選擇：

欄位:	姓	名	郵遞區號	地址	電話	E-Mail	辦公室分機
資料表:	員工	員工	員工	員工	員工	員工	員工
排序:							
附加至:	姓	名	郵遞區號	地址	電話	E-Mail	
準則:							
或:							

通訊錄.*
姓
名
郵遞區號
地址
電話
手機
分機
E-Mail

前面幾欄來源與目的之欄名完全相同。而『辦公室分機』欄係選擇要傳送到『分機』欄（來源與目的地欄名並不相同）。至於，目的地另一『手機』欄，因來源無此資料，就讓其空白好了。（本例並無條件，若有的話，可於某欄下輸入必要之條件準則）

Step 5 按『查詢設計/結果/執行』執行 鈕，將先顯示

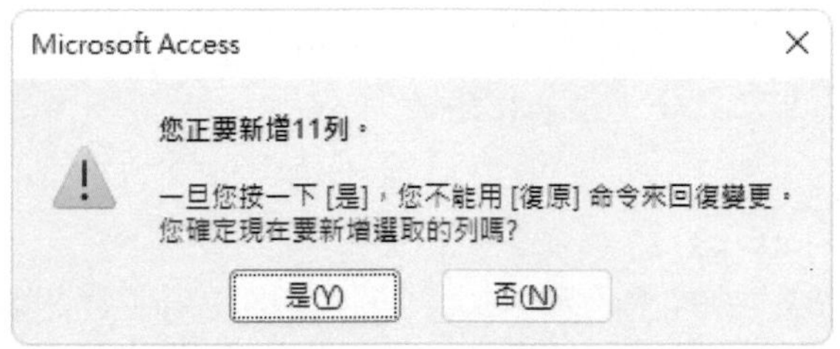
Microsoft Access

您正要新增11列。

一旦您按一下 [是]，您不能用 [復原] 命令來回復變更。
您確定現在要新增選取的列嗎?

是(Y) 否(N)

Step 6 按 是(Y) 鈕，才會真正進行新增

Step 7 重新開啟『通訊錄』資料表

查詢1 | 通訊錄

姓	名	郵遞區號	地址	電話	手機	分機	E-Mail
孫	晏寧	239	新北市中華路一段	(02)2893-		6101	晏寧
王	世豪	114	台北市內湖路三段	(02)2798-		6106	kent@yahoo.com.tw
莊	寶玉	106	台北市敦化南路1	(02)2708-		6111	bychung@yahoo.com.tw

可看到已將相對應之欄位內容增添過來，『分機』欄也順利取得『員工』資料表之『辦公室分機』欄的內容。至於，『手機』欄，因來源無此資料，所以無任何內容（只好勞駕尊手自行輸入了）。但是，『地址』欄因欄位大小只有8，故超過8位之內容均自動被截掉！（所以，承接資料之欄位大小應足夠大，才不會發生此一現象）

像這種情形，可將增添過來的所有記錄全數刪除。修改欄位大小，將其存檔並關閉，再按『執行』執行 鈕，重新執行一次『新增查詢』，即可補救過來。

小秘訣

增添記錄後，若空白欄位的內容，可經由運算已有資料之欄位而取得。還是得執行先前之『更新查詢』，來計算並補上資料，較為快捷。

12-8 刪除查詢

本類查詢，係將資料表內符合條件之記錄加以刪除（批次刪除），一次刪除的記錄可為多筆。

為免刪到『員工』資料表的記錄（總共就那麼幾筆，再刪就沒有了，那後面玩什麼？）。所以，就拿剛才之『通訊錄』來開刀好了！假定，擬刪除其內所有林姓員工之記錄。其執行步驟為：

Step 1 開啟『通訊錄』

Step 2 按『建立/查詢/查詢設計』查詢設計 鈕，選擇使用『通訊錄』資料表

Step 3 按『查詢設計/查詢類型/刪除』刪除 鈕，可發現多一『刪除:』列

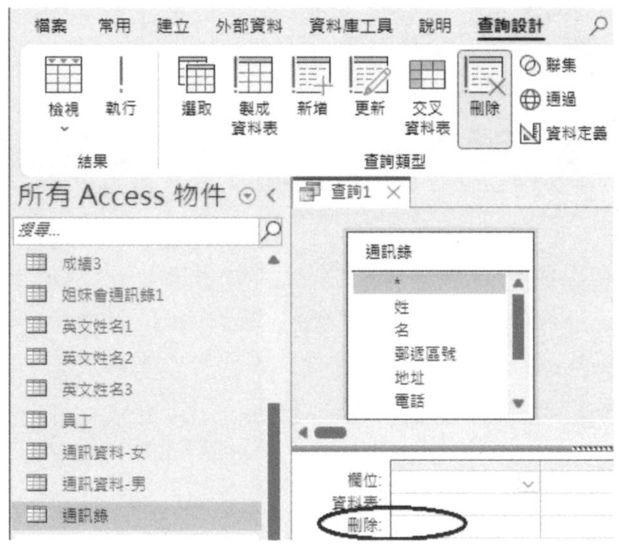

Step 4 選擇要作為刪除條件之欄位，『刪除:』列將出現『條件』，續於『準則:』處輸入條件

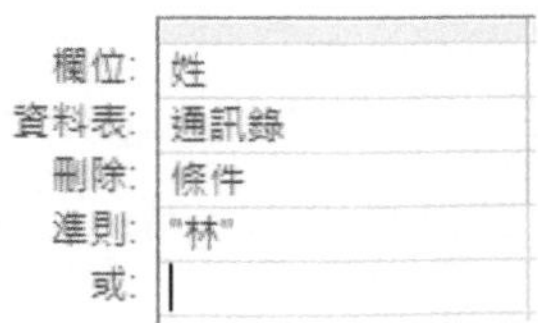

Step 5 按『查詢設計/結果/執行』執行 鈕，將先顯示

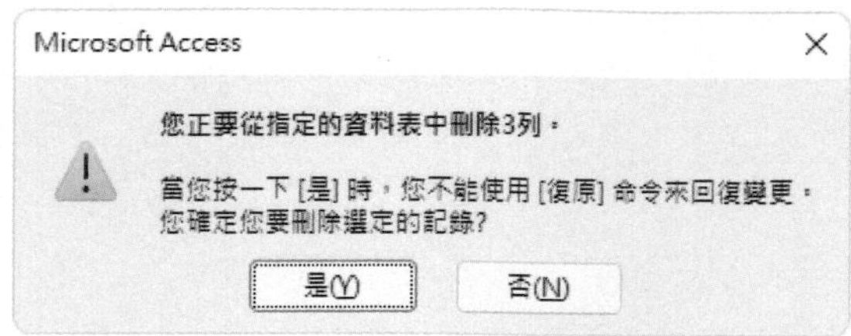

Step 6 按 是(Y) 鈕，才會真正進行刪除

Step 7 重新轉到『通訊錄』資料表，可看到該三筆記錄已被完全刪除掉了

查詢1 | 通訊錄

姓	名	郵遞區號	地址	電話	手機	分機	E-Mail
孫	曼寧	239	新北市中華路一段	(02)2893·		6101	曼寧
王	世豪	114	台北市內湖路三段	(02)2798·		6106	kent@yahoo.com.tw
莊	寶玉	106	台北市敦化南路1	(02)2708·		6111	bychung@yahoo.com.tw
楊	佳碩	104	台北市民生東路三	(02)2502·		8102	gary@yahoo.com.tw
于	耀成	106	台北市敦化南路3	(02)2778·		8108	yuyc888@hotmail.com
楊	雅欣	201	基隆市中正路一段	(02)2601·		7110	sally@hotmail.com
陳	玉美	201	基隆市中正路二段	(02)2695·		7112	tracy@ms38.hinet.tw
梅	欣云	330	桃園市成功路一段	(03)3368·		7106	may@yahoo.com
*							

小秘訣

若將刪除查詢存檔保留下來，其圖示將為 ✗! （如：✗! 條件刪除 ）。

ACCESS

CHAPTER

13 關聯

一個資料庫內，初建立時可能只有一個資料表，但隨處理業務增加、牽涉層面增廣。慢慢的，資料庫內因應各種不同目的與作用而產生或新建的資料表會越來越多。如何讓這些資料表能夠連結在一起，發揮共同作用，全靠『關聯』。

就發生關聯的兩個資料表而言，得有一個主從（或父子）關係。為主（父）的那個，我們稱之為主資料表；為從（子）的，也就是被連結的對象，我們稱之為關聯資料表。

本章各例，請開啟『範例\Ch13\中華公司.accdb』進行練習。

13-1 關聯的種類

Access資料表之間的關聯種類可分為：一對一與一對多。

■ 一對一

主資料表與關聯資料表（父子）間的記錄，恰好是一一對應；沒有一筆對應多筆之現象（唯一）。

這種一對一的關聯，比較簡單易懂。如：員工的基本資料置於一個『員工』資料表，而其薪資明細資料又置於另一個『薪資』資料表。要同時取用基本資料及薪資明細，就得讓兩個資料表產生關聯，比如說，利用員工編號做為兩資料表之間關聯的依據。以某一員工編號於『員工』資料表找出基本資料：部門、職稱、姓名、地址；續利用同一編號到『薪資』資料表找出：基本薪、業績獎金、加班費，並計算出所得稅與淨所得。然後，將這些資料一併印在信封及薪水單上。這兩個資料表間的關聯就是一對一，一個員工編號，只能找出一筆員工基本資料及薪資明細。

觀念雖較簡單，但實務上卻較少使用。因為，可以一對一存在的資料表，通常都可加以簡化濃縮合併成同一個資料表。除非是為了機密或某特殊之操作方便，才會將其分開存放。

■ 一對多或多對一

主資料表（父）的一筆記錄，可對應到關聯資料表（子）的多筆記錄。如:『員工』內的一個員工，一個月內可能與客戶談妥多筆生意，故於該月份之業績資料表內，應該可找得到多筆的業績內容。

將一對多反過來，就變成是多對一了。主資料表（父）的多筆記錄，可對應到關聯資料表（子）的一筆記錄。如：一筆交易可能賣出多種產品（A101之滑鼠、B101之鍵盤、……），這是一對多；但是，有很多筆交易中均賣到同一個產品（A101之滑鼠），這就是多對一了。

這種一對多或多對一的關聯，處理觀念稍微複雜一點。但卻是資料庫內最常見的一種關聯。

13-2 建立關聯

要建立資料表間之關聯，有兩個途徑：

■ 於『查詢』中建立暫時性之關聯

■ 利用『資料庫關聯圖』建立永久性之關聯

於『查詢』中建立暫時性關聯

兩個資料表的關聯

『2022一月份業績』資料表，其部份內容為：

2022一月份業績

日期	員工編號	業績
2022/01/07	1102	748,200
2022/01/07	1112	$1,380,500
2022/01/07	1117	$364,200
2022/01/07	1201	$324,300
2022/01/07	1207	$778,500
2022/01/07	1218	$563,300
2022/01/07	1305	$1,331,000
2022/01/07	1306	$654,600
2022/01/07	1316	$673,500
2022/01/07	1320	$346,300
2022/01/07	1322	$617,400
2022/01/14	1102	$1,423,100
2022/01/14	1112	$652,500
2022/01/14	1117	$439,100

由於，每一個員工在本月份內，均有多筆業績（一週一個）。今擬加總各週業績，將其彙總成該月份總業績。但由於『2022一月份業績』資料表內只有員工編號而已，為使結果更容易閱讀，擬於『查詢』中將原『員工』資料表內之部門、職稱、姓、名等資料亦一併顯示出來。

這是一個『一對多』的關聯，一筆員工基本資料對多筆業績。關聯依據為『員工編號』，於『員工』資料表，該欄是「唯一」的主索引，於『2022一月份業績』資料表內則無主索引（因為員工編號會重複出現），不過兩『員工編號』是同型態，同寬度。（是否同欄名同寬度並不重要，但最好要同資料型態）

以『查詢』建利其關聯，並求算合計之處理步驟為：

Step 1 按『建立/查詢/查詢設計』查詢設計 鈕，轉入『新增表格』對話方塊，選擇使用『員工』與『2022一月份業績』兩資料表。（按 Ctrl 再選擇，可一次選多個資料表）

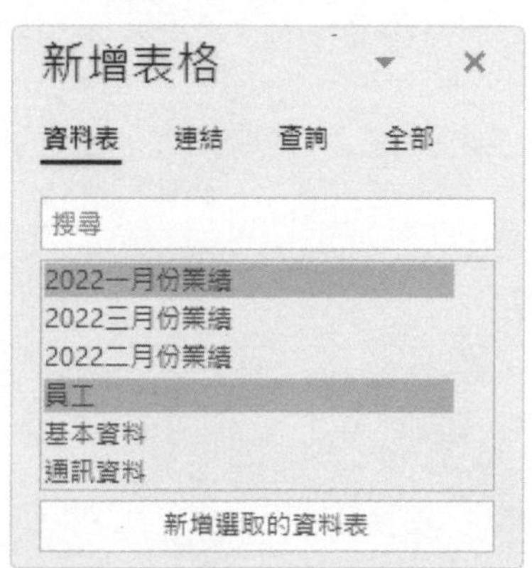

Step 2 按 新增選取的資料表 鈕，將資料加到『查詢』設計畫面的上半部

Step 3 按 × 鈕，於上半部已可看到兩個資料表之方塊，兩資料表間已自動以一條線連接兩個『員工編號』，代表此兩個資料表可以利用『員工編號』進行關聯

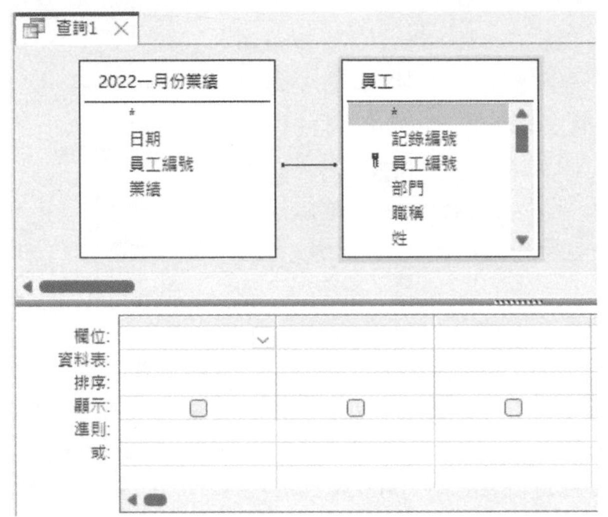

小秘訣

這是因為其內有一個為主索引之故（有鑰匙者），若均無主索引則不會有該關聯線。就得靠使用者以拖曳方式，將『員工』資料表的『員工編號』，拉到『2022一月份業績』資料表的『員工編號』欄之上，以建立關聯。

兩個資料表的方塊，可按其標題任意移動位置。也可拖曳其框邊調整大小。如：

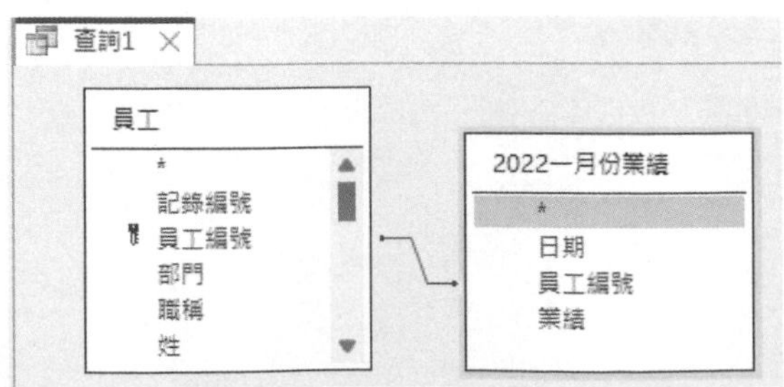

往關聯線上單按滑鼠左鍵，續按 Delete 鍵；或單按滑鼠右鍵，續選「刪除(D)」，可將關聯線刪除：

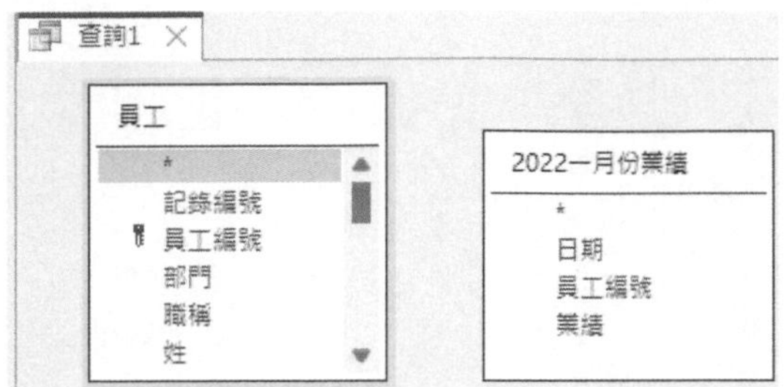

拖曳『員工』資料表的『員工編號』，將其拉到『2022一月份業績』資料表的『員工編號』欄名上，又可重新建立關聯。為了故意看看沒建立關聯的情況下，本例會得到何種錯誤的結果，先暫時維持其無關聯之狀態。

Step 4 按『查詢設計/顯示/隱藏/合計』∑合計 鈕，於『查詢設計檢視』內多加一『合計:』列

Step 5 逐欄選取『員工』資料表的『員工編號』、『部門』、『職稱』、『姓』及『名』，於『合計:』列將其均安排為「群組」；另選取『2022一月份業績』資料表的『業績』，於『合計:』列將其安排為「總計」，擬求算各員工一月份之總業績。續於『業績』欄上單按滑鼠右鍵，續選「屬性(P)...」，並將其格式設定為「$#,##0」

欄位:	員工編號	部門	職稱	姓	名	業績
資料表:	員工	員工	員工	員工	員工	2022一月份業績
合計:	群組	群組	群組	群組	群組	總計
排序:						
顯示:	☑	☑	☑	☑	☑	☑

Step 6 按『查詢設計/結果/執行』 鈕（或『資料工作表檢視』 鈕），檢視一下可能的結果

查詢1

員工編號	部門	職稱	姓	名	業績之總計
1102	客房	經理	孫	晏寧	$29,323,500
1112	客房	助理	王	世豪	$29,323,500
1117	客房	助理	莊	寶玉	$29,323,500
1201	行銷	經理	楊	佳碩	$29,323,500
1207	行銷	助理	林	玉英	$29,323,500
1218	行銷	助理	于	耀成	$29,323,500
1305	餐飲	經理	林	宗揚	$29,323,500
1306	餐飲	助理	林	美玉	$29,323,500
1316	餐飲	助理	楊	雅欣	$29,323,500
1320	餐飲	助理	陳	玉美	$29,323,500
1322	餐飲	助理	梅	欣云	$29,323,500

乍看之下，好像已求算各員工一月份之總業績。仔細再一看，總計怎麼只有一個值而已？（它是全體總計而非個別員工之小計）

Step 7 按 鈕，回『設計檢視』，拖曳『員工』資料表的『員工編號』，將其拉到『2022一月份業績』資料表的『員工編號』欄名上，重新建立兩資料表之關聯。並於業績前加上『一月』當標題：

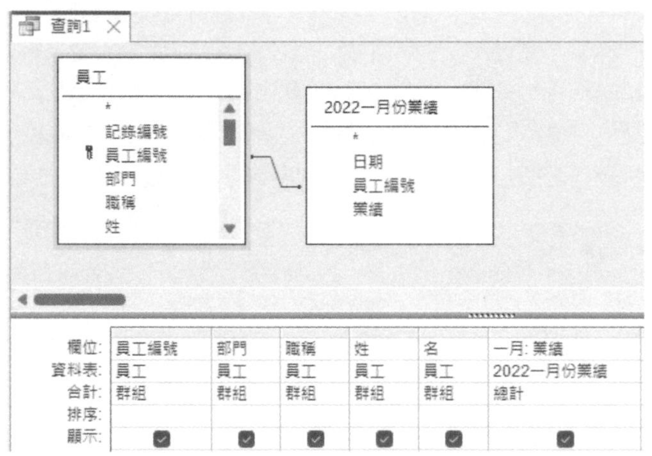

Step 8 將其以『2022一月份小計』存成查詢物件

Step 9 續按『查詢設計/結果/執行』 鈕執行，由於已建妥關聯，故可獲致正確結果

2022一月份小計

員工編號	部門	職稱	姓	名	一月
1102	客房	經理	孫	晏寧	$3,233,900
1112	客房	助理	王	世豪	$2,808,900
1117	客房	助理	莊	寶玉	$1,882,400
1201	行銷	經理	楊	佳碩	$3,637,700
1207	行銷	助理	林	玉英	$1,850,000
1218	行銷	助理	于	耀成	$2,245,800
1305	餐飲	經理	林	宗揚	$4,280,600
1306	餐飲	助理	林	美玉	$2,407,800
1316	餐飲	助理	楊	雅欣	$2,371,700
1320	餐飲	助理	陳	玉美	$2,317,300
1322	餐飲	助理	梅	欣云	$2,287,400

此外，『2022二月份業績』與『2022三月份業績』兩個資料表，其等之部份內容為：

2022二月份業績

日期	員工編號	業績
2022/02/04	1102	$430,800
2022/02/04	1112	$1,008,300
2022/02/04	1117	$383,800
2022/02/04	1201	$483,500
2022/02/04	1207	$703,300
2022/02/04	1218	$676,000
2022/02/04	1305	$1,295,700
2022/02/04	1306	$724,100
2022/02/04	1316	$345,900
2022/02/04	1320	$597,100
2022/02/04	1322	$431,900
2022/02/11	1102	$627,600
2022/02/11	1112	$1,090,000
2022/02/11	1117	$444,700

2022三月份業績

日期	員工編號	業績
2022/03/04	1102	$836,000
2022/03/04	1112	$648,500
2022/03/04	1117	$469,500
2022/03/04	1201	$710,600
2022/03/04	1207	$1,007,600
2022/03/04	1218	$1,169,400
2022/03/04	1305	$1,068,100
2022/03/04	1306	$663,300
2022/03/04	1316	$992,500
2022/03/04	1320	$1,125,600
2022/03/04	1322	$1,065,600
2022/03/11	1102	$479,200
2022/03/11	1112	$1,152,100
2022/03/11	1117	$1,083,200

可仿前例之操作步驟，將這兩個月份之業績小計，分別存成『2022二月份小計』與『2022三月份小計』：

2022二月份小計

員工編號	部門	職稱	姓	名	二月
1102	客房	經理	孫	晏寧	$,2186400
1112	客房	助理	王	世豪	$,3449800
1117	客房	助理	莊	寶玉	$,2186100
1201	行銷	經理	楊	佳碩	$,2238600
1207	行銷	助理	林	玉英	$,2137300
1218	行銷	助理	于	耀成	$,2041400
1305	餐飲	經理	林	宗揚	$,3373500
1306	餐飲	助理	林	美玉	$,2030800
1316	餐飲	助理	楊	雅欣	$,1601500
1320	餐飲	助理	陳	玉美	$,2891100
1322	餐飲	助理	梅	欣云	$,1813000

2022三月份小計

員工編號	部門	職稱	姓	名	三月
1102	客房	經理	孫	晏寧	$2,374,600
1112	客房	助理	王	世豪	$3,638,900
1117	客房	助理	莊	寶玉	$2,542,000
1201	行銷	經理	楊	佳碩	$3,621,900
1207	行銷	助理	林	玉英	$3,114,400
1218	行銷	助理	于	耀成	$3,310,200
1305	餐飲	經理	林	宗揚	$3,229,900
1306	餐飲	助理	林	美玉	$3,387,600
1316	餐飲	助理	楊	雅欣	$2,509,300
1320	餐飲	助理	陳	玉美	$3,350,100
1322	餐飲	助理	梅	欣云	$4,396,800

多個資料表的關聯

假定，要將『2022一月份小計』、『2022二月份小計』與『2022三月份小計』三個查詢，透過關聯，計算出每個員工2022年第一季內三個月份之業績總計。

其處理步驟為：

Step 1 按『建立/查詢/查詢設計』查詢設計 鈕，轉入『新增表格』對話方塊『查詢』標籤，按 Ctrl 再選擇，一次選取『2022一月份小計』、『2022二月份小計』與『2022三月份小計』三個查詢

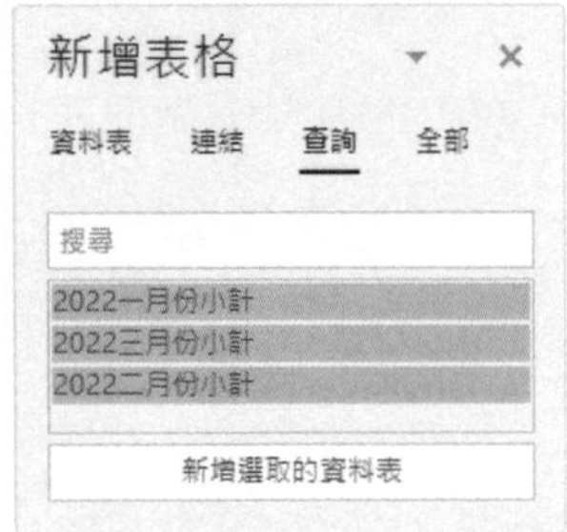

小秘訣

舊查詢也可做為產生新查詢之依據。

Step 2 按 新增選取的資料表 鈕與 × 鈕，轉回查詢設計畫面，可於上半部同時看到三個查詢。由於沒有一個有主索引，故三個查詢間，

並未自動產生關聯

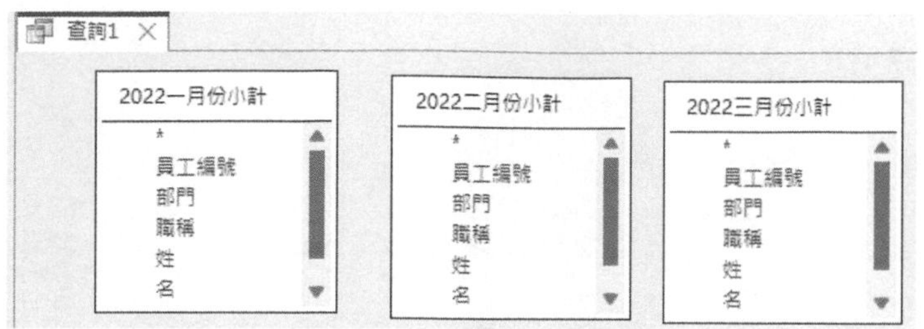

Step 3 拖曳『2022一月份小計』之『員工編號』，分兩次將其拉到『2022二月份小計』及『2022三月份小計』之『員工編號』欄名上，建立關聯：

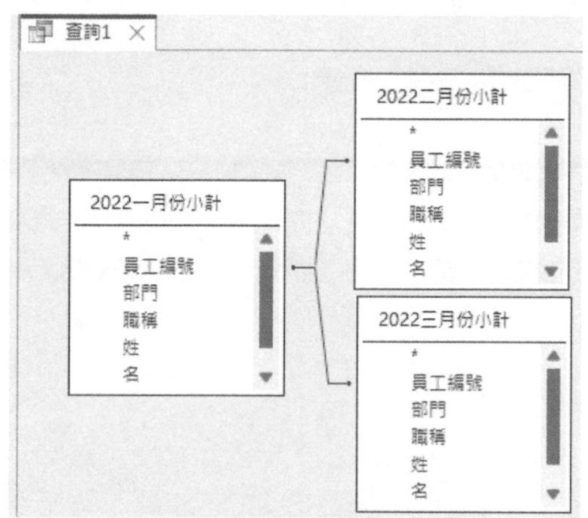

這次的關聯，屬於一對一關聯。（建立關聯時，亦可將『員工編號』由一月拉到二月後，續由二月將其拉到三月）

Step 4 以雙按逐欄選取『2022一月份小計』之全部欄位、『二月』及『三月』等欄，最後以：

```
合計:[一月]+[二月]+[三月]
```

求三個月份之總計。續於將『一月』、『二月』、『三月』及『合計』等數值欄之格式，安排為「$#,##0」

欄位:	員工編號	部門	職稱	姓	名	一月	二月	三月	合計: [一月]+[二月]+[三月]
資料表:	2022一月	2022一月	2022一月	2022一月	2022一月	2022一月	2022二月	2022三月	
排序:									
顯示:	☑	☑	☑	☑	☑	☑	☑	☑	☑

Step 5 將其以『2022第一季小計』存檔

Step 6 按『查詢設計/結果/執行』 執行 鈕執行，即可獲致各月之業績小計及三個月份之合計

2022第一季小計

員工編號	部門	職稱	姓	名	一月	二月	三月	合計
1102	客房	經理	孫	晏寧	$3,233,900	$,2186400	$2,374,600	$7,794,900
1112	客房	助理	王	世豪	$2,808,900	$,3449800	$3,638,900	$9,897,600
1117	客房	助理	莊	寶玉	$1,882,400	$,2186100	$2,542,000	$6,610,500
1201	行銷	經理	楊	佳碩	$3,637,700	$,2238600	$3,621,900	$9,498,200
1207	行銷	助理	林	玉英	$1,850,000	$,2137300	$3,114,400	$7,101,700
1218	行銷	助理	于	耀成	$2,245,800	$,2041400	$3,310,200	$7,597,400
1305	餐飲	經理	林	宗揚	$4,280,600	$,3373500	$3,229,900	$10,884,000
1306	餐飲	助理	林	美玉	$2,407,800	$,2030800	$3,387,600	$7,826,200
1316	餐飲	助理	楊	雅欣	$2,371,700	$,1601500	$2,509,300	$6,482,500
1320	餐飲	助理	陳	玉美	$2,317,300	$,2891100	$3,350,100	$8,558,500
1322	餐飲	助理	梅	欣云	$2,287,400	$,1813000	$4,396,800	$8,497,200

利用『資料庫關聯圖』建立永久關聯

於『查詢』內所完成的關聯設定，僅適用於該查詢而已。屬於暫時性之設定，若其他的查詢也要使用同樣之關聯，仍得自行重建。利用『資料庫關聯圖』所建立之關聯則屬永久性關聯，無論那個查詢要使用此一關聯，均不須重建。

一對一

假定，要讓前節之『2022第一季小計』查詢與『員工』資料表，以『員工編號』產生永久性關聯。其建立步驟為：

Step 1 按『資料庫工具/資料庫關聯圖』 資料庫關聯圖 鈕，轉入『資料庫關聯圖』視窗

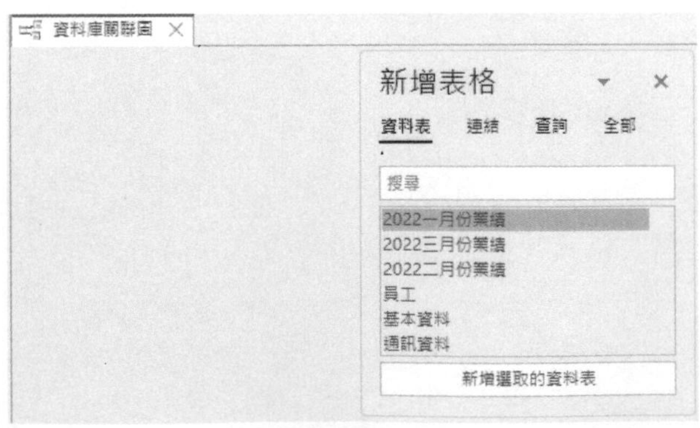

可看到目前此資料庫內，一個永久性關聯也沒有。可見，我們於前節查詢內所建立的幾個關聯，均屬暫時性之關聯而已！（若無『新增表格』視窗，請按『關聯設計/資料庫關聯圖/新增表格』新增表格鈕）

Step 2 於『新增表格』視窗，選『全部』標籤，按住 Ctrl ，續選擇『2022第一季小計』查詢與『員工』資料表

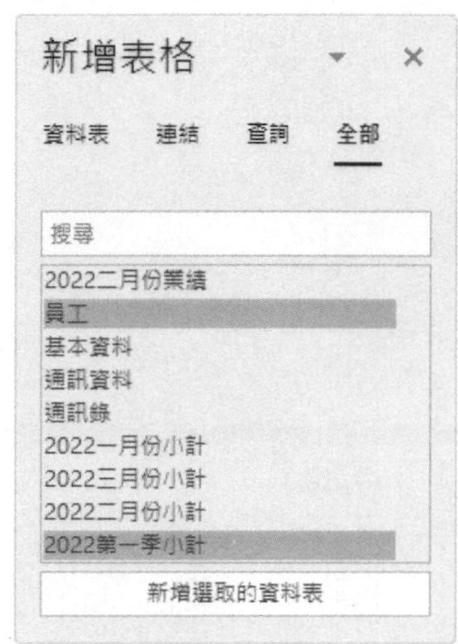

Step 3 按 新增選取的資料表 鈕與 × 鈕，將其加到『資料庫關聯圖』視窗

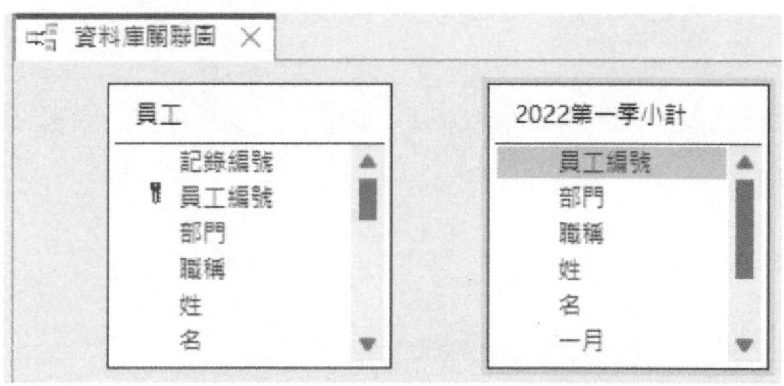

Step 4 拖曳『員工』之『員工編號』，將其拉到『2022第一季小計』查詢之『員工編號』欄名上，將先顯示

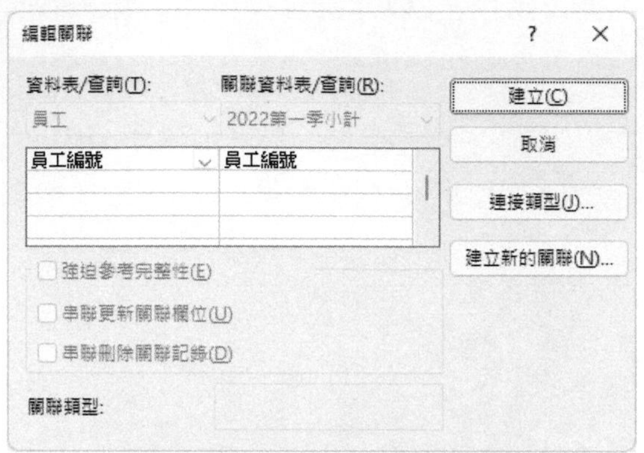

Step 5 按 建立(C) 鈕，即可建立關聯

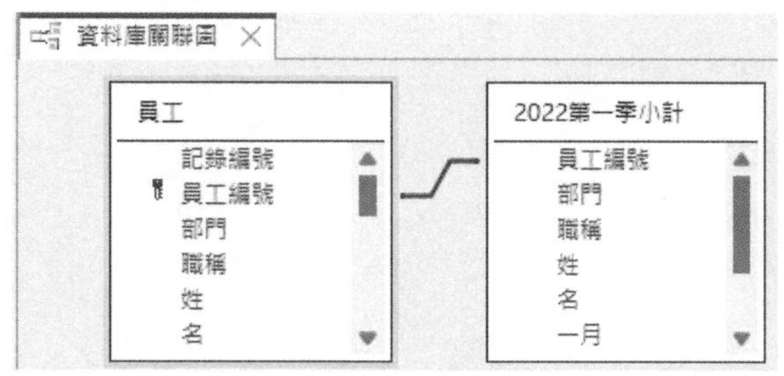

已於『員工』資料表與『2022第一季小計』查詢間，以『員工編號』拉出一條關聯線。

Step 6 按『關聯設計/資料庫關聯圖/關閉』 關閉 鈕，將其關閉。將先顯示

Step 7 按 是(Y) 鈕，將其儲存並關閉

像這樣建立之關聯為永久性質，於所有的查詢中，若同時使用到這兩個物件，就可馬上看得到其關聯，並不須重建。

假定，我們要取用『2022第一季小計』內之『合計』，依1%計算季獎金，隨後將其與『員工』資料表之『薪資』相加，求得『總薪資』。其處理步驟為：

Step 1 按『建立/查詢/查詢設計』查詢設計 鈕，轉入『新增表格』的『全部』標籤，按 Ctrl 鍵，同時選擇要使用『2022第一季小計』查詢與『員工』資料表

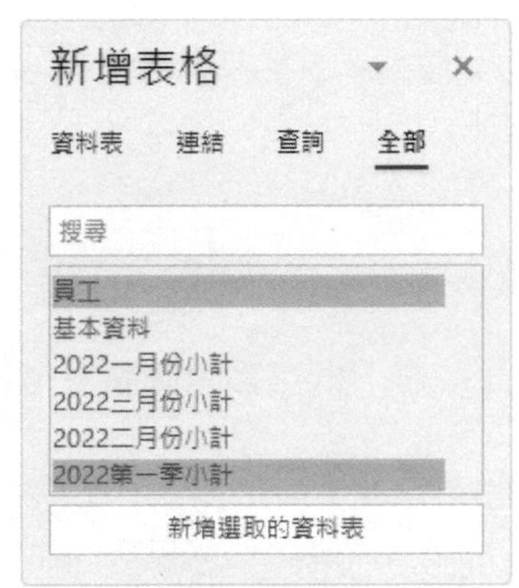

Step 2 按 新增選取的資料表 鈕與 × 鈕，將其加到查詢設計畫面的上半部，可發現，已自動將先前所建立之永久性關聯安排進來。

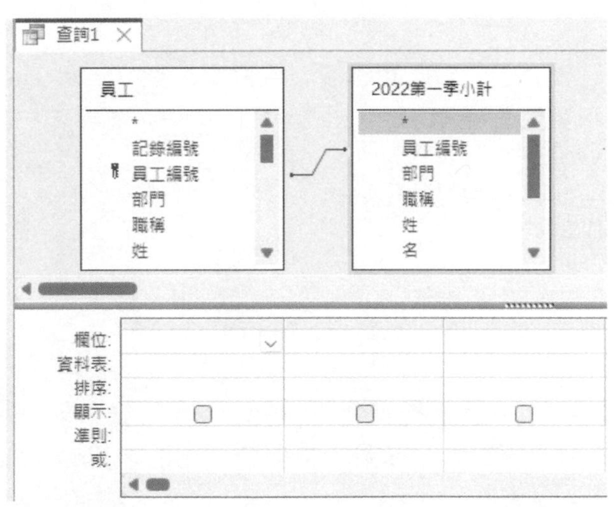

可發現，已自動將先前所建立之永久性關聯安排進來。

Step 3 安排相關欄位之內容：員工編號、部門、職稱、姓、名、薪資、本季業績、季業績獎金、總薪資，所有金額均安排為「$#,##0」格式。相關欄位之內容為：

本季業績:合計

季業績獎金:[本季業績]*0.01

總薪資:[薪資]+[季業績獎金]

欄位:	名	薪資	本季業績: 合計	季業績獎金: [本季業績]*0.01	總薪資: [薪資]+[季業績獎金]
資料表:	員工	員工	2022第一季小計		
排序:					
顯示:	☑	☑	☑	☑	☑

Step 4 將查詢以『2022第一季業績獎金』命名存檔

Step 5 按『查詢設計/結果/執行』執行 鈕，即可獲致獎金及總薪資

2022第一季業績獎金

員工編號	部門	職稱	姓	名	薪資	本季業績	季業績獎金	總薪資
1102	客房	經理	孫	晏寧	$60,500	$7,794,900	$77,949	$138,449
1112	客房	助理	王	世豪	$42,000	$9,897,600	$98,976	$140,976
1117	客房	助理	莊	寶玉	$31,000	$6,610,500	$66,105	$97,105
1201	行銷	經理	楊	佳碩	$65,000	$9,498,200	$94,982	$159,982

一對多

假定，我們要於『資料庫關聯圖』視窗內，建立『員工』與『2022一月份業績』資料表間的關聯，由於一個員工可有多筆業績，故其為『一對多』關聯。

其建立步驟為：

Step 1 按『資料庫工具/資料庫關聯圖』資料庫關聯圖 鈕，轉入『資料庫關聯圖』視窗

Step 2 按『關聯設計/資料庫關聯圖/新增表格』新增表格 鈕，轉入『新增表格』視窗『資料表』標籤，選擇要使用『2022一月份業績』資料表

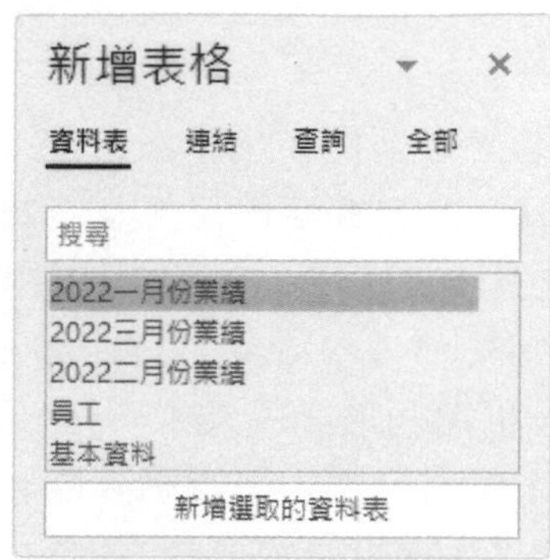

Step 3 按 新增選取的資料表 鈕與 × 鈕，將其加到『資料庫關聯圖』視窗

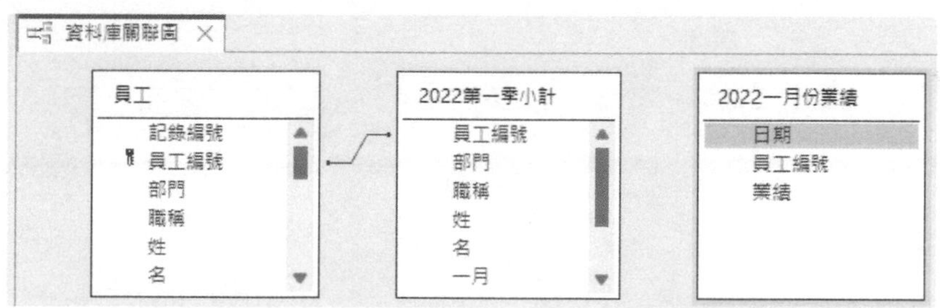

Step 4 拖曳『員工』之『員工編號』，將其拉到『2022一月份業績』資料表之『員工編號』欄上，將先轉入

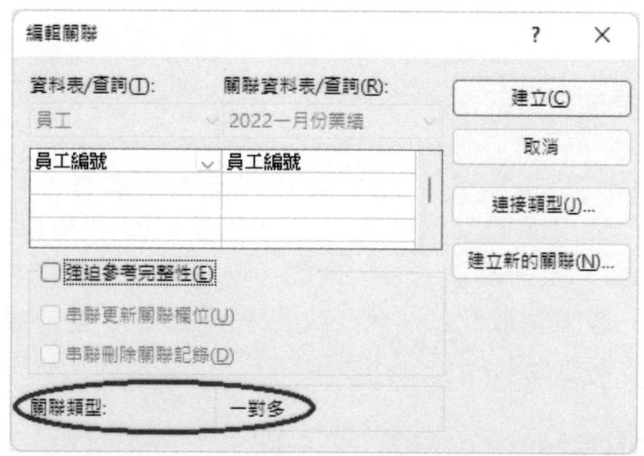

於上半部，所看到的為此兩資料表所使用的關聯依據；於下緣，可看到Access已判斷出這是一個『一對多』的關聯。

Step 5 選取「強迫參考完整性(E)」

強迫參考完整性，是要避免關聯依據產生矛盾。如：在『員工』資料表內將員工編號『1201』之記錄刪除了，那『2022一月份業績』資料表內，該員工之記錄要怎麼辦？豈不是個個被斷頭了嗎？所以，選了此項後，將不允許於『員工』資料表內刪除任何記錄或更改『員工編號』之內容，以免兩邊對不起來。(但仍允許新增)那真的要刪除或要更改時怎麼辦？選「串聯刪除關聯記錄(D)」，設定要刪就兩邊一起刪；選「串聯更新關聯欄位(U)」，設定要改就兩邊一起改！以滿足『強迫參考完整性』。

選了「強迫參考完整性(E)」後，其下將增加兩個選項：

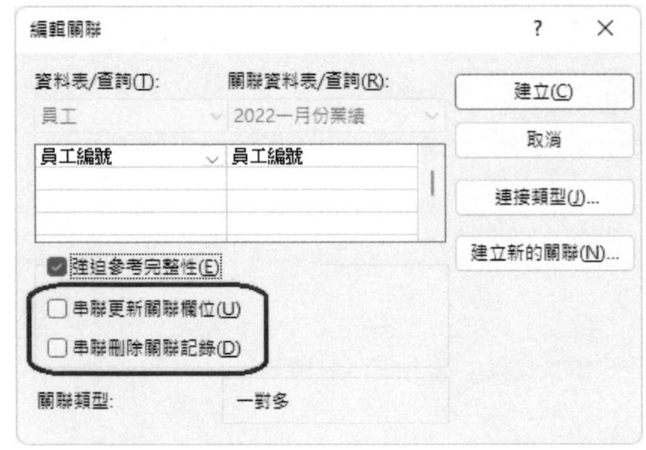

其作用分別為：

1. 串聯更新關聯欄位(U)：選取此項，當更新『員工』資料表之『員工編號』欄的內容（如：將1201改為1234），關聯的『2022一月份業績』資料表的『員工編號』欄內容亦會隨之更改。若未選取此項，將不允許對『員工』資料表的『員工編號』欄進行更新。

2. 串聯刪除關聯記錄(D)：選取此項，當刪除『員工』資料表之記錄（如：刪除編號1201之員工記錄），關聯的『2022一月份業績』資料表內，同一員工編號之記錄亦會隨之被刪除。若未選取此項，將不允許對『員工』資料表進行刪除記錄。

Step 6 加選「串聯更新關聯欄位(U)」與「串聯刪除關聯記錄(D)」

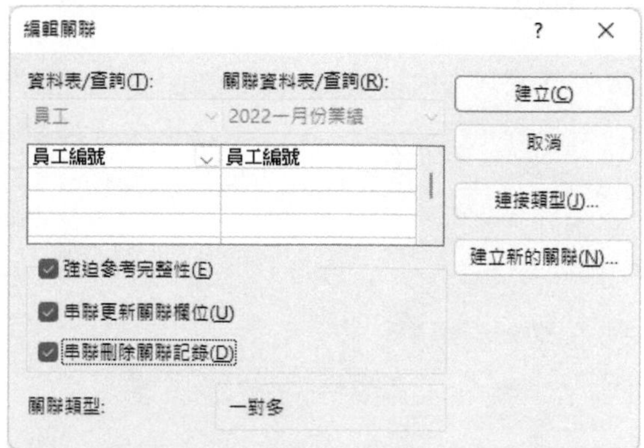

Step 7 續按 建立(C) 鈕，回『資料庫關聯圖』視窗。可發現，已建妥一個一對多之關聯（1→∞）

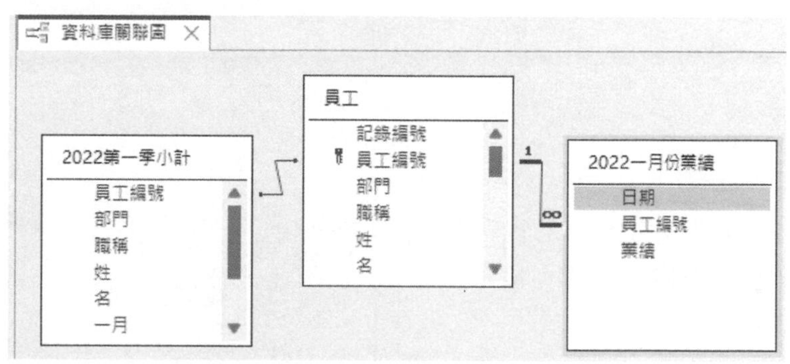

13-3 子資料工作表

若資料表建有一對多之關聯，其記錄左邊會加有一加號之展開鈕（⊞）。

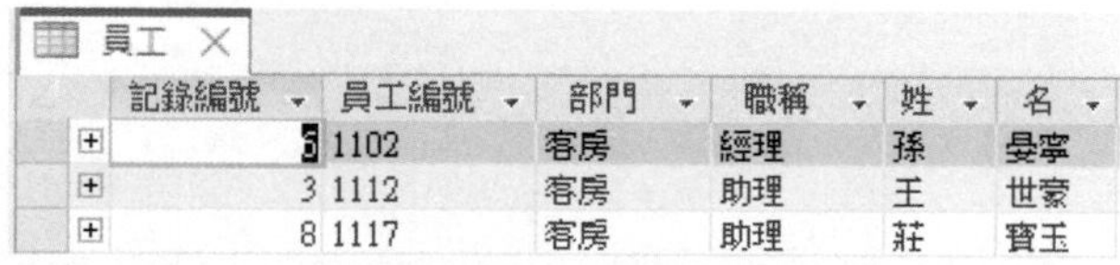

員工

	記錄編號	員工編號	部門	職稱	姓	名
⊞	5	1102	客房	經理	孫	晏寧
⊞	3	1112	客房	助理	王	世豪
⊞	8	1117	客房	助理	莊	寶玉

若一主資料表（如『員工』資料表），關聯到好幾個子資料表（『2022一月份業績』與『2022第一季小計』）。則於按下任一記錄前之加號展開鈕（⊞）時，將轉入『插入子資料工作表』視窗。

查詢要插入那個資料表（或查詢）當子資料表？且於主/子表單中，分別要透過那個欄位來達成關聯？

若這些關聯已事先建妥（如：『員工』與『2022一月份業績』依『員工編號』產生關聯』)，則於選妥子資料表後，底下之『連結子欄位(C):』與『連結主欄位(M):』處，將自動填妥原建立關聯之欄位（『員工編號』)：

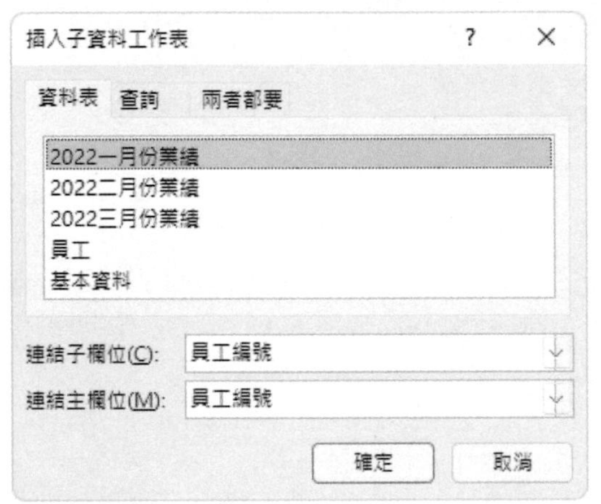

按 確定 鈕後，即可為主資料表插入一子資料表，且展開該記錄所屬之全部關聯記錄：

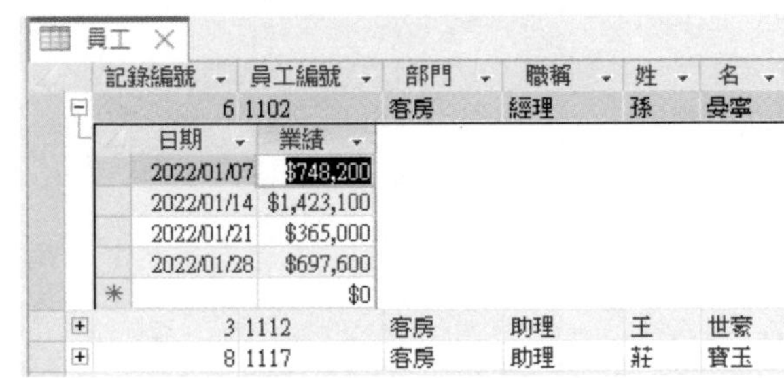

展開後，原加號鈕就轉為減號之收合鈕（⊟)，可用以將展開之內容收合成原狀。

13-4 刪除關聯

於『資料庫關聯圖』視窗內，要刪除關聯，可於關聯線上單按滑鼠右鍵，續選「刪除(D)」(或於關聯線上單按滑鼠左鍵，續按 Delete 鍵)，將先顯示：

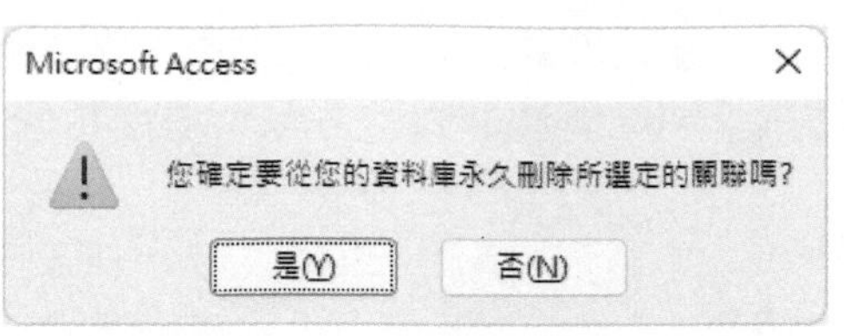

續選按 是(Y) 鈕，即可將該關聯永久刪除。

13-5 連接屬性

於初建立關聯時；或於關聯線上單按滑鼠右鍵，續選「編輯關聯(R)...」，均可轉入『編輯關聯』視窗：

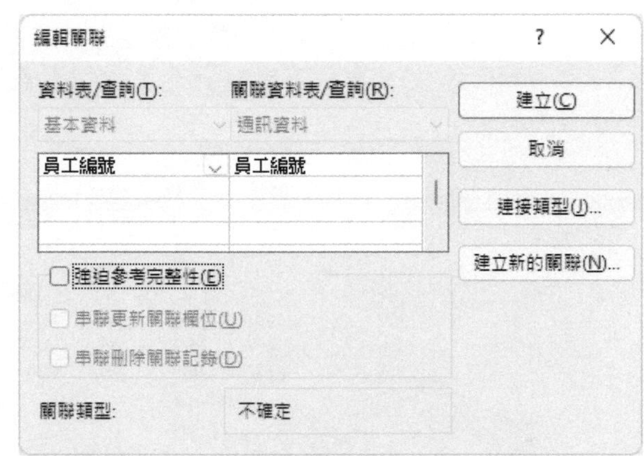

按其內之 連接類型(J)... 鈕，可轉入：

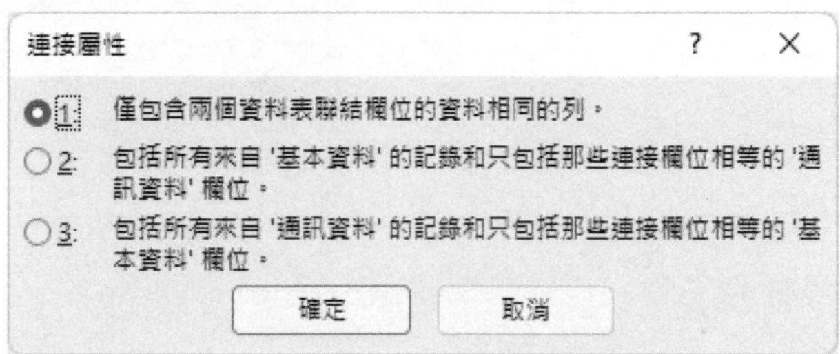

設定當兩個關聯資料表的內容不一致時，要如何取得兩邊之記錄。

於查詢的設計檢視畫面，以滑鼠右鍵單按關聯線，續選「連接屬性(J)...」，也可轉入『連結屬性』對話方塊，進行類似之設定：

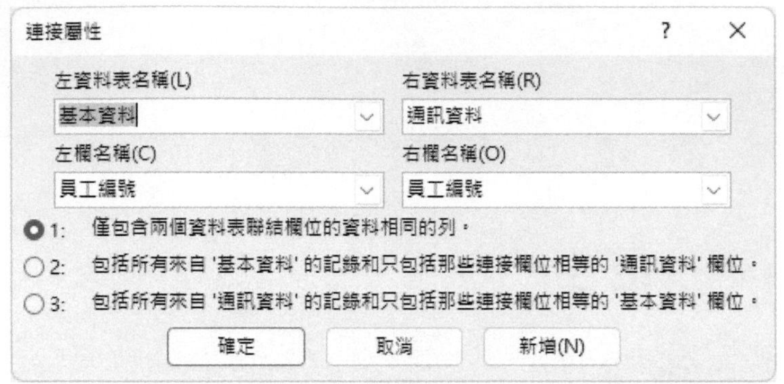

茲以下示之『基本資料』及『通訊資料』資料表為例進行說明：

基本資料

員工編號	部門	職稱	姓	名	性別	生日	已婚
1102	客房	經理	孫	國寧	女	1979/5/8	☐
1112	客房	助理	王	世豪	男	1982/3/18	☐
1117	客房	助理	莊	寶玉	女	1979/5/11	☐
1201	行銷	經理	楊	佳碩	男	1979/3/5	☑
1207	行銷	助理	林	玉英	女	1979/3/12	☑
1306	餐飲	助理	林	美玉	女	1980/4/12	☑
1316	餐飲	助理	楊	雅欣	女	1980/3/7	☐
*							☐

通訊資料

員工編號	姓	名	郵遞區號	地址	電話
1102	孫	國寧	１１１	台北市天母東路一段12號三樓	(02)2893-4658
1112	王	世豪	１１４	台北市內湖路三段148號二樓	(02)2798-1456
1207	林	玉英	１０４	台北市合江街124號五樓	(02)2503-7817
1218	于	耀成	１０６	台北市敦化南路338號四樓	(02)2778-1225
1305	林	宗揚	１０４	台北市龍江街23號三樓	(02)2503-1520
1306	林	美玉	１０４	台北市興安街一段15號四樓	(02)2562-7777
*					

兩表之記錄數並不同，且員工編號也不是一一對應。

兩邊相同

預設狀況是使用第一種連接屬性：「僅包含兩個資料表連接欄位的資料相同的列。」

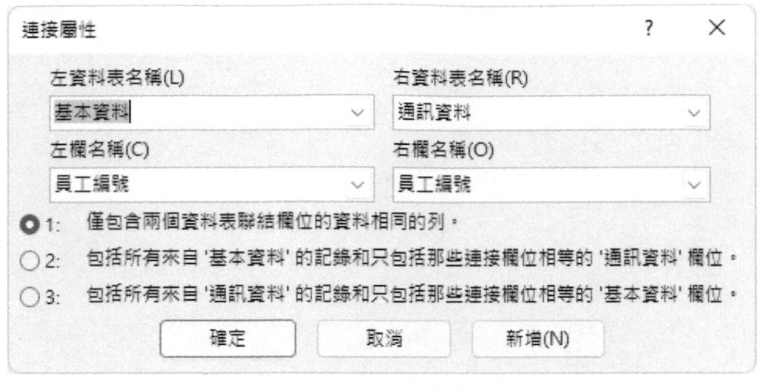

以『員工編號』欄進行關聯後，並取得兩邊之部份欄位：

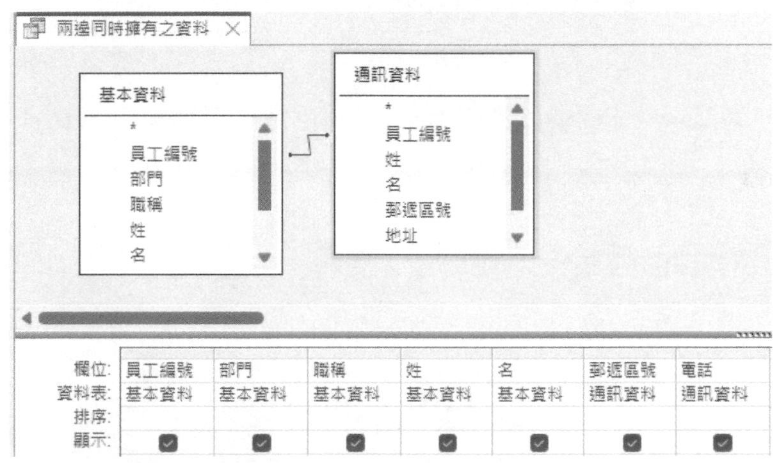

所取得的內容為共同存在兩邊資料表之四筆記錄：

兩邊同時擁有之資料

員工編號	部門	職稱	姓	名	郵遞區號	電話
1102	客房	經理	孫	國寧	１１１	(02)2893-4658
1112	客房	助理	王	世豪	１１４	(02)2798-1456
1207	行銷	助理	林	玉英	１０４	(02)2503-7817
1306	餐飲	助理	林	美玉	１０４	(02)2562-7777

『基本資料』的1117、1201、與1316，以及『通訊資料』的1218與1305，均不被納入。

左邊為主

第二種連接屬性為：「包括所有來自'基本資料'的記錄和只包括那些連接欄位相等的'通訊資料'欄位。」

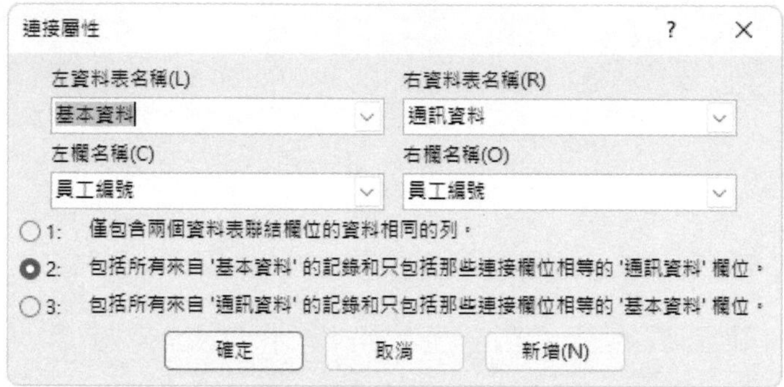

以『員工編號』欄進行關聯後，並取得兩邊之部份欄位：(請注意其關聯線之箭頭方向，係由『基本資料』指向『通訊資料』，表示係以『基本資料』之員工編號為準)

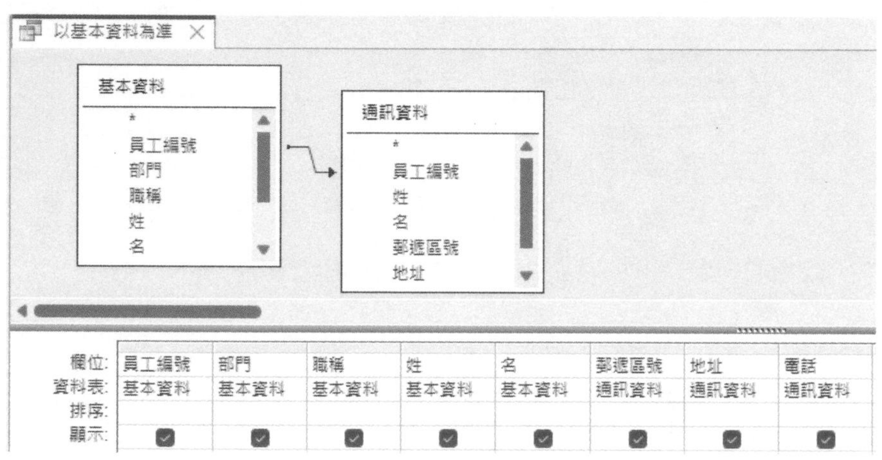

所取得的內容為『基本資料』之所有記錄，而『通訊資料』僅取得在『基本資料』可找得到之員工編號內容：

以基本資料為準

員工編號	部門	職稱	姓	名	郵遞區號	地址	電話
1102	客房	經理	孫	國寧	111	台北市天母東路一段12號三樓	(02)2893-4658
1112	客房	助理	王	世豪	114	台北市內湖路三段148號二樓	(02)2798-1456
1117	客房	助理	莊	寶玉			
1201	行銷	經理	楊	佳碩			
1207	行銷	助理	林	玉英	104	台北市合江街124號五樓	(02)2503-7817
1306	餐飲	助理	林	美玉	104	台北市興安街一段15號四樓	(02)2562-7777
1316	餐飲	助理	楊	雅欣			

由於1117、1201與1316並不存在於『通訊資料』中，所以其『郵遞區號』、『地址』與『電話』欄會抓不到內容。

右邊為主

第三種連接屬性「包括所有來'通訊資料'的記錄和只包括那些連接欄位相等的'基本資料'欄位。」

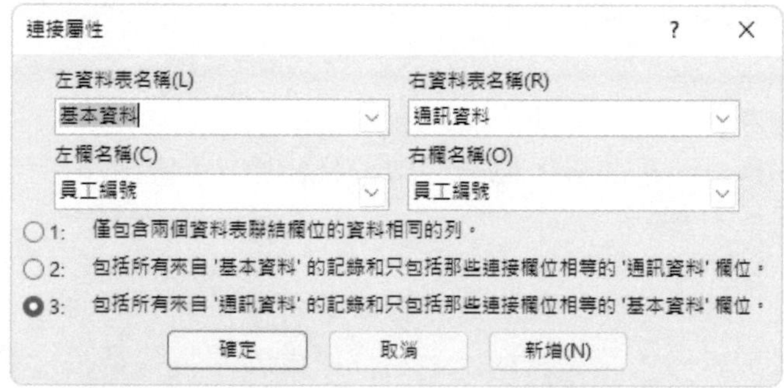

以『員工編號』欄進行關聯後，並取得兩邊之部份欄位：（請注意其關聯線之箭頭方向，係由『通訊資料』指向『基本資料』，表示係以『通訊資料』之員工編號為準）

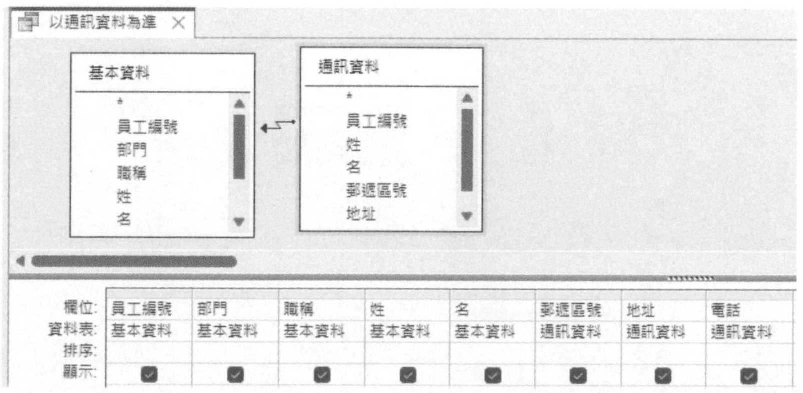

所取得的內容為『通訊資料』之所有記錄，而『基本資料』僅取得在『通訊資料』可找得到之員工編號內容：(第一欄『員工編號』之來源改為使用『通訊資料』)

以通訊資料為準

員工編號	部門	職稱	姓	名	郵遞區號	地址	電話
1102	客房	經理	孫	國寧	111	台北市天母東路一段12號三樓	(02)2893-4658
1112	客房	助理	王	世豪	114	台北市內湖路三段148號二樓	(02)2798-1456
1207	行銷	助理	林	玉英	104	台北市合江街124號五樓	(02)2503-7817
					106	台北市敦化南路338號四樓	(02)2778-1225
					104	台北市龍江街23號三樓	(02)2503-1520
1306	餐飲	助理	林	美玉	104	台北市興安街一段15號四樓	(02)2562-7777

由於『基本資料』並無1218與1305之員工編號，所以『部門』、『職稱』、『姓』與『名』欄會抓不到內容。

13-6 不吻合記錄

理想的關連對象，應建立於完全吻合的情況，才不會有抓不到對應資料之情況。所以，應將其不吻合之情況找出來，加以修正。否則，其連結結果的意義也不大。

前節之『基本資料』與『通訊資料』兩資料表的記錄並不吻合，當資料表的內容較少時，還容易找出；若資料表的內容較多時，要找出不吻合記錄可就不是那麼容易。

這時，就可用『尋找不吻合資料查詢精靈』來幫忙。其處理步驟為：

Step 1 按『建立/查詢/查詢精靈』查詢精靈 鈕，選「尋找不吻合資料查詢精靈」

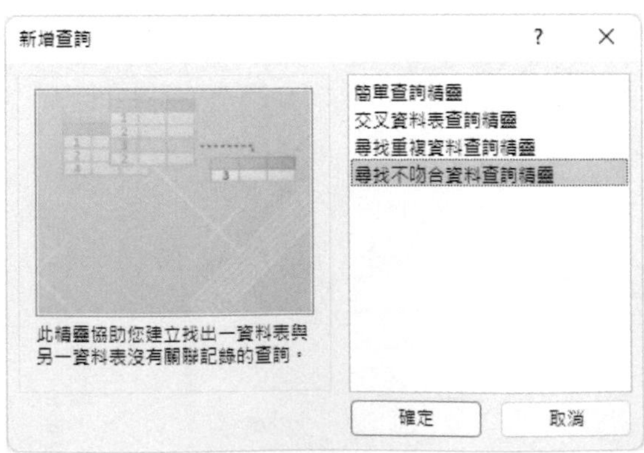

Step 2 按 確定 鈕，選妥第一個資料表（本例選『基本資料』）

Step 3 續按 下一步(N) > 鈕，選妥第二個資料表（本例選『通訊資料』）

Step 4 續按 下一步(N) > 鈕，會先顯示兩資料表之所有欄位

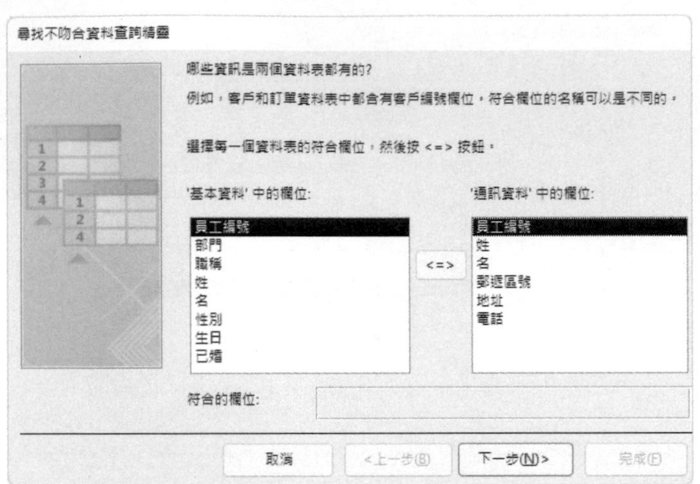

Step 5 左右均選「員工編號」欄，續按 <=> 鈕，表示要依該欄找尋不吻合之記錄內容。『符合的欄位』處出現：員工編號 <=> 員工編號

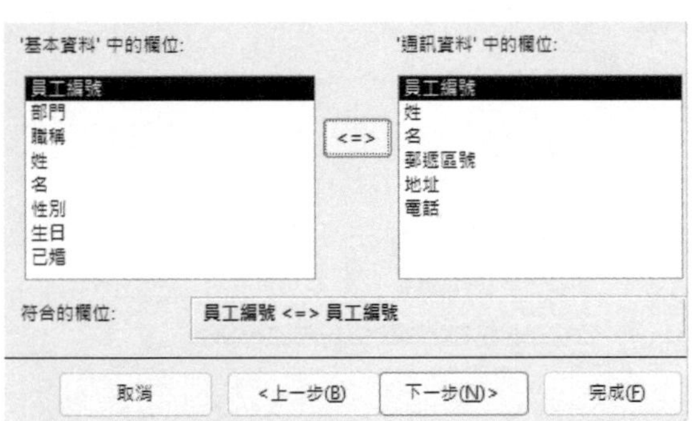

Step 6 續按 下一步(N) > 鈕

Step 7 選妥要查看那幾欄內容（本例將其全選）

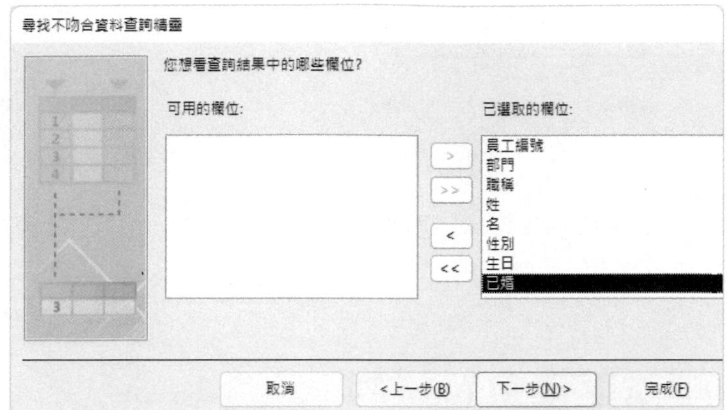

Step 8 續按 下一步(N) > 鈕

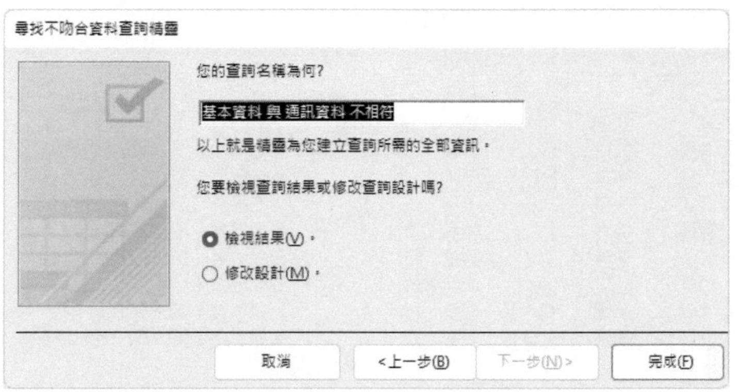

Step 9 最後，按 完成(F) 鈕。獲致

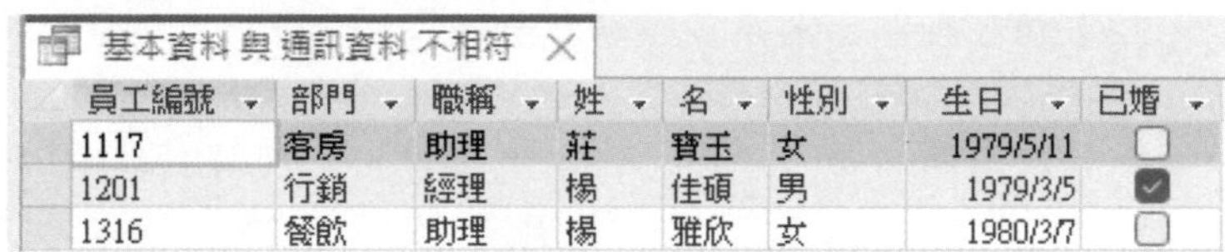
基本資料 與 通訊資料 不相符

員工編號	部門	職稱	姓	名	性別	生日	已婚
1117	客房	助理	莊	寶玉	女	1979/5/11	☐
1201	行銷	經理	楊	佳碩	男	1979/3/5	☑
1316	餐飲	助理	楊	雅欣	女	1980/3/7	☐

可查知『基本資料』內之1117、1201與1316三筆記錄，在『通訊資料』內找不到。

反過來，本例若先選『通訊資料』，然後再選『基本資料』，則其執行結果為：

通訊資料 與 基本資料 不相符

員工編號	姓	名	郵遞區號	地址	電話
1218	于	耀成	106	台北市敦化南路338號四樓	(02)2778-1225
1305	林	宗揚	104	台北市龍江街23號三樓	(02)2503-1520

可查知『通訊資料』內之1218與1305兩筆記錄，在『基本資料』內找不到。

13-7 尋找重複資料查詢

資料表的內容不斷的新增，難免會多打了幾筆重複出現之記錄（通常是沒有建立「唯一」之主索引）。如：

通訊錄

部門	職稱	姓	名	郵遞區號	地址	電話
客房	助理	王	世豪	114	台北市內湖路三段148號二樓	(02)2798-1456
行銷	經理	楊	佳碩	104	台北市民生東路三段68號六樓	(02)2502-1520
行銷	助理	林	玉英	104	台北市合江街124號五樓	(02)2503-7817
行銷	助理	于	耀成	106	台北市敦化南路338號四樓	(02)2778-1225
餐飲	助理	林	美玉	104	台北市興安街一段15號四樓	(02)2562-7777
行銷	經理	楊	佳碩	104	台北市民生東路三段68號六樓	(02)2502-1520
餐飲	助理	林	美玉	104	台北市興安街一段15號四樓	(02)2562-7777
客房	助理	王	世豪	114	台北市內湖路三段148號二樓	(02)2798-1456
*						

且理想的關連對象，係建立於完全吻合的情況。所以，發生重複也是不理想的情況。有重複內容時，當資料表的內容較少，還容易找出；若資料表的內容較多時，要找出重複記錄可就不是那麼簡單！

這時，就可用『尋找重複資料查詢精靈』來代勞。其處理步驟為：

Step 1 按『建立/查詢/查詢精靈』查詢精靈 鈕，選「尋找重複資料查詢精靈」

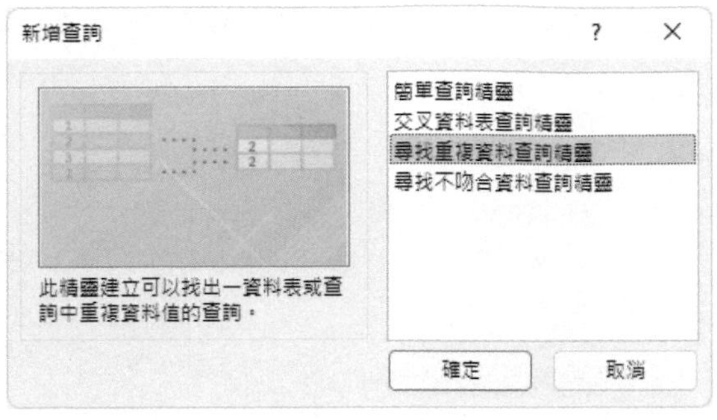

Step 2 按 確定 鈕，選取要找尋重複記錄之資料表（『通訊錄』）

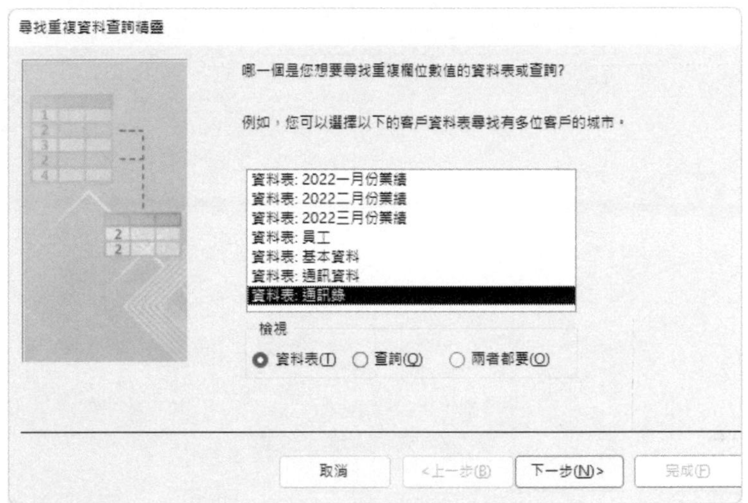

Step 3 按 下一步(N) > 鈕

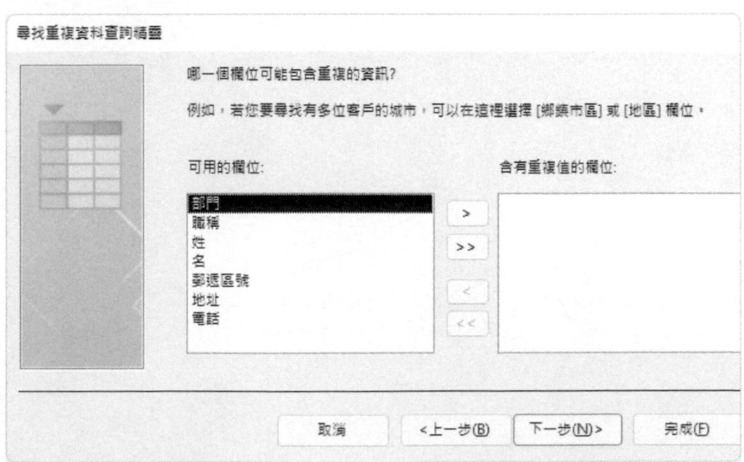

Step 4 以雙按選取要依據那幾個欄位來找尋重複記錄（本例選『部門』、『職稱』、『姓』及『名』）

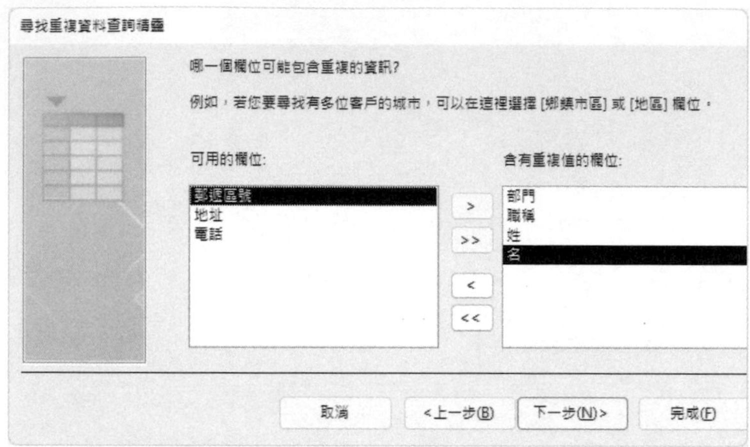

Step 5 續按 下一步(N) > 鈕

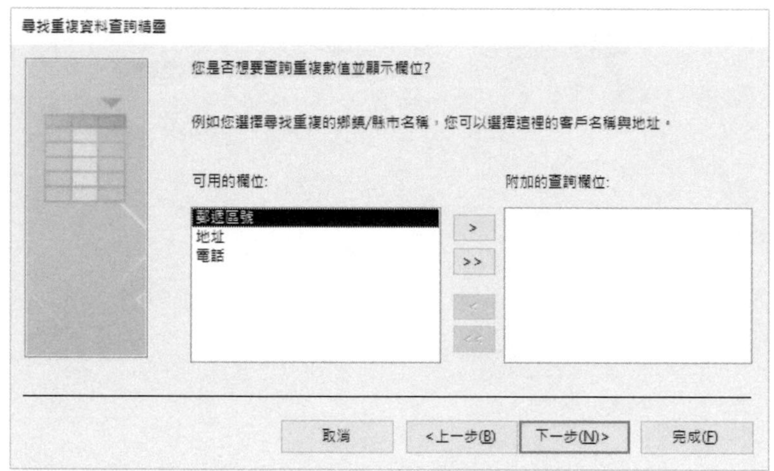

Step 6 選擇要顯示重複記錄那些額外的欄位內容（也可不選，本例將所剩之『地址』、『電話』與『分機號碼』欄選取）

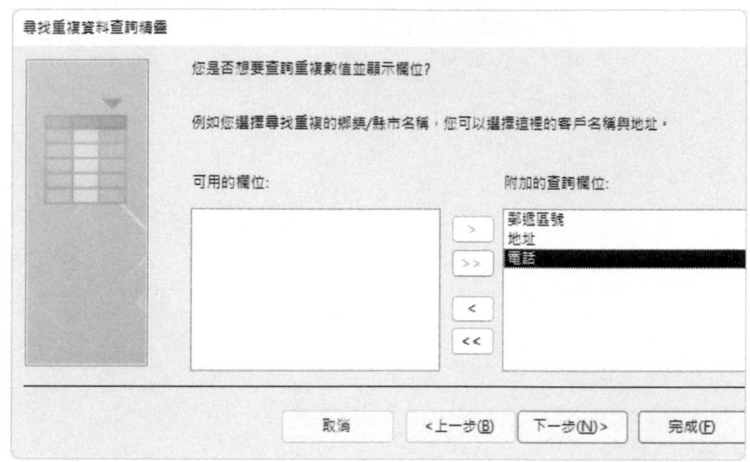

Step 7 按 下一步(N) > 鈕

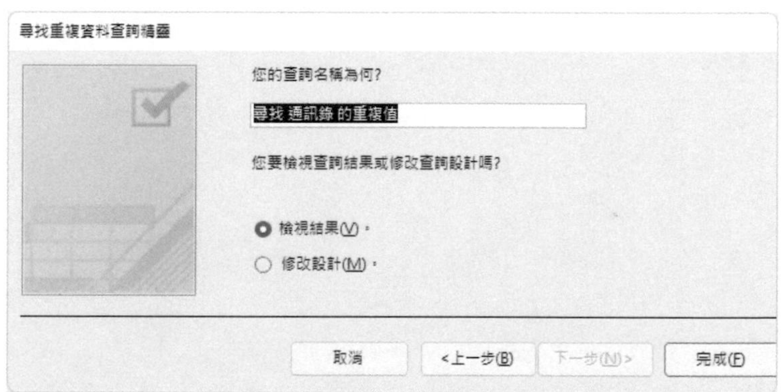

Step 8 不用變更名稱，續按 完成(F) 鈕。即可知道有那些記錄是重複出現

尋找 通訊錄 的重複值

部門	職稱	姓	名	郵遞區號	地址	電話
客房	助理	王	世豪	114	台北市內湖路三段148號二樓	(02)2798-1456
客房	助理	王	世豪	114	台北市內湖路三段148號二樓	(02)2798-1456
行銷	經理	楊	佳碩	104	台北市民生東路三段68號六樓	(02)2502-1520
行銷	經理	楊	佳碩	104	台北市民生東路三段68號六樓	(02)2502-1520
餐飲	助理	林	美玉	104	台北市興安街一段15號四樓	(02)2562-7777
餐飲	助理	林	美玉	104	台北市興安街一段15號四樓	(02)2562-7777

若步驟6不選任何內容，則其執行結果可顯示出重複資料的部份內容及重複筆數：

尋找 通訊錄 的重複值1

部門欄位	職稱欄位	姓欄位	名欄位	重複筆數
客房	助理	王	世豪	2
行銷	經理	楊	佳碩	2
餐飲	助理	林	美玉	2

ACCESS

CHAPTER 14

表單

由於，資料表及查詢之結果均為m列×n欄之表格，一筆記錄係以一列之方式置放，當欄位較多時，經常得向右捲動幾個畫面，才能讀完一筆記錄。不僅查閱不便，且其外觀也與該記錄實際所使用之表格有所不同。像一張訂貨單、出貨單、發票、身份證、員工資料表或學生之學籍資料卡、……等，原本一張經規劃過整齊美觀的表格，於資料表或查詢結果，均只能轉存為一列而已。並無法以原記錄表格的外觀呈現出來，無論於編修或查閱，均多少會帶來一些不方便。

Access之表單物件就是為彌補前述缺點所設計之產物，它可以讓使用者很有彈性的安排資料欄位置，以達到完全接近於該記錄實際使用之表格外觀（甚至可安排上圖片或照片）。

除此之外，Access之表單還可以將資料用來產生統計圖表（直條圖、圓形圖、……）。將來，於安排妥巨集，要產生自訂的選單或功能表，也還是得利用到表單！

本章各例，請開啟『範例\Ch14\中華公司.accdb』進行練習。

14-1 自動產生表單

這是最簡單的產生表單方式，只須先選取要處理之資料表，利用單一按鈕，即可將該資料表的所有資料欄均納入，產生一功能大致完備又不失華麗的表單。其種類有：表單、分割表單與多重項目表單。

小秘訣

資料表或查詢均可用來作為表單之來源。

快速表單

於左側功能窗格選取『員工』資料表，續按『建立/表單/表單』表單鈕，即可獲致一個以『員工』資料表為來源的快速表單：

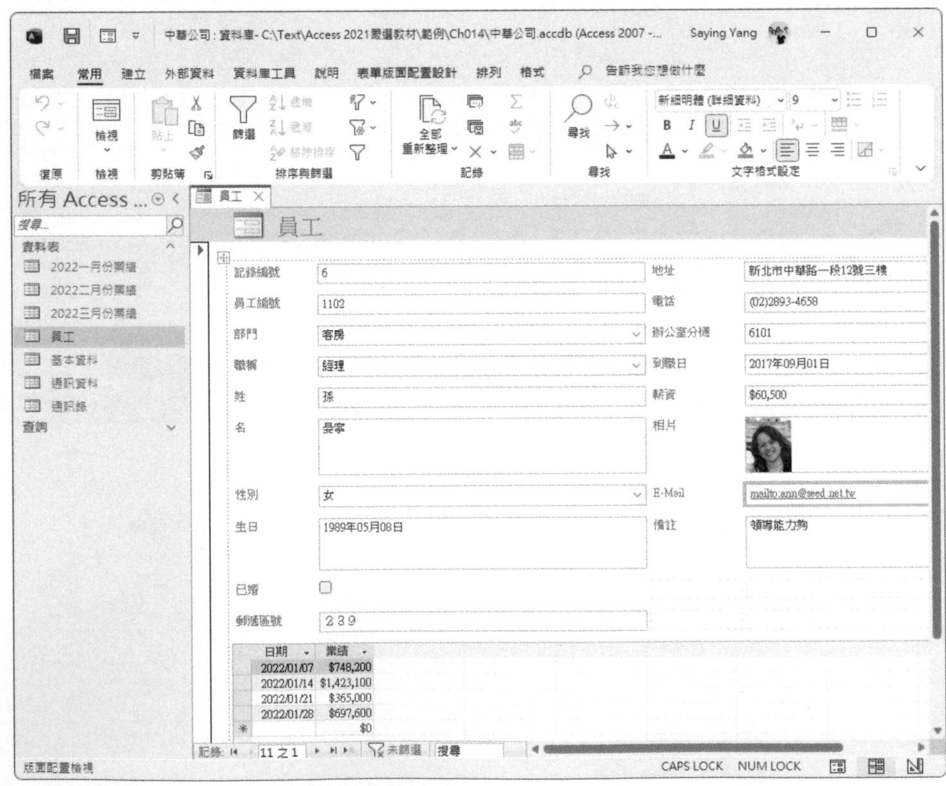

上方為『員工』資料表所有欄位所組成之表單，雖然規劃得不是很漂亮，但大致還沒有發生資料看不到的情況。有些欄位的寬度是安排得過寬了，且相片也太小了。

底下，則是前章建妥永久性關連並將其安排為子資料表的『2022一月份業績』資料表之內容，目前看到的是編號1102員工於一月份所有的業績。利用最底下之記錄捲動鈕：

記錄: 11 之 1

可切換到其他員工記錄，其下子資料表的內容也會自動更換。

按右上角之 × 鈕，將其關閉，會顯示要求存檔之提示：

按 是(Y) 鈕後，將轉入『另存新檔』對話方塊：

另存新檔
表單名稱(N):
員工
確定
取消

等待輸入表單名稱，本例將其存為『員工-快速表單』。可於左側功能窗格顯示出其物件圖示及名稱：

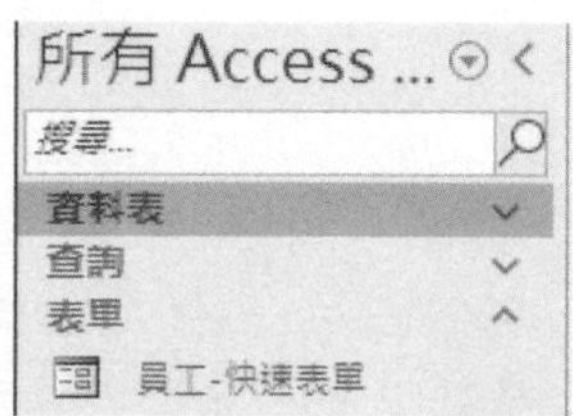

分割表單

於左側功能窗格選取『員工』資料表，執行『建立/表單/其他表單/分割表單(P)』，即可獲致一個含『員工』資料表所有欄位的快速分割表單：

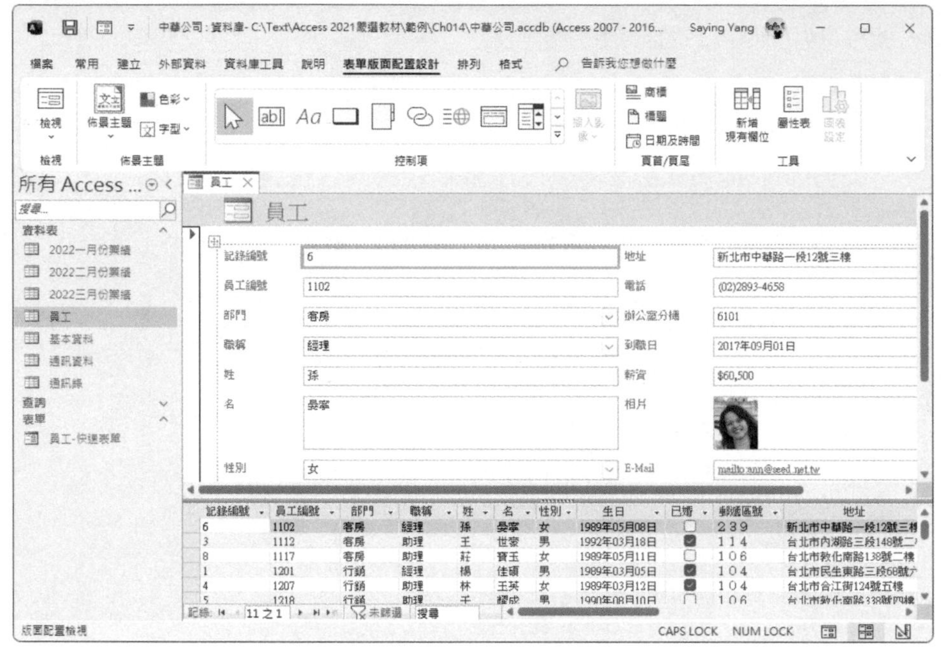

上方仍為『員工』資料表所有欄位所組成之表單。

底下，則是將『員工』資料表之所有記錄，以同於前面各章所使用之獨立資料表工作表方式呈現出來。於底下切換記錄，上方之表單內容亦將隨之轉換。於任一個位置進行資料編輯，上下兩邊之內容均會同時更新。

多個項目表單

這個表單並不怎麼好看！同樣，於左側功能窗格選取『員工』資料表，執行『建立/表單/其他表單/多個項目(U)』，即可獲致一個快速的多個項目表單，以類似資料工作表之方式，一列安排一筆記錄：（右側超過表單寬度上限的欄位，會被自動捨棄）

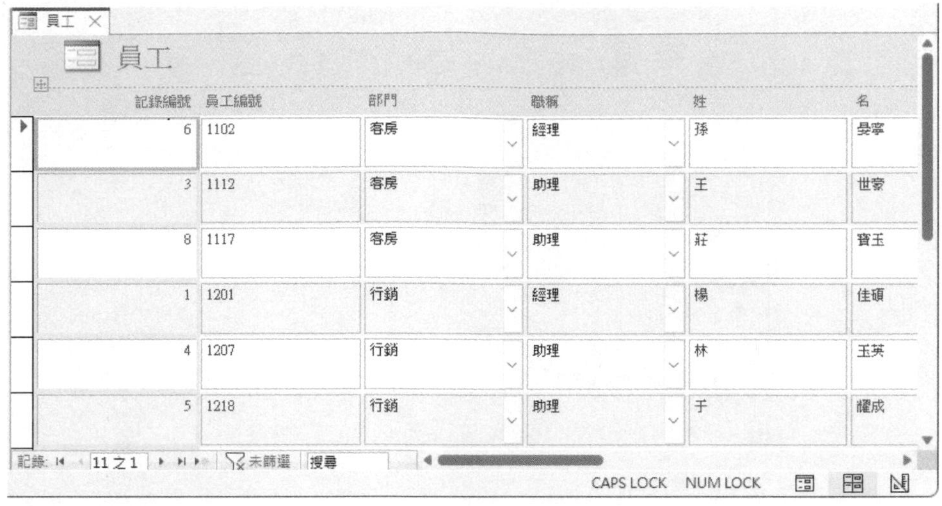

14-2 表單精靈

另一種快速產生表單方式，為利用『表單精靈』，可用以產生：單欄式表單、表格式表單、工作表表單與對齊式表單。這些表單的質感，要比前節所建立之各型表單，來得稍微高級一點點！

『表單精靈』應是最理想的產生表單方式，因為於建立過程，尚允許選擇所要使用之欄位、樣式（配置）及表單類型。

要啟動『表單精靈』，可按『建立/表單/表單精靈』 表單精靈 鈕。

單欄式表單

使用『表單精靈』產生表單，無論是要產生何種類型之表單，其操作過程完全一樣，只差選擇樣式（配置）的種類不同而已。

底下，先介紹如何使用『表單精靈』產生單欄式表單：

Step 1 先於左側選取『員工』資料表

Step 2 按『建立/表單/表單精靈』 表單精靈 鈕，轉入『表單精靈』，於左下角『可用的欄位(A)』處顯示『員工』資料表所有欄位。

Step 3 於左下角『可用的欄位(A)』處，雙按要使用之欄位，會將其移往右下角『已選取的欄位(S)』內（本例按 >> 鈕，取用所有欄位）

Step 4 按 下一步(N) > 鈕，續選擇表單類型（配置，本例選「單欄式(C)」）

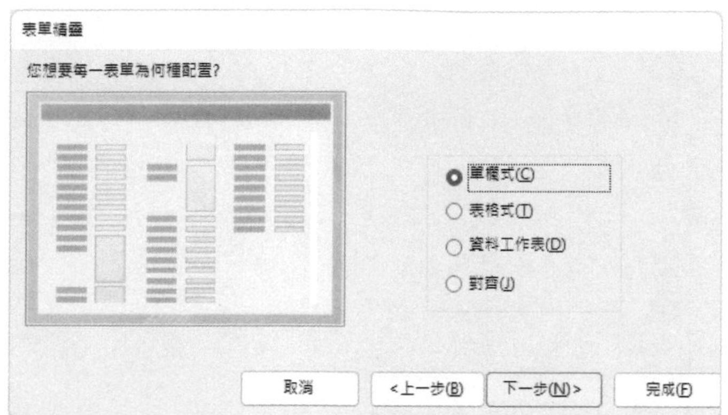

Step 5 續按 下一步(N) > 鈕

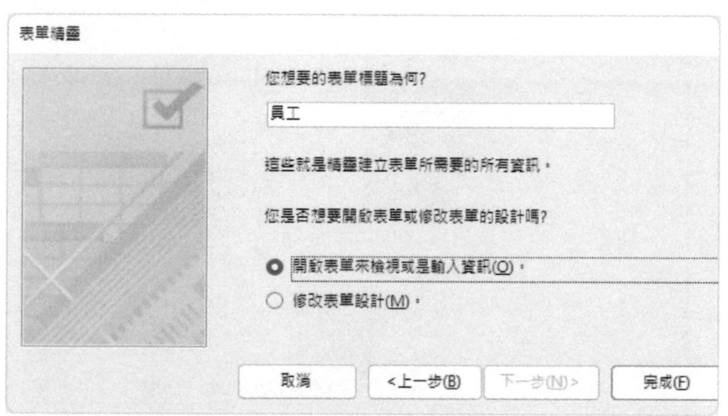

Step 6 輸入表單名稱（本例以『員工-單欄式表單』命名）

14 表單

Step 7 續按 完成(F) 鈕，即可獲致所建立之單欄式表單

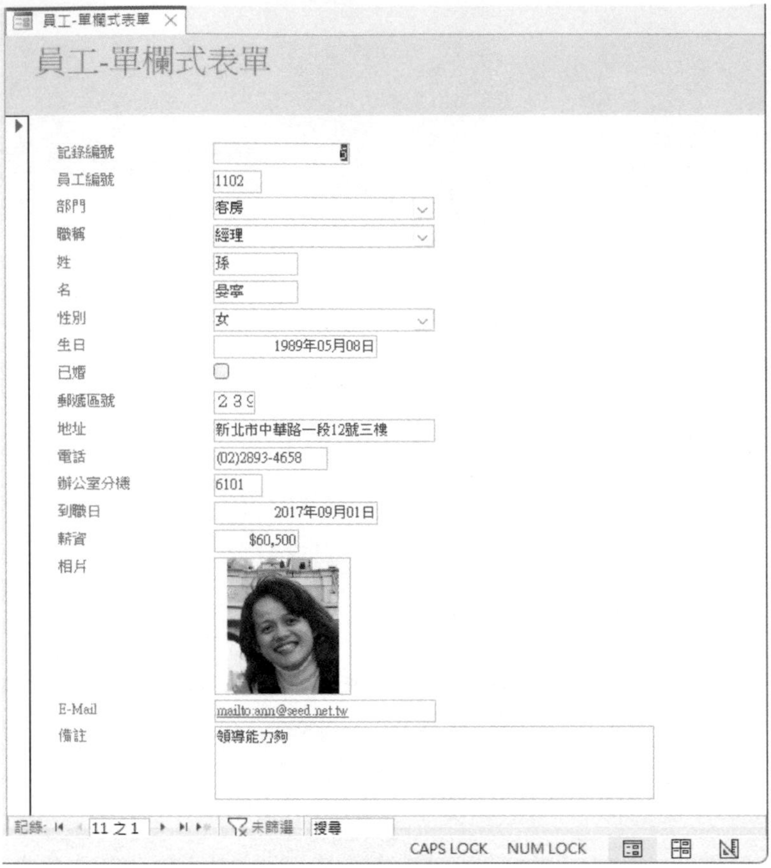

不過，還是有幾點不是很理想的地方：幾個欄框大了點。(留待下文再進行修改)

表格式表單與資料工作表表單

『表格式表單』的使用機會，似乎比較少一點。其建立過程與『單欄式表單』類似，只差於步驟4選擇表單類型（配置）時，得選取「表格式(T)」而已，隨後之操作完全一樣：

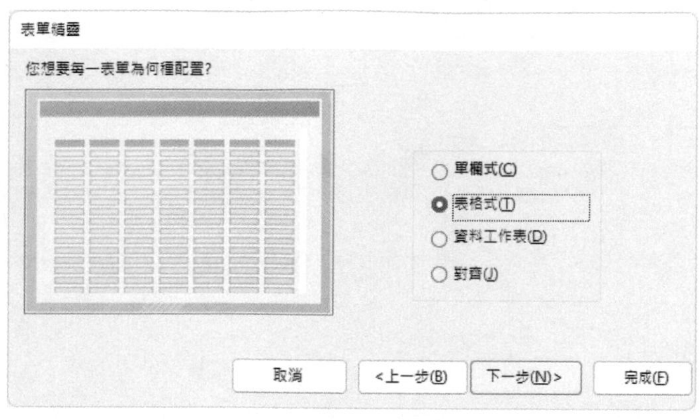

同樣使用『員工』資料表，所產生之『表格式表單』，以一列一筆記錄之方式顯示資料，也可以顯示圖片：

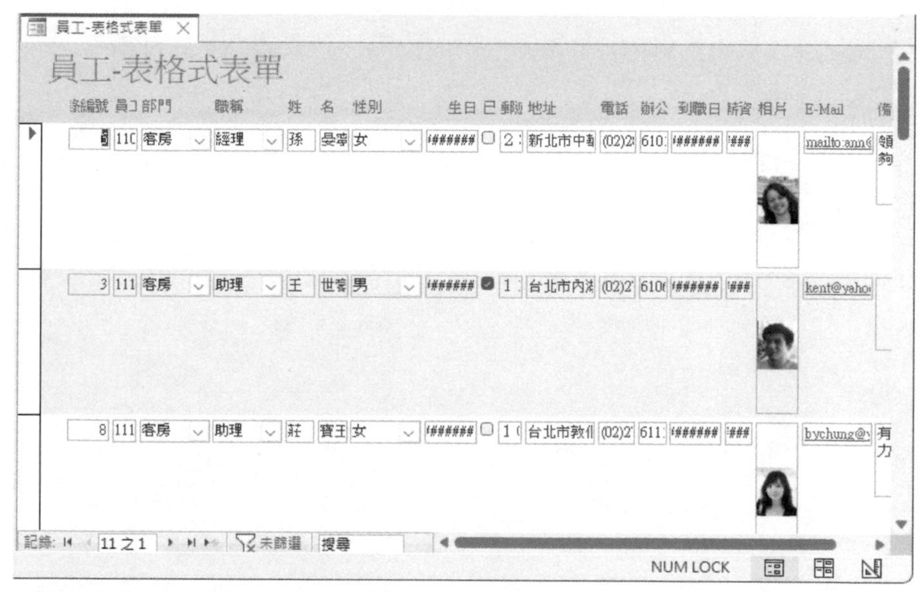

基本上，這種類型之表單，要修改的部分，還僅是調一調欄寬/列高而已，算是簡單，沒多大困難！

資料工作表表單

『資料工作表表單』的建立過程與『單欄式表單』類似，只差於步驟4選擇表單類型（配置）時，得選取「資料工作表(D)」而已。

使用『員工』資料表，所產生之『資料工作表表單』外觀與『資料工作表』可說完全一樣，同樣也是無法顯示「附件」之相片內容：

員工-工作表表單

記錄編號	員工	部門	職稱	姓	名	性別	生日	已婚
6	1102	客房	經理	孫	晏寧	女	1989年05月08日	☐
3	1112	客房	助理	王	世豪	男	1992年03月18日	☑
8	1117	客房	助理	莊	寶玉	女	1989年05月11日	☐
1	1201	行銷	經理	楊	佳碩	男	1989年03月05日	☑

對齊式表單

若是碰上要畫格線之表單，可選用『對齊式表單』。其建立過程與『單欄式表單』類似，只差於步驟4選擇表單類型（配置）時，得選取「對齊(J)」而已，隨後之操作完全一樣。

同樣使用『員工』資料表，所產生之『對齊式表單』外觀為：

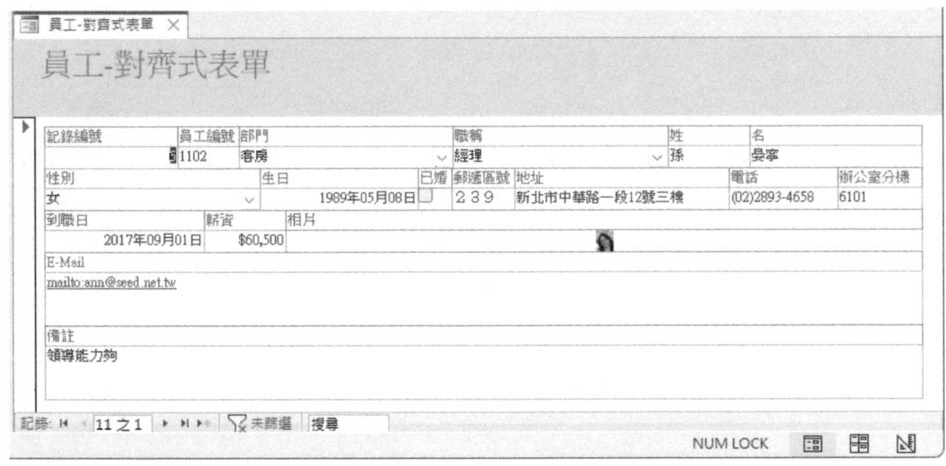

這類表單，由於繪有格線，看起來很舒服。但欄寬則有點亂排，有些內容僅幾個字的欄位，也都安排了近乎離譜的欄寬。相片的高度與寬度均太小。這也是因為要繪格線所帶來的困難！不過，整體上的感覺還是挺不錯的！

這些過大欄寬，當然也得等待我們於後文去進行修改。不過，因為有格線的關係，將來在格線對齊上，就得花費很多時間！

14-3 表單的檢視模式

Access表單的檢視模式有：表單檢視、版面配置檢示與設計檢視。對任一個表單，可利用『常用/檢視/檢視』鈕，來切換其檢視模式：

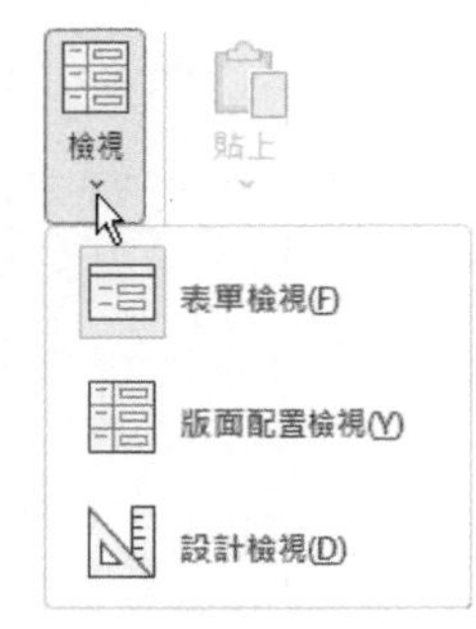

或於其物件圖示上，單按滑鼠右鍵，續就其快顯指令，切換其檢視模式：

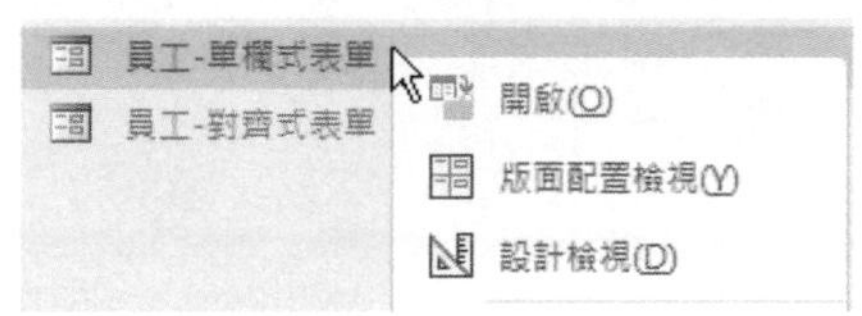

其「開啟(O)」項，相當於直接雙按滑鼠左鍵，可用來轉入「表單檢視(F)」。

表單檢視

前文所見到之各表單，均屬此一檢視模式。除可用來查閱/瀏覽/篩選資料外，也可以編輯/新增/刪除資料，所做之更新會同時影響表單及來源資料表之內容。事實上，表單與來源資料表所處理者是同一個內容，只是其外觀不同而已。也因為會同時影響來源資料表的內容，所以，於表單開啟中，是不允許轉入『設計檢視』，對來源資料表進行修改資料結構（欄位定義）。其錯誤訊息為：

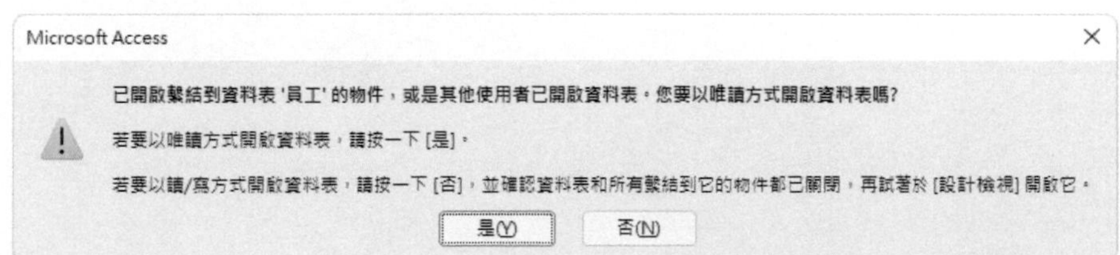

得將表單關閉後，才可轉入『設計檢視』修改資料工作表的資料結構。

版面配置檢視

可以同於『表單檢視』之外觀，進行修改表單，請開啟『員工-快速表單』表單，執行『常用/檢視/檢視/版面配置檢視』，轉入

目前，各欄位之外觀，即原『表單檢視』之外觀。但各欄位之粗框，可用來以視覺化之方式，利用拖曳來調整其整個直欄各欄位之寬度。拖曳其中任一欄，均可調整欄之寬度：

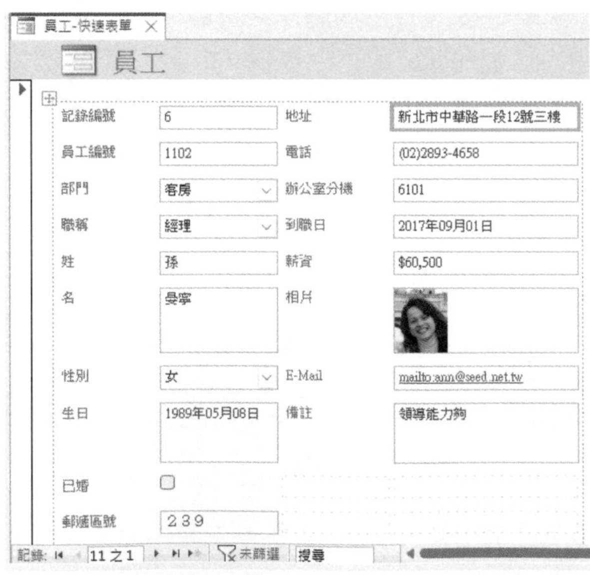

欄寬雖是一起調整，但欄位之高度，則是每一列均個別獨立的。如，僅調整『生日』欄那一列之高度：

這是一大突破，以前僅可以於『設計檢視』進行修改，常因只有欄名而看不到其應有的外觀，而得不停切換到『表單檢視』去查。有任何不妥，又得切換回『設計檢視』進行修改。如此，就得來回不停切換，增加了不少麻煩！

但由於設定成表格，對於不等欄寬之欄位，就得於按表格左上角之全選 ⊞ 鈕，將其表格整個選取後，於任一欄位上，單按滑鼠右鍵，續選『版面配置(L)/移除版面配置(R)』，將其表格解除，以利逐欄調整；也可以先按住 Shift 續點選欄位或欄名進行多重選取，再一起進行移動或調整寬度：

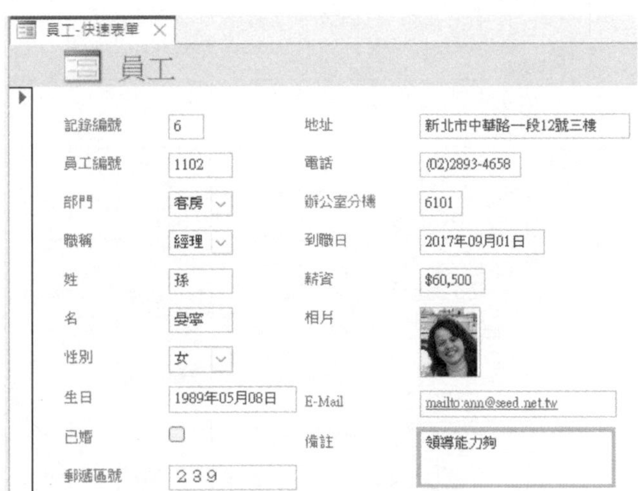

『版面配置檢視』提供有『表單版面配置設計』、『排列』與『格式』三工具列：

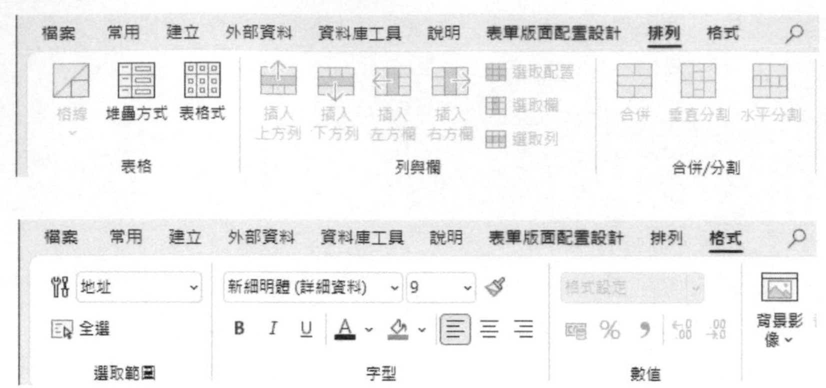

可進行之相關設定已相當完備！所以，要轉進到『設計檢視』進行修改之機會就已相對變少了！

設計檢視

『設計檢視』之外觀為：

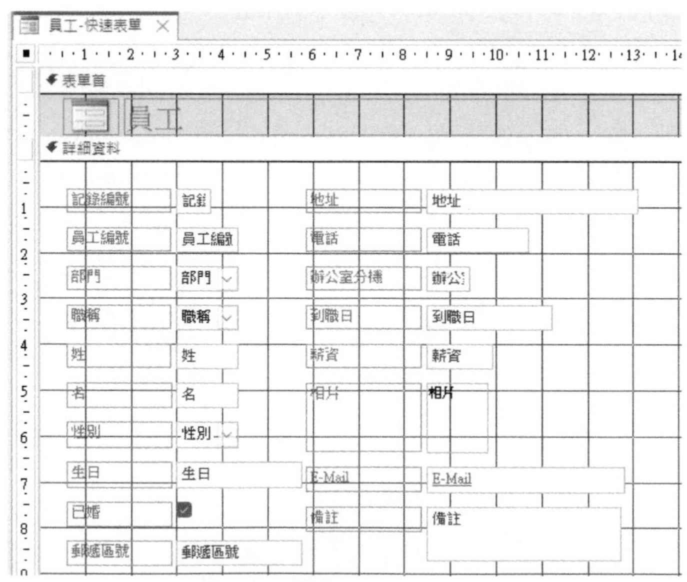

由於各欄均為欄名，無法知道實際之資料外觀及長度，常常造成修改上的不方便。目前，因多了『版面配置檢視』，可以類似表單檢視之外觀來進行修改表單。所以，『設計檢視』的使用機會就相對變少了！

但是，對於一些較為複雜之動作，如：輸入運算式、安排指令按鈕、繪圖、……；或是於『版面配置檢視』無法處理得很好的動作，如，安排表單首、頁首、頁尾與表單尾……，還是得轉入到『設計檢視』進行修改。

14-4 修改表單版面配置

物件的寬度與高度

小秘訣

修改以精靈所建妥之內容，比樣樣都得自行安排之『設計檢視』來得快！

若要吹毛求疵，前面之『員工-單欄式表單』，很多欄位之寬度均過寬：

員工-單欄式表單

記錄編號
員工編號 1102
部門 客房
職稱 經理
姓 孫
名 晏寧
性別 女
生日 1989年05月08日
已婚
郵遞區號 239
地址 新北市中華路一段12號三樓
電話 (02)2893-4658
辦公室分機 6101
到職日 2017年09月01日
薪資 $60,500
相片
E-Mail mailto:ann@seed.net.tw
備註 領導能力夠

記錄: 11 之 1 未篩選 搜尋

這些欄位之寬度或高度，並不是一個表格，僅須利用『常用/檢視/檢視』 檢視 鈕，轉入其『版面配置檢視』，即允許以直接拖曳框邊之方式，逐一調整其寬度或高度；也可以先按住 Shift 續點選欄位或欄名進行多重選取，再一起進行移動或調整寬度：

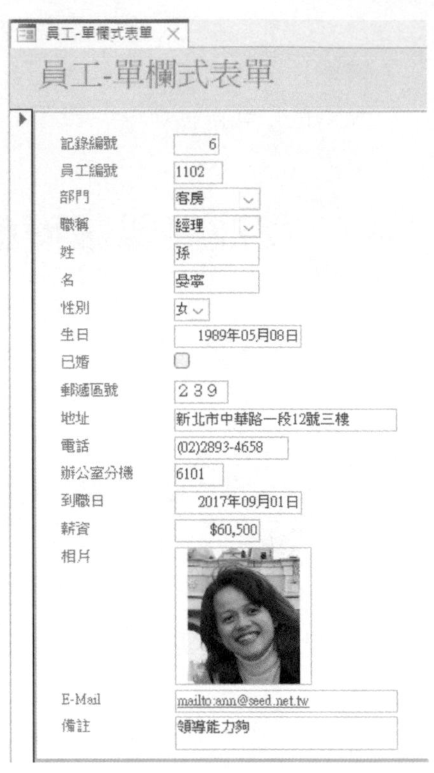

物件的位置

若想將『辦公室分機』欄以下各欄，一起向右上移動到右側。首先，按住 Shift 鍵，續分幾次，逐一點選『辦公室分機』～『備註』欄之各標題及欄位，將其多重選取：

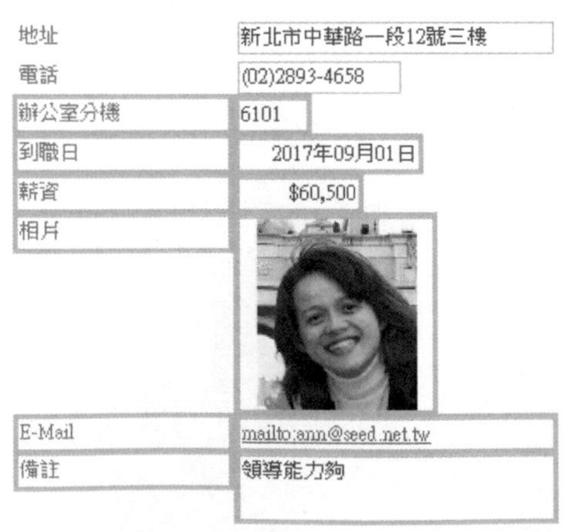

然後，將滑鼠移往其內任意位置，會出現四向箭頭（ ），再以拖曳方式，將其拉到『記錄編號』欄右側的空白位置：（亦可直接按方向鍵上下左右移動）

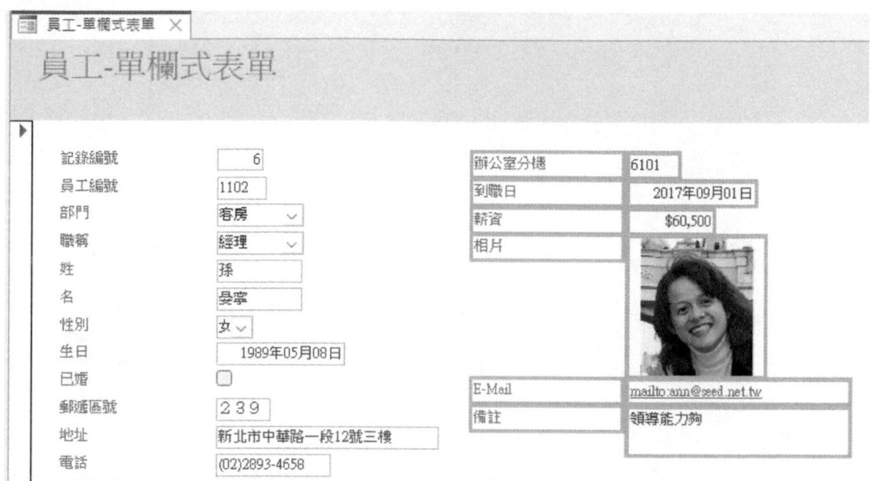

物件的排列

若全部以拖曳方式，來調整各物件的大小與位置，看似輕鬆容易。但若要求較嚴謹，那肯定是非常辛苦，且幾乎是不太可能調出很整齊美觀之結果。

所以，Access還提供有『排列』與『格式』標籤之配套按鈕，以簡化工作。如，『員工-表單1』目前之外觀一片混亂：（目前為『版面配置檢視』）

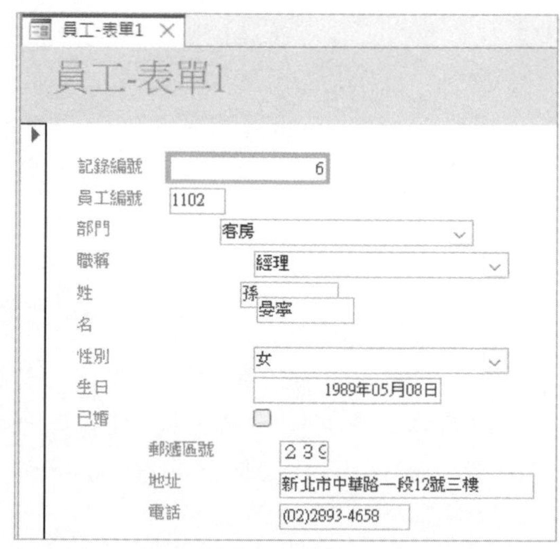

假定，要讓其等變回表格形式，分為對齊的兩欄。其處理方式為：

Step 1 按『格式/選取範圍/全選』全選 鈕，將各欄位之欄名及內容均全數選取

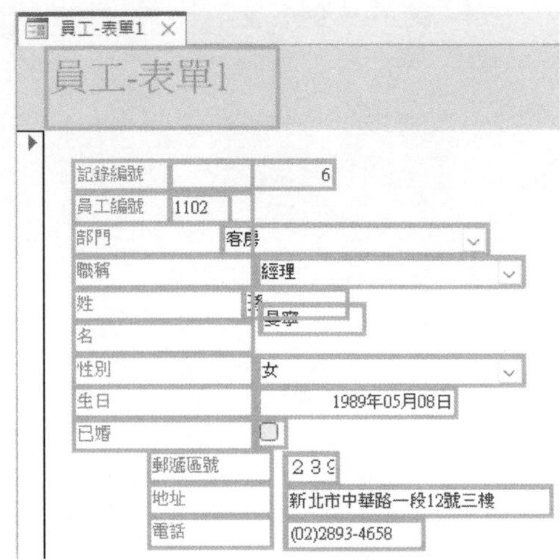

Step 2 按『排列/表格/堆疊方式』堆疊方式 鈕，即可使其等變回表格形式，分為對齊的兩欄。比逐一拖曳來搬移要快多了，且保證是對齊的

試想，僅光憑拖曳方式進行，可以做得那麼好嗎？

此時，由於已變為一個表格，若調整欄寬，各欄寬度將會同時變化。若想再改變個別欄寬，得於將其表個整個選取後，單按滑鼠右鍵，續選『版面配置(L)/移除版面配置(R)』，將其表格解除，方可進行。

續前例，目前，標題字與其後之欄位內容間的距離還有點大，若想再讓欄位內容左移一點。也可以下示方式進行移動：

Step 1 目前表格仍呈現選取狀態，單按滑鼠右鍵，續選『版面配置(L)/移除版面配置(R)』，將其表格解除。

Step 2 按住 Shift 鍵，續以滑鼠點選各欄標題內容

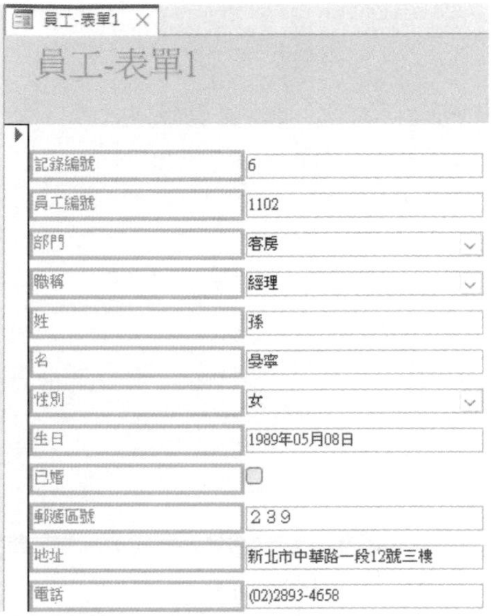

Step 3 拖曳右側框邊，將其欄寬調小

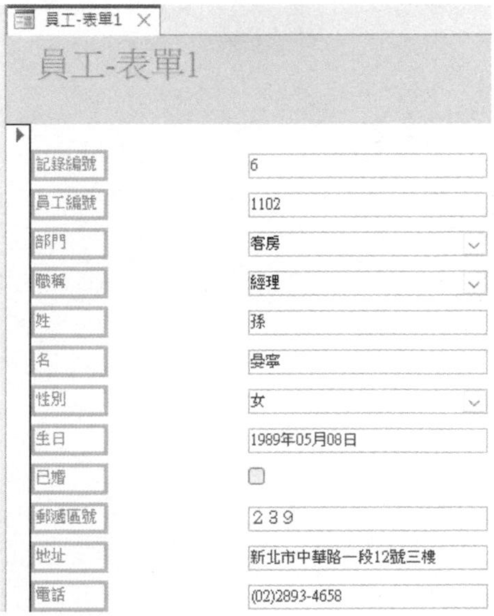

Step 4 按住 Shift 鍵，續以滑鼠點選右側各欄位內容

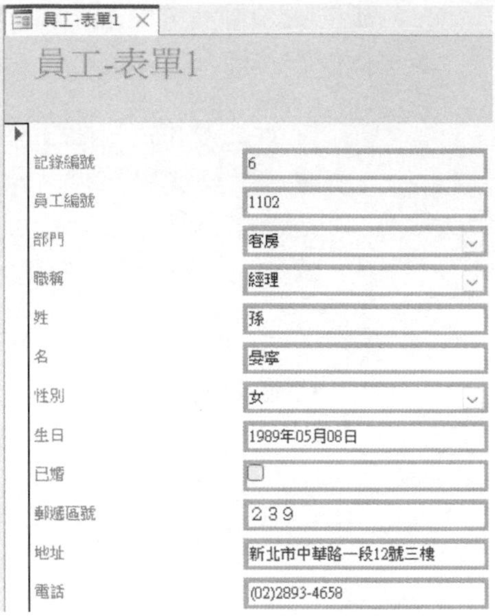

Step 5 以拖曳方式或按 ← 鍵，將其等左移

Step 6 續以前述方法，調整記錄編號～性別、已婚、郵遞區號等欄之寬度

屬性表

除了前述方法外，利用『表單版面配置設計/工具/屬性表』屬性表鈕來安排欄位位置，也是蠻方便的！

請開啟『員工-表單2』，如於前述步驟2選取左邊各欄名後，可按『表單版面配置設計/工具/屬性表』屬性表鈕，轉入

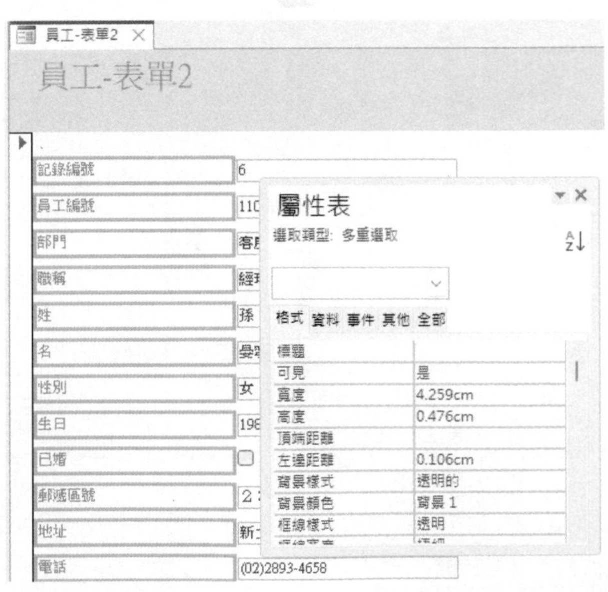

可查知這些欄位，其欄位寬度為4.259cm。以直接輸入之方式，輸入1.6cm，按 Enter 鍵，即可將其等同時調整為1.6cm之寬度：

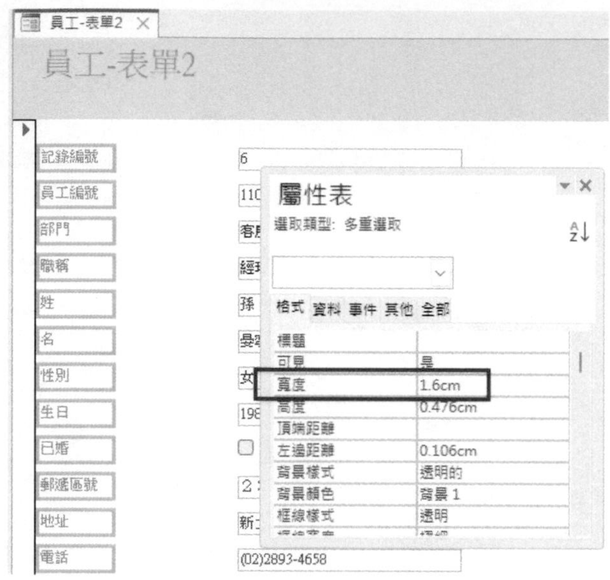

同樣，於選取右側各欄內容後。於『左邊距離』後之數字方塊，按一下滑鼠，將其改為安排於左邊距離1.8cm處。按 Enter 鍵，即可將所選欄位之欄位方塊，均移往較為接近標題之左邊距離1.8cm處（會自動校正為1.801cm）

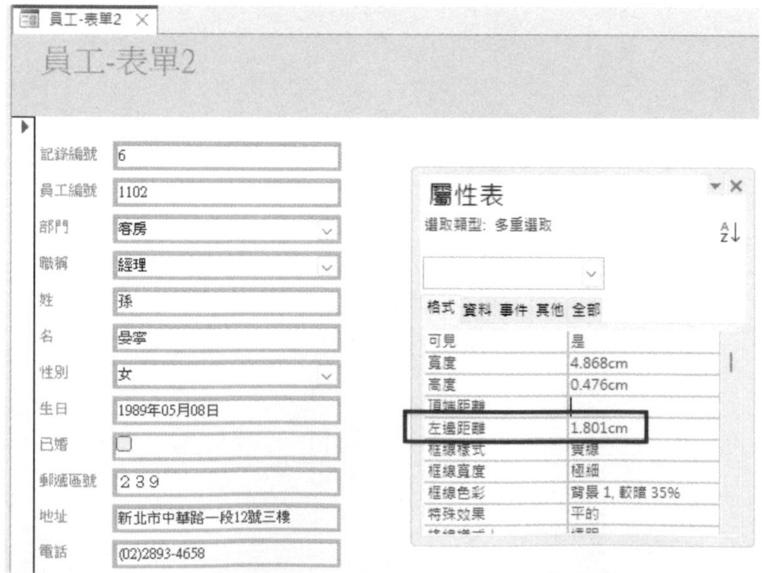

這種方式的移動，保證不會有上下無法對齊之情況發生。若以拖曳來處理，就較有可能會無法上下對齊。

由於目前各欄位並非表格形式，亦允許對各欄寬進行個別或多重調整或設定：

佈景主題

若覺得先前所建立之各表單均使用相同樣式，其背景似乎是單調了一點。可以下示步驟進行設定表單佈景主題：

Step 1 開啟『員工-單欄式表單』

Step 2 按『常用/檢視/檢視』 鈕，切換到『版面配置檢視』

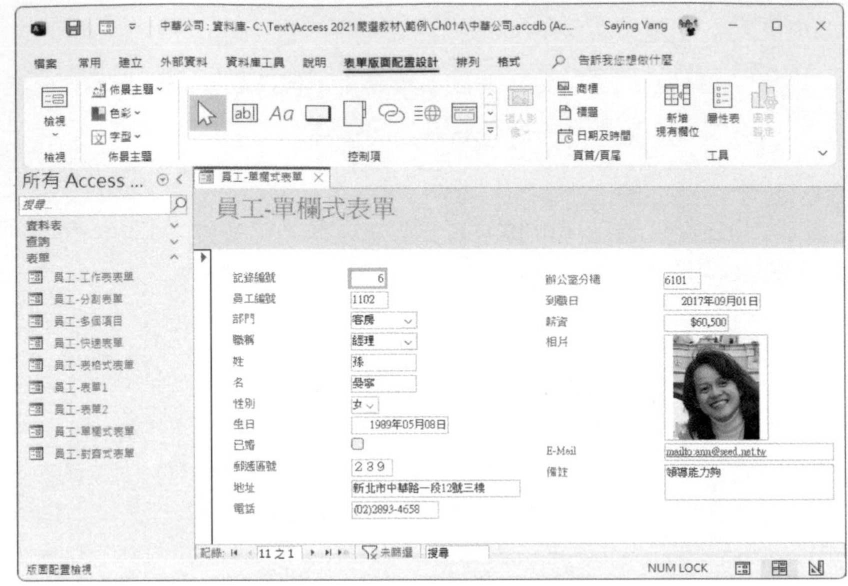

Step 3 按『表單版面配置設計/佈景主題/佈景主題』鈕，可顯示出可用之佈景主題供我們選用：

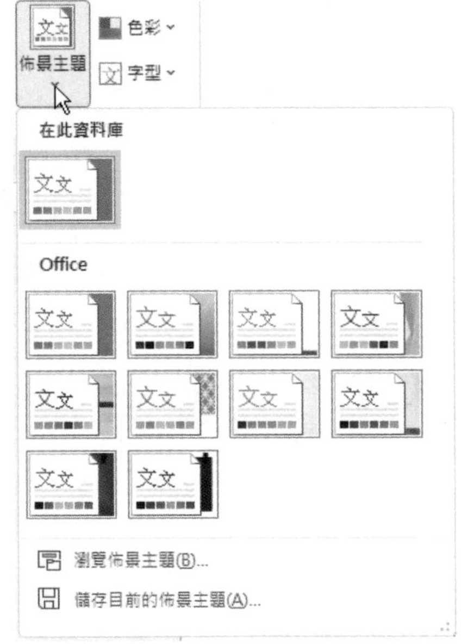

Step 4 選後，即可讓表單套用所選之佈景主題（含背景、欄位標題與欄位文字……等格式），本例選第一排最右邊之「多面向」佈景主題。其外觀轉為：

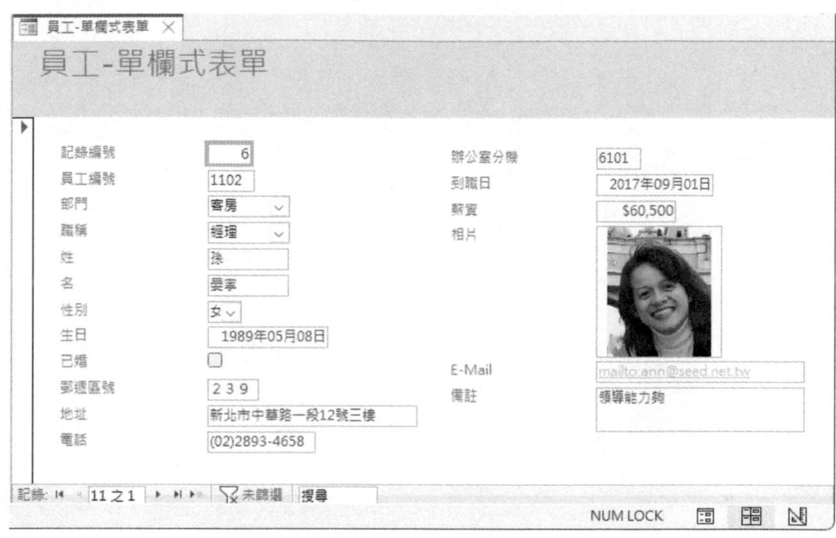

背景圖案

前面幾個佈景主題，其背景均為單色，若覺得其單調，可以下示步驟加入背景圖案：

Step 1 開啟『員工-單欄式表單』

Step 2 執行「檔案/另存新檔/另存物件為/另存物件為/另存新檔」，將其存為『員工-單欄式有背景表單』:

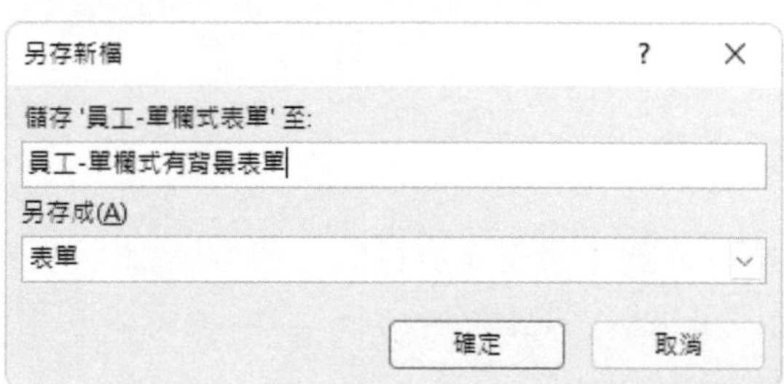

Step 3 按 確定 鈕，存妥後，開啟『員工-單欄式有背景表單』按『常用/檢視/檢視』 檢視 鈕，切換到『設計檢視』

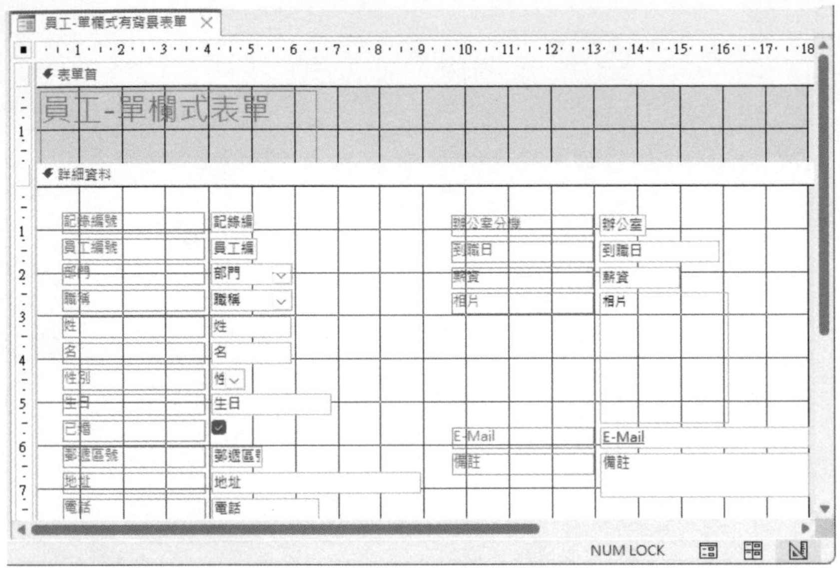

Step 4 以滑鼠左鍵雙按『設計檢視』畫面最左上角含黑色方塊之表單選取鈕（■），開啟『屬性表』視窗轉入『格式』標籤，點按『圖片』處，可顯示下拉鈕及 ... 鈕

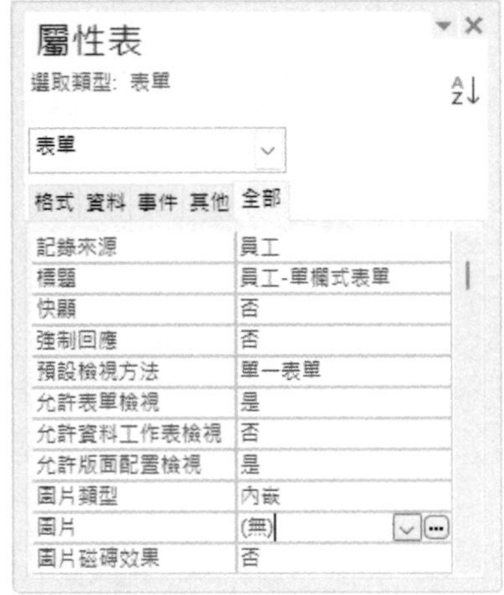

Step 5 按 ... 鈕可切換到圖片所在之資料夾，選取圖檔：（任何圖檔均可，範例內有幾個可供練習之圖案，此一動作也可以利用『格式/背景/背景圖像』 背景影像 鈕來完成）

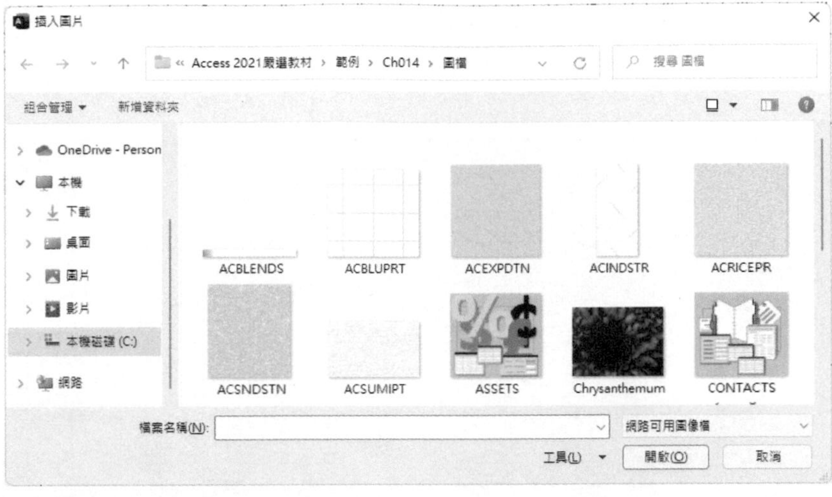

Step 6 雙按該圖（ACEXPDTN），可將其帶入表單，但目前圖片還是小圖片

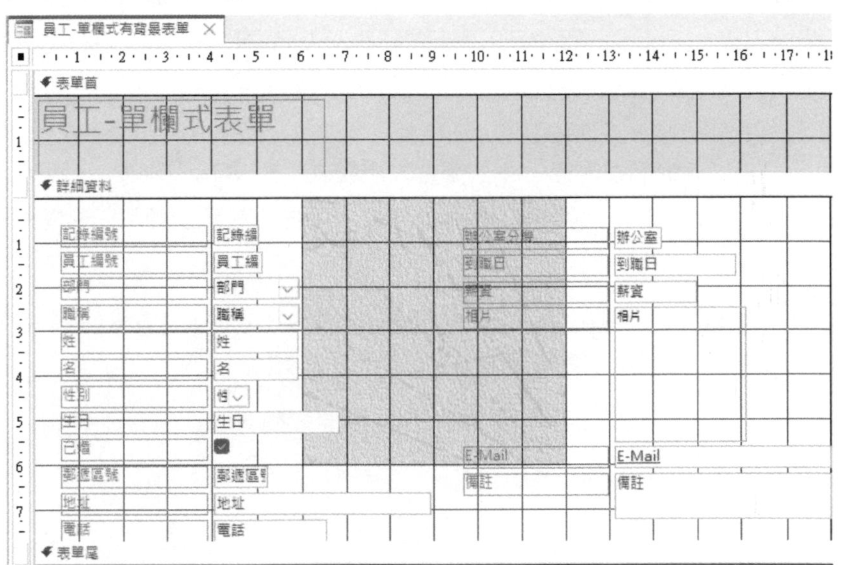

Step 7 將『圖片磁磚效果』設定為「是」:

圖片	ACEXPDTN
圖片磁磚效果	是

可讓圖片填滿整個表單，關閉『屬性表』窗格，表單之外觀轉為：

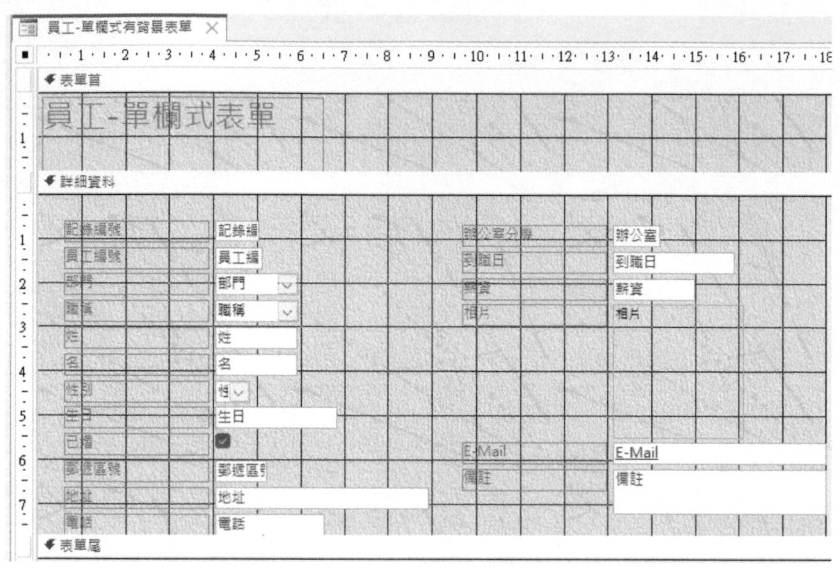

小秘訣

有些圖案，也可將『圖片大小模式』安排為「拉長」，以放大到填滿整個表單。若所選圖案無法放大，可先將其類型轉為.jpg或.bmp檔。

Step 8 可以拖曳方式，於各欄位之標題外圍拉出方框，將其包圍，可將其選取，續利用『格式/字型』群組之按鈕

將各欄位之標題及大標題設定為黑色粗體字，以免看不清楚

Step 9 按 檢視 鈕，轉入『表單檢視』，可獲致以圖案為背景之表單

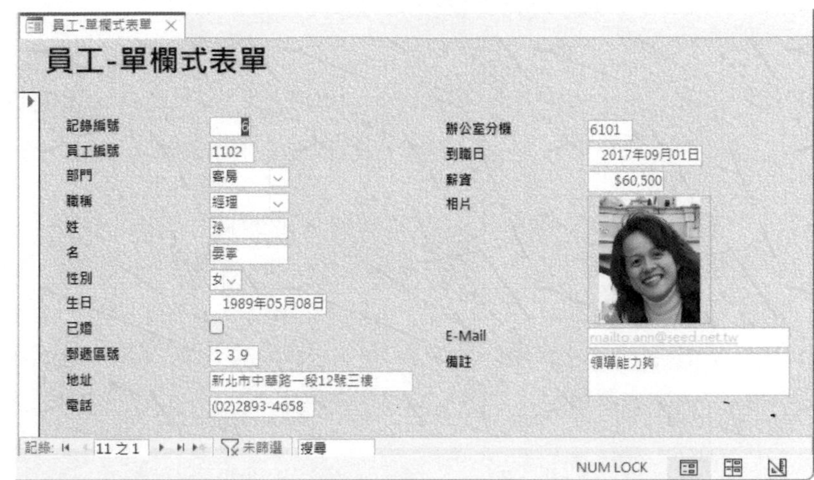

14-5 新增、排序、篩選及更新

建妥表單後，即可使用表單畫面來新增記錄：（請開啟『員工-單欄式有背景表單』進行練習，按 Ctrl + + 鍵，轉入新增記錄畫面）

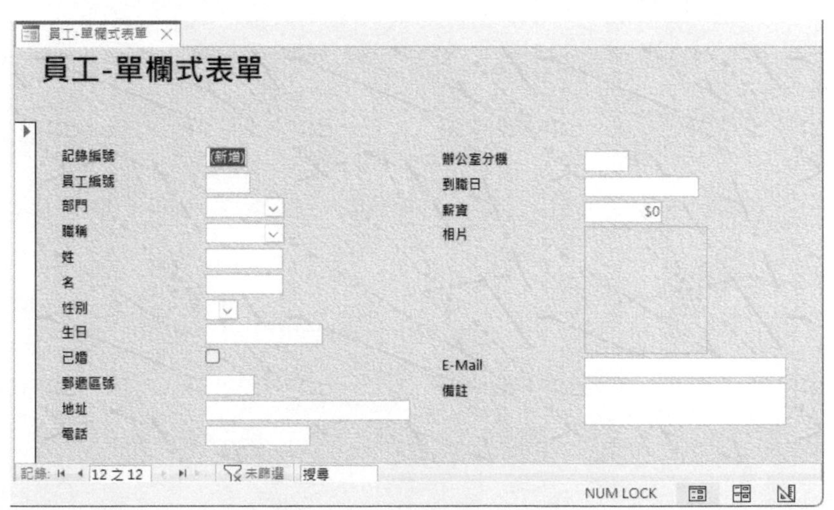

輸入資料之方式及應注意事項與資料工作表完全相同，可用選的，絕不會要我們用打的。其差別只在所用的畫面較美觀，較有真實感而已！

若用以產生表單之來源，為已安排過篩選準則、排妥順序之一般查詢，則於表單內所能取得之內容就只是符合篩選準則之幾筆記錄而已，且其順序亦依當時之排序方式排列。

若用來產生表單之來源為『參數查詢』，則於啟動表單時，仍會要求輸入必要之參數值，以過濾出符合所輸入條件之記錄。

無論用來產生表單之來源為資料表或查詢，均允許再進行編輯、排序或各種篩選（選取篩選、表單篩選、輸入篩選對象或進階篩選）。有一點稍微特別，當我們按『常用/排序與篩選/進階』 進階 鈕，續選「依表單篩選(F)」進行『依表單篩選』時，所出現之表單已不是先前之單調模樣，而是改用我們所設計之『表單』:

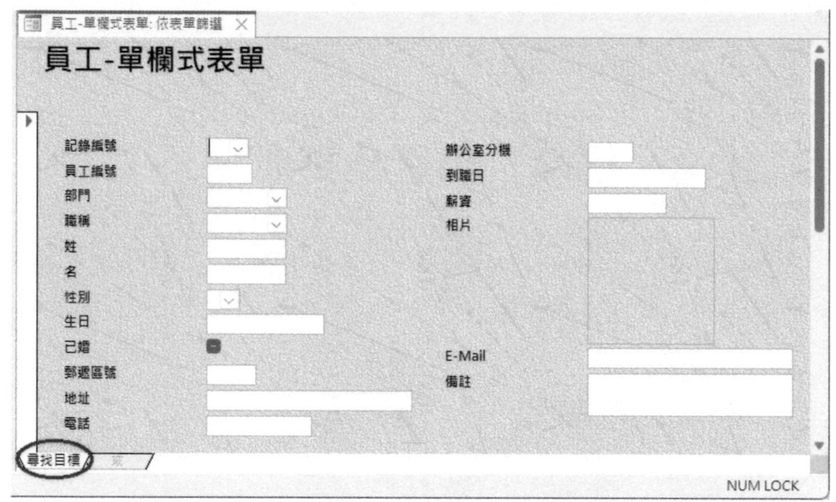

由左下角之『尋找目標』與『或』標籤，是否能喚起您一點記憶？

輸妥條件：

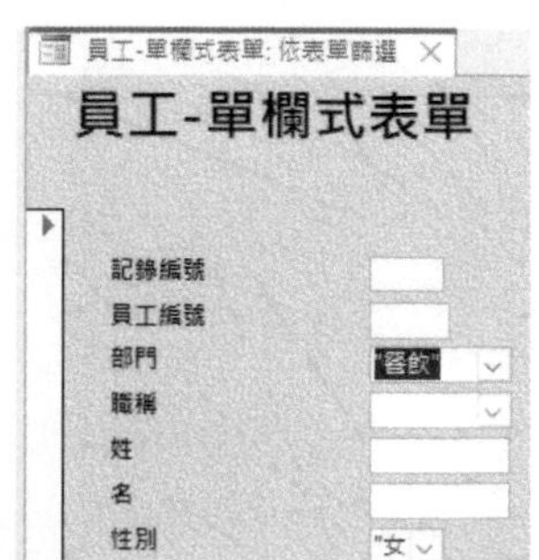

按『套用篩選』切換篩選 鈕，即可過濾出符合條件之記錄，由下緣可看出這是一個篩選結果：

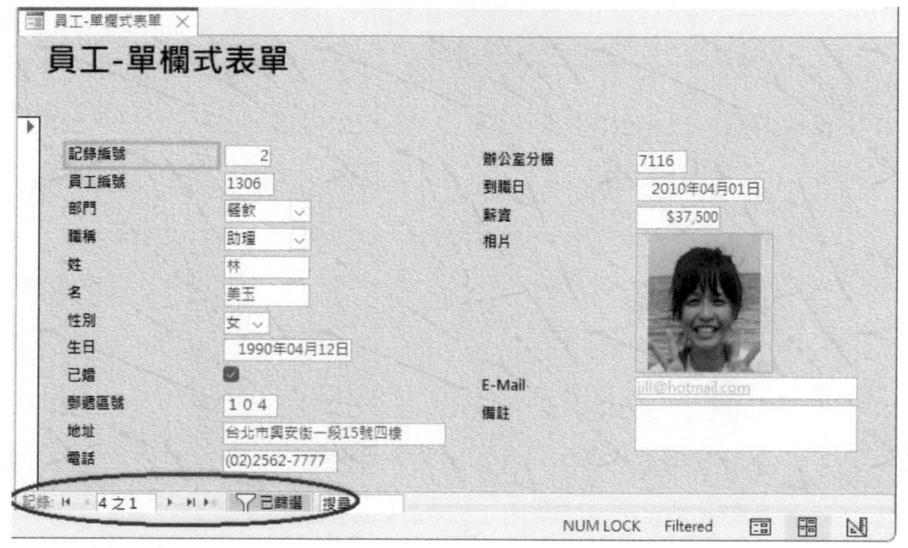

同樣的，編輯內容會影響原資料表內容，但若係經由計算所產生之新欄位，仍不允許對其進行修改資料。

14-6 多資料表單

表單中，同樣可使用多個表單或查詢。其相互間之關聯可於『資料庫關聯圖』內建立永久關聯；或於所使用之『查詢』內建立。若其間之關聯仍為一對一，相當於普通資料表般，並不會有多資料表單。

但若其間之關聯為一對多（1→∞）關聯，則會產生多資料表單。其情況可分為三種：

- 含子資料表表單

  以關聯之1那邊的資料為主，∞那邊的一筆記錄變成以子表單出現。如：『員工』與『2022一月份業績』，以『員工』之基本資料為主，一張表單內基本資料只出現一次，所對應之多筆業績，就集中在一個子表單內顯示。

■ 連結表單

同樣是以關聯1那邊的『員工』記錄為主，但將∞那邊的『2022一月份業績』資料僅以一個按鈕表示，得按該鈕才會切換到另一個資料表單去顯示『2022一月份業績』資料。

■ 多資料表單純表單

以關聯之∞那邊的資料為主，1那邊的一筆記錄變成得多次出現。如：『員工』與『2022一月份業績』，以業績為主時，因每一員工有多筆業績，故每一表單出現一筆業績時，那他的基本資料就得重複出現好幾次。

小秘訣

本節所使用之『員工』與『2022一月份業績』兩資料表，已於『資料庫關聯圖』內建立一對多（1→∞）之永久關聯：

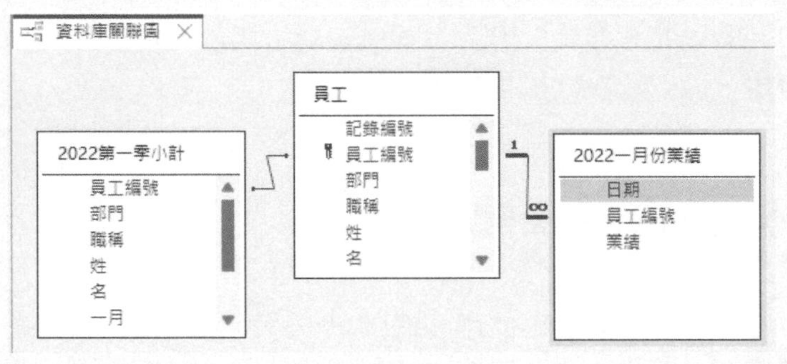

含子資料表表單

本例，以關聯1那邊的『員工』記錄為主，將∞那邊的『2022一月份業績』資料檔，呈子資料表表單顯示。其處理步驟為：

Step 1 左側選擇要使用『員工』資料表，續按『建立/表單/表單精靈(W)』表單精靈 鈕，轉入『表單精靈』

Step 2 以雙按欄名方式選擇：員工編號、部門、職稱、姓、名、性別、相片等欄，將其移往右側『已選取的欄位(S)』下

表單精靈

您想要哪些欄位出現在您的表單?

您可以選擇一個以上的資料表或查詢。

資料表/查詢(T)

資料表: 員工

可用的欄位(A):

郵遞區號
地址
電話
辦公室分機
到職日
薪資
E-Mail
備註

已選取的欄位(S):

員工編號
部門
職稱
姓
名
性別
相片

取消 | <上一步(B) | 下一步(N)> | 完成(F)

Step 3 續於『資料表/查詢(T)』處，選擇要使用『資料表:2022一月份業績』，以雙按欄名方式選擇：日期及業績兩欄，將其移往右側『已選取的欄位(S)』下

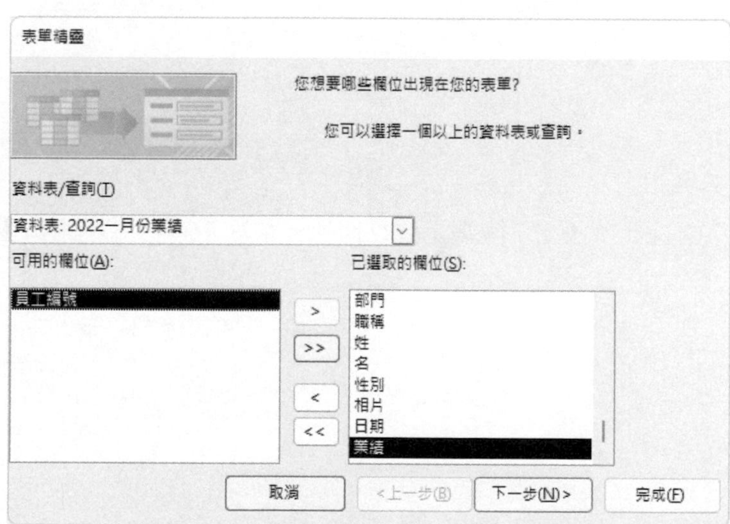

Step 4 按 下一步(N) > 鈕，於左側選要「以員工」為主，右下角之內容會有「有子表單的表單(S)」與「連結表單(L)」

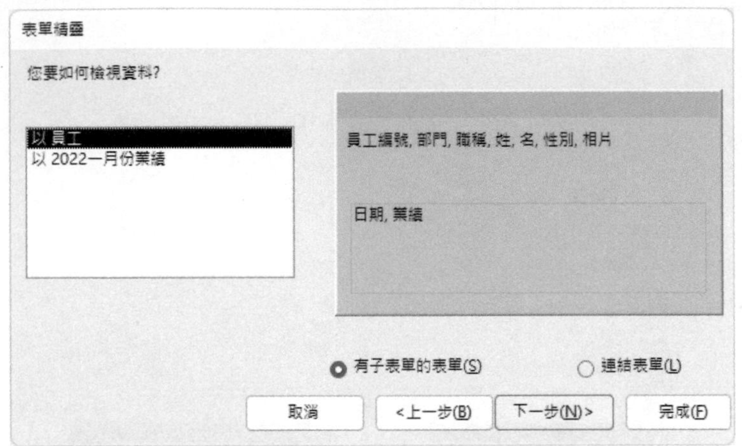

Step 5 選「有子表單的表單(S)」，續按 下一步(N) > 鈕

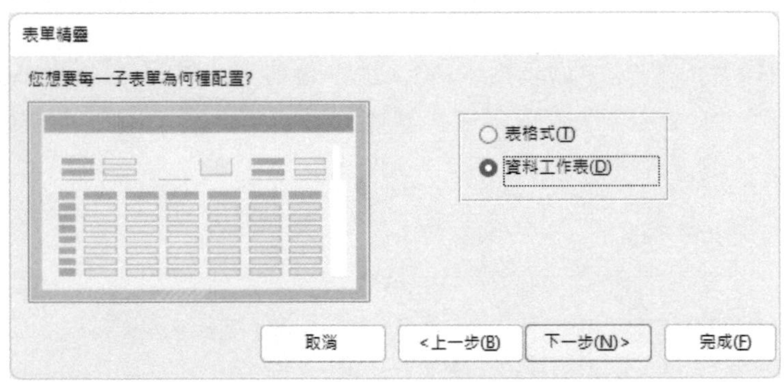

在此得決定子表單是要以何種外觀顯示，可於左側預覽到其外觀。

Step 6 選「資料工作表(D)」表單配置，續按 下一步(N) > 鈕

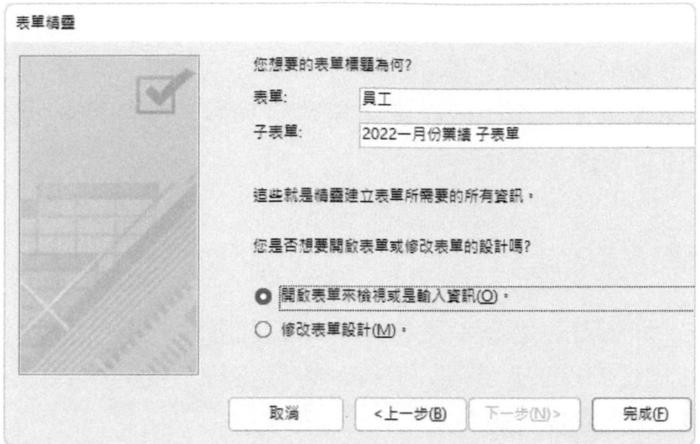

Step 7 於『表單:』處，輸入 "含子表單之2022一月份業績" 為表單名稱

您想要的表單標題為何?

表單: 含子表單之2022一月份業績

子表單: 2022一月份業績 子表單

Step 8 續按 完成(F) 鈕，可看到已將一筆員工之多筆業績，以子表單方式顯示於下方

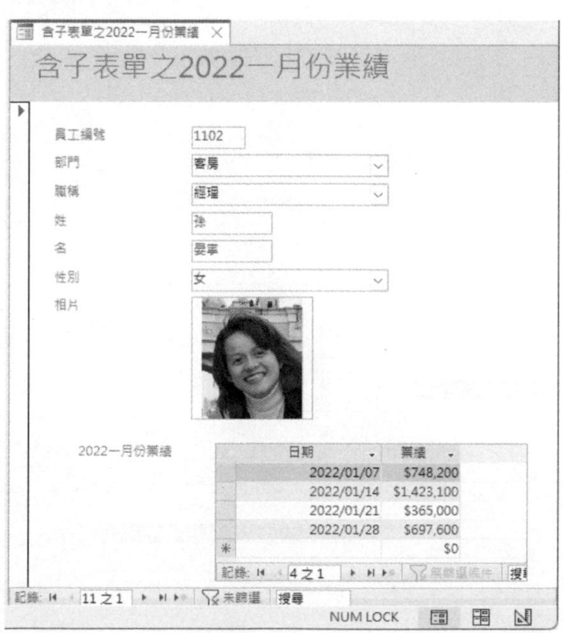

14 表單

（表單內子表單之大小，得勞駕您到『版面配置檢視』，稍加修改調整一下）

其外觀類似先前按『建立/表單/表單』表單 鈕，所建立之快速表單。但是，快速表單無法讓使用者選擇要顯示那幾個欄位，只能取得『員工』資料表之所有欄位；但本例則可。

連結表單

本例，同樣是以關聯1那邊的『員工』記錄為主，另以一個按鈕表示∞那邊的『2022一月份業績』資料，得按該鈕才會切換到另一個表單去顯示業績資料。其處理步驟為：

Step 1 先選擇要使用『員工』資料表，續按『建立/表單/表單精靈(W)』表單精靈 鈕，轉入『表單精靈』

Step 2 先選擇要使用『資料表:員工』，以雙按欄名方式選擇：員工編號、部門、職稱、姓、名、性別、相片等欄，將其移往右側『已選取的欄位(S)』下

Step 3 續於『資料表/查詢(T)』處，選擇要使用『資料表:2022一月份業績』，以雙按欄名方式選擇：日期及業績兩欄，將其移往右側『已選取的欄位(S)』

Step 4 按 下一步(N) > 鈕，於左側選要「以員工」為主，右下角之內容會有「有子表單的表單(S)」與「連結表單(L)」

Step 5 選「連結表單(L)」

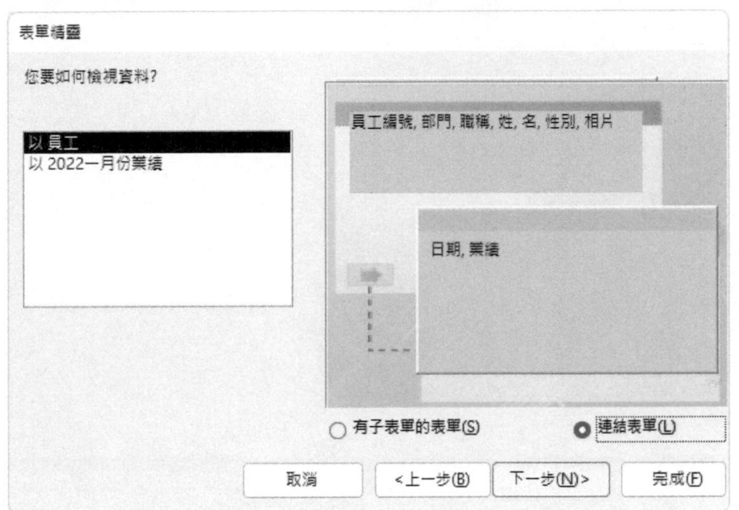

Step 6 續按 下一步(N) > 鈕，於『第 1 個表單:』處，輸入 "2022一月份業績連結表單" 為表單名稱

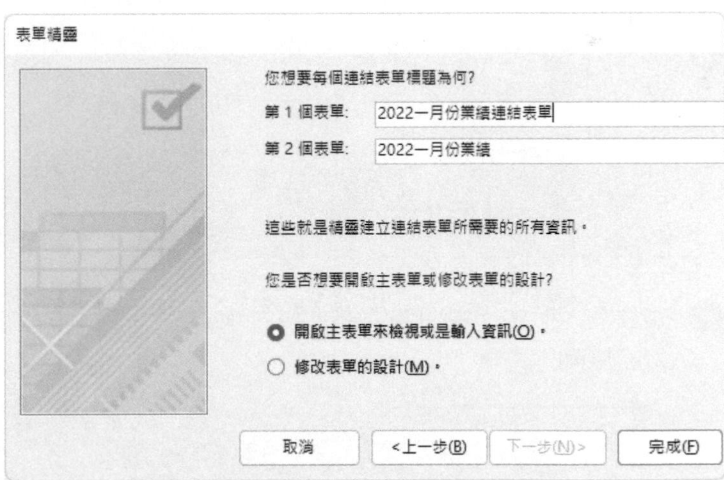

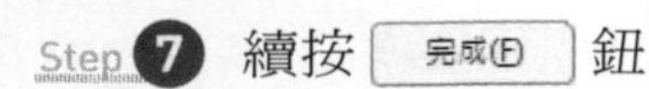

Step 7 續按 完成(F) 鈕

將先只顯示第一筆『員工』資料表的內容而已，但於左上角可看到有一部分被遮住的 2022一月份業績 鈕，它目前因Access設計不良，被標題字擋住了，並無法發揮作用。

Step 8 利用『常用/檢視/檢視』 檢視 鈕，切換到『版面配置檢視』，點選左上角之標題『2022一月份業績連結表單』

Step 9 移往其上，會出現四向箭頭，以拖曳方式，將其拉到左邊，不會與按鈕重疊之位置

Step 10 利用『常用/檢視/檢視』 檢視 鈕，切換到『表單檢視』，按 2022一月份業績 鈕，即可轉入另一表單，顯示該員工一月份之多筆業績：

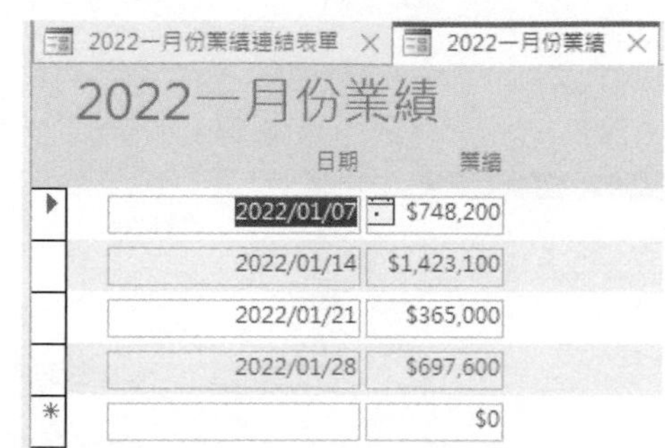

多資料表單純表單

若改以關聯之∞那邊的『2022一月份業績』資料為主，1那邊『員工』的一筆記錄就變成得多次出現。

其處理步驟為：

Step 1 於左側選擇要使用『員工』資料表，續按『建立/表單/表單精靈(W)』 表單精靈 鈕，轉入『表單精靈』

Step 2 於左下角『可用的欄位(A)』處，以雙按欄名方式選擇：員工編號、部門、職稱、姓、名、性別、相片等欄，將其移往右側『已選取的欄位(S)』下

Step 3 續於左上角『資料表/查詢(T)』處，選擇要使用『資料表:2022一月份業績』，選擇：日期及業績兩欄，將其移往右側『已選取的欄位(S)』下

14 表單

表單精靈

您想要哪些欄位出現在您的表單?

您可以選擇一個以上的資料表或查詢。

資料表/查詢(T)

資料表: 2022一月份業績

可用的欄位(A):

員工編號

已選取的欄位(S):

部門
職稱
姓
名
性別
相片
日期
業績

取消 <上一步(B) 下一步(N)> 完成(F)

Step 4 按 下一步(N) > 鈕，於左側選要以「以2022一月份業績」為主，右下角之內容會改為「單一表單」

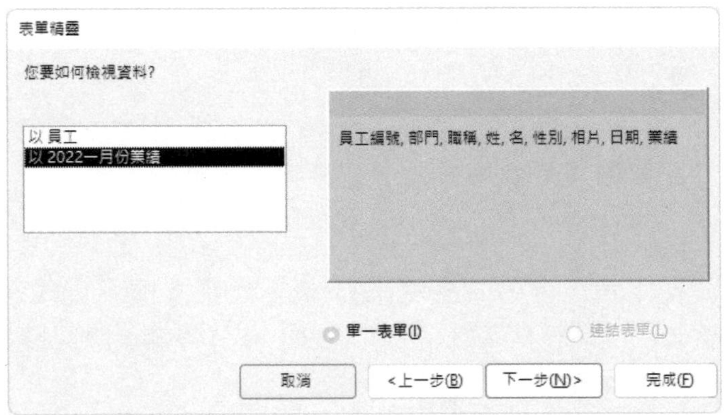

Step 5 按 下一步(N) > 鈕

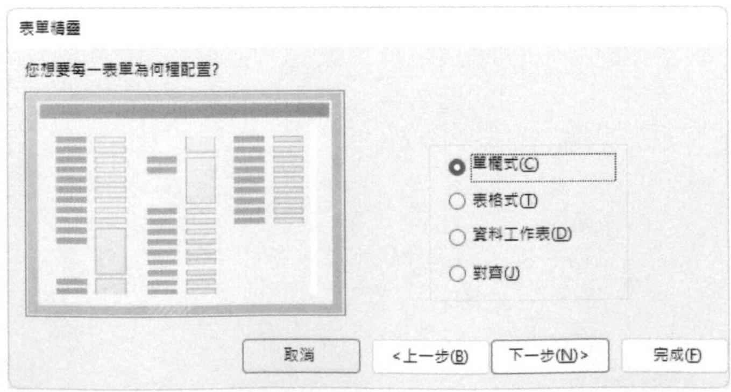

Step 6 選「單欄式 (C)」表單配置，續按 下一步(N) > 鈕，輸入 "2022一月份業績表單-單一表單" 為名稱及標題

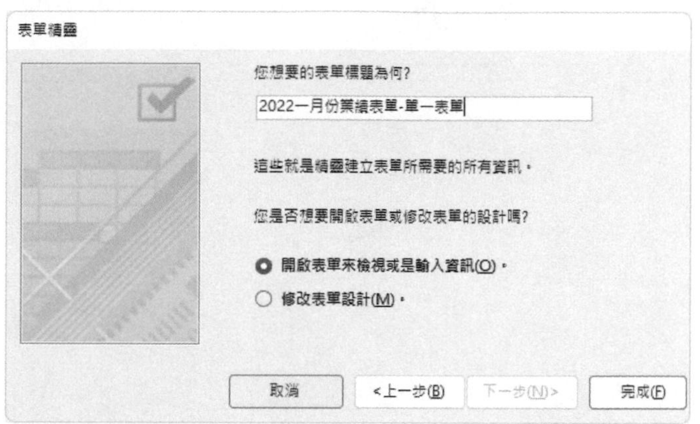

Step 7 續按 完成(F) 鈕

2022一月份業績表單-單一表單

2022一月份業績表單-單一表單

員工編號 1102
部門 客房
職稱 經理
姓 孫
名 晏寧
性別 女
相片
日期 2022/01/07
業績 $748,200

記錄: 44 之 1 無篩選條件 搜尋

NUM LOCK

請注意，一筆員工會有多筆業績。目前所看到者為第1筆記錄，2022/01/07之業績，左下角之『記錄:』顯示44之1。按底下之 ▶ 鈕後，即可看到第2筆記錄，2022/01/14之業績，左下角之『記錄:』顯示44之2：

這是因為：以∞那邊的『2022一月份業績』資料為主，1那邊的『員工』記錄就變成得多次出現。

14-7 表單內的設計區段

顯示/隱藏設計區段

建妥表單後，還可轉入『設計檢視』安排其：表單首、頁首、頁尾與表單尾，以美化表單。要顯示/隱藏這些設計區段，其處理步驟為：

Step 1 於『員工-單欄式表單』表單物件上，單按滑鼠右鍵，續選「設計檢視(D)」，轉入其『設計檢視』

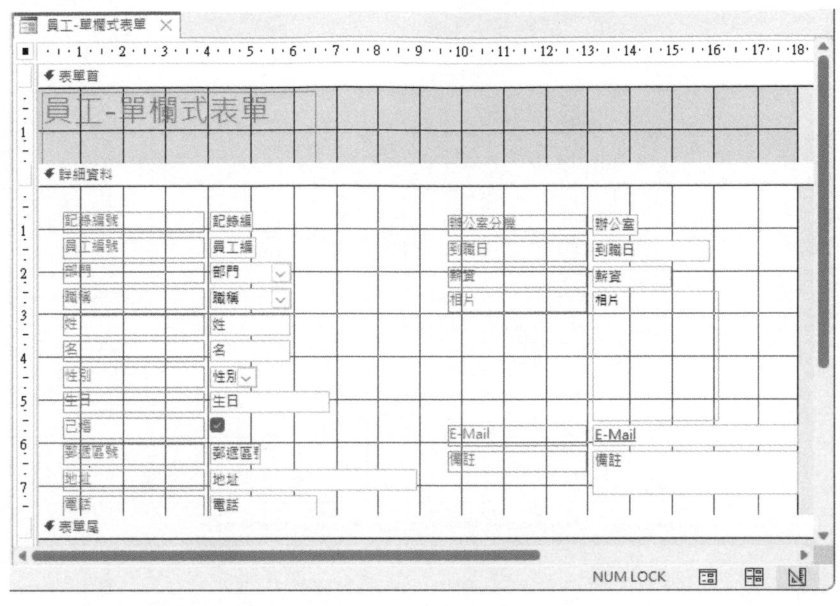

Step 2 於 ◆表單首 或 ◆表單尾 之橫槓上，單按滑鼠右鍵，就其選單：

可選擇顯示或隱藏：尺規、格線、頁首/頁尾與表單首/尾。本例目前已有表單首/尾設計區段，可再點選「頁首/頁尾(A)」，以顯示出頁首/頁尾設計區段：

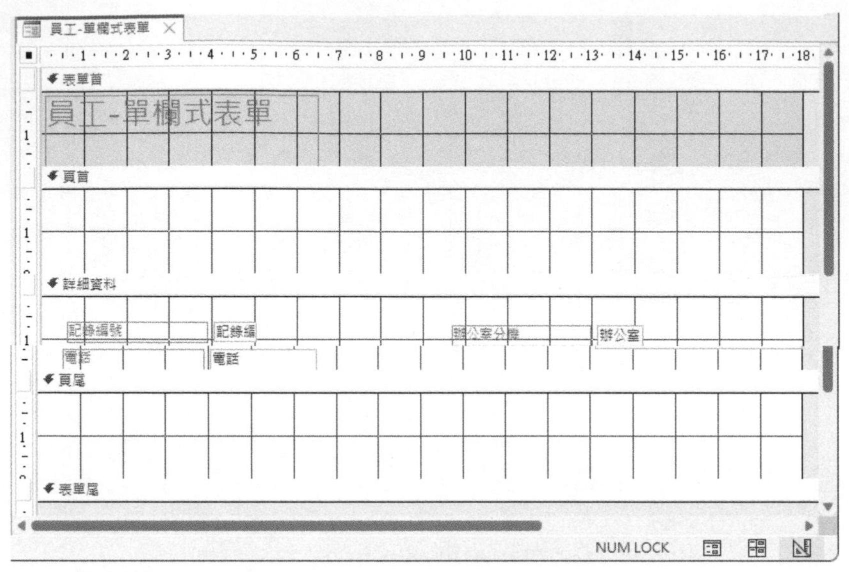

以滑鼠拖曳各部位之框邊上/下緣，可調整其高度。

注意

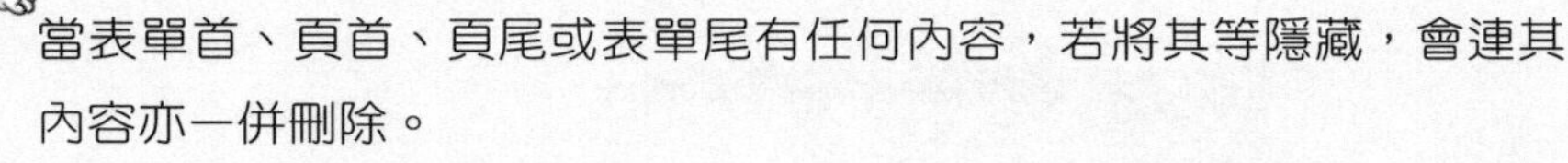

當表單首、頁首、頁尾或表單尾有任何內容，若將其等隱藏，會連其內容亦一併刪除。

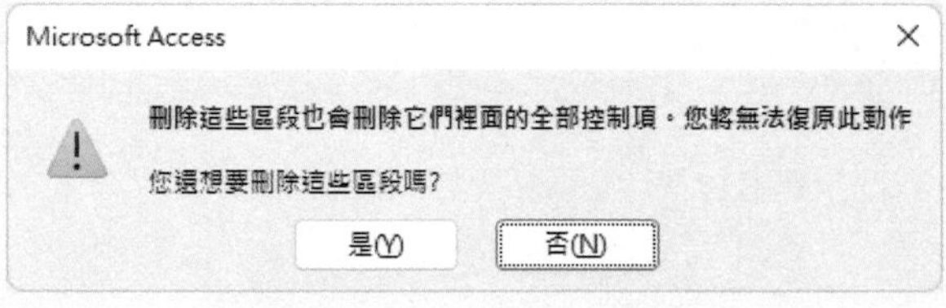

表單首

本部份會固定顯示於表單之上緣，作為其標題。通常，可安排圖片、文字、日期、時間、……等內容。無論『詳細資料』區段之記錄如何切換，本部份之內容將恆顯示在表單之上。(但若轉為『資料工作表表單』，則不會顯示出表單首)

假定，擬於『表單首』加上一個商標圖片。其處理步驟為：

Step 1 轉入『設計檢視』，按住表單首下緣往下拖曳（高度拉大到約 2 公分），點選原『表單首』內之標題字（"員工-單欄式表單"），可看到該文字標籤的高度

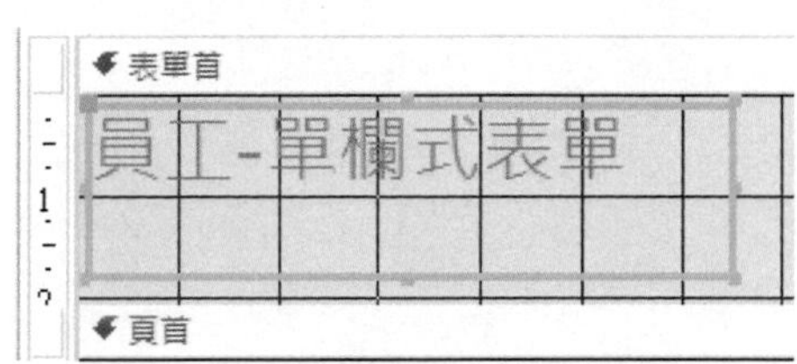

Step 2 拉大其寬度，再點一次文字部份，可進入編輯狀態，將其改為："中華公司員工資料表"

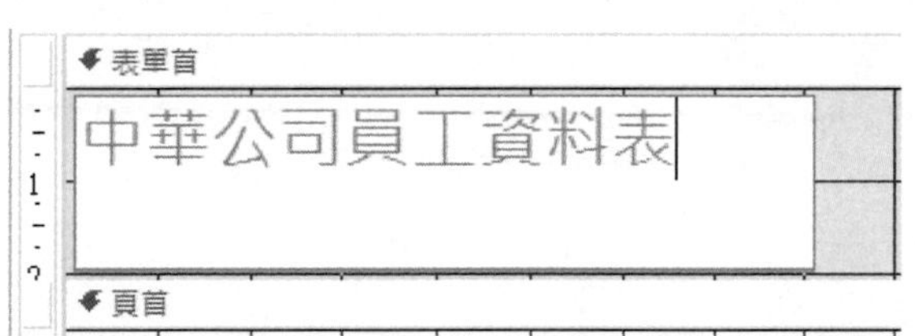

Step 3 往框外任意部位點按一下滑鼠，即可結束編輯，重新選取其內容，調整一下寬度、高度與『表單首』區段之高度，並將標題字移往中央

標題字之標籤方塊內的字型、字型大小、字型顏色、填滿色彩、對齊、……等格式，可利用『格式/字型』群組之按鈕，或按『表單設計/工具/屬性表』 鈕，轉入『屬性表』自行設定其格式：

Step 4 點按『表單首』區段之標題，選取整個區段

Step 5 按『表單設計/頁首/頁尾/商標』 商標 鈕，轉入『插入圖片』對話方塊，切換到圖片所在之子資料夾，找出圖片檔

以雙按方式將其取回（本例取用『範例\Ch14\Logo.jpg』）

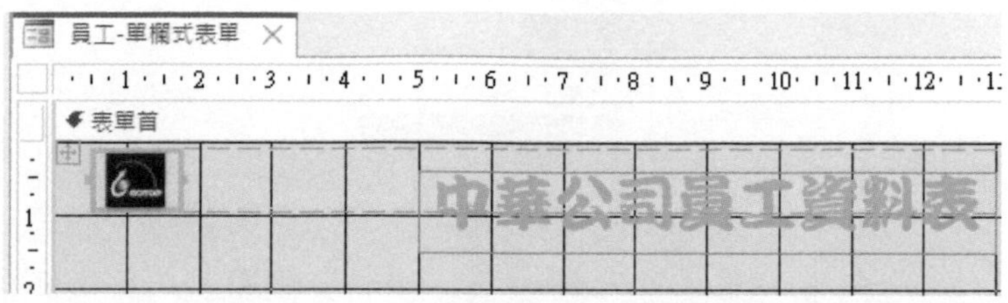

Step 6 於圖上單按滑鼠右鍵，續選『版面配置(L)/移除版面配置(R)』，將其表格解除，拖曳圖片，將圖片移往左側標題之前，並稍微調整圖的大小

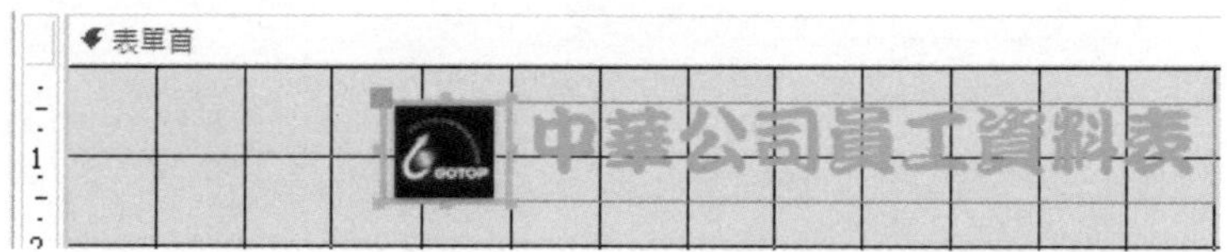

圖片之大小、框線、框線型式、粗細、顏色……等格式，可按『表單設計/工具/屬性表』屬性表 鈕，轉入『屬性表』視窗自行設定其格式：

『大小模式』有三個選項：

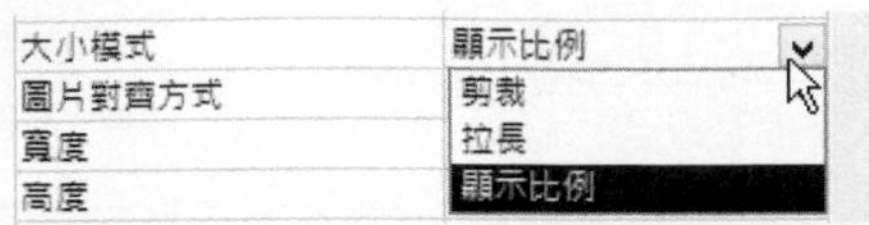

「剪裁」表僅顯示出圖框大小之內容，若圖框太小可能會只看到左上角某一部位而已；「拉長」表將圖調整到恰好與圖框等大小，可完全填滿圖框；「顯示比例」表固定原有之長寬比例，以免圖案變形。

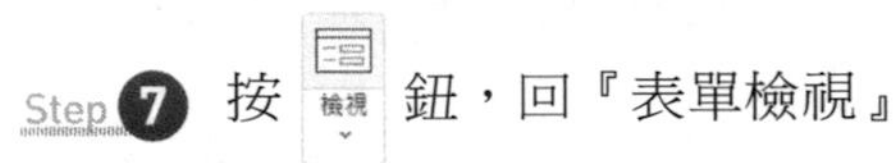

Step 7 按 檢視 鈕，回『表單檢視』

可於原單欄表單之上，看到所設計之『表單首』。（以左下角之 記錄: 11 之 1 切換一下記錄，可發現『表單首』會永遠固定顯示於表單之上）

表單尾

本部份會固定顯示於表單之下緣，作為其底部之說明文字。通常，是安排操作說明、建立日期、設計者、圖片、……等內容。與表單首一樣，無論『詳細資料』區段之記錄如何切換，本部份之內容會永遠顯示在表單之下。（但若轉為『資料工作表表單』，也不會顯示出表單尾）

假定，擬於『表單尾』左側加上『日期：』字串及日期；右側加上『時間：』字串及時間。其處理步驟為：

Step 1 轉入『設計檢視』，按住表單尾下緣往下拖曳（約1公分），拉出『表單尾』設計區段

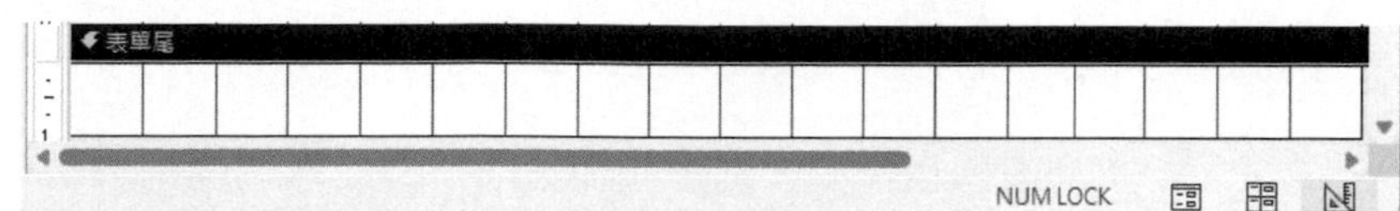

Step 2 按『表單設計/控制項/標籤』Aa 鈕，指標會轉成 ⁺A 之外觀，將其移回『表單尾』，以拖曳方式拉出文字標籤概略大小，鬆開滑鼠後，輸入『日期：』，往框外單按滑鼠，完成輸入，續將其選取，設定格式為藍色、新細明體、11點之粗體

Step 3 按『表單設計/頁首/頁尾/日期及時間』日期及時間 鈕，只選「包含日期(D)」

Step 4 按 確定 鈕，插入日期。（注意，它是插入於『表單首』設計區段的右側）

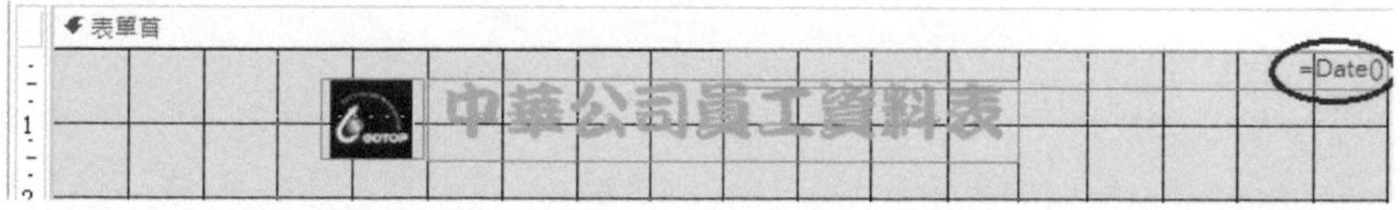

Step 5 回『表單首』設計區段，將日期函數（=Date()）拖曳到『表單尾』之『日期：』後（也可以利用剪/貼方式處理），並稍微調整其寬度，續設定格式為：藍色、新細明體、11點之粗體、靠左對齊

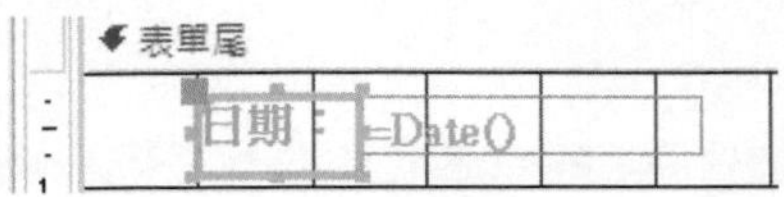

Step 6 前面處理日期之方式，並不是很理想，我們改用另一種方式來安排時間。按『表單設計/控制項/文字方塊』 ab| 鈕，指標會轉成 ab| 之外觀，將其移回『表單尾』右側，以拖曳方式拉出文字方塊之概略大小，鬆開滑鼠後，轉入

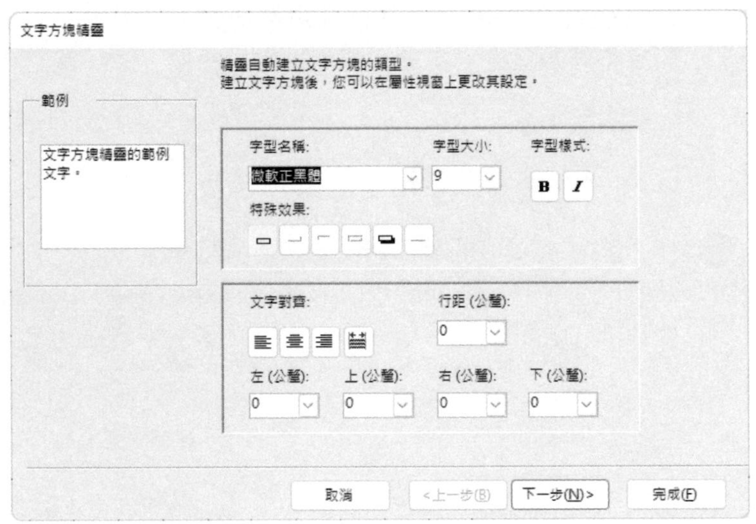

Step 7 按 完成(F) 鈕

表單尾
日期：　=Date()　Text45　未繫結

Step 8 將『Text45』改為『時間:』(數字僅是編號，多少均無所謂)；將『未結合』改為『=Time()』(輸入時間函數，等號不可省略）將兩者均設定為：藍色、新細明體、11點之粗體，調整其大小寬度與位置

表單尾
日期：　=Date()　Text45　未繫結

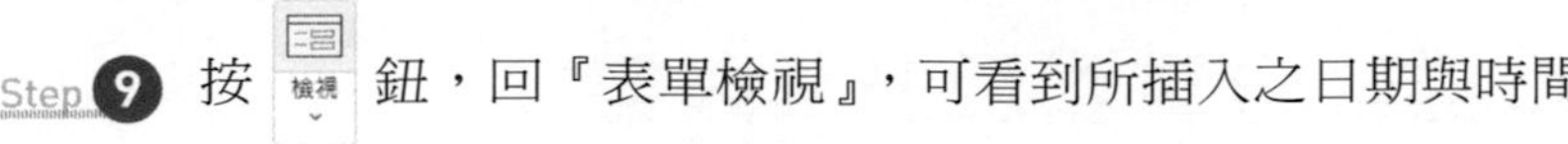

Step 9 按 檢視 鈕，回『表單檢視』，可看到所插入之日期與時間

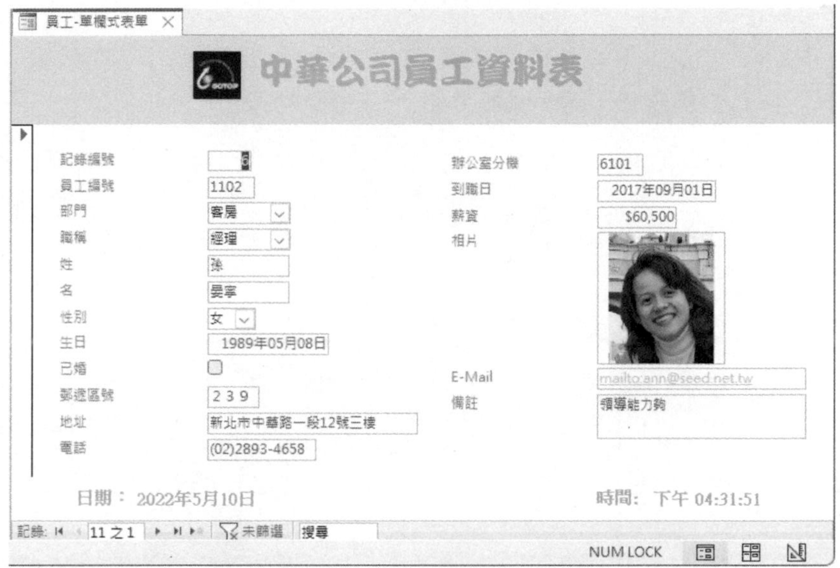

日期與時間之標題或其內容之字型、大小、顏色、框線、……等格式，可利用『格式/字型』、『控制項格式設定』群組之工具按鈕；或按『表單設計/工具/屬性表』 屬性表 鈕，轉入『屬性表』自行設定其格式。

頁首/頁尾

頁首/頁尾的設定方式同表單首/尾，但其內容並不會顯示於表單檢視中。只有在將其列印出來時，才會顯示於每一頁之頁首及頁尾。通常，仍是用來安排標題、印表時間、頁碼、總頁數、……等訊息。

詳細資料

『詳細資料』設計區段即表單之主體，若是修改以各種精靈所產生之表單，通常於此處大都只須搬移一下位置及調整大小而已，並不須要自己來新增欄位內容。但若係以『設計檢視』直接自行建立表單，就得自己將欄位一個一個慢慢加進來。（詳下節說明）

14-8 以標籤分頁顯示表單內容

若擬以『設計檢視』來將表單內容分別安排於不同標籤，以按上方不同分頁標籤鈕，進行切換畫面，查閱不同資料：

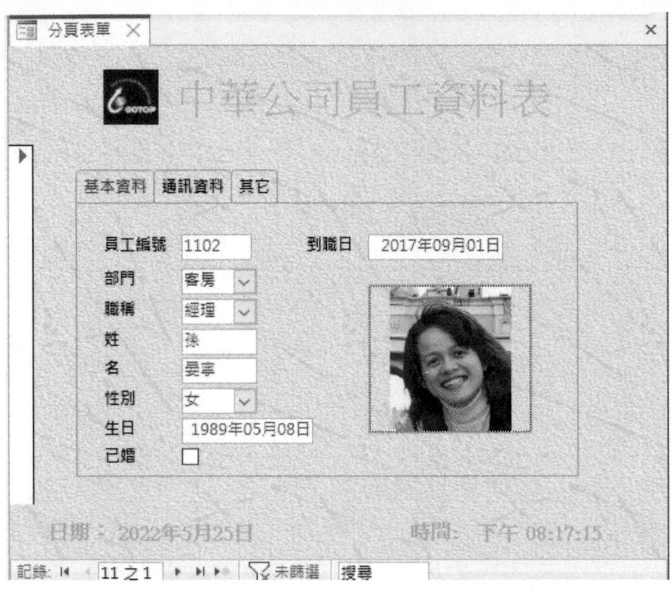

建立步驟

其操作步驟為：

Step 1 按『建立/表單/表單設計』查詢設計 鈕，按住白色區塊的右下角拖曳，拉出高約 7 公分，寬約 12 公分之大小

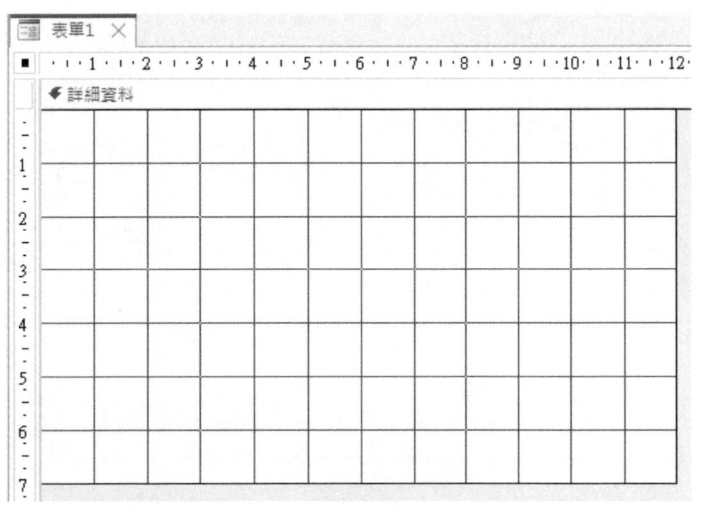

Step 2 按『表單設計/控制項/索引標籤控制項』 鈕，指標將轉為 ，以拖曳方式，於『詳細資料』設計區段內座標約(1,0.5)處，拉出標籤概略大小（高約6公分，寬約10公分之大小）

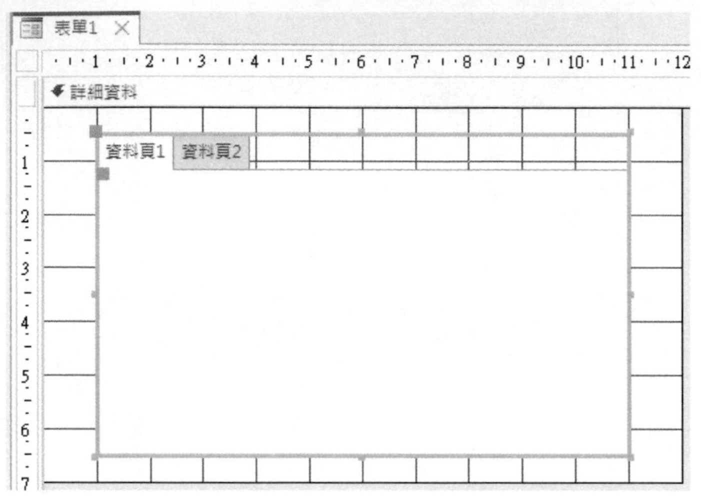

Step 3 按『表單設計/控制項/插入頁』 鈕（或於『資料頁1』之中央，單按滑鼠右鍵，續選「插入頁(G)」），可再插入一『資料頁3』

Step 4 按『表單設計/工具/屬性表』鈕（或於『資料頁3』之中央，單按滑鼠右鍵，續選「屬性(P)」)，轉入『屬性表』窗格之『全部』標籤

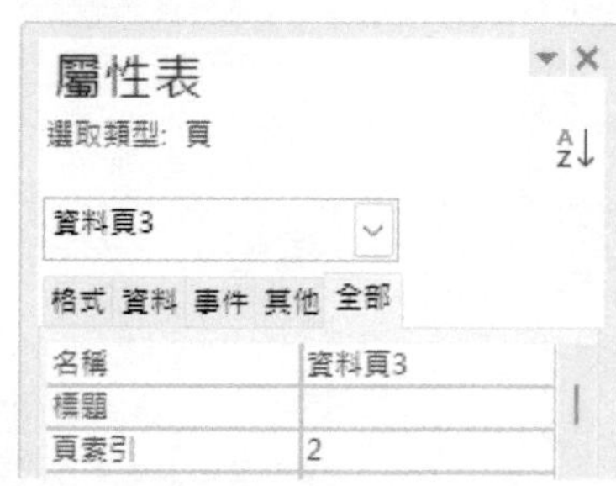

Step 5 將『名稱』處之『資料頁3』，改為『其他』，可將原標籤之『資料頁3』改為『其他』

Step 6 不用關閉『屬性表』窗格，續以滑鼠左鍵點選『資料頁2』之標籤標題，將『名稱』處之『資料頁2』，改為『通訊資料』

Step 7 續再以滑鼠左鍵點選『資料頁1』之標籤標題，將『名稱』處之『資料頁1』，改為『基本資料』(按 Enter 鍵即可完成輸入）

Step 8 以滑鼠左鍵雙按『設計檢視』畫面最左上角之表單選取鈕（□），該鈕將轉為含黑色方塊（■），『屬性表』窗格轉為

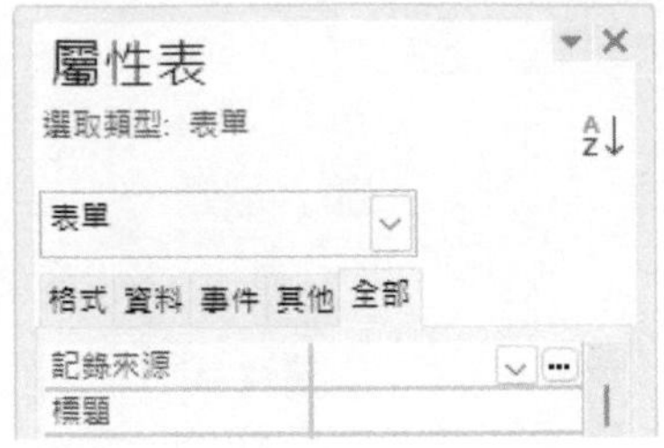

Step 9 按『記錄來源』右側之下拉鈕，將顯示所有資料表或查詢之下拉式表單，可選擇所要之資料表或查詢（本例選『員工』資料表），如此才可取得其內之欄位內容與運算結果

Step 10 選妥『員工』資料表為『記錄來源』後，關閉『屬性表』窗格

Step 11 按『表單設計/工具/新增現有欄位』（新增現有欄位）鈕，轉入『欄位清單』窗格，可看到員工資料表的所有欄位

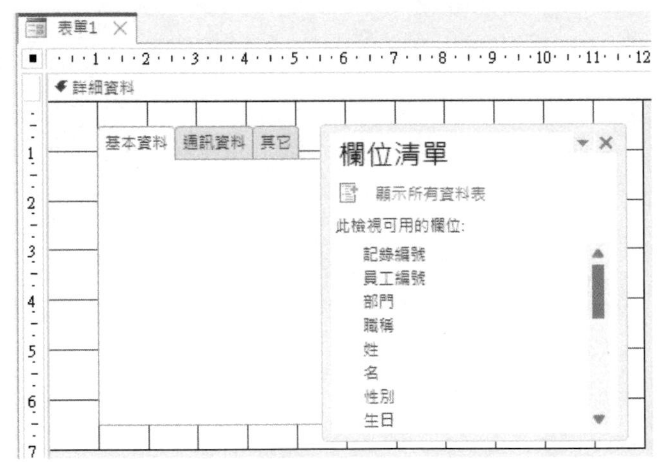

Step 12 選取『⊞ 相片』欄位，將其拉入『基本資料』標籤，調妥大小與位置

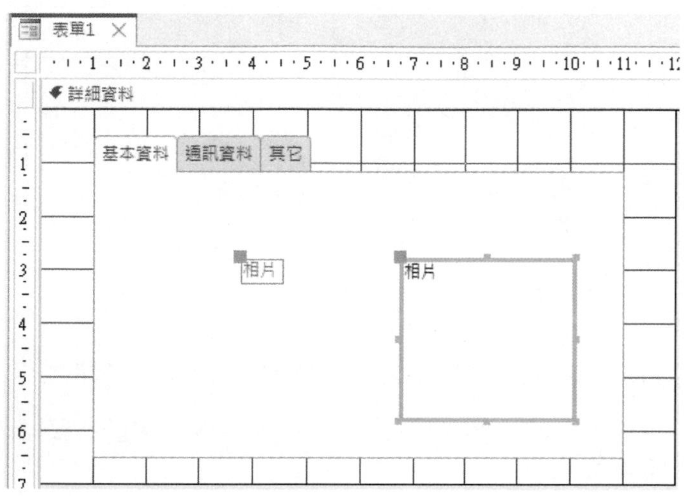

Step 13 點一下『相片:』之標題字，續按 Delete 鍵，將其刪除

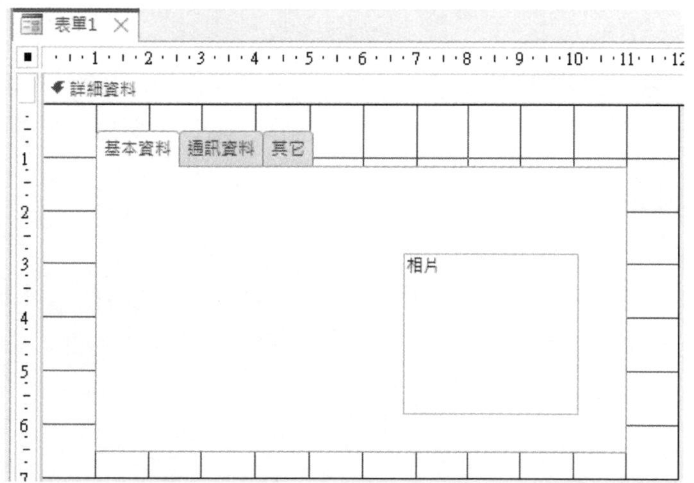

Step 14 於『欄位清單』窗格，按 Ctrl 鍵，續選取『員工編號』、『部門』、『職稱』、『姓』、『名』、『性別』、『生日』與『已婚』等欄位（由於為連續內容，亦可於選取第一個之後，Shift 鍵，續以滑鼠點選最後一個），將其拉入『基本資料』標籤之左上角，滑鼠指標約略在(2,4.2)位置

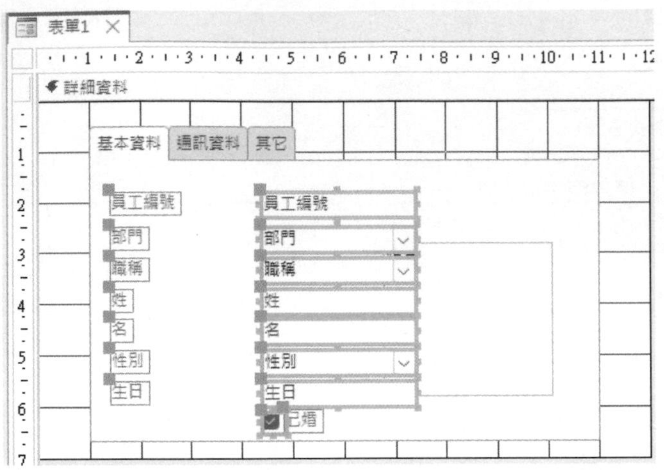

Step 15 選取『已婚』欄標題文字後，Shift 鍵，續以滑鼠點『生日』欄標題文字

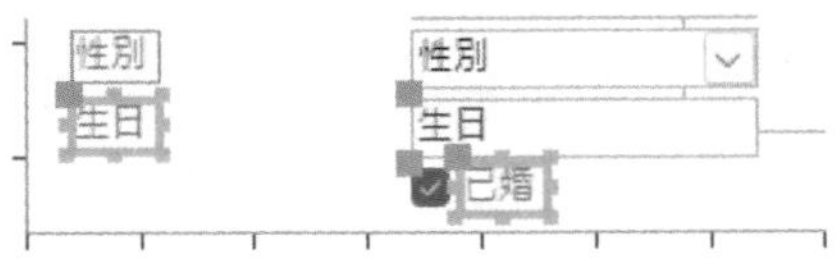

Step 16 按『排列/調整大小和排序/對齊』對齊鈕，續選「向左(L)」，可使『已婚』欄標題文字向左/對齊『生日』欄標題文字

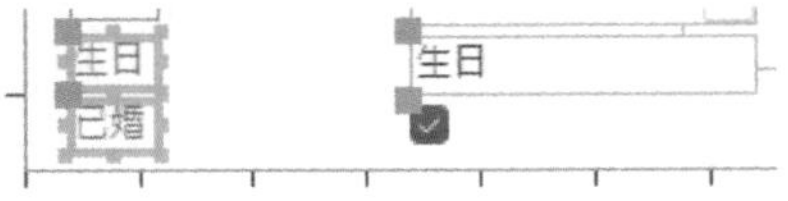

Step 17 以拖曳方式，於『員工編號』、『部門』、『職稱』、『姓』、『名』、『性別』、『生日』與『已婚』等欄位外，拉出方框

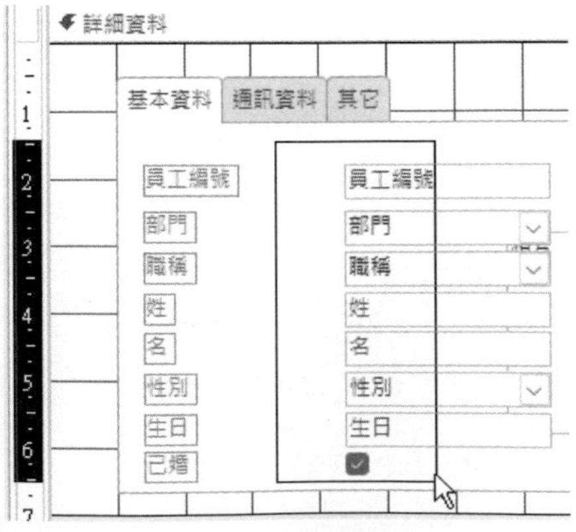

將其等選取

Step 18 按『表單設計/工具/屬性表』 ，轉入『屬性表』交其等之左邊距離設定為3cm，使這些內容左移到標題字之右側距離近一點之位置

Step 19 調整這些欄位方塊之寬度

Step 20 以類似方式，將『到職日』欄，拉到『相片』框之上方，並調整其標題與欄位之距離

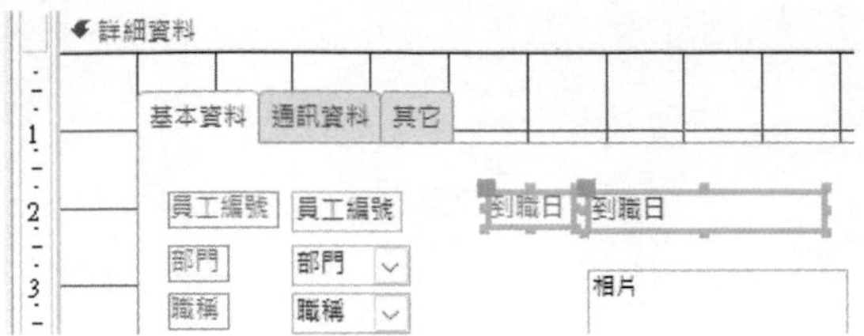

Step 21 往『通訊資料』標籤標題上單按滑鼠左鍵，將其選取，續於『員工』欄位表單內，按 Ctrl 鍵，續選取『郵遞區號』、『地址』、『辦公室分機』、『電話』與『E-Mail』等欄位，將其拉入『通訊資料』標籤之左上角，以前文之技巧調整標題及欄位之位置，並調整各欄位方塊之寬度

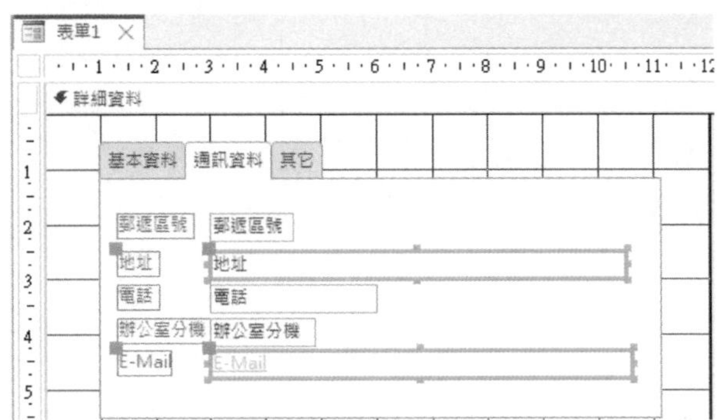

Step 22 往『其它』標籤標題上單按滑鼠左鍵，將其選取，續於『員工』欄位表單內，將『備註』其拉入『其它』標籤之左上角，並調整寬度與高度

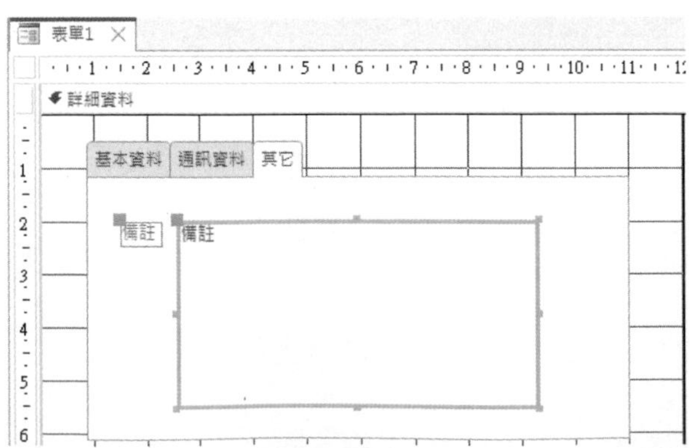

Step 23 將其以『分頁表單』命名存檔

Step 24 切換到『版面配置檢視』，稍加調整其位置與欄寬

Step 25 若再以前文之技巧，加入表單首與表單尾

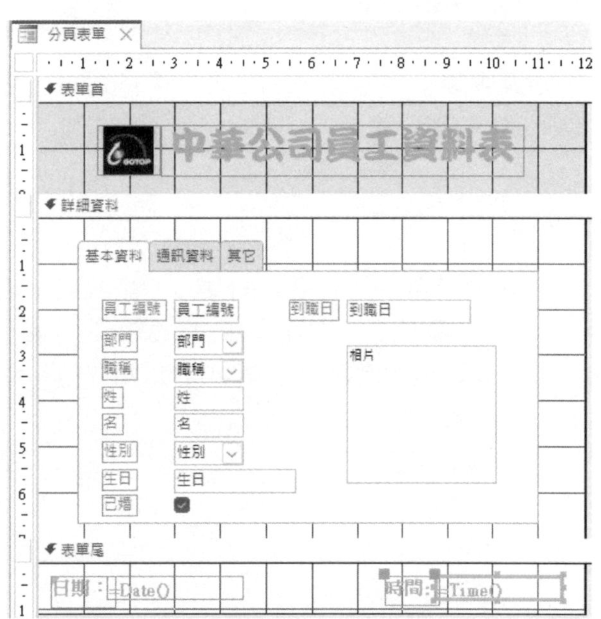

14

表單

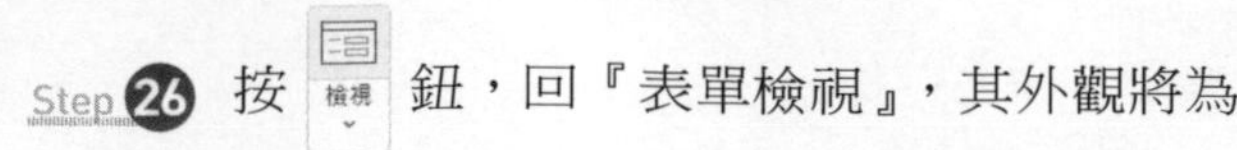

Step 26 按 檢視 鈕，回『表單檢視』，其外觀將為

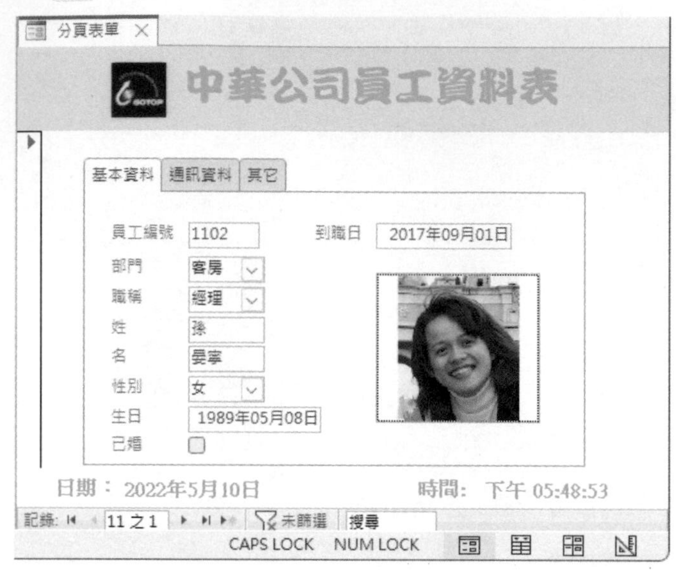

於此一『分頁表單』中，除仍然可進行查閱/瀏覽/篩選資料外，也可以編輯/新增/刪除資料。

加入背景圖案

若覺得表單之底色過於單調，可續以前文『背景圖案』之操作方式，轉入『設計檢視』，利用『屬性表』窗格『格式』標籤之『圖片』及『圖片磁磚效果』兩項，為其安排範例內之"ACEXPDTN.GIF" 作為背景：

可讓圖片填滿整個表單，表單之外觀轉為：

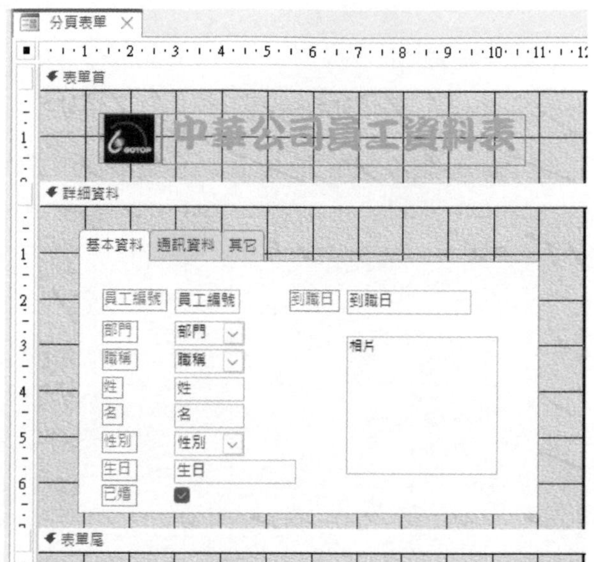

目前，各索引標籤仍為不透明之狀態，所以看不到背景圖案。可以點選任意索引標籤之標題，將其選取。轉入『屬性表』窗格『格式』標籤，將其『背景樣式』設定為「透明的」:

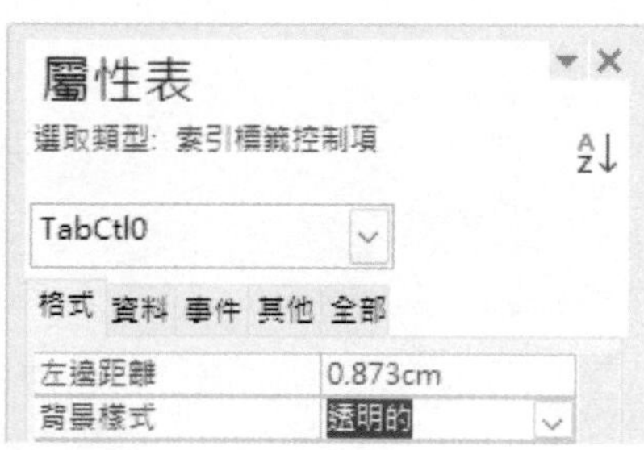

就可以看到先前之背景圖案，為免各標題字看不清楚，將其等設定為粗黑體：

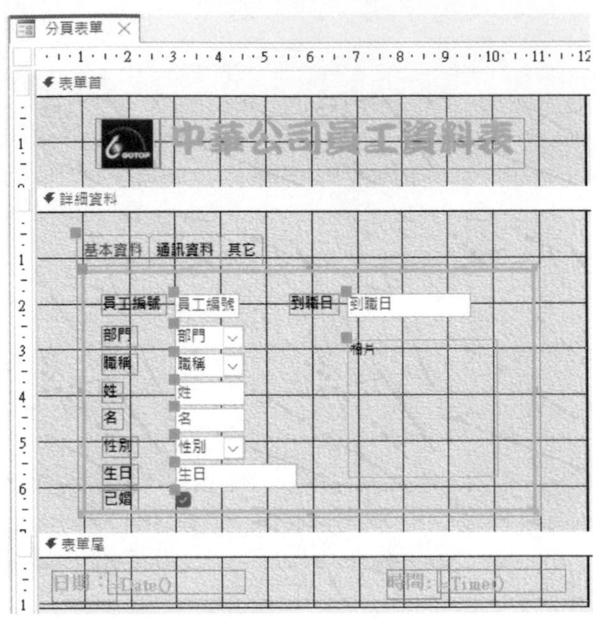

存檔，按 檢視 鈕，回『表單檢視』，其外觀將為：

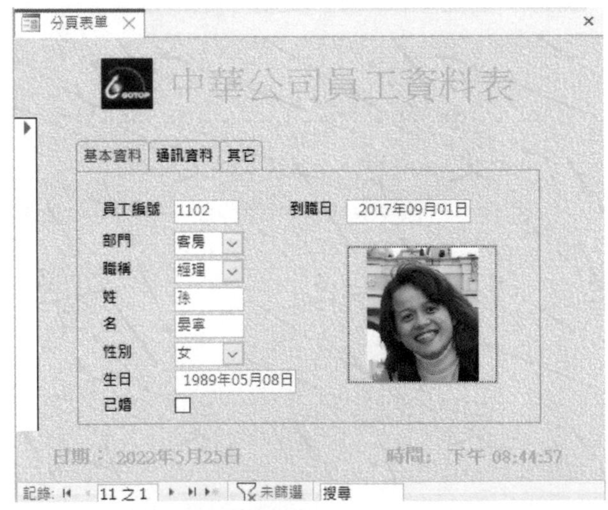

可按上方不同分頁標籤鈕，進行切換畫面，查閱不同資料。

報表

本章各例，請開啟『範例\Ch15\中華公司.accdb』進行練習。

15-1 產生報表的途徑

於Access中要產生報表的途徑很多，像前面我們所介紹過的『資料表』、『查詢』或『表單』，均可用來產生報表。執行「檔案/列印/預覽列印」，可預覽其應有之列印外觀；執行「檔案/列印/列印」，可將其列印出來。

『資料表』與『查詢』的報表比較簡單，類似表格而已，並無法顯示圖片；且也無法自行安排報表首/報表尾：(請開啟『通訊資料』資料表，執行「檔案/列印/預覽列印」)

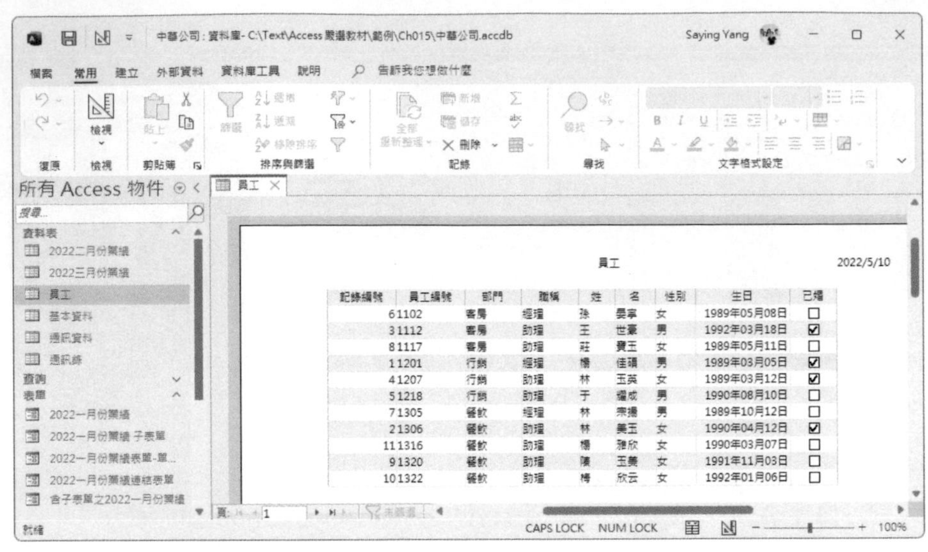

員工　2022/5/10

記錄編號	員工編號	部門	職稱	姓	名	性別	生日	已婚
6	1102	客務	經理	孫	晏寧	女	1989年05月08日	☐
3	1112	客務	助理	王	世豪	男	1992年03月18日	☑
8	1117	客務	助理	莊	寶玉	女	1989年05月11日	☐
1	1201	行銷	經理	楊	佳穎	男	1989年03月05日	☑
4	1207	行銷	助理	林	玉英	女	1989年03月12日	☑
5	1218	行銷	助理	于	耀成	男	1990年08月10日	☐
7	1305	餐飲	經理	林	宗揚	男	1989年10月12日	☐
2	1306	餐飲	助理	林	美玉	女	1990年04月12日	☑
11	1316	餐飲	助理	楊	雅欣	女	1990年03月07日	☐
9	1320	餐飲	助理	陳	玉美	女	1991年11月03日	☐
10	1322	餐飲	助理	楊	欣云	女	1992年01月06日	☐

而『表單』可產生的內容就較為美觀、變化也較多，如：單欄式表單、對齊式表單、……等，均可顯示圖片：(請開啟『員工-對齊式表單』表單，執行「檔案/列印/預覽列印」)

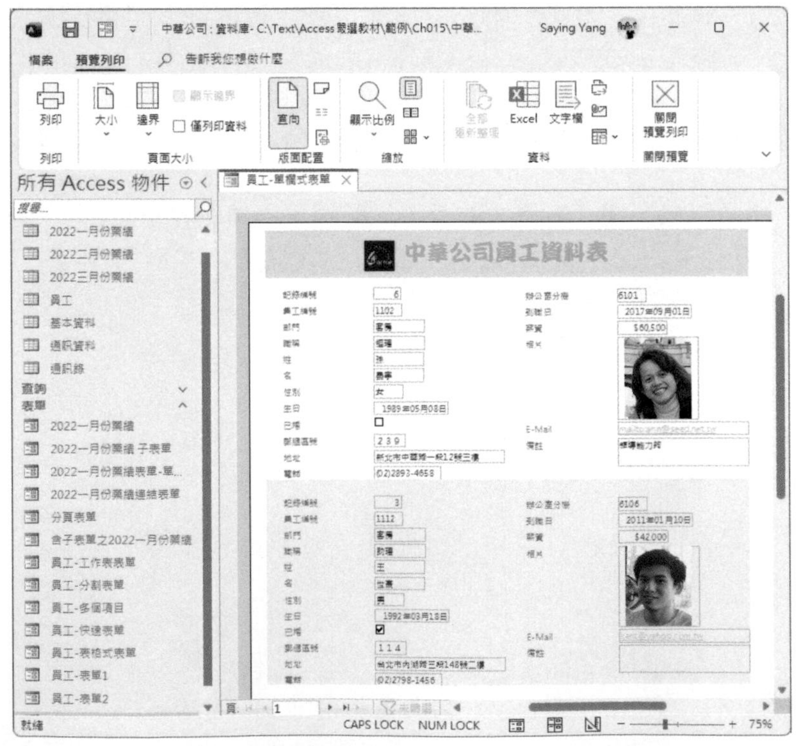

『表單』可自行安排報表首/報表尾；『資料表』與『查詢』則否。

另外一個常用的途徑就是本章要介紹的『報表』物件，其作用不單只是將資料列印出來而已，還可以將資料經過排序、分組、格式化並求算分組及全體的統計量（如：總計、平均數、……）；也可以將資料產生統計圖表（直條圖、圓形圖、……，詳下章說明）、郵寄標籤或信封。

15-2 自動報表

這是Access『報表』物件中，最簡單也是最快速產生的報表，僅須選妥資料表或查詢，續按『建立/報表/報表』（報表）鈕，即可將其所有欄位，以一列一筆記錄之方式產生報表。（也沒那麼神啦！通常，還得稍微修改各欄寬度）

以『通訊資料』資料表為例：

通訊資料

部門	職稱	姓	名	郵遞區號	地址	辦公室分機	E-Mail
客房	經理	孫	晏寧	239	新北市中華路一段12號三樓	6101	
客房	助理	王	世豪	114	台北市內湖路三段148號二樓	6106	kent@yahoo.com.tw
客房	助理	莊	寶玉	106	台北市敦化南路138號二樓	6111	bychung@yahoo.com.tw
行銷	經理	楊	佳碩	104	台北市民生東路三段68號六樓	8102	gary@yahoo.com.tw

其內僅有員工之通訊資料，欄數不多，全部資料都列印出來大概也不超過一頁，最適合使用此一類型產生報表。

產生自動報表

只須於左側功能窗格選取『通訊資料』資料表，續按『建立/報表/報表』（報表）鈕，即可獲得報表：

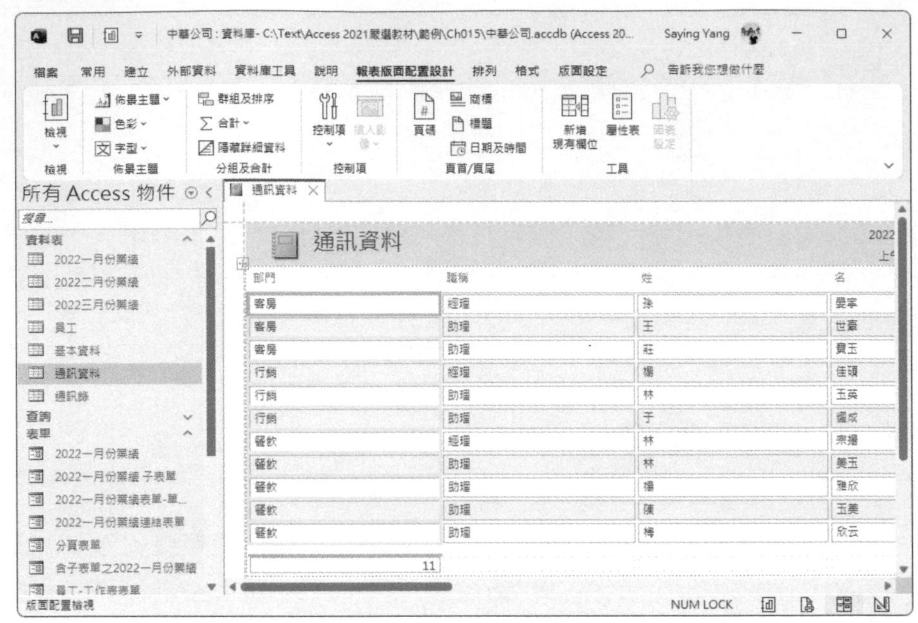

其欄寬得稍加調整，要不然會超過一頁之寬度。

轉入『版面配置檢視』進行修改

目前所處之檢視模式即為『版面配置檢視』(若不是，也可以按『報表版面配置設計/檢視』 鈕進行切換)，第一欄已經有被選取之粗框，直接拖曳右側框邊，將其調小，右側之欄位也會自動跟著調左：

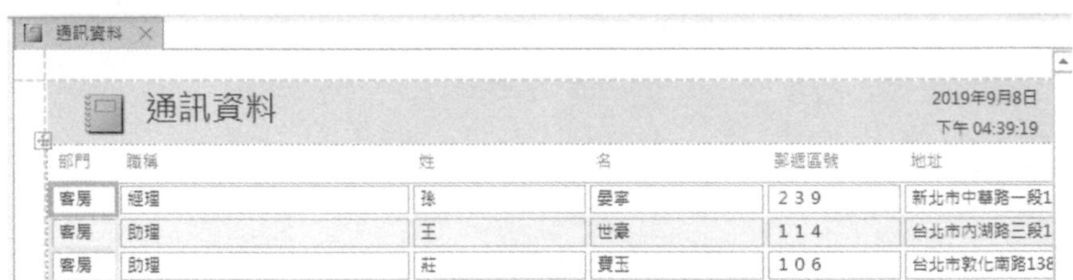

接著，再點選下一欄，一樣以拖曳方式調整欄寬，直至所有欄位均調妥。當調到最右邊時，可以看到頁首右側之時間/日期，也可以用同樣方式調整其欄寬。頁面上之灰色粗虛線，即報表的實際寬度，必要時也可以將以轉入『設計檢視』或『版面配置』加以調整：

通訊資料報表

通訊資料　　2022年5月11日　上午 07:22:41

部門	職稱	姓	名	郵遞區號	地址	辦公室分機	E-Mail
客房	經理	孫	晏寧	2 3 9	新北市中華路一段12號三樓	6101	ann@seed.net.tw
客房	助理	王	世豪	1 1 4	台北市內湖路三段148號二樓	6106	kent@yahoo.com.tw
客房	助理	莊	寶玉	1 0 6	台北市敦化南路138號二樓	6111	bychung@yahoo.com.tw

包括其頁尾之頁碼也應記得調整，以免其超出頁面範圍：

餐飲	助理	梅	欣云	3 3 0	桃園市成功路一段14號	7106	may@yahoo.com

11

第 1 頁，共 1 頁

NUM LOCK

按 鈕，將其存檔，命名為『通訊資料報表』。

轉入『設計檢視』進行修改

除了可於『版面配置檢視』進行修改報表外；也可以以『報表設計工具/設計/檢視/設計檢視』，切換到『設計檢視』進行修改：

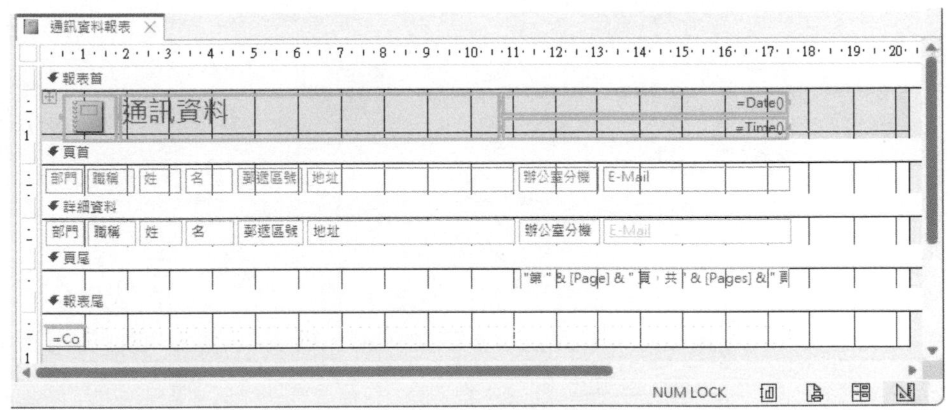

可清楚的看到，其內有報表首/尾、頁首/頁尾與詳細資料等五個設計區段。其內之修改方式同於『表單』之『設計檢視』，故我們可立即上手進行下文之修改。

調整報表寬度

以拖曳方式，續拖曳最右側之邊界，將整頁寬度由20.5cm以拖曳方式調為18.0cm：（若底下有其他內容超過此一寬度，得先縮小其等之寬度）

修改報表首

『報表首』區段之內容，於列印時僅會顯示一次而已，是做為整個報表之開始。

點選報表首之 圖，按『報表計工具/設計/頁首/頁尾/商標』商標鈕，轉入『插入圖片』對話方塊，切換到圖片所在之子資料夾，找出圖片檔：

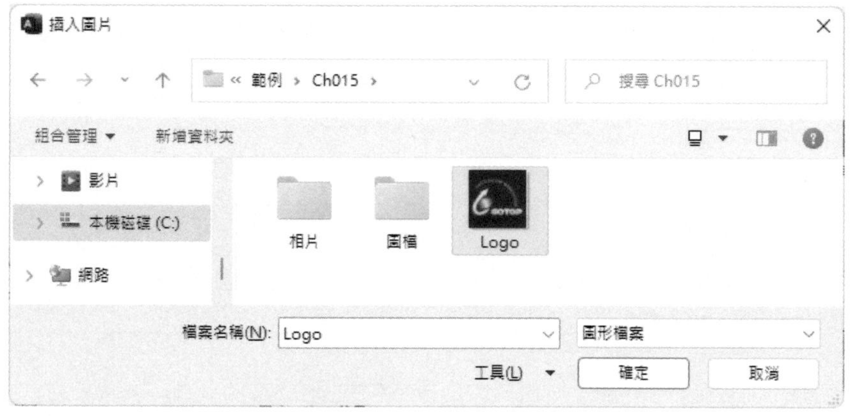

以雙按方式將其取回（本例取用『範例\Ch15\Logo.jpg』），取代原有圖案：

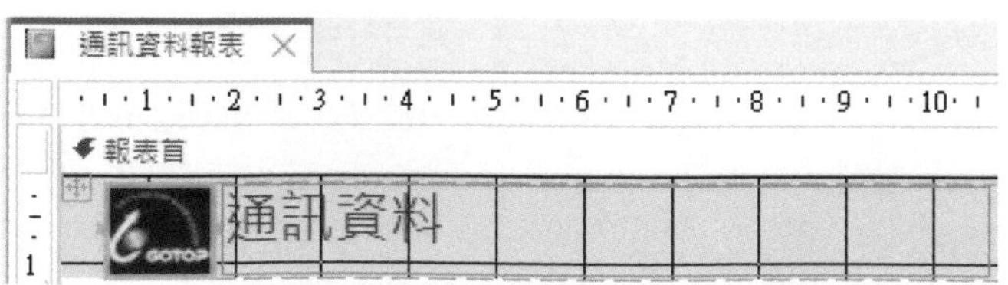

目前之圖案，大小還蠻合適。若圖過大或過小，可按 屬性表 鈕，轉入『屬性表』對話方塊『格式』標籤，將其『大小模式』設定為「顯示比例」，即可將圖調整為最適大小：

分兩次點選標題標籤，可進行編輯，將標題改為 "中華公司員工通訊資料"，設定為藍色華康勘亭流字型，並調整標籤大小以及位置（記得於日期之欄位上，單按右鍵，選「版面配置/移除版面配置」，解除其表格狀態）；日期及時間除縮小其寬度外，亦設定為藍色粗體字：

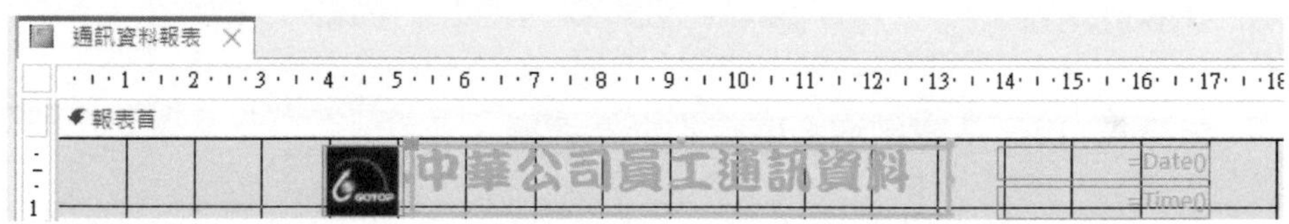

修改頁首

『頁首』區段之內容，於列印時僅會每頁顯示一次，是用來做為每一頁之標題。目前的頁首：

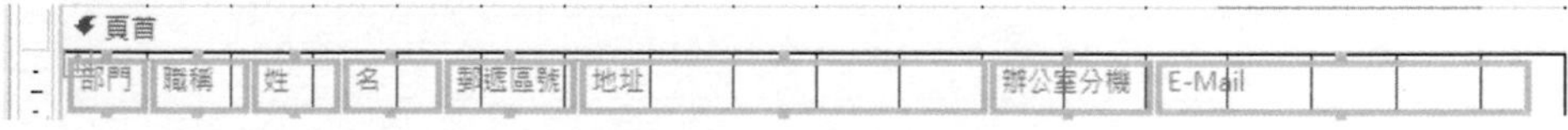

算安排得很好，我們僅將其全選，並設定為藍色粗體：

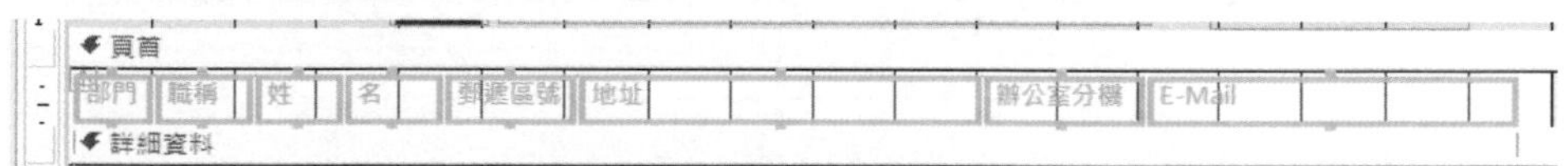

全選之最快方式為：由沒有欄位之空白位置開始，以拖曳方式拉出框線，直到將所有欄位均包含起來，才鬆開滑鼠，會比較方便。（由『E-Mail』右側開始拖曳到『部門』）

另一種全選方式，就是按住 Shift 鍵，再以滑鼠逐一點按各欄位，直至所有欄位均選取為止。這個方法當然會較慢，但是卻很確實！一步一腳印！這種選取不限定在同一區段，允許對任一區段之內容，進行多重選取。通常，用於同時選取位於『頁首』與『詳細資料』區段之內容，以利同時調整其寬度或位置：

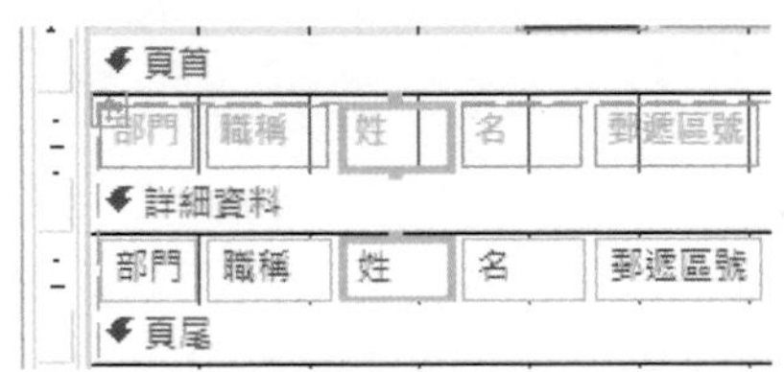

在本例，其『頁首』與『詳細資料』之同一欄位係預設為表格，調整或移動任一區段之內容，另一區段之內容也會自動調整。並不需要先多重選取再調整。

將頁首/頁尾及詳細資料區段設定為透明

目前使用之預設樣式，係不透明，將使我們看不到後文所要設定背景顏色。故以前述由空白處開始拖曳，拉出方框將頁首/頁尾及詳細資料區段之所有內容包圍，即可將其全選：

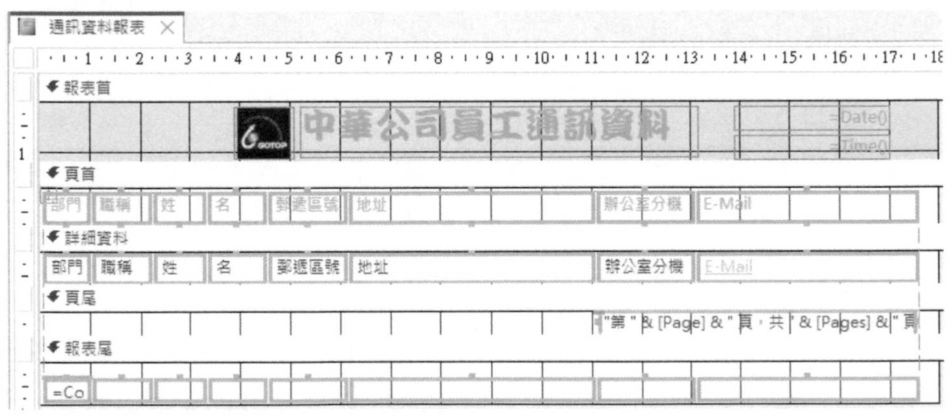

按 屬性表 鈕，轉入『屬性表』對話方塊『格式』標籤，將其『背景樣式』設定為「透明的」：

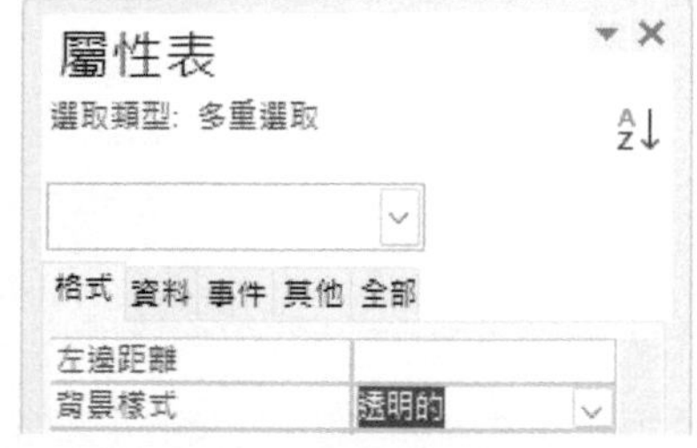

修改詳細資料區段

『詳細資料』區段之內容，即安排列印每一筆記錄之位置。目前的『詳細資料』，已安排得很好，我們僅雙按其 詳細資料 標題，轉入『屬性表』窗格：

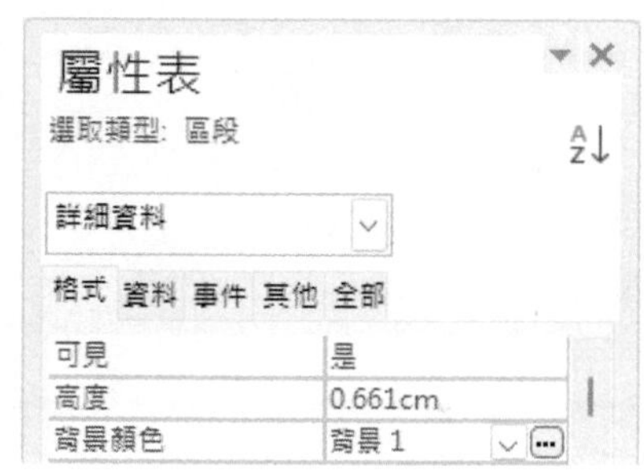

點選『背景顏色』後之方框，可顯示出向下箭頭及 ⋯ 鈕，按該鈕，即可進行選擇顏色：

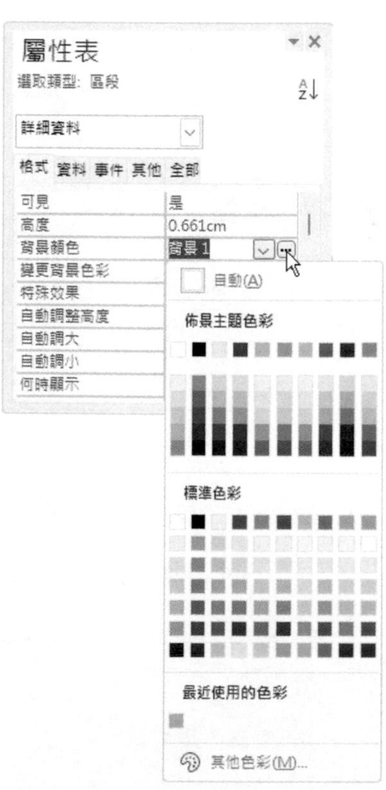

本例將其設定為「綠色, 輔色 1, 較亮 60%」:

背景顏色	輔色 1, 較亮 60%
變更背景色彩	背景 1, 較暗 5%

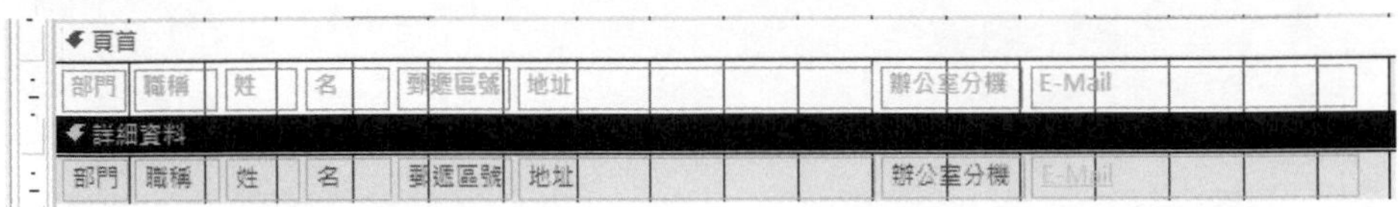

還有一個『變更背景顏色』項，也可以相同方式進行設定顏色。它的作用是搭配『背景顏色』，通常是同一色系，一個深色；另一個淺色。以利將記錄以一筆深色；另一筆淺色為底色進行列印。本例將其設定為「綠色, 輔色 1, 較亮 80%」:

背景顏色	輔色 1, 較亮 60%
變更背景色彩	輔色 1, 較亮 80%

小秘訣

報表的每一個區段，均可以直接雙按，轉入『屬性表』窗格，進行格式設定。

修改頁尾

『頁尾』區段之內容，於列印時僅會每頁顯示一次，做為每一頁之結束。目前的頁尾：

頁尾
"第 " & [Page] & " 頁，共 " & [Pages] & " 頁
報表尾

其設定內容為：(分兩次單按，即可進入編輯狀態)

```
="第 " & [Page] & " 頁，共 " & [Pages] & " 頁"
```

其[Page]為目前頁碼；[Pages]為報表總頁數。由於，此一報表僅有一頁，將印出：

```
第 1 頁，共 1 頁
```

實也沒多大意義，故將其設定為右靠，並修改為：

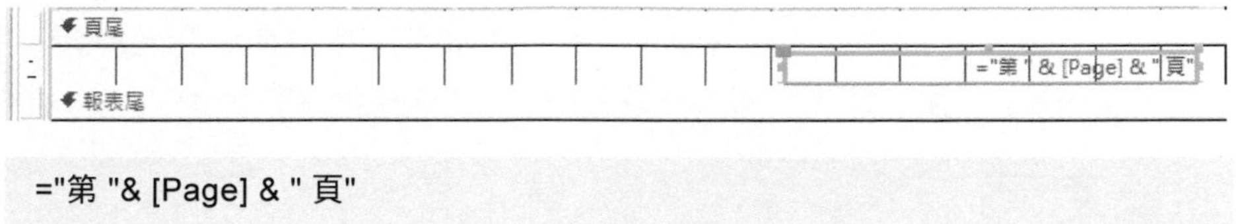


```
="第 "& [Page] & " 頁"
```

將印出：

```
第 1 頁
```

修改報表尾

『報表尾』區段之內容，於列印時僅會於列印結束時顯示一次，做為整個報表之結束。目前的報表尾：

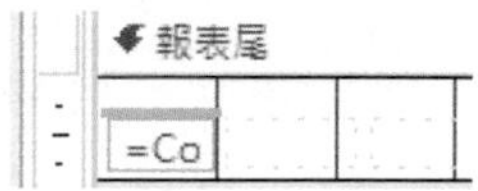

左側實為一：

```
=Count(*)
```

之內容，可顯示總記錄數（11）。擬將其修改為：

```
="計有 "& Count(*) &" 筆"
```

將印出：

```
計有 11 筆
```

但這樣得拉大其寬度。不過，因為，此一內容與其上方『部門』之標題及內容被安排成一個表格，一拉大欄寬，將同時影響『部門』之標題及內容。故先單按右鍵，續選「版面配置/移除版面配置(R)」，解開此一設定，續將其欄寬拉大，並輸入運算式內容：

15

報表

檢視修改結果

完成所有修改後，按 鈕存檔。續以『報表版面配置設計/檢視/報表檢視』 鈕，轉入『報表檢視』，可看到修改後之報表：

通訊資料報表

中華公司員工通訊資料

2022年5月11日
下午 06:25:05

部門	職稱	姓	名	郵遞區號	地址	辦公室分機	E-Mail
客房	經理	孫	晏寧	2 3 9	新北市中華路一段12號三樓	6101	ane@seed.net.tw
客房	助理	王	世豪	1 1 4	台北市內湖路三段148號二樓	6106	kent@yahoo.com.tw
客房	助理	莊	寶玉	1 0 6	台北市敦化南路138號二樓	6111	bychung@yahoo.com.tw
行銷	經理	楊	佳碩	1 0 4	台北市民生東路三段68號六樓	8102	gary@yahoo.com.tw
行銷	助理	林	玉英	1 0 4	台北市合江街124號五樓	8106	linyn@seed.net.tw
行銷	助理	于	耀成	1 0 6	台北市敦化南路338號四樓	8108	yuyc888@hotmail.com
餐飲	經理	林	宗揚	1 0 4	台北市龍江街23號三樓	7103	cylin@ms65.hinet.net
餐飲	助理	林	美玉	1 0 4	台北市興安街一段15號四樓	7116	jill@hotmail.com
餐飲	助理	楊	雅欣	2 0 1	基隆市中正路一段128號三樓	7110	sally@hotmail.com
餐飲	助理	陳	玉美	2 0 1	基隆市中正路二段12號二樓	7112	tracy@ms38.hinet.tw
餐飲	助理	梅	欣云	3 3 0	桃園市成功路一段14號	7106	may@yahoo.com

計有 11 筆

第 1 頁

NUM LOCK

已完成了下列幾個修改：報表首以加入 Logo.jpg 圖案且標題內容也改為"中華公司員工通訊錄"；頁首標題字已改為藍色；記錄內容以深淺交錯之顏色為底色；頁尾改為"計有11筆"；報表尾改為"第1頁"。

含相片之自動報表

報表

於通訊錄上加附相片也是常見的安排方式，按『建立/報表/報表』鈕，所產生之報表也可以顯示圖片。以『通訊資料-附相片』資料表為例：

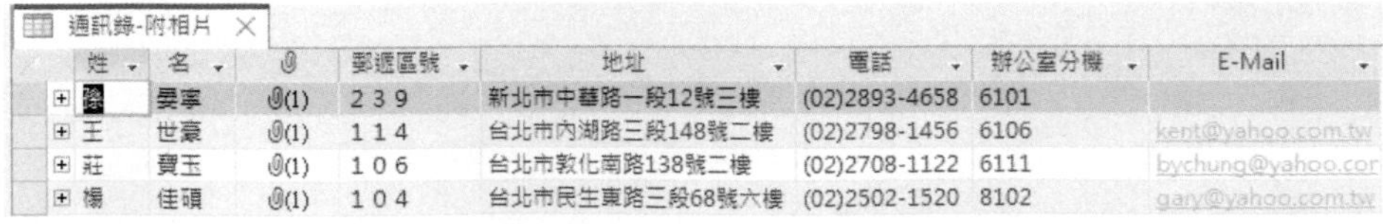

通訊錄-附相片

	姓	名	@	郵遞區號	地址	電話	辦公室分機	E-Mail
⊞	孫	晏寧	@(1)	2 3 9	新北市中華路一段12號三樓	(02)2893-4658	6101	
⊞	王	世豪	@(1)	1 1 4	台北市內湖路三段148號二樓	(02)2798-1456	6106	kent@yahoo.com.tw
⊞	莊	寶玉	@(1)	1 0 6	台北市敦化南路138號二樓	(02)2708-1122	6111	bychung@yahoo.cor
⊞	楊	佳碩	@(1)	1 0 4	台北市民生東路三段68號六樓	(02)2502-1520	8102	gary@yahoo.com.tw

其內有一『相片』欄，於資料表中當然看不到相片。

於左側功能窗格選取『通訊資料-附相片』資料表，續按『建立/報表/報表』 鈕，即可獲得下示之報表：

調整各欄寬度與相片大小後，其外觀可轉為：

包括其頁尾之頁碼也應記得調整，以免其超出頁面範圍：

不用做太多修改，僅需調整欄寬，即可快速獲得最終之報表！按 鈕，將其存為『通訊資料及相片之報表』。

15-3 可選擇所要欄位的空白報表

按『建立/報表/報表』報表 鈕，雖可快速取得報表，但其缺點為：只能將所選取之『資料表』或『查詢』的所有欄位，均納入報表中。若碰上僅要列印部份欄位時，就不適合採用此方式來產生報表。像我們一直在使用的『員工』資料表，其資料欄非常多，以此法產生報表時，可能得用上好幾頁的寬度，才有辦法印出所有欄位。

假定，只想選擇性印出『員工』資料表之幾個基本資料內容。此時，可利用『建立/報表/空白報表』空白報表 鈕，來選擇所要之欄位。其處理步驟為：

Step 1 按『建立/報表/空白報表』空白報表 鈕，轉入

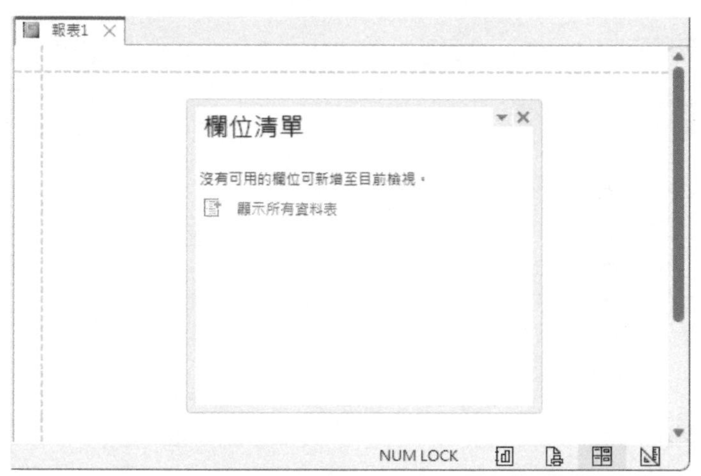

Step 2 按「顯示所有資料表」(顯示所有資料表)，顯示出所有可用資料表及查詢

此部份可以『新增現有欄位』新增現有欄位 鈕進行切換顯示及隱藏。

Step 3 按『欄位清單』窗格內，『員工』資料表前之加號（⊞ 員工），將其展開，可看到其所有欄位

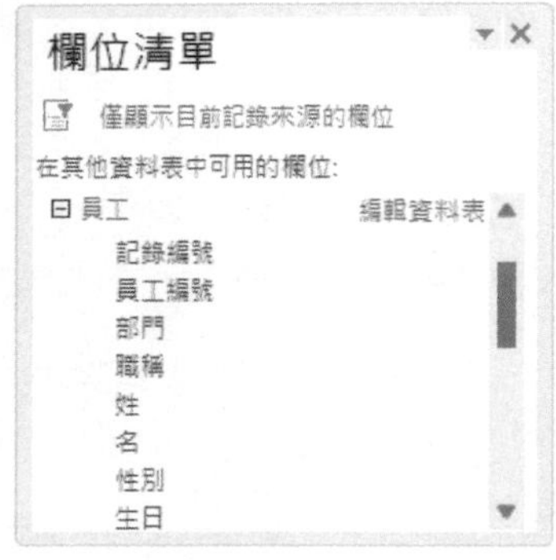

Step 4 以拖曳方式，將要列印之內容拉到報表左側之空白區，拉入後，即可以表格方式，將該欄所有記錄之內容，安排到報表中。如，拉入『員工編號』欄，可取得所有員工編號

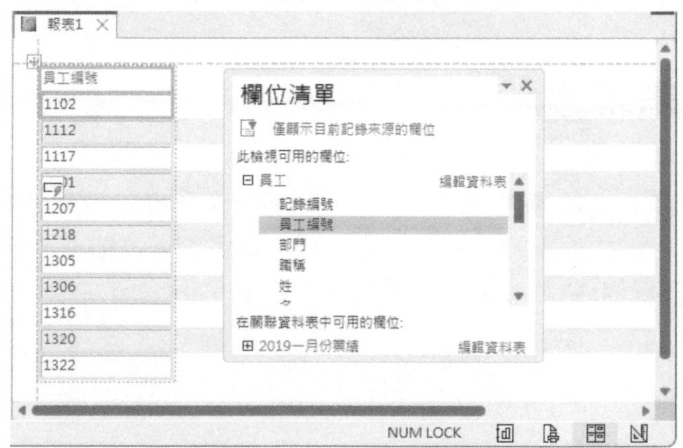

Step 5 仿此方式，逐欄將要取用之欄位拉入報表區，並調妥寬度。（也允許多重選取後，一次拉入多欄；但調整欄寬還是得逐欄調整）

報表1

員工編號	部門	職稱	姓	名	性別	生日	到職日
1102	客房	經理	孫	晏寧	女	1989年05月08日	2017年09月01日
1112	客房	助理	王	世豪	男	1992年03月18日	2011年01月10日
1117	客房	助理	莊	寶玉	女	1989年05月11日	2013年07月15日
1201	行銷	經理	楊	佳碩	男	1989年03月05日	2008年08月05日
1207	行銷	助理	林	玉英	女	1989年03月12日	2009年05月07日
1218	行銷	助理	于	耀成	男	1990年08月10日	2016年06月11日
1305	餐飲	經理	林	宗揚	男	1989年10月12日	2010年03月01日
1306	餐飲	助理	林	美玉	女	1990年04月12日	2010年04月01日
1316	餐飲	助理	楊	雅欣	女	1990年03月07日	2017年07月10日
1320	餐飲	助理	陳	玉美	女	1991年11月03日	2019年08月12日
1322	餐飲	助理	梅	欣云	女	1992年01月06日	2010年04月02日

按 鈕，將其存為『以空白報表選取欄位』。

執行『報表版面配置設計/檢視/設計檢視』，切換到『設計檢視』，可發現此類報表，所選擇之欄位，其欄名會被安排在『頁首』設計區段；欄位內容則安排於『詳細資料』設計區段：

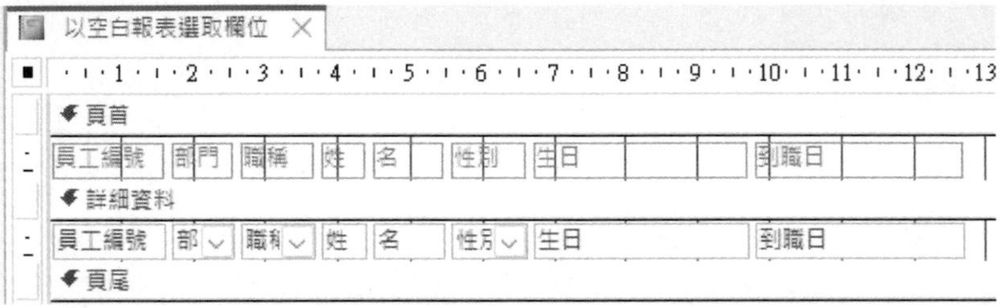

剩下的報表首/尾及頁尾，就得由使用者自行設計了！

15-4 標籤精靈

『標籤精靈』的最典型應用實例，為利用資料表內容來產生貼於信封上之郵寄標籤。也可用來產生：產品標籤、圖書標籤、財產標籤、職員證、學生證、錄音帶/錄影帶/CD的標籤、……等，大小不是很大的報表。

郵寄標籤

假定，要使用『員工』資料表內之姓名與地址來產生郵寄標籤。其處理步驟為：

Step 1 於左側功能窗格選取『員工』資料表

Step 2 續按『建立/報表/標籤』 標籤 鈕，轉入

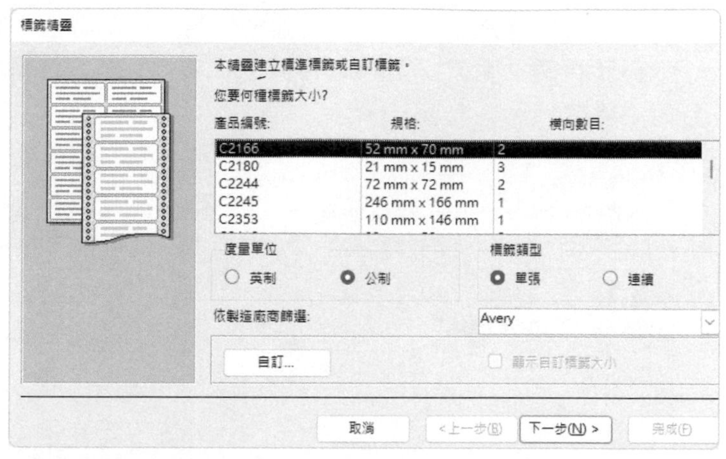

（本例之『依製造廠商篩選』處係選「Avery」）

Step 3 選擇標籤大小，於其上可查知尺寸及每張報表紙上可列印幾欄。（本例選「Avery C6104」之38mm x 52mm x 2（橫向數目2）

產品編號:	規格:	橫向數目:
C6101	17 mm x 24 mm	4
C6102	17 mm x 24 mm	4
C6103	100 mm x 148 mm	1
C6104	38 mm x 52 mm	2
C6300	100 mm x 148 mm	1

度量單位：○ 英制 ◉ 公制

標籤類型：◉ 單張 ○ 連續

依製造廠商篩選: Avery

大小應視所買之標籤報表紙而定，這種報表紙有背膠，撕下來即可貼在信封上）續按 下一步(N) > 鈕

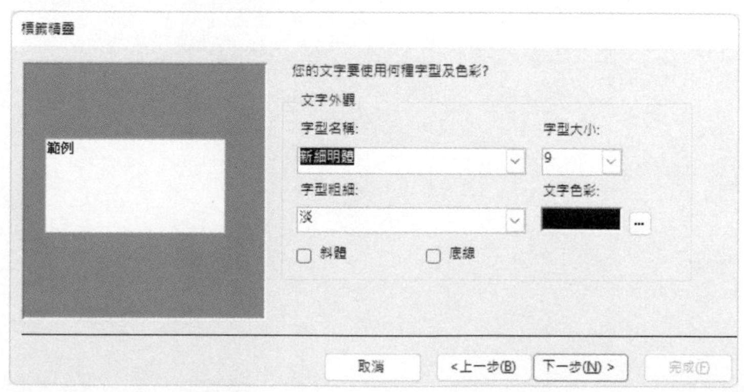

15

報表

Step 4 選擇要使用之字型、大小、粗細、顏色、……等。(等預覽時，若覺得不合適，隨時都可再進行設定，沒啥困難的)本例維持原設定，續按 下一步(N) > 鈕

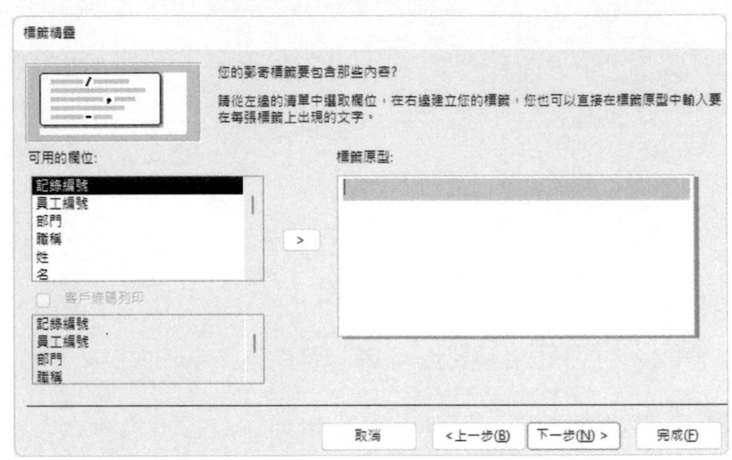

Step 5 選擇標籤上要使用之欄位，本例先於第一列選「郵遞區號」、第二列選「地址」，第三列選「姓」「名」，空一格續輸入 "君 收"

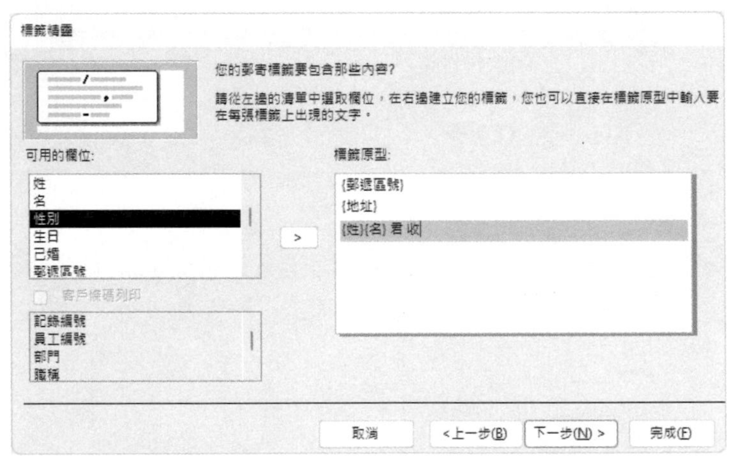

Step 6 續按 下一步(N) > 鈕

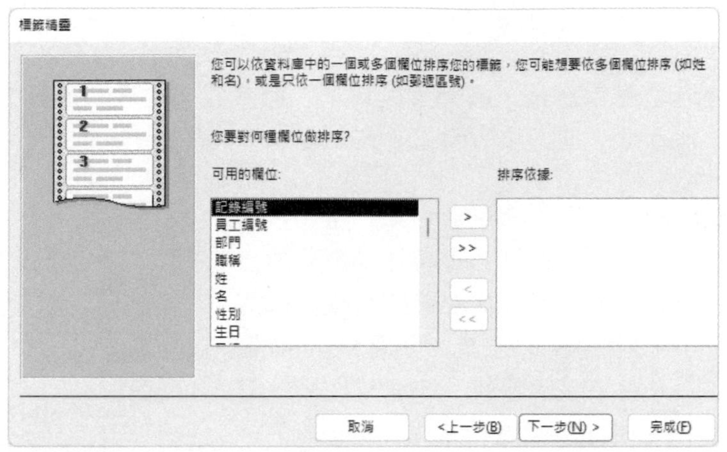

Step 7 選擇排序依據（方便找標籤），本例以「員工編號」進行排序，按 下一步(N) > 鈕

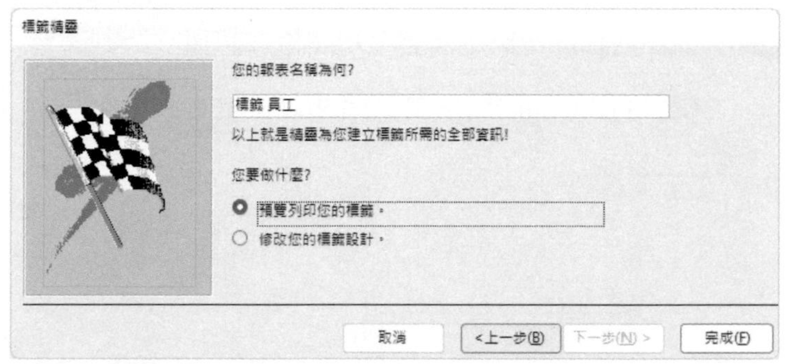

Step 8 輸入標籤名稱（本例以『郵寄標籤』命名），續按 完成(F) 鈕。可獲致一個以兩欄排列之郵寄標籤

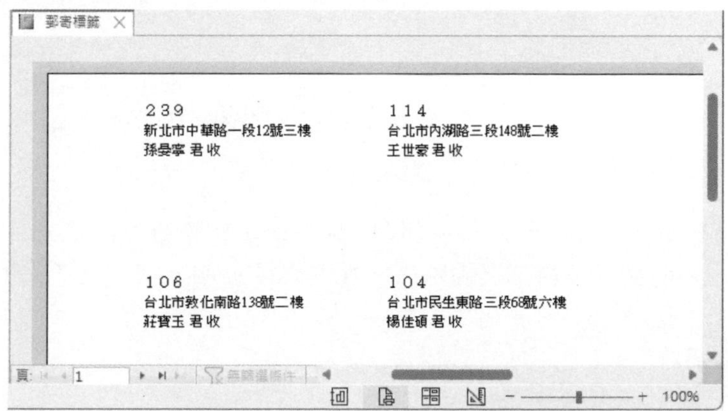

15
報表

加上先生收/小姐收

前面之郵寄標籤，有點太簡單了。擬於姓名之後，依員工性別加上適當之『先生收』或『小姐收』字串。其處理步驟為：

Step 1 按『關閉預覽列印』關閉預覽列印 鈕，可轉入『設計檢視』。(若郵寄標籤檔已經關閉，可於其上單按右鍵，續選「設計檢視(D)」)，可看到先前輸入的郵遞地區號、地址及姓名內容（於此，要再進行格式設定也行）

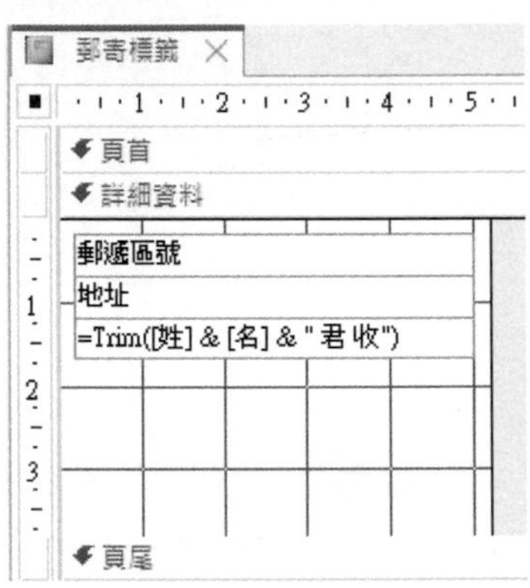

Step 2 往第三列單按滑鼠將其選取，續單按滑鼠，將其改為

```
=[姓] &[名] & IIf([性別]="男"," 先生收"," 小姐收")
```

當性別為男性，可於姓名後加上 "先生收" 字串；否則，加上 "小姐收" 字串。

Step 3 選按『報表設計/檢視/預覽列印』，轉到『預覽列印』檢視，可看到已按員工之性別，於姓名之後，加上適當之『先生收』或『小姐收』字串

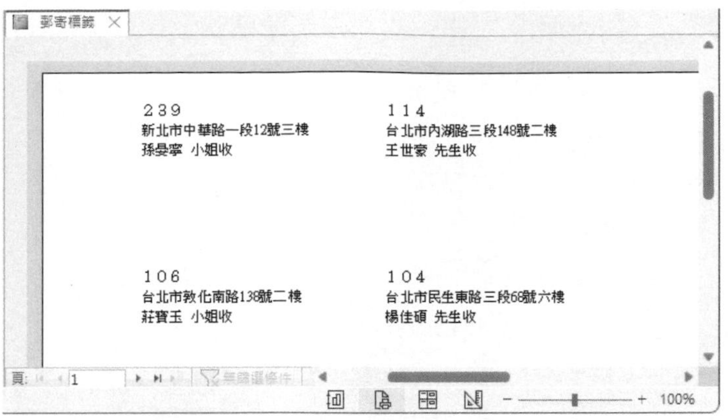

15-5 明信片精靈

若要寄發的不是信件；而是中式的明信片，則可使用『明信片精靈』，依下示步驟進行建立明信片報表：

Step 1 於左側功能窗格選取『員工』資料表

Step 2 按『建立/報表/明信片精靈』明信片精靈 鈕，轉入

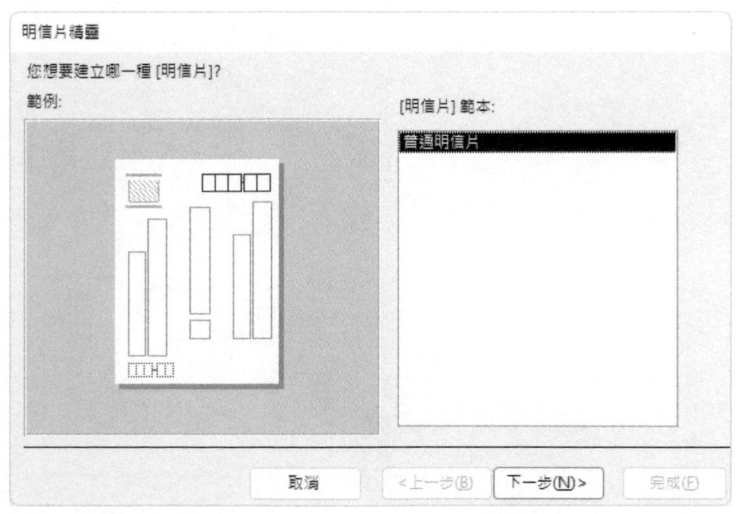

Step 3 按 下一步(N) > 鈕

Step 4 按『報表欄位:』下『收件人郵遞區號』後之下拉鈕，以選擇方式填入『郵遞區號』欄

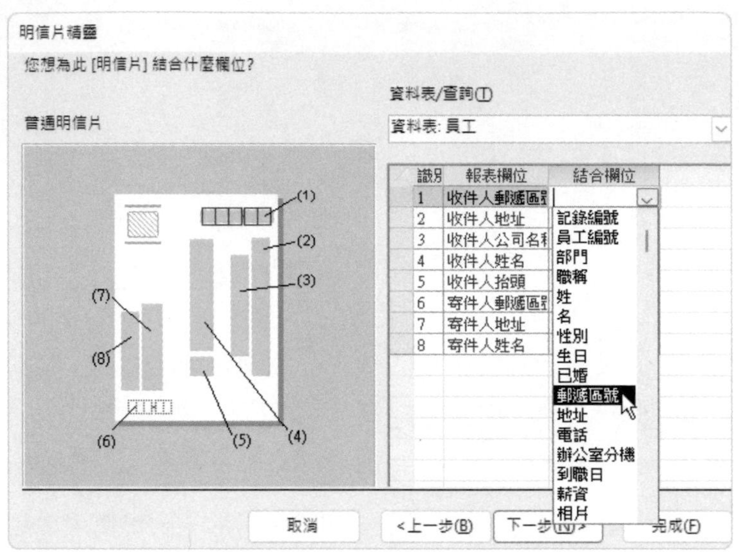

Step 5 續以同樣之選擇方式，填入『收件人地址』。『收件人姓名』處由於無法安排「姓」與「名」兩欄內容，選「姓」即可；『收件人公司名稱』與『收件人抬頭』均略過不填

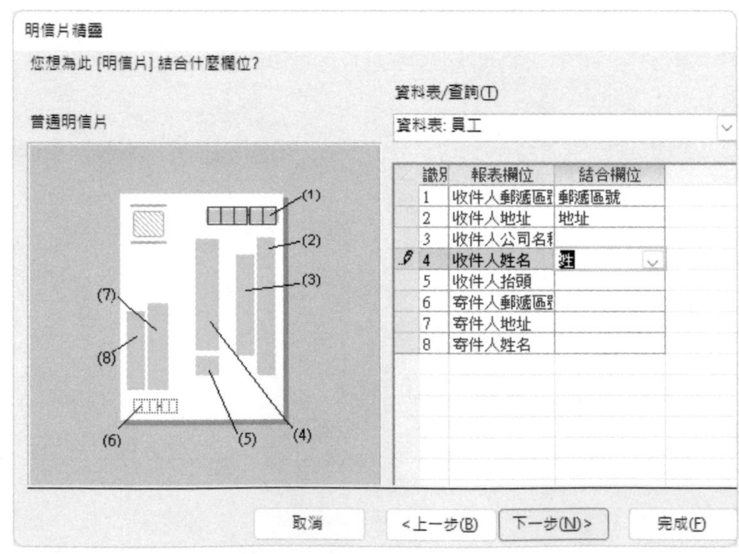

Step 6 以自行鍵入之方式，輸入『寄件人郵遞區號』、『寄件人地址』、與『寄件人姓名』

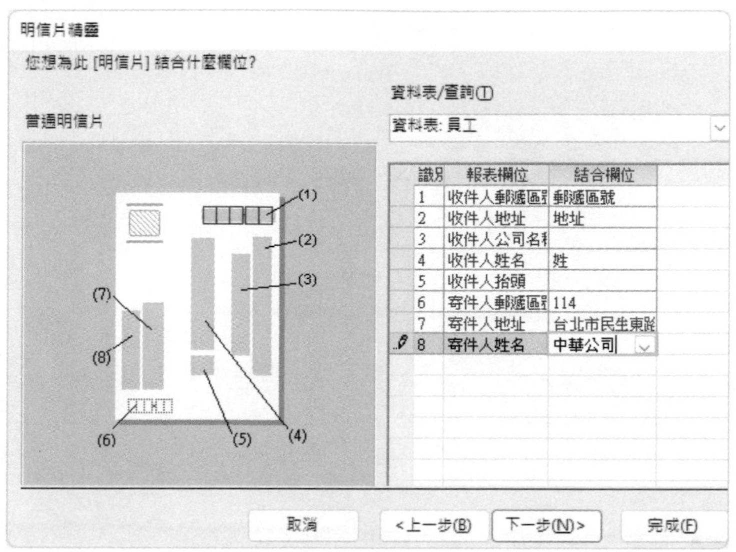

Step 7 按 下一步(N) > 鈕，決定以何種順序排列報表（本例省略，即以原主索引之員工編號排列）

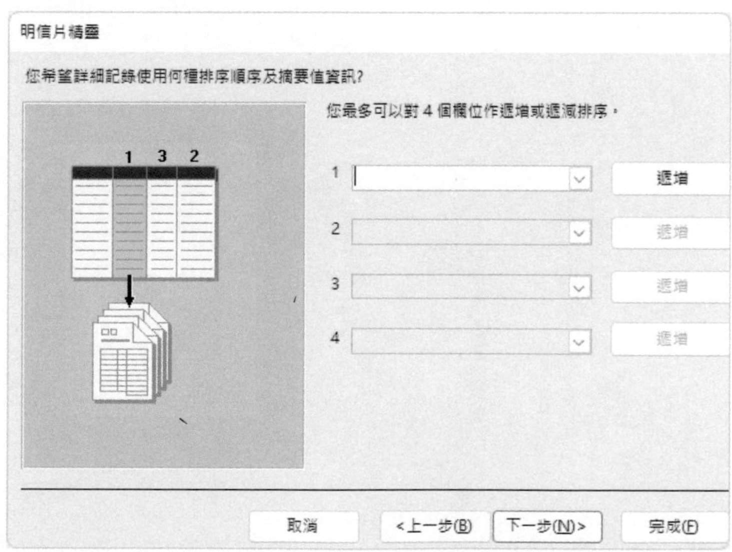

15

報表

Step 8 按 下一步(N) > 鈕，輸入報表標題（此即其檔名，本例輸入『明信片報表』）

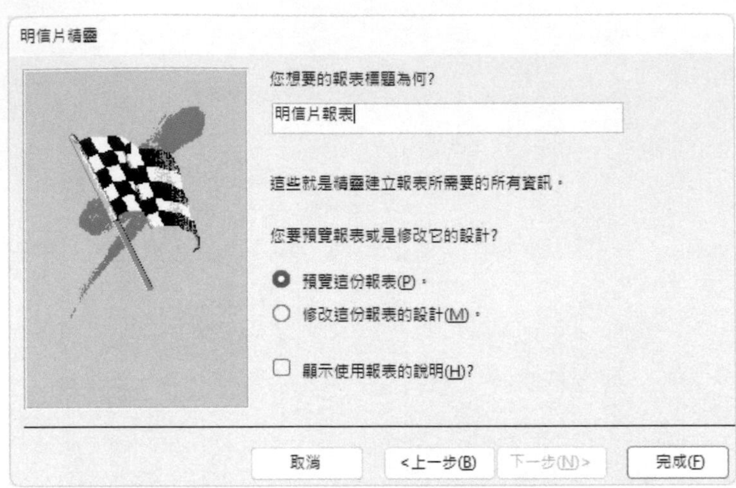

Step 9 按 完成(F) 鈕，獲致初步之明信片報表

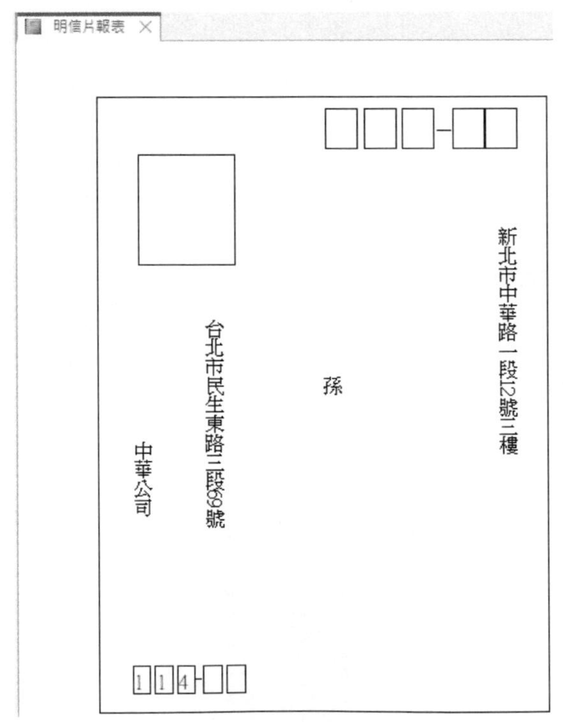

Step 10 按『關閉預覽列印』關閉預覽列印 鈕，關閉明信片報表檔，續於左側其檔名上單按右鍵，點選「設計檢視(D)」，可轉入『設計檢視』

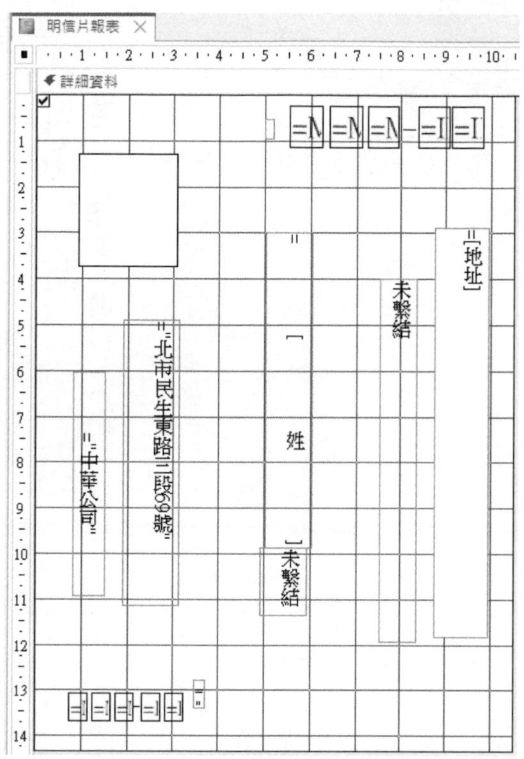

Step 11 預覽時，看不到郵遞區號是因為其字體太大，於郵遞區號外圍，以拖曳方式選取郵遞區號，將原18點字體大小變更為16點

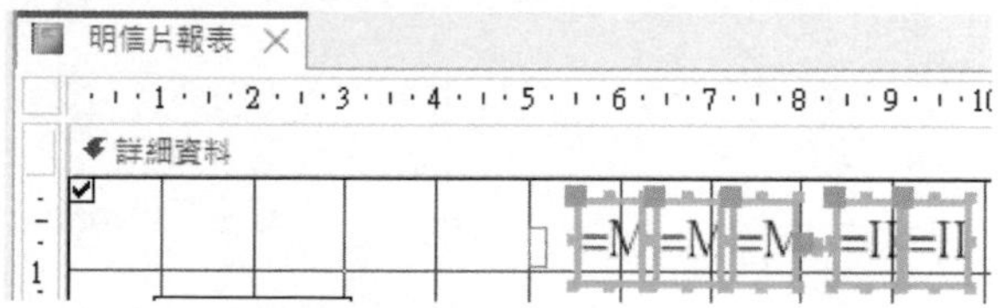

Step 12 選取『=[地址]』文字方塊，變更字體及大小（20點華康勘亭流），拉大其寬度及長度並左移

Step 13 將『=[姓]』文字方塊改為

```
=[姓]&[名]&IIF([性別]="男"," 先生  收"," 小姐  收")
```

以顯示出姓名及正確的『先生　收』或『小姐　收』。同樣也變更字體及大小（20點華康勘亭流），拉大其寬度及長度

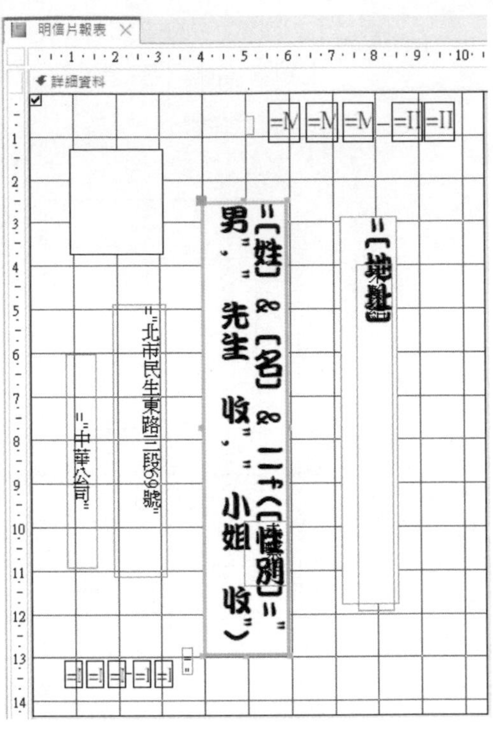

Step 14 執行『報表設計/檢視/預覽列印』，檢視修改後之明信片

這種外觀，顯然要比預設之字體好看多了。左下角的寄件者資料就麻煩您自己調整位置及設定格式了。

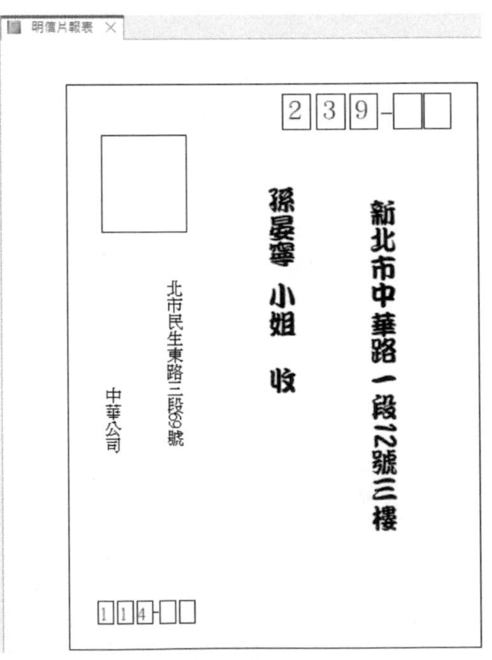

Step 15 將其存檔並關閉

15-6 報表精靈

使用『建立/報表/報表』報表 自動建立報表，並無法選擇要使用之欄位；利用『建立/報表/空白報表』空白報表 鈕，雖可選擇要使用之欄位，但並不會自動安排頁首/頁尾；且也無法進行分組或求摘要資料。

若使用『報表精靈』，於建立過程中，除了會自動安排頁首/頁尾或報表首/報表尾外；尚允許選擇所要使用之欄位與報表版面配置。也可以將資料經過排序、分組並求算分組及全體的統計量（如，總計、平均數、最大、最小）。

15 報表

建立無摘要之普通報表

假定，要使用『報表精靈』，依『通訊資料』資料表之內容，建立一個類似前文以『建立/報表/報表』報表 鈕，所建立之『通訊資料報表』；但擬以『部門』進行分組安排報表。

可以下示步驟進行建立報表：

Step 1 於左側功能窗格選取『通訊資料』資料表

Step 2 續按『建立/報表/報表精靈』報表精靈 鈕，轉入

若未事先於左側功能窗格選取『通訊資料』資料表，也可以於左上角『資料表/查詢(T)』處，進行選擇。

Step 3 按 >> 鈕，將所有欄位送往右側『已選取的欄位(S):』

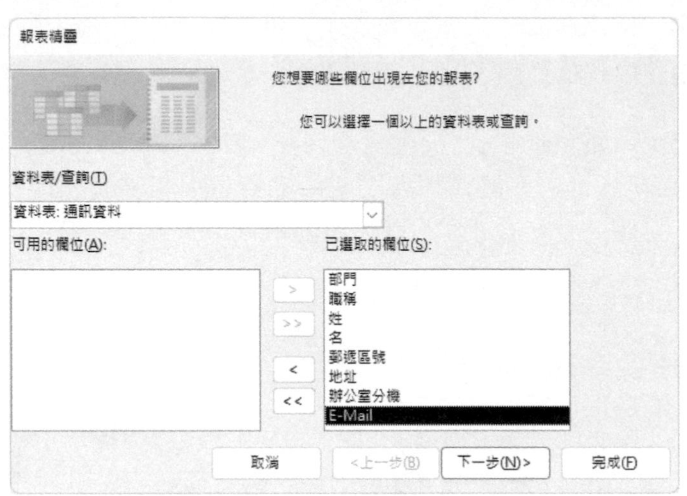

Step 4 續按 下一步(N) > 鈕

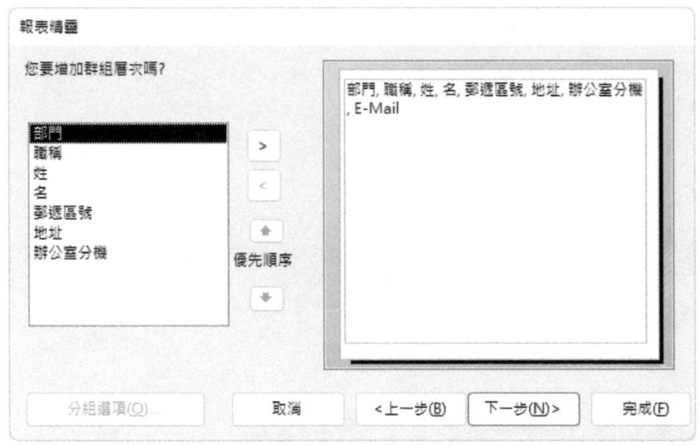

這是要選擇分組之依據，於左側雙按『部門』，將其移到右邊的最上面，作為分組依據（這種依據，最多可有四層）

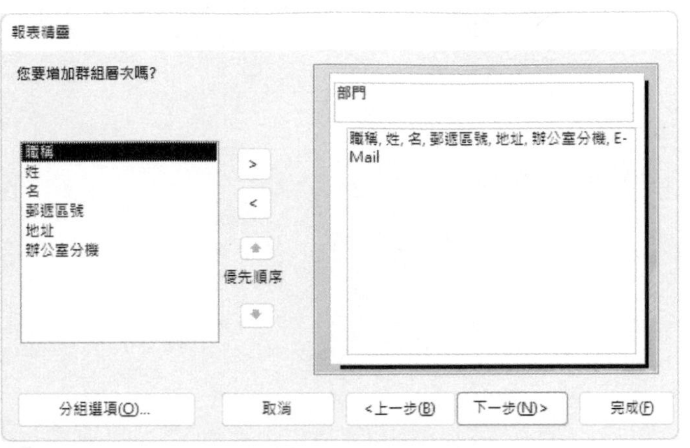

小秘訣

若按 分組選項(O)... 鈕，可另設定分組區間。對文字資料，可選擇依前幾個字母進行分組。對日期/時間資料，可選擇依年、季、月、週、日、時、分、……等進行分組。對數字資料，可選擇依10、50、100、…、1000、10000等進行分組。

Step 5 續按 下一步(N) > 鈕，選擇同一組內之資料排序方法。本例未選擇任何排序，分組後將以原主索引順序顯示

Step 6 續按 下一步(N) > 鈕，選擇版面配置及列印方式，本例選「區塊(K)」版面配置及「直印(P)」

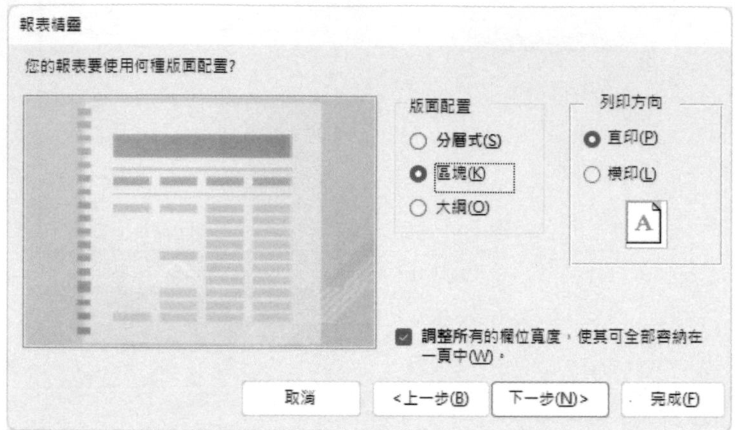

Step 7 續按 下一步(N) > 鈕

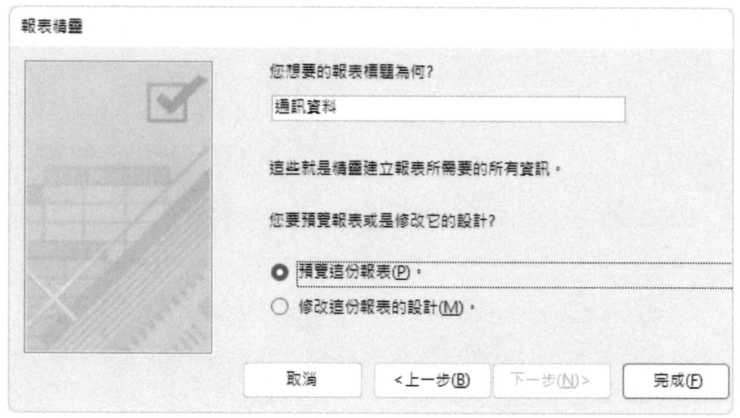

Step 8 輸妥報表標題（本例輸入 "中華公司員工通訊資料"），續按 完成(F) 鈕，即可獲致報表

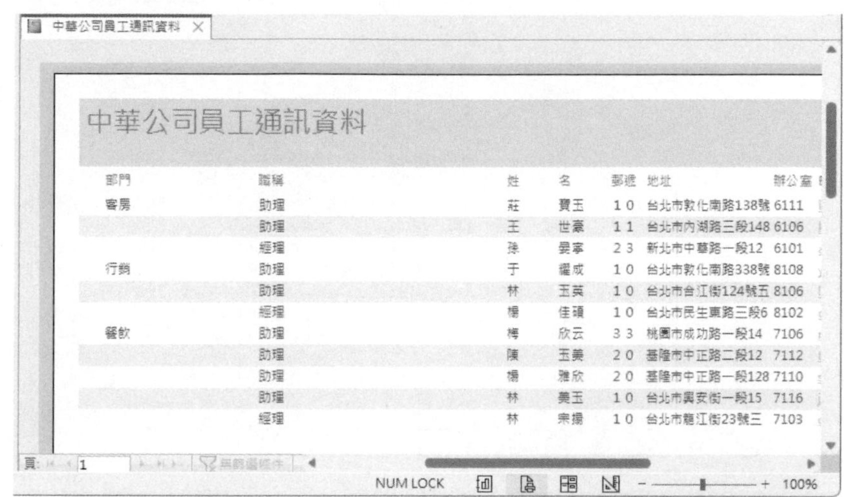

已按部門遞增順序進行分組，顯示員工之通訊資料。這個報表已自動安排報表首/尾與頁首/頁尾，唯一的缺點是欄寬尚得自行調整。

Step 9 按『關閉預覽列印』 關閉預覽列印 鈕，可轉入『設計檢視』。（若報表檔已經關閉，可於其上單按右鍵，續選「設計檢視(D)」）調整各欄寬度及位置、頁尾之頁碼寬度、位置及頁寬

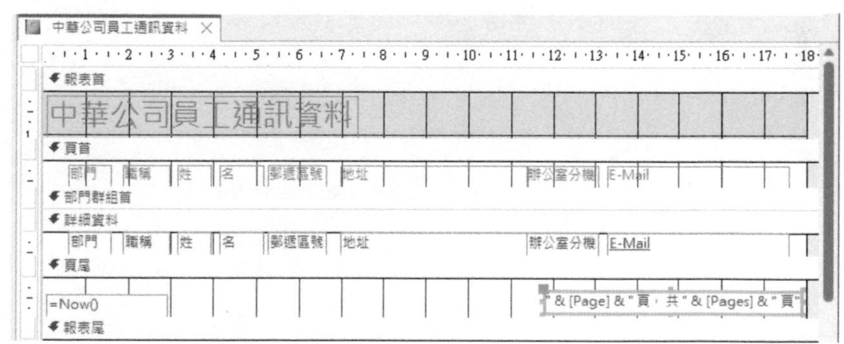

Step 10 按『報表版面配置設計/檢視/預覽列印』，檢視修改後之報表

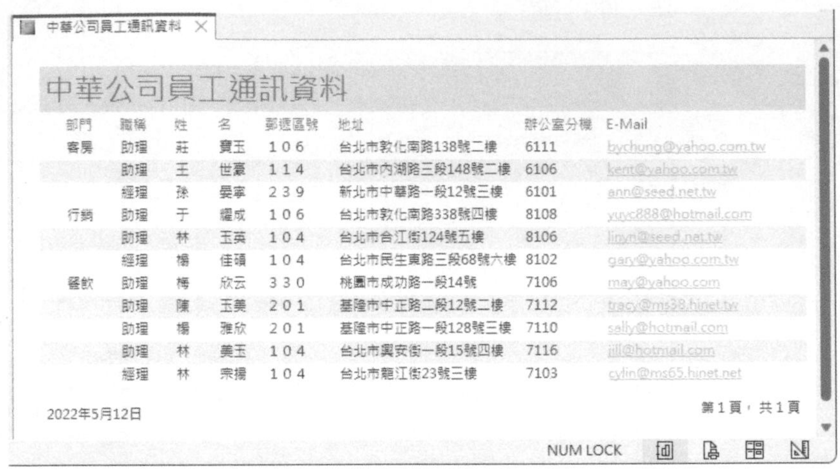
中華公司員工通訊資料

部門	職稱	姓	名	郵遞區號	地址	辦公室分機	E-Mail
客房	助理	莊	寶玉	106	台北市敦化南路138號二樓	6111	bychung@yahoo.com.tw
	助理	王	世豪	114	台北市內湖路三段148號二樓	6106	kent@yahoo.com.tw
	經理	孫	晏寧	239	新北市中華路一段12號三樓	6101	ann@seed.net.tw
行銷	助理	于	耀成	106	台北市敦化南路338號四樓	8108	yuyc888@hotmail.com
	助理	林	玉英	104	台北市合江街124號五樓	8106	linyn@seed.net.tw
	經理	楊	佳頤	104	台北市民生東路三段68號六樓	8102	gary@yahoo.com.tw
餐飲	助理	梅	欣云	330	桃園市成功路一段14號	7106	may@yahoo.com
	助理	陳	玉美	201	基隆市中正路二段12號二樓	7112	tracy@ms38.hinet.tw
	助理	楊	雅欣	201	基隆市中正路一段128號三樓	7110	sally@hotmail.com
	助理	林	美玉	104	台北市興安街一段15號四樓	7116	jill@hotmail.com
	經理	林	宗揚	104	台北市龍江街23號三樓	7103	cylin@ms65.hinet.net

2022年5月12日　　第1頁，共1頁

建立含摘要之報表

『報表精靈』還可以將資料經過排序、分組並求算分組及全體的總計、平均、最小或最大。

假定，要使用『報表精靈』，依『員工』資料表之內容，建立一個含薪資摘要之報表。可以下示步驟進行建立報表：

Step 1 於左側功能窗格選取『員工』資料表

Step 2 按『建立/報表/報表精靈』報表精靈 鈕，轉入

Step 3 於左下角『可用的欄位(A)』處，選擇使用：員工編號、部門、職稱、姓、名、性別及薪資

Step 4 續按 下一步(N) > 鈕

報表精靈

您要增加群組層次嗎?

員工編號
部門
職稱
姓
名
性別
薪資

>
<
優先順序

員工編號, 部門, 職稱, 姓, 名, 性別, 薪資

分組選項(O)... 取消 <上一步(B) 下一步(N)> 完成(F)

Step 5 雙按左邊之『性別』，將其移到右邊的最上面，作為分組依據

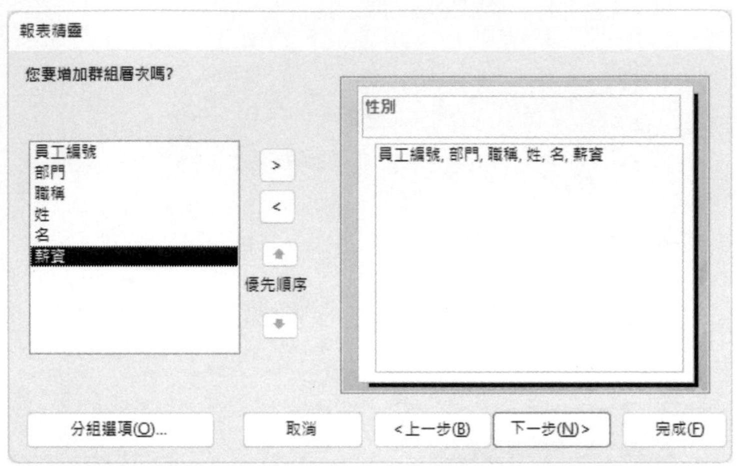

Step 6 續按 下一步(N) > 鈕，本例未選擇任何排序，分組後將以主索引順序顯示

Step 7 由於本例有一數值欄（薪資），可求其摘要值。故按 摘要選項(O)... 鈕，續選擇所要之摘要值。本例選「總計」，右邊之『顯示』方塊內已選有「詳細資料及摘要值(D)」，故可顯示兩種訊息。(若選「只要摘要值(S)」，將只有各部門之薪資總計，而無詳細之記錄內容)

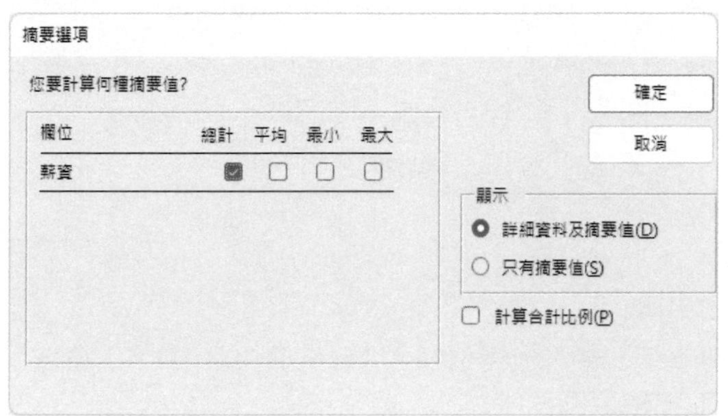

Step 8 按 確定 鈕，回前一步驟之畫面

Step 9 續按 下一步(N) > 鈕

15

報表

Step 10 選擇版面配置及列印方式（本例維持原預設值），續按 下一步(N) > 鈕

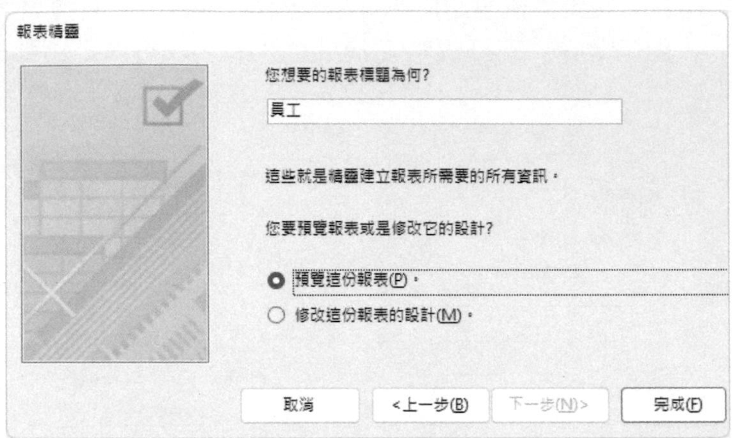

Step 11 輸妥報表標題（本例輸入 "薪資摘要報表"），續按 完成(F) 鈕，即可獲致報表

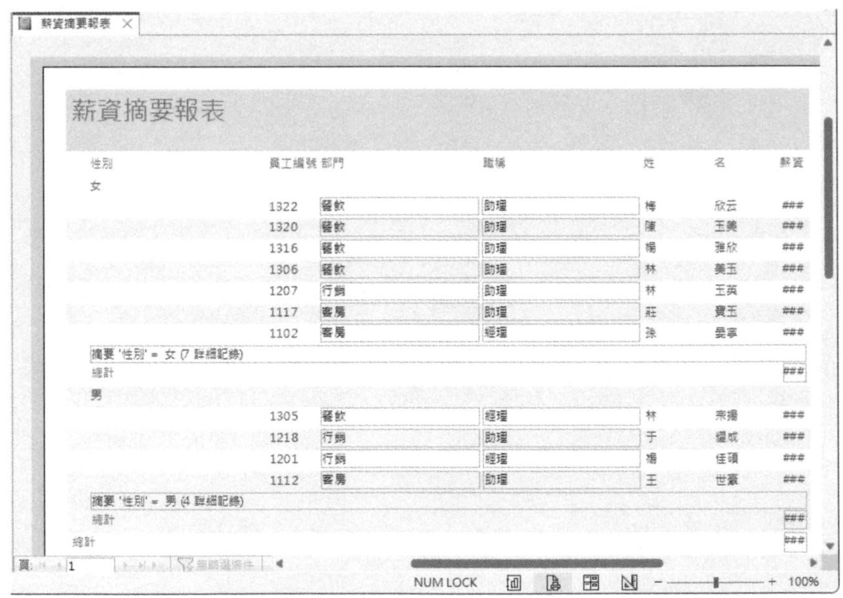

已按性別分組，並加總薪資，只是目前因欄位寬度的問題，僅顯示出一串#號而已。

修改報表精靈的設計

調整欄寬與位置

關閉預覽列印，選按『報表設計工具/設計/檢視/版面配置檢視』，轉入『版面配置檢視』，調整各欄之寬度及位置。調整最右邊一欄時，可按住 Shift 鍵，續以滑鼠逐一點選它們，然後再調整寬度及移動位置到左邊：

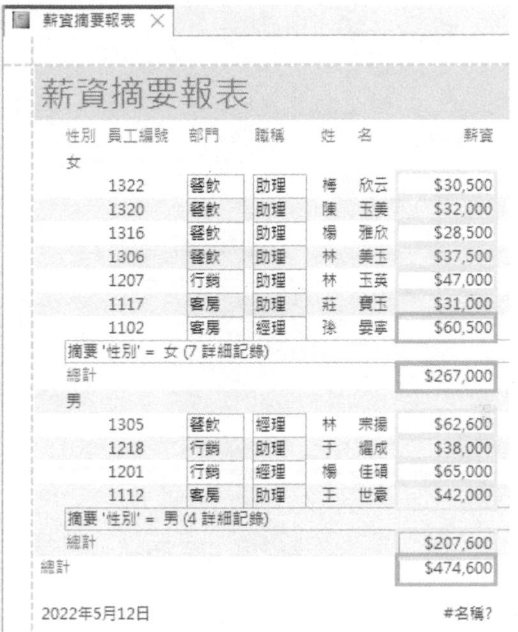

將分組小計之『總計』改為『小計』

執行『常用/檢視/設計檢視』，轉入『設計檢視』：

直接往『性別群組尾』區段之『總計』上單按滑鼠，將其選取。續往字上單按，即可開始編輯，將其改為『小計』：

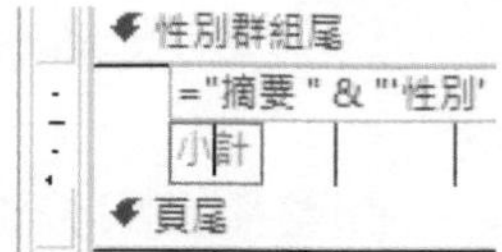

修改分組小計標題

預覽報表時，可發現性別群組尾之

摘要 '性別' = 女 (7 詳細記錄)

『摘要 性別=女 (7詳細記錄)』不太像國人的使用習慣。假定，擬將其改成會隨性別變化，自動填上：

```
女性7筆記錄之小計
```

或

```
男性4筆記錄之小計
```

首先，得瞭解一下原設計內容之作用：

性別群組尾
="摘要 " & "'性別' = " & " " & [性別] & " (" & Count(*) & " " & IIf(Count(*)=1,"詳細記錄","詳細記錄") & ")"
小計 =Sum([薪資])
頁尾

上半部之：

```
="摘要 " & " '性別' = " & " " & [性別] & " (" & Count(*) & " " & IIf(Count(*)=1,
"詳細記錄","詳細記錄") & ")"
```

為一使用9點大小之文字方塊。若真的不知道，往其上單按滑鼠右鍵，續選「屬性(P)」，即可查得所有相關訊息。其內使用&字串連結運算符號，將字串及幾個函數連結成字串內容。Count(*)函數是求記錄筆數；IIF()函數就好像多餘了，無論Count(*)=1是否成立？均會得到"詳細記錄"字串。

茲將上半之內容修改為：

```
= [性別] & "性計有 " & Count(*) & "筆記錄"
```

當[性別]為女，Count(*)之結果為7，運算結果就變為：『女性計有7筆記錄』。

將頁尾右側列印頁碼之設定改為：

```
="第 " & [Page] & " 頁"
```

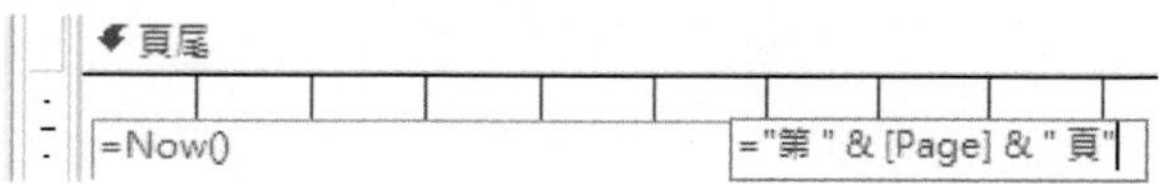

以顯示之頁碼。

執行『報表版面配置設計/檢視/預覽列印』，切換回『預覽列印』檢視，可獲致修改後之報表：

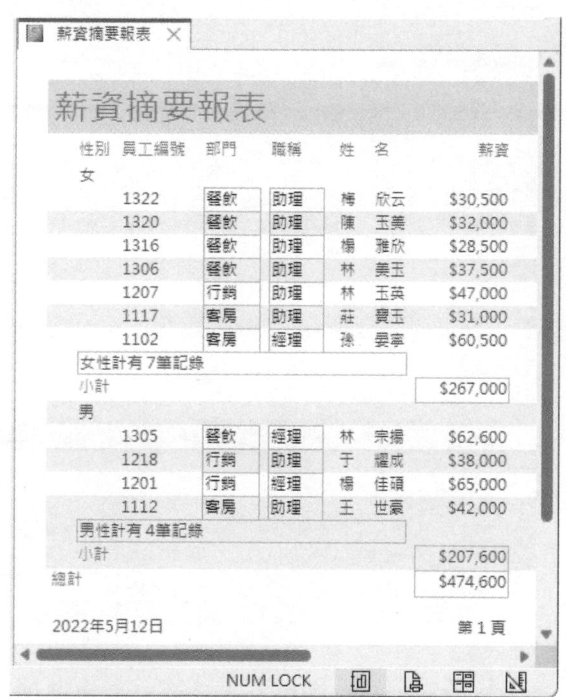

薪資摘要報表

性別	員工編號	部門	職稱	姓	名	薪資
女						
	1322	餐飲	助理	梅	欣云	$30,500
	1320	餐飲	助理	陳	玉美	$32,000
	1316	餐飲	助理	楊	雅欣	$28,500
	1306	餐飲	助理	林	美玉	$37,500
	1207	行銷	助理	林	玉英	$47,000
	1117	客房	助理	莊	寶玉	$31,000
	1102	客房	經理	孫	晏寧	$60,500
女性計有 7筆記錄						
小計						$267,000
男						
	1305	餐飲	經理	林	宗揚	$62,600
	1218	行銷	助理	于	耀成	$38,000
	1201	行銷	經理	楊	佳碩	$65,000
	1112	客房	助理	王	世豪	$42,000
男性計有 4筆記錄						
小計						$207,600
總計						$474,600

2022年5月12日　　第 1 頁

NUM LOCK

各組可依性別，顯示正確之記錄筆數；原各分組之 "總計" 也改為 "小計"。其頁尾為目前日期與頁碼。

變更分組排序方式（兩層分組）

若建妥報表之後，才想更改分組排序方式，並不用重建一次。僅須轉入『設計檢視』，於分組依據之區段的標題列（性別群組首）上，單按滑鼠右鍵，續選「排序及群組(S)」（或按『報表設計/分組及合計/群組及排序』群組及排序 鈕），

群組、排序與合計

群組對象 性別 ▼ 遞增 ▼，較多 ▶

新增群組　新增排序

目前可查知之訊息為：以性別遞增分組，其餘資訊就不清楚了！可按 較多▶ 鈕，查到其餘之相關資料：

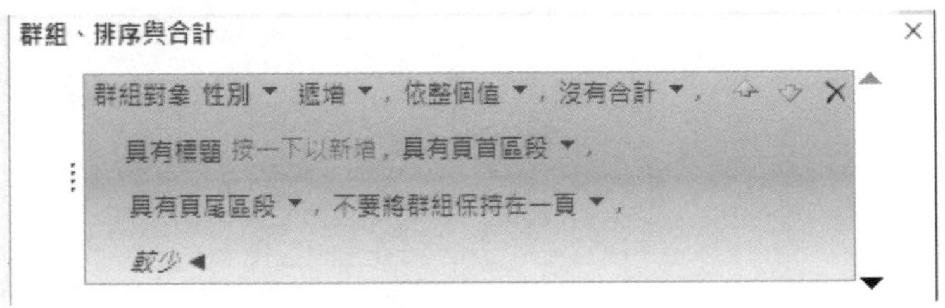

如，可以知道，它同時擁有群組首與群組尾（具有頁首區段與具有頁尾區段）：

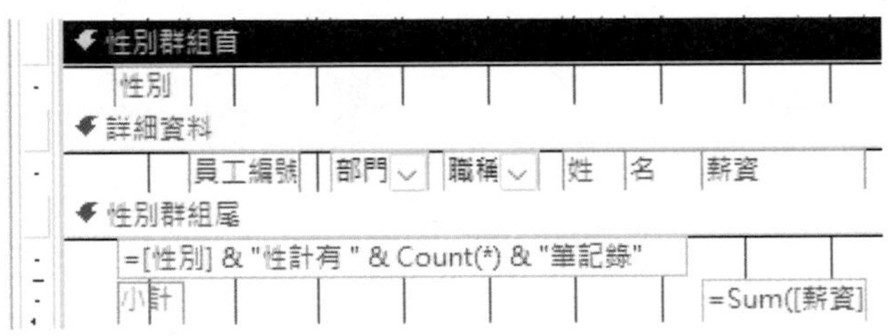

每一個含下拉鈕之項目，均可用來切換其設定狀態。如：遞增／遞減。於多層分組時其右側之上下箭頭（ ），可用來移動分組依據之排列順序；另一個 ✕ 號，可將某一依據刪除。

假定，擬於性別下再插入一『已婚』欄之分組依據（遞減排序），但並不希望顯示『-1/0』之邏輯值；想改以顯示『已婚』及『未婚』字串，並求其分組小計。其處理步驟為：

Step 1 按 較少◄ 鈕，將『組群、排序與合計』設計區段收合

Step 2 按 新增群組 鈕，續選取「已婚」為另一層依據

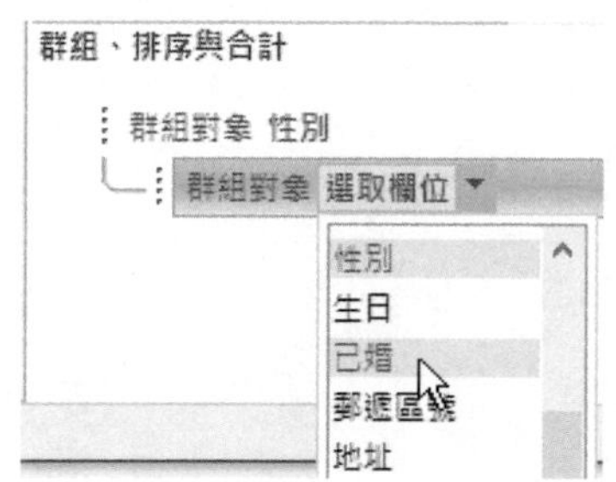

選後之外觀為：

群組、排序與合計

群組對象 性別

群組對象 已婚 ▼ 從選取到清除 ▼，較多 ►

新增群組 新增排序

『從選取到清除』表示已婚在前（選取，即有打勾者）；未婚在後。若安排為『從清除到選取』，則恰反之。

Step 3 按 較多► 鈕，安排要加入『已婚群組首』與『已婚群組尾』（具有頁首區段與具有頁尾區段）

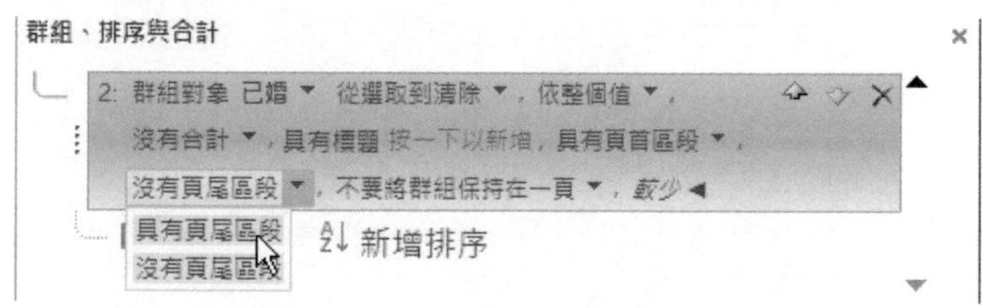

Step 4 回『設計檢視』，可發現已多了一對『已婚群組首』與『已婚群組尾』區段

Step 5 將『已婚群組首』與『已婚群組尾』區段之高度調小為約1公分

Step 6 按『報表版面配置設計/控制項/文字方塊』abl 鈕，於『已婚群組首』內，拉出一個文字方塊

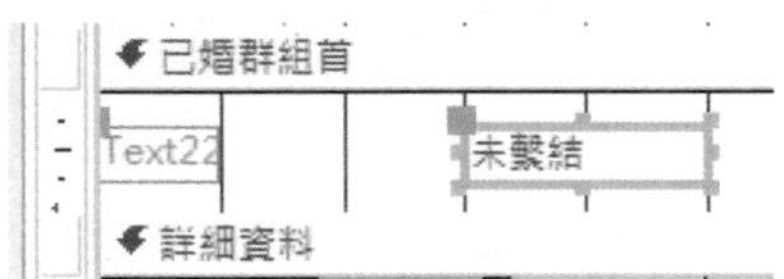

Step 7 選按『Text22:』將其選取（這原是要安排標題文字之位置，後面之編號為多少，並不重要），按 Delete 鍵，將其刪除

Step 8 往『未繫結』上，單按滑鼠左鍵將其選取，再於其內按一下，即可顯示出游標，輸入

```
=IIF([已婚]=Yes,"已婚","未婚")
```

希望依『已婚』欄之成立與否，而顯示 "已婚"/"未婚"：

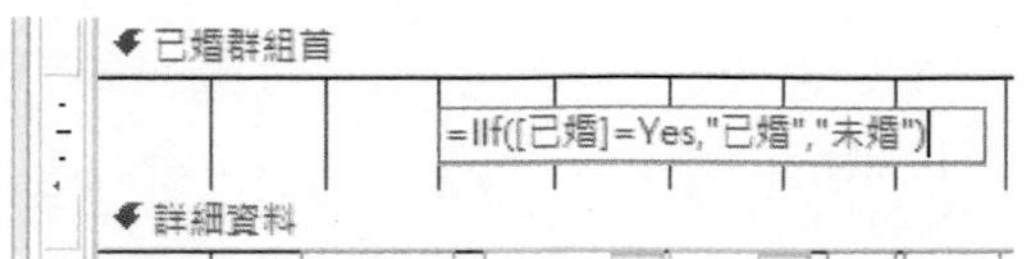

按 Enter 鍵可完成輸入。

Step 9 調整控制項位置（左移到性別之右下方）

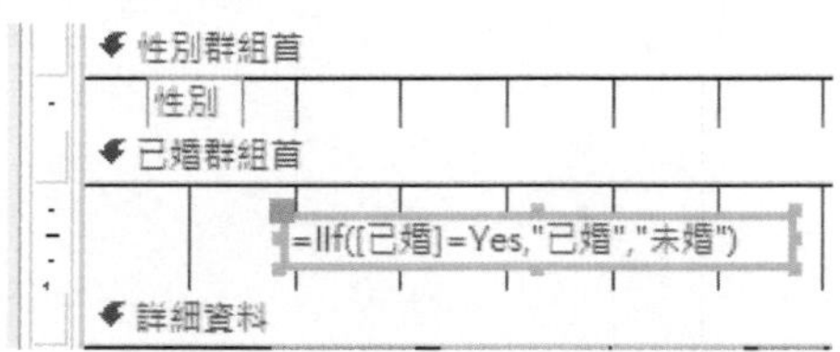

Step 10 仿步驟5 ～ 8，於『已婚群組尾』區段之左側安排一文字方塊，並輸入

=IIf([已婚]=Yes,"已婚","未婚") &"組 計有"& Count(*) & "筆記錄"

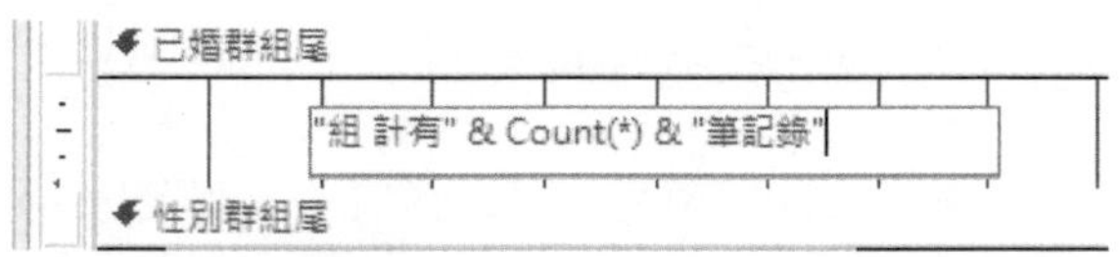

擬顯示類似：

已婚組計有3筆記錄

之字串。

Step 11 各群組尾之加總薪資所使用之函數均為：

=Sum([薪資])

故先按住 Shift 鍵，續點選『性別群組尾』之小計與其後之函數

Step 12 按『常用/剪貼簿/複製』 鈕，記下其內容

Step 13 點選『已婚群組尾』區段之標題，續按『常用/剪貼簿/貼上』 鈕，將其貼到『已婚群組尾』區段

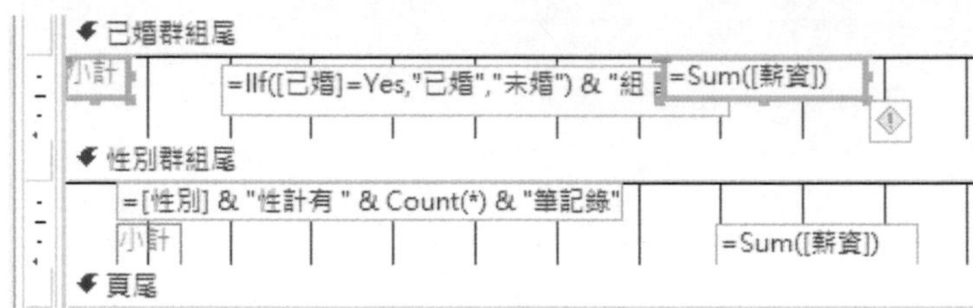

Step 14 調整其位置，並將『小計』改為『小小計』

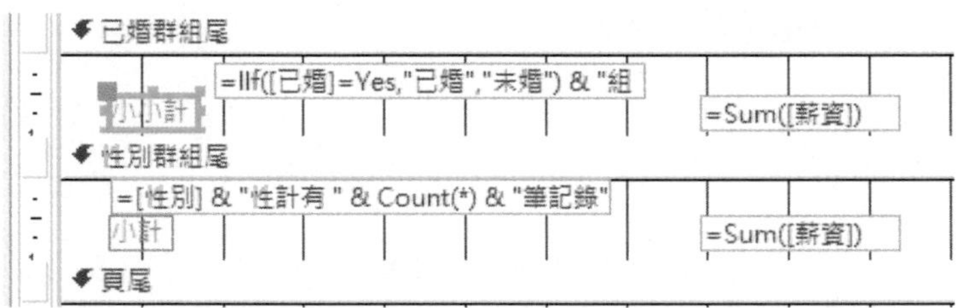

最好利用方向鍵來調整會較為便利。

Step 15 最後，執行『報表設計/檢視/預覽列印』，轉到『預覽列印』檢視，可發現已新增一以『已婚』進行分組之內容，其標題字串與組內之分組小計亦分別安排及求算妥當

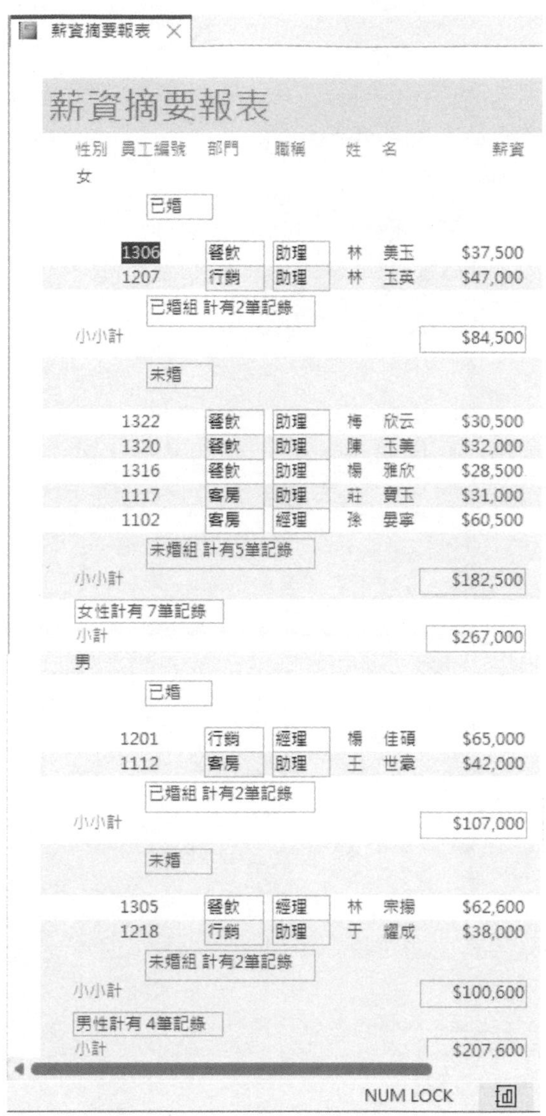

小秘訣

類似本例求加總及筆數之Sum()與Count()函數，Access還提供下列幾個求統計量之函數：求平均數之Avg()函數、求極大值之Max()函數、求極小值之Min()函數、求標準差之Stdev()函數與求變異數之Var()函數。

佈景主題

按『報表版面配置工具/排列/自動格式設定/佈景主題』 鈕，將顯示出可用之佈景主題供我們選用：

可安排標題及各部位之底色、字型、大小及顏色、……等格式設定。

整個區段之格式

若只是要安排某一個區段之格式，可於其標題列直接雙按；或單按滑鼠右鍵，續選「屬性(P)」（或按『報表設計/工具/屬性表』 鈕），即可轉入『屬性表』窗格設定其高度、背景色彩、變更背景色彩、特效、框線樣式、框線色彩、……等：

或於選取內容後，單按滑鼠右鍵，續選「屬性(P)」(或按『報表設計/工具/屬性表』 鈕)，即可轉入『屬性表』窗格進行相關格式設定，如：

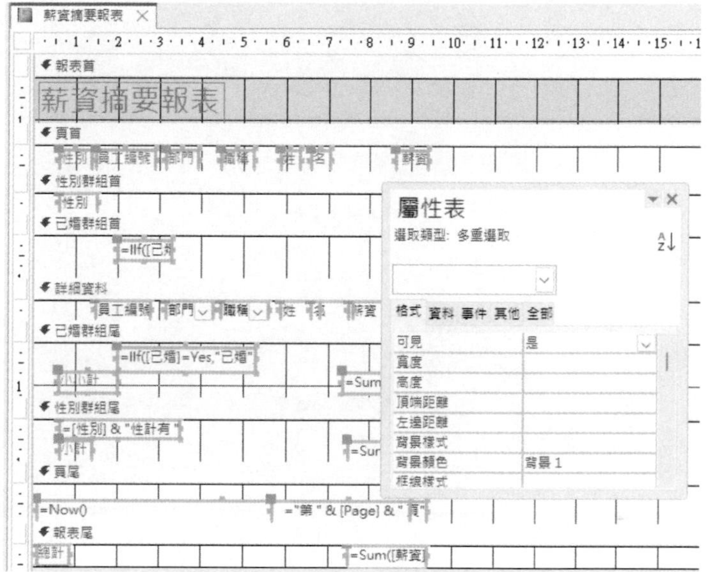

將框線樣式設定為透明，可將所選之多重項目的框線取消：

薪資摘要報表

性別	員工編號	部門	職稱	姓	名	薪資
女						
	已婚					
	1306	餐飲	助理	林	美玉	$37,500
	1207	行銷	助理	林	玉英	$47,000
	已婚組 計有2筆記錄					
小小計						$84,500
	未婚					
	1322	餐飲	助理	梅	欣云	$30,500
	1320	餐飲	助理	陳	玉美	$32,000
	1316	餐飲	助理	楊	雅欣	$28,500
	1117	客房	助理	莊	寶玉	$31,000
	1102	客房	經理	孫	吳寧	$60,500
	未婚組 計有5筆記錄					
小小計						$182,500
女性計有 7筆記錄						
小計						$267,000
男						
	已婚					
	1201	行銷	經理	楊	佳頤	$65,000
	1112	客房	助理	王	世豪	$42,000
	已婚組 計有2筆記錄					
小小計						$107,000

若再將各區段安排了不同之背景顏色，並設定透明背景樣式：

薪資摘要報表

性別	員工編號	部門	職稱	姓	名	薪資
女						
已婚						
	1306	餐飲	助理	林	美玉	$37,500
	1207	行銷	助理	林	玉英	$47,000
已婚組 計有2筆記錄						
小小計						$84,500
未婚						
	1322	餐飲	助理	梅	欣云	$30,500
	1320	餐飲	助理	陳	玉美	$32,000
	1316	餐飲	助理	楊	雅欣	$28,500
	1117	客房	助理	莊	寶玉	$31,000
	1102	客房	經理	孫	晏寧	$60,500
未婚組 計有5筆記錄						
小小計						$182,500

分頁

亦可讓報表一分組即跳換新頁，以便將不同組別之內容分印在不同頁。假定，要將不同性別之報表，分印在不同頁。可於『性別群組尾』之標題列上，單按滑鼠右鍵，續選「屬性(P)」(或按『報表設計/工具/屬性表』屬性表 鈕)，轉入『屬性表』窗格之『格式』標籤，於『強迫跳頁』處，選擇要於何處跳頁：

本例選「在區段後」，即可於群組尾列印結束後跳換新頁（本例係依性別分組），將每一組分別印在不同頁：

薪資摘要報表

薪資摘要報表

性別	員工編號	部門	職稱	姓	名	薪資
女						
	已婚					
	1306	餐飲	助理	林	美玉	$37,500
	1207	行銷	助理	林	玉英	$47,000
	已婚組 計有2筆記錄					
小小計						$84,500
	未婚					
	1322	餐飲	助理	梅	欣云	$30,500
	1320	餐飲	助理	陳	玉美	$32,000
	1316	餐飲	助理	楊	雅欣	$28,500
	1117	客房	助理	莊	寶玉	$31,000
	1102	客房	經理	孫	晏寧	$60,500
	未婚組 計有5筆記錄					
小小計						$182,500
女性計有 7筆記錄						
小計						$267,000

薪資摘要報表

性別	員工編號	部門	職稱	姓	名	薪資
男						
	已婚					
	1201	行銷	經理	楊	佳穎	$65,000
	1112	客房	助理	王	世豪	$42,000
	已婚組 計有2筆記錄					
小小計						$107,000
	未婚					
	1305	餐飲	經理	林	宗揚	$62,600
	1218	行銷	助理	于	耀成	$38,000
	未婚組 計有2筆記錄					
小小計						$100,600
男性計有 4筆記錄						
小計						$207,600

15-7 加入百分比

『2022第一季小計』查詢之內容為該季三個月份之業績及其合計：

2022第一季小計

員工編號	部門	職稱	姓	名	一月	二月	三月	合計
1102	客房	經理	孫	晏寧	$3,233,900	$,2186400	$2,374,600	$7,794,900
1112	客房	助理	王	世豪	$2,808,900	$,3449800	$3,638,900	$9,897,600
1117	客房	助理	莊	寶玉	$1,882,400	$,2186100	$2,542,000	$6,610,500
1201	行銷	經理	楊	佳碩	$3,637,700	$,2238600	$3,621,900	$9,498,200
1207	行銷	助理	林	玉英	$1,850,000	$,2137300	$3,114,400	$7,101,700
1218	行銷	助理	于	耀成	$2,245,800	$,2041400	$3,310,200	$7,597,400
1305	餐飲	經理	林	宗揚	$4,280,600	$,3373500	$3,229,900	$10,884,000
1306	餐飲	助理	林	美玉	$2,407,800	$,2030800	$3,387,600	$7,826,200
1316	餐飲	助理	楊	雅欣	$2,371,700	$,1601500	$2,509,300	$6,482,500
1320	餐飲	助理	陳	玉美	$2,317,300	$,2891100	$3,350,100	$8,558,500
1322	餐飲	助理	梅	欣云	$2,287,400	$,1813000	$4,396,800	$8,497,200

假定，要使用『2022第一季小計』查詢之內容，產生如下示以部門分組之報表，並於最右側求每一員工第一季業績，佔全體員工第一季業績總和之百分比：

2022第一季業績小計

2022第一季業績小計

部門	員工編號	職稱	姓	名	合計	%
客房						
	1117	助理	莊	寶玉	$6,610,500	7.28%
	1112	助理	王	世豪	$9,897,600	10.91%
	1102	經理	孫	晏寧	$7,794,900	8.59%
摘要 '部門' = 客房 (3 詳細記錄)						
總計					$24,303,000	
標準					26.78%	
行銷						
	1218	助理	于	耀成	$7,597,400	8.37%
	1207	助理	林	玉英	$7,101,700	7.83%
	1201	經理	楊	佳碩	$9,498,200	10.47%
摘要 '部門' = 行銷 (3 詳細記錄)						
總計					$24,197,300	
標準					26.66%	
餐飲						
	1322	助理	梅	欣云	$8,497,200	9.36%
	1320	助理	陳	玉美	$8,558,500	9.43%
	1316	助理	楊	雅欣	$6,482,500	7.14%
	1306	助理	林	美玉	$7,826,200	8.62%
	1305	經理	林	宗揚	$10,884,000	11.99%
摘要 '部門' = 餐飲 (5 詳細記錄)						
總計					$42,248,400	
標準					46.56%	
總計					$90,748,700	100.00%

以『報表精靈』來處理，其步驟為：

Step 1 於左側功能窗格選取『2022第一季小計』查詢

Step 2 續按『建立/報表/報表精靈』 報表精靈 鈕，轉入

Step 3 於左側逐一雙按欄名，將『員工編號』、『部門』、『職稱』、『姓』、『名』與『合計』等欄位送往右側『已選取的欄位(S):』

15

報表

Step 4 續按 下一步(N) > 鈕

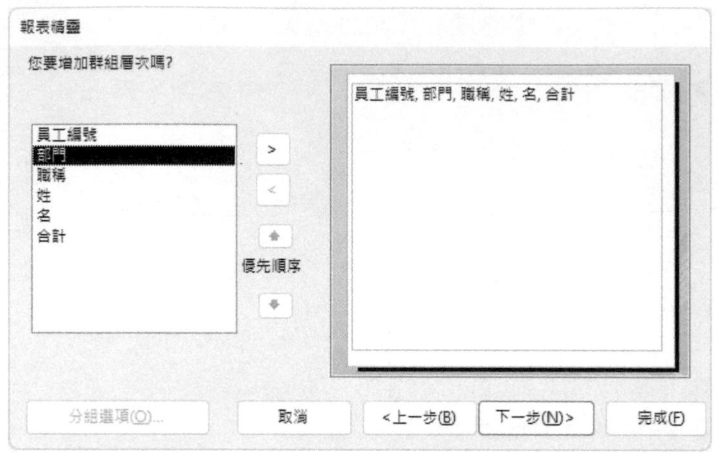

Step 5 雙按「部門」，當為分組之依據

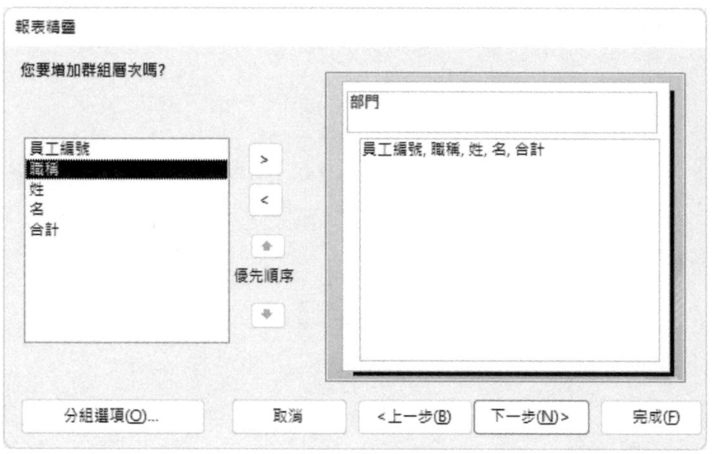

小秘訣

若無分組，將不會求其摘要值及百分比。有時，可先暫時要求分組，以求得摘要值或百分比，將其抄到其他位置，然後再修改為不分組，這樣可快速取得這些內容。

Step 6 續按 下一步(N) > 鈕

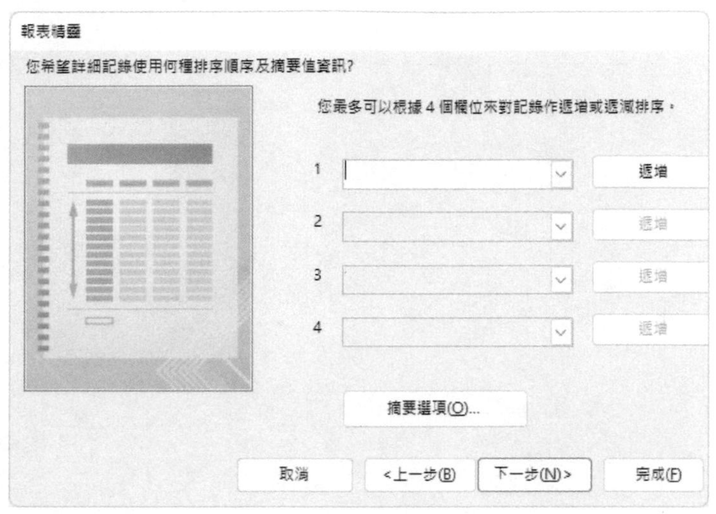

Step 7 按 摘要選項(O)... 鈕，續選擇所要之摘要值（本例選全部數值欄位之「總計」)，另於右下角加選「計算合計比例(P)」，印出百分比。按 確定 鈕，回前一步驟之畫面

15

報表

Step 8 按 下一步(N) > 鈕

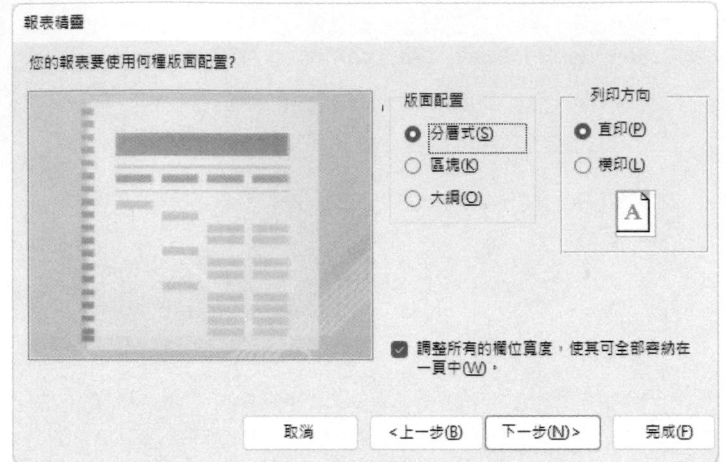

Step 9 選擇版面配置及列印方式（本例維持原預設值），續按 下一步(N) > 鈕

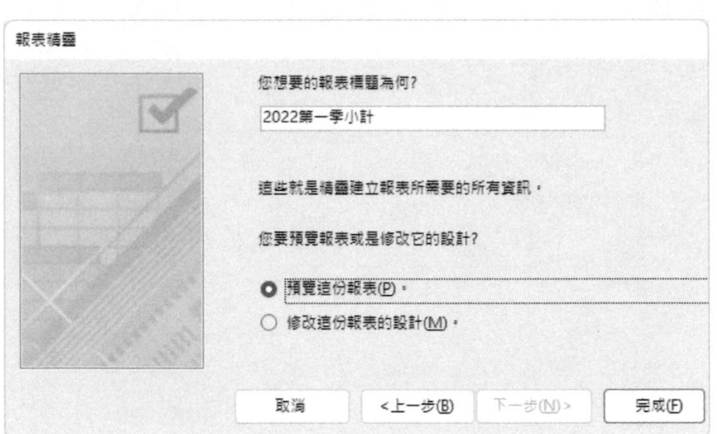

Step 10 輸妥報表標題（本例輸入 "2022第一季業績小計"），續按 完成(F) 鈕，即可獲致報表

2022第一季業績小計

部門	員工編號	職稱	姓	名	合計
客房					
	1117	助理	莊	賁玉	######
	1112	助理	王	世豪	######
	1102	經理	孫	晏寧	######
摘要 '部門' = 客房 (3 詳細記錄)					
總計					#####
標準					#####
行銷					
	1218	助理	于	耀成	######
	1207	助理	林	玉英	######
	1201	經理	楊	佳碩	######
摘要 '部門' = 行銷 (3 詳細記錄)					
總計					#####
標準					#####

NUM LOCK 100%

修改報表欄寬

關閉『預覽檢視』，選按『報表設計/檢視/版面配置檢視』，轉入『版面配置檢視』，調整各欄之寬度、位置及群組尾摘要之欄寬。最右邊分組摘要之總計及全體總計，得按住 Shift 鍵，續以滑鼠逐一點選它們，然後再調整寬度及移動位置：

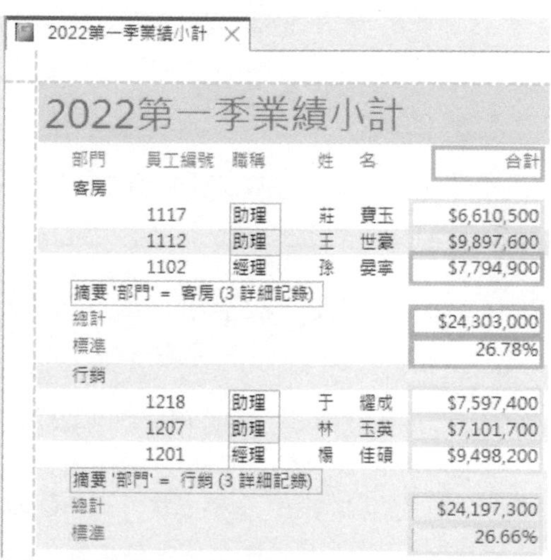

標準列之數字，即各部門第一季總計，除以第一季全體總計後之百分比。以行銷部為例，第一季合計為24,197,300；而全體員工第一季之總計為90,748,700，兩者相除即為26.66%。

求算各員工第一季小計佔總計之百分比

若擬續於最右邊加入一欄，求算各員工第一季小計佔總計之百分比，可以下示步驟進行：

Step 1 執行『常用/檢視/設計檢視』，轉入『設計檢視』

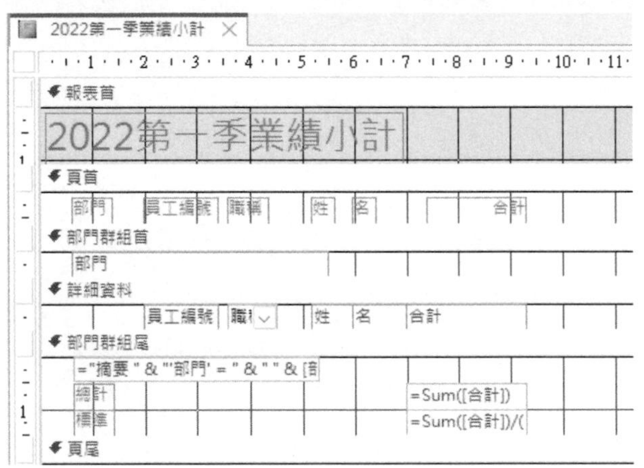

Step 2 點選『部門群組尾』最右下角之內容

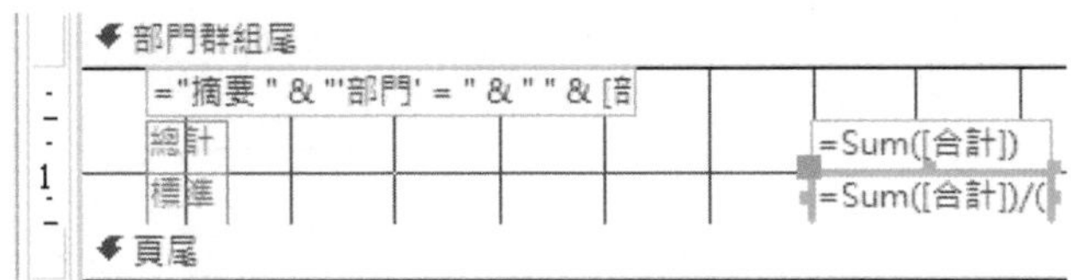

再按一次滑鼠，可進入編輯狀態，左右移動查看一下其運算式內容，可看出其內容為：

```
=Sum([合計])/([合計總計總計])
```

其[合計總計總計]是Access用來求算[合計]之總計。（雖然連續出現兩個總計，有點奇怪，但它是Access自動求算的結果）

若將這組公式，安排於『報表尾』最右邊，則變成可以求百分比總計的運算式。雖然，是同樣的內容。只是，擺放之區段位置不同，所求得之結果也不同。置於『部門群組尾』，可求算分組之小計；置於『報表尾』，則求算全體之總計。

因此，於『詳細資料』處，安排運算式：

```
=[合計]/[合計總計總計]
```

其作用就變成，求算每一員工之第一季 [合計]，除以全體員工第一季總計之百分比了。

Step 3 按『報表設計/控制項/標籤』 Aa 鈕，於『頁首』最右邊，安排一內容為"%"之標籤文字，格式為右靠

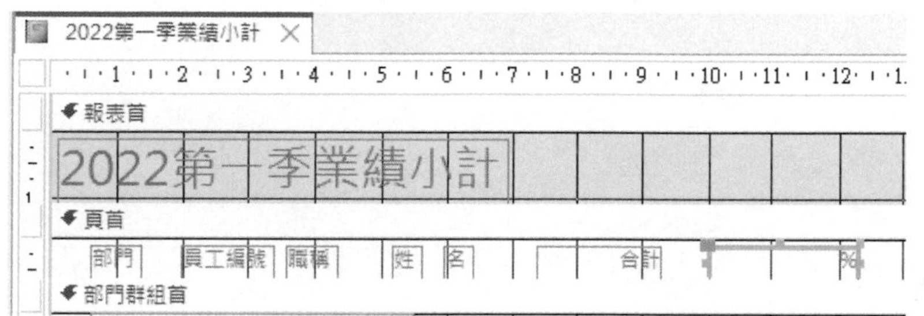

Step 4 按『報表設計/控制項/文字方塊』 abl 鈕，於前項"%"標籤下方，安排一文字方塊

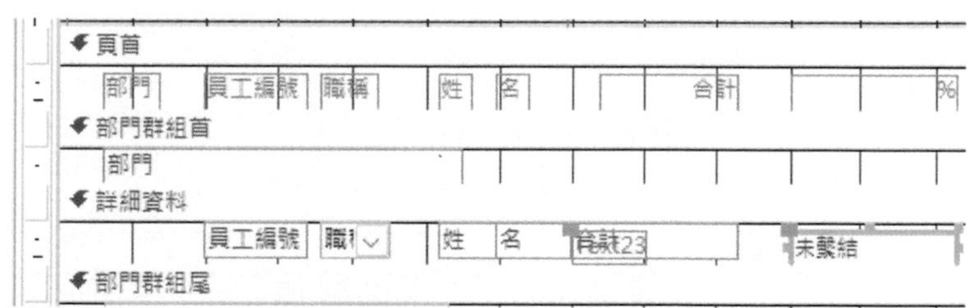

點選『Text23:』，按 Delete 鍵，將其刪除。續於『未繫結』內輸入：

```
=[合計]/[合計總計總計]
```

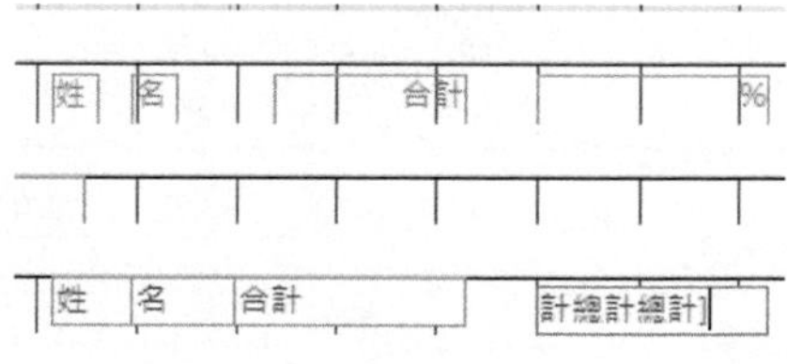

輸入後，單按滑鼠右鍵，選「屬性(P)」，轉入『屬性表』窗格，將其格式安排為「百分比」：

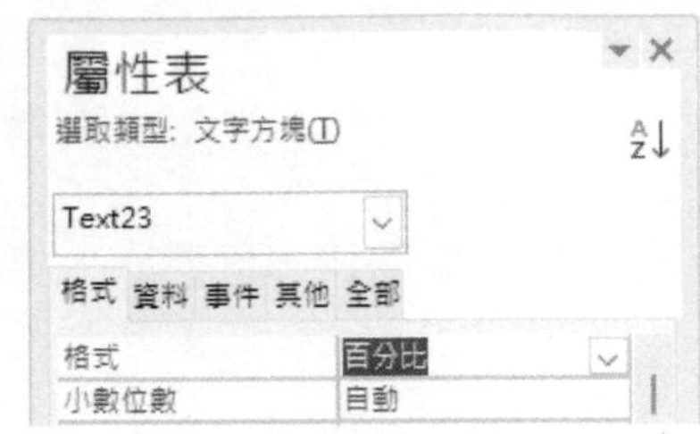

Step 5 選取『部門群組尾』內，含

```
=Sum([合計])/([合計總計總計])
```

之控制項：

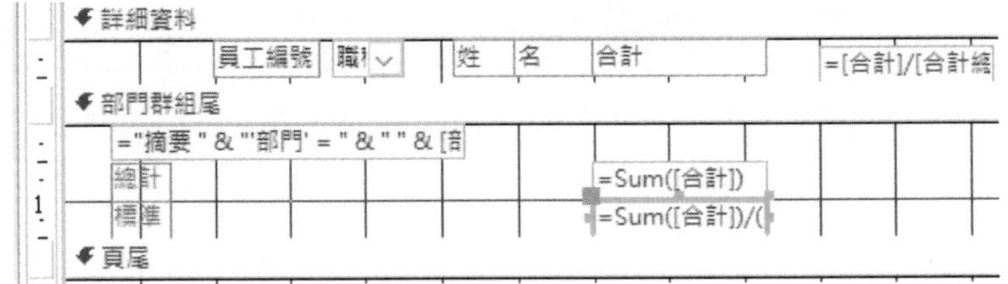

Step 6 按『常用/剪貼簿/複製』 鈕，記下其內容

Step 7 點選『報表尾』區段之標題，續按『常用/剪貼簿/貼上』 鈕，將其貼到『報表尾』區段，並移到最右邊與"%"標籤向右對齊，並將"%"標籤設定為向右對齊

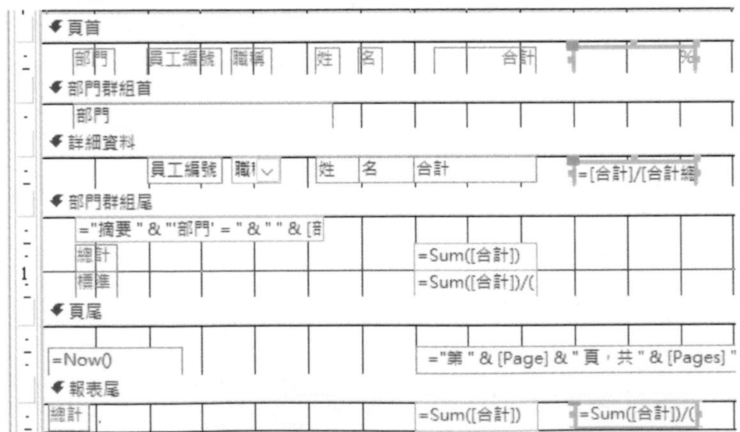

同樣之公式：

```
=Sum([合計])/([合計總計總計])
```

擺放之區段不同，所求得之結果也不同。置於『部門群組尾』，可求算分組之小計；置於『報表尾』，就變成可以求之百分比總計的運算式。

Step 8 執行『報表設計/檢視/預覽列印』，即可看到各員工第一季小計佔總計之百分比，以及最右下角的百分比合計100.00%

2022第一季業績小計 ×

2022第一季業績小計

部門	員工編號	職稱	姓	名	合計	%
客房						
	1117	助理	莊	寶玉	$6,610,500	7.28%
	1112	助理	王	世豪	$9,897,600	10.91%
	1102	經理	孫	晏寧	$7,794,900	8.59%
摘要 '部門' = 客房 (3 詳細記錄)						
總計					$24,303,000	
標準					26.78%	
行銷						
	1218	助理	于	耀成	$7,597,400	8.37%
	1207	助理	林	玉英	$7,101,700	7.83%
	1201	經理	楊	佳碩	$9,498,200	10.47%
摘要 '部門' = 行銷 (3 詳細記錄)						
總計					$24,197,300	
標準					26.66%	
餐飲						
	1322	助理	梅	欣云	$8,497,200	9.36%
	1320	助理	陳	玉美	$8,558,500	9.43%
	1316	助理	楊	雅欣	$6,482,500	7.14%
	1306	助理	林	美玉	$7,826,200	8.62%
	1305	經理	林	宗揚	$10,884,000	11.99%
摘要 '部門' = 餐飲 (5 詳細記錄)						
總計					$42,248,400	
標準					46.56%	
總計					$90,748,700	100.00%

ACCESS

CHAPTER 16

自行設計報表

無論Access安排多少精靈？也不見得能滿足各種使用之所需！所以，仍得有『設計檢視』，讓使用者自行去設計報表。

本章各例，請開啟『範例\Ch16\中華公司.accdb』進行練習。

16-1 西式信封

除了郵寄標籤外；有時，也可以將姓名地址直接印在信封上。這樣，就可省去逐一貼郵寄標籤之麻煩。若信封上未事先印妥寄件人之姓名地址，還可於信封上輸入這些內容，將其一併印出。其處理步驟為：

Step 1 按『建立/報表/報表設計』報表設計 鈕，轉入

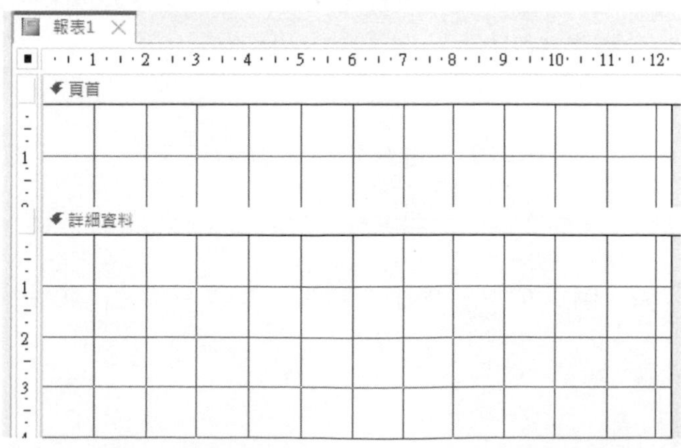

Step 2 以滑鼠左鍵雙按『設計檢視』畫面最左上角之報表選取鈕（▪），開啟『屬性表』窗格轉入『資料』標籤

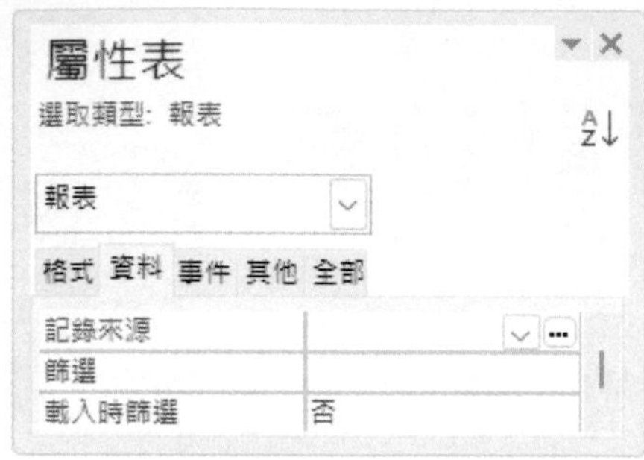

Step 3 按『記錄來源』右側之下拉鈕，將顯示所有資料表或查詢之下拉式表單，可選擇所要之資料表或查詢（本例選『員工』資料表），如此才可於文字方塊取得其內欄位之運算結果（若『篩選』處有內容，請加以刪除）

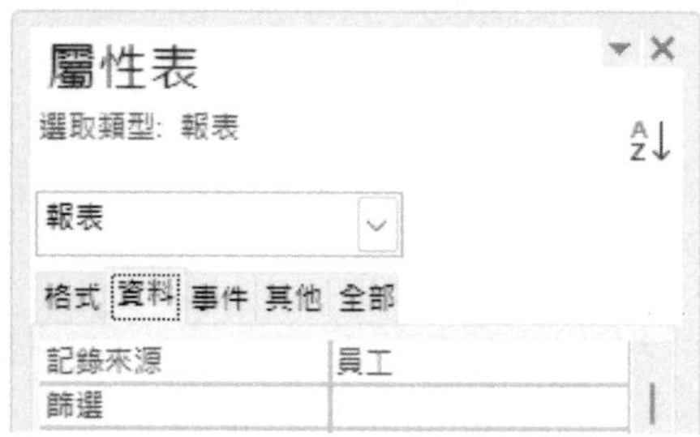

小秘訣

若不會使用到運算，僅單純使用欄位內容，則可省略此一步驟。但加入此一步驟也無妨！

Step 4 於任意區段標題單按右鍵，選「頁首/頁尾(A)」，取消頁首/頁尾

Step 5 拖曳『詳細資料』之右下角，將其調整為高8公分寬16公分

Step 6 若無『欄位清單』窗格，請按『報表設計/工具/新增現有欄位』新增現有欄位鈕，可看到其所有欄位

Step 7 於『欄位清單』內，按住 Shift 鍵，分兩次選取『郵遞區號』與『地址』兩欄，以拖曳方式，將其拉到『詳細資料』右下角

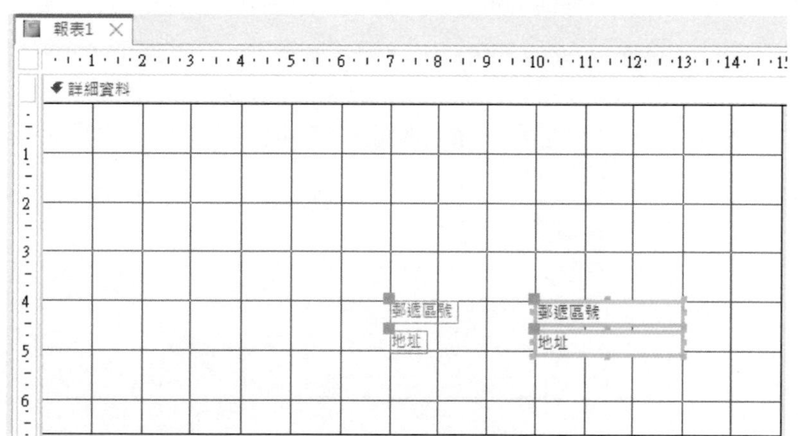

Step 8 選取『郵遞區號』與『地址』之標題，將其選取，按 Delete 鍵，將其刪除

Step 9 拉大『地址』欄之寬度及高度

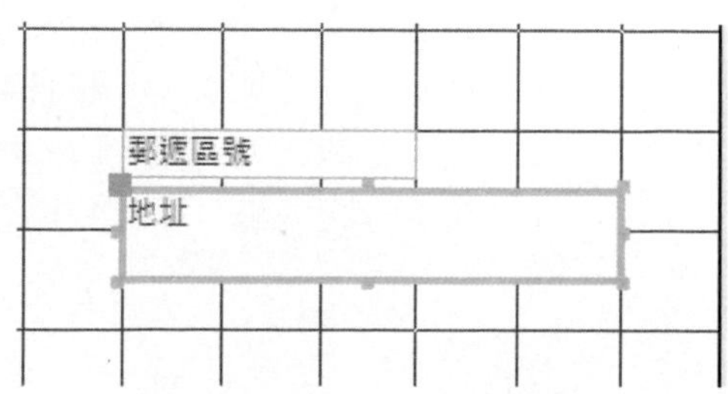

16

自行設計報表

Step 10 按『報表設計/控制項/文字方塊』abl 鈕，於『地址』下方，拉出一個文字方塊

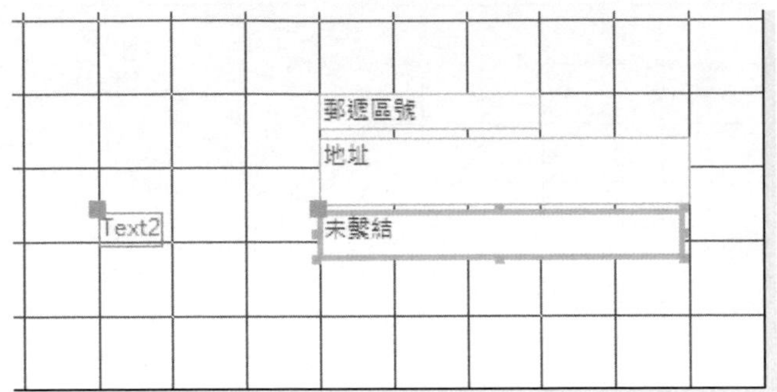

Step 11 選按『Text2』將其選取，按 Delete 鍵，將其刪除

Step 12 往『未繫結』上，單按滑鼠左鍵將其選取，再於其內按一下，即可顯示出游標，輸入

```
=[姓] &[名] & IIF([性別]="男","  先生  收","  小姐  收")
```

用以於姓名後，依其性別分別加上 " 先生 收" 或 " 小姐 收" 字串。

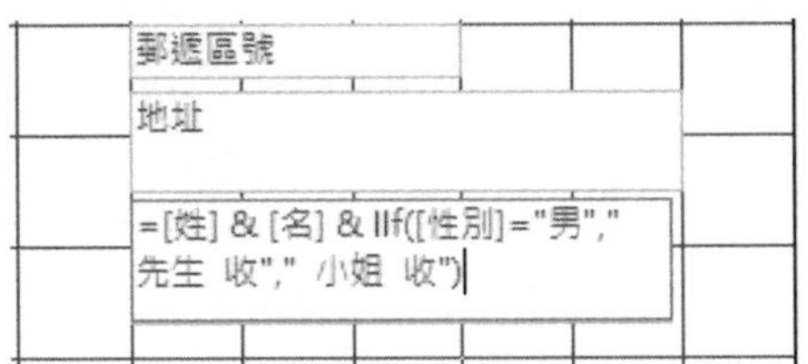

Step 13 按 Shift 鍵，再逐一點選，可同時選取此三個欄位，按『屬性表』屬性表 鈕轉入其『全部』標籤，將『框線樣式』設定為「透明」，可取消其等之外框設定為「透明」，可取消其等之外框

Step 14 按『報表設計/控制項/標籤』Aa 鈕，於左上角拉出一標籤方塊，並輸入寄件人及地址（要換列時，按 Shift ＋ Enter 。若要使用不同字體之內容，可分別拉出兩獨立之標籤方塊）

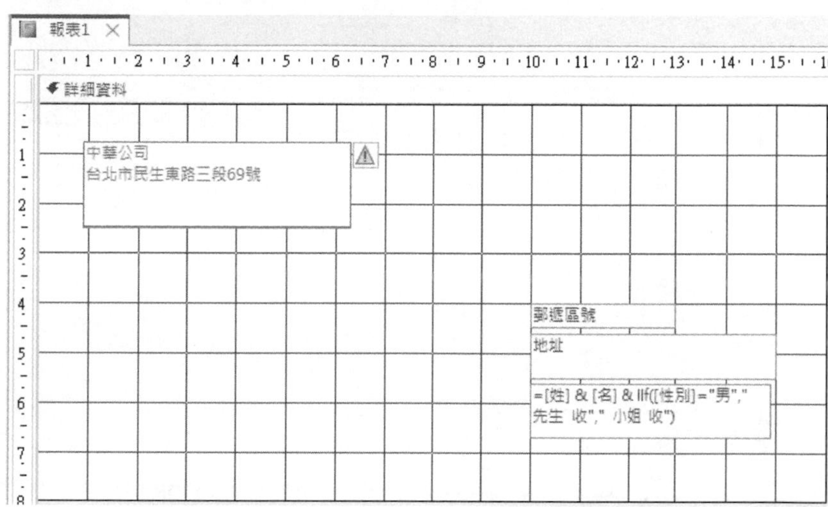

Step 15 將其以『西式信封』存檔

Step 16 執行『報表設計/檢視/預覽列印』，轉回『預覽列印』檢視，可獲致印有收件人及寄件人姓名地址的信封內容

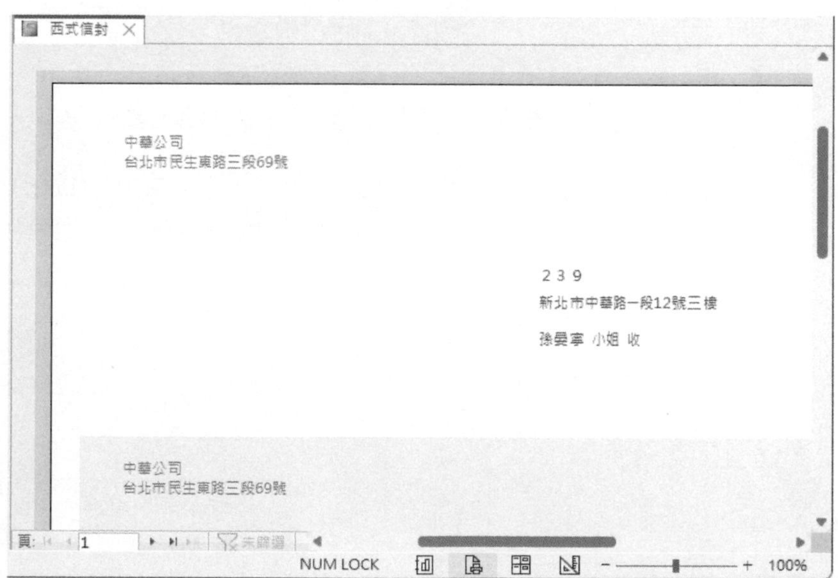

本例之信封底色，係一個白色（背景顏色）；另一個灰色（變更背景顏色），交錯使用。故而，最好以雙按 詳細資料 之方式，轉入『屬性表』將『背景顏色』與『變更背景色彩』均設定為白色（背景1與無色彩）：

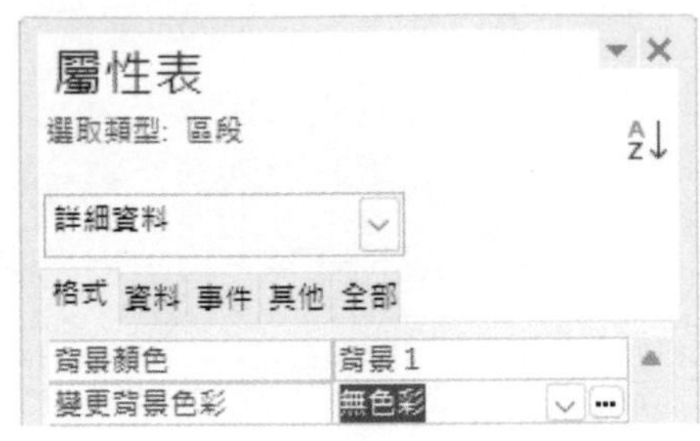

16-2 插圖

也可仿前面之作法，按『報表設計/控制項/標籤』Aa 鈕，輸入其他文字，設定字體、大小及框線之格式；或按『報表設計/控制項/圖像』插入影像 鈕，插入圖案（本例取用『範例\Ch16\Logo.jpg』），並調妥其大小。如：

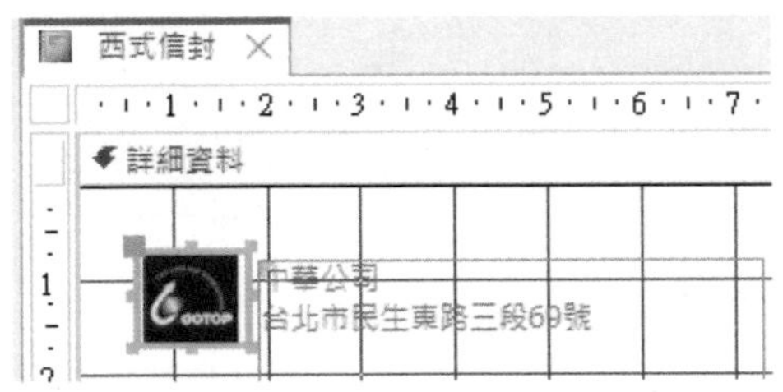

若擬於右上角安排一『請貼郵票』文字標籤，其處理方法為：

Step 1 按『報表設計/控制項/標籤』 Aa 鈕，於右上角拉出標籤框，於第一列輸 入"請貼" 後，按兩次 Shift + Enter ，換到第三列，輸入"郵票"

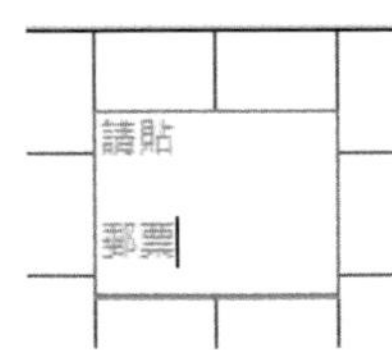

Step 2 按 Enter 完成輸入，自動選取整個標籤方塊

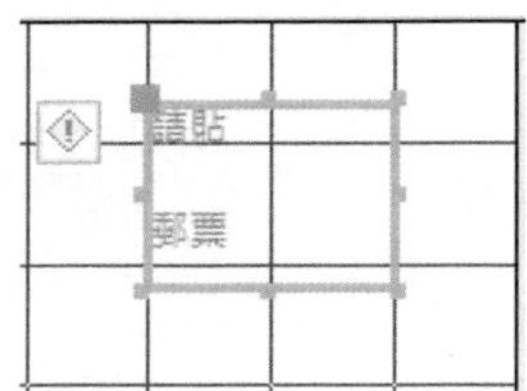

Step 3 按『報表設計/工具/屬性表』 屬性表 鈕，轉入『屬性表』窗格『格式』標籤

Step 4 將『框線樣式』設定為「虛線」，將『框線寬度』設定為「1 pt」，將『框線色彩』設定為紅色（其代碼為「#ED1C24」)，轉到下方，將『文字對齊』設定為「分散」

Step 5 轉到下方，將上、下、左、右四個邊界設定為「0.1cm」(會自動校正為0.101cm)

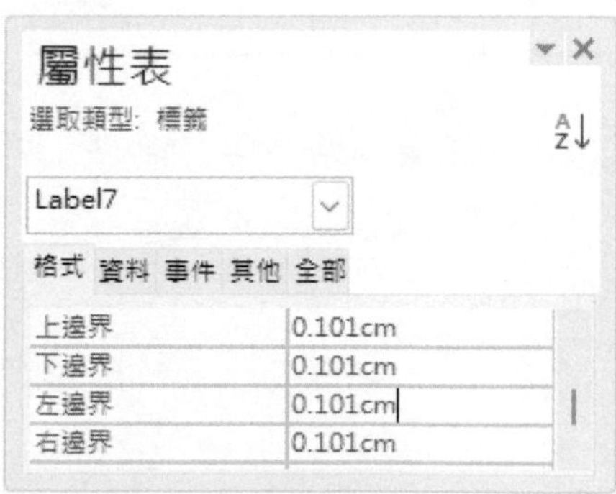

Step 6 關閉『屬性表』窗格，將『請貼郵票』文字設定為紅色，調整一下框大小，執行『報表設計/檢視/預覽列印』，轉回『預覽列印』檢視

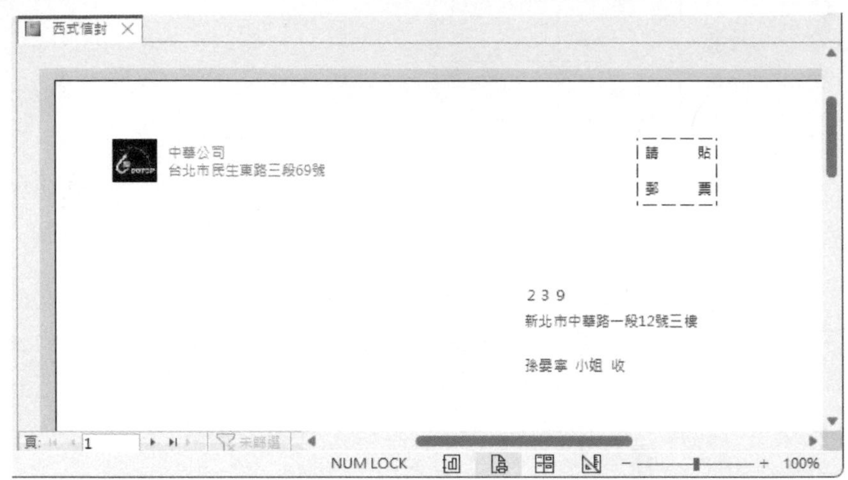

16-3 中式信封

前例是橫式的西式信封；若要列印下示之直式的中式信封：

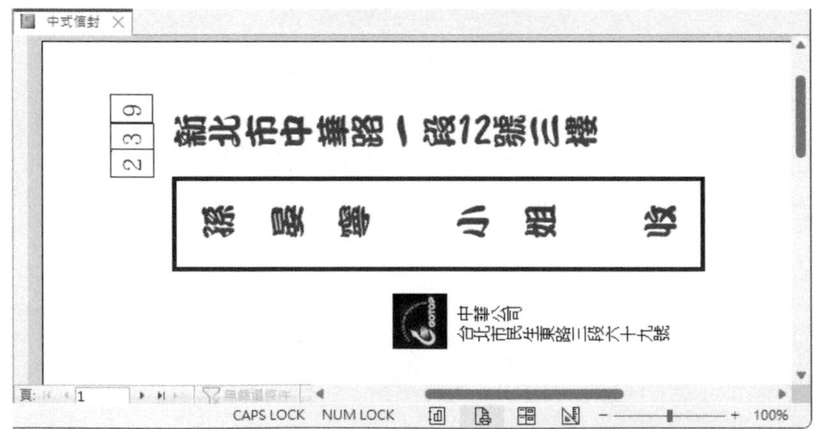

其處理步驟為：

Step 1 按『建立/報表/報表設計』報表設計 鈕，轉入報表『設計檢視』，於任意區段標題單按右鍵，選「頁首/頁尾(A)」，取消頁首/頁尾，拖曳『詳細資料』區段之右下角，將其調整為高8公分寬16公分

Step 2 以滑鼠左鍵雙按『設計檢視』畫面最左上角之報表選取鈕（■），開啟『屬性表』窗格，轉入『全部』標籤，按『記錄來源』右側之下拉鈕，選『員工』資料表，如此才可於文字方塊取得其內欄位之運算內容

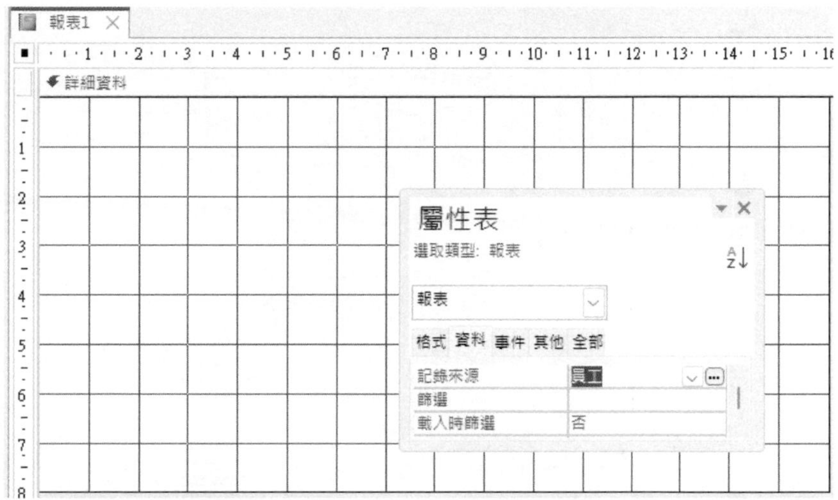

Step 3 按『報表設計/控制項/文字方塊』ab| 鈕，於『詳細資料』區段左上角，拉出一個文字方塊

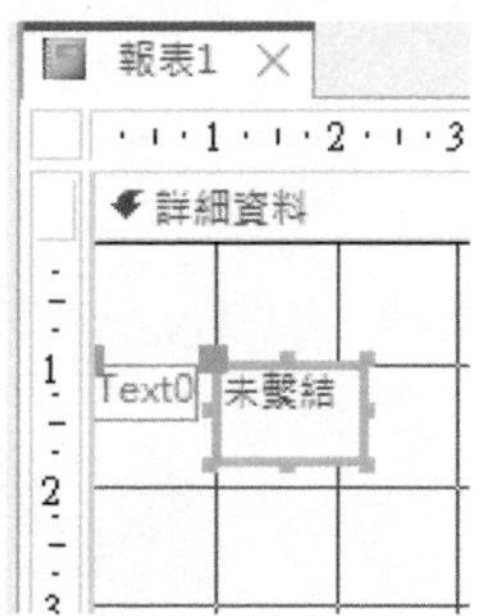

Step 4 選按『Text0』將其選取，按 Delete 鍵，將其刪除

Step 5 往『未繫結』上，單按滑鼠左鍵將其選取，再於其內按一下，即可顯示出游標，輸入：

```
=Mid([郵遞區號],1,1)
```

意指自『郵遞區號』的第1個字開始，取1個字。

Step 6 調整一下其大小及其位置，設定使用14點大小「@新細明體」置中對齊、1點實線紅色框線（代碼為「#ED1C24」）

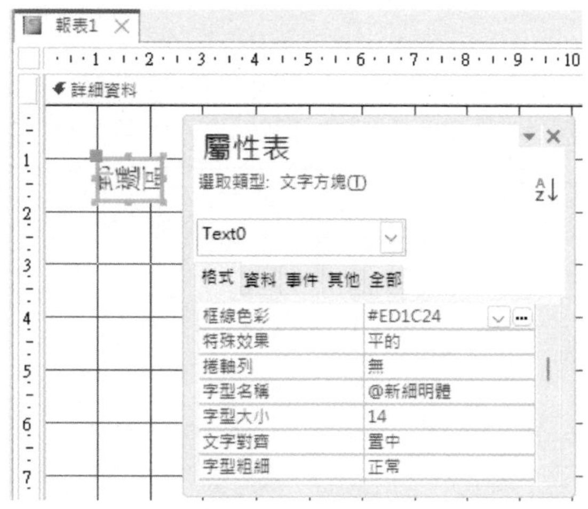

如此，可使其轉為直書：

Step 7 利用複製方式，以這個文字方塊為來源，複製出另外兩個郵遞區號之文字方塊。並將第二個內容改為：

```
=Mid([郵遞區號],2,1)
```

指自『郵遞區號』的第2個字開始，取1個字。將第三個內容改為：

```
=Mid([郵遞區號],3,1)
```

意指自『郵遞區號』的第3個字開始，取1個字。將三個框線向下調整一點：

如此，可將三個郵遞區號數字顯示於三個紅色框中：

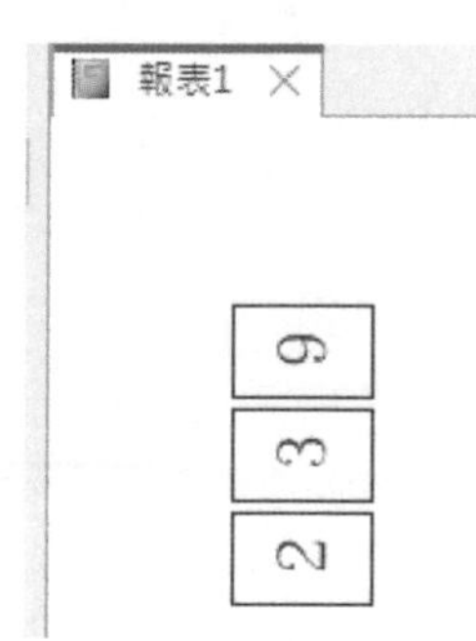

（若『郵遞區號』係半形字，則無法轉為直書。所以，我們於建檔初期，即特別以全形字進行輸入郵遞區號。）

Step 8 調整一下『郵遞區號』各方框之大小及位置，續以拖曳方式，將『欄位清單』內之『地址』欄位，拉到郵遞區號之右側

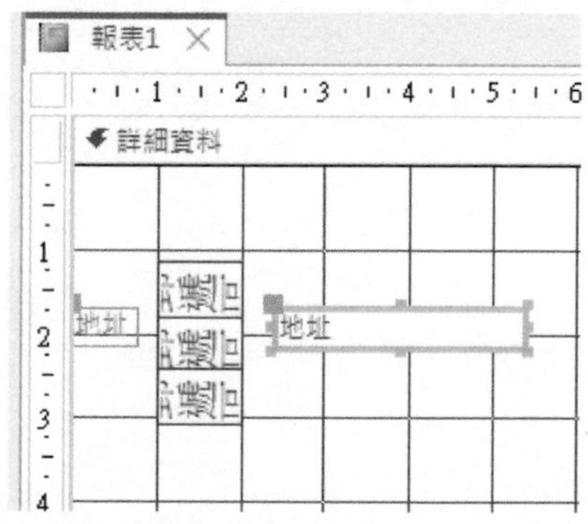

Step 9 選按『地址』標題文字將其選取，按 Delete 鍵，將其刪除

Step 10 調整一下地址欄位框大小及其位置，設定使用24點大小「@華康勘亭流」字體，並取消其框線

如此，可於郵遞區號下以直書顯示出地址：

報表1
239
新北市中華路1段12號三樓

Step 11 按『報表設計/控制項/文字方塊』ab| 鈕，於『詳細資料』區段左上角，拉出另一個文字方塊，刪除其標題，將文字方塊內容輸入為：

```
=[姓] & [名] & IIF([性別]="男"," 先生 收"," 小姐 收")
```

用以於姓名後，依其性別分別加上 "先生 收" 或 "小姐 收" 字串。並設定為使用 24 點大小「@華康勘亭流」字體、紅色 3 點實線外框、分散的對齊、左右邊界及上邊界各留 0.5cm

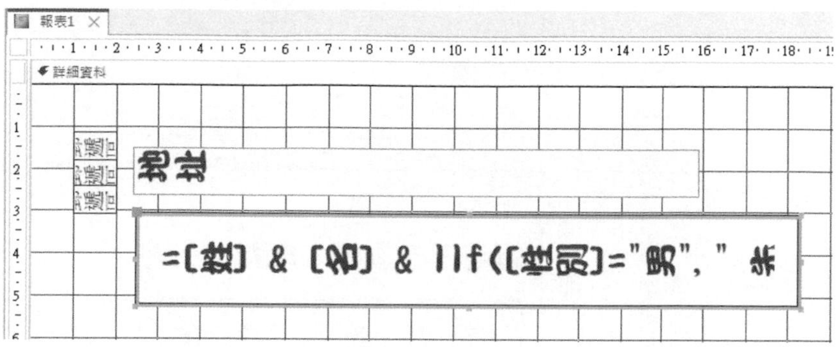

如此，可以均分方式、直書顯示收件者姓名；並於其外圍加上紅色外框：

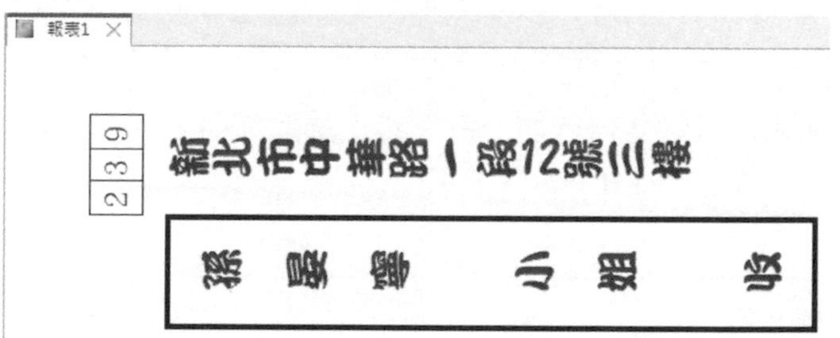

Step 12 按『報表設計/控制項/標籤』Aa 鈕，於右下角輸入寄件者公司名稱（或姓名）及地址，設定為使用紅色11點大小「@新細明體」字體，並取消其框線

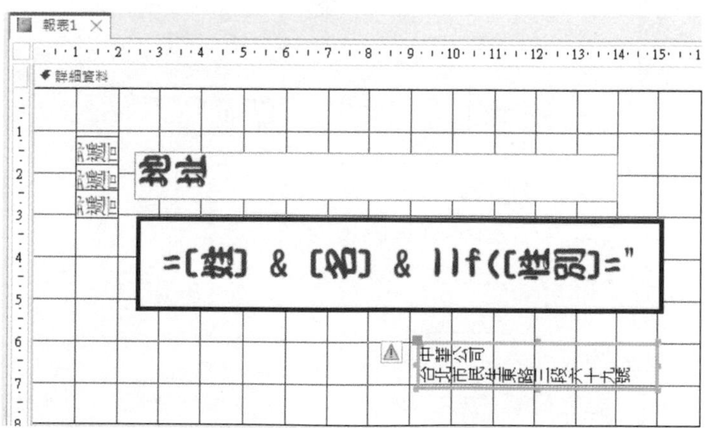

Step 13 執行『報表設計/檢視/預覽列印』，轉回『預覽列印』檢視，可獲致中式信封外觀

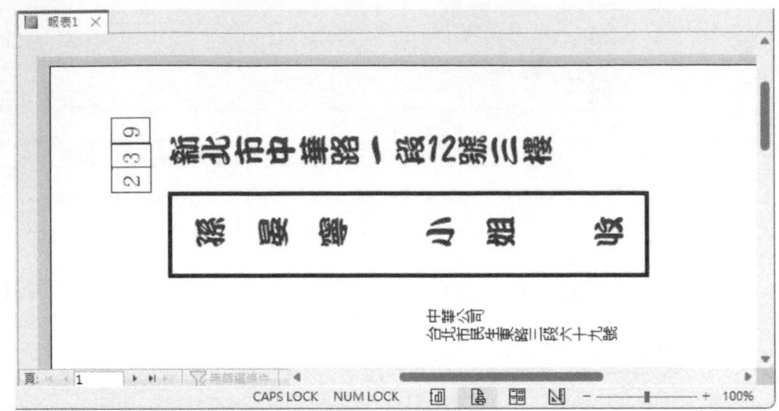

您也可以試著自行加上寄信者之郵遞區號，或加上插圖（本例使用範例內之Logo1.jpg）：

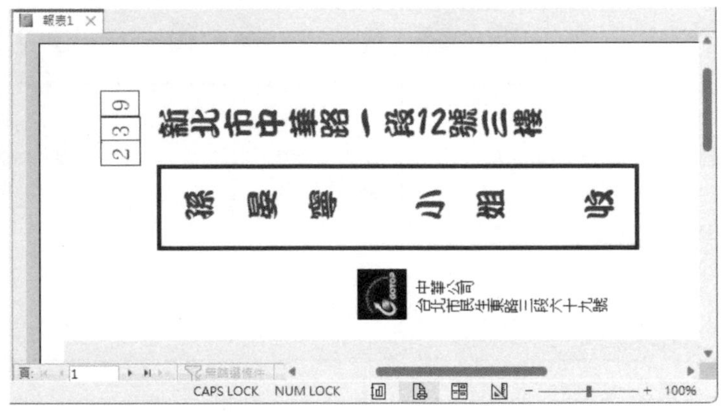

本例之信封底色，係一個白色（背景顏色）；另一個灰色（變更背景顏色），交錯使用。故而，最好以雙按 詳細資料 之方式，轉入『屬性表』將『背景顏色』與『變更背景色彩』均設定為無色彩（背景1與無色彩）：

最後，將其以『中式信封』存檔。

16-4 員工證

假定，要完成如下示以兩欄顯示之員工證：

其處理步驟為：

Step 1 按『建立/報表/報表設計』報表設計 鈕，轉入『設計檢視』畫面，於任意區段標題單按右鍵，選「頁首/頁尾(A)」，取消頁首/頁尾

Step 2 拖曳『詳細資料』區段之右下角，將其調整為高5公分寬8公分

Step 3 於『詳細資料』區段任一位置，雙按滑鼠左鍵，轉入『屬性表』將『背景顏色』與『變更背景色彩』均設定為使用「綠色, 輔色 1, 較亮 80%」

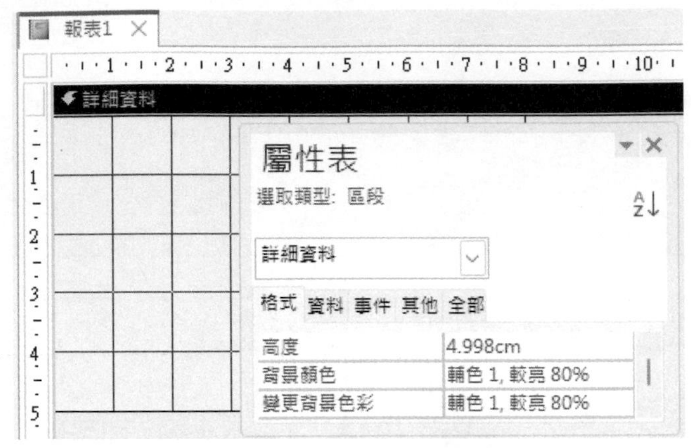

Step 4 以滑鼠左鍵雙按『設計檢視』畫面最左上角之報表選取鈕（■），轉入『屬性表』窗格『資料』標籤，按『記錄來源』右側之向下按鈕，選『員工』資料表，如此才可於文字方塊取得其內欄位之運算內容

Step 5 按『報表設計/控制項/標籤』 Aa 鈕，拉出標題方框，輸入 "中華公司員工證"。於其上，單按右鍵選「屬性 (P)」，將其格式設定為：深紅色 18 點粗體字、紅色 3 點實線框、特殊效果陰影框、置中顯示

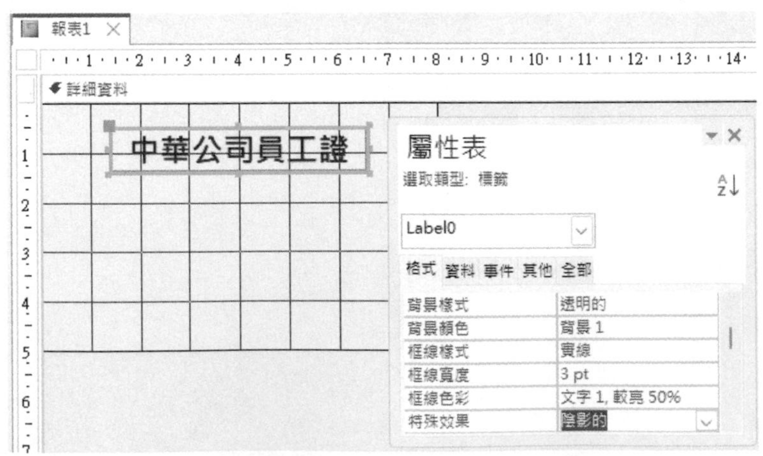

Step 6 按『報表設計/工具/新增現有欄位』新增現有欄位 鈕，取得『欄位表單』，續按 Ctrl ，並以滑鼠於『欄位表單』選取：員工編號、部門、職稱、姓、名等欄。以拖曳方式，將其一起拉到『詳細資料』區段之左邊

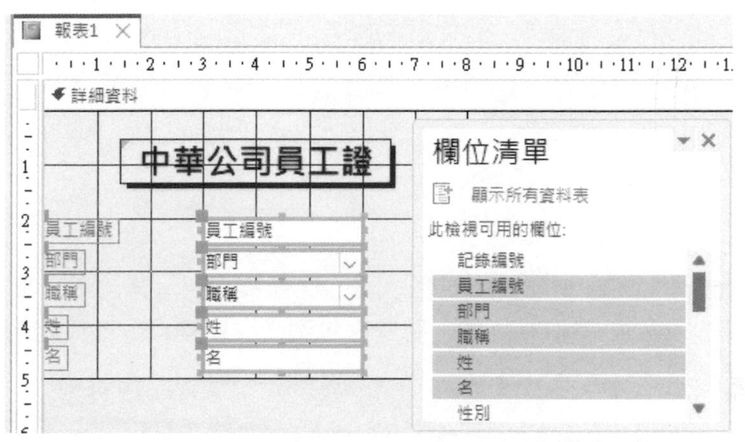

Step 7 選取所有欄名部份，於其上單按右鍵續選「屬性(P)」，將其格式設定為：深紅色、粗體、凸起的特殊效果、左邊距離0.5公分

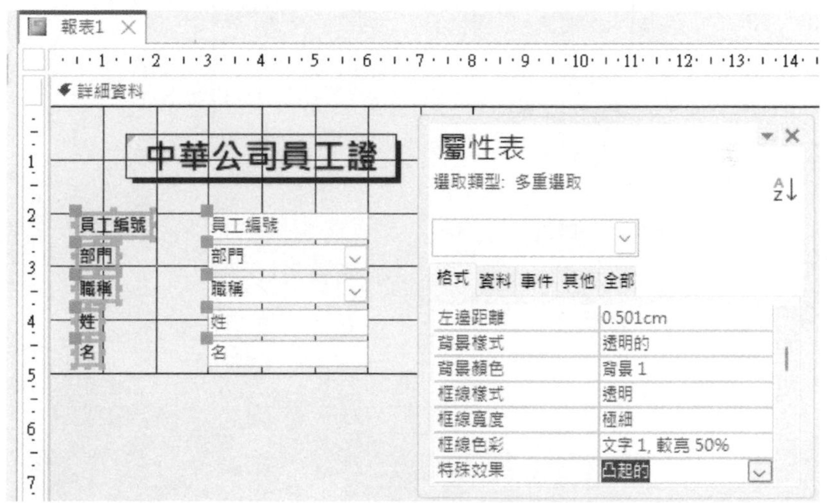

Step 8 選取所有欄內容部份，於其上單按右鍵續選「屬性(P)」，將其『左邊距離』設定2.2公分。並調整欄寬度為2公分

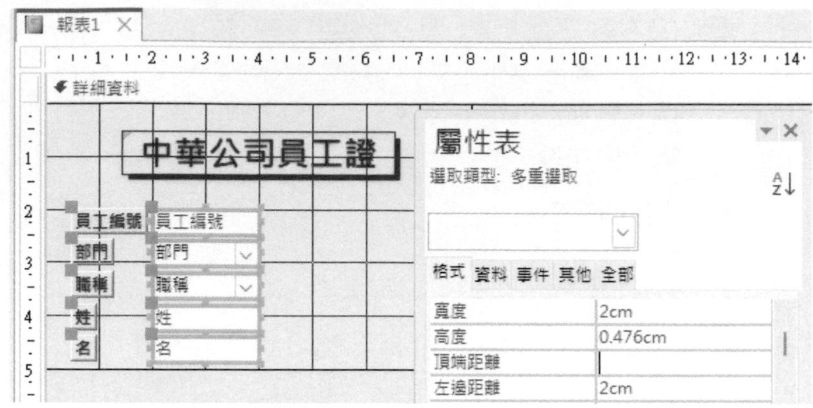

Step 9 按『報表設計/工具/新增現有欄位』新增現有欄位 鈕，取得『欄位表單』，選取相片欄，將其拖曳到『詳細資料』區段之右邊

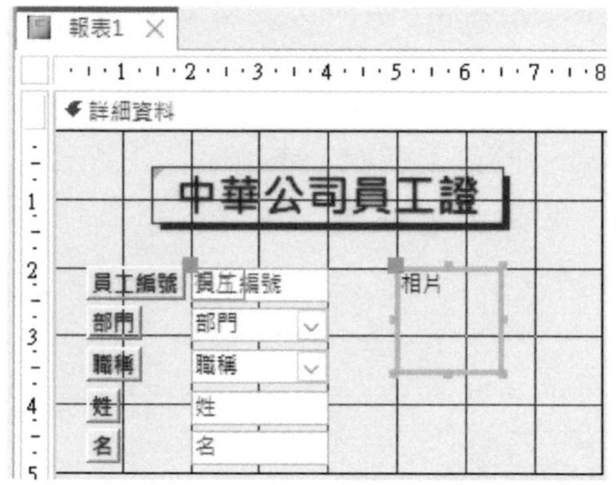

Step 10 刪除『相片』標題字，調整相片框之大小及位置，將其『大小模式』設定為「拉長」以填滿整個圖框

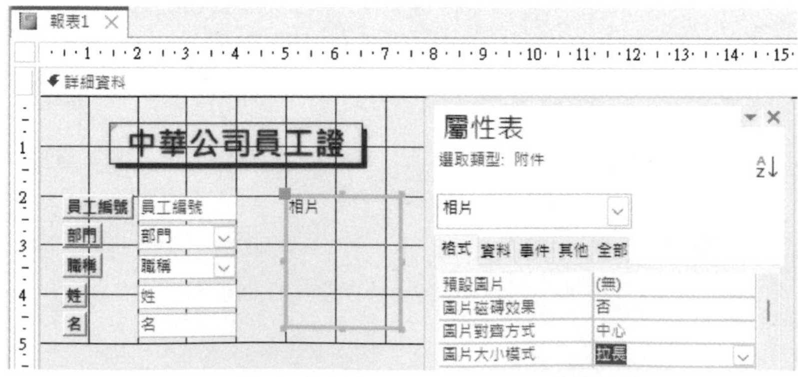

Step 11 按 鍵，將其命名為『員工證』並存檔

Step 12 將各欄位內容上移一點，按『報表設計/控制項/矩形』 鈕，沿外緣拉出方框（底部留一點空隙）。初拉好時，會遮住所有內容。於其上單按右鍵選「屬性(P)」，將其格式設定為：背景樣式「透明的」、3點實線深紅色框。即可看到原內容：

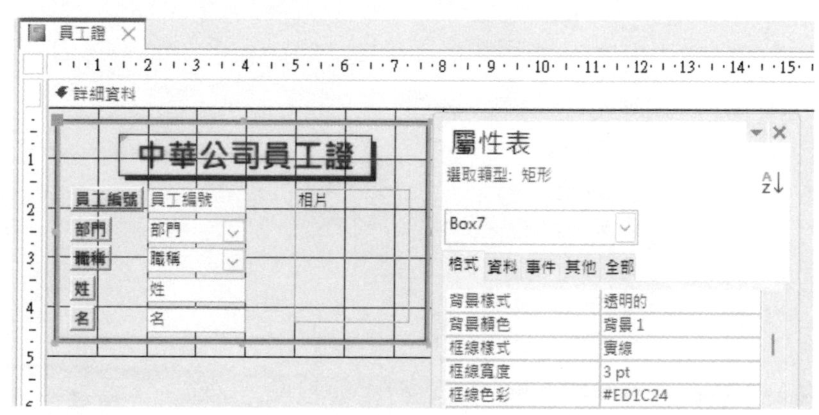

Step 13 按『報表設計/控制項/插入圖像』 插入影像 鈕，於『詳細資料』區段左上角插入範例之Logo.jpg圖案

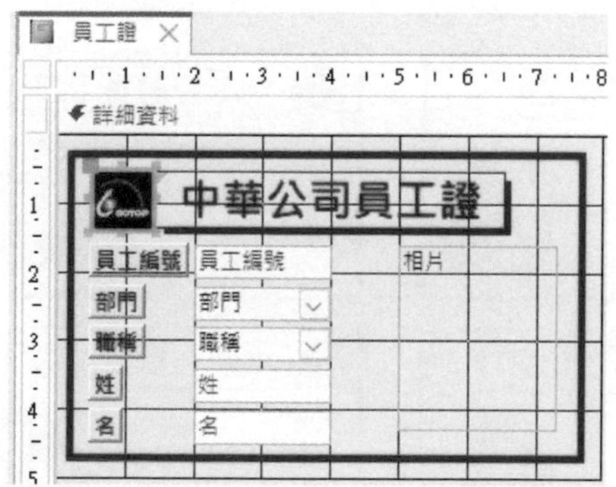

Step 14 按『版面設定/版面配置/欄』 欄 鈕，轉入『欄』標籤，設定每頁要印兩欄。按 確定 鈕，完成設定

Step 15 執行『報表設計/檢視/預覽列印』，轉入『預覽列印』檢視，即可達成要求

16-5 自繪表格式報表

利用報表精靈所產生之不分組『對齊』式報表：

報表精靈

您想要哪些欄位出現在您的報表?

您可以選擇一個以上的資料表或查詢。

資料表/查詢(T)

資料表: 員工

可用的欄位(A):

記錄編號
相片.FileURL
相片.FileType
相片.FileTimeStamp
相片.FileName
相片.FileFlags
相片.FileData

>
>>
<
<<

已選取的欄位(S):

地址
電話
辦公室分機
到職日
薪資
相片
E-Mail
備註

取消　<上一步(B)　下一步(N)>　完成(F)

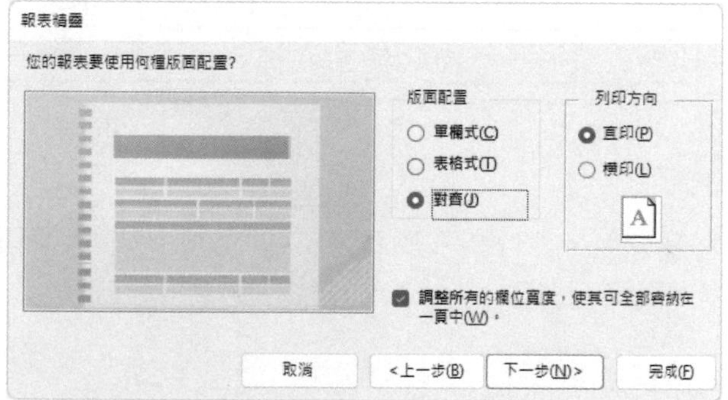

就是一個表格式報表，其外觀如：(請開啟『員工-對齊式報表』)

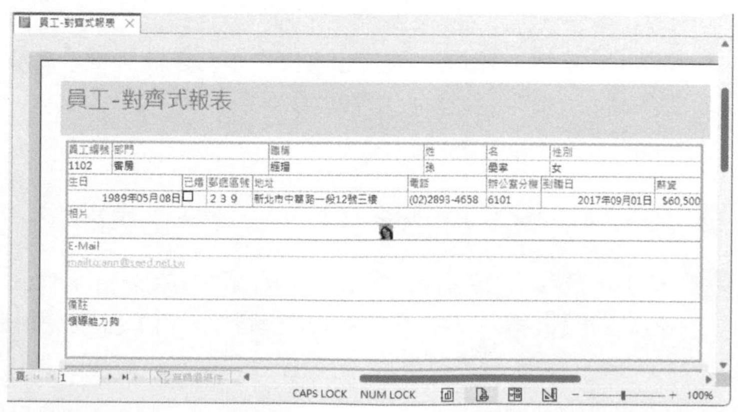

雖可畫好表格，但其位置可能不符我們要求。

對其進行修改，固然是一個可行的方式。但要對齊那些格線，有時也是挺累人的。這時，也可考慮自行到設計檢視去繪製。這種表格，說穿了，一點也不高明，就是一個矩形方塊（外框）加幾個調妥位置及大小之文字方塊（欄內容）及標籤（欄標題）罷了。無多大技巧，細心一點，慢慢調就可完成。

假定，擬自行設計如下示之表格式報表：

<table>
<tr><th colspan="6">中華公司員工資料卡</th></tr>
<tr><td>員工編號</td><td>1102</td><td>部門</td><td>客房</td><td>職稱</td><td>經理</td></tr>
<tr><td>姓名</td><td>孫晏寧</td><td>性別</td><td>女</td><td>生日</td><td>1989年05月08日</td></tr>
<tr><td>婚姻</td><td>未婚</td><td>地址</td><td colspan="3">2 3 9新北市中華路一段12號三樓</td></tr>
<tr><td>電話</td><td colspan="2">(02)2893-4658</td><td>分機</td><td>6101</td><td rowspan="3"></td></tr>
<tr><td>到職日</td><td colspan="2">2017年09月01日</td><td>薪資</td><td>$60,500</td></tr>
<tr><td>E-Mail</td><td colspan="4">mailto:ann@seed.net.tw</td></tr>
</table>

其處理步驟為：

Step 1 按『建立/報表/報表設計』報表設計 鈕，於任意區段標題單按右鍵，選「頁首/頁尾(A)」，取消頁首/頁尾

Step 2 以滑鼠左鍵雙按『設計檢視』畫面最左上角之報表選取鈕（■），開啟『屬性表』窗格轉入『全部』標籤，按『記錄來源』右側之向下按鈕，選擇『員工』資料表，如此才可於文字方塊取得其內欄位之運算內容

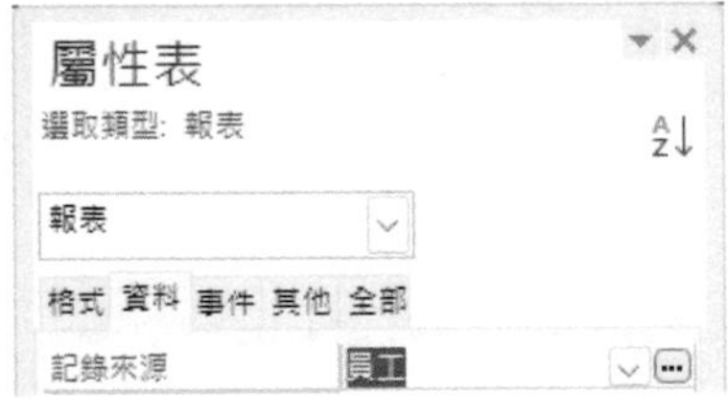

Step 3 拖曳『詳細資料』區段之右下角，將其調整成高9公分寬16公分

Step 4 按『報表設計/控制項/標籤』Aa 鈕，拉出約高 1 公分寬10 公分之文字框，輸入 "中華公司員工資料卡"，於其上單按右鍵選「屬性 (P)」，轉入『屬性表』窗格之『全部』標籤，將『左邊距離』

及『頂端距離』均設定為 1 公分、『寬度』14 公分、『高度』1 公分、『框樣式』實線、『框線寬度』2pt、『框線色彩』黑色（文字 1）；並將其字型設定為：粗體、18 點大小、深紅色、置中對齊

Step 5 按『報表設計/工具/新增現有欄位』新增現有欄位 鈕，轉入『欄位清單』窗格。於其內將『員工編號』欄拖曳到設計畫面上之任意空白處，將顯示

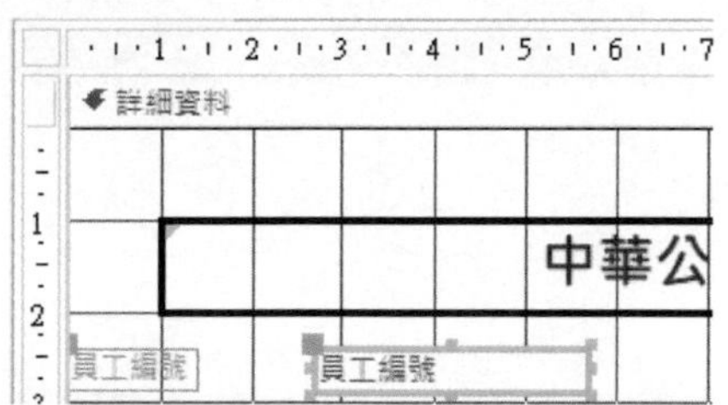

Step 6 往『員工編號』標題上單按滑鼠左鍵，將其選取，『屬性表』窗格之『格式』標籤，將轉為設定『員工編號』之格式畫面，設定『左邊距離』1 公分、『頂端距離』2 公分、『寬度』2 公分、『高度』1 公分、『框樣式』實線、『框線寬度』2pt、『框線色彩』黑色、『上邊界』0.2 公分；並將其字型設定為：粗體、12 點大小、深紅色、靠左對齊

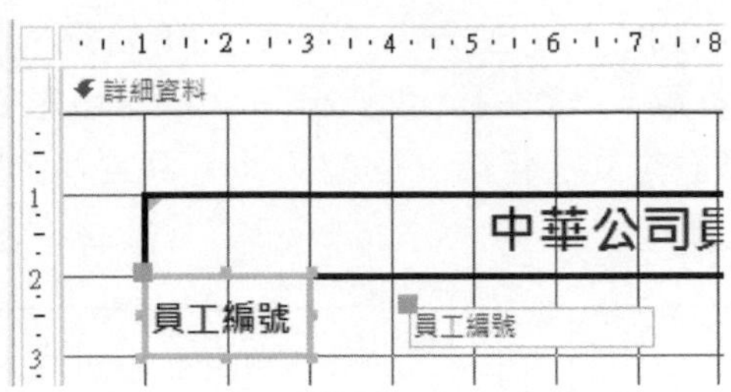

Step 7 往『員工編號』控制項上單按滑鼠，將其選取，並設定『左邊距離』3公分、『頂端距離』2公分、『寬度』2公分、『高度』1公分、『框樣式』實線、『框線寬度』1pt、『框線色彩』黑色(#000000)、『上邊界』0.2公分；並以格式工具按鈕，將其字型設定為12點大小

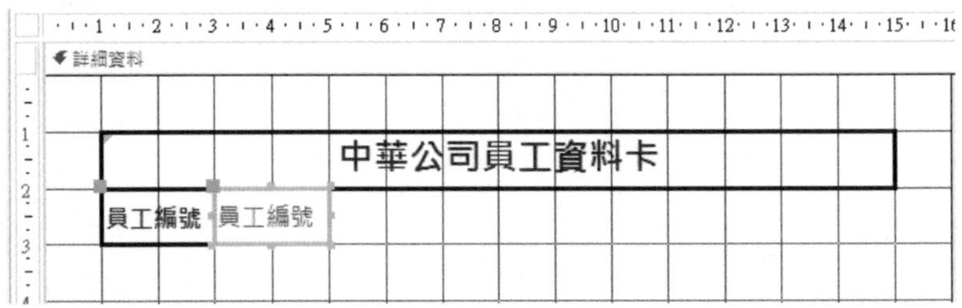

Step 8 仿步驟5～7，完成『部門』與『職稱』之標題及控制項之設定。標題及控制項之座標如下表，其餘之格式同『員工編號』

項目	標題座標	控制項座標	寬度
部門	(5,2)	(7,2)	
職稱	(9,2)	(11,2)	4

Step 9 接著，安排『姓』與『名』欄之內容，擬以運算式將其合併成一欄。按『報表設計/控制項/文字方塊』ab| 鈕，拉出文字框

Step 10 往『Text5』上單按滑鼠，將其標題改為『姓名』，座標安排於（1, 3），其餘之格式同『員工編號』之標題。

Step 11 往『未繫結』控制項上單按滑鼠，再續按一次滑鼠，轉入編輯狀態，輸入

```
=[姓] & [名]
```

續將座標安排於（3,3），其餘之格式同『員工編號』控制項

詳細資料
中華公司員工資料卡
員工編號 員工編號 部門 部門 職稱 職稱
姓名 =[姓] & [名

Step 12 『性別』與『生日』之標題及控制項之設定。標題及控制項之座標如下表，其餘之格式同『員工編號』

項目	標題座標	控制項座標	寬度
性別	（5,3）	（7,3）	
生日	（9,3）	（11,3）	4

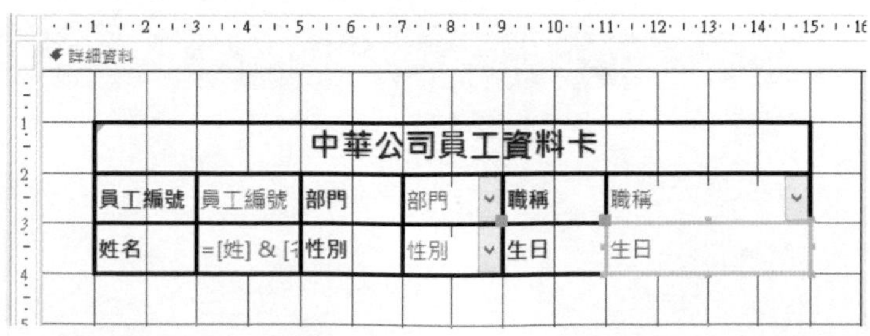

Step 13 接著，安排『已婚』欄之內容。由於，「是/否」資料，若直接於『欄位清單』窗格內取用，將獲致一打勾用之核取方塊。故仿『姓名』之處理方式來安排其內容。其標題為『婚姻』，運算式內容為：

```
=IIf([已婚]=Yes,"已婚","未婚")
```

Step 14 『地址』部份，同樣仿『姓名』之處理方式，將『郵遞區號』與『地址』合併為一欄。其標題為『地址』，運算式內容為：

```
=[郵遞區號] & [地址]
```

Step 15 仿步驟5～7，完成『電話』、『辦公室分機』(標題改為『分機』)、『到職日』、『薪資』與『E-Mail』等欄位標題及控制項之設定。標題及控制項之座標如下表，其餘之格式同『員工編號』

項目	標題座標	控制項座標	寬度	備註
電話	(1,5)	(3,5)	4	
辦公室分機	(7,5)	(9,5)		標題改『分機』
到職日	(1,6)	(3,6)	4	

項目	標題座標	控制項座標	寬度	備註
薪資	（7,6）	（9,6）		
E-Mail	（1,7）	（3,7）	8	

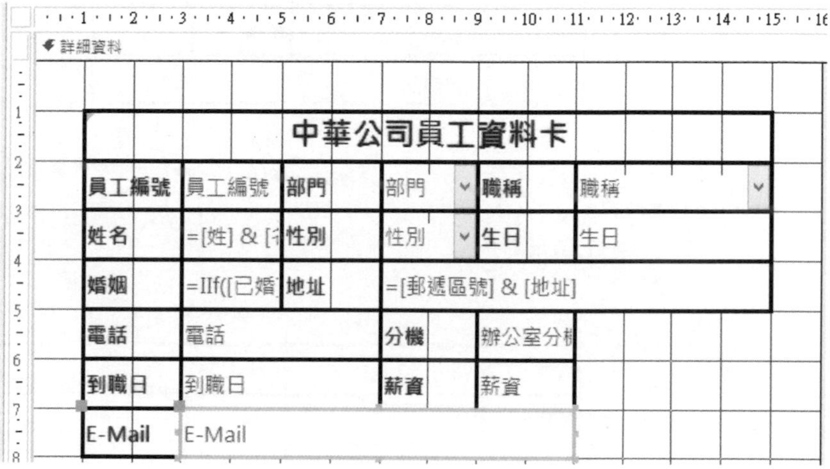

Step 16 接著，按 □ 鈕，拉出一要安置相片框之矩形。座標為（11,5），高 3 公分、寬 4 公分、『框樣式』實線、『框線寬度』2pt、『框線色彩』黑色

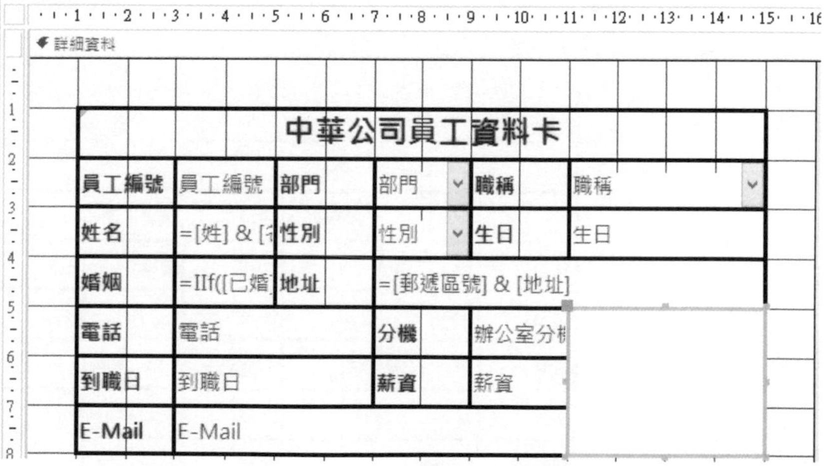

Step 17 由『欄位清單』窗格內，拖曳出『相片』欄內容

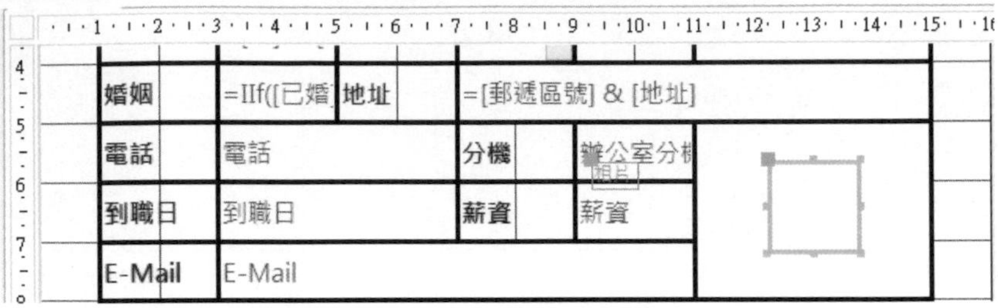

Step 18 往『相片』標題上單按滑鼠，續按 Delete ，將其刪除，往相片框內單按滑鼠，將格式之『大小模式』安排為「顯示比例」、並調整其位置及大小

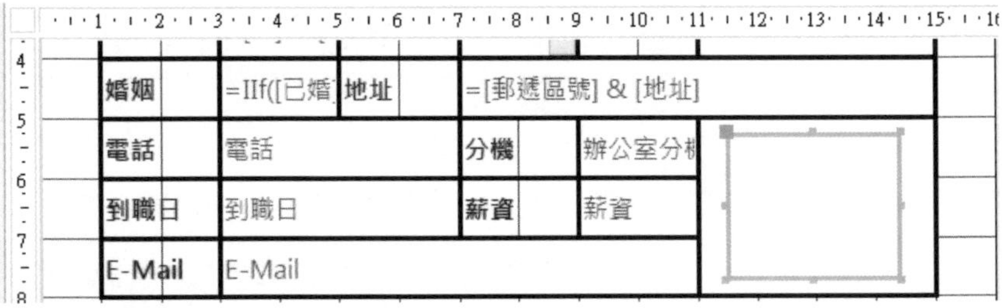

Step 19 按『報表設計/控制項/矩形』 鈕，緊臨目前表格之外圍，拉出一要作為外框之矩形。將其格式設定為:『背景樣式』透明、紅色、框線寬度3pt

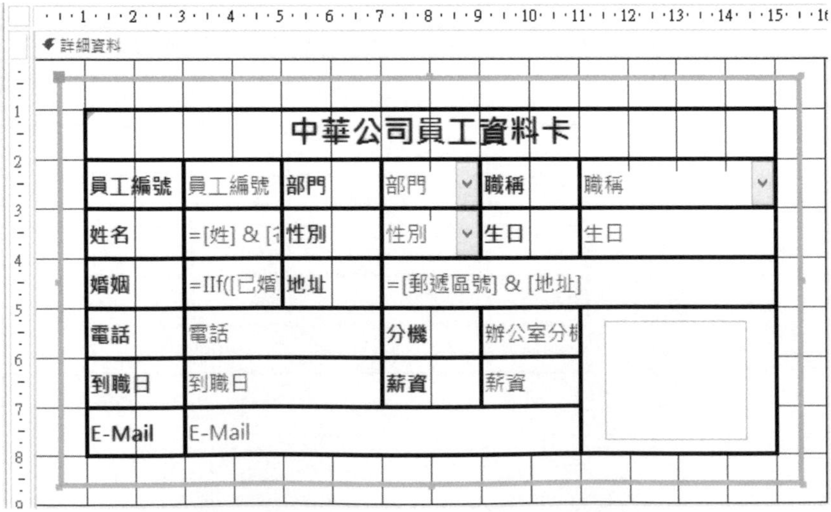

Step 20 按 🖫 鈕存檔，將其命名為『員工資料卡表格』

Step 21 執行『報表設計/檢視/預覽列印』，轉入『預覽列印』檢視，即可達成要求

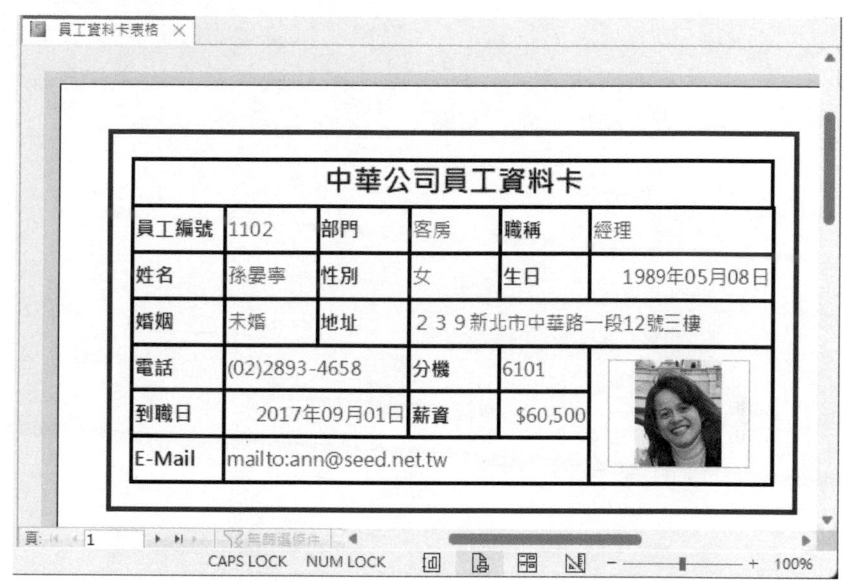

本例之報表底色，係一個白色（背景顏色）；另一個灰色（變更背景顏色），交錯使用。故而，最好以雙按 詳細資料 之方式，轉入『屬性表』將『背景顏色』與『變更背景色彩』均設定為無色彩（背景1與無色彩）：

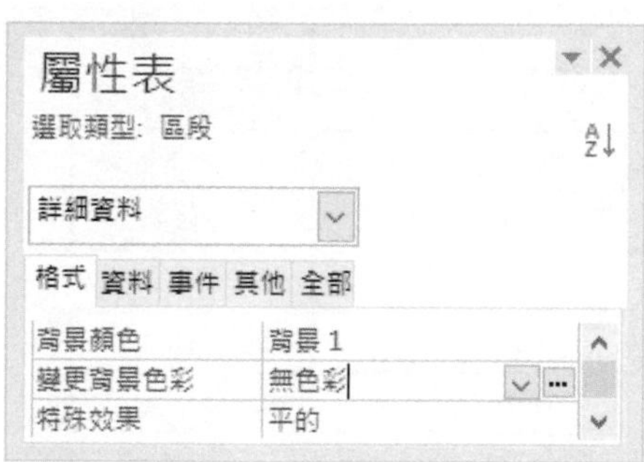

16-6 加入背景圖案

若覺得報表之底色過於單調，可續執行下列動作，以加入背景圖案：

Step 1 轉入『設計檢視』，以滑鼠左鍵雙按『設計檢視』畫面最左上角之報表選取鈕（■），開啟『屬性表』視窗，轉入『格式』標籤，點按『圖片』處，可顯示下拉鈕及 ... 鈕

Step 2 按 ... 鈕可切換到圖片所在之資料夾，選取圖檔（安排『範例\Ch16\圖檔\GLOBE.jpg』檔；於『圖片大小模式』處，安排「拉長」，可讓圖片填滿整個報表

Step 3 目前，各欄位之內容處仍為白色，遮住了部份背景。可以滑鼠由外緣沒內容處，以拖曳方式，框住所有欄位，將其等多重選取

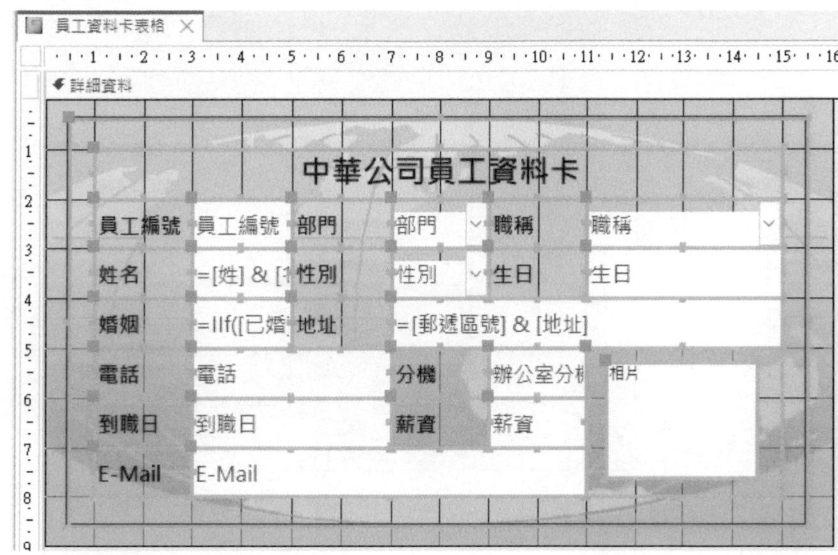

Step 4 於『屬性表』之『格式』標籤，將『背景樣式』安排為「透明」，即可看到所有背景圖案

Step 5 按 鈕存檔

Step 6 執行『報表設計/檢視/預覽列印』，轉入『預覽列印』檢視，其外觀轉為

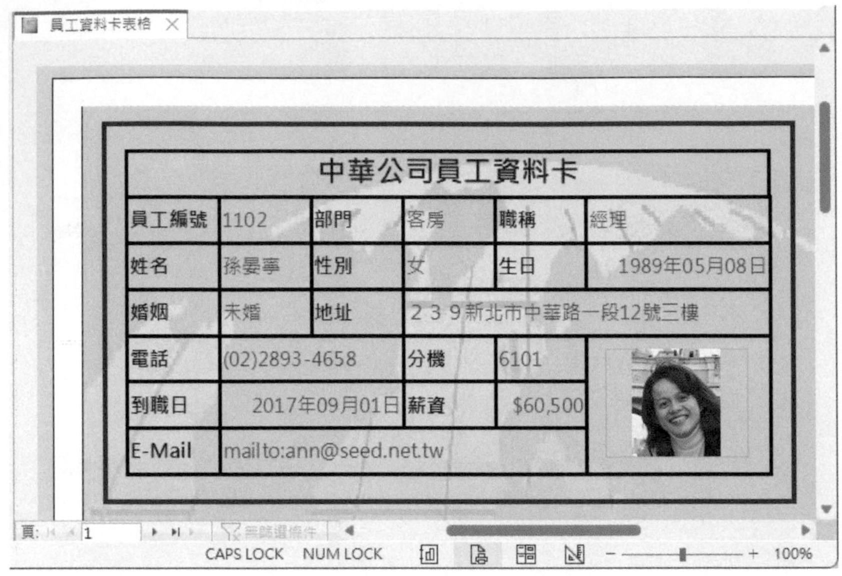

16-7 圖表報表

於Access之報表之『設計檢視』，按『報表設計/控制項/圖表』鈕，拉出圖框後，可啟動『圖表精靈』，呼叫繪圖程式，利用資料表或查詢之記錄內容，來繪製各種統計圖表。如：直條圖、橫條圖、圓形圖、……等。

建立圖表報表

假定，要使用『2022第一季小計』查詢之內容：

2022第一季小計

員工編號	部門	職稱	姓	名	一月	二月	三月	合計
1102	客房	經理	孫	晏寧	$3,233,900	$,2186400	$2,374,600	$7,794,900
1112	客房	助理	王	世豪	$2,808,900	$,3449800	$3,638,900	$9,897,600
1117	客房	助理	莊	寶玉	$1,882,400	$,2186100	$2,542,000	$6,610,500
1201	行銷	經理	楊	佳碩	$3,637,700	$,2238600	$3,621,900	$9,498,200

彙總成各部門之業績合計。然後，再繪製各部門之業績的直條圖。

首先，將查詢修改成依部門求各月份業績之加總：（另存成『2022各部門小計』）

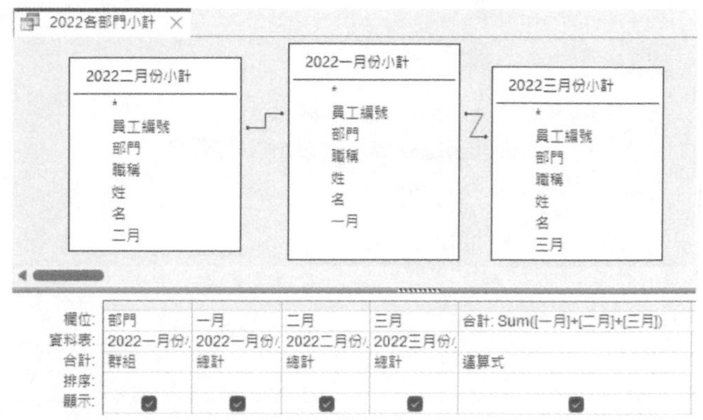

產生如下之查詢結果：

2022各部門小計

部門	一月之總計	二月之總計	三月之總計	合計
客房	$7,925,200	$7,822,300	$8,555,500	$24,303,000
行銷	$7,733,500	$6,417,300	$10,046,500	$24,197,300
餐飲	$13,664,800	$11,709,900	$16,873,700	$42,248,400

用以作為繪製直條圖的來源資料。

隨後，以下示步驟利用圖表報表精靈建立直條圖：

Step 1 按『建立/報表/報表設計』報表設計 鈕，於任意區段標題單按右鍵，選「頁首/頁尾(A)」，取消頁首/頁尾，拉出圖表所需概略大小約9x17公分

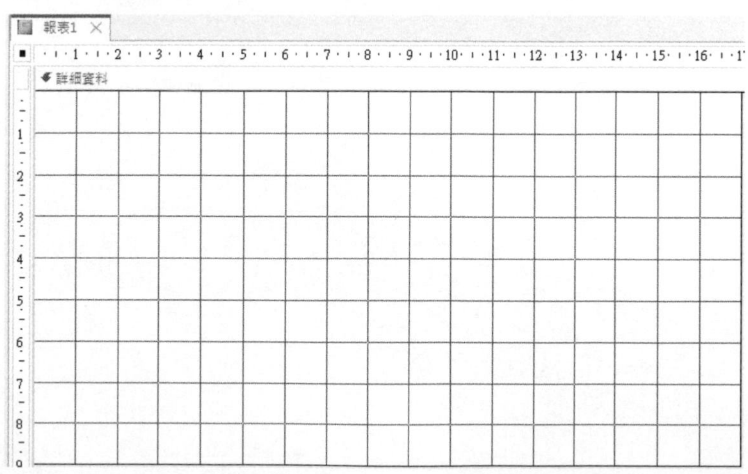

Step 2 按『報表設計/控制項/圖表』 鈕，滑鼠指標轉為 ，續於『詳細資料』設計區段，以拖曳方式，拉出圖表概略大小，會啟動『圖表精靈』，轉入

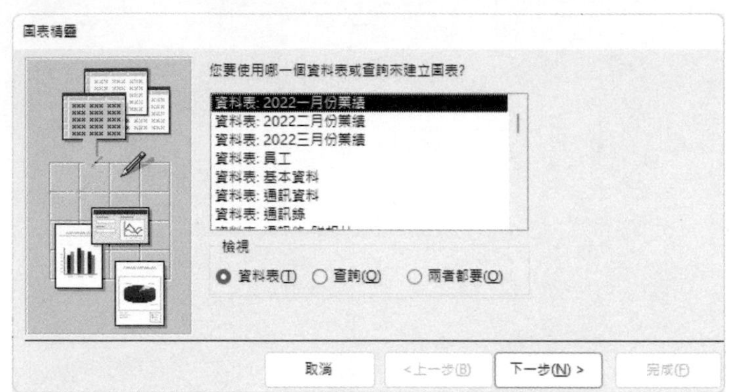

此處要選取建圖之來源，可為資料表或查詢，本例選『2022各部門小計』查詢：

Step 3 按 下一步(N) > 鈕

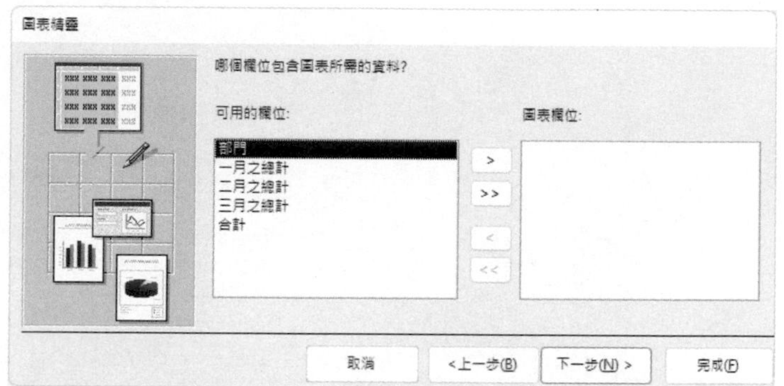

Step 4 選擇使用：部門、一月之總計、二月之總計與三月之總計等欄位，將其轉入右邊之『圖表欄』下

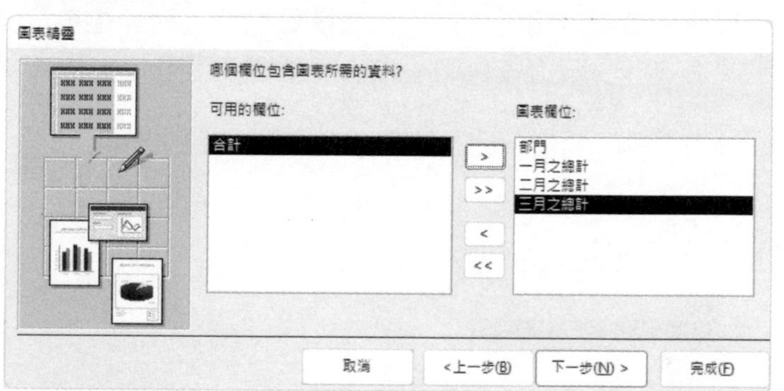

Step 5 按 下一步(N) > 鈕

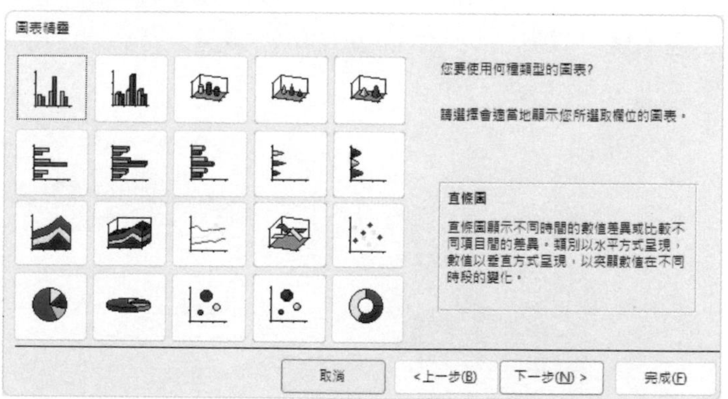

Step 6 選擇圖表類型（本例選第一列第二個之『立體直條圖』），按 下一步(N) > 鈕

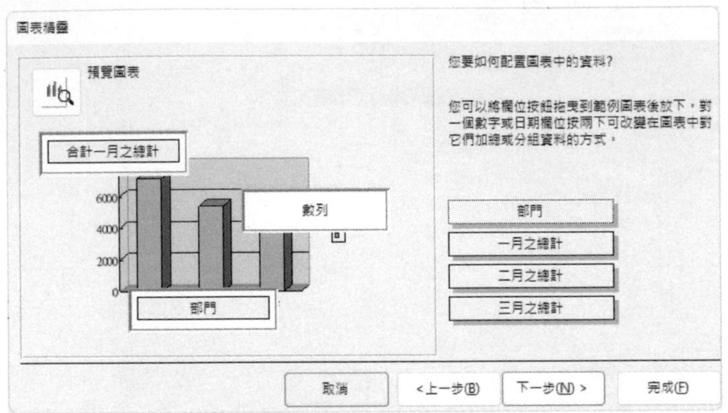

目前，僅預設使用『部門』為橫軸欄位，並於縱軸安排了『合計一月之總計』數值資料欄，且也可預覽到目前之立體直條圖。

Step 7 於左上角『合計一月之總計』上雙按滑鼠，轉入

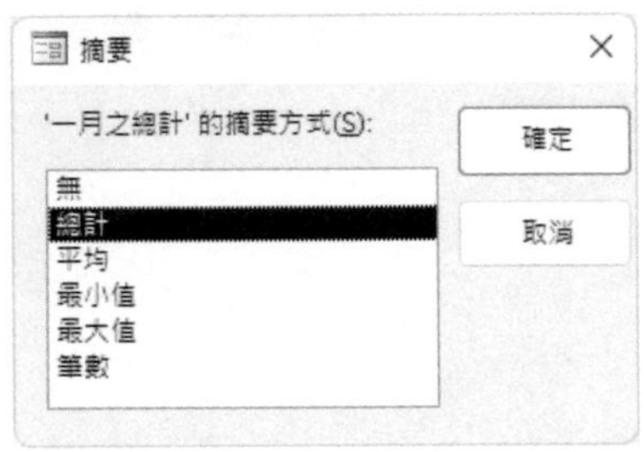

選「無」，續按 確定 鈕，取消該處之『合計』字串：

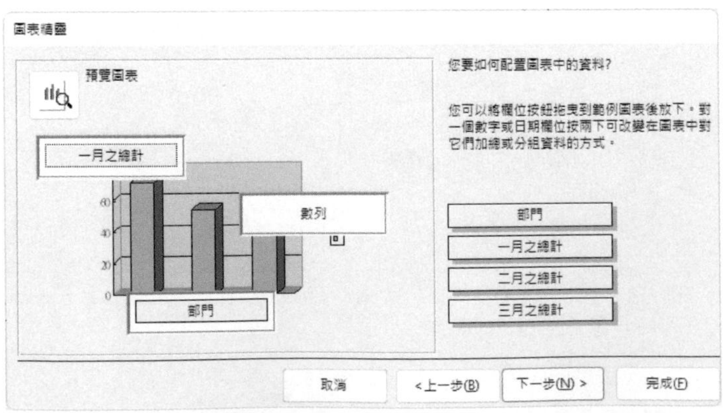

Step 8 將『二月之總計』與『三月之總計』按鈕，以拖曳方式，拉往左上角『一月之總計』之下

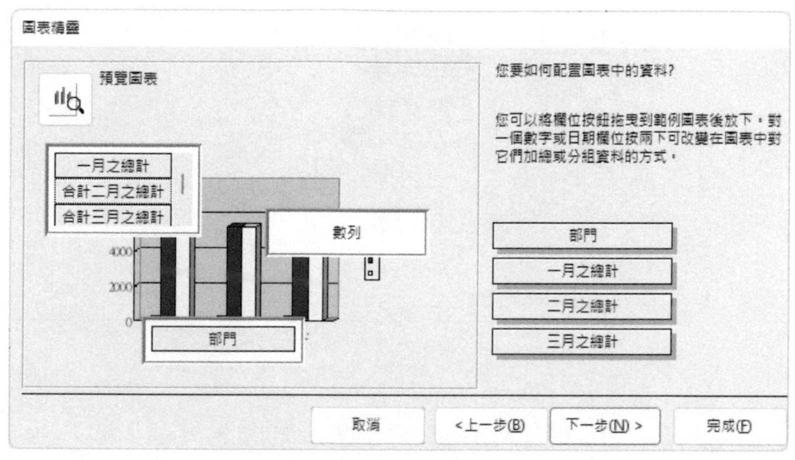

若拉錯位置，只要直接將其拉出來丟掉即可。

Step 9 仿前一步驟，取消其等之『合計』字串

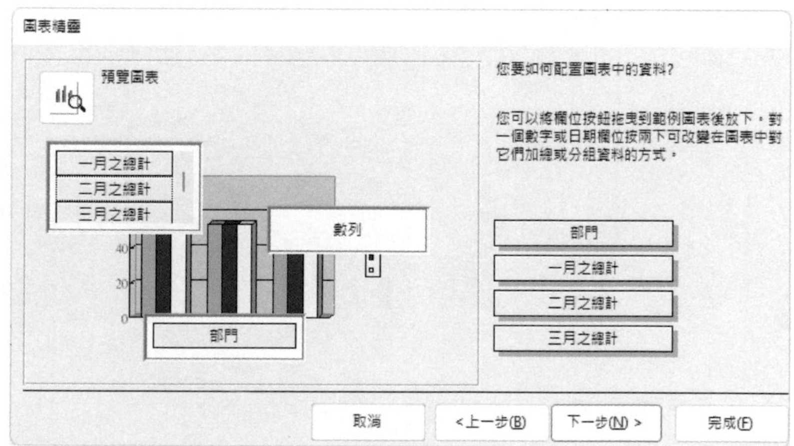

Step 10 排妥三個月份之總計資料後，按 下一步(N) > 鈕

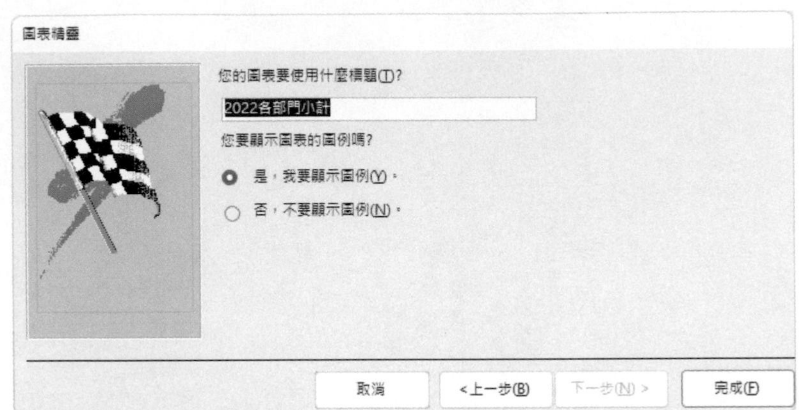

Step 11 以『2022各部門小計之圖表』為圖表標題，按 完成(F) 鈕，獲致初步之立體直條圖

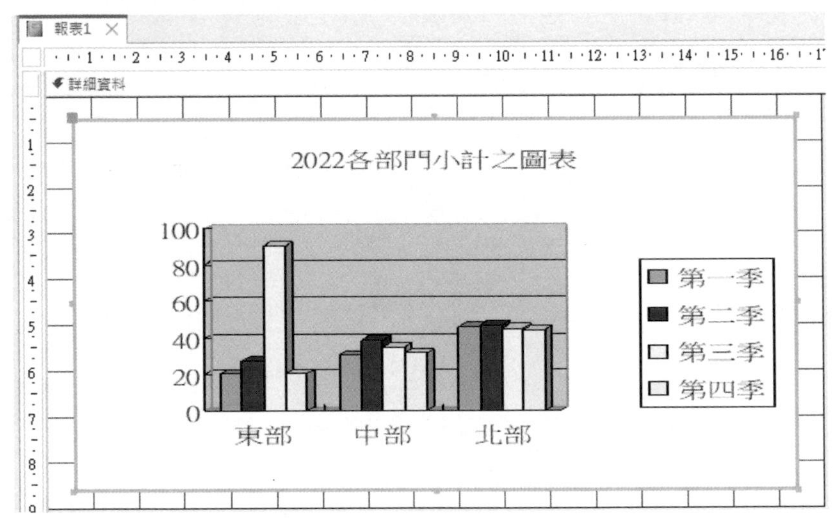

請注意，目前之資料並非我們原資料的部門；而是東部、中部與北部。且圖例上顯示的是第一季到第四季。

Step 12 按 🖫 鈕，將報表以『2022各部門小計之圖表』命名，並存檔

Step 13 執行『報表設計/檢視/預覽列印』，轉回『預覽列印』檢視，獲致圖表報表。目前之資料才是我們原資料的部門，圖例上才顯示正確的一月、二月與三月之資料

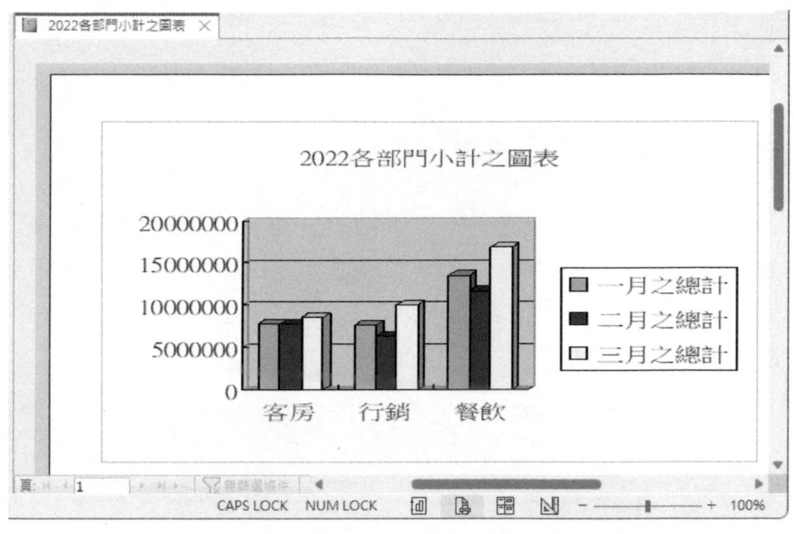

這圖當然是沒啥看頭，得續以下文各步驟進行修飾。

修改圖表相關設定

若圖表報表內容有任何不妥之處，是先轉入『設計檢視』，以雙按圖表之方式，轉入繪圖程式去進行修改：

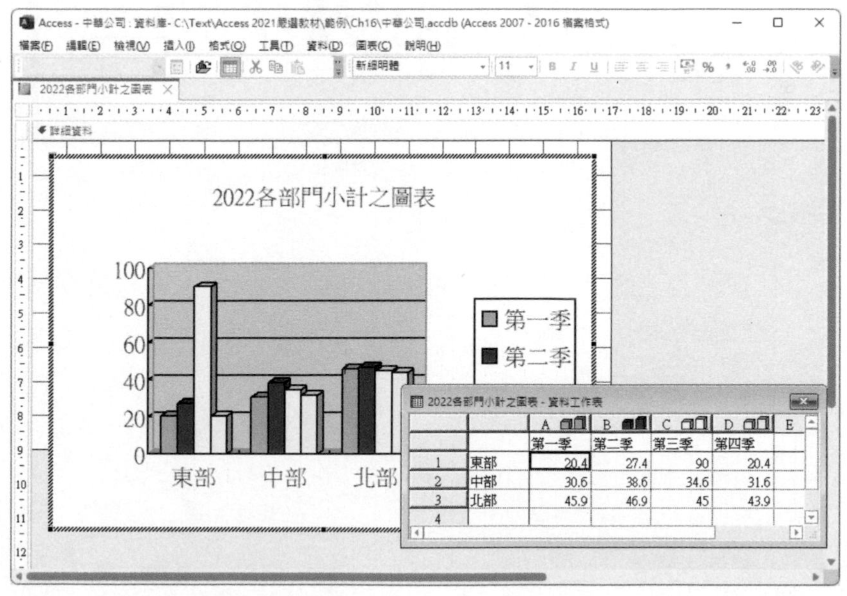

		A	B	C	D	E
		第一季	第二季	第三季	第四季	
1	東部	20.4	27.4	90	20.4	
2	中部	30.6	38.6	34.6	31.6	
3	北部	45.9	46.9	45	43.9	
4						

請注意，目前之資料並非我們原資料的部門；而是東部、中部與北部。且圖例上顯示的是第一季到第四季。

切換『資料工作表』視窗

目前，右下角所見者為『資料工作表』，為原用以產生圖表之資料表或查詢內容（於其內更新資料，僅會影響目前圖表，並不會更改資料表或查詢之內容）。執行「檢視(V)/資料工作表(D)」，可切換其隱藏或重現。如，將其隱藏後之畫面為：

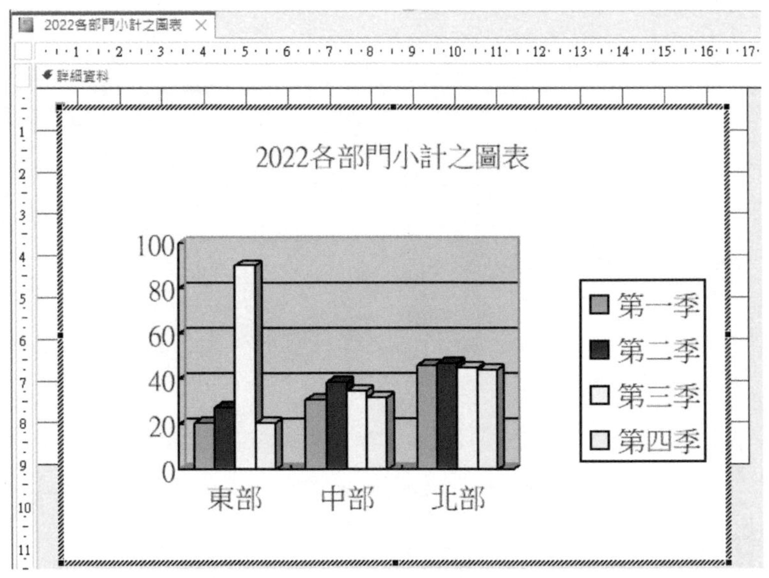

字型大小

目前的圖上的字有點大，往圖表任意空白點一下。續將字型大小改為8，可使整個圖調小一點：

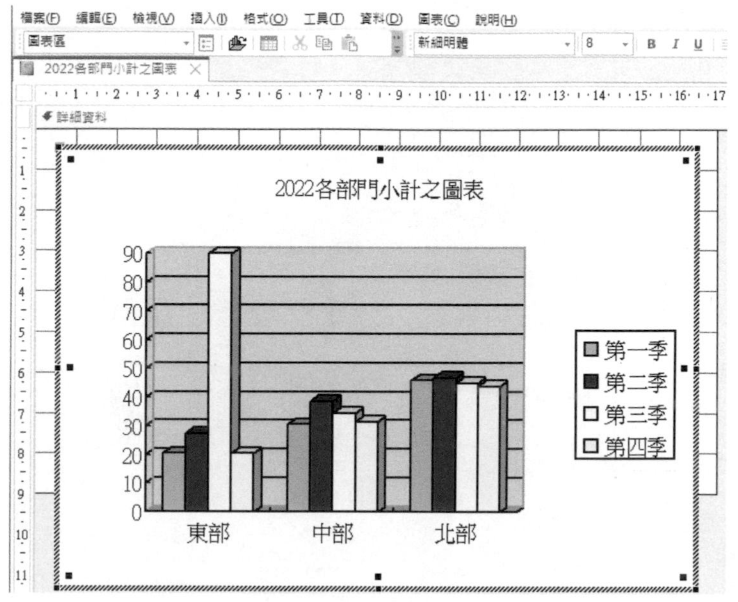

改變資料方向

若原圖表以列方向安排其資料數列，執行「資料(D)/以欄資料為數列(C)」；反之，若原圖表以欄方向安排其資料數列，執行「資料(D)/以列資料為數列(R)」，可改變資料方向。如，將圖表資料由欄方向改為列方向後之外觀為：

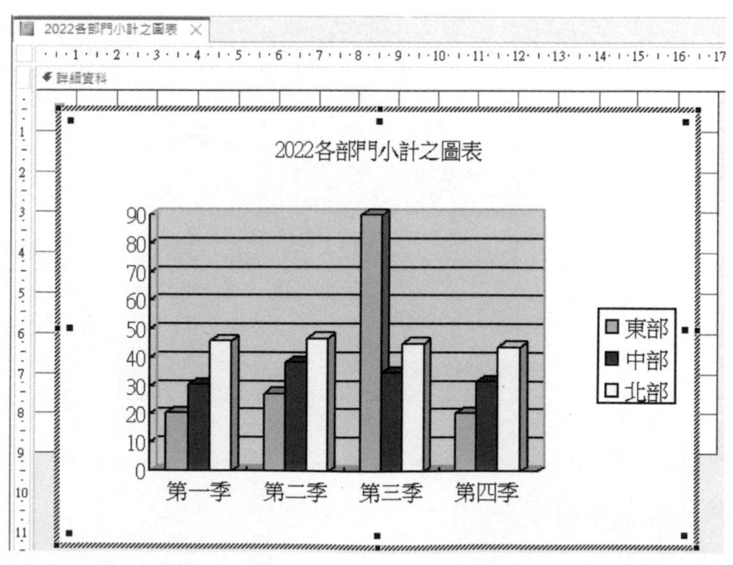

變更圖表類型

執行「圖表(C)/圖表類型(Y)...」，可轉入『圖表類型』對話方塊：

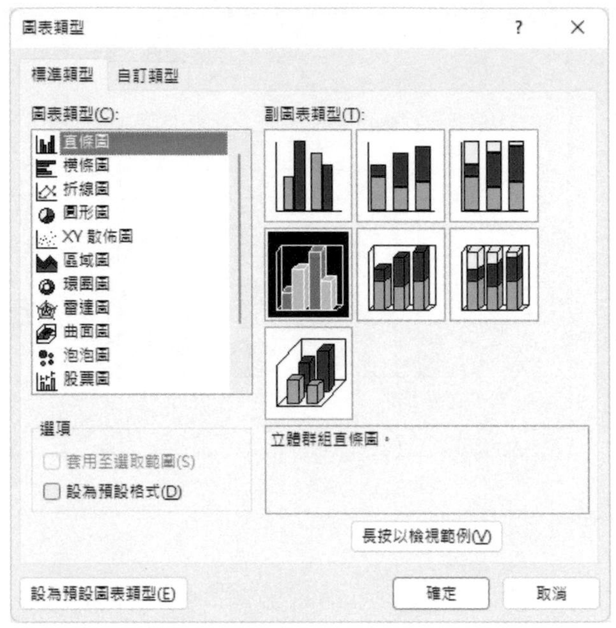

去變更圖表類型。如，將其改橫條圖後之外觀為：

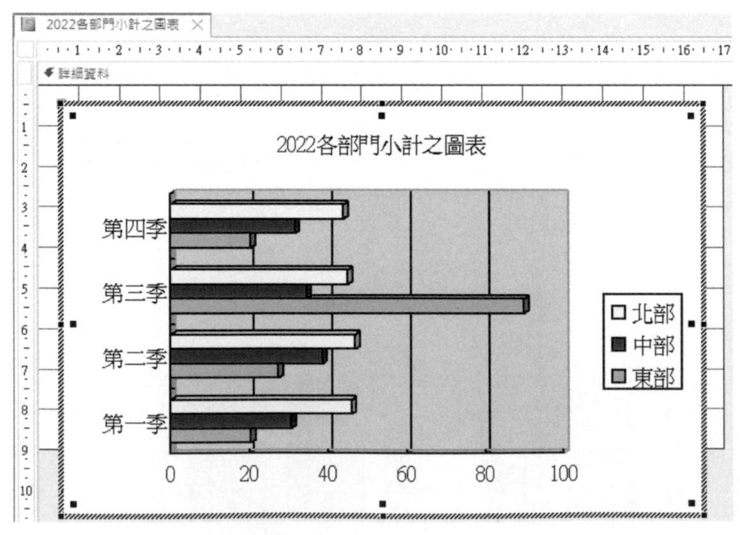

閱後，記得將其還原。

圖表及各軸標題

執行「圖表(C)/圖表選項(I)...」，選其『標題』標籤，可於適當的文字方塊編輯標題文字。如，將其標題安排成：

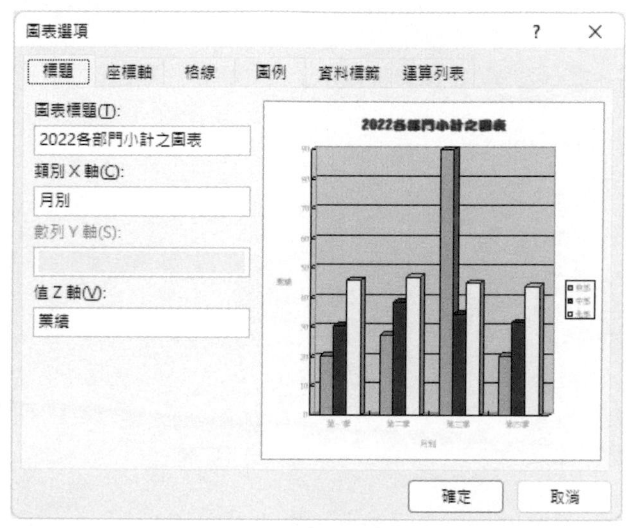

其圖表外觀將改為：

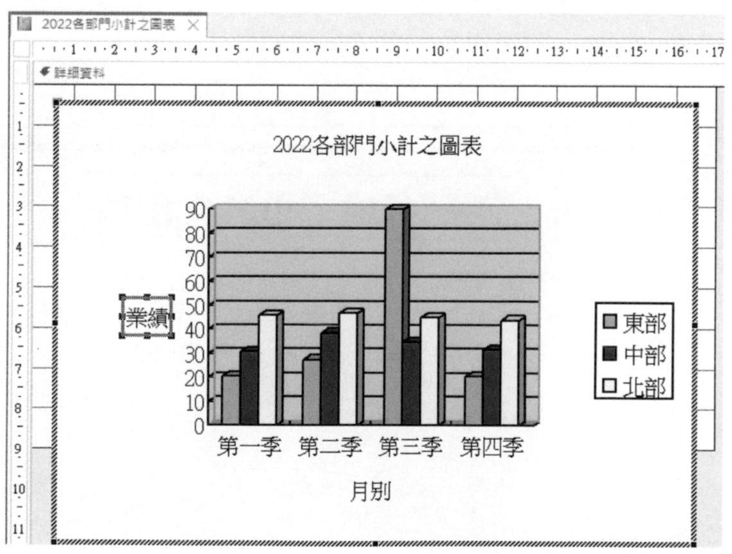

16

自行設計報表

設定標題格式

選取標題字後，執行「格式(O)/選定座標軸標題(E)...」可轉入『座標軸標題格式』對話方塊，去設定標題格式。如：字體、大小、顏色、對齊方式……等。(也可以利用格式工具列上之對等按鈕進行設定)

例如，於『對齊方式』標籤，將『業績』標題之方向改為直書：

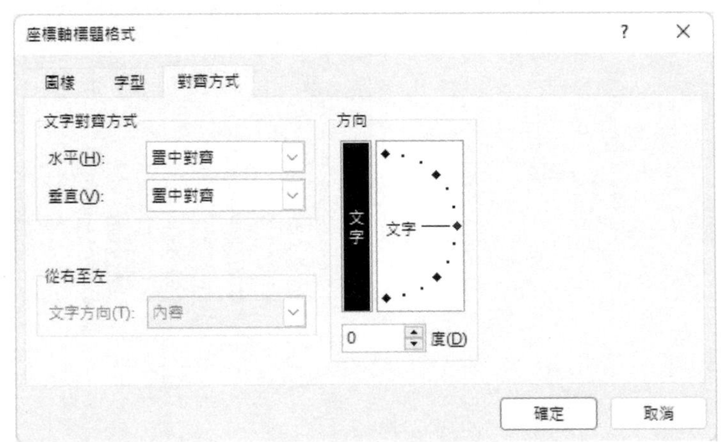

另於『字型』標籤，將『2022各部門小季』標題設定為：華康勘亭流、粗體、12點、紅色。可獲致如下之外觀：

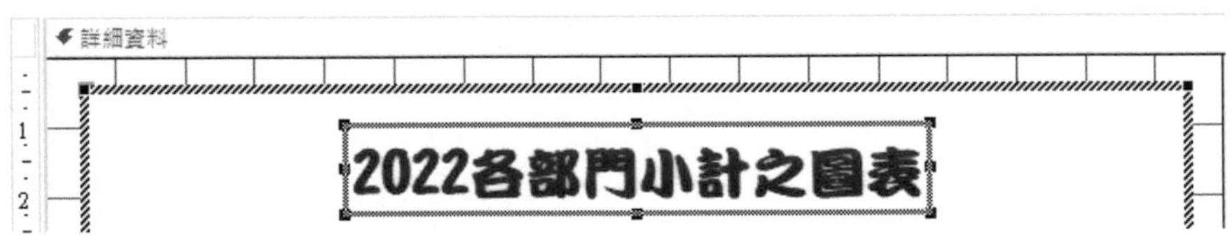

圖例

執行「圖表(C)/圖表選項(I)...」，於其『圖例』標籤，可決定是否顯示圖例？及其顯示位置。

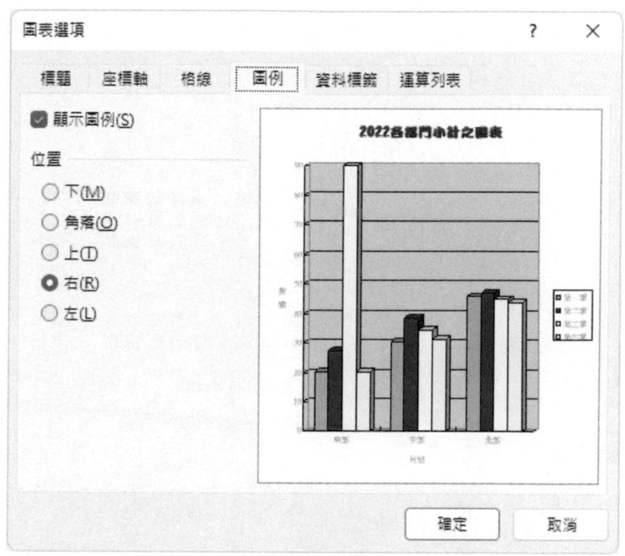

將圖例安排於下方之外觀如：

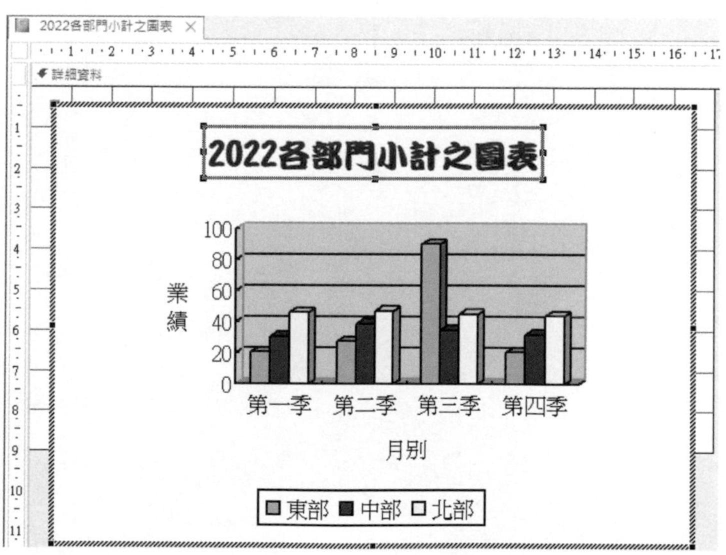

圖表區背景格式

往圖表上空白處單按滑鼠，可選取『圖表區』，續執行「格式(O)/選定圖表區域(E)...」，可轉入：

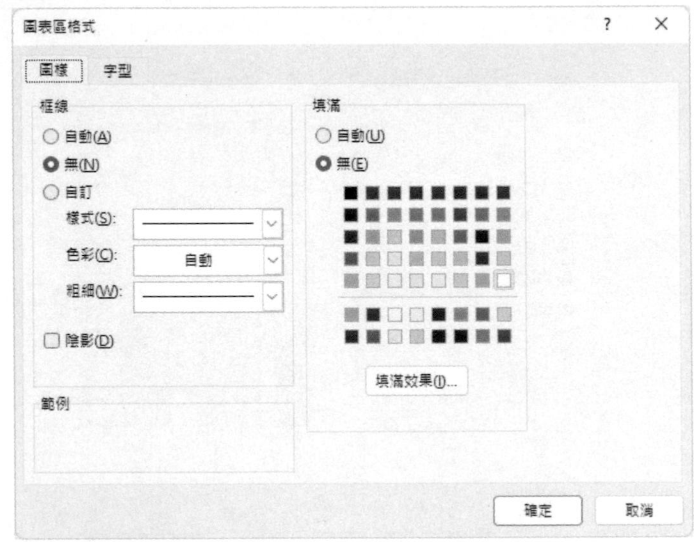

即可設定其字型及背景圖樣。甚至，還可按 填滿效果(I)... 鈕，轉入：

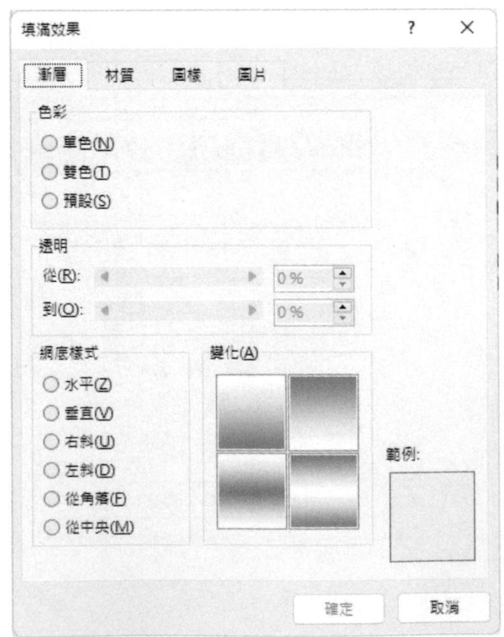

去設定填滿效果使用漸層、特殊材質或圖片當背景。但此時，最好將各標題或圖例之背景顏色改為「無」。

如，將填滿效果，設定為使用『材質』標籤內之『信紙』效果：

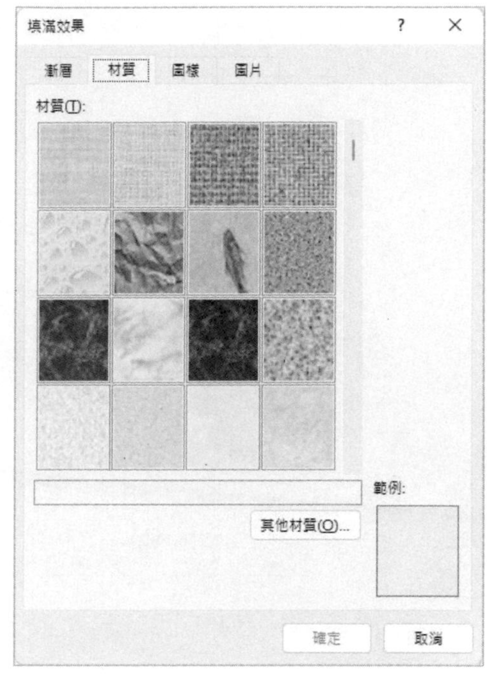

則圖表外觀可為：

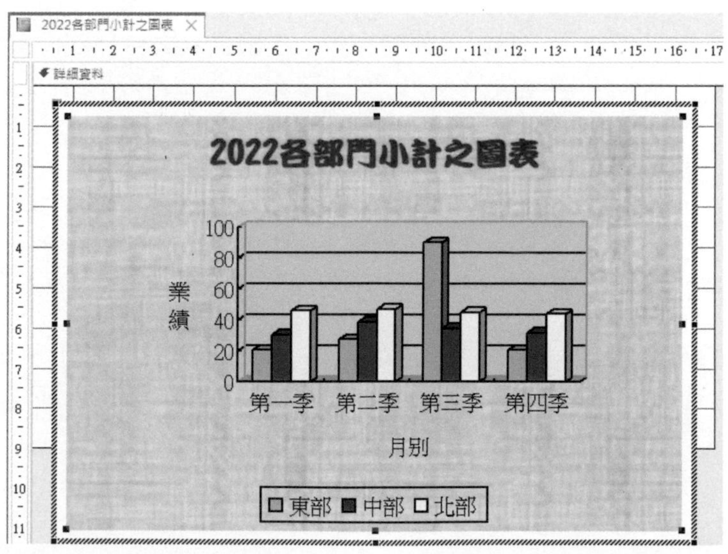

看起來，是不是更具高級感！

結束編輯

最後，往圖框外空白區域點一下，即可結束圖表編輯。執行『報表設計/檢視/預覽列印』，轉入『預覽列印』檢視報表：

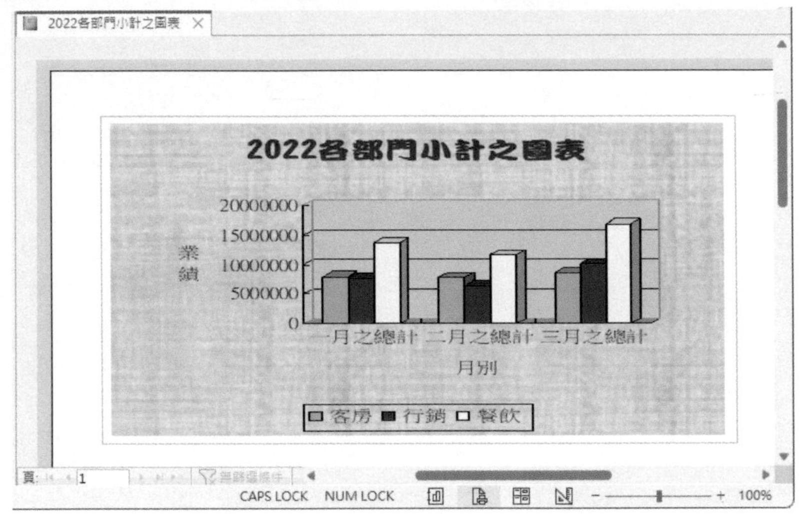

目前之資料才是我們原資料的部門：行銷、客房與餐飲。

立體圓形圖

假定，擬使用『2022各部門小計』查詢結果之合計部份：

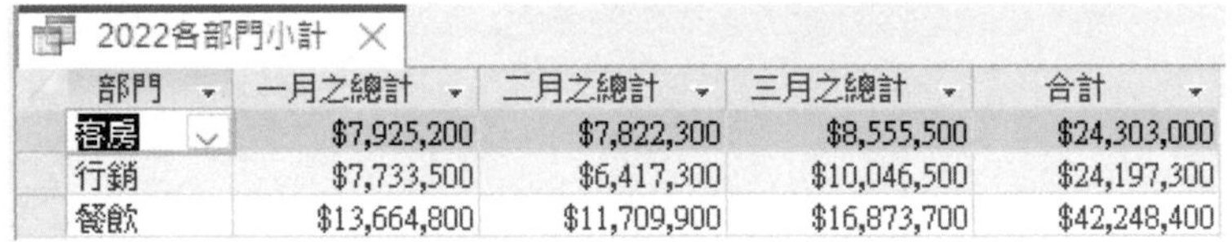

2022各部門小計

部門	一月之總計	二月之總計	三月之總計	合計
客房	$7,925,200	$7,822,300	$8,555,500	$24,303,000
行銷	$7,733,500	$6,417,300	$10,046,500	$24,197,300
餐飲	$13,664,800	$11,709,900	$16,873,700	$42,248,400

來繪製立體圓形圖。其處理步驟為：

Step 1 按『建立/報表/報表設計』報表設計 鈕，轉入『設計檢視』，於任意區段標題單按右鍵，選「頁首/頁尾(A)」，取消頁首/頁尾，以拖曳方式，拉出報表概略大小(9x17cm)

Step 2 按『報表設計/控制項/圖表』 鈕，滑鼠指標轉為 ，續於『詳細資料』設計區段，以拖曳方式，拉出圖表概略大小，會啟動『圖表精靈』，等待選擇要使用之資料表或查詢（本例選『2022各部門小計』查詢）

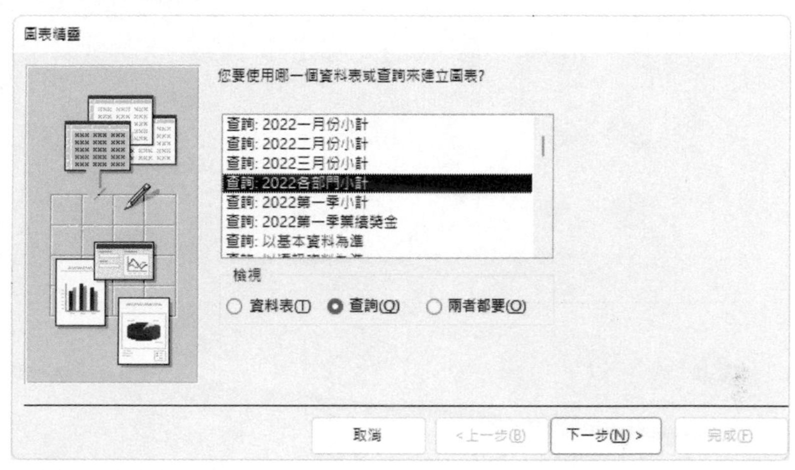

Step 3 按 下一步(N) > 鈕，選擇使用：部門與合計，將其轉入右邊之『圖表欄位』下

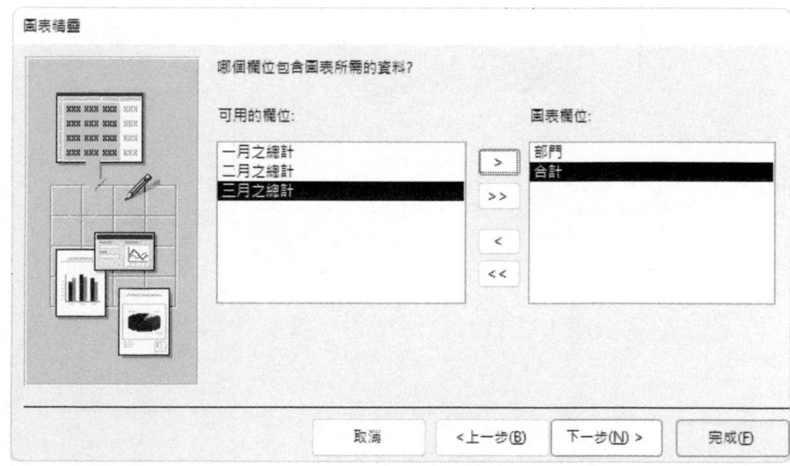

Step 4 按 下一步(N) > 鈕，續選第四列第二個之『立體圓形圖』

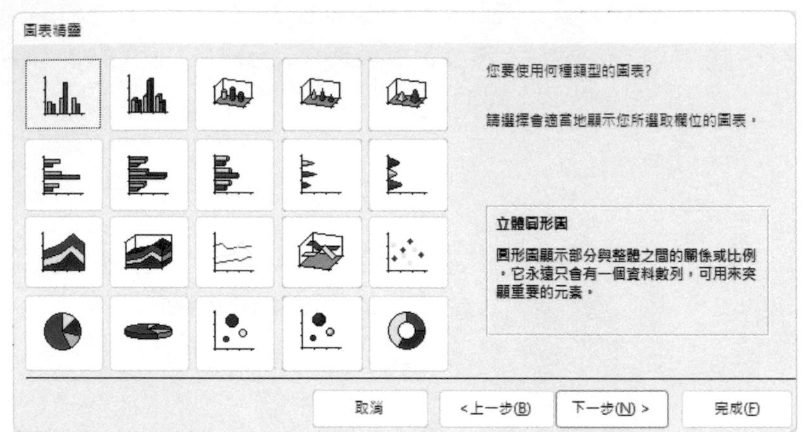

Step 5 按 下一步(N) > 鈕

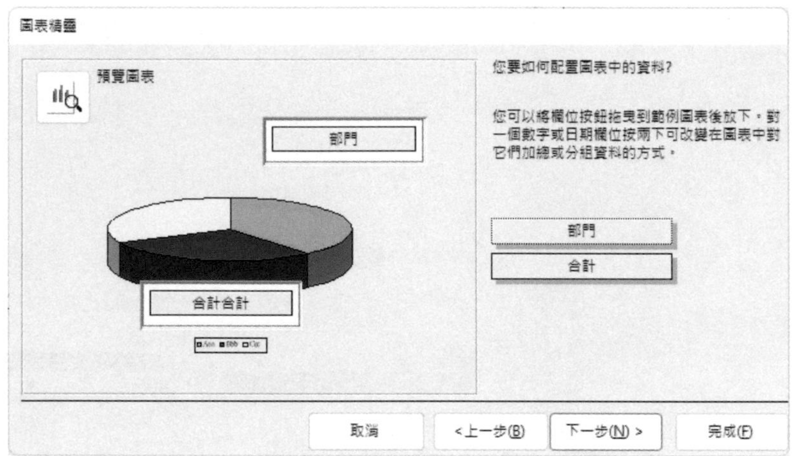

Step 6 於圖表底下『合計合計』上，雙按滑鼠，轉入

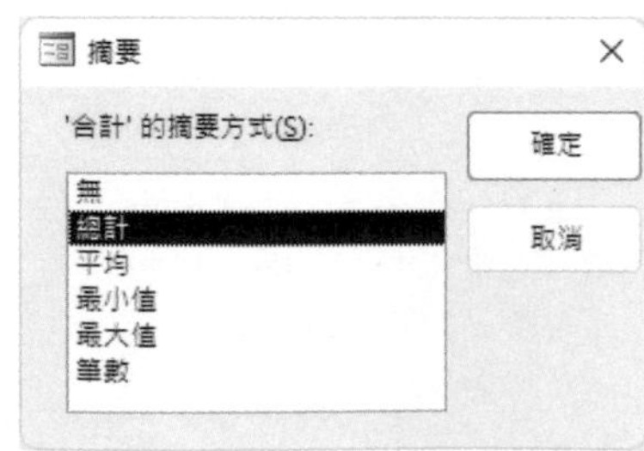

Step 7 選「無」，續按 確定 鈕，取消該處之一個『合計』字串

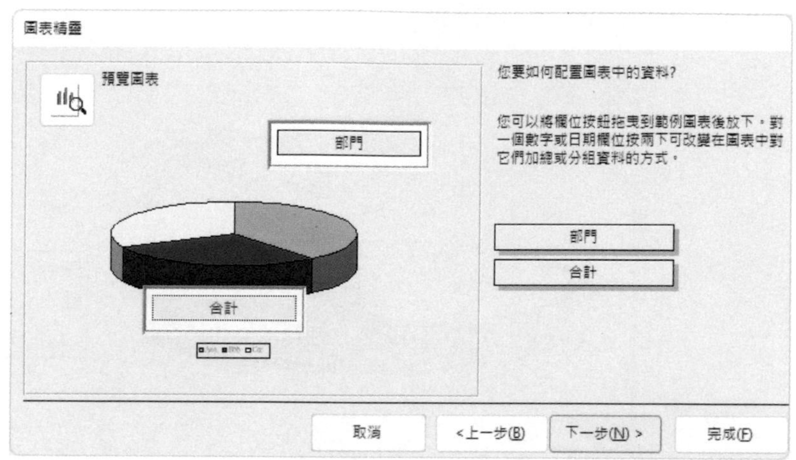

Step 8 按 下一步(N) > 鈕，以『2022第一季各部門業績』為圖表標題

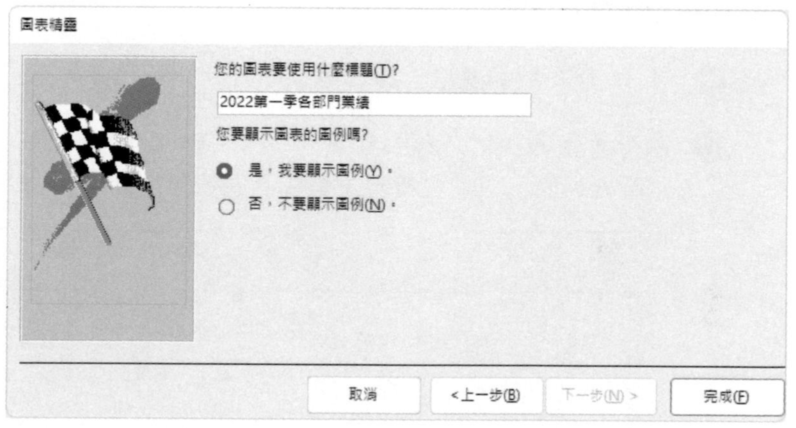

16

自行設計報表

Step 9 按 完成(F) 鈕，獲致初步之立體圓形圖

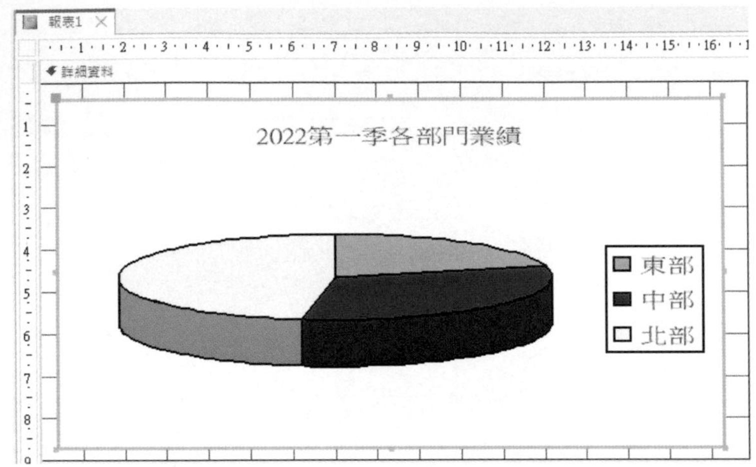

請注意一下，其圖例部分，顯示東部、中部與北部；並非我們原來之部門。

Step 10 按 鈕，將報表以『2022第一季各部門業績』命名，並存檔

Step 11 執行『報表設計/檢視/預覽列印』，轉回『預覽列印』檢視，獲致圖表報表。目前之資料才是我們原資料的部門業績

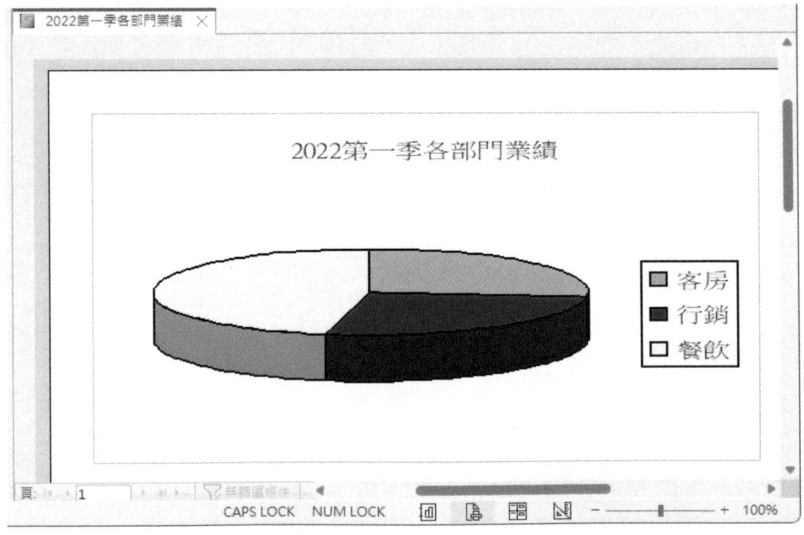

Step 12 仿前節操作程序，調整大小、輸入標題、安排標題格式、安排背景、……。執行「圖表(C)/圖表選項(I)...」，轉入『資料標籤』，選「類別名稱(C)」與「百分比(P)」

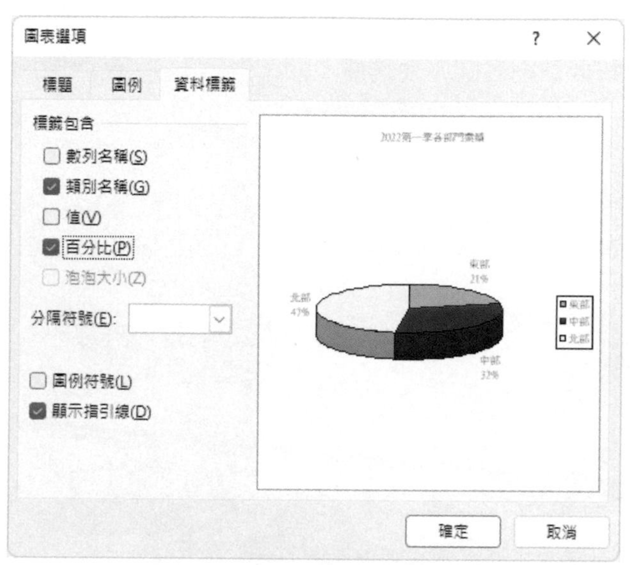

Step 13 完成設定，執行『報表設計/檢視/預覽列印』圖表外觀轉為：

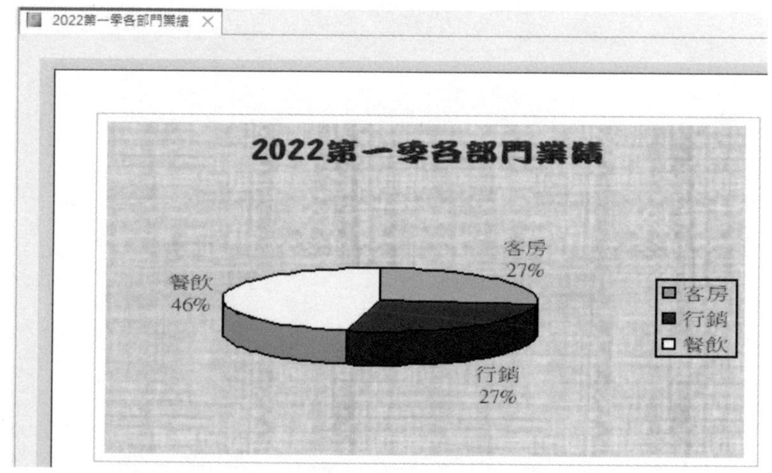

16

自行設計報表

使圖扇脫離圓心

Step 1 轉入圖表編輯狀態，單按立體圓形圖任一圖扇，將其整個圓形選取（每個圖扇均有控點）

Step 2 再單按要被拖離圓心之圖扇（如：『行銷』），僅該圖扇有控點而已

Step 3 按住該圖扇，往外拖曳，即可將其拖離圓心

Step 4 往圖框外空白點按一下，執行『報表設計/檢視/預覽列印』，轉入『預覽列印』檢視報表

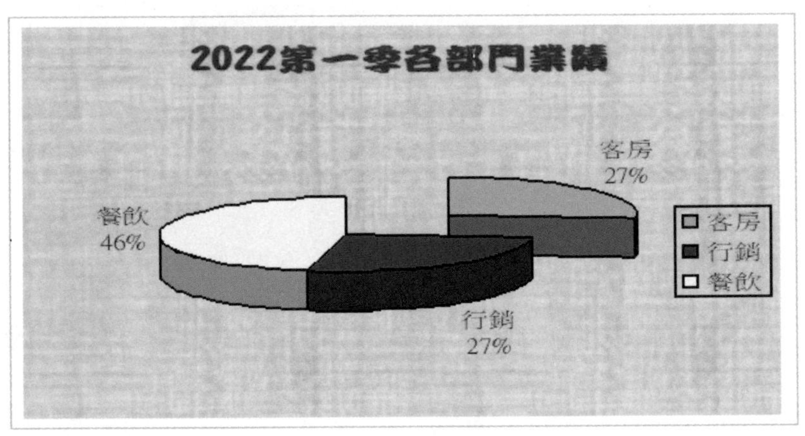

巨集

17-1 何謂巨集

巨集是將連串的複雜操作過程及指令，彙總成簡單的單一按鈕動作或指令，以方便後續之處理。如，擬將我們對員工資料表所建立之查詢、表單或報表，透過如下之主選單：

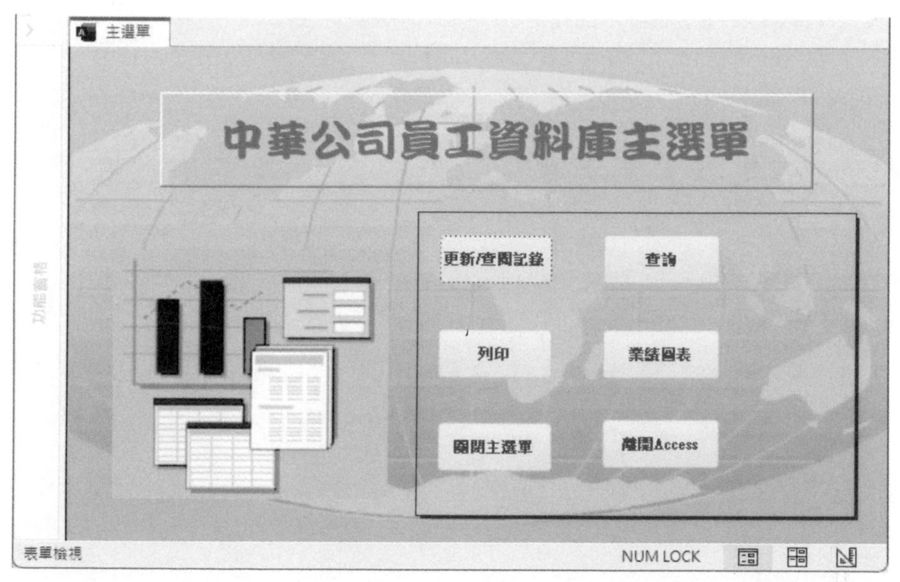

讓使用者以按鈕進行選擇所要處理之動作。每個按鈕內，即安排了一個或數個指令，將其設計成巨集，透過巨集，以單一按鈕來啟動其內所安排之一個或數個指令。

簡單之巨集，可能僅含單一指令而已；複雜之巨集，可能就安排較多指令，甚至將好幾個巨集組成巨集群組；或於巨集內再呼叫其他巨集。Access的巨集並不用撰寫程式，大多數連指令都不用輸入，以簡單的拖曳或自選單內進行選擇指令，並加入引數（如：選擇開啟資料表後，可另選擇是否以唯讀方式開啟；選擇列印報表後，可另選擇要直接列印或預覽列印、……），即可完成。

小秘訣

相信我，像這麼一個美輪美奐的主選單（蠻唬人的），其內之巨集多數僅使用單一指令而已。所以，別被它嚇到了，以為它很難，其實它蠻簡單的！

建立巨集最常使用之方式有兩種：

- 按『建立/巨集與程式碼/巨集』巨集 鈕
- 於表單之設計檢視內，利用『表單設計/控制項/按鈕』 鈕，安排指令按鈕時，順便加入巨集（其實，大部份的控制項，均能達成此一目的）

本章各例，請開啟『範例\Ch17\中華公司.accdb』進行練習。

17-2 建立巨集

按『建立/巨集與程式碼/巨集』巨集 鈕，將轉入『巨集視窗』：

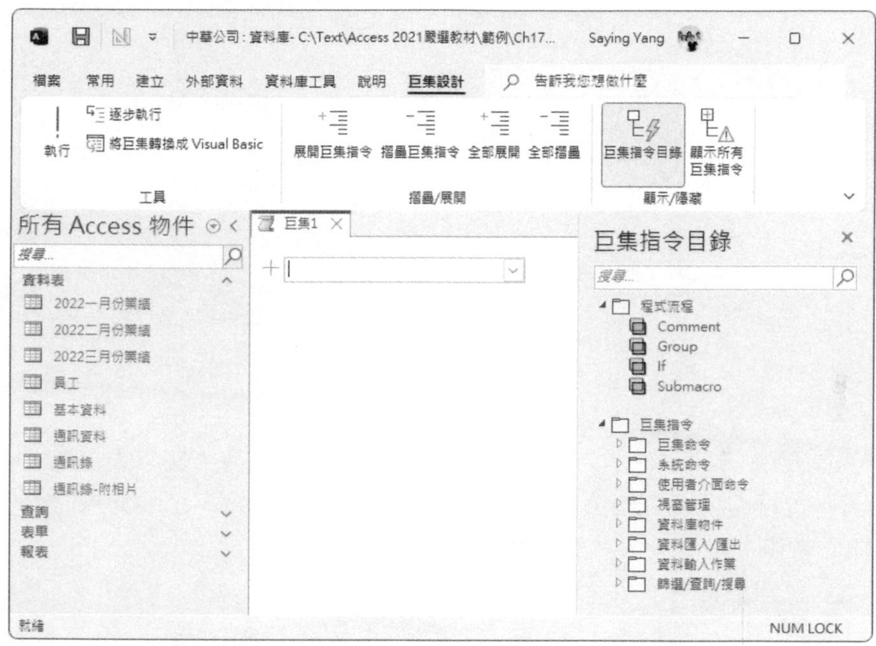

以直接輸入（鍵入第一個字母，即會提示以此字母為首的第一個指令）；或按下拉鈕，以選擇之方式來安排指令：

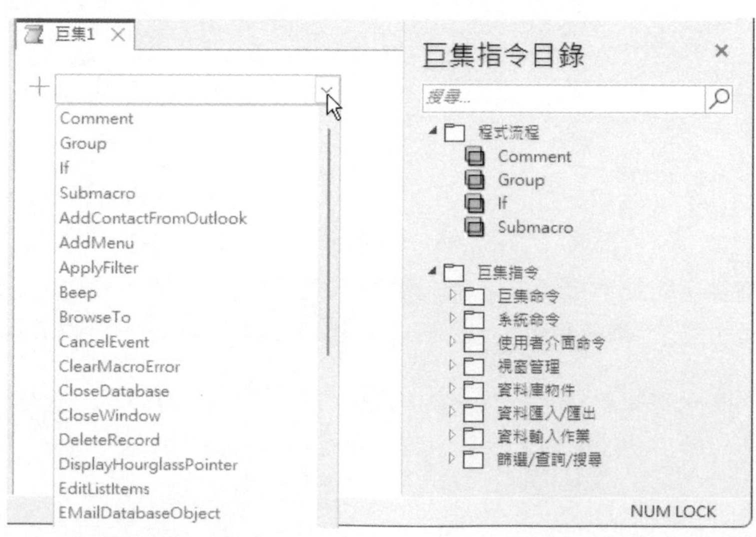

若您很清楚要此用之指令屬於何種類別？也可以於右側點選該類別前之三角記號（▷），將其展開，以利選擇；且其右下角會有對所選取之指令的概要說明：

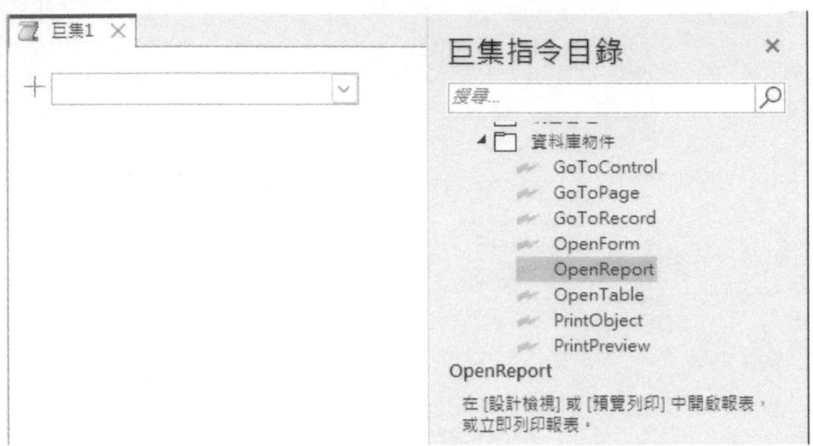

以雙按方式，於『新增巨集指令』處安排指令後，其下會隨指令而轉呈不同的引數設定項。如，於『新增巨集指令』內安排了「OpenReport」（開啟報表）指令後，其外觀轉為：

等待設定要開啟之報表名稱、檢視方式（報表、列印、設計、預覽列印或版面配置）、篩選名稱、……等。按其右上角之 ✕ 鈕，可將該指令刪除。

以此方式建立之巨集，為獨立存在之物件，得命定一個唯一名稱，並將其存於『功能窗格』之『巨集』群組內。

假定，欲建立一個能開啟我們先前已建妥之『員工-單欄式表單』的巨集。其建立步驟為：

Step 1 按『建立/巨集與程式碼/巨集』 巨集 鈕，轉入『巨集視窗』

Step 2 於『巨集指令』下，按下拉鈕以選擇之方式安排「OpenForm」（開啟表單）指令

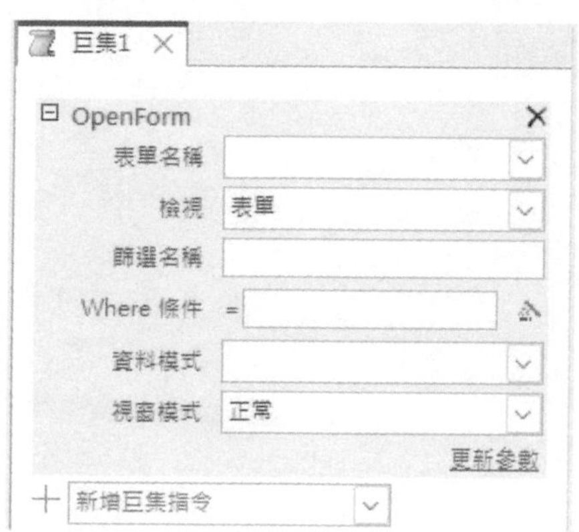

Step 3 按『表單名稱』後之下拉鈕，以選擇方式安排使用『員工-單欄式表單』

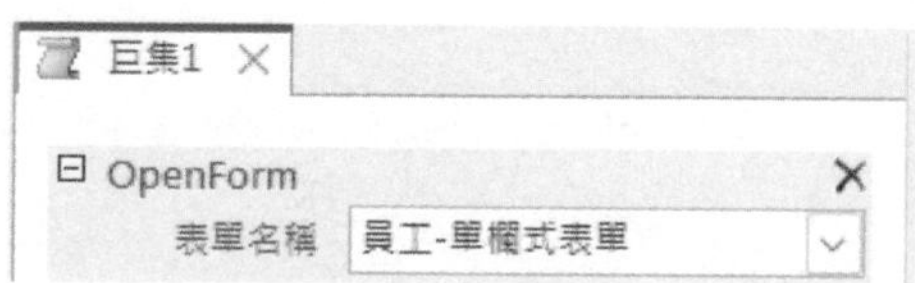

其他引數先維持原預設值，待下文再進行設定，也順便學會如何編修巨集。

Step 4 按 鈕存檔，將續轉入『另存新檔』對話方塊

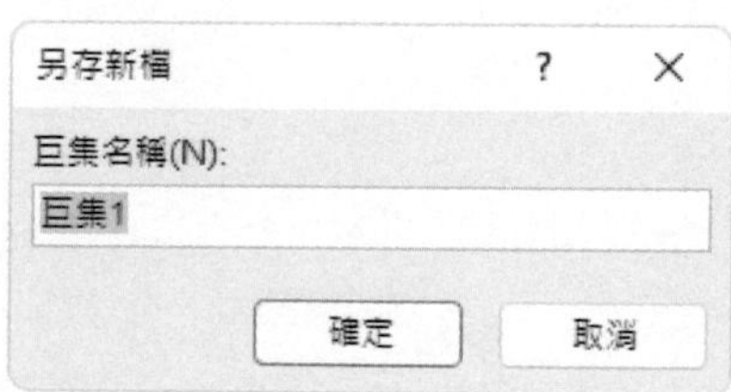

17 巨集

Step 5 輸入巨集名稱（本例將其命名為『開啟單欄表單』），續按 確定 鈕

Step 6 於左側『功能窗格』，可看到已新增了一個以『開啟單欄表單』為名稱之巨集

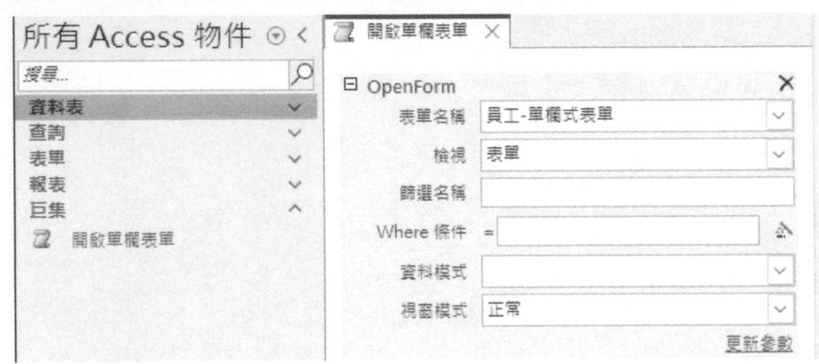

17-3 執行巨集

建妥巨集後，可以下列幾個簡單方式來執行：

- 直接於其上雙按
- 將其選取，按『巨集設計/工具/執行』 執行 鈕
- 於其上單按滑鼠右鍵，續選「執行(R)」

即可以單一動作，來完成巨集內所安排之所有指令，並依其相關之引數設定進行處理。

先前之『開啟單欄表單』巨集，執行後僅單純將其開啟而已：

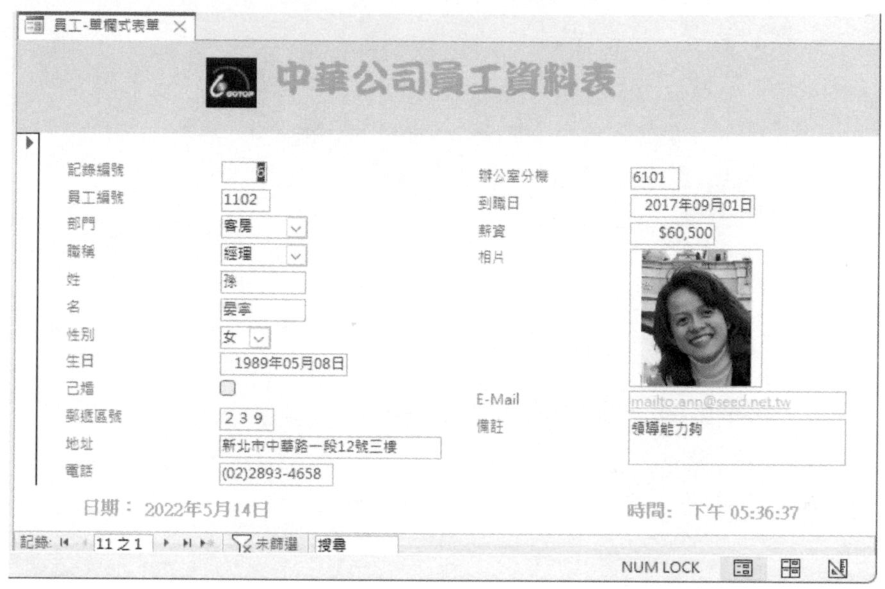

小秘訣

也可以將巨集安排到『指令按鈕』、『文字』或『圖片』等物件上，以單按或雙按來執行。（此部份，詳下文及下章說明）

17-4 編修巨集

巨集通常得經過多次編修，才可獲致一滿意的結果。若巨集之執行結果不理想，或內容有錯。想增刪或修改其內容，可於其上單按滑鼠右鍵，續選「設計檢視(D)」，轉入原設計畫面等待進行編修。

由於，我們於第十一章曾建妥一個可依部份員工編號找尋記錄之查詢（名稱為『以編號任意內容找尋』）。其設計畫面為：

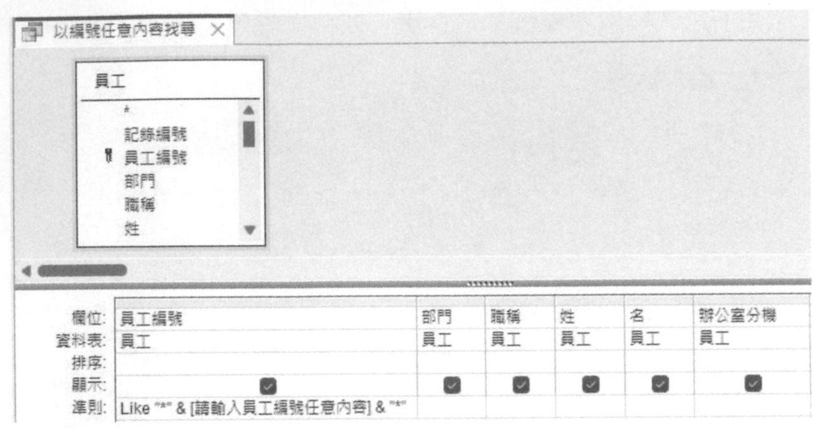

所安排之準則係一個『參數查詢』。執行此一查詢時，將以：

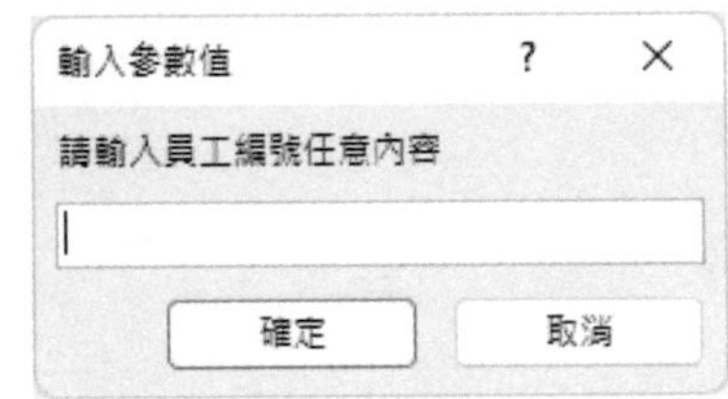

等待輸入員工編號之任意內容（如：12），然後過濾出符合要求之記錄：（請注意，僅擷取部份欄位而已）

以編號任意內容找尋

員工編號	部門	職稱	姓	名	辦公室分機
1112	客房	助理	王	世豪	6106
1201	行銷	經理	楊	佳碩	8102
1207	行銷	助理	林	玉英	8106
1218	行銷	助理	于	耀成	8108
*					

故假定，要將先前之『開啟單欄表單』巨集，修改成可依『以編號任意內容找尋』查詢，找出符合要求之記錄。然後，依『員工-單欄式表單』表單畫面，將其顯示出來。

整個編修之步驟為：

Step 1 於『開啟單欄表單』巨集上，單按滑鼠右鍵，選「設計檢視(D)」，轉入其設計畫面

Step 2 執行「檔案/另存新檔/另存物件為/另存新檔」，轉入『另存新檔』對話方塊

另存新檔 ? ×

儲存 '開啟單欄表單' 至:

開啟單欄表單 的複本

另存成(A)

巨集

確定 取消

Step 3 將其另存為『依編號開啟單欄表單』

另存新檔 ? ×

儲存 '開啟單欄表單' 至:

依編號開啟單欄表單

另存成(A)

巨集

確定 取消

Step 4 按 確定 鈕，完成存檔，畫面轉為『依編號開啟單欄表單』巨集之設計畫面

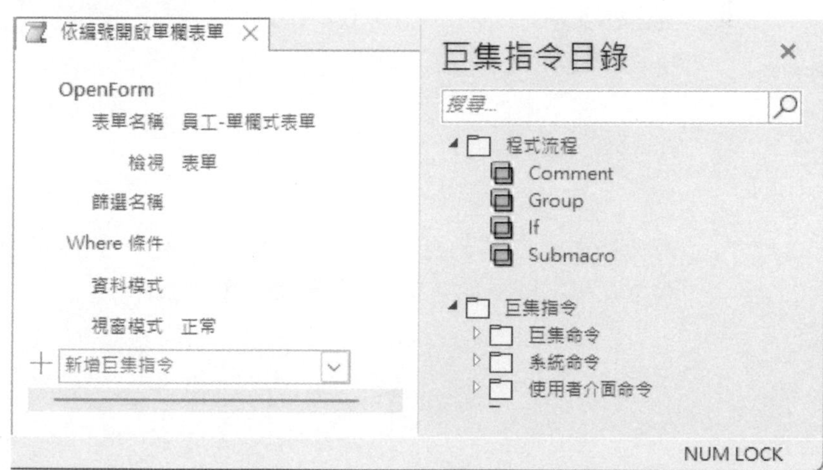

Step 5 於『巨集指令引數』之『篩選名稱』後，輸入：以編號任意內容找尋，擬使用該查詢之篩選條件

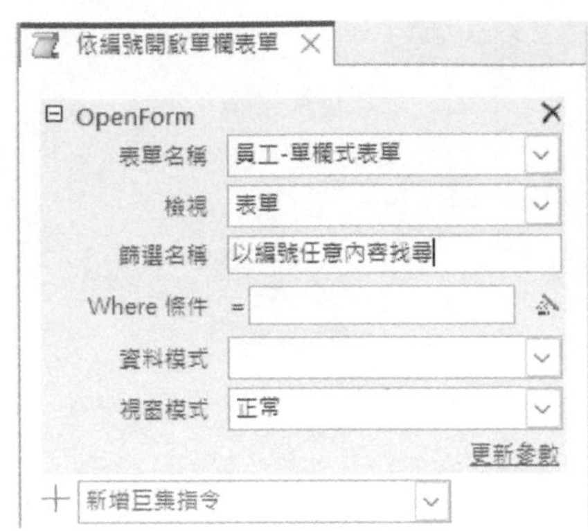

小秘訣

若無事先建妥之查詢檔，可將過濾條件直接輸入於『Where條件=』處。於本例，若『篩選名稱』處空白；而將『Where條件』設定為

```
[姓名] Like "*" & [請輸入員工編號(完整或部份均可)] & "*"
```

其效果完全相同！

Step 6 儲存並關閉『依編號開啟單欄表單』巨集

執行此一新巨集，會先執行『以編號任意內容找尋』查詢，出現：

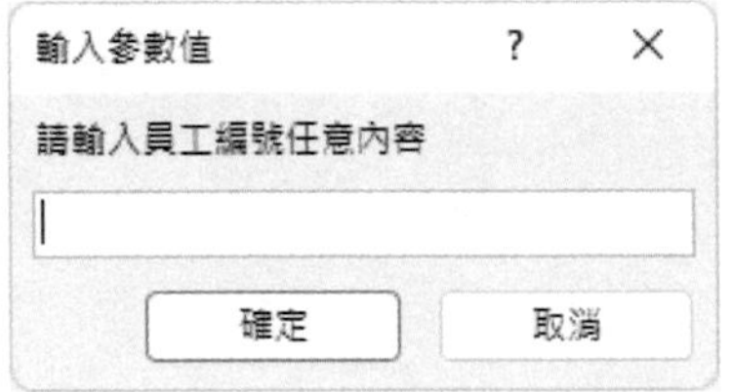

等待輸入員工編號之任意內容（如：1201）。然後，過濾出符合要求之記錄，安排於『員工-單欄式表單』表單：

小秘訣

雖然，查詢只顯示部份欄位內容而已，但於本例僅使用其條件當過濾條件，顯示時則仍按照『員工-單欄式表單』表單之設定。故別擔心，即使有欄位並不存在於查詢結果內，也可以顯示出來。

17-5 以拖曳方式產生指令

於巨集視窗內安排指令，通常係以選擇之方式來處理。但也允許自行輸入指令（如果您可記住該指令的話）；甚至還可以拖曳物件之方式產生指令。

小秘訣

很多情況下，我們可能忘了該物件之名稱。如此，就可避免錯誤輸入。

假定，要以拖曳方式，安排開啟『員工證』報表之指令。可以下列步驟進行：

Step 1 按『建立/巨集與程式碼/巨集』巨集 鈕，轉入『巨集視窗』

Step 2 於左側『功能窗格』找出要開啟之物件『報表』之『員工證』物件

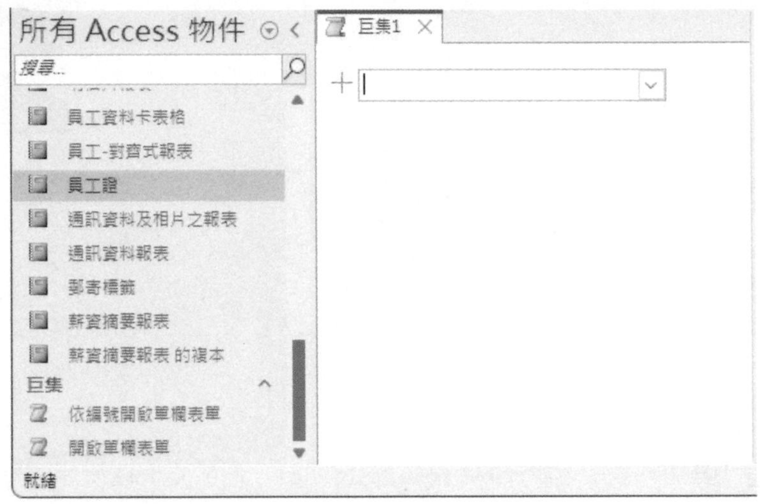

Step 3 拖曳『員工證』物件之圖示（ 員工證），將其拉入『新增巨集指令』處（或任意空白處）。鬆開滑鼠，即可安排入適當之指令（「OpenReport」）及報表名稱（『員工證』）

Step 4 按 鈕，將其存為『開啟員工證』

17-6 於『指令按鈕』內建立巨集

於表單之設計檢視內，利用按『表單設計/控制項/按鈕』鈕，於進行設定『命令按鈕』時，也可加入所要使用之巨集。此部份，又視是否啟動『使用控制項精靈』而不同。

於關閉『使用控制項精靈』情況下『表單設計/控制項/使用控制項精靈(W)』鈕外並無框線：

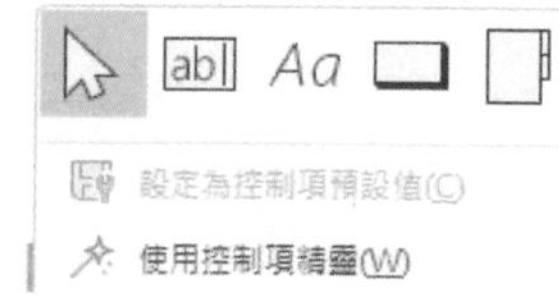

得利用「建立事件(E)...」或「屬性(P)」來安排巨集，其建立方式則就約當按『建立/巨集與程式碼/巨集』鈕。

於啟動『使用控制項精靈』情況下，『表單設計/控制項/使用控制項精靈(W)』鈕外有框線包圍，且顏色較深：

其建立方式是於幾個對話方塊內進行選擇。如：

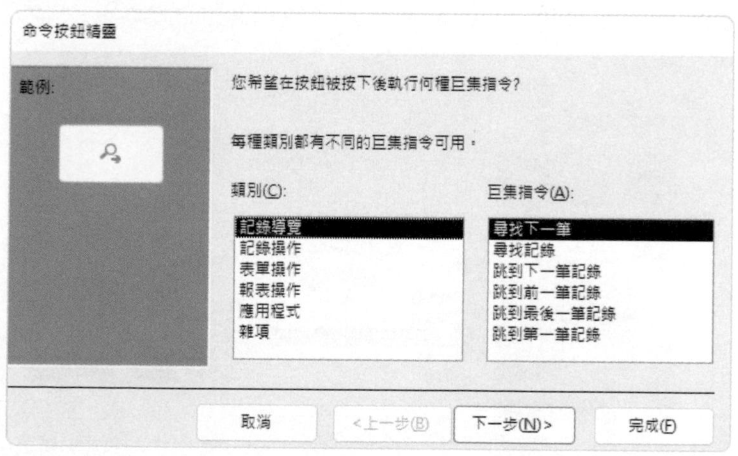

以此方式建立之巨集，並非獨立存在之物件，故不會存入左側『功能窗格』之『巨集』群組內（統稱「內嵌巨集」）。

於開啟『控制項精靈』下建立

假定，要安排一指令按鈕：

查詢/更新記錄

用以開啟『員工-單欄式表單』表單。其處理步驟為：

Step 1 按『建立/表單/表單設計』 表單設計 鈕，開啟一空白表單，並轉入其設計檢視畫面

Step 2 確定已啟動『使用控制項精靈』（『表單設計/控制項/使用控制項精靈』 使用控制項精靈(W) 鈕外有框線包圍；否則，按一下該鈕）

Step 3 按『表單設計/控制項/按鈕』 鈕，以拖曳方式拉出按鈕之約略大小。鬆開滑鼠，將轉入『命令按鈕精靈』對話方塊

Step 4 於『類別(C)』處，選妥動作類別（本例為「表單操作」），右側之『巨集指令(A)』處，將轉顯示其相關指令。

Step 5 於『巨集指令(A)』處，選妥要處理何種動作（本例為「開啟表單」）

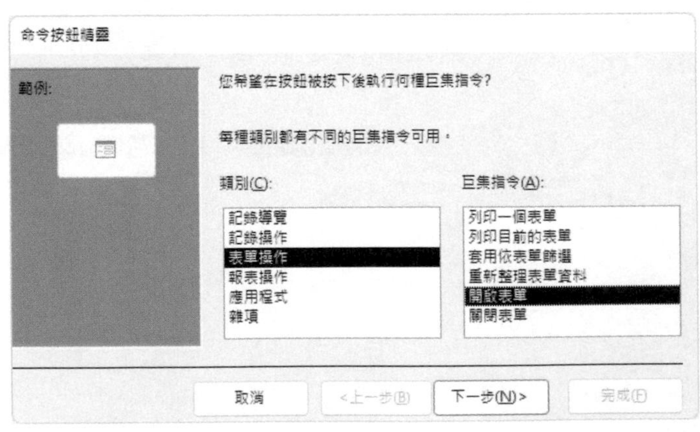

Step 6 按 下一步(N) > 鈕，選妥表單名稱（『員工-單欄式表單』）

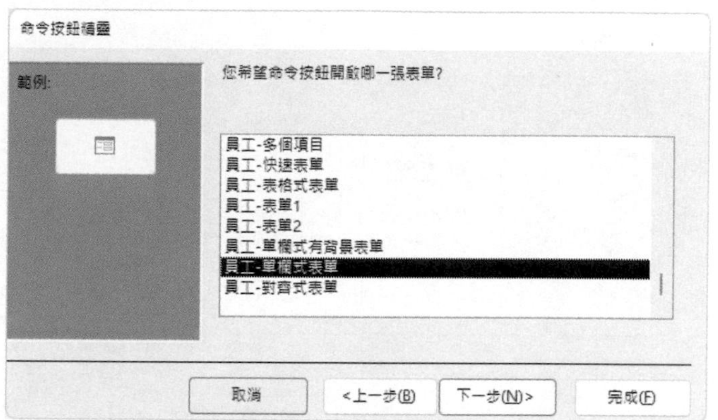

Step 7 選「開啟表單並且顯示所有記錄(A)。」，續按 下一步(N) > 鈕

命令按鈕精靈

範例:

您要讓按鈕可以尋找指定的資訊並且顯示在表單上嗎?

例如，此按鈕可以開啟表單並顯示特定員工或是客戶的資料。

○ 開啟表單並且尋找指定要顯示的資料(D)。

◉ 開啟表單並且顯示所有記錄(A)。

取消 <上一步(B) 下一步(N)> 完成(F)

Step 8 於『文字(T)』處，輸入要顯示於指令按鈕上之文字（『查詢/更新記錄』），於左側『範例』處，可預覽到按鈕應有之外觀

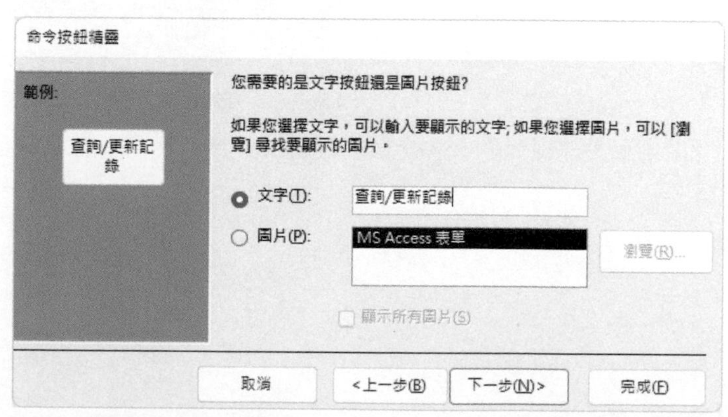

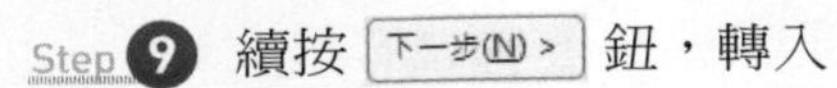

Step 9 續按 下一步(N) > 鈕，轉入

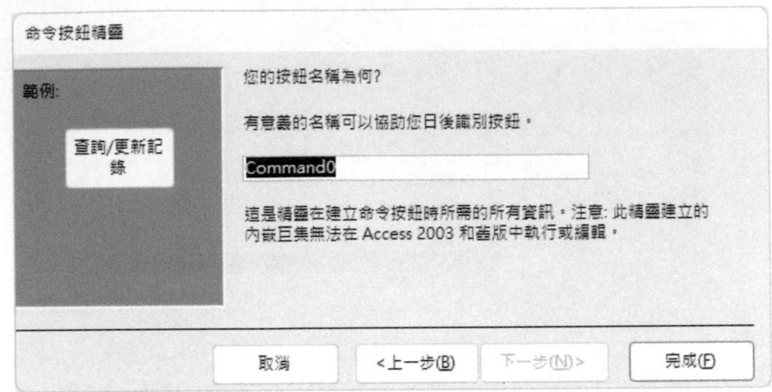

Step 10 輸入此按鈕之名稱（本例輸入『開啟單欄式表單』），續按 完成(F) 鈕，回表單設計檢視畫面

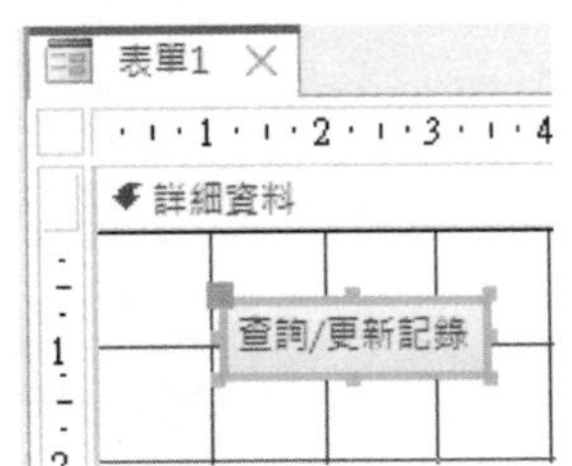

可發現，已完成了該指令按鈕。必要時，還可以『字型』群組之格式按鈕，設定字型大小及顏色，或以拖曳方式調整其大小及搬移位置。

若於其上單按滑鼠右鍵，續選「屬性(P)」，轉入『屬性表』窗格之『事件』標籤：

可看到『On Click』處有一「[內嵌巨集]」。表示當使用者於『表單檢視』時，以滑鼠左鍵單按此鈕，應啟動前面設定之動作（開啟『員工-單欄式表單』表單）。

小秘訣

以此方式建立之巨集，並非獨立存在之巨集物件（而是「內嵌巨集」），並不會存入『功能窗格』之『巨集』群組內。事件之原文為 event，係指使用者的動作及其相關之處理。

小秘訣

利用『使用控制項精靈』，建立指令按鈕的過程相當簡單，要修改時，可於其上單按右鍵，選「建立事件(E)...」，可轉入：

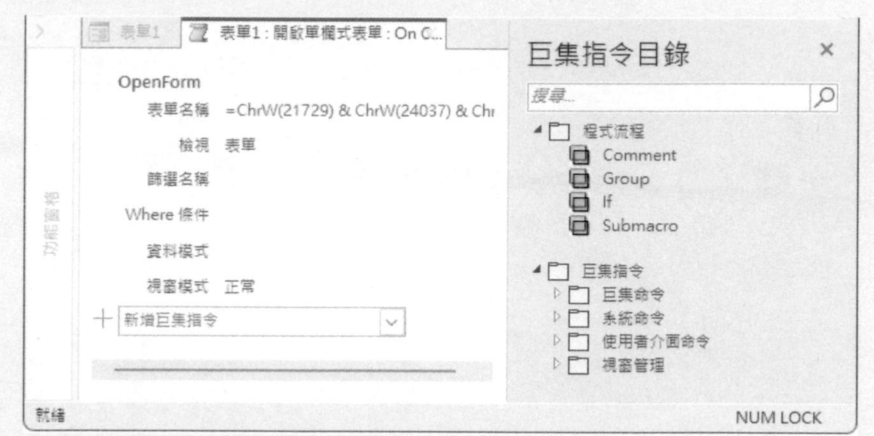

進行修改。本例，若於『表單名稱』處，直接輸入『員工-單欄式表單』，其效果仍一樣，同樣可開啟該表單。

於關閉『控制項精靈』下建立

假定，要於關閉『使用控制項精靈』下，建立一指令按鈕：

列印員工證

於其內安排一巨集，使單按該鈕，即可執行『以編號任意內容找尋』查詢過濾記錄，並開啟『員工證』報表進行預覽列印。（一點也不複雜，一個指令配合引數即可達成！）

其處理步驟為：

Step 1 按『建立/表單/表單設計』表單設計 鈕，開啟一空白表單，開啟一空白表單，並轉入其設計檢視畫面

Step 2 確定已關閉『使用控制項精靈』(『表單設計/控制項/使用控制項精靈(W)』使用控制項精靈(W) 鈕外無框線且顏色較淡；否則，按一下該鈕)

Step 3 按『表單設計/控制項/按鈕』鈕，以拖曳方式拉出按鈕之約略大小

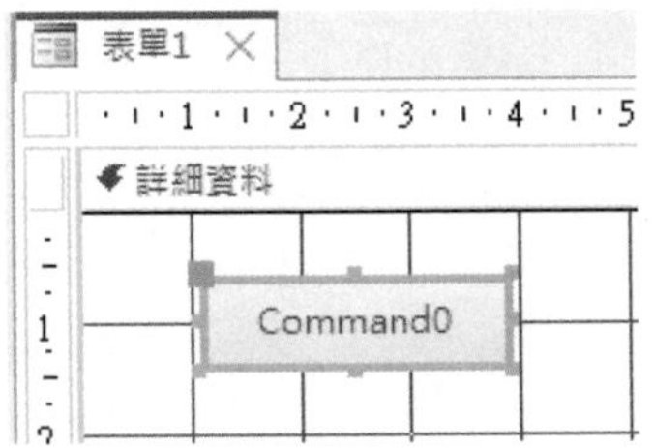

Step 4 於『Command0』之標題上，單按滑鼠左鍵，可轉入編輯狀態。將其改為『列印員工證』

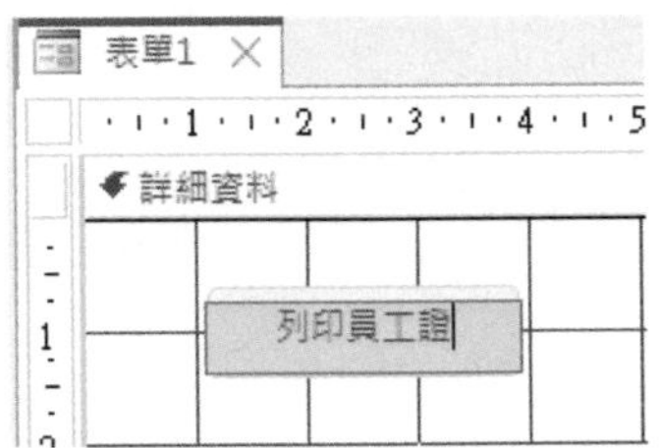

Step 5 往外面單按滑鼠左鍵，結束編輯。續於『列印員工證』之標題上，單按滑鼠右鍵，續選「建立事件(E)...」

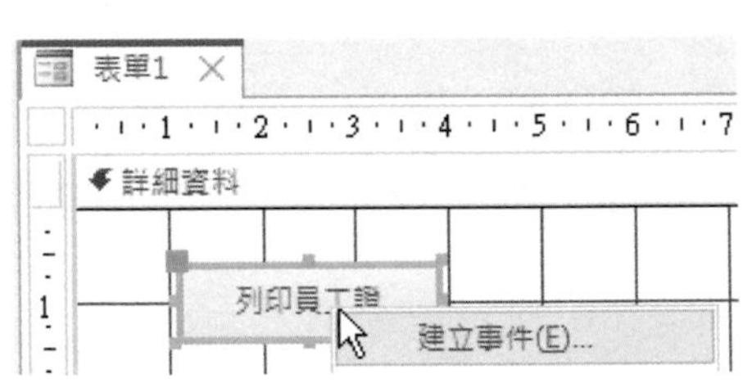

轉入

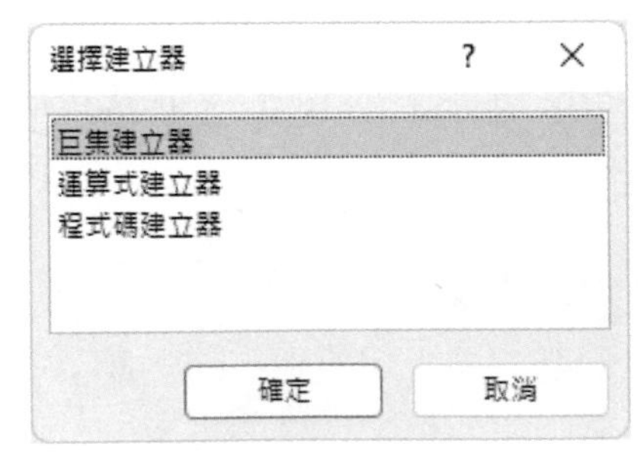

Step 6 選「巨集建立器」，續按 確定 鈕。轉入

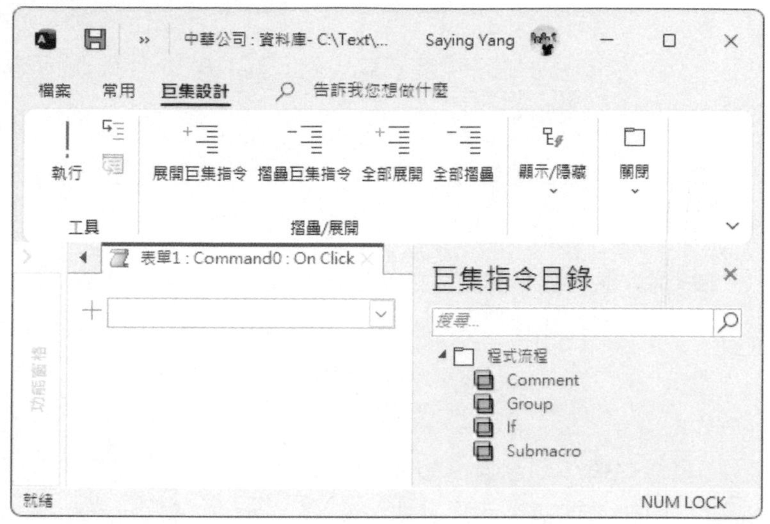

往後之建立方式，我們已學過了。

Step 7 將巨集內容安排成：使用『以編號任意內容找尋』進行篩選，開啟『員工證』進行預覽列印

Step 8 按 鈕存檔，並將其關閉，完成巨集建立之工作。回表單設計檢視畫面，即完成了該指令按鈕之巨集

以此方式建立之巨集，也不是一獨立存在之巨集物件，將不會存入『功能窗格』之『巨集』群組內。其內容是附屬於表單之中，將隨表單一起儲存。

- 以此方式建立之巨集，也不是一獨立存在之巨集物件，將不會存入『功能窗格』之『巨集』群組內。其內容是附屬於表單之中，將隨表單一起儲存。
- 往後，若要編修此一巨集，一樣可於按鈕上單按滑鼠右鍵，續選「建立事件(E)...」。
- 並非僅『指令按鈕』才可安排巨集，幾乎整個『表單設計工具』內之所有控制項（如：文字、圖片、……等），均可仿此程序於各種不同事件上，安排不同的巨集。

將表單存檔，命名為『以指令按鈕列印員工證』，按 ![] 鈕，回『表單檢視』：

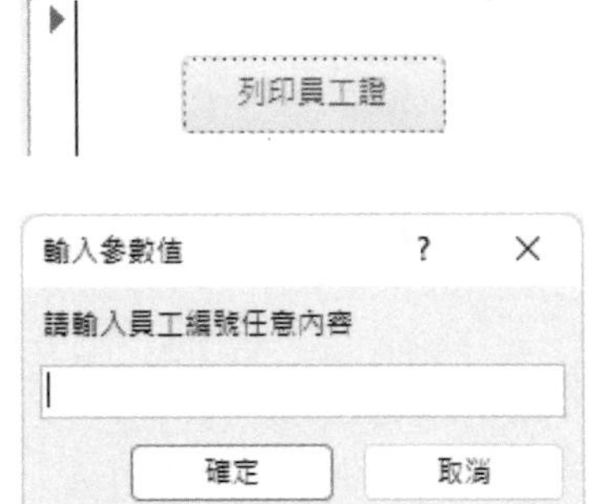

按該鈕，將執行先前所安排之巨集，先以『以編號任意內容找尋』查詢：

依輸入之員工編號任意內容（如：12）過濾記錄，並將符合條件之員工證，以預覽列印方式顯示出來：

但若找不到符合條件之記錄，則仍會顯示一筆空白記錄之員工證：

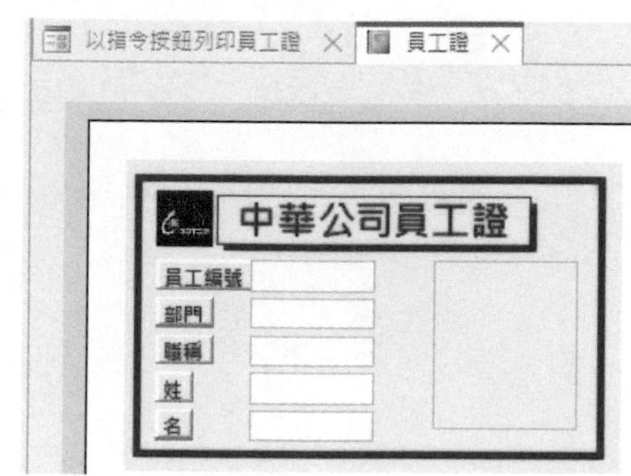

控制無資料即不列印

假定，要將其修改為，當找不到記錄時，改為發出『嗶』聲並顯示錯誤訊息：

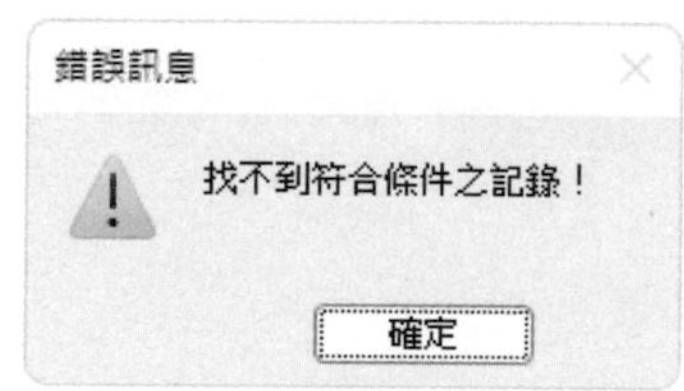

這就得使用到『On No Data』(無列印資料）事件了。

其處理步驟為：

Step 1 於員工證報表圖示（ 員工證），單按滑鼠右鍵，續選「設計檢視(D)」，轉入其設計檢視畫面

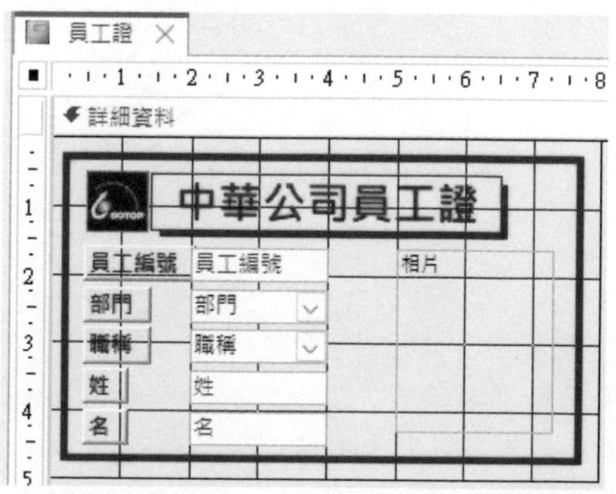

17

巨集

Step 2 以滑鼠左鍵雙按左上角之『選取報表』■ 鈕（相當於單按右鍵續選「屬性(P)」），轉入『屬性表』窗格之『事件』標籤

Step 3 往『On No Data』後之空白處按一下滑鼠，可顯示下拉鈕及 ⋯ 鈕

Step 4 按 ⋯ 鈕，轉入

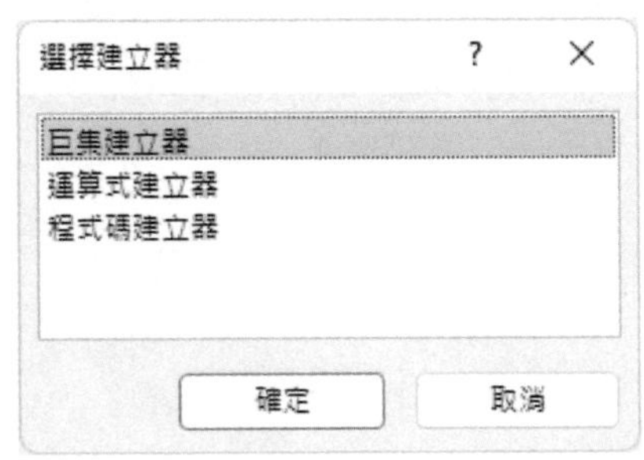

Step 5 選「巨集建立器」，續按 確定 鈕。轉入

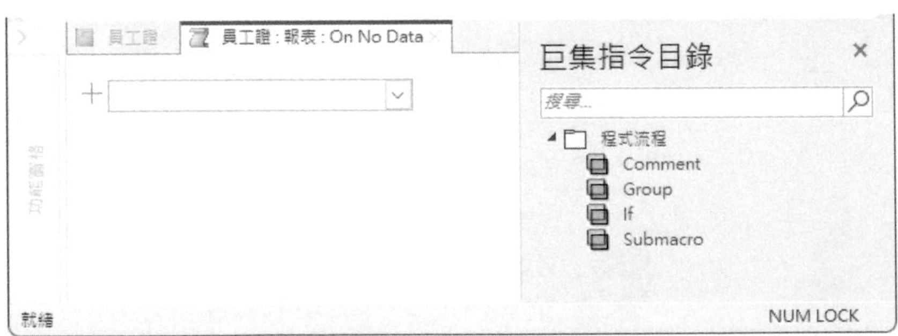

Step 6 先於『新增巨集指令』處選用「MessageBox」指令（訊息方塊），續於『訊息』處輸入 "找不到符合條件之記錄！"、選擇是否發出『嗶嗶聲』（本例選「是」）、類型（「無」、「重要」、

「警告？」、「警告！」或「資訊」，本例選「警告！」）以及輸入訊息方塊之標題（本例輸入 "錯誤訊息"）：

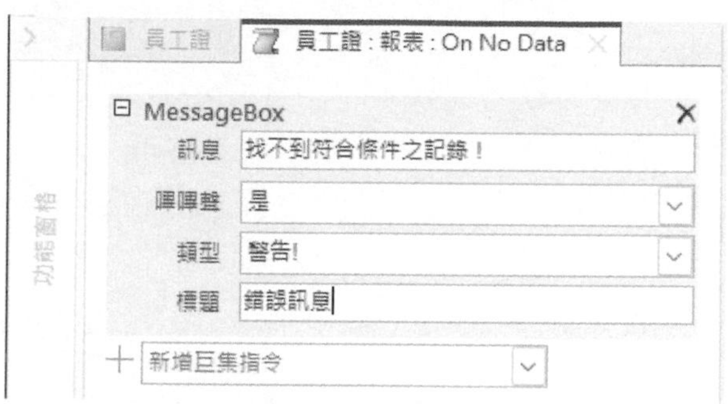

其作用為發出嗶嗶聲，並顯示下示之訊息：

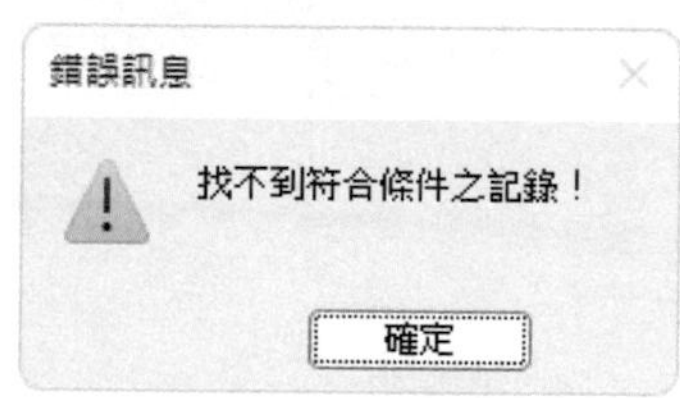

Step 7 再加入一「CancelEvent」（取消事件）巨集指令

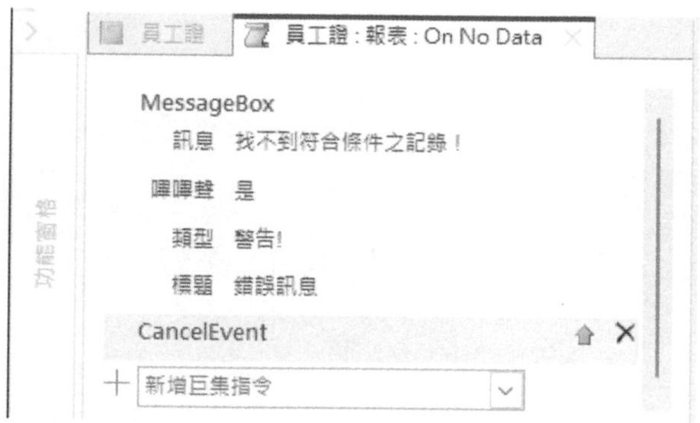

其作用為：取消事件，結束原列印動作。

Step 8 儲存並關閉巨集及報表

整個巨集之作用為：當啟動『員工證』要進行預覽（或直接）列印時，若無資料可列印，將觸發『On No Data』事件，而先以「MessageBox」顯示錯誤訊息，續以「CancelEvent」取消事件，結束原列印動作。如此，即不會有前述列印空白員工證之缺點。

重回『以指令按鈕列印員工證』表單：

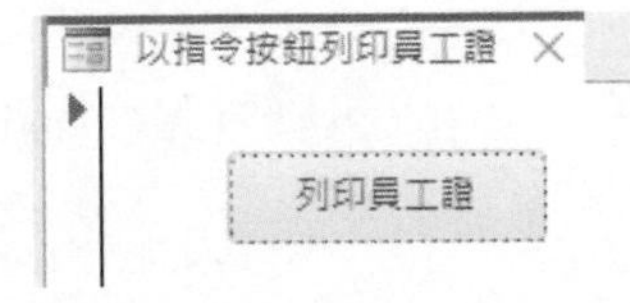

按該鈕執行，當於：

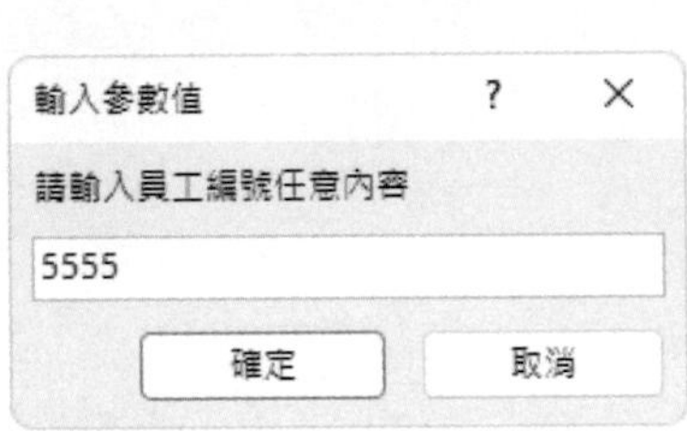

輸入找得到資料之員工編號時，仍可順利預覽；反之（如：5555），因無該編號，即出現下示之錯誤訊息：

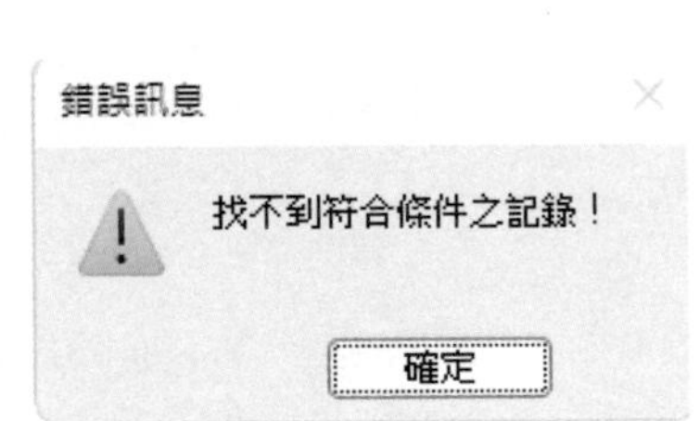

17-7 事件

認識事件

『事件』之原文為 event，Access 事件係指使用者的動作及其相關之處理。計分為七大類：

- 視窗（表單、報表）事件：開啟、關閉、調整大小、……
- 資料事件：選取、更新、刪除、插入、……
- 焦點事件：取得現作業（將指標移往某處，轉為處理該項）、輸入、離開、喪失現作業（將指標移離某處，轉為處理它項）、……
- 鍵盤事件：按下某鍵、鬆開某鍵、……
- 滑鼠事件：單按滑鼠、雙按滑鼠、按下滑鼠、鬆開滑鼠、滑鼠移過某處、……

- 列印事件：安排格式、列印、無資料可列印、……
- 攔截錯誤與偵測時間：發生錯誤、逾時、……

其細項總數約50餘種。

事件彙總

視窗（表單、報表）事件

事件	說明
On Open	在表單或報表開啟前
On Close	在表單或報表關閉前
On Load	當表單或報表被載入時
On Unload	當表單或報表被載出時
On Resize	當表單視窗被調整大小時
On Filter	當篩選被編譯時
On Apply Filter	當篩選被應用或移除時

資料事件

事件	說明
Before Insert	在新記錄的第一個字元被鍵入時
After Insert	在新記錄被加入後
Before Update	在欄位或記錄被更新前
After Update	在欄位或記錄被更新後
On Dirty	在記錄被修改前
On Delete	在記錄被刪除時
Before Del Confirm	在刪除被確認前
After Del Confirm	在刪除被確認後

焦點事件

事件	說明
On Activate	當表單或報表轉為使用中之視窗時
On Deactivate	當表單或報表轉為非使用中之視窗時
On Current	當焦點由一個記錄移到另一個記錄時
On Change	組合方塊、文字框或索引標籤控制項的資料被變更時
On Enter	當控制項第一次取得焦點時
On Exit	當控制項在相同表單失去焦點時
On Got Focus	當表單或控制項取得焦點時
On Lost Focus	當表單或控制項失去焦點時

鍵盤事件

事件	說明
On Key Down	當一個鍵被按下時
On Key Up	當一個鍵被放開時
On Key Press	當一個組合鍵被按下時
Key Preview	在控制項的鍵盤事件前，是否先呼叫表單的鍵盤事件

滑鼠事件

事件	說明
On Mouse Down	當滑鼠按鈕被按下時
On Mouse Up	當滑鼠按鈕被放開時
On Mouse Move	當滑鼠移動時
On Click	於控制項上單按滑鼠按鈕時
On Dbl Click	於控制項上雙按滑鼠按鈕時

列印事件

事件	說明
On Format	在報表區段被格式化前
On Print	在報表區段被預覽或列印時
On Retreat	當發現設定「保持在一起」的區段無法列印在同一頁時，Access要重回上一個區段重新格式化時
On No Data	當報表內無記錄可列印時
On Page	報表頁被格式化後準備列印時

攔截錯誤與偵測時間

事件	說明
On Error	當一個表單或報表發生執行錯誤時
On Timer	當經過所設定之間隔時間時
Time Interval	以毫秒來設定間隔時間

17 巨集

17-8 巨集條件式

If/End If

巨集內也可加入條件式，以控制執行流程（如果…則…）。其基本語法為：

```
If  <條件>  Then
    <條件成立時之指令>
Else
    <條件不成立時之指令>
End If
```

如：找到記錄後，依使用者選擇，決定直接列印或預覽列印。就得使用到此一組指令。

MsgBox()函數

要取得使用者之決定，得靠MsgBox()函數。其語法為：

```
MsgBox(prompt[, buttons] [, title])
```

式中，以方括號包圍者表其可省略，各引數之作用分別為：

- prompt：提示訊息之字串或運算式，如："送往印表機？"。
- buttons：以數值，設定對話方塊內要顯示何種按鈕：

0	「確定」鈕
1	「確定」及「取消」鈕
2	「中斷」、「重試」及「忽略」鈕
3	「是」、「否」及「取消」鈕
4	「是」及「否」鈕
5	「重試」及「取消」鈕

也可再以16之倍數，定義所要使用之圖示：

0	無圖示
16	⊗ 圖示
32	? 圖示
48	! 圖示
64	i 圖示

這兩個設定值係以相加來表示。如：36表使用32之 ? 圖示與4之「是」及「否」鈕。

- title：對話方塊標題之字串或運算式，如："請選擇"。

  此外，本函數之結果的回應值，即表示使用者於對話方塊上所選按的鈕：

1	按了「確定」鈕
2	按了「取消」鈕
3	按了「中斷」鈕
4	按了「重試」鈕
5	按了「忽略」鈕
6	按了「是」鈕
7	按了「否」鈕

因此，於If　<條件> 內若輸入：

```
MsgBox("送往印表機？",36,"請選擇")=6
```

作為<條件>，將以：

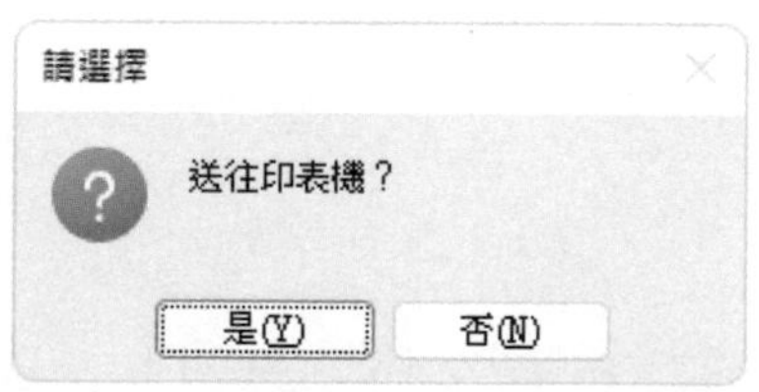

等待使用者決定要按那一個鈕？只有按 是(Y) 鈕，此條件式才會成立，並執行其後所接之巨集指令。

依選擇列印或預覽

擬續將前例之巨集內容延伸成：若有可列印之資料，並不會啟動『On No Data』事件；將會啟動『On Activate』事件（當表單或報表轉為使用中之視窗時），故可於此一事件內，詢問使用者是否要直接將其列印出來；或只是顯示於螢幕預覽而已？其處理步驟為：

Step 1 於員工證報表圖示（ 員工證），單按滑鼠右鍵，續選「設計檢視(D)」，轉入其設計檢視畫面

Step 2 以滑鼠左鍵雙按左上角之『選取報表』■ 鈕（相當於單按右鍵續選「屬性(P)」)，轉入『屬性表』窗格之『事件』標籤

Step 3 於下方『On Activate』後之空白處，按一下滑鼠，可顯示下拉鈕及 ⋯ 鈕

屬性表
選取類型: 報表
報表
格式 資料 事件 其他 全部
On Resize
On Activate

Step 4 按 ⋯ 鈕，選「巨集建立器」轉入

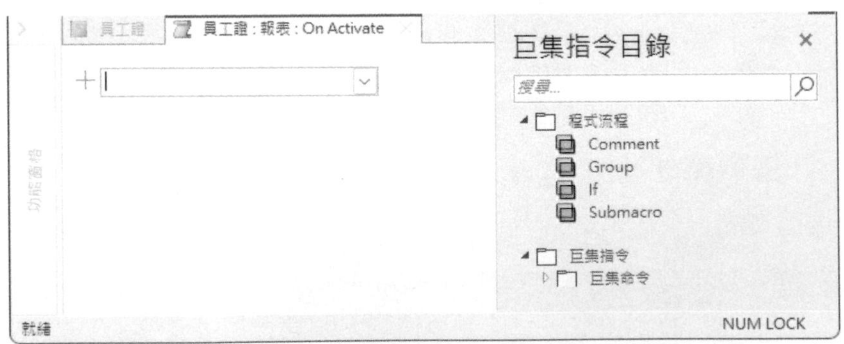

Step 5 雙按右側『巨集指令目錄』處之 If 鈕，於左側插入「If」指令

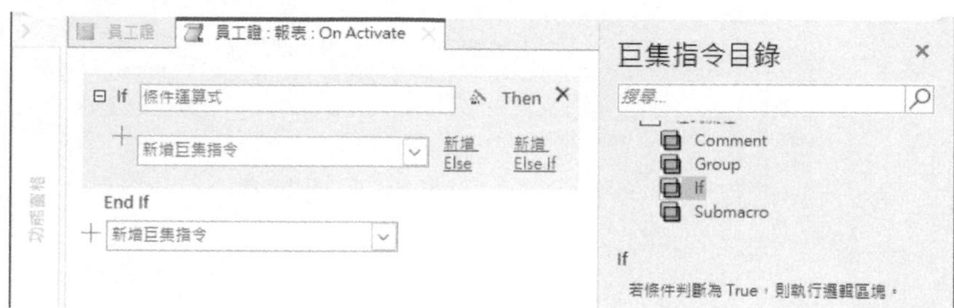

於其內可輸入條件式，當此條件成立，才會執行其下所接之巨集指令。

Step 6 於「If」後，加入

```
MsgBox("送往印表機？",36,"請選擇")=6
```

員工證
員工證：報表：On Activate
If MsgBox("送往印表機？",36,"請選擇")=6 Then
新增巨集指令
新增 Else
新增 Else If
End If

可用來以

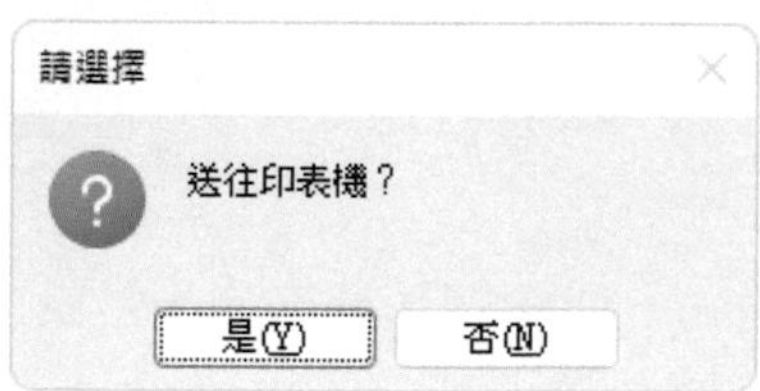

詢問使用者是否要將報表送往印表機？

Step 7 當使用者按 是(Y) 鈕，其回應值為6，此條件成立，即應執行列印。故於其下『新增巨集指令』處，安排「PrintObject」（列印物件），將『員工證』物件由報表機列印出來

17 巨集

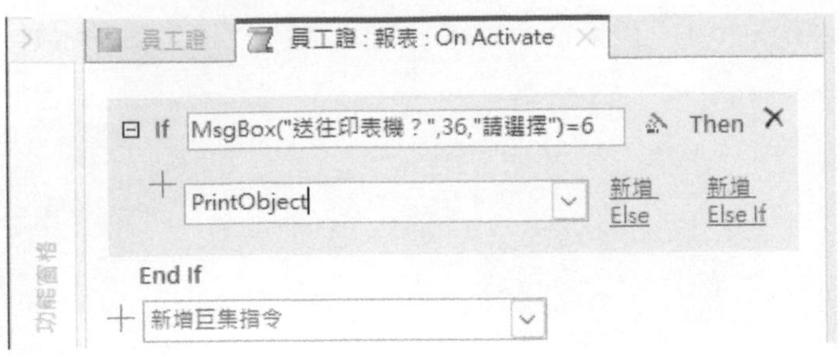

Step 8 儲存並關閉巨集及報表

要測試執行效果，得重回『以指令按鈕列印員工證』表單：

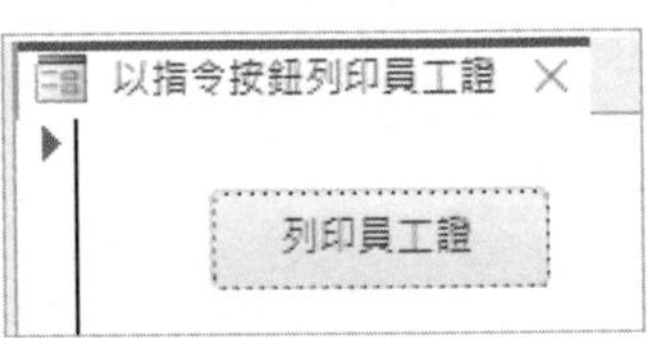

按該鈕執行，當於『輸入參數值』對話方塊：

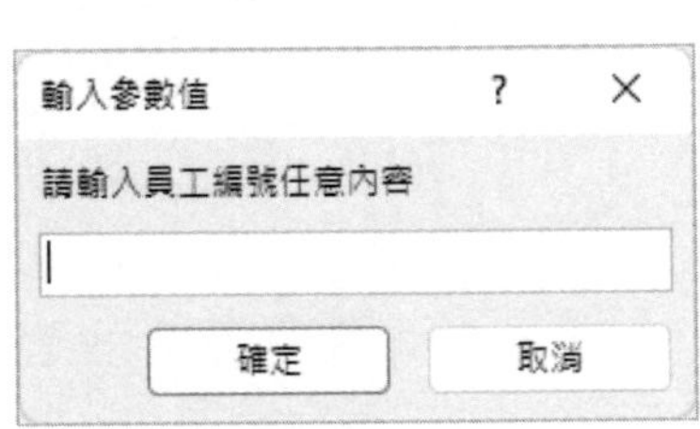

若輸入之編號找不到時，將先顯示錯誤訊息：

隨後，於按下 確定 鈕，即關閉『員工證』報表，並不會顯示空白報表。

反之，則以：

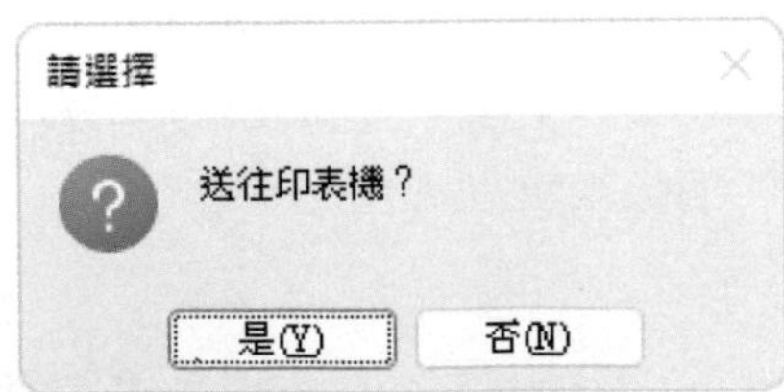

等待使用者決定是否要將內容送往印表機？若按 是(Y) 鈕，則執行「PrintObject」，將『員工證』由報表機列印出員工證；若按 否(N) 鈕，則仍以原預覽列印方式來顯示員工證。

小秘訣

若碰上要選擇之內容很多，不是兩三個按鈕即可解決。雖然，也可以此方式安排多個條件式。但最好還是再另安排一個次選單，供使用者選擇會較容易。（詳下章說明）

17-9 開啟資料庫即自動執行之巨集

使用過DOS的人，一定會有印象。可設定一個AUTOEXEC.BAT批次檔，用以於開機時，即自動執行其內之設定及指令。

同樣地，Access也有類似功能。只要將巨集命名為Autoexec，即可於開啟其資料庫時，便自動執行Autoexec巨集。

小秘訣

若不想自動執行Autoexec巨集，可按住 Shift 再開啟資料庫。

注意

為了更進一步了解巨集的綜合應用，筆者將先前各章節所分別建立之查詢、表單及報表中，選幾個較具代表性的物件，以巨集將主/次選單彙集在一起，另規劃了一章「起始畫面與主/次選單」，有興趣想再進一步學習的讀者，請參閱本書提供線上下載的CH18電子書。

Access 2021 嚴選教材！資料庫建立·管理·應用

作　　者：楊世瑩
企劃編輯：江佳慧
文字編輯：詹祐甯
設計裝幀：張寶莉
發 行 人：廖文良

發 行 所：碁峰資訊股份有限公司
地　　址：台北市南港區三重路 66 號 7 樓之 6
電　　話：(02)2788-2408
傳　　真：(02)8192-4433
網　　站：www.gotop.com.tw
書　　號：AED004400
版　　次：2022 年 10 月初版
建議售價：NT$580

國家圖書館出版品預行編目資料

Access 2021 嚴選教材！資料庫建立．管理．應用 / 楊世瑩著.
-- 初版. -- 臺北市：碁峰資訊, 2022.10
面；　公分
ISBN 978-626-324-309-5(平裝)
1. CST：ACCESS(電腦程式)　2.CST：關聯式資料庫
3.CST：資料庫管理系統
312.49A42　　111014180

讀者服務

- 感謝您購買碁峰圖書，如果您對本書的內容或表達上有不清楚的地方或其他建議，請至碁峰網站:「聯絡我們」\「圖書問題」留下您所購買之書籍及問題。(請註明購買書籍之書號及書名，以及問題頁數，以便能儘快為您處理)
http://www.gotop.com.tw

- 售後服務僅限書籍本身內容，若是軟、硬體問題，請您直接與軟體廠商聯絡。

- 若於購買書籍後發現有破損、缺頁、裝訂錯誤之問題，請直接將書寄回更換，並註明您的姓名、連絡電話及地址，將有專人與您連絡補寄商品。